TURING 图灵数学·统计学丛书·05

U0692106

FUNCTIONAL ANALYSIS

泛函分析

[美] Peter D.Lax 著

侯成军 王利广 译

人民邮电出版社

北京

图书在版编目(CIP)数据

泛函分析/ (美) 拉克斯 (Lax, P. D.) 著；侯成军，王利广译. —北京：人民邮电出版社，2010.8
(图灵数学 · 统计学丛书)
书名原文：Functional Analysis
ISBN 978-7-115-23174-1

Ⅰ.①泛… Ⅱ.①拉…②侯…③王… Ⅲ.①泛函分析 Ⅳ.①O177

中国版本图书馆 CIP 数据核字(2010)第 126516 号

内容提要

本书根据作者多年来在纽约大学柯朗数学研究所教授二年级研究生泛函分析课程的讲义撰写而成，给出了泛函分析的基本内容以及数学中一些不可缺少的深刻论题，包括自伴算子的谱分解和谱表示、紧算子理论、Krein-Milman 定理、Gelfand 的交换 Banach 代数理论、不变子空间、强连续单参数半群等. 书中各章短小精辟，并配有习题，易于读者充分理解所学内容.

本书适合理工科专业、数学专业的本科生、研究生阅读.

◆ 著 [美] Peter D. Lax
译 侯成军 王利广
责任编辑 明永玲
◆ 人民邮电出版社出版发行 北京市丰台区成寿寺路 11 号
邮编 100164 电子函件 315@ptpress.com.cn
网址 https://www.ptpress.com.cn
北京天宇星印刷厂印刷
◆ 开本：700×1000 1/16
印张：30.75 2010 年 8 月第 1 版
字数：603 千字 2025 年 11 月北京第 5 次印刷
著作权合同登记号 图字：01-2006-3669 号

定价：99.80 元

读者服务热线：(010)81055370 印装质量热线：(010)81055316

反盗版热线：(010)81055315

版 权 声 明

前　言

本书根据我多年来在纽约大学柯朗数学研究所教授二年级研究生泛函分析课程的讲义撰写而成. 它不是论文集也不是专论, 而是一本研究生教材. 书中大多数章节都短小精辟, 为的是易于读者消化所学内容. 当然并非所有内容都可以用简短的语言描述出来, 因此有些章节相对较长. 在每章中, 定理、引理和方程都是按照顺序连续标号的.

前 23 章的内容对读者的要求不是很高, 是很好的研究生阶段泛函分析入门课程的教材. 余下的内容可以用于研究生泛函分析或者 Hilbert 空间理论高级课程的教学.

当我还是个学生的时候, 当时仅有的泛函分析教材就是 Banach 在 1932 年所写的那本最早的经典教材; Hille 所著的书直到我毕业的时候才面世, 像是给我的毕业礼物. 有关 Hilbert 空间理论的教材, 有 Stone 于 1932 年出版的 Colloquium 和 Sz.-Nagy 的 Ergebnisse. 从那以后, 泛函分析的书籍越来越多, 先是出现了 Riesz 和 Sz.-Nagy、Dunford 和 Schwartz 以及 Yosida 所著的书; 后来又出现了 Reed 和 Simon 以及 Rudin 的书. 对于 Hilbert 空间理论, 出现了 Halmos 的优美而又简明的著作以及 Achiezer 和 Glazman 的教材, 我十分欣赏这些书, 它们让我受益匪浅. 此后又出现了许许多多好的教材. 但是我相信, 本书还是给出了一些新东西: 在内容编排顺序上, 理论内容之后紧跟具体的应用, 这使得抽象的内容变得有血有肉; 同时, 书中还包含了可以用泛函分析的观点澄清和解决的非常丰富的数学问题.

在选择论题时, 我听从了我的老师 Friedrichs 的警告: "如果你想把所知道的有关某论题的全部内容都放进去, 那么写一本书是很容易的." 本书给出了泛函分析的基本内容以及数学中一些不可缺少的深刻论题, 比如自伴算子的谱分解和谱表示、紧算子理论、Krein-Milman 定理、Gelfand 的交换 Banach 代数理论、不变子空间、强连续单参数半群. 本书还涉及对于计算拓扑不变量十分重要的算子的指标, 强有力的分析工具 Lidskii 迹公式, 沉睡近百年的 Fredholm 行列式及其推广, 还有源自物理的散射理论. 与此同时, 本书还包括了一些 (但不是全部) 与我的研究很接近的特殊论题.

那么, 哪些内容被省略了呢? 非线性泛函分析, 为此我推荐 Zeidler 的四卷本专著. 除 Gelfand 的交换 Banach 代数理论以外的算子代数理论, 还有 Banach 空间几何理论, 让人高兴的是, 由 Bill Johnson 和 Joram Lindenstrauss 编著的有关此论题的一本手册已经由 North Holland 出版社出版.

阅读本书需要哪些预备知识呢？每位二年级研究生以及许多本科生都应该了解如下知识.

- 朴素集合论. 可数集, 连续统假设, Zorn 引理.
- 线性代数. 线性映射, 矩阵的迹和行列式, 矩阵和对称矩阵的谱理论, 矩阵函数.
- 点集拓扑. 完备度量空间, Baire 纲原理, Hausdorff 空间, 紧集, Tychonov 定理.
- 单复变函数的一般理论.
- 实分析. Arzela-Ascoli 定理, $\mathbb{R}$ 上测度的 Lebesgue 分解, 紧集上的 Borel 测度.

历史上, 测度论比泛函分析出现得早. 测度论中的通常表述没有用到泛函分析的概念和构造. 在关于 Riesz-Kakutani 表示定理的附录中, 本书说明了如何在测度论中应用泛函分析的工具. 另一个附录总结了 Laurent Schwartz 的广义函数理论的基本内容.

本书中的许多应用都是关于偏微分方程问题的. 在这里, 熟悉一点 Laplace 方程和波动方程理论将会有所帮助, 对这些内容了解不多的读者也能够从这些应用中学到一些基本知识.

像大多数数学家一样, 我也不是历史学家. 然而在某些章中, 我还是给出了一些历史注记, 主要是在我有第一手资料时, 或者涉及 1930~1940 年欧洲恐怖时期许多泛函分析鼻祖的悲惨命运的地方.

我要感谢许许多多的人. 从我的老师 Friedrichs 那里, 我学习了泛函分析的基础以及如何应用它们. 后来, 我的观点受到 Tosio Kato 工作的影响, 他应用泛函分析这一有力的工具解决了许多问题. 还有与 Ralph Phillips 的长期而又愉快的合作给出了泛函分析中一些不寻常的应用. 从 Israel Gohberg 那里, 我学到了许多东西, 特别是 Toeplitz 算子的指标理论; 从 Bill Johnson 和 Bob Phelps 那里又分别学到了 Banach 空间的几何知识和 Choquet 定理. 感谢 Reuben Hersh 和 Louise Raphael, 他们对涉及广义函数的附录提出了意见; 感谢 Jerry Goldstein 对半群和散射理论的内容提出的中肯建议. 我对上述所有人士以及 Gabor Francsics 表示衷心的感谢.

Jerry Berkowitz 和我在柯朗数学研究所轮流讲授泛函分析课程. 如果他还活着并能批阅本书的手稿, 这本书将会更加完善.

感谢 Jeff Rosenbluth 和 Paul Chernoff 仔细阅读了本书前面的一些章节; 感谢 Keisha Grady 用 TEX 打印了手稿并做出了最后的修改和订正.

泛函分析课程讲义在柯朗所的研究生中非常受欢迎. 我希望本书保留了原讲义的精髓.

Peter D. Lax

2001 年 11 月于纽约

目　录

第1章　线性空间

设 $\boldsymbol{F}$ 是一个数域, X 是一个非空集合. 称 X 是数域 $\boldsymbol{F}$ 上的线性空间, 是指在 X 中定义了两种运算：加法和标量乘法.

其中, 加法运算用 $+$ 表示：任给 X 中的元素 x 与 y, 在 X 中存在唯一的元素

$$x+y \tag{1}$$

与之对应. 加法满足交换律

$$x+y=y+x, \tag{2}$$

和结合律

$$x+(y+z)=(x+y)+z, \tag{3}$$

并且 X 按照加法构成一个群, 其零元用 0 表示：

$$x+0=x. \tag{4}$$

加法的逆运算记为 $-$：

$$x+(-x)\equiv x-x=0. \tag{5}$$

第二种运算是数域 $\boldsymbol{F}$ 中的元素 k 与 X 中的元素 x 的标量乘法：

$$kx.$$

kx 仍是 X 中的元素. 标量乘法满足结合律

$$k(ax)=(ka)x, \tag{6}$$

和分配律

$$k(x+y)=kx+ky, \tag{7}$$

$$(a+b)x=ax+bx. \tag{8}$$

而且数域 $\boldsymbol{F}$ 中的单位元 1 与 X 中元素的标量乘法是恒等作用：

$$1x=x. \tag{9}$$

以上规则是线性代数中的公理. 由此我们可以推导出一些结论.

若在 (8) 式中取 $b=0$, 则对 X 中所有的 x,

$$0x=0. \tag{10}$$

在 (8) 式中取 $a=1$, $b=-1$. 利用 (9) 式和 (10) 式, 我们得到, 对所有的 x,

$$(-1)x=-x. \tag{11}$$

线性代数课程中处理的空间都是有限维线性空间. 在本书中, 我们重点研究无限维线性空间, 即不是有限维的线性空间. 数域 $\boldsymbol{F}$ 是实数域 $\mathbb{R}$ 或复数域 $\mathbb{C}$. 下面我们给出一些线性空间的例子.

例 1　单个变量 s 的实系数多项式的全体 X 是数域 $\boldsymbol{F}=\mathbb{R}$ 上的一个线性空间.

例 2　n 个变量 $s_1,\cdots,s_n$ 的实系数多项式的全体 X 是 $\boldsymbol{F}=\mathbb{R}$ 上的一个线性空间.

例 3　设 G 是复平面上的一个区域, 则 G 内的复解析函数的全体 X 是 $\boldsymbol{F}=\mathbb{C}$ 上的一个线性空间.

例 4　带有无限多个实分量的向量 $\boldsymbol{x}=(a_1,a_2,\cdots)$ 构成的集合

$$X=\{\boldsymbol{x}=(a_1,a_2,\cdots):a_i\in\mathbb{R}\}$$

是 $\boldsymbol{F}=\mathbb{R}$ 上的一个线性空间.

例 5　设 Q 是一个 Hausdorff 空间, 则 Q 上的实值连续函数的全体 X 是 $\boldsymbol{F}=\mathbb{R}$ 上的一个线性空间.

例 6　设 M 是一个 C^∞ 微分流形, 则 M 上可微函数的全体 $X=C^\infty(M)$ 是一个线性空间.

例 7　设 Q 是一个测度空间, m 是 Q 上的测度, 则 $X=L^1(Q,m)$ 是一个线性空间.

例 8　设 Q 是一个测度空间, m 是 Q 上的测度, 则 $X=L^p(Q,m)$ 是一个线性空间.

例 9　上半平面内的调和函数的全体 X 是一个线性空间.

例 10　一个线性偏微分方程在给定区域内的解的全体 X 是一个线性空间.

例 11　给定 Riemann 曲面上的亚纯函数的全体是 $\boldsymbol{F}=\mathbb{C}$ 上的一个线性空间.

我们从最基本的构造和概念开始发展线性空间的理论. 给定线性空间 X 的两个子集 S 和 T, 我们称集合 $\{x=y+z:y\in S,z\in T\}$ 为 S 和 T 的和, 记为 $S+T$. 称集合 $\{x=-y:y\in S\}$ 为 S 的负集, 记为 $-S$.

给定同一数域上的两个线性空间 Z 和 U, 它们的直和是由所有有序对 (z,u), $z\in Z$, $u\in U$ 构成的线性空间, 记为 $Z\oplus U$; 其加法和标量乘法分别按分量进行相加和标量相乘.

定义　设 Y 是线性空间 X 的一个子集. 若 Y 中元素的加法和标量乘法仍属于 Y, 则称 Y 是 X 的一个线性子空间.

定理 1

(i) 集合 $\{0\}$ 和 X 都是 X 的线性子空间.

(ii) 任意一族子空间的和仍是线性子空间.

(iii) 任意一族子空间的交仍是线性子空间.

(iv) 若线性空间 X 的一族子空间按照由集合的包含关系定义的偏序是一个全序子集, 则它们的并仍是 X 的线性子空间.

习题 1 证明定理 1.

设 S 是线性空间 X 的一个子集. $\{Y_\sigma\}$ 是由 X 的所有包含 S 的线性子空间构成的集族. 由于 X 属于此集族, 因此它是非空的.

定义 称所有包含集合 S 的线性子空间 Y_σ 的交 $\cap Y_\sigma$ 为 S 的线性张.

定理 2

(i) 集合 S 的线性张是包含 S 的最小线性子空间.

(ii) S 的线性张由所有形如

$$x=\sum_1^n a_i x_i,\quad x_i\in S,\quad a_i\in \boldsymbol{F},\quad n\text{是任意的自然数} \tag{12}$$

的元素 x 构成.

证明 (i) 只是线性张定义的重新描述. 为了证明 (ii), 一方面, 我们注意到形如 (12) 的元素构成了一个线性空间; 另一方面, 形如 (12) 的元素 x 包含于任一包含 S 的子空间 Y 中. □

注 1 形如 (12) 的元素 x 称为点 $x_1,\cdots,x_n$ 的线性组合. 因此定理 2 可以重新叙述为:

子集 S 的线性张是由 S 中元素的所有线性组合构成的线性空间.

定义 设 X 是一个线性空间, Y 是 X 的线性子空间. 若 X 中的两个点 x_1 和 x_2 满足 $x_1-x_2\in Y$, 则称 x_1 和 x_2 是模 Y 等价的, 记为 $x_1\equiv x_2\,(\mathrm{mod}\,Y)$.

由加法的性质可知, mod Y 等价是一个等价关系, 即它是对称的、自反的和传递的. 在这种情况下, 我们可以把 X 分解为 mod Y 的不同的等价类. 我们用 X/Y 表示所有等价类的集合, 在其上有一个自然的线性结构. 两个等价类的和定义为从每个等价类中任取一个元素相加的和所在的等价类. 容易证明, 等价类的和与代表元的选取无关, 即若 $x_1\equiv z_1$, $x_2\equiv z_2$, 则 $x_1+x_2\equiv z_1+z_2 \mod Y$. 类似地, 我们把数与等价类中任意元素的标量乘法所在的等价类定义为等价类的标量乘法. 由于 $x_1\equiv z_1$, 故 $kx_1\equiv kz_1 \mod Y$, 因此标量乘法也与代表元的选取无关. 当商集合 X/Y 赋以这个自然的线性结构时, 我们称 X/Y 为 X 模 Y 的商空间. 我们定义 $\operatorname{codim} Y=\dim X/Y$.

习题 2 验证上述结论.

和所有代数结构一样, 对线性空间我们有同构的概念.

定义 设 X 和 Y 是同一数域上的两个线性空间. 如果存在从 X 到 Y 上的一对一的映射 $\boldsymbol{T}$ 把元素的和映为象的和, 把元素的标量乘法映为象的标量乘法, 即

$$\begin{aligned} \boldsymbol{T}(x_1+x_2) &= \boldsymbol{T}(x_1)+\boldsymbol{T}(x_2), \\ \boldsymbol{T}(kx) &= k\boldsymbol{T}(x), \end{aligned} \tag{13}$$

则称 X 和 Y 是同构的.

类似地, 我们可以定义同态的概念. 在本书中我们称同态为线性映射.

定义 设 X 和 U 是同一数域上的线性空间. 若映射 $\boldsymbol{M}\colon X \longrightarrow U$ 把元素的和映为象的和, 元素的标量乘法映为象的标量乘法; 即对 X 中所有的 x,y, $\boldsymbol{F}$ 中所有的 k, 都有

$$\begin{aligned} \boldsymbol{M}(x+y) &= \boldsymbol{M}(x)+\boldsymbol{M}(y), \\ \boldsymbol{M}(kx) &= k\boldsymbol{M}(x), \end{aligned} \tag{14}$$

则称 $\boldsymbol{M}$ 是一个线性映射, X 为 $\boldsymbol{M}$ 的定义域, U 为 $\boldsymbol{M}$ 的终点.

注 2 线性空间的同构是一个一对一的映到上的线性映射.

定理 3

(i) 若 $\boldsymbol{M}\colon X \to U$ 是一个线性映射, 则 X 的线性子空间 Y 在 $\boldsymbol{M}$ 下的象是 U 的一个线性子空间.

(ii) U 的线性子空间 V 在 $\boldsymbol{M}$ 下的原象是 X 的一个线性子空间.

习题 3 证明定理 3.

凸性是实线性空间中一个非常重要的概念.

定义 设 X 是一个实线性空间, K 是 X 的一个子集. 如果对 K 中任意的元素 x 和 y, 以 x 和 y 为端点的线段

$$ax+(1-a)y, \quad 0 \leqslant a \leqslant 1 \tag{15}$$

上的点都属于 K, 则称 K 是一个凸集.

平面上凸集的例子有圆盘、三角形和半圆盘. 凸集的下列性质是其定义的直接推论.

定理 4 设 K 是实线性空间 X 的一个凸子集. 若 $x_1,\cdots,x_n$ 属于 K, 则形如

$$x=\sum_1^n a_j x_j, \quad a_j \geqslant 0, \quad \sum_{j=1}^n a_j = 1, \tag{16}$$

的每个 x 都属于 K.

习题 4 证明定理 4.

形如 (16) 的 x 称为 $x_1,x_2,\cdots,x_n$ 的一个凸组合.

定理 5 设 X 是一个实线性空间, 则

(i) 空集为凸集.

(ii) 单点集为凸集.

(iii) X 的每个线性子空间都是凸集.

(iv) 两个凸子集的和为凸集.

(v) 若 K 是凸集, 则 $-K$ 也是凸集.

(vi) 任意一族凸集的交仍是凸集.

(vii) 若 $\{K_j\}$ 按照由集合的包含关系定义的偏序是一个全序子集, 则它们的并集 $\cup K_j$ 是凸集.

(viii) 凸集在线性映射下的象是凸集.

(ix) 凸集在线性映射下的逆象是凸集.

习题 5 证明定理 5.

定义 设 S 是实线性空间 X 的一个子集. 称包含 S 的所有凸集的交为 S 的凸包. S 的凸包记为 $\widehat{S}$.

定理 6

(i) S 的凸包是包含 S 的最小凸集.

(ii) S 的凸包由 S 中的点的形如 (16) 的凸组合构成.

习题 6 证明定理 6.

定义 如果凸集 K 的子集 E 满足:

(i) E 是非空凸集;

(ii) 当 E 中的点 x 可以表示为 $x = \frac{y+z}{2}$ $(y, z \in K)$ 时, y 和 z 都属于 E, 则称 E 是 K 的一个极子集.

只包含一个点的极子集称为 K 的极值点.

例 1 设 K 是区间 $\{x : 0 \leqslant x \leqslant 1\}$. 区间的两个端点是 E 的极值点.

例 2 设 K 是闭圆盘

$$\{(x, y) : x^2 + y^2 \leqslant 1\}.$$

圆周 $\{(x, y) : x^2 + y^2 = 1\}$ 上的每一个点都是 K 的极值点.

例 3 开圆盘

$$\{(x, y) : x^2 + y^2 < 1\}$$

没有极值点.

例 4 设 K 是多面体 (包含所有的面). K 的面、边、顶点和 K 自身都是 K 的极子集.

定理 7 设 K 是一个凸集, E 是 K 的极子集且 F 是 E 的极子集, 则 F 是 K 的极子集.

习题 7 证明定理 7.

定理 8 设 M 是从线性空间 X 到线性空间 U 的一个线性映射. 若 K 是 U 的一个凸子集, E 是 K 的极子集, 则 E 的逆象是空集或是 K 的逆象的一个极子集.

习题 8 证明定理 8.

习题 9 举例说明极子集在线性映射下的象未必是象的极子集.

当线性空间 U 是一维的时候, 我们得到如下推论.

推论 8′ 设 H 是线性空间 X 的一个凸子集, ℓ 是从 X 到 $\mathbb{R}$ 的一个线性映射, $H_{\min}$ 和 $H_{\max}$ 分别表示 H 中使得 ℓ 达到最小值和最大值的点构成的集合.

断言 当 $H_{\min}$ 和 $H_{\max}$ 非空时, 它们都是 H 的极子集.

第2章　线性映射

2.1　线性映射生成的代数

由第 1 章我们知道, 如果从线性空间 X 到同一个数域上的另一个线性空间 U 的映射 $\boldsymbol{M}: X \to U$ 是一个代数同态, 即

$$\begin{aligned} \boldsymbol{M}(x+y) &= \boldsymbol{M}(x) + \boldsymbol{M}(y), \\ \boldsymbol{M}(kx) &= k\boldsymbol{M}(x), \end{aligned} \tag{1}$$

则称 $\boldsymbol{M}$ 是从 X 到 U 内的线性映射. 本节只考虑由纯代数结构 (1) 所决定的线性映射的性质, 而对线性空间 X 和 U 不加任何拓扑上的限制.

从 X 到 U 内的两个线性映射 $\boldsymbol{M}$ 和 $\boldsymbol{N}$ 的和与标量乘法分别定义为

$$(\boldsymbol{M}+\boldsymbol{N})(x) = \boldsymbol{M}(x) + \boldsymbol{N}(x), \tag{2}$$

$$(k\boldsymbol{M})(x) = k\boldsymbol{M}(x). \tag{3}$$

这使得从 X 到 U 内的所有线性映射构成了一个线性空间. 我们把这个空间记为 $\mathcal{L}(X,U)$. 给定两个线性映射 $\boldsymbol{M}: X \to U$ 和 $\boldsymbol{N}: U \to W$, 我们定义这两个映射的复合

$$(\boldsymbol{N}\boldsymbol{M})(x) = \boldsymbol{N}(\boldsymbol{M}(x)) \tag{4}$$

为它们的乘积. 由于映射的复合满足结合律, 线性映射的复合也满足结合律. 我们将会看到, 映射的复合不满足交换律.

从现在开始, 我们省略括号而把线性映射 $\boldsymbol{M}$ 在 x 上的作用表示为

$$\boldsymbol{M}(x) = \boldsymbol{M}x.$$

这个符号表明映射 M 在 x 上的作用是一种乘法. 事实上, (1) 和 (2) 说明这种乘法满足分配律.

习题 1　验证两个线性映射的复合仍是线性映射而且满足分配律:

$$\begin{aligned} \boldsymbol{M}(\boldsymbol{N}+\boldsymbol{K}) &= \boldsymbol{M}\boldsymbol{N} + \boldsymbol{M}\boldsymbol{K}, \\ (\boldsymbol{M}+\boldsymbol{K})\boldsymbol{N} &= \boldsymbol{M}\boldsymbol{N} + \boldsymbol{K}\boldsymbol{N}. \end{aligned}$$

定义　若从 X 到 U 的映射 $\boldsymbol{M}$ 把 X 一对一地映到 U 上, 则称 $\boldsymbol{M}$ 是可逆的.

若 $\boldsymbol{M}$ 可逆, 则它的逆 $\boldsymbol{M}^{-1}$ 满足

$$\boldsymbol{M}^{-1}\boldsymbol{M} = \boldsymbol{I}_X, \quad \boldsymbol{M}\boldsymbol{M}^{-1} = \boldsymbol{I}_U,$$

这里 $\boldsymbol{I}_X$ 和 $\boldsymbol{I}_U$ 分别表示 X 和 U 上的恒等映射. 若 $\boldsymbol{M}$ 是线性映射, 则 $\boldsymbol{M}^{-1}$ 也是线性映射.

定义 被 $\boldsymbol{M}$ 映为零的点构成的集合称为 $\boldsymbol{M}$ 的零空间, 记为 $N_{\boldsymbol{M}}$. X 在映射 $\boldsymbol{M}$ 下的象称为 $\boldsymbol{M}$ 的值域, 记为 $R_{\boldsymbol{M}}$.

定理 1 设 $\boldsymbol{M}: X \to U$ 是一个线性映射.

(i) 零空间 $N_{\boldsymbol{M}}$ 是 X 的线性子空间, 值域 $R_{\boldsymbol{M}}$ 是 U 的线性子空间.

(ii) $\boldsymbol{M}$ 是可逆的当且仅当 $N_{\boldsymbol{M}} = \{0\}$ 且 $R_{\boldsymbol{M}} = U$.

(iii) $\boldsymbol{M}$ 把商空间 $X/N_{\boldsymbol{M}}$ 一对一地映到 $R_{\boldsymbol{M}}$ 上.

(iv) 若 $\boldsymbol{M}: X \to U$ 和 $\boldsymbol{K}: U \to W$ 都是可逆的, 则它们的乘积也是可逆的, 并且

$$(\boldsymbol{KM})^{-1} = \boldsymbol{M}^{-1}\boldsymbol{K}^{-1}.$$

(v) 若 $\boldsymbol{KM}$ 是可逆的, 则 $N_{\boldsymbol{M}} = \{0\}$, $R_{\boldsymbol{K}} = W$.

习题 2 证明定理 1.

我们注意到, 当 $X = U = W$ 均为有限维时, 乘积 $\boldsymbol{NM}$ 的可逆性意味着 $\boldsymbol{N}$ 和 $\boldsymbol{M}$ 都是可逆的. 但是在无限维的情形下此结论不成立. 例如, 设 X 是由所有无穷序列

$$x = (a_1, a_2, \cdots)$$

构成的线性空间, 定义 $\boldsymbol{R}$ 和 $\boldsymbol{L}$ 分别为右平移和左平移: $\boldsymbol{R}x = (0, a_1, a_2, \cdots)$, $\boldsymbol{L}x = (a_2, a_3, \cdots)$. 显然, $\boldsymbol{LR}$ 是恒等映射, 但是 $\boldsymbol{R}$ 和 $\boldsymbol{L}$ 都不可逆, 而且 $\boldsymbol{RL}$ 也不是恒等映射.

我们现在给出与线性空间 X到自身内的映射

$$\boldsymbol{M}: X \to X$$

有关的一些有用的记号和结果.

记 N_j 是 $\boldsymbol{M}$ 的 j 次幂的零空间:

$$N_j = N_{\boldsymbol{M}^j}. \tag{5}$$

定理 2 由 (5) 式定义的子空间 N_j 满足:

$$\text{对所有的 } j, \quad N_j \subset N_{j+1} \tag{6}$$

且

$$\text{对所有的 } j, \quad \dim(N_j/N_{j-1}) \geqslant \dim(N_{j+1}/N_j). \tag{7}$$

证明 (6) 是 (5) 的直接推论. 为证 (7), 我们首先证明 $\boldsymbol{M}$ 把 N_{j+1}/N_j 一对一地映到 N_j/N_{j-1} 内. 为此, 注意到 N_{j+1}/N_j 的一个非零元由属于 N_{j+1} 但不属于 N_j 的一个点 z 表示. 显然, $\boldsymbol{M}z$ 属于 N_j 但不属于 N_{j-1}, 这证明了 $\boldsymbol{M}$ 把 N_{j+1}/N_j 一对一地映到 N_j/N_{j-1} 内. 由此可知, N_{j+1}/N_j 和 N_j/N_{j-1} 的一个子空间同构, 从而 (7) 式成立. 当 N_{j+1}/N_j 是无限维时, N_j/N_{j-1} 也是无限维的. □

下面的结论是 (7) 式的直接推论.

定理 2′ 若存在 i 使得

$$N_i = N_{i+1}, \tag{8}$$

则对所有的 $k > i$,

$$N_i = N_k. \tag{8′}$$

定义 设 Y 是线性空间 X 的一个线性子空间. 若线性映射 $\boldsymbol{M}: X \to X$ 把 Y 映到 Y 中, 则称 Y 是 $\boldsymbol{M}$ 的一个不变子空间.

定理 3 设 Y 是线性映射 $\boldsymbol{M}: X \to X$ 的一个不变子空间. 则

(i) $\boldsymbol{M}$ 可以自然地视为 $X/Y \to X/Y$ 的一个映射;

(ii) 若映射

$$\boldsymbol{M}: Y \to Y \quad \text{和} \quad \boldsymbol{M}: X/Y \to X/Y$$

均是可逆的, 则 $\boldsymbol{M}: X \to X$ 也是可逆的.

证明 我们把 (i) 的证明留给读者. 在 (ii) 中, 我们首先证明 $\boldsymbol{M}: X \to X$ 的零空间是平凡的. 为此, 假设

$$\boldsymbol{M}z = 0.$$

由于假设 $\boldsymbol{M}: X/Y \to X/Y$ 的零空间是平凡的, 故 z 属于 Y. 但是 $\boldsymbol{M}: Y \to Y$ 的零空间也是平凡的, 故 $z = 0$.

下面我们证明 $\boldsymbol{M}: X \to X$ 是映到上的, 即对 X 中每个 u_0,

$$\boldsymbol{M}x_0 = u_0 \tag{9}$$

都有一个解 x_0. 为此, 我们分两步解方程 (9). 首先我们解同余式

$$\boldsymbol{M}x \equiv u_0 (\operatorname{mod} Y),$$

由于 $\boldsymbol{M}$ 把 X/Y 映到 X/Y 上, 这是可解的. 设 x_1 是解所在等价类中的一个元素, 即 x_1 满足

$$\boldsymbol{M}x_1 = u_0 + z, \quad z \in Y.$$

因此 (9) 的解 x_0 是

$$x_0 = x_1 - y,$$

这里, y 是方程

$$\boldsymbol{M}y = z$$

在 Y 中的解. 由于假设 $\boldsymbol{M}$ 把 Y 映到 Y 上, 这样的解 y 是存在的. □

我们注意到, 虽然 $\boldsymbol{M}$ 在 Y 和 X/Y 上的可逆性保证了 $\boldsymbol{M}$ 在 X 上的可逆性, 但是此命题的逆在无限维空间的情形下不成立. 例如, 设 X 是由 $\mathbb{R}$ 上所有的有界连续函数构成的线性空间, $\boldsymbol{S}$ 是移位算子

$$(\boldsymbol{S}x)(t) = x(t-1),$$

Y 是由在负实轴上为零的函数 $x(t)$ 构成的子空间. 显然, Y 在移位算子作用下是不变的, 同样很明显, $\boldsymbol{S}$ 在 X 上是可逆的, 其逆为左单位移位. 但是 $\boldsymbol{S}$ 在 Y 上和

X/Y 上都不是可逆的: 在 Y 上它的值域由所有当 $t \leqslant 1$ 时取值为零的函数 $x(t)$ 构成, 在 X/Y 上它有非平凡的零空间.

习题 3 $\boldsymbol{S}$ 在 X/Y 上的零空间是什么?

第 25 章将会构造不变子空间. 这里, 我们把下列有用的事实放在一起.

定理 4 设 $\boldsymbol{M}: X \to X$ 是一个线性映射.

(i) 对 X 中任意的 y, 集合 $\{p(\boldsymbol{M})y : p\text{是任意的多项式}\}$ 是 $\boldsymbol{M}$ 的不变子空间.

(ii) 设 $\boldsymbol{T}: X \to X$ 是线性映射且 T 与 $\boldsymbol{M}$ 可交换: $\boldsymbol{TM} = \boldsymbol{MT}$, 则 $\boldsymbol{T}$ 的零空间是 $\boldsymbol{M}$ 的不变子空间.

证明 (i) 的证明基于如下事实: 若 $p(\boldsymbol{M})$ 是多项式, 则 $\boldsymbol{M}p(\boldsymbol{M})$ 也是多项式. (ii) 由以下事实得出: 若 $\boldsymbol{M}$ 和 $\boldsymbol{T}$ 可交换且 z 在 $\boldsymbol{T}$ 的零空间中, 即 $\boldsymbol{T}z = 0$, 则 $\boldsymbol{TM}z = \boldsymbol{MT}z = \boldsymbol{M}0 = 0$. □

2.2 线性映射的指标

下面一组定理描述了一类重要的特殊映射.

定义 若线性映射 $\boldsymbol{G}$ 的值域是有限维的, 即

$$\dim R_{\boldsymbol{G}} < \infty, \tag{10}$$

则称 $\boldsymbol{G}$ 是退化的.

定理 5 退化映射在如下意义下构成了一个理想.

(i) 两个退化映射的和还是退化的.

(ii) 在退化映射的左端或右端乘以任意线性映射所得到的映射仍是退化的, 即若 $\boldsymbol{G}$ 是退化的, 则当 $\boldsymbol{MG}$ 和 $\boldsymbol{NG}$ 有意义时, $\boldsymbol{MG}$ 和 $\boldsymbol{NG}$ 都是退化的.

习题 4 证明定理 5.

定义 设 $\boldsymbol{M}: X \to U$ 和 $\boldsymbol{L}: U \to X$ 是线性映射, $\boldsymbol{I}_X$ 和 $\boldsymbol{I}_U$ 分别是 X 上和 U 上的恒等映射. 如果存在退化映射 $\boldsymbol{G}_1: X \to X$ 和 $\boldsymbol{G}_2: U \to U$, 使得

$$\boldsymbol{LM} = \boldsymbol{I}_X + \boldsymbol{G}_1, \quad \boldsymbol{ML} = \boldsymbol{I}_U + \boldsymbol{G}_2, \tag{11}$$

则称 $\boldsymbol{M}$ 和 $\boldsymbol{L}$ 互为伪逆.

习题 5 证明定理 1 后面描述的右移位和左移位在所有序列构成的空间上互为伪逆.

定理 6

(i) 若 $\boldsymbol{L}$ 和 $\boldsymbol{M}$ 互为伪逆, 则对任意的退化映射 $\boldsymbol{G}_1$ 和 $\boldsymbol{G}_2$, $\boldsymbol{L} + \boldsymbol{G}_1$ 和 $\boldsymbol{M} + \boldsymbol{G}_2$ 也互为伪逆.

(ii) 若 $\boldsymbol{M}: X \to U$ 和 $\boldsymbol{A}: U \to W$ 分别有伪逆 $\boldsymbol{L}$ 和 $\boldsymbol{B}$, 则 $\boldsymbol{AM}$ 和 $\boldsymbol{LB}$ 互为伪逆.

习题 6 证明定理 6.

回忆一下, 线性空间 U 的线性子空间 R 的余维数定义为

$$\operatorname{codim} R = \dim(U/R).$$

定理 7 线性映射 $\boldsymbol{M}: X \to U$ 有伪逆, 当且仅当

$$\dim N_{\boldsymbol{M}} < \infty, \quad \operatorname{codim} R_{\boldsymbol{M}} < \infty. \tag{12}$$

证明 为了证明"必要性", 我们需要下面的引理. □

引理 8 若 $\boldsymbol{G}: X \to X$ 是退化映射, 则

$$\dim N_{\boldsymbol{I}+\boldsymbol{G}} < \infty, \quad \operatorname{codim} R_{\boldsymbol{I}+\boldsymbol{G}} < \infty. \tag{13}$$

证明 对 $N_{\boldsymbol{I}+\boldsymbol{G}}$ 中的每个 x, 有

$$x + \boldsymbol{G}x = 0.$$

这说明

$$N_{\boldsymbol{I}+\boldsymbol{G}} \subset R_{\boldsymbol{G}};$$

结合 (10) 式, 这证明了 (13) 式的第一部分.

由定理 1(iii), $\boldsymbol{G}$ 把 $Z/N_{\boldsymbol{G}}$ 一对一地映到 $R_{\boldsymbol{G}}$ 上, 故

$$\operatorname{codim} \ N_{\boldsymbol{G}} = \dim R_{\boldsymbol{G}}. \tag{14}$$

显然, $\boldsymbol{I}+\boldsymbol{G}$ 把 $N_{\boldsymbol{G}}$ 中的每个 x 映到 $N_{\boldsymbol{G}}$ 中; 这说明 $R_{\boldsymbol{I}+\boldsymbol{G}} \supset N_{\boldsymbol{G}}$, 由此可知

$$\operatorname{codim} R_{\boldsymbol{I}+\boldsymbol{G}} \leqslant \operatorname{codim} N_{\boldsymbol{G}}. \tag{14'}$$

由 (14) 式和 (14′) 式, 我们断定 $\operatorname{codim} R_{\boldsymbol{I}+\boldsymbol{G}} \leqslant \dim R_{\boldsymbol{G}}$. 由 (10) 式, 我们得到 (13) 式的第二部分. □

现在假设 $\boldsymbol{M}$ 有一个伪逆, 则 (11) 式成立. 由 (11) 中的第一个关系式, 我们推出 $N_{\boldsymbol{M}} \subset N_{\boldsymbol{I}+\boldsymbol{G}}$, 从而 $\dim N_{\boldsymbol{M}} \leqslant \dim N_{\boldsymbol{I}+\boldsymbol{G}}$; 结合 (13) 的第一部分, 我们得到 (12) 式的第一部分. 由 (11) 中的第二个关系式, $R_{\boldsymbol{M}} \supset R_{\boldsymbol{I}+\boldsymbol{G}}$. 因此

$$\operatorname{codim} R_{\boldsymbol{M}} \leqslant \operatorname{codim} R_{\boldsymbol{I}+\boldsymbol{G}}.$$

结合 (13) 中的第二个关系式即得 (12) 式的第二部分.

为了证明"充分性", 我们需要下面的引理.

引理 9 线性空间 X 的每个子空间 N 都有一个补子空间 Y, 即存在 X 的子空间 Y 使得 $X = N \oplus Y$. 这意味着 X 中的每个 x 都可以唯一地分解为

$$x = n + y, \quad n \in N, \ \ y \in Y. \tag{15}$$

证明 考虑 X 的所有与 N 的交为 $\{0\}$ 的子空间 Y 构成的集族 $\mathscr{F}$, 在 $\mathscr{F}$ 中用集合的包含关系定义偏序. $\mathscr{F}$ 的每一个全序子集 $\{Y_j\}$ 均以所有 Y_j 的并为上界.

Zorn 引理说明, 在 $\mathscr{F}$ 中存在一个最大元 Y; Y 显然满足引理中的性质. 如果某个 x 不能表示成 (15) 的形式, 我们可以把 x 加到 Y 中, 这与 Y 的最大性矛盾. □

注意, 补子空间 Y 不是唯一确定的. 在确定了 N 的一个特殊的补子空间 Y 后, 通过 (15) 我们定义从 X 到 N 上的投影 $\boldsymbol{P}$:

$$\boldsymbol{P}x = n.$$

习题 7 证明 $\boldsymbol{P}$ 是线性映射.

习题 8 证明当 N 的余维数有限时, $\dim Y = \operatorname{codim} N$.

现在我们回到定理 7 中"充分性"的证明. 由 (15) 式可知, X 的每个 mod N 的等价类都恰好包含 Y 中的一个元素, 而且这个对应是一个同构:

$$Y \leftrightarrow X/N.$$

假设 $\boldsymbol{M}: X \to U$ 满足条件 (12). 选取 $\boldsymbol{M}$ 的零空间的补子空间 Y 和 M 的值域的补子空间 V:

$$X = N_{\boldsymbol{M}} \oplus Y, \quad U = R_{\boldsymbol{M}} \oplus V. \tag{16}$$

根据定理 1(iii), $\boldsymbol{M}$ 把 $X/N_{\boldsymbol{M}}$ 一对一地映到 $R_{\boldsymbol{M}}$ 上. 由于 $X/N_{\boldsymbol{M}}$ 与 Y 同构, 故

$$\boldsymbol{M}: Y \to R_{\boldsymbol{M}}$$

是可逆的. 记其逆为 $\boldsymbol{M}^{-1}$ 并定义映射 $\boldsymbol{K}$ 如下:

$$\boldsymbol{K}x = \begin{cases} \boldsymbol{M}^{-1}x, & x \in R_{\boldsymbol{M}}, \\ \boldsymbol{0}, & x \in V. \end{cases} \tag{17}$$

利用 (16) 式, 我们可以把 $\boldsymbol{K}$ 延拓到整个 U 上. 显然,

$$\boldsymbol{KM} = \begin{cases} \boldsymbol{I}, & \text{在 } Y \text{ 上}, \\ \boldsymbol{0}, & \text{在} N_{\boldsymbol{M}} \text{上}, \end{cases} \qquad \boldsymbol{MK} = \begin{cases} \boldsymbol{I}, & \text{在} R_{\boldsymbol{M}} \text{上}, \\ \boldsymbol{0}, & \text{在} V \text{上}. \end{cases} \tag{17$'$}$$

把 (17′) 重新写为

$$\boldsymbol{KM} = \boldsymbol{I} - \boldsymbol{P}, \quad \boldsymbol{MK} = \boldsymbol{I} - \boldsymbol{Q},$$

这里, $\boldsymbol{P}$ 是 X 到 N 上的投影, $\boldsymbol{Q}$ 是 U 到 V 上的投影. 由此可知, $\boldsymbol{K}$ 和 $\boldsymbol{M}$ 在 (11) 式意义下互为伪逆. 由于 $\boldsymbol{P}$ 和 $\boldsymbol{Q}$ 是退化的, 这就完成了定理 7 的证明. □

定义 设 $\boldsymbol{M}: X \to U$ 是有伪逆的线性映射. 称

$$\operatorname{ind} \boldsymbol{M} = \dim N_{\boldsymbol{M}} - \operatorname{codim} R_{\boldsymbol{M}} \tag{18}$$

为映射 $\boldsymbol{M}$ 的指标.

由定理 7, 这个定义是有意义的.

定理 10 设 $\boldsymbol{M}: X \to U$ 和 $\boldsymbol{L}: U \to W$ 是两个有伪逆的线性映射, 则乘积 $\boldsymbol{LM}$ 有伪逆且

$$\operatorname{ind}(\boldsymbol{LM})=\operatorname{ind}\boldsymbol{L}+\operatorname{ind}\boldsymbol{M}. \tag{19}$$

证明　由定理 6(ii) 可知, $\boldsymbol{LM}$ 有伪逆. 为证 (19) 式, 我们以正合列作为计数手段. □

定义　给定线性空间 $V_0, V_1, \cdots, V_n$ 和线性映射 $\boldsymbol{T}_j: V_j \to V_{j+1}$. 若 $\boldsymbol{T}_j$ 的值域是 $\boldsymbol{T}_{j+1}$ 的零空间, 则称

$$V_0 \xrightarrow{\boldsymbol{T}_0} V_1 \xrightarrow{\boldsymbol{T}_1} \cdots \xrightarrow{\boldsymbol{T}_{n-1}} V_n$$

是一个正合列.

引理 11　假设在上面的正合列中, 每个 V_j 都是有限维的, 而且

$$\dim V_0 = 0 = \dim V_n, \tag{20}$$

则

$$\sum_j (-1)^j \dim V_j = 0. \tag{20$'$}$$

证明　把 V_j 分解为

$$V_j = N_j \oplus Y_j,$$

这里 N_j 是 $\boldsymbol{T}_j$ 的零空间, Y_j 是 N_j 的补子空间. 正合的条件说明 $\boldsymbol{T}_j$ 是 Y_j 和 N_{j+1} 之间的同构. 由于 $\dim V_j = \dim N_j + \dim Y_j$, 故

$$\dim V_j = \dim N_j + \dim N_{j+1}, \quad 0 \leqslant j < n-1. \tag{21}$$

根据 (20),

$$\dim N_0 = 0,\ \ \dim V_{n-1} = \dim N_{n-1}. \tag{21$'$}$$

将 (21) 和 (21′) 代入 (20′) 的左边就证明了交错和为零. □

为了证明定理 10, 我们构造下面的正合列:

$$0 \to N_{\boldsymbol{M}} \xrightarrow{\boldsymbol{I}_0} N_{\boldsymbol{LM}} \xrightarrow{\boldsymbol{M}} N_{\boldsymbol{L}} \xrightarrow{\boldsymbol{Q}} U/R_{\boldsymbol{M}} \xrightarrow{\boldsymbol{L}} W/R_{\boldsymbol{LM}} \xrightarrow{\boldsymbol{E}} W/R_{\boldsymbol{L}} \to 0. \tag{22}$$

映射 $\boldsymbol{I}_0$ 把 $N_{\boldsymbol{M}}$ 等同为 $N_{\boldsymbol{LM}}$ 的一个子空间. $\boldsymbol{Q}$ 是把 U 中的点映到包含它们的 $U \bmod R_{\boldsymbol{M}}$ 的等价类的自然映射. $\boldsymbol{E}$ 是把 $W \bmod R_{\boldsymbol{LM}}$ 的等价类映到 $\bmod R_{\boldsymbol{L}}$ 的等价类的映射.

习题 9　验证 (22) 是一个正合列.

我们把关系 (20′) 应用到正合列 (22) 上, 此时

$$V_0 = 0,\ \ V_1 = N_{\boldsymbol{M}},\ \ V_2 = N_{\boldsymbol{LM}},\ \ V_3 = N_{\boldsymbol{L}},$$
$$V_4 = U/R_{\boldsymbol{M}},\ \ V_5 = W/R_{\boldsymbol{LM}},\ \ V_6 = W/R_{\boldsymbol{L}},\ \ V_7 = 0.$$

利用余维数的定义, 我们把 (20′) 写为

$$\dim N_{\boldsymbol{M}} - \dim N_{\boldsymbol{LM}} + \dim N_{\boldsymbol{L}} - \operatorname{codim} R_{\boldsymbol{M}} + \operatorname{codim} R_{\boldsymbol{LM}} - \operatorname{codim} R_{\boldsymbol{L}} = 0.$$

利用指标的定义 (18), 我们得到了指标的乘积公式(19). □

下面的结果称为指标的稳定性.

定理 12 设 $\boldsymbol{M}: X \to U$ 是有伪逆的线性映射, $\boldsymbol{G}: X \to U$ 是退化的线性映射, 则 $\boldsymbol{M}+\boldsymbol{G}$ 有伪逆, 且

$$\operatorname{ind}(\boldsymbol{M}+\boldsymbol{G}) = \operatorname{ind} \boldsymbol{M}. \tag{23}$$

证明 我们首先验证 (23) 式当 $U = X$ 和 $\boldsymbol{M} = \boldsymbol{I}$ 时成立. 为此, 我们需要下面的引理.

引理 13 设 X 是一个线性空间, $\boldsymbol{K}: X \to U$ 是从 X 到 U 内的有伪逆的线性映射. 设 X_0 是 X 的一个余维数有限的线性子空间, 则 $\boldsymbol{K}$ 在 X_0 上的限制 $\boldsymbol{K}_0 : X_0 \to U$ 有伪逆, 且

$$\operatorname{ind} \boldsymbol{K}_0 = \operatorname{ind} \boldsymbol{K} - \operatorname{codim} X_0. \tag{24}$$

证明 把 $\boldsymbol{K}_0$ 分解为

$$\boldsymbol{K}_0 = \boldsymbol{K}\boldsymbol{I}_0, \tag{24$'$}$$

这里 $\boldsymbol{I}_0 : X_0 \to X$ 是黏合映射. 显然, $N_{\boldsymbol{I}_0} = \{0\}$, $R_{\boldsymbol{I}_0} = X_0$, 于是

$$\operatorname{ind} \boldsymbol{I}_0 = -\operatorname{codim} X_0. \tag{25}$$

现在对 (24′) 应用乘积公式 (19) 即得 (24). □

设 $\boldsymbol{G}: X \to X$ 是一个退化的映射; 令 $\boldsymbol{K}: X \to X$ 为

$$\boldsymbol{K} = \boldsymbol{I} + \boldsymbol{G}. \tag{26}$$

显然, $\boldsymbol{I}$ 是 $\boldsymbol{K}$ 的伪逆. 设 X_0 为 $\boldsymbol{G}$ 的零空间:

$$X_0 = N_{\boldsymbol{G}}. \tag{27}$$

根据 (14), X_0 的余维数有限. 因为 $\boldsymbol{G}$ 在 X_0 上为零, $\boldsymbol{K}$ 在 X_0 上的限制 $\boldsymbol{K}_0$ 是黏合映射 $\boldsymbol{I}_0$. 因此, 由 (25) 式,

$$\operatorname{ind} \boldsymbol{K}_0 = \operatorname{ind} \boldsymbol{I}_0 = -\operatorname{codim} X_0.$$

对 $\boldsymbol{K}$ 应用引理 13. 由 (24),

$$\operatorname{ind} \boldsymbol{K}_0 = \operatorname{ind} \boldsymbol{K} - \operatorname{codim} X_0.$$

由上述最后两个关系式可知, 对形如 (26) 的每个 $\boldsymbol{K}$,

$$\operatorname{ind} \boldsymbol{K} = 0. \tag{28}$$

这在 $\boldsymbol{M} = \boldsymbol{I}$ 的情形下证明了 (23) 式.

现在取 $\boldsymbol{M}$ 为有伪逆的任意映射, 用 $\boldsymbol{L}: U \to X$ 表示 $\boldsymbol{M}$ 的伪逆. 由定义,

$$\boldsymbol{L}\boldsymbol{M} = \boldsymbol{K} = \boldsymbol{I} + \boldsymbol{G}',$$

这里 $\boldsymbol{G}'$ 是一个退化的映射. 由 (28) 式,

$$\operatorname{ind}(\boldsymbol{L}\boldsymbol{M}) = \operatorname{ind}(\boldsymbol{I} + \boldsymbol{G}') = 0. \tag{29}$$

利用乘积公式 (19), 由 (29) 知

$$\operatorname{ind} \boldsymbol{L} = -\operatorname{ind} \boldsymbol{M}. \tag{30}$$

正如我们在定理 6(i) 中看到的, 对退化的 $\boldsymbol{G}$, $\boldsymbol{L}$ 也是 $\boldsymbol{M} + \boldsymbol{G}$ 的伪逆. 因此, 再次利用 (30) 式, 我们得到

$$\text{ind}\ \boldsymbol{L} = -\text{ind}\ (\boldsymbol{M} + \boldsymbol{G}). \tag{30'}$$

结合 (30) 和 (30′), 我们得到了 (23) 式. □

注记

本章的第一部分是标准的. 非标准的内容如下.

(i) 有伪逆的线性映射的指标的概念, 定理 7.

(ii) 指标的乘积公式, 定理 10.

(iii) 指标在退化映射摄动下的不变性, 定理 12.

奇怪的是, 这些线性代数的结果最早来源于赋范线性空间上的有界线性映射. 它们的成立不依赖于拓扑结构的存在, 所以很具有普遍性. Donald Sarason 第一次在论文中给出了可乘性的结论及其证明. 这里利用正合列给出的证明属于 Sergiu Klainerman.

参考文献

Sarason, D., The multiplication theorem for Fredholm operators. *Am. Math. Monthly*, **94**(1987): 68–70.

第 3 章　Hahn-Banach 定理

3.1　延 拓 定 理

Hahn-Banach 定理由于它的简单性及由其导出的意义深远的结果而著名. 它处理线性泛函的延拓.

定义　设 ℓ 是数域 $\boldsymbol{F}$ 上的线性空间 X 到 $\boldsymbol{F}$ 的一个映射. 如果对 X 中任意的 x, y,

$$\ell(x+y)=\ell(x)+\ell(y);$$

对任意的 $k \in \boldsymbol{F}$,

$$\ell(kx)=k\ell(x),$$

则称 ℓ 是 X 上的一个线性泛函.

在本节中, 我们主要研究实线性空间和实数值的线性泛函.

定理 1(Hahn-Banach 定理)　设 X 是实线性空间, p 是 X 上的一个实值函数且 p 满足下列性质.

(i) 正齐性: 对 X 中的每个 x,

$$\forall a>0,\quad p(ax)=ap(x). \tag{1}$$

(ii) 次可加性: 对 X 中所有的 x 和 y,

$$p(x+y) \leqslant p(x)+p(y). \tag{2}$$

设 Y 是 X 的线性子空间, ℓ 是 Y 上定义的受 p 控制的一个线性泛函:

$$\text{对 } Y \text{ 中所有的 } y,\quad \ell(y) \leqslant p(y). \tag{3}$$

断言　ℓ 可以延拓为 X 上的受 p 控制的线性泛函 (仍记为 ℓ):

$$\text{对 } X \text{ 中所有的 } x,\quad \ell(x) \leqslant p(x). \tag{3'}$$

证明　不妨设 Y 不是整个 X, 则在 X 中存在 z 不属于 Y. 用 Z 表示 Y 和 z 的线性张, 即由形如

$$y+az,\quad y \in Y,\quad a \in \mathbb{R}$$

的点构成的集合. 我们的目标是把 ℓ 延拓为 Z 上的一个线性泛函, 使得 (3′) 对 Z 中的 x 都成立, 即对 Y 中所有的 y 和所有的实数 a 都有

$$\ell(y+az)=\ell(y)+a\ell(z) \leqslant p(y+az).$$

由 (3) 知, 上述不等式对 $a=0$ 成立. 由于 p 是正齐性的, 我们只需证明上面的不等式对 $a=\pm 1$ 成立:

$$\ell(y)+\ell(z) \leqslant p(y+z),\quad \ell(y')-\ell(z) \leqslant p(y'-z).$$

这等价于对 Y 中所有的 y 和 y', 均有

$$\ell(y') - p(y'-z) \leqslant \ell(z) \leqslant p(y+z) - \ell(y) \tag{4}$$

成立. 这样的 $\ell(z)$ 存在, 当且仅当对 Y 中任意的 y 和 y',

$$\ell(y') - p(y'-z) \leqslant p(y+z) - \ell(y). \tag{5}$$

此即

$$\ell(y') + \ell(y) = \ell(y'+y) \leqslant p(y+z) + p(y'-z). \tag{5'}$$

由于 $y+y'$ 属于 Y, (3) 式成立:

$$\ell(y'+y) \leqslant p(y+y'). \tag{6}$$

由 p 的次可加性,

$$p(y+y') = p(y+z+y'-z) \leqslant p(y+z) + p(y'-z). \tag{7}$$

(6) 和 (7) 合在一起给出了 (5′) 式, 这证明了我们可以把 ℓ 延拓到 Z 上, 所以 (3′) 仍然成立.

考虑集族

$$\mathscr{F} = \{(Z,\ell) : Z \text{ 是包含 } Y \text{ 的线性空间}, \\ \ell \text{ 在 } Z \text{ 上的延拓 (仍记为 } \ell\text{)满足不等式(3}')\}.$$

在 $\mathscr{F}$ 上定义偏序

$$(Z,\ell) \leqslant (Z',\ell')$$

意味着 Z' 包含 Z, ℓ' 在 Z 上的限制与 ℓ 相等.

设 $\{Z_\nu, \ell_\nu\}$ 是 $\mathscr{F}$ 的一个全序子集. 我们在 $Z = \cup Z_\nu$ 上定义 ℓ: ℓ 在 Z_ν 上的限制与 ℓ_ν 相等. 显然, ℓ 在 Z 上满足 (3′); 同样显然, 对所有的 ν, $(Z_\nu, \ell_\nu) \leqslant (Z,\ell)$. 这说明 $\mathscr{F}$ 的每个全序子集都有上界. 因此根据 Zorn 引理, $\mathscr{F}$ 中存在一个最大的延拓. 但是根据前面的证明, 最大的延拓所对应的线性空间 Z 一定是整个空间 X. 这就完成了定理的证明. □

3.2 Hahn-Banach 定理的几何形式

尽管 Hahn-Banach 定理的证明是非构造性的, HB 定理仍有大量非常具体的应用. 其中最重要的应用之一是关于凸集的分离定理, 有时也称为Hahn-Banach 定理的几何形式.

定义 设 X 是一个实线性空间, S 是 X 的子集. 如果对 X 中任意的 y, 存在一个依赖于 y 的 ε, 使得

$$\text{对所有满足 } |t| < \varepsilon \text{ 的实数 } t, \quad x_0 + ty \in S,$$

则称点 x_0 是 S 的一个内点.

设 K 是有一个内点的凸集, 不妨设此内点为原点. 用 p_K 表示 K 关于原点的度规:

$$p_K(x) = \inf\{a \mid a > 0, \tfrac{x}{a} \in K\}. \tag{8}$$

由于假设原点是 K 的一个内点, 对每个 x,

$$p_K(x) < \infty.$$

定理 2 在实线性空间 X 中, 凸集 K 的度规 p_K 满足正齐性和次可加性.

证明 由定义 (8), 即使 K 不是凸的, 正齐性也成立. 为证次可加性, 设 x 和 y 是 X 中的任意两点, a 和 b 是正数, 使得

$$\frac{x}{a} \in K, \quad \frac{y}{b} \in K. \tag{9}$$

正如第 1 章定义的那样, K 的凸性意味着 K 中点的任意凸组合属于 K. 我们取 x/a 和 y/b 的凸组合, 权分别是 $a/(a+b)$ 和 $b/(a+b)$. 它们是和为 1 的非负数. 故

$$\frac{a}{a+b}\frac{x}{a} + \frac{b}{a+b}\frac{y}{b} = \frac{x+y}{a+b} \in K.$$

由于 $(x+y)/(a+b)$ 属于 K, 根据定义 (8), $p_K(x+y) \leqslant a+b$. 由于这对满足 (9) 的所有正数 a 和 b 均成立, 故有

$$p_K(x+y) \leqslant \inf\ (a+b) = \inf\ a + \inf\ b = p_K(x) + p_K(y),$$

在最后一步我们又一次用到 (8). 这就证明了 p_K 的次可加性. □

定理 3 设 K 是凸集.

$$若\ x \in K, \quad 则\ p_K(x) \leqslant 1. \tag{10}$$

$$p_K(x) < 1 \Leftrightarrow x 是\ K\ 的一个内点. \tag{10$'$}$$

证明 (10) 是 p_K 的定义 (8) 的直接结论. □

习题 1 证明 (10′).

定理 3 的逆命题也是对的.

定理 4 设 p 是实线性空间 X 上的一个满足正齐性的次可加函数.

(i) 满足

$$p(x) < 1$$

的点 x 构成的集合是 X 的凸子集且 0 为其内点.

(ii) 满足

$$p(x) \leqslant 1$$

的点 x 构成的集合是 X 的凸子集.

习题 2 证明定理 4.

现在我们给出超平面的定义. 假设 ℓ 是一个不恒等于 0 的线性泛函, 对任意实数 c, X 中所有的点 x 属于且只属于下列 3 个集合中的一个:

$$\{x:\ell(x)<c\},\ \{x:\ell(x)=c\},\ \{x:\ell(x)>c\}.$$

所有满足

$$\ell(x)=c$$

的点 x 构成的集合称为超平面; 满足 $\ell(x)<c$(或 $\ell(x)>c$) 的点 x 构成的集合称为开的半平面. 满足

$$\ell(x)\geqslant c \text{ 或 } \ell(x)\leqslant c$$

的点构成的集合称为闭的半平面.

定理 5(超平面分离定理) 设 K 是实线性空间 X 的一个非空凸子集且 K 中的每个点都是内点. 则不属于数域 K 的任意点 y 都可以通过超平面 $\ell(x)=c$ 与 K 分离, 即存在依赖于 y 的线性泛函 ℓ, 使得

$$\forall x\in K,\ \ell(x)<c;\quad \ell(y)=c. \tag{11}$$

证明 不妨假设 $0\in K$, p_K 是 K 的度规. 由于 K 中的点均为内点, 由定理 3 可知, 对 K 中的每个 x, $p_K(x)<1$. 令

$$\ell(y)=1, \tag{12}$$

则 l 对所有形如 ay 的元素 z 有定义,

$$\ell(ay)=a. \tag{12$'$}$$

我们断定, 对所有这样的 z,

$$\ell(z)\leqslant p_K(z).$$

对 $a\leqslant 0$, 由于 $\ell(z)\leqslant 0$ 而 $p_K\geqslant 0$, 故这是显然的. 由于 y 不在 K 中, 由 (8) 知 $p_K(y)\geqslant 1$. 由正齐性可知, 对 $a>0$, $p_K(ay)\geqslant a$.

于是我们证明了, 在一维子空间 $\{ay:a\in\mathbb{R}\}$ 上定义的 ℓ 受 p_K 控制. 由 HB 定理, ℓ 可以延拓到整个 X 上且仍受 p_K 控制. 由此以及 (10$'$) 可知, 对 K 中任意 x,

$$\ell(x)\leqslant p_K(x)<1.$$

取 $c=1$, 这就证明了 (11) 的第一部分; (11) 的第二部分就是 (12) 式. □

推论 5$'$ 设 K 是至少有一个内点的凸集. 则对不属于 K 的任意 y, 存在一个非零线性泛函 ℓ, 使得

$$\text{对 } K \text{ 中所有的 } x,\ \ \ell(x)\leqslant \ell(y). \tag{13}$$

定理 6(广义超平面分离定理) 设 X 是一个实线性空间, H 和 M 是 X 的两个不交的凸子集, 且其中至少有一个有内点, 则 H 和 M 可以被一个超平面 $\ell(x)=c$ 分离, 即存在非零线性泛函 ℓ 和数 c, 使得对 H 中所有的 u 和 M 中所有的 v,

$$\ell(u)\leqslant c\leqslant \ell(v). \tag{14}$$

证明 根据第 1 章定理 5, 差集 $H-M=K$ 是凸的. 由于 H 或者 M 包含一个内点, K 也包含一个内点.

由于 H 和 M 是不交的, $0 \notin K$. 对 $y=0$ 应用推论 $5'$ 的 (13), 存在一个线性泛函 ℓ, 使得

$$\text{对 } K \text{ 中所有的 } x, \quad \ell(x) \leqslant \ell(0) = 0. \tag{15}$$

由于 $K = H - M$ 中的所有元素 x 均形如 $x = u - v$(u 在 H 中, v 在 M 中), (15) 意味着

$$\ell(u) \leqslant \ell(v),$$

取 $c = \sup_{u \in H} \ell(u)$ 即得到 (14) 式. □

3.3 Hahn-Banach 定理的延拓

下面的 HB 定理的延拓既实用又漂亮, 此结果属于 R. P. Agnew 和 A. P. Morse.

定理 7 设 X 是一个实线性空间, $\mathcal{A}$ 是由一族互相交换的线性映射 $A_\nu : X \to X$ 构成的集族, 即对 $\mathcal{A}$ 中任意两个映射 $\boldsymbol{A}_\nu$ 和 $\boldsymbol{A}_\mu$, 均有

$$\boldsymbol{A}_\nu \boldsymbol{A}_\mu = \boldsymbol{A}_\mu \boldsymbol{A}_\nu. \tag{16}$$

设 p 是 X 上一个实值的、正齐性的、次可加 (参考 (1) 和 (2)) 函数并且在每个 $\boldsymbol{A}_\nu$ 作用下不变:

$$p(\boldsymbol{A}_\nu x) = p(x). \tag{17}$$

设 Y 是 X 的一个线性子空间, ℓ 是 Y 上的线性泛函且满足下列 3 条性质.

(i) ℓ 受 p 控制, 即对 Y 中每个 y,

$$\ell(y) \leqslant p(y). \tag{18}$$

(ii) Y 在每个映射 $\boldsymbol{A}_\nu$ 下不变, 即

$$\text{对 } Y \text{ 中的 } y, \quad \boldsymbol{A}_\nu y \in Y. \tag{19}$$

(iii) ℓ 在每个映射 $\boldsymbol{A}_\nu$ 下不变, 即

$$\text{对 } Y \text{ 中的 } y, \quad \ell(\boldsymbol{A}_\nu y) = \ell(y). \tag{19$'$}$$

断言 ℓ 可以延拓到整个 X 上使得 ℓ 受 p 控制 (在 (18) 式意义下), 且在每个映射 $\boldsymbol{A}_\nu$ 下不变.

证明 若 (17) 对集族 $\mathcal{A}$ 中的两个映射 $\boldsymbol{A}$ 和 $\boldsymbol{B}$ 成立, 则对它们的乘积 $\boldsymbol{AB}$(定义为它们的复合) 也成立. 类似地, 若 (19) 和 ($19'$) 对 $\boldsymbol{A}$ 和 $\boldsymbol{B}$ 成立, 则对它们的乘积 $\boldsymbol{AB}$ 也成立. 同样, 若 $\boldsymbol{A}$ 和 $\boldsymbol{B}$ 与所有的 $\boldsymbol{A}_\nu$ 交换, 它们的乘积也与所有的 $\boldsymbol{A}_\nu$ 交换. 因此我们可以把恒等元 $\boldsymbol{I}$ 和 $\mathcal{A}$ 中元素的有限乘积加入到 $\mathcal{A}$ 中. 这个扩充的集合构成了一个半群. 于是, 若 $\boldsymbol{A}$ 和 $\boldsymbol{B}$ 属于这个半群, 则它们的乘积 $\boldsymbol{AB}$ 也属于这个半群. 从现在开始, 我们假设 $\mathcal{A}$ 是一个乘法半群.

我们在 X 上定义一个新的函数 g 为

$$g(x) = \inf p(\boldsymbol{C}x), \tag{20}$$

这里 $\boldsymbol{C}$ 是 $\mathcal{A}$ 中映射的一个凸组合, 即形如

$$\boldsymbol{C}=\sum a_j\boldsymbol{A}_j,\quad a_j\geqslant 0,\quad \sum a_j=1,\ \boldsymbol{A}_j\text{属于}\mathcal{A}$$

的映射. 由于 $\mathcal{A}$ 是半群, $\mathcal{A}$ 中映射的凸组合的乘积仍是 $\mathcal{A}$ 中元素的凸组合.

由次可加性、齐性和不变性 (17), 我们得到

$$p(\boldsymbol{C}x)=p\left(\sum a_j\boldsymbol{A}_jx\right)\leqslant\sum a_jp(\boldsymbol{A}_jx)=p(x). \tag{21}$$

由于在 (20) 中我们可以取 $\boldsymbol{C}$ 为恒等元, 故

$$g(x)\leqslant p(x). \tag{21$'$}$$

因为 p 是正齐性的, 由 (20) 知 g 也是正齐性的. 下面证明 g 是次可加的.

设 x 和 y 是 X 中的任意元素. 由定义 (20), 对任意 $\varepsilon>0$, 在映射 $\mathcal{A}$ 的凸包中存在映射 $\boldsymbol{C}$ 和 $\boldsymbol{D}$, 使得

$$p(\boldsymbol{C}x)\leqslant g(x)+\varepsilon,\quad p(\boldsymbol{D}y)\leqslant g(y)+\varepsilon. \tag{22}$$

对映射 $\boldsymbol{CD}$ 应用 (20) 式, 由于 $\boldsymbol{C}$ 和 $\boldsymbol{D}$ 交换, 我们得到

$$g(x+y)\leqslant p(\boldsymbol{CD}(x+y))=p(\boldsymbol{DC}x+\boldsymbol{CD}y). \tag{23}$$

利用次可加性和 (21) 式, 可以看到 (23) 式右端满足

$$p(\boldsymbol{DC}x)+p(\boldsymbol{CD}y)\leqslant p(\boldsymbol{C}x)+p(\boldsymbol{D}y). \tag{24}$$

利用 (22) 式去估计 (24) 式, 我们断定

$$g(x+y)\leqslant g(x)+g(y)+2\varepsilon,$$

由于 ε 是任意的, g 的次可加性成立.

根据 (19$'$), Y 上的 ℓ 在每个 $\boldsymbol{A}_\nu$ 的作用下是不变的, 因此, 对 $\mathcal{A}$ 中映射的任意凸组合 $\boldsymbol{C}$ 和 Y 中的任意元素 y,

$$\ell(\boldsymbol{C}y)=\ell\left(\sum a_j\boldsymbol{A}_jy\right)=\sum a_j\ell(\boldsymbol{A}_jy)=\sum a_j\ell(y)=\ell(y).$$

由 (19) 式知, 若 y 属于 Y, 则 $\boldsymbol{C}y$ 也属于 Y. 对 $\boldsymbol{C}y$ 应用 (18), 我们得到, 对 Y 中的 y,

$$\ell(\boldsymbol{C}y)\leqslant p(\boldsymbol{C}y).$$

由于已经证明了 $\ell(\boldsymbol{C}y)=\ell(y)$, 故有

$$\ell(y)\leqslant p(\boldsymbol{C}y).$$

由 g 的定义 (20), 对 Y 中所有的 y,

$$\ell(y)\leqslant g(y). \tag{25}$$

现在应用 Hahn-Banach 定理证明, ℓ 可以延拓到整个 X 上使得 (25) 式成立. 我们断言, 在 (19) 式意义下, 这样延拓的 ℓ 在 $\mathcal{A}$ 中所有映射 $\boldsymbol{A}$ 作用下是不变的. 对 $\mathcal{A}$ 中任意 $\boldsymbol{A}$ 和任意自然数 n, 我们定义 $\boldsymbol{C}_n=\frac{1}{n}\sum_0^{n-1}\boldsymbol{A}^j$. 由于 $\mathcal{A}$ 是半群, 故 $\boldsymbol{C}_n$ 属于 $\mathcal{A}$ 的凸包. 根据几何级数的基本公式, $\boldsymbol{C}_n(\boldsymbol{I}-\boldsymbol{A})=\frac{1}{n}(\boldsymbol{I}-\boldsymbol{A}^n)$.

设 x 是 X 中任意点, 由 g 的定义 (20) 式可知,

$$g(x-\boldsymbol{A}x)\leqslant p(\boldsymbol{C}_n(x-\boldsymbol{A}x))=p(\boldsymbol{C}_n(\boldsymbol{I}-\boldsymbol{A})x)=\frac{1}{n}p(x-\boldsymbol{A}^n x).\tag{26}$$

在最后一步中我们用到了几何级数的公式以及 p 的正齐性. 由次可加性和 (17), 我们推出

$$\frac{1}{n}p(x-\boldsymbol{A}^n x)\leqslant\frac{1}{n}[p(x)+p(-\boldsymbol{A}^n x)]=\frac{1}{n}[p(x)+p(-x)].$$

结合 (26) 式, 我们得到

$$g(x-\boldsymbol{A}x)\leqslant\frac{1}{n}[p(x)+p(-x)].\tag{26'}$$

令 $n\to\infty$, 由于 (26′) 右端趋于 0,

$$g(x-\boldsymbol{A}x)\leqslant 0.\tag{27}$$

由于 g 控制 ℓ, 由 (27) 可知,

$$\ell(x-\boldsymbol{A}x)\leqslant 0.$$

ℓ 的线性意味着对所有的 x,

$$\ell(x)\leqslant\ell(\boldsymbol{A}x).\tag{27'}$$

以 $-x$ 代替 x, 我们得到

$$\ell(-x)\leqslant\ell(-\boldsymbol{A}x),$$

这正好是不等式 (27′) 相反的不等式. 故 (27′) 中等号成立, 即 ℓ 在每个 $\boldsymbol{A}$ 下不变.

由上面的构造可知 ℓ 受 g 控制, 从而由 (21′) 知 ℓ 受 p 控制. □

习题 3 证明: 若条件 (17) 改为 $p(\boldsymbol{A}x)\leqslant p(x)$, 定理 7 仍成立.

我们最后给出 HB 定理在复线性空间情形下的一种形式, 它来自于 Bohnenblust 和 Sobczyk, 以及 Soukhomlinoff.

定理 8 设 X 是复数域 $\mathbb{C}$ 上的线性空间, p 是 X 上的实值函数, 它满足下列性质.

(i) 对所有的复数 a 和 X 中任意的 x,

$$p(ax)=|a|p(x);\tag{28}$$

(ii) 次可加性,

$$p(x+y)\leqslant p(x)+p(y).$$

设 Y 是 X 的一个复线性子空间, ℓ 是 Y 上的一个线性泛函且 ℓ 满足

$$|\ell(y)|\leqslant p(y),\quad y\in Y.\tag{29}$$

断言 ℓ 可以延拓到整个 X 上, 使得 (29) 在 X 上仍成立.

证明 把 ℓ 分解为实部和虚部:

$$\ell(y)=\ell_1(y)+\mathrm{i}\ell_2(y).\tag{30}$$

显然, ℓ_1 和 ℓ_2 是实线性的且

$$\ell_1(\mathrm{i}y)=-\ell_2(y).\tag{31}$$

反过来, 若 ℓ_1 是实线性泛函, 则

$$\ell(x) = \ell_1(x) - \mathrm{i}\ell_1(\mathrm{i}x) \tag{31'}$$

是复线性的.

现在我们延拓 ℓ. 由 (29) 和 (30) 可知,

$$\ell_1(y) \leqslant p(y). \tag{32}$$

根据实 HB 定理, ℓ_1 可以延拓到整个 X 上使得 (32) 成立. 在 X 上用 (30) 定义 ℓ. 显然, ℓ 是复线性的, 我们断定 (29) 也成立. 为此, 记

$$\ell(x) = \alpha r,\ r \text{ 是实数},\ |\alpha| = 1,$$

则

$$|\ell(x)| = r = \alpha^{-1}\ell(x) = \ell(\alpha^{-1}x) = \ell_1(\alpha^{-1}x) \leqslant p(\alpha^{-1}x) = p(x).$$

这完成了复 HB 定理的证明. □

Gerard Buskes 在他的综述性文章中给出了 HB 定理的历史回顾和现代形式.

参 考 文 献

Agnew, R. P. and Morse, A. P., Extension of linear functionals, with application to limits, integrals, measures, and densities, *An. Math.*, **39**(1938): 20–30.

Banach, S., Sur les fonctionelles linéaires. *Studia Math.*, **1**(1929): 211–216, 223–229.

Bohnenblust, H. F. and Sobczyk, A., Extension of functionals on complex linear spaces. *Bull. AMS*, **44**(1938): 91–93.

Buskes, G., The Hahn-Banach Theorem Surveyed. Dissertationes Mathematicae, **327**. 1993.

Hahn, H., Über lineare Gleichungssysteme in linearen Räumen. *J. Reine Angew. Math.*, **157**(1927): 214–229.

Soukhomlinoff, G. A., Über Fortsetzung von linearen Funktionalen in linearen komplexen Räumen und linearen Quaternion-räumen. *Sbornik, N.S.*, **3**(1938): 353–358.

第 4 章 Hahn-Banach 定理的应用

4.1 正线性泛函的延拓

设 S 是任意抽象的集合, $B = B(S)$ 是 S 上所有有界的实值函数 x 构成的集合, 即满足

$$|x(s)| \leqslant c, \quad \forall s \in S \tag{1}$$

的函数构成的集合. B 是一个实线性空间.

B 中元素之间存在一个自然的偏序: $x \leqslant y$ 意味着对 S 中所有 s 均有 $x(s) \leqslant y(s)$. 若 $x \geqslant 0$, 则称 x 为非负函数.

设 Y 是 B 的包含某些非负函数的线性子空间, ℓ 是 Y 上的线性泛函. 如果对 Y 中所有的非负函数 y, 均有 $\ell(y) \geqslant 0$, 则称 ℓ 是正线性泛函. 每个正线性泛函 ℓ 都是单调的:

$$y_1 \leqslant y_2 \ \text{意味着}\ \ell(y_1) \leqslant \ell(y_2). \tag{2}$$

定理 1 设 Y 是 B 的一个线性子空间且包含一个大于某正常数 (不妨设为 1) 的函数 y_0:

$$\forall s \in S, \ \ 1 \leqslant y_0(s). \tag{3}$$

设 ℓ 是 Y 上的一个正线性泛函.

断言 ℓ 可以延拓为整个 B 上的一个正线性泛函.

证明 在 B 上定义函数 p 如下: 对 B 中的任意 x,

$$p(x) = \inf_{x \leqslant y; y \in Y} \ell(y). \tag{4}$$

因为由 (1) 和 (3) 可知

$$-cy_0 \leqslant x \leqslant cy_0, \tag{5}$$

这说明 (4) 式中 inf 是定义在一个非空集合上的, 从而函数 p 是良定义的; 而且 $p(x) \leqslant c\,\ell(y_0)$, 这里 c 是满足 (1) 的任意常数. 最小的这样的常数是 $c = \sup_{s \in S}|x(s)|$. 由 (5) 可知, 任意 $y \geqslant x$ 满足 $-cy_0 \leqslant x \leqslant y$. 由于 ℓ 是线性的且是正的, 对这样的 y, 由 (2) 可知 $-c\ell(y_0) \leqslant \ell(y)$, 从而由 (4),

$$-c\ell(y_0) \leqslant p(x). \tag{6}$$

引理 2 由 (4) 定义的函数 p 是

(i) 正齐性的.

(ii) 次可加的.

(iii) 负的, 对 $x \leqslant 0$, $p(x) \leqslant 0$.

(iv) 对 Y 中的 x, $p(x) = \ell(x)$.

证明

(i) 由定义, $x \leqslant y$ 意味着对 $a > 0$, $ax \leqslant ay$. 正齐性由定义 (4) 可得.

(ii) 设 x_1 和 x_2 是 B 中任意两个函数, y_1 和 y_2 是 Y 中满足

$$x_1 \leqslant y_1, \quad x_2 \leqslant y_2$$

的任意两个函数. 此两式相加得到 $x_1 + x_2 \leqslant y_1 + y_2$. 由 p 的定义 (4),

$$\begin{aligned} p(x_1 + x_2) &= \inf_{x_1 + x_2 \leqslant y} \ell(y) \leqslant \inf_{x_1 \leqslant y_1, x_2 \leqslant y_2} \ell(y_1 + y_2) \\ &= \inf_{x_1 \leqslant y_1} \ell(y_1) + \inf_{x_2 \leqslant y_2} \ell(y_2) = p(x_1) + p(x_2). \end{aligned} \tag{7}$$

这证明了 p 是次可加的.

(iii) 假设 $x \leqslant 0$, 则在 (4) 式右端取 inf 时让 $y = 0$ 是容许的, 故 $p(x) \leqslant \ell(0) = 0$. 这证明了 (iii).

(iv) 假设 x 属于 Y, 由 (2) 知, $x \leqslant y$ 意味着 $\ell(x) \leqslant \ell(y)$, 当 $y = x$ 时取等号. 代入 (4) 给出 $p(x) = \ell(x)$, (iv) 得证. □

由引理 2 知, 我们可以应用 Hahn-Banach 定理将 ℓ 延拓到整个 B 上, 使得 ℓ 仍受 p 控制:

$$\forall x \in B, \quad \ell(x) \leqslant p(x). \tag{8}$$

假设 $x \leqslant 0$. 由 (iii), $p(x) \leqslant 0$, 故由 (8),

$$\text{对 } x \leqslant 0, \quad \ell(x) \leqslant 0. \tag{9}$$

这证明了 ℓ 是正的, 定理 1 证毕. □

定理 1 是 Mark Krein 的一个非常一般的定理的特殊情形, 参看 Kelley 和 Namioka 的书第 20 页.

4.2 Banach 极限

设 B 是由有界无穷实数列

$$x = (a_1, a_2, \cdots) \tag{10}$$

构成的空间. 当 B 中的向量的加法和标量乘法按分量定义时, B 是一个实线性空间. 我们在 B 上定义函数 p 如下: 对由 (10) 给出的 x,

$$p(x) = \limsup_{n \to \infty} a_n. \tag{11}$$

由定义可知 p 是 x 的正齐性的函数, 我们把 p 是次可加的证明留给读者.

定义 $\boldsymbol{A}$ 为左平移, 即

$$\boldsymbol{A}x = (a_2, a_3, \cdots). \tag{12}$$

由定义 (11) 直接推出 p 是平移不变的, 即

$$p(\boldsymbol{A}x) = p(x). \tag{13}$$

设 Y 是由所有收敛的实数列构成的线性空间. 显然, Y 是 B 的一个线性子空间. 在 Y 上, 我们定义线性泛函 ℓ 为

$$\ell(y) = \lim_{n\to\infty} b_n, \tag{14}$$

这里

$$y = (b_1, b_2, \cdots). \tag{14'}$$

显然, ℓ 是线性的. 比较定义 (11) 和定义 (14), 我们得到

$$\forall y \in Y, \quad \ell(y) = p(y). \tag{15}$$

显然, 平移映射把 Y 映到 Y 中; 同样显然, ℓ 在 Y 上的作用是平移不变的:

$$\forall y \in Y, \quad \ell(\boldsymbol{A}y) = \ell(y). \tag{16}$$

现在应用第 3 章定理 7, 我们可以把 ℓ 延拓到 B 中所有有界数列 x 上, 使得

(i) ℓ 是线性的.

(ii) ℓ 是平移不变的.

(iii) ℓ 受 p 控制.

定理 3 对每个有界数列 (10), 可以定义一个广义极限 (或 Banach 极限), 记为 $\underset{n\to\infty}{\mathbf{LIM}}\, a_n$, 使得

(i) 对收敛数列, 广义极限与通常的极限一样,

(ii)

$$\underset{n\to\infty}{\mathbf{LIM}}(a_n + b_n) = \underset{n\to\infty}{\mathbf{LIM}}\, a_n + \underset{n\to\infty}{\mathbf{LIM}}\, b_n.$$

(iii) 对任意的 k,

$$\underset{n\to\infty}{\mathbf{LIM}}\, a_{n+k} = \underset{n\to\infty}{\mathbf{LIM}}\, a_n.$$

(iv)

$$\liminf_{n\to\infty} a_n \leqslant \underset{n\to\infty}{\mathbf{LIM}}\, a_n \leqslant \limsup_{n\to\infty} a_n.$$

证明 对 $x = (a_1, a_2, \cdots)$, 我们令

$$\underset{n\to\infty}{\mathbf{LIM}}\, a_n = \ell(x).$$

(i) 由 (14) 和 (14′) 可得; (ii) 表示了 ℓ 的线性; (iii) 是 ℓ 的平移不变性; (iv) 表示了 ℓ 受由 (11) 定义的 p 控制, 并应用到 $\ell(x)$ 和 $\ell(-x)$ 上:

$$-p(-x) \leqslant \ell(x) \leqslant p(x).$$ □

习题 1 证明: 若在 4.1 节中取 $S = \{\text{ 正整数 }\}$, Y 是收敛数列构成的空间, ℓ 由 (14) 式定义, 则由 (4) 给出的 p 和由 (11) 定义的 p 相等.

习题 2 证明: 我们可以选择一个 Banach 极限, 使得对任意的 Cesaro 可加和的有界数列 $(c_1, c_2, \cdots)$, 均有

$$\operatorname*{\mathbf{LIM}}_{n\to\infty} c_n = c,$$

即其部分和的算术平均收敛到 c.

习题 3 证明, 存在 $t\to\infty$ 下的一个广义极限, 使得对定义在 $\{t\in\mathbb{R}: t\geqslant 0\}$ 上的所有有界函数 $x(t)$, 该广义极限满足定理 3 中的性质 (i) 到 (iv).

4.3 有限可加的不变集函数

单位圆上的 Lebesgue 测度在旋转下是不变的. 这个测度可以扩充到比单位圆上的 Lebesgue 可测集更大的 σ 代数上并保持旋转不变. 但是, 众所周知且容易证明的是, 如果我们承认选择公理, 那么在单位圆的所有子集上, 不存在 旋转不变的可数可加的测度.

定理 4 我们可以在单位圆的所有子集 P 上定义一个非负的有限可加的集函数 $m(P)$, 使得它是旋转不变的.

证明 我们取 S 为单位圆, B 是 S 上所有有界实值函数构成的集合. 取 Y 为 S 上有界的 Lebesgue 可测函数构成的有界空间, 并取 $\ell(y)$ 为 y 的 Lebesgue 积分:

$$\ell(y) = \int_S y(\theta)\mathrm{d}\theta. \tag{17}$$

空间 Y 包含函数 $y_0\equiv 1$, 故 4.1 节定理 1 的条件 (3) 满足. 因此, 由 (4) 式定义的函数 p 是良定义的.

我们用 $\{\boldsymbol{A}_\rho\}$ 表示对圆周上的函数旋转 ρ 的作用. 正如上面注意到的, ℓ 是旋转不变的:

$$(\boldsymbol{A}_\rho y)(\theta) = y(\theta+\rho),\quad \ell(\boldsymbol{A}_\rho y) = \ell(y). \tag{18}$$

由于关系 $x\leqslant y$ 也是旋转不变的, 故由 (4) 式定义的 p 是旋转不变的:

$$p(\boldsymbol{A}_\rho x) = p(x). \tag{18$'$}$$

圆周上的旋转是互相交换的, 从而线性映射 $\{\boldsymbol{A}_\rho\}$ 构成了一个映射的交换群. 由第 3 章的定理 7, ℓ 可以延拓到整个 B 上, 使得 ℓ 是

(i) 线性的.

(ii) 旋转不变的.

(iii) 受 p 控制的.

设 P 是圆周 S 的任意一个点集; 用 c_P 表示它的特征函数:

$$c_P(\theta) = \begin{cases} 1, & \theta\text{在 } P \text{ 中}, \\ 0, & \text{其他}. \end{cases} \tag{19}$$

定义集函数 m 为

$$m(P) = \ell(c_P). \tag{19$'$}$$

与定理 1 中的证明一样, 由 $\ell(x) \leqslant p(x)$ 可知 ℓ 是正的. 由于 c_P 是非负函数, 由 m 的定义 (19′) 知, m 是非负的:

$$m(P) \geqslant 0.$$

设 ρ 是任意旋转, 用 $P+\rho$ 表示集合 P 旋转 ρ 得到的集合. 由 c_P 的定义 (19) 可知

$$c_{P+\rho} = \boldsymbol{A}_\rho c_P. \tag{20}$$

由于 ℓ 是旋转不变的, 由 m 的定义 (19′) 知

$$m(P+\rho) = m(P),$$

即 m 是旋转不变的.

设 P_1 和 P_2 是不交的子集. 由定义 (19),

$$c_{P_1 \cup P_2} = c_{P_1} + c_{P_2}.$$

代入 m 的定义 (19′), 并利用 ℓ 的线性, 可知

$$m(P_1 \cup P_2) = m(P_1) + m(P_2).$$

这证明了 m 是有限可加的. □

注记 单位圆上的旋转是互相交换的, 从而算子 $\boldsymbol{A}_\rho$ 互相交换, 这在应用第 3 章定理 7 时是需要的. 三维球面的旋转不是交换的, 从而对应的算子 $\boldsymbol{A}_\rho$ 也不是交换的. 因此上述证明不能用来将定理 4 推广到三维的情形. 事实上, Hausdorff 证明了在三维情形下定理 4 是错误的; 在 2 球面上不存在旋转不变的有限可加的集函数. 证明基于 2 球面的一个有限分解, 有时也称为 Banach-Tarski 悖论.

总之, 我们指出, Banach 空间的对偶理论构成了 Hahn-Banach 定理最丰富的应用. 这将在第 8 章和第 9 章中给出.

历史注记 Hausdorff 的名字深深地嵌入了现代分析, Hausdorff 空间、Hausdorff 最大原理和 Hausdorff 测度都是家喻户晓的概念. 他是一位德国数学家, 出生于 1868 年. 年轻时, 他出版了多卷诗集和格言. 他职业生涯的大部分时间是作为教授在波恩度过的. 由于他是犹太人, 在 1942 年被驱逐出境, 这其实是德国纳粹为杀死欧洲所有犹太人的“最后解决方案”的一部分. Hausdorff、其妻子和妻子的妹妹知道等待他们的是什么, 于是一起自杀身亡.

参 考 文 献

Hausdorff, F., *Grundzüge der Mengenlehre.* Verlag von Veit, Leipzig, 1914. Reprinted by Chelsea Publishing, New York.

Kelley, J. L. and Namioka, I., *Linear Topological Spaces.* Van Nostrand, Princeton, NJ, 1963.

第 5 章 赋范线性空间

5.1 范 数

设 X 是 $\mathbb{R}$ 或者 $\mathbb{C}$ 上的一个线性空间. X 上的范数, 记为 $|x|$, 是 $X\to\mathbb{R}$ 的满足以下性质的实值函数.

(i) 正性,

$$\text{对 } x\neq 0,\ |x|>0;\quad |0|=0. \tag{1}$$

(ii) 次可加性,

$$|x+y|\leqslant |x|+|y|. \tag{2}$$

(iii) 齐性. 对所有的标量 a,

$$|ax|=|a||x|. \tag{3}$$

借助于范数, 我们可以通过定义两点间的距离

$$d(x,y)=|x-y| \tag{4}$$

在 X 上引入一个度量. 容易验证, d 具有度量的所有性质. 反之, 容易证明线性空间上具有平移不变性和齐性的度量:

$$d(x+z,y+z)=d(x,y),\ d(ax,ay)=|a|d(x,y) \tag{4'}$$

都可以由一个范数通过 (4) 给出.

有了度量 (4), 我们可以引入诸如收敛级数、开集、闭集和紧集等拓扑概念. 这些概念是非常关键的.

定义 假设在线性空间 X 上定义了两个不同的范数 $|x|_1$ 和 $|x|_2$. 如果存在常数 c, 使得对 X 中所有的 x,

$$c|x|_1\leqslant |x|_2\leqslant c^{-1}|x|_1, \tag{5}$$

则称 $|x|_1$ 和 $|x|_2$ 是等价的.

这个概念的重要性在于等价的范数诱导出相同的拓扑.

在第 1 章中我们考虑了构造新线性空间的不同方法, 同样的方法可以用来构造新的赋范线性空间. 特别地, 我们注意到以下几点.

(i) 赋范线性空间 X 的线性子空间 Y 也是一个赋范线性空间.

(ii) 给定两个线性空间 Z 和 U, 用直和 $Z\oplus U=\{(z,u):z\in Z,u\in U\}$ 表示它们的笛卡儿积. 当 Z 和 U 都是赋范线性空间时, $Z\oplus U$ 也可以赋范, 比如令

$$|(z,u)| = |z| + |u|,\ \ |(z,u)|' = \max\{|z|,|u|\}, \text{或}\ |(z,u)|'' = (|z|^2+|u|^2)^{1/2}. \tag{6}$$

习题 1

(a) 证明 (6) 定义了范数.

(b) 证明它们在 (5) 式意义下是等价的.

设 X 是一个赋范线性空间, Y 是其子空间. 在第 1 章中我们定义了它们的商空间 X/Y, 它是线性空间. 现在我们问：在商空间中是否有引入范数的自然的方法? 答案是肯定的, 只需假设 Y 是闭的子空间：

定理 1 设 Y 是赋范线性空间 X 的一个闭子空间. 设 $\{x_j\}$ 是 $X \bmod Y$ 的一个等价类. 我们定义

$$|\{x_j\}| = \inf_{x_j\in\{\}} |x_j|. \tag{7}$$

断言 (7) 定义了商空间 X/Y 上的一个范数.

证明 性质 (3)——齐性——是显然成立的. 为证明次可加性, 设 $\{x_j\}$ 和 $\{z_j\}$ 是两个等价类. 由定义 (7), 对任意 $\varepsilon>0$, 可以选取代表元, 使得

$$|x_j| < |\{x_j\}| + \varepsilon,\ \ |z_j| < |\{z_j\}| + \varepsilon. \tag{8}$$

由 X/Y 中加法的定义, x_j+z_j 属于 $\{x_j\}+\{z_j\}$. 因此由定义 (7),

$$|\{x_j\}+\{z_j\}| \leqslant |x_j+z_j|,$$

由 X 中范数的次可加性和 (8),

$$|\{x_j\}+\{z_j\}| \leqslant |x_j|+|z_j| < |\{x_j\}| + |\{z_j\}| + 2\varepsilon.$$

这对任意的 $\varepsilon>0$ 都成立, 从而有范数 (7) 的次可加性.

显然 (7) 是非负的. 为证正性, 设 $|\{x_j\}|=0$. 由定义 (7), 存在 $\{x_j\}$ 中元素 x_n 的序列, 使得

$$\lim_{n\to\infty} |x_n| = 0. \tag{9}$$

由等价的定义, 等价的元素 x_n 相差属于 Y 中的元素. 特别是, 我们可以记

$$x_n = x_1 - y_n,\ \ n=2,3,\cdots,\ \ y_n\text{在 } Y \text{ 中}.$$

代入 (9) 式, 我们有

$$\lim_{n\to\infty} |x_1 - y_n| = 0,$$

由 (4) 可知, 在度量空间的语言下,

$$\lim_{n\to\infty} y_n = x_1. \tag{9$'$}$$

在度量空间中, 子集 Y 中一列点的极限属于 Y 的闭包. 由于假设 Y 为闭的, (9′) 意味着 x_1 属于 Y. 但是由此可知, 整个等价类 $\{x_j\}$ 由 Y 中的元素构成, 从而是 X/Y 中的零元. □

定理 2 设 X 是一个赋范线性空间, Y 是 X 的线性子空间. 则 Y 的闭包是 X 的线性子空间.

习题 2 证明定理 2.

为了分析方便, 在通过极限过程构造具有所需性质的对象时, 我们需要度量空间是完备的, 即每个 Cauchy 列都有一个极限. 在赋范线性空间的情况下也是如此.

定义 Banach 空间是完备的赋范线性空间.

我们回忆一下度量空间完备化的过程. 每个度量空间 S 都可以嵌入到一个完备的度量空间 $\overline{S}$ 中, $\overline{S}$ 由 S 中的 Cauchy 列的等价类构成. S 在 $\overline{S}$ 中是稠密的, 即 S 的闭包是 $\overline{S}$.

定理 3 赋范线性空间 X 在度量 (4) 下的完备化 $\overline{X}$ 有一个自然的线性结构, 使得 $\overline{X}$ 是一个完备的赋范线性空间.

证明 注意到度量空间的完备化中的点是 Cauchy 列的等价类. 两个 Cauchy 列逐项相加的和仍是一个 Cauchy 列, 等价的 Cauchy 列的和仍是等价的. □

习题 3 证明: 若 X 是一个 Banach 空间, Y 是 X 的闭子空间, 则商空间 X/Y 是完备的. (提示: 利用 X/Y 中满足 $|q_n - q_{n+1}| < 1/n^2$ 的 Cauchy 列 $\{q_n\}$.)

赋范线性空间的完备化过程是得到完备赋范线性空间的主要方法之一. 这在泛函分析中是至关重要的. 下面我们给出一些重要的赋范线性空间的例子. 这些是现代分析中大家都熟知的内容.

(a) 满足 $\sup|a_j| < \infty$ 的所有向量

$$\boldsymbol{x} = \{a_1, a_2, \cdots\}, \quad a_j \in \mathbb{C}$$

构成一个线性空间. 在其上定义范数为

$$|\boldsymbol{x}|_\infty = \sup_j |a_j|. \tag{10}$$

此赋范线性空间记为 ℓ^∞, 它是完备的.

(b) 设 $p \geqslant 1$, 是一个固定的数. 满足 $\sum |a_j|^p < \infty$ 的向量 $\boldsymbol{x} = (a_1, a_2, \cdots)$ 构成了一个线性空间. 在其上定义范数为

$$|\boldsymbol{x}|_p = \left(\sum |a_j|^p\right)^{1/p}. \tag{11}$$

此赋范线性空间记为 ℓ^p, 它是完备的.

(c) 设 S 是一个抽象集合, X 是由 S 上所有有界复值函数 f 构成的线性空间. 在 X 上定义范数为

$$|f|_\infty = \sup_S |f(s)|. \tag{12}$$

此赋范线性空间是完备的.

(d) 设 Q 是一个拓扑空间, X 是由 Q 上所有连续的有界复值函数 f 构成的线性空间. 在 X 上定义范数为

$$|f| = \sup_Q |f(q)|. \tag{13}$$

这个赋范线性空间是完备的.

(e) 设 Q 是一个拓扑空间, X 是由 Q 上所有具有紧支撑的复值连续函数 f 构成的线性空间. 在 X 上定义范数为

$$|f|_{\max} = \max_{Q} |f(q)|. \tag{13$'$}$$

这个赋范线性空间不是完备的, 除非 Q 是紧的.

(f) 设 D 是 $\mathbb{R}^n$ 中的一个区域, X 是由 D 上具有紧支撑的连续函数构成的线性空间. 在 X 上定义范数为

$$|f|_p = \left(\int_D |f(x)|^p \mathrm{d}x\right)^{1/p}, \quad 1 \leqslant p. \tag{14}$$

这个赋范线性空间不是完备的, 它的完备化记为 L^p.

(g) 设 D 是 $\mathbb{R}^n$ 中的一个区域, $k \geqslant 1$ 为整数, $p \geqslant 1$. 设 X 是 D 上满足下列性质的 C^∞ 函数构成的集合,

$$\text{对所有 } |\alpha| \leqslant k, \quad \int_D |\partial^\alpha f|^p \mathrm{d}x < \infty,$$

这里 ∂^α 是任意偏导数:

$$\partial^\alpha = \partial_1^{\alpha_1} \cdots \partial_n^{\alpha_n}, \ \partial_j = \frac{\partial}{\partial x^j}, \ |\alpha| = \alpha_1 + \cdots + \alpha_n,$$

则 X 是线性空间. 在 X 上定义范数为

$$|f|_{k,p} = \left(\sum_{|\alpha| \leqslant k} \int |\partial^\alpha f|^p \mathrm{d}x\right)^{1/p}. \tag{15}$$

此赋范线性空间不是完备的, 它的完备化记为 $W^{k,p}$, 称为 Sobolev 空间.

定理 4　例 (a) 至例 (g) 中定义的范数满足范数定义中的性质 (1) 至性质 (3).

证明　性质 (1) 和性质 (3)—— 正性和齐性 —— 是容易验证的. 下面我们证明性质 (2), 次可加性. 为简单起见, 我们只考虑例 (a) 和例 (b). 注意到例 (a) 可以视为例 (b) 当 $p = \infty$ 时的极限情形.

设

$$\boldsymbol{x} = \{a_1, a_2, \cdots\}, \ \boldsymbol{y} = \{b_1, b_2, \cdots\},$$

则

$$\boldsymbol{x} + \boldsymbol{y} = \{a_1 + b_1, a_2 + b_2, \cdots\}.$$

我们首先取 $p = \infty$. 由 (10),

$$\begin{aligned} |\boldsymbol{x} + \boldsymbol{y}|_\infty &= \sup_j |a_j + b_j| \leqslant \sup_j |a_j| + |b_j| \\ &\leqslant \sup_j |a_j| + \sup_j |b_j| = |x|_\infty + |y|_\infty. \end{aligned}$$

下面我们证明 $p = 1$ 的情形. 由 (11),

$$|\boldsymbol{x}+\boldsymbol{y}|_1=\sum|a_j+b_j|\leqslant\sum|a_j|+|b_j|=|\boldsymbol{x}|_1+|\boldsymbol{y}|_1.$$

对 $1<p<\infty$ 的情形, 我们需要 Hölder 不等式. 为了叙述它, 我们引入具有有限 q 范数的向量 $\boldsymbol{u}$:

$$\boldsymbol{u}=\{c_1,c_2,\cdots\},\quad\left(\sum|c_j|^q\right)^{1/q}=|\boldsymbol{u}|_q<\infty,\tag{16}$$

这里 q 和 p 在如下意义下共轭:

$$\frac{1}{p}+\frac{1}{q}=1.\tag{17}$$

我们现在定义 ℓ^p 和 ℓ^q 的向量之间的内积如下:

$$(\boldsymbol{x},\boldsymbol{u})=\sum a_jc_j.\tag{18}$$

Hölder 不等式　对 ℓ^p 中的 $\boldsymbol{x}$ 和 ℓ^q 中的 $\boldsymbol{u}$, 定义内积 (18) 的级数收敛且

$$|(\boldsymbol{x},\boldsymbol{u})|\leqslant|\boldsymbol{x}|_p|\boldsymbol{u}|_q,\tag{19}$$

假设 p 和 q 在 (17) 式意义下共轭.

对此的证明, 可以参考 Courant 的《微积分》第 2 卷. (19) 式中等号成立, 当且仅当

$$\arg a_jc_j\ \text{ 和 }\ |a_j|^p/|c_j|^q\ \text{ 关于 } j \text{ 是独立的.}\tag{20}$$

由于对 ℓ^p 中给定的 $\boldsymbol{x}$, 我们总是可以选取 ℓ^q 中的 $\boldsymbol{u}$, 使得 (20) 成立且 $|\boldsymbol{u}|_q=1$, 因此我们可以把 Hölder 不等式重新叙述如下.

定理 5　对 ℓ^p 中任意 $\boldsymbol{x}$,

$$|\boldsymbol{x}|_p=\max_{|\boldsymbol{u}|_q=1}|(\boldsymbol{x},\boldsymbol{u})|.\tag{21}$$

注意到内积 (18) 作为 $\boldsymbol{x}$ 和 $\boldsymbol{u}$ 的函数是双线性的. 在 (21) 式中以 $\boldsymbol{x}+\boldsymbol{y}$ 代替 $\boldsymbol{x}$ 并利用线性独立性, 我们得到

$$|\boldsymbol{x}+\boldsymbol{y}|_p=\max_{|\boldsymbol{u}|_q=1}|(\boldsymbol{x}+\boldsymbol{y},\boldsymbol{u})|\leqslant\max_{|\boldsymbol{u}|_q=1}|(\boldsymbol{x},\boldsymbol{u})|+|(\boldsymbol{y},\boldsymbol{u})|.\tag{22}$$

根据 Hölder 不等式 (19), 对 $|\boldsymbol{u}|_q=1$,

$$|(\boldsymbol{x},\boldsymbol{u})|\leqslant|\boldsymbol{x}|_p,\quad|(\boldsymbol{y},\boldsymbol{u})|\leqslant|\boldsymbol{y}|_p.$$

代入 (22) 得到

$$|\boldsymbol{x}+\boldsymbol{y}|_p\leqslant|\boldsymbol{x}|_p+|\boldsymbol{y}|_p,$$

这证明了定理 4.　□

自共轭情形, 即 $p=q=2$ 的情形, 是范数的一个及其重要的例子, 将会在第 6 章讨论.

例 (f) 和例 (g) 中定义的范数满足属于 Sobolev 的重要不等式: 若

$$mp\leqslant n\ \text{ 且 }\ p\leqslant q\leqslant\frac{np}{n-kp}\tag{23}$$

且 Q 是一个立方体, 则

$$|f|_q\leqslant c|f|_{k,p},\tag{23'}$$

这里常数 c 只依赖于 p,q,k,n. 这些不等式对所有立方体在光滑映射下的象 Q 当然也成立. 更一般地, 这些不等式对满足锥条件的所有区域 D 也成立. 证明参考 Adams 或 Mazya 的书.

由于空间 L^q 和 $W^{k,p}$ 是光滑函数构成的空间在适当范数下完备化得到的, 故若条件 (23) 满足, 则 $W^{m,p}$ 包含在 L^q 中.

我们在分析中研究和应用的赋范线性空间都是无限维的. 根据 Cantor 的集合论, 在无限中也有分次, 它们中最小的是可数集.

定义 赋范线性空间 X 称为是可分的, 如果它包含着一个可数的稠密的子集, 即闭包是整个空间 X 的点集.

分析中用到的空间大多数 (但不是全部) 都是可分的. 下面是一个不可分空间的重要例子.

(h) 设 X 是由区间 $[0,1]$ 上的所有全质量有限的带号测度 m 构成的线性空间. 我们定义 m 的范数为 m 的全质量:

$$|m| = \int_0^1 |\mathrm{d}m|.$$

用 m_y 表示在 y 点有单位质量的测度. 显然, 对 $y \neq z$, $|m_y - m_z| = 2$. 由于在区间 $[0,1]$ 中有不可数个点 y, 所以 X 是不可分的.

5.2 单位球的非紧性

有限维空间中的许多存在性定理都基于闭单位球

$$B_1 = \{x : |x| \leqslant 1\} \tag{24}$$

是紧的这一事实, 也就是说, B_1 中的任意点列都有一个收敛的子列. F. Riesz 证明了此性质刻化了有限维空间.

定理 6 设 X 是一个无限维的赋范线性空间, 则由 (24) 定义的闭单位球 B_1 不是紧的.

证明 我们首先需要一个引理.

引理 7 若 Y 是赋范线性空间 X 的一个闭的真子空间, 则在 X 中存在长度为 1 的向量 $\boldsymbol{z}$,

$$|\boldsymbol{z}| = 1, \tag{25}$$

使得

$$\forall \boldsymbol{y} \in Y, \ \ |\boldsymbol{z} - \boldsymbol{y}| > \frac{1}{2}. \tag{25$'$}$$

证明 由于 Y 是 X 的真子空间, 在 X 中存在点 $\boldsymbol{x}$ 不属于 Y. 由于 Y 是闭的, $\boldsymbol{x}$ 到 Y 的距离是正的:

$$\inf_{\boldsymbol{y}\in Y}|\boldsymbol{x}-\boldsymbol{y}|=d>0. \tag{26}$$

于是在 Y 中存在点 $\boldsymbol{y}_0$ 使得

$$|\boldsymbol{x}-\boldsymbol{y}_0|<2d. \tag{27}$$

记 $\boldsymbol{z}'=\boldsymbol{x}-\boldsymbol{y}_0$; 于是我们可以把 (27) 式写为

$$|\boldsymbol{z}'|<2d. \tag{27'}$$

由 (26) 式可知

$$\forall \boldsymbol{y}\in Y,\ \ |\boldsymbol{z}'-\boldsymbol{y}|\geqslant d. \tag{28}$$

令

$$\boldsymbol{z}=\frac{\boldsymbol{z}'}{|\boldsymbol{z}'|}.$$

(25) 显然成立, 结合 (27) 和 (28) 得到 (25′). □

注 显然, (25′) 右端的数 $\frac{1}{2}$ 可以换成任意小于 1 的数.

现在证明定理 6. 我们如下递归地构造一列单位向量 $\{\boldsymbol{y}_n\}$. 任选 $\boldsymbol{y}_1$. 假设 $\boldsymbol{y}_1,\cdots,\boldsymbol{y}_{n-1}$ 已经选好; 用 Y_n 表示它们张成的线性空间. 由于 Y_n 是有限维的, 它是闭的; 因为 X 是无限维的, 故 Y_n 是 X 的一个真子空间. 因此由引理 7, 存在 $\boldsymbol{z}$ 满足性质 (25) 和 (25′). 取

$$\boldsymbol{y}_n=\boldsymbol{z}.$$

由于 $\boldsymbol{y}_j$ $(j<n)$ 属于 Y_n,

$$|\boldsymbol{y}_n-\boldsymbol{y}_j|>\frac{1}{2},\ \ j<n.$$

这说明两个不同的 $\boldsymbol{y}_j$ 之间的距离超过 $\frac{1}{2}$, 从而 $\{\boldsymbol{y}_n\}$没有子序列是 Cauchy 列. 由于所有的 $\boldsymbol{y}_j$ 都属于单位球 B_1, 故 B_1不是紧的. □

习题 4 证明赋范线性空间的每个有限维子空间都是闭的. (提示: 利用有限维空间上的所有范数都是等价的这一事实, 证明每个有限维子空间都是完备的.)

下面我们给出单位球中所缺少的紧性的一种替代.

定义 如果除了 $\boldsymbol{x}$ 和 $\boldsymbol{y}$ 中一个是另一个的非负常数倍的情形以外, (2) 式中的不等式严格成立, 则称赋范线性空间 X 上的范数是*严格次可加的*.

习题 5 证明例 (a)、例 (c)、例 (d) 和例 (e) 中的上确界范数不是严格次可加的.

习题 6 证明例 (b) 和例 (f) 中的上确界范数当 $p=1$ 时不是严格次可加的.

当 $1<p<\infty$ 时, 例 (b) 和例 (f) 中的所有范数都是严格次可加的. 而且对每一个这样的范数, 在下述意义下是一致成立的.

对每对单位向量 $\boldsymbol{x}$ 和 $\boldsymbol{y}$, $(\boldsymbol{x}+\boldsymbol{y})/2$ 的范数严格小于 1, 且与 1 之间只相差一个依赖于 $|\boldsymbol{x}-\boldsymbol{y}|$ 的常数. 更确切地, 存在正数 r 的单调增函数 $\varepsilon(r)$,

$$\varepsilon(r) > 0, \quad \lim_{r\to 0}\varepsilon(r) = 0, \tag{29}$$

使得对单位球 $|\boldsymbol{x}| \leqslant 1$, $|\boldsymbol{y}| \leqslant 1$ 中所有的 $\boldsymbol{x}$, $\boldsymbol{y}$ 不等式

$$\left|\frac{\boldsymbol{x}+\boldsymbol{y}}{2}\right| \leqslant 1 - \varepsilon(|\boldsymbol{x}-\boldsymbol{y}|) \tag{30}$$

成立.

定义　如果对赋范线性空间 X 中的所有单位向量 $\boldsymbol{x}$ 和 $\boldsymbol{y}$, 范数满足 (30) 式, 则称赋范线性空间 X 为一致凸的, 这里 $\varepsilon(r)$ 是满足 (29) 的函数.

定理 8　设 X 是一致凸的 Banach 空间, K 是 X 的一个闭凸子集, $\boldsymbol{z}$ 是 X 中任一点, 则在 K 中存在唯一点 $\boldsymbol{y}$, 它到 $\boldsymbol{z}$ 的距离比 K 中其他点到 $\boldsymbol{z}$ 的距离更近.

证明　如果假设 0 不在 K 内, 则我们可以取 $\boldsymbol{z} = \boldsymbol{0}$. 用 s 表示 $\boldsymbol{0}$ 到 K 的距离, 即

$$s = \inf_{\boldsymbol{y}\in K} |\boldsymbol{y}|. \tag{31}$$

由于 $\boldsymbol{0}$ 不属于 K 且 K 是闭的, $s > 0$. 令 $\{\boldsymbol{y}_n\}$ 是 (31) 的一个极小化序列, 即

$$\boldsymbol{y}_n \in Y, \quad |\boldsymbol{y}_n| = s_n \to s. \tag{31$'$}$$

定义单位向量 $\boldsymbol{x}_n$ 为

$$\boldsymbol{x}_n = \frac{\boldsymbol{y}_n}{s_n}, \tag{31$''$}$$

我们有

$$\begin{aligned}\frac{\boldsymbol{x}_n+\boldsymbol{x}_m}{2} &= \frac{1}{2s_n}\boldsymbol{y}_n + \frac{1}{2s_m}\boldsymbol{y}_m \\ &= \left(\frac{1}{2s_n}+\frac{1}{2s_m}\right)(c_n\boldsymbol{y}_n + c_m\boldsymbol{y}_m).\end{aligned} \tag{32}$$

显然, c_n 和 c_m 是正的, 且 $c_n + c_m = 1$. 由于 K 是凸的, $c_n\boldsymbol{y}_n + c_m\boldsymbol{y}_m$ 属于 K. 因此由 (31) 式知

$$|c_n\boldsymbol{y}_n + c_m\boldsymbol{y}_m| \geqslant s.$$

代入 (32) 式, 我们得到

$$\left|\frac{\boldsymbol{x}_n+\boldsymbol{x}_m}{2}\right| \geqslant \frac{s}{2s_n} + \frac{s}{2s_m}. \tag{33}$$

由于 $\{\boldsymbol{y}_n\}$ 是 (31) 的一个极小化序列, $s_n \to s$, 因此 (33) 式右端趋向于 1. 由 (33), (30) 和 (29) 可知 $\lim\limits_{n,m\to 0}|\boldsymbol{x}_n - \boldsymbol{x}_m| = 0$. 于是由 (31$'$), $\lim\limits_{n,m\to\infty}|\boldsymbol{y}_n - \boldsymbol{y}_m| = 0$, 这说明极小化序列 $\{\boldsymbol{y}_n\}$ 是 Cauchy 列. 由于 X 是完备的且 K 是闭的, 序列 $\{\boldsymbol{y}_n\}$ 收敛到 K 中的点 $\boldsymbol{y}$. 显然, $|\boldsymbol{y}| = s$. 类似地可以证明 $\boldsymbol{y}$ 的唯一性. □

定理 8 的作用在于, 它保证了当我们想最小化的集合 K 不是紧集时最小范数元的存在性. 根据定理 6, 一个 Banach 空间有许多闭的但非紧的有界集 K.

一致凸的概念是由 Clarkson 引入的, 同时他证明了当 $1 < p < \infty$ 时, L^p 是一致凸的.

现在我们给出一个例子, 说明在不是一致凸的空间 C 中 (事实上, 最大值范数甚至不是严格次可加的), 定理 8 的结论不成立.

取 C 为由闭区间 $[-1,1]$ 上的所有实值连续函数构成的空间 $C[-1,1]$. 设 K 是满足

$$\int_{-1}^{0} k\mathrm{d}t = 0,\ \int_{0}^{1} k\mathrm{d}t = 0 \tag{34}$$

的所有函数 $k(t)$ 构成的集合. K 是一个线性子空间, 因此是凸的, 而且 K 明显是闭的.

设 $z(t)$ 是 C 中任意满足

$$\int_{-1}^{0} z\mathrm{d}t = 1,\ \int_{0}^{1} z\mathrm{d}t = -1$$

的函数. 由 (34) 可知, 对 K 中任意的 k,

$$\int_{-1}^{0} (z-k)\mathrm{d}t = 1,\ \int_{0}^{1} (z-k)\mathrm{d}t = -1.$$

由此可知

$$\max_{-1\leqslant t\leqslant 0}[z(t)-k(t)] \geqslant 1, \tag{35}$$

等式成立当且仅当

$$\text{对 } -1\leqslant t\leqslant 0,\ \ z(t)-k(t)\equiv 1. \tag{35$'$}$$

类似地,

$$\min_{0\leqslant t\leqslant 1}[z(t)-k(t)] \leqslant -1, \tag{36}$$

等式成立当且仅当

$$\text{对 } 0\leqslant t\leqslant 1,\ \ z(t)-k(t)\equiv -1. \tag{36$'$}$$

条件 (35′) 和 (36′) 在 $t=0$ 点不可能同时成立, 因此 (35) 和 (36) 中至少有一个不等式成立. 这证明了对 K 中任意 k,

$$|z-k|_{\max} > 1. \tag{37}$$

另一方面, 我们能够选取 K 中的 k, 使得 (35) 和 (36) 中的最大值和最小值分别与 1 和 -1 靠的要多近就多近. 故

$$\inf_{k\in K} |z-k|_{\max} = 1. \tag{37$'$}$$

此式与 (37) 式合在一起证明了在 K 中没有和 z 距离最近的点. □

5.3 等　　距

我们现在研究 Banach 空间 X 到自身上的等距, 即从 X 到 X 上的保持任意两点间的距离的映射 $\boldsymbol{M}$:

$$\text{对 } X \text{ 中所有 } x,y,\ \ |\boldsymbol{M}(x)-\boldsymbol{M}(y)| = |x-y|. \tag{38}$$

显然, 对固定的 u, 平移 $\boldsymbol{M}(x)=x+u$ 是等距, 而且 X 上的所有等距构成了一个群. 我们想研究那些把 0 映为 0 的等距, 其他的等距可以通过这些等距与平移的复合得到.

定理 9 设 X 是一个有严格次可加范数的实线性空间. 若 $\boldsymbol{M}$ 是 X 到自身的把 0 映为 0 的等距, 则 M 是线性的.

证明 为简便起见, 记 $\boldsymbol{M}(x)$ 为 x'. 任取两点 x 和 y, 定义

$$z=\frac{x+y}{2}. \tag{39}$$

利用等距的定义 (38) 和 z 的定义, 我们有

$$|x'-z'|=|x-z|=\frac{|x-y|}{2},$$

$$|z'-y'|=|z-y|=\frac{|x-y|}{2}, \tag{40}$$

$$|x'-y'|=|x-y|. \tag{40$'$}$$

这意味着

$$|x'-y'|=|x'-z'+z'-y'|=|x'-z'|+|z'-y'|.$$

由于范数是严格次可加的, $x'-z'$ 和 $z'-y'$ 一定互为对方的正的常倍数. 由 (40) 式知它们的范数相同, 故它们一定相等: $x'-z'=z'-y'$. 因此

$$2z'=x'+y'. \qquad \square \tag{41}$$

习题 7 由 (41) 推出 $\boldsymbol{M}$ 是线性的.

事实上, 有些 Banach 空间有很多的等距, 而有些则几乎没有等距. 存在很多等距的 Banach 空间中包括了在第 6 章中将要讨论的 Hilbert 空间, 几乎没有等距的 Banach 空间包括赋以极大值范数的函数空间. 下是由 Schur 给出的一个例子.

记 X 为所有复数的零序列构成的空间:

$$x=\{a_n\}, \quad \lim_{n\to\infty} a_n=0, \tag{42}$$

赋以范数

$$|x|=\max_n |a_n|. \tag{42$'$}$$

习题 8 证明 X 是完备的.

设 $\{b_n\}$ 是任意一列绝对值为 1 的复数: $|b_n|=1$. 定义映射 $\boldsymbol{U}$ 为

$$\boldsymbol{U}x=\{b_n a_n\}. \tag{43}$$

显然, $\boldsymbol{U}$ 是 X 到 X 上的线性映射, 且满足 $|\boldsymbol{U}x|=|x|$, 因此 $\boldsymbol{U}$ 是一个等距.

设 p 是正整数集的一个置换. 定义映射 $\boldsymbol{P}$ 为

$$\boldsymbol{P}_x=\{a'_n\}, \quad a'_n=a_{p(n)}. \tag{44}$$

显然, $\boldsymbol{P}$ 是从 X 到 X 上的一个线性映射且是一个等距.

定理 10　由 (42) 和 (42)′ 定义的 Banach 空间 X 上的每个线性等距都是形如 (43) 和 (44) 的等距的复合.

证明　设 $\boldsymbol{u}_j$ 是一个单位向量, 其第 j 个分量的绝对值为 1, 其余分量全为 0. 用 T_j 表示 X 的由第 j 个分量为 0 的所有向量构成的子空间. 显然,

$$T_j\text{是闭的且 codim } T_j = 1, \tag{45}$$

$$|\boldsymbol{u}_j + \boldsymbol{t}| = 1 \qquad \text{对 } T_j \text{ 中所有 } \boldsymbol{t}, |\boldsymbol{t}| \leqslant 1. \tag{46}$$

反之, 我们有下面的引理.

引理 11　设 $\boldsymbol{u}$ 是 X 中的向量, $|\boldsymbol{u}| = 1, T$ 是 X 的一个余维数是 1 的满足 (45) 和 (46) 的子空间, 则 $\boldsymbol{u}$ 是一个单位向量且 T 是对应的子空间 T_j.

证明　由范数的定义 (42′), 存在指标 m, 使得

$$1 = |\boldsymbol{u}| = |\boldsymbol{u}_m|.$$

由 (46), 在 T 中不存在第 m 个分量 $\neq 0$ 的向量 $\boldsymbol{t}$. 由于假设 T 的余维数为 $1, T$ 由第 m 个分量为 0 的所有零序列构成. 由此, 根据 (46) 可知 $\boldsymbol{u}$ 除了第 m 个分量以外的所有分量均为 0.　□

设 $\boldsymbol{M}$ 是 X 到 X 上的线性等距, 并设 $\boldsymbol{u}_j$ 是任意单位向量且 T_j 是对应的子空间. 由于 $\boldsymbol{M}$ 是线性的、到上的等距, $\boldsymbol{u}_j$ 和 T_j 在 $\boldsymbol{M}$ 下的象 u_j' 和 T_j' 满足 (45) 和 (46). 由引理 11, $\boldsymbol{u}'$ 是一个单位向量, 由此及等距的线性即证明了定理 10.　□

我们用下面的属于 Mazur 和 Ulam 的结果来结束本章.

定理 12　设 X 和 X' 是两个实的赋范线性空间, $\boldsymbol{M}$ 是从 X 到 X' 上的把 0 映为 0 的等距映射. 则 $\boldsymbol{M}$ 是线性的.

证明　范数是严格次可加的情形包含在定理 9 中. 对一般的情形, 和以前一样, 我们任取两个点 x 和 y 以及它们的中点 z:

$$z = \frac{x+y}{2}.$$

和前面一样, 在 (40) 中, z 在 x 和 y 的中间, 但是当 X 上的范数不是严格次可加时, 这不再刻画中点 z. 可能有另外的点 u 也在 x 和 y 的中间:

$$|x-u| = |y-u| = \frac{|x-y|}{2}. \tag{47}$$

我们用 A 表示这样的点 u 构成的集合. 我们断定这个集合 A 关于中点 z 是对称的, 即若 u 属于 A, 则

$$v = 2z - u \tag{48}$$

也属于 A. 为此, 我们注意到 $2z = x + y$, 从而

$$v - x = y - u \ \text{ 且 } \ v - y = x - u.$$

由 (47) 知 v 在 x 和 y 的中间.

我们定义 A 中两点间距离的最大值为 A 的直径 d_A:

$$d_A = \sup_{u,w\in A} |u-w|. \tag{49}$$

由于 A 关于 z 是对称的, 对 A 中所有的 u,

$$|u-z| \leqslant \frac{1}{2}d_A.$$

当然, 可能有 A 中其他的点 p 也具有此性质:

$$\text{对 } A \text{ 中所有的 } u,\quad |u-p| \leqslant \frac{1}{2}d_A. \tag{50}$$

我们用 A_1 表示这样的点 p 构成的集合. 我们断定 A_1 关于中点 z 也是对称的. 即若 p 属于 A_1, 则

$$q = 2z - p \tag{51}$$

也属于 A_1. 为了应用 (48), 对 A 中的任意 u, 我们有

$$q-u = 2z-u-p = v-p. \tag{51$'$}$$

由 (51′), 我们断定 $|q-u| = |v-p|$. 因为当 u 属于 A 时 v 也属于 A, 由 (50) 可知 $|u-q| \leqslant \frac{1}{2}d_A$.

由 (50) 可知, A_1 的直径不超过 A 的直径的一半:

$$d_{A_1} \leqslant \frac{1}{2}d_A. \tag{52}$$

我们重复这一构造, 得到了一个集合的嵌套序列 $A \supset A_1 \supset A_2 \supset \cdots$, 每个都包含中点 z, 每个都关于 z 对称, 且它们的直径满足

$$d_{A_{n+1}} \leqslant \frac{1}{2}d_{A_n}.$$

显然, d_{A_n} 趋于 0, 由此可知所有这些 A_n 的交集只包含单点 z. 这在 X 的度量结构中刻画了 x, y 的中点 z.

设 $\boldsymbol{M}$ 是从 X 到 X' 上的等距映射, 则 $\boldsymbol{M}$ 的逆映射把 X' 等距地映射到 X 上. 用 x' 和 y' 分别表示 x 和 y 在 $\boldsymbol{M}$ 下的象, 用 $A', A_1', \cdots, A_n'$ 表示和 X 中定义的集合类似的集合. 注意到集合 A 由 (47) 定义, 集合 A_1 由 (49) 和 (50) 定义. 由于这些不等式只和距离有关且 $\boldsymbol{M}$ 是等距, 故 $\boldsymbol{M}$ 把 A_n 中的每个点映到 A_n' 中. 由于 $\boldsymbol{M}$ 的逆映射是等距, 它把 A_n' 中的每个点映到 A_n 内. 因此 $\boldsymbol{M}$ 把 A_n 映到 A_n' 上, 从而把 A_n 的交映到 A_n' 的交上. 由于它们的交分别是 $\frac{x+y}{2}$ 和 $\frac{x'+y'}{2}$, 故有

$$\boldsymbol{M}\Big(\frac{x+y}{2}\Big) = \frac{x'+y'}{2}. \tag{53}$$

取 $y=0$ 并利用假设 $\boldsymbol{M}(0) = y' = 0$, 我们得到 $\boldsymbol{M}(x/2) = x'/2$. 把这应用到方程 (53) 上, 我们得到

$$\boldsymbol{M}(x+y) = x'+y' = \boldsymbol{M}(x) + \boldsymbol{M}(y).$$

这是线性的第一个性质, 见第 2 章方程 (1). 由此我们推出, 对所有的有理数 k, $\boldsymbol{M}(kx) = k\boldsymbol{M}(x)$. 由于 $\boldsymbol{M}$ 是等距, 它是连续的, 故对所有的实数 k, 上述关系式都

成立. □

参考文献

Adams, R. A., *Sobolev Spaces.* Academic Press, New York, 1975.

Clarkson, J. A., Uniformly convex spaces. *Trans. AMS*, **40**(1936): 396–414.

Day, M. M., *Normed Linear Spaces.* Springer Verlag, 1958.

Mazur, S. and Ulam, S., Sur les transformation isométriques d'espace vectoriel normés, *C. R. Acad. Sci. Paris*, **194**(1932): 946–948.

Mazya, V., *Sobolev Spaces.* Springer Verlag, 1985.

第 6 章 Hilbert 空间

6.1 内 积

设 X 是实数域 $\mathbb{R}$ 上的线性空间. 若 X 上的关于 x 和 y 的实值函数 (x,y) 满足如下性质：

(i) 双线性　固定 y, (x,y) 是 x 的线性函数, 固定 x, (x,y) 是 y 的线性函数;

(ii) 对称性　$(x,y)=(y,x)$;

(iii) 正性　对 $x\neq 0$, $(x,x)>0$,

则称 (x,y) 是 X 上的一个内积, 称 X 是一个内积空间.

当数域为 $\mathbb{C}$ 时, (x,y) 是复数值且性质 (i) 和 (ii) 替换为：

(i) 半双线性　固定 y, (x,y) 是 x 的线性函数, 固定 x, (x,y) 是 y 的斜线性函数, 即

$$(ax,y)=a(x,y),\quad (x,ay)=\overline{a}(x,y); \tag{1}$$

(ii) 斜对称性

$$(y,x)=\overline{(x,y)}. \tag{2}$$

对于在 X 上定义的一个内积, 我们可以定义

$$||x||=(x,x)^{1/2}. \tag{3}$$

我们断定 $||\ ||$ 是一个范数：

正性由 (iii) 可知, 齐性由 (1) 可知. 为了证明次可加性, 我们需要下面的定理.

定理 1 (Schwartz 不等式)　线性空间 X 上满足 (i), (ii) 和 (iii) 的内积满足

$$|(x,y)|\leqslant ||x||||y|| \tag{4}$$

对任意的 $x,y\in X$ 成立, 这里 $||\ ||$ 由 (3) 定义. 等式当 $x=ay$ 或 $y=0$ 时成立.

证明　设 t 是任意实数, $y\neq 0$. 由双线性和斜对称性,

$$||x+ty||^2=||x||^2+2t\mathrm{Re}(x,y)+t^2||y||^2. \tag{5}$$

由 (iii), 这是非负的. 取 $t=-\mathrm{Re}(x,y)/||y||^2$, 并且两边乘以 $||y||^2$. 我们得到

$$(\mathrm{Re}(x,y))^2\leqslant ||x||^2||y||^2.$$

选取 $|a|=1$ 使得 $a(x,y)$ 是实数, 并用 ax 代替 x, 我们得到了 (4). 注意, (4) 中等式成立, 当且仅当 x 和 y 互为常数倍. □

推论 1′　对内积空间中的每个向量 $\boldsymbol{x}$,

$$||\boldsymbol{x}||=\max_{||y||=1}|(\boldsymbol{x},\boldsymbol{y})|.$$

现在我们可以证明 $\|\ \|$ 是次可加的. 在 (5) 中取 $t=1$ 并用 (4) 式估计中间项的值, 我们得到

$$\|\boldsymbol{x}+\boldsymbol{y}\|^2 \leqslant (\|\boldsymbol{x}\|+\|\boldsymbol{y}\|)^2,$$

此即 $\|\ \|$ 的次可加性.

我们在 (5) 式中取 $t=\pm 1$ 并相加, 得到平行四边形恒等式:

$$\|\boldsymbol{x}+\boldsymbol{y}\|^2+\|\boldsymbol{x}-\boldsymbol{y}\|^2=2\|\boldsymbol{x}\|^2+2\|\boldsymbol{y}\|^2. \tag{6}$$

习题 1　证明满足 (6) 的范数可以由一个内积诱导出来. 这个结论属于 von Neumann.

习题 2　证明内积连续地依赖于它的因子, 即若 $x_n \to x$, $y_n \to y$(这意味着 $\|x_n - x\| \to 0$, $\|y_n-y\| \to 0$), 则 $(x_n, y_n) \to (x, y)$. (利用 Schwartz 不等式.)

定义　如果 $(\boldsymbol{x},\boldsymbol{y})=0$, 则称 $\boldsymbol{x}$ 和 $\boldsymbol{y}$ 是正交的.

定义　关于由内积诱导出来的范数是完备的内积空间称为是一个Hilbert 空间.

给定一个内积空间, 它可以关于由内积诱导出来的范数完备化. 由 Schwartz 不等式可知, 内积是其因子的连续函数, 因此它可以延拓到完备化后的空间上. 故完备化后的空间是一个 Hilbert 空间.

下面给出一些内积空间的例子.

例 1　设 X 是由区间 $[0,1]$ 上的所有连续函数 $x(t)$ 构成的空间, 在 X 上定义内积为

$$(x,y)=\int_0^1 x(t)\overline{y(t)}\mathrm{d}t.$$

X 是不完备的内积空间.

例 2　设

$$\ell^2=\{x=(a_1,a_2,\cdots),\ \sum |a_j|^2<\infty\}.$$

对 ℓ^2 中的向量

$$\boldsymbol{x}=(a_1,a_2,\cdots),\quad \boldsymbol{y}=(b_1,b_2,\cdots),$$

定义

$$(\boldsymbol{x},\boldsymbol{y})=\sum a_j\bar{b}_j.$$

习题 3　证明 ℓ^2 是完备的内积空间.

例 3　在 $\mathbb{R}^n$ 的某一区域内关于 Lebesgue 测度平方可积的所有函数构成的空间记为 L^2. 这个空间是完备的内积空间.

其他的一些例子会在后面几章的应用中出现.

6.2 闭凸集中的最佳逼近点

定理 2 设 K 是 Hilbert 空间 H 中的一个非空闭凸子集, $x \in H$, 则在 K 中存在唯一一点 y, 使得 y 到 x 的距离比 K 中其他点到 x 的距离近.

证明 记

$$\inf_{z\in K} ||x-z|| = d. \tag{7}$$

设 K 中的 $\{y_n\}$ 是极小化序列:

$$\lim_{n\to\infty} d_n = d,\ \ d_n = ||x-y_n||. \tag{8}$$

对 $x=(x-y_n)/2$ 和 $y=(x-y_m)/2$ 应用平行四边形恒等式 (6):

$$||x-\frac{y_n+y_m}{2}||^2 + \frac{1}{4}||y_n-y_m||^2 = \frac{1}{2}(d_n^2+d_m^2). \tag{9}$$

由于 K 是凸的, $(y_n+y_m)/2$ 属于 K, 故由 (7) 式, $||x-(y_n+y_m)/2|| \geqslant d$. 把此式和 (8) 式代入 (9) 式, 我们推出 $\{y_n\}$ 是 Cauchy 列. 由于 H 是完备的且 K 是闭的, $y=\lim\ y_n$ 属于 K. 由于 $||x-y|| = \lim\ ||x-y_n|| = d$, 故 y 到 x 的距离最近. 最小距离元 y 的唯一性可由 (6) 式推出: 假设 y' 是另一个最小距离元, 对 $x-y$, $x-y'$ 应用 (6) 式. □

定理 2 是第 5 章定理 8 的一个特殊情况.

定义 设 Y 是 Hilbert 空间 H 的一个线性子空间. 所有与 Y 正交的向量 (即满足 $(\boldsymbol{v},\boldsymbol{y})=0(\forall \boldsymbol{y}\in Y)$ 的向量 $\boldsymbol{v}$) 构成的集合称为 Y 的正交补, 记为 $Y^\perp$.

定理 3 设 H 是一个 Hilbert 空间, Y 是 H 的闭子空间, $Y^\perp$ 是 Y 的正交补, 则

(i) $Y^\perp$ 是 H 的闭线性子空间.

(ii) Y 和 $Y^\perp$ 是互补的子空间, 即每个 x 可以唯一的分解为 Y 中的向量和 $Y^\perp$ 中的向量的和.

(iii) $(Y^\perp)^\perp = Y$.

证明 由内积的双线性可知, 与 Y 中的所有向量都正交的向量 $\boldsymbol{v}$ 构成了一个线性空间. 这证明了 $Y^\perp$ 是一个线性空间. 设 $\{\boldsymbol{v}_j\}$ 是 $Y^\perp$ 中一列收敛的向量:

$$\lim_{j\to\infty} \boldsymbol{v}_j = \boldsymbol{v}. \tag{10}$$

我们断定 $\boldsymbol{v}$ 属于 $Y^\perp$, 即

$$\forall \boldsymbol{z}\in Y,\ \ (\boldsymbol{v},\boldsymbol{z})=0.$$

由于 $\boldsymbol{v}_j$ 属于 $Y^\perp$,

$$(\boldsymbol{v},\boldsymbol{z}) = (\boldsymbol{v}-\boldsymbol{v}_j,\boldsymbol{z}) + (\boldsymbol{v}_j,\boldsymbol{z}) = (\boldsymbol{v}-\boldsymbol{v}_j,\boldsymbol{z}).$$

对右端用 Schwarz 不等式,

$$|(\boldsymbol{v},\boldsymbol{z})| \leqslant ||\boldsymbol{v}-\boldsymbol{v}_j||\ ||\boldsymbol{z}||, \tag{11}$$

由 (10), $||\boldsymbol{v}-\boldsymbol{v}_j||$ 趋于零. (11) 式说明 $(\boldsymbol{v},\boldsymbol{z})=0$, 即 $Y^\perp$ 是闭的, 这证明了 (i).

下面证明 (ii). 任给 H 中的 $\boldsymbol{x}$, 由定理 2, 存在 Y 中向量 $\boldsymbol{y}$ 到 $\boldsymbol{x}$ 距离最近. 令

$$\boldsymbol{v}=\boldsymbol{x}-\boldsymbol{y}. \tag{12}$$

$\boldsymbol{y}$ 的最小性意味着对 Y 中任意 $\boldsymbol{z}$ 和任意实数 t,

$$||\boldsymbol{v}||^2 \leqslant ||\boldsymbol{v}+t\boldsymbol{z}||^2.$$

利用 (5), 我们可以把右端重新写为 $||\boldsymbol{v}||^2+2t\mathrm{Re}(\boldsymbol{v},\boldsymbol{z})+t^2||\boldsymbol{z}||^2$, 从而得到

$$\forall \boldsymbol{z}\subset Y,\ \ \mathrm{Re}(\boldsymbol{v},\boldsymbol{z})=0. \tag{13}$$

这说明 $\boldsymbol{v}$ 属于 $Y^\perp$, (12) 把 $\boldsymbol{x}$ 分解为 Y 中向量 $\boldsymbol{y}$ 和 $Y^\perp$ 中向量 $\boldsymbol{z}$ 的和 $\boldsymbol{y}+\boldsymbol{v}$.

这个分解是唯一的, 因为若 $\boldsymbol{x}=\boldsymbol{y}+\boldsymbol{v}=\boldsymbol{y}'+\boldsymbol{v}'$, 则 $\boldsymbol{y}-\boldsymbol{y}'=\boldsymbol{z}'-\boldsymbol{z}$ 既属于 Y 又属于 $Y^\perp$, 因此与自身正交. 由内积的正性, $\boldsymbol{y}-\boldsymbol{y}'=\boldsymbol{z}'-\boldsymbol{z}=0$, 故 (ii) 得证. (iii) 是 (ii) 的直接推论. □

评述 由定理 3 可知, Hilbert 空间的每个闭线性子空间都有一个闭的正交补. 这对 Banach 空间来说一般是不对的, 例子将在后面给出.

6.3 线性泛函

Hilbert 空间 H 中的每个向量都可以确定 H 上的一个线性泛函. 固定 $y\in H$, $\ell(x)=(x,y)$ 是 x 的一个线性泛函, 即 ℓ 是从 H 到 $\mathbb{C}$ 的一个线性映射. 根据 Schwartz 不等式 (4), $\ell(x)$ 是有界的, 界为 $||x||$ 的一个常数倍. 反过来, 我们有下面的定理.

定理 4 设 $\ell(x)$ 是 Hilbert 空间 H 上的一个有界线性泛函, 即存在常数 c, 使得

$$\forall x\in H,\ \ |\ell(x)|\leqslant c||x||, \tag{14}$$

则存在唯一的 $y\in H$, 使得

$$\forall x\in H,\ \ \ell(x)=(x,y). \tag{15}$$

证明 我们将要用到下面的事实.

引理 5

(i) 一个不恒等于 0 的线性泛函的零空间是一个余维数为 1 的线性子空间.

(ii) 如果两个线性泛函 ℓ 和 m 有相同的零空间, 则它们互为常数倍: 即存在常数 c 使得

$$\ell=cm. \tag{16}$$

(iii) 在 (14) 式意义下的有界线性泛函的零空间是一个闭子空间.

习题 4 证明引理 5.

注意引理 5 对任意的 Banach 空间都成立, (i) 和 (ii) 对任意的线性空间都成立.

现在假设 ℓ 不恒等于 0, 则 ℓ 的零空间是 H 的一个余维数为 1 的闭子空间 Y. Y 的正交补 $Y^\perp$(见定理 3) 是一维的. 设 p 是 $Y^\perp$ 中任意一个非零向量, 定义线性泛函 m 为

$$m(x) = (x, p).$$

显然, m 的零空间是 Y. 由引理 5(ii), 存在常数 c, 使得

$$\ell(x) = cm(x) = (x, \bar{c}p).$$

□

定理 4 称为 Riesz-Frechet 表示定理.

下面有用的推广是由 Milgram 和 Lax 给出的.

定理 6 (Lax-Milgram 引理) 设 H 是一个 Hilbert 空间, $B(x, y)$ 是 x 和 y 的函数, 满足

(i) 对固定的 y, $B(x, y)$ 是 x 的线性函数, 对固定的 x, $B(x, y)$ 是 y 的斜线性函数;

(ii) B 是有界的, 即存在常数 c, 使得对 H 中所有的 x 和 y,

$$|B(x, y)| \leqslant c||x||||y||; \tag{17}$$

(iii) 存在正数 b, 使得 $\forall y \in H$,

$$|B(y, y)| \geqslant b||y||^2. \tag{18}$$

断言 对 H 上每个在 (14) 式意义下有界的线性泛函 ℓ, 在 H 中存在唯一的向量 y 使得

$$\ell(x) = B(x, y), \quad \forall y \in H. \tag{19}$$

证明 由 (i) 和 (ii), 对固定的 y, $B(x, y)$ 是 x 的一个有界线性泛函. 因此由定理 4, 存在唯一的 $z \in H$ 使得

$$B(x, y) = (x, z). \tag{20}$$

由于 z 由 y 唯一确定, 它是 y 的一个函数. 由 (20), z 关于 y 是线性的. 因此, 当 y 取遍 H 时, (20) 式中的 z 构成的集合是 H 的一个线性子空间. 我们断定它是 H 的闭线性子空间. 为此, 在 (20) 式中取 $x = y$:

$$|B(y, y)| = (y, z). \tag{20$'$}$$

对左端应用 (18) 式, 对右端应用 Schwarz 不等式, 除以 $||y||$ 后我们得到

$$b||y|| \leqslant ||z||. \tag{21}$$

设 $\{z_n\}$ 是在 (20) 中出现的一列向量, y_n 是与 z_n 对应的向量:

$$B(x, y_n) = (x, z_n). \tag{22}$$

从而 $B(x, y_n - y_m) = (x, z_n - z_m)$. 由 (21) 式, $b||y_n - y_m|| \leqslant ||z_n - z_m||$. 由此可知, 若 $\{z_n\}$ 收敛到 z, 则对应的 $\{y_n\}$ 是一个 Cauchy 列. 由于 H 是完备的, $\{y_n\}$ 收敛到极限 y. 由 (17) 式知, (22) 的左端收敛到 $B(x, y)$, 由 (4) 式知, 右端收敛到 (x, z). 故

$$B(x,y)=(x,z),$$

这证明了 (20) 式中出现的 z 构成的的集合是 H 的一个闭子空间.

我们断定这个闭子空间是整个 H; 否则, 由定理 3 可知, 存在非零向量 x 与所有的 z 正交. 由 (20) 知, 对所有的 y, x 满足 $B(x,y)=0$. 令 $y=x$ 得到 $B(x,x)=0$. 利用 (18), 我们得到 $x=0$, 与 $x\neq 0$ 矛盾.

根据定理 4, 所有的线性泛函 $\ell(x)$ 都能表示为 $(x,z)(z\in H)$ 的形式. 结合 (20), 这证明了 (19). 由 (18), y 是唯一确定的. □

6.4 线 性 张

由第 1 章知, 点集 $S=\{y_j\}$ 的线性张是包含 S 的最小的线性子空间. 在 Hilbert 空间 H 中, 点集 S 的闭线性张定义为包含 S 的最小的闭线性子空间, 即包含 S 的所有闭线性子空间的交.

习题 5 证明一个集合的闭线性张是它的线性张的闭包.

定理 7 Hilbert 空间 H 中的点 y 属于集合 $\{y_j\}$ 的闭线性张 Y, 当且仅当与所有 y_j 正交的向量 z 也和 y 正交:

$$\forall j, (y_j,z)=0 \quad \Rightarrow \forall Z,\ \ (y,z)=0. \tag{23}$$

证明 我们断定, 与所有 y_j 都正交的向量 z 构成的集合 Z 是 Y 的正交补. 由于和所有 y_j 都正交的 z 也和所有 y_j 的线性组合正交, 再由连续性, z 和线性组合的极限正交, 故 $Z\subset Y^{\perp}$. 反之, $Y^{\perp}$ 中的每个向量都和每个 y_j 正交, 故属于 Z. 这证明了 $Z=Y^{\perp}$. 由定理 3(iii), $Y=(Y^{\perp})^{\perp}=Z^{\perp}$, 这证明了定理 7. □

我们在第 5 章中证明了 Banach 空间到自身上的把 0 映到 0 的满等距是线性的. 我们现在给出此结论在 Hilbert 空间情形下的一个新证明.

用 $x\to x'$ 表示 Hilbert 空间上的把 0 映到 0 的等距. 设 x,y 是任意两个向量, x' 和 y' 分别是它们的象. 由于保持距离, $d(0,x)=d(0,x')$, $d(0,y)=d(0,y')$ 且 $d(x,y)=d(x',y')$, 这些关系式可以表示为

$$||x||=||x'||,\ \ ||y||=||y'||, \tag{24}$$

$$||x-y||^2=||x'-y'||^2. \tag{24$'$}$$

把 (24′) 两边展开并利用 (24), 我们得到

$$(x,y)=(x',y'). \tag{25}$$

记 $x+y$ 为 z, 设 u 是 H 中任意向量. 利用 (25), 我们有

$$(z',u')=(z,u)=(x+y,u)=(x,u)+(y,u)=(x',u')+(y',u')=(x'+y',u').$$

于是对所有的 u',

$$(z'-x'-y',u')=0.$$

这只有当 $z'=x'+y'$ 时才能成立. □

这个证明的好处在于: 即使内积不是正的, 只要内积是非退化的, 即不存在和所有点都正交的 u 时也可以应用.

现在我们讨论标准正交集.

定义 若内积空间 X 中的一族向量 $\{x_j\}$ 满足

$$\text{对 } j\neq k,\ \ (x_j,x_k)=0,\ \ \text{且对所有的 } j,\ \ \|x_j\|=1, \tag{26}$$

则称 $\{x_j\}$ 是一个标准正交集.

定义 若内积空间 X 中的一族向量 $\{\boldsymbol{x}_j\}$ 是标准正交的, 且 $\{\boldsymbol{x}_j\}$ 的闭线性张是整个 X, 则称 $\{x_j\}$ 是 X 的一个标准正交基.

引理 8 设 H 是一个 Hilbert 空间, $\{\boldsymbol{x}_j\}$ 是 H 的一个标准正交集. 则 $\{\boldsymbol{x}_j\}$ 的闭线性张由所有形如

$$\boldsymbol{x}=\sum a_j\boldsymbol{x}_j \tag{27}$$

的向量构成, 这里 a_j 是复数且满足

$$\sum |a_j|^2<\infty. \tag{27$'$}$$

和式 (27) 在 Hilbert 空间范数意义下收敛. 进而有

$$\|\boldsymbol{x}\|^2=\sum|a_j|^2, \tag{28}$$

$$a_j=(\boldsymbol{x},\boldsymbol{x}_j). \tag{28$'$}$$

习题 6 证明引理 8.

定理 9 每个 Hilbert 空间都包含一个标准正交基.

证明 设 $\mathscr{F}$ 是由 H 中的所有标准正交集构成的集族. 在 $\mathscr{F}$ 上按集合的包含关系定义偏序. 给定 $\mathscr{F}$ 的一个全序子集族, 此子集族中所有集合的并包含子集族中的每个子集且仍在 $\mathscr{F}$ 中. 由 Zorn 引理, 存在一个最大的标准正交集. 我们断定, 每个最大的标准正交集 $\{x_j\}$ 的闭线性张 X 是整个空间. 我们采用反证法: 假设存在 y 不属于 $\{x_j\}$ 的闭线性张 X. 定义

$$a_j=(\boldsymbol{y},\boldsymbol{x}_j). \tag{29}$$

我们断定 Bessel 不等式成立:

$$\sum|a_j|^2\leqslant\|\boldsymbol{y}\|^2. \tag{30}$$

因为考虑

$$\left\|\boldsymbol{y}-\sum_F a_j\boldsymbol{x}_j\right\|^2, \tag{31}$$

这里 F 是 j 的一个有限集合. 利用 $\{\boldsymbol{x}_j\}$ 的标准正交性, 我们发现 (31) 式等于

$$\|\boldsymbol{y}\|^2-\sum_F\overline{a}_j(\boldsymbol{y},\boldsymbol{x}_j)-\sum_F a_j(\boldsymbol{x}_j,\boldsymbol{y})+\sum_F|a_j|^2,$$

根据 (29), 这等于

$$||\boldsymbol{y}||^2 - \sum_F |a_j|^2.$$

由于 (31) 是非负的, 对每个有限子集 F, (30) 都成立, 从而对无限和也成立.

由引理 8, (27) 式定义了一个向量 $\boldsymbol{x} = \sum a_j\boldsymbol{x}_j$ 且 $\boldsymbol{x}$ 属于 X. 现在应用 (29) 和 (28′), 我们有

$$(\boldsymbol{y}-\boldsymbol{x}, \boldsymbol{x}_j) = (\boldsymbol{y}, \boldsymbol{x}_j) - (\boldsymbol{x}, \boldsymbol{x}_j) = a_j - a_j = 0,$$

这说明 $\boldsymbol{y}-\boldsymbol{x}$ 与所有的 $\boldsymbol{x}_j$ 正交. 由于假设 $\boldsymbol{y}$ 不属于 X, 而 $\boldsymbol{x}$ 属于 X, $\boldsymbol{y}-\boldsymbol{x}$ 非零. 故

$$\frac{\boldsymbol{y}-\boldsymbol{x}}{||\boldsymbol{y}-\boldsymbol{x}||}$$

可以加到正交集 $\{\boldsymbol{x}_j\}$ 中, 从而得到了一个比 $\{\boldsymbol{x}_j\}$ 更大的集合, 这与 $\{\boldsymbol{x}_j\}$ 的最大性矛盾. □

假设 H 是一个可分的 Hilbert 空间, 即 H 包含一个可数的稠密点集. 此时, 每个正交基都是可数的, 而且标准正交基可以直接构造出来, 无需利用诸如 Zorn 引理之类的超越论证.

定理 9′ 若 $\{\boldsymbol{y}_j\}$ 是 Hilbert 空间 H 中的一列向量, 其闭线性张为整个 H, 则在 H 中存在一个标准正交基 $\{\boldsymbol{x}_j\}$, 使得 $\{\boldsymbol{x}_1, \cdots, \boldsymbol{x}_n\}$ 的线性张包含 $\{\boldsymbol{y}_1, \cdots, \boldsymbol{y}_n\}$.

习题 7 证明定理 9′.

在定理 9′ 中构造标准正交基 $\{x_j\}$ 的过程称为 Gram-Schmidt 过程.

习题 8 设 H 是一个 Hilbert 空间. 证明 H 的任意两个标准正交基的基数相同.

定理 10 设 H 是一个 Hilbert 空间, $\{\boldsymbol{x}_j\}$ 和 $\{\boldsymbol{y}_j\}$ 是两个标准正交基. 根据定理 8, 每个 $\boldsymbol{x}$ 可以写成

$$\boldsymbol{x} = \sum a_j\boldsymbol{x}_j,\ a_j = (\boldsymbol{x}, \boldsymbol{x}_j),$$

则映射

$$\boldsymbol{x} \to \boldsymbol{y} = \sum a_j\boldsymbol{y}_j$$

是 H 到 H 上的把 0 映到 0 的等距, 而且 H 到 H 上的每个把 0 映到 0 的满等距都可以用此方法得到.

习题 9 证明定理 10.

习题 10 证明, 每个可分的无限维 Hilbert 空间都同构于空间 ℓ^2, 其中 ℓ^2 是由满足 $||\boldsymbol{x}||^2 = \sum |a_j|^2 < \infty$ 的向量 $\boldsymbol{x} = (a_1, a_2, \cdots)$ 构成的线性空间.

注记 本章中描述的 Hilbert 空间的抽象概念是由 von Neumann 在 1929 年给出的. 在此之前, Hilbert 和他的学派已经应用了例 2 和例 3 中描述的具体空间, Hilbert 空间也由此得名.

在一个具体的情形下, 定理 2 在本质上来自于 Beppo Levi.

参考文献

Frechet, M., Sur lés opérations linéaires, III, *Trans. AMS*, **8**(1907): 433–446.

Hilbert, D., *Grundzüge einer allgemeinen Theorie der linearen Integralgleichungen.* Teubner, Leipzig, 1912.

Lax, P. D. and Milgram, A., *Parabolic Equations. Contributions to the Theory of Partial Differential Equations.* Annals of Math. Studies **33**. Princeton University Press, Princeton, 1954.

Levi, B., Sur Principio di Dirichlet. *Rend. del Circolo Mat. di Palermo*, **22**(1906): 293–300.

Riesz, F., Sur un espiece de géométrie analytiques des systemes de fonctions sommables. *C. R. Acad. Sci. Paris*, **144**(1907): 1409–1411.

von Neumann, J., Allgemeine Eigenwert-theorie Hermitescher Funktionaloperatoren. *Math. An.*, **102**(1929): 49–131.

第 7 章　Hilbert 空间结果的应用

7.1　Radon-Nikodym 定理

设 ν 和 μ 是同一个 σ 代数上的有限非负测度. 如果每一个 μ 测度为零的集合, 其 ν 测度也为零, 则称 ν 关于 μ 是**绝对连续的**. Radon-Nikyodym 定理断定这样的测度 ν 可以表示为

$$\nu(E) = \int_E g \mathrm{d}\mu, \tag{1}$$

这里 g 是一个关于 μ 可积的非负函数.

Von Neumann 利用 Hilbert 空间上线性泛函的 Riesz 表示定理证明了这个结果.

设 H 为实 Hilbert 空间 $L^2(\mu+\nu)$, 其范数为

$$||x||^2 = \int x^2 \mathrm{d}(\mu+\nu). \tag{2}$$

为简单起见, 我们假设全空间的 μ 测度和 ν 测度都是有限的, 于是根据 Schwarz 不等式, 每个平方可积的函数是可积的. 线性泛函

$$\ell(x) = \int x \mathrm{d}\mu \tag{3}$$

关于 $L^2(\mu)$ 范数和 $L^2(\mu+\nu)$ 范数都是有界的. 于是根据第 6 章定理 4, 存在 $y \in L^2(\mu+\nu)$ 使得 $\ell(x) = (x, y)$:

$$\int x \mathrm{d}\mu = \int xy \mathrm{d}(\mu+\nu);$$

这里 y 只依赖于测度 μ 和 ν. 我们把上式重新写为

$$\int x(1-y) \mathrm{d}\mu = \int xy \mathrm{d}\nu. \tag{4}$$

我们断定, 除了在一个 μ 测度为零的集合上外,

$$0 < y \leqslant 1. \tag{5}$$

为此, 我们用 F 表示使得 $y \leqslant 0$ 的点构成的集合并断定

$$\mu(F) = 0. \tag{6}$$

在 F 上令 $x = 1$, 在 F 外令 $x = 0$, 这样 (4) 式化为

$$\int_F (1-y) \mathrm{d}\mu = \int_F y \mathrm{d}\nu. \tag{7}$$

由于在 F 上 $y \leqslant 0$, (7) 式右端 $\leqslant 0$, 而左端 $\geqslant \mu(F)$, 这证明了 (6) 式.

用 G 表示使得 $y > 1$ 的点构成的集合, 假设 $\mu(G) > 0$. 在 G 上令 $x = 1$, 在 G 外令 $x = 0$, 则 (4) 式化为

$$\int_G (1 - y)\mathrm{d}\mu = \int_G y\mathrm{d}\nu. \tag{8}$$

由于在 G 上 $y > 1$, (8) 式左端是负的, 右端是正的, 矛盾. 这完成了 (5) 式的证明.

如果有必要, 我们可以改变 y 在一个 μ 测度为零的集合上的函数值, 使得 (5) 式处处成立. 由于 ν 关于 μ 是绝对连续的, 这不影响 (4) 式.

我们断定 (1) 式中的函数 g 由 $g = (1 - y)/y$ 给出. 为此, 记 $u = xy$, 把 (4) 式重新写为

$$\int ug\mathrm{d}\mu = \int u\mathrm{d}\nu. \tag{9}$$

设 E 是任意可测集; 选取 x 使得 u 在 E 上为 1, 在 E 外为 0. 则 (9) 式给出

$$\int_E g\mathrm{d}\mu = \nu(E), \tag{10}$$

此即关系式 (1). □

习题 1 对测度是 σ 有限的情形证明 Radon-Nikodym 定理.

7.2 Dirichlet 问题

首先, 设 D 是 $\mathbb{R}^n$ 中的一个有界区域. 用 $C_0^\infty(D)$ 表示支撑包含在 D 的紧子集内的无限次可微的实值函数 f 构成的空间. 在空间 $C_0^\infty(D)$ 上我们引入两个内积:

$$(f, g)_0 = \int_D fg\mathrm{d}x \quad \text{和} \quad (f, g)_1 = \int_D \sum f_j g_j \mathrm{d}x, \tag{11}$$

这里 $f_j = \partial f/\partial x_j$, $j = 1, \cdots, n$.

习题 2 验证 $C_0^\infty(D)$ 关于上面的两个内积都是内积空间.

联系这两个范数的下述不等式由 Zaremba 提出.

引理 1 对 $C_0^\infty(D)$ 内所有的 f,

$$||f||_0 \leqslant d||f||_1, \tag{12}$$

这里 d 是 D 的宽度.

证明 由于 f 在 D 的边界上为零, 对 D 内每一个点 x,

$$f(x) = \int_{x^b}^{x} f_1 \mathrm{d}x_1,$$

这里 x^b 是 D 的边界上的点, 它与 x 有相同的 $x_2, \cdots, x_n$ 坐标. 由 Schwarz 不等式,

$$f^2(x) \leqslant d \int |f_1|^2 \mathrm{d}x_1.$$

对此式在 D 上积分即得 (12) 式. □

设 H_1^0 为 $C_0^\infty(D)$ 关于范数 $\|\,\|_1$ 的完备化, H_0 为 $C_0^\infty(D)$ 关于范数 $\|\,\|_0$ 的完备化.

引理 2 H_1^0 中的每个元素 v 属于 H_0, 而且其一阶偏导数 v_j 也属于 H_0. 此外, 对任意的 C_0^∞ 函数 z, 这些偏导数满足

$$(z, v_j)_0 = -(\partial z/\partial x_j, v)_0. \tag{13}$$

而且公式 (11) 对 H_1^0 中的所有 f 和 g 都成立.

证明 设 $\{v^{(n)}\}$ 是在 $\|\,\|_1$ 下收敛到 v 的一列 C_0^∞ 函数. 这意味着一阶导数 $v_j^{(n)}$ 在 $\|\,\|_0$ 下收敛, 分别记它们的极限为 v_j. 由引理 1, $\{v^{(n)}\}$ 在 $\|\,\|_0$ 下的极限属于 H_0, 我们把这个极限等同于其在 H_1^0 中的极限 v. 分部积分给出以 $v^{(n)}$ 代替 v 的情形下的关系式 (13); 令 $n\to\infty$ 给出 (13); (11) 式类似可证. □

我们断定: 把 H_1^0 中的元素 v 与 H_0 中的元素等同起来的映射是一对一的, 即这个映射是 H_1^0 到 H_0 的一个嵌入. 为此, 我们只需证明: 若 v 是 H_0 的零元, 则 v 也是 H_1^0 的零元. 显然, 由 (13), 若在 H_0 中 $v=0$, 则对所有的 j, 在 H_0 中 $v_j=0$. 这使得在 H_1^0 中 $v=0$.

关系式 (13) 表明: 在广义函数意义下, v_j 是 v 的一阶偏导数 (参考附录 B).

设 f 是 H_0 中任意元素, 定义线性泛函 ℓ 为

$$\ell(u) = (u, f)_0. \tag{14}$$

根据 Schwarz 不等式和引理 1 中的不等式 (12), 对 H_1^0 中的所有 u,

$$|\ell(u)| \leqslant \|f\|_0\|u\|_0 \leqslant d\|f\|_0\|u\|_1. \tag{15}$$

根据 Riesz-Frechet 表示定理和第 6 章定理 4, 泛函 (14) 可以表示成内积的形式, 即存在 $v\in H_1^0$, 使得 $\forall u\in H_1^0$,

$$(u, f)_0 = (u, v)_1. \tag{16}$$

由定义 (11) 和引理 2, 对 $u_j = \partial u/\partial x_j$,

$$(u, v)_1 = \sum (u_j, v_j)_0. \tag{17}$$

现在取 u 为 C_0^∞ 函数. 根据广义函数理论, 我们可以把 (17) 式右端重新写为

$$-\sum (u, v_{jj})_0 = -(u, \Delta v)_0, \tag{17$'$}$$

这里 v_{jj} 是 v 的二阶偏导数, Δ 是 Laplace 算子 (在广义函数意义下). 结合 (17), (17′) 和 (16), 我们推出, 对所有的 $u\in C_0^\infty$,

$$(u, f)_0 = -(u, \Delta v)_0.$$

由此可知, 在广义函数意义下,

$$f = -\Delta v. \tag{18}$$

故 v 是非齐次方程 (18) 的广义函数解.

下面我们证明：当 x 趋于 D 的边界时，H_1^0 中的函数 $v(x)$ 在平均值意义下趋于零. 具体的结论是下面的引理 3.

引理 3 假设 D 是 $\mathbb{R}^2$ 中的一个区域，其边界 ∂D 是一条 C^1 曲线. 对 D 的边界上的任意一点 p，选择一个坐标系 x_1, x_2，使得 p 是原点，x_1 轴的正向与 D 的边界垂直且指向内侧. 用 $R(p,d)$ 表示由 D 中 $x_1 < d$ 和 $|x_2| < d$ 的所有点 (x_1, x_2) 构成的集合. 若 v 是 H_1^0 中任一函数，则当 d 趋于零时，$|v|$ 在 $R(p,d)$ 上的平均值也趋于零.

证明 由于 $R(p,d)$ 的面积与 d^2 成比例，我们只需证明

$$\int_R |v| \mathrm{d}x \leqslant o(d^2). \tag{19}$$

为此，我们对 $C_0^\infty(D)$ 中的函数 f 估计

$$\int_R |f| \mathrm{d}x.$$

对 x_1 分部积分：

$$\begin{aligned}\int_R |f| \mathrm{d}x &= \int_R |f|_1 (d - x_1) \mathrm{d}x \leqslant \int_R |f_1||d - x_1| \mathrm{d}x \\ &\leqslant \left(\int_R (d - x_1)^2 \mathrm{d}x \int f_1^2 \mathrm{d}x \right)^{1/2} \leqslant d^2 \left(\int_R f_1^2 \mathrm{d}x \right)^{1/2},\end{aligned} \tag{20}$$

在上面的第二步中我们利用了 Schwarz 不等式. 现在在 1 范数下用 C_0^∞ 函数列 $v^{(n)}$ 逼近 v. 对 $f = v^{(n)}$，(20) 式的极限是

$$\int_R |v| \mathrm{d}x \leqslant d^2 \left(\int_R v_1^2 \mathrm{d}x \right)^{1/2}. \tag{21}$$

由于当 d 趋于零时，v_1^2 在 $R(d)$ 上的积分趋于零，由 (21) 式知 (19) 式成立. □

这样我们就通过构造一个广义函数 v，在广义函数理论意义下成功地给出了微分方程 (18) 的解，而且在平均值意义下，v 在边界上为零.

在广义函数意义下，上述证明可以推广到自伴的正的二阶偏微分方程的 Dirichlet 问题上. 现在我们说明如何应用 Lax-Milgram 引理把上面的证明推广到非自伴偏微分算子上. 例如，对 H_1^0 中任意两个元素 u, v，考虑由下式定义的泛函 B：

$$B(u,v) = \int_D \left(\sum u_j v_j + \sum u v_j + uv \right) \mathrm{d}x\mathrm{d}y. \tag{22}$$

显然，B 是双线性的；由引理 1，它是有界的. 应用 Schwarz 不等式估计中间项，我们看到 B 在第 6 章定理 6 意义下是正的. 由该定理可知线性泛函 (14) 可以用 B 表示，即存在 $v \in H_1^0$，使得对 H_1^0 中所有的 u，

$$(u, f)_0 = B(u, v). \tag{23}$$

在 (23) 式右端分部积分，我们得到，在广义函数意义下，

$$f = -\Delta v + \sum v_j + v. \tag{24}$$

现在我们给出另一种方法来解齐次 Laplace 方程

$$\text{在 } D \text{ 内}, \quad \Delta v = 0 \tag{25}$$

的 Dirichlet 问题, 其边界值是预先给定的. 这种方法利用了调和函数的某些特殊性质, 且给出了在通常意义下满足边界条件的真解. 我们假设 ∂D 是一次可微的并且 v 的边界值也是一次可微的. 于是我们可以在 $D \cup \partial D$ 上构造一个在 ∂D 上有预先给定值的 C^1 函数 f, 并把边界条件叙述如下:

$$\text{在 } \partial D \text{ 上}, \quad v = f. \tag{26}$$

我们重新描述边值问题 (25) 和 (26): 把 f 分解为

$$f = v + z, \tag{27}$$

这里 v 是调和的, z 在 ∂D 上为零. 当 v 和 z 在直到边界上有连续的一阶偏导数时, 我们可以应用 Green 公式:

$$(v,z)_1 = \int_D \sum v_j z_j \mathrm{d}x\mathrm{d}y = -\int_D (\Delta v) z \mathrm{d}x\mathrm{d}y + \int_{\partial D} \frac{\mathrm{d}v}{\mathrm{d}n} z \mathrm{d}s.$$

由 (25), 在 D 内 $\Delta v = 0$; 由 (26), 在 ∂D 上 $z = 0$, 从而上式右端 $= 0$. 换言之, **调和函数空间与在边界上为 0 的函数构成的空间在内积 $(\ ,\ )_1$ 下是互相正交的.**

于是分解 (27) 变成了把 f 分成两个正交函数空间中函数的和的任务. 我们下面说明如何应用第 6 章定理 3 来解决这个问题. 对 $C^\infty(D)$ 中的所有 f, 由 (11) 式定义的内积不是正的, 因为不仅对 $f \equiv 0$, 而且对所有常数函数 f 均有 $(f,f)_1 = 0$. 我们通过考虑两个函数等价来克服这个不足. 如果两个函数相差一个常数, 则称这两个函数是等价的.

用 H_1 表示 $D \cup \partial D$ 上的所有 C^1 函数构成的空间在范数 $\|\ \|_1$ 下的完备化; 空间 H_1^0 是 H_1 的闭子空间. 由第 6 章定理 3, 即正交分解定理, H_1 中的每个 f 可以唯一地形如 (27) 分解, 这里 z 属于 H_1^0, $v \perp H_1^0$. 条件 $v \perp H_1^0$ 表明对 H_1^0 中所有的 u,

$$(u,v)_1 = \sum (u_j, v_j)_0 = 0.$$

取 $u \in C_0^\infty$, 在广义函数意义下分部积分, 我们可以得到

$$0 = \sum (u_j, v_j)_0 = -\sum (u, v_{jj})_0 = -(u, \Delta v)_0,$$

这意味着在广义函数意义下,

$$\Delta v = 0.$$

Hermann Weyl 的一个众所周知的结果表明: 广义函数意义下的调和函数在经典意义下也是调和的; 附录 B 的第 4 节给出了这个结果的一个证明.

我们断定, 当 f 在直到边界上是连续时, 随着 q 逼近边界, $z(q)$ 趋于零. 用 d 表示 q 到 ∂D 的距离, C 表示以 q 为中心、以 $r = d/2$ 为半径的圆盘, 并用 "$-$" 表

示在 C 上的平均值：对 (27) 取平均值, 我们得到

$$\overline{f}(q) = \overline{z}(q) + \overline{v}(q). \tag{28}$$

由于 f 在直到边界上是连续的, 它在 C 上的平均值与它在 C 的中心 q 的值只差一个数 w(当 d 趋于零时 w 也趋于零). 根据偏微分方程的基本理论, 调和函数 v 在圆盘 C 上的平均值等于它在 C 的中心的值. 故 (28) 式可以重新写为

$$\overline{f}(q) = \overline{z}(q) + v(q).$$

从上式减去 (27), 我们得到

$$w = \overline{z}(q) - z(q). \tag{29}$$

由引理 3 可知, 随着 q 到 ∂D 的距离 d 趋于零, H_1^0 中函数 z 的绝对值在 $R(p,d)$ 上的平均值也趋于零. 故 $|z|$ 在 C 上的平均值趋于 0. 结合 (29), 我们断定, 当 q 趋于边界时, $z(q)$ 自己也趋于零. 应用 (27), 我们看到调和函数 v 在直到边界上是连续的, 且边界值等于 f. 这样我们就成功地构造了 Dirichlet 边值问题的一个真解, 而不是广义解.

对于 (27) 式, 我们还有另外一种看法. 我们已经看到 Laplace 方程的边值问题 (25) 和 (26) 相当于把 f 分解为一个调和函数和一个在边界上为 0 的函数的和, 并且证明了这些空间在内积 $(\ ,\ )_1$ 下是互相正交的. 这个分解可以通过利用第 6 章定理 3, 即正交分解定理来完成. 在这里我们说明, 如何对由一阶偏导数在 D 内平方可积的调和函数构成的子空间 V进行正交分解. 调和函数理论的一个简单事实是, V 在 $\|\ \|_1$ 范数下是完备的. 因此, 由第 6 章定理 3, 我们能够把 H_1 中的任意 f 分解为

$$f = v + z, \tag{30}$$

这里 v 属于由一阶偏导数平方可积的调和函数构成的空间 V 中, z 与 V 正交. 我们的目标是证明 z 在边界上为 0.

设 D 包含在 $\mathbb{R}^2$ 中, 并假设 D 的边界是二次可微的. 我们假设 f 也是二次可微的. 对平面内任意两点 p 和 q, 我们定义 $k(p,q)$ 是 Laplace 方程的基本奇异解：

$$k(p,q) = -\frac{1}{2\pi}\ln|p-q|. \tag{31}$$

假设 q 属于 D. 如果我们知道函数 z 在 D 的边界上为 0, 则根据 Green 公式 (见附录 B 第 4 节), 可以推出

$$z(q) = \int_D (z_x k_x + z_y k_y)\mathrm{d}x\mathrm{d}y,$$

这里 (x,y) 是 p 的坐标. 然而此时我们并不知道 z 在 ∂D 上为 0, 因此我们把上面积分定义的函数记为 u：

$$u(q) = \frac{1}{2\pi}\int_D \left(z_x \frac{x'-x}{|p-q|^2} + z_y \frac{y'-y}{|p-q|^2} \right) \mathrm{d}x\mathrm{d}y, \tag{32}$$

这里 (x',y') 是 q 的坐标.

引理 4 若 ∂D 是二次可微的, 则由 (32) 式定义的 $u(q)$ 直到边界上都是连续的且在边界上为 0.

证明 容易证明 u 在 D 内是连续的. 设 q 是 D 内靠近边界的一点; 用 b 表示距 q 最近的边界点. 由于假设 ∂D 是二次可微的, 于是存在两个有相同半径 d 的圆盘 S 和 $\overline{S}$, 在 b 点与 ∂D 相切, S 包含在 D 内, $\overline{S}$ 在 D 外部. 用 $\overline{q}=(\overline{x},\overline{y})$ 表示 q 点在穿过圆周 S 的边界的反演下的象. 对与 ∂D 充分接近的 q, $\overline{q}$ 在 $\overline{S}$ 内.

由于 $\overline{q}$ 在 D 外部, $k(p,\overline{q})$ 在 D 内是正则的调和函数. 特别地, $k(p,\overline{q})$ 属于 V, 因此在内积 $(\ ,\ )_1$ 下与 z 正交. 因此 $u(\overline{q})=0$ 且我们有

$$u(q)=u(q)-u(\overline{q})=\frac{1}{2\pi}\int_D z_x\left(\frac{x'-x}{|p-q|^2}-\frac{\overline{x}-x}{|p-\overline{q}|^2}\right)$$
$$+z_y\left(\frac{y'-y}{|p-q|^2}-\frac{\overline{y}-y}{|p-\overline{q}|^2}\right)\mathrm{d}x\mathrm{d}y. \tag{33}$$

随着 q 逼近边界点 b, $\overline{q}$ 也逼近边界点 b. 因此在 D 内到 b 的距离超过任意正数 r 的那些点上, (33) 式右端的被积函数一致地趋于 0. 可证 (详细证明参考 Lax) 它在 D 内余下部分上的积分也趋于 0. 这就完成了引理 4 的证明. □

引理 5 由 (32) 定义的函数 u 在 D 内是二次可微的且

$$\Delta u=\Delta z. \tag{34}$$

证明 由于假设 f 是二次可微的, 且根据 (30), z 和 f 相差一个调和函数 v, 故 z 在 D 内是二次可微的且 $\Delta z=\Delta f$. 设 D' 是 D 的包含 q 的一个子区域, 且其闭包包含在 D 内. 把 (32) 右端的积分分开并在 D' 上分部积分:

$$u(q)=z(q)+\int_{\partial D'} z\frac{\partial}{\partial n}k\mathrm{d}s+\int_{D-D'}(z_xk_x+z_yk_y)\mathrm{d}x\mathrm{d}y. \tag{35}$$

右端两个积分是 D' 内的调和函数, 因此由 D' 的任意性可知

$$u=z+h, \tag{36}$$

这里 h 是调和函数. 这证明了引理 5. □

由 (36) 把 z 表示成 $u-h$ 并代入 (30):

$$f=v-h+u.$$

由于 $v-h$ 是调和的, 且在 ∂D 上 $u=0$, 故 $v-h$ 是边值问题 (25) 和 (26) 的解.

上面给出的证明是 Garabedian 和 Schiffer 的一个论证的重新加工.

参 考 文 献

Garabedian, P. and Schiffer, M., On existence theorems of potential theory and conformal mapping. *An. Math.*, **73**(1950): 107–121.

Lax, P. D., A remark on the method of orthogonal projection. *CPAM*, **4**(1951): 457–464.

von Neumann, J., On rings of operators III. *An. Math.*, **4**(1940): 94–161; see p. 127.

Nikodym, O. M., Sur une généralisation des integrals de M. J. Radon. *Fund. Math.*, **15**(1930): 131–179.

Radon, J., Theorie und Anwendung der absolut additiven Mengenfunktionen. *S. B. Akad. Wiss. Wien*, **122**(1913): 1295–1438.

Weyl, H., The method of orthogonal projection in potential theory. *Duke Math. J.*, **7**(1940): 411–444.

Zaremba, S., *Sur le Principle de minimum.* Krakauer Akademieberichte, 1909.

第 8 章　赋范线性空间的对偶

8.1　有界线性泛函

本章讨论实数域或复数域上的赋范线性空间 X. 我们将要研究 X 上的连续线性泛函, 即从 X 到 $\mathbb{R}$ 或 $\mathbb{C}$ 的满足

$$\ell(ax) = a\ell(x), \quad \ell(x+y) = \ell(x) + \ell(y) \tag{1}$$

的连续映射 ℓ. 映射 ℓ 连续是指

$$\text{当} \lim_{n\to\infty} |x_n - x| = 0 \text{ 时}, \quad \lim_{n\to\infty} \ell(x_n) = \ell(x). \tag{2}$$

定义　由 X 上的所有连续线性泛函构成的集合称为 X 的对偶, 记为 X'.

显然, 连续线性泛函的和与常数倍仍然是连续线性泛函, 故 X' 是一个线性空间.

定义　设 ℓ 是 X 上的一个线性泛函. 若存在正数 c, 使得

$$\forall x \in X, \quad |\ell(x)| \leqslant c|x|, \tag{3}$$

则称 ℓ 是有界的, 其中左端的 $|\ |$ 表示绝对值.

定理 1　X 上的线性泛函 ℓ 是连续的, 当且仅当 ℓ 是有界的.

证明　在 (2) 中令 $x_n - x = y_n$. 由 (1) 和 (3), 我们得到

$$|\ell(x_n) - \ell(x)| = |\ell(y_n)| \leqslant c|y_n|.$$

这证明了由 ℓ 的有界性可以推出 ℓ 的连续性.

若 ℓ 无界, 则对任意的 $c = n$, 存在 x_n, 使得 (3) 式不成立:

$$\ell(x_n) > n|x_n|.$$

显然, x_n 可以用 x_n 的任意常数倍代替. 如果我们正规化 x_n 使得

$$|x_n| = \frac{1}{\sqrt{n}},$$

则 $x_n \to 0$ 但是 $\ell(x_n) \to \infty$. 这证明了若有界性不成立则连续性也不成立. □

定理 2　赋范线性空间上的有界线性泛函 ℓ 的零空间是一个闭线性子空间. 对非平凡的 ℓ, 即不恒等于 0 的 ℓ, 零空间的余维数为 1.

证明　任意线性映射的零空间都是线性子空间. 由于有界线性泛函是连续的, 故 0 的逆象集是闭的. 显然当 ℓ 不恒等于 0 时, 其零空间的余维数为 1. □

定义　有界线性泛函 ℓ 的范数$|\ell|$ 等于使得 (3) 成立的最小的常数 c, 即

$$|\ell| = \sup_{x \neq 0} \frac{|\ell(x)|}{|x|}. \tag{4}$$

根据齐性, 我们可以取 x 的范数等于 1.

定理 3 在 (4) 定义的范数下, 赋范线性空间 X 的对偶 X' 是一个完备的赋范线性空间.

证明 齐性和正性是明显的. 为证次可加性, 考虑两个有界线性泛函 ℓ 和 m:

$$\begin{aligned}|\ell + m| &= \sup_{|x|=1} |(\ell + m)(x)| \leqslant \sup_{|x|=1} (|\ell(x)| + |m(x)|) \\ &\leqslant \sup_{|x|=1} |\ell(x)| + \sup_{|x|=1} |m(x)| = |\ell| + |m|.\end{aligned}$$

我们现在证明完备性. 设 $\{\ell_m\}$ 是 X' 中的一个柯西列:

$$\text{当}n, m \to \infty\text{时}, \quad |\ell_n - \ell_m| \to 0. \tag{5}$$

根据线性泛函范数的定义 (4) 以及 (5), 对 X 中的每个 x,

$$\text{当}n, m \to \infty\text{时}, \quad |(\ell_n - \ell_m)(x)| = |\ell_n(x) - \ell_m(x)| \leqslant |\ell_n - \ell_m||x| \to 0.$$

由于数域 $\mathbb{R}$ 或 $\mathbb{C}$ 都是完备的, 故

$$\lim_{n \to \infty} \ell_n(x) = \ell(x)$$

存在. 易证 $\ell(x)$ 是线性、有界的, 而且由 (5) 不难推出: 若对 $m > n$ 有 $|\ell_n - \ell_m| \leqslant \varepsilon$, 则 $|\ell_n - \ell| \leqslant \varepsilon$. 因此

$$\lim_{n \to \infty} |\ell_n - \ell| = 0.$$ □

8.2 有界线性泛函的延拓

到现在为止, 我们还没有证明非零线性泛函的存在性. 当然在 Hilbert 空间中有很多线性泛函. 我们现在证明, 在 Banach 空间中也有很多线性泛函. 我们需要的工具是在

$$p(x) = c|x|$$

这一特殊情形下的 Hahn-Banach 定理.

定理 4 设 X 是实数域或复数域上的赋范线性空间, Y 是 X 的子空间, ℓ 是 Y 上的线性泛函且在 Y 上有界:

$$\forall y \in Y, \quad |\ell(y)| \leqslant c|y|,$$

则 ℓ 可以延拓为 X 上的有界线性泛函, 而且使得它在 X 上的界与在 Y 上的界相同.

这个定理是第 3 章定理 8 的一个特殊情形. 现在我们给出一些应用.

定理 5 设 $\boldsymbol{y}_1, \cdots, \boldsymbol{y}_N$ 是赋范线性空间 X 中 N 个线性无关的向量, $a_1, \cdots, a_N$ 是任意的复数, 则存在 X 上的有界线性泛函 ℓ, 使得

$$\ell(\boldsymbol{y}_j)=a_j,\quad j=1,\cdots,N. \tag{6}$$

证明 用 Y 表示 $\boldsymbol{y}_1,\cdots,\boldsymbol{y}_N$ 张成的线性空间, 它由形如

$$\boldsymbol{y}=\sum b_j\boldsymbol{y}_j.$$

的向量构成. 由于 $\boldsymbol{y}_j$ 是线性无关的, $\boldsymbol{y}$ 的表达式是唯一的. 在 Y 上定义 ℓ 为

$$\ell(\boldsymbol{y})=\sum b_ja_j.$$

显然, ℓ 在 Y 上是线性、有界的, 并且满足 (6) 式. 由定理 4, 它可以有界地延拓到整个 X 上. □

推论 4′ 赋范线性空间 X 的每个有限维子空间 Y 都有一个闭的补.

证明 选定 Y 的一组基 $\{\boldsymbol{y}_1,\cdots,\boldsymbol{y}_N\}$. 根据定理 5, 存在 N 个有界线性泛函 $\ell_j(j=1,\cdots,N)$, 使得

$$\ell_j(\boldsymbol{y}_k)=\delta_{jk}.$$

根据定理 2, ℓ_j 的零空间 Z_j 是闭的. 于是它们的交

$$Z=Z_1\cap\cdots\cap Z_N$$

也是闭的. 容易验证 Z 和 Y 是互补的, 即 $X=Y\oplus Z$. □

定理 6 对实数域或复数域上的赋范线性空间 X 中的每个向量 $\boldsymbol{y}$,

$$|\boldsymbol{y}|=\max_{|\ell|=1}|\ell(\boldsymbol{y})|. \tag{7}$$

证明 由 $|\ell|$ 的定义 (4), $|\ell(\boldsymbol{y})|\leqslant|\ell||\boldsymbol{y}|$. 因此 (7) 式右端 $\leqslant$ 左端. 要证结论成立, 我们只需证明对 X 中每个 $\boldsymbol{y}$, 存在 $\ell\in X'$ 使得

$$\ell(\boldsymbol{y})=|\boldsymbol{y}|,\quad |\ell|=1.$$

为此, 我们在 $\boldsymbol{y}$ 的所有常数倍构成的空间 Y 上定义 ℓ: $\ell(a\boldsymbol{y})=a|\boldsymbol{y}|$. 明显地, ℓ 在一维空间 Y 上的范数等于 1. 由定理 4, ℓ 可以延拓到整个 X 上使得 $|\ell|=1$. □

推论 5′ 当数域为实数域 $\mathbb{R}$ 时, 对 X 中的每个 $\boldsymbol{x}$,

$$|\boldsymbol{x}|=\max_{|\ell|\leqslant 1}\ell(\boldsymbol{x}). \tag{8}$$

下面是定理 6 的一个意义深远的推广.

定理 7 设 X 是 $\mathbb{C}$ 上的赋范线性空间, Y 是 X 的线性子空间. 对 X 中任意 $\boldsymbol{z}$, 用 $m(\boldsymbol{z})$ 表示 $\boldsymbol{z}$ 到 Y 的距离:

$$m(\boldsymbol{z})=\inf_{\boldsymbol{y}\in Y}|\boldsymbol{z}-y|. \tag{9}$$

可以断定, 对 X 中每个 $\boldsymbol{z}$,

$$m(\boldsymbol{z})=M(\boldsymbol{z}), \tag{10}$$

其中

$$M(\boldsymbol{z})=\max_{|\ell|\leqslant 1,\ell|_Y=0}|\ell(\boldsymbol{z})|. \tag{11}$$

证明 由于在最大值问题 (11) 中出现的泛函 ℓ 在 Y 上为 0, 且 $|\ell| \leqslant 1$, 对 Y 中所有 $\boldsymbol{y}$, $|\ell(\boldsymbol{z})| = \ell(\boldsymbol{y}-\boldsymbol{z}) \leqslant |\boldsymbol{z}-\boldsymbol{y}|$ 都成立; 因此

$$|\ell(\boldsymbol{z})| \leqslant \inf_{\boldsymbol{y}\in Y} |\boldsymbol{z}-\boldsymbol{y}| = m(\boldsymbol{z}).$$

由此及 (11) 式,

$$M(\boldsymbol{z}) \leqslant m(\boldsymbol{z}). \tag{12}$$

为证等式成立, 考察由所有形如 $\boldsymbol{y}+a\boldsymbol{z}$($\boldsymbol{y}$ 在 Y 中, a 是复数) 的向量构成的线性空间 Y_0, 并在 Y_0 上定义线性泛函 ℓ_0:

$$\ell_0(\boldsymbol{y}+a\boldsymbol{z}) = am(\boldsymbol{z}). \tag{13}$$

由 (9), ℓ_0 在 Y_0 上以 1 为界; 故由定理 4, 它可以延拓到整个 X 上使得 $|\ell_0| = 1$. 在 (13) 中取 $\boldsymbol{y}=0$, $a=1$, 则有

$$\ell_0(\boldsymbol{z}) = m(\boldsymbol{z}).$$

结合 (12) 式, 这证明了 ℓ_0 是最大值问题 (11) 的解, 且 (10) 成立. □

注 当 Y 是由 $\{0\}$ 构成的平凡子空间时, 定理 7 简化为定理 6.

定理 7 是对偶变分问题, 即极值相等的一对最小值和最大值问题的一个例子.

定义 在赋范线性空间 X 的子空间 Y 上取值为 0 的线性泛函构成的集合称为 Y 的零化子, 记为 $Y^{\perp}$.

习题 1 证明 $Y^{\perp}$ 是 X' 的闭线性子空间.

习题 2 设 Y 是赋范线性空间 X 的闭子空间. 证明 (X/Y) 的对偶与 $Y^{\perp}$ 等距同构.

定理 7′ 设 X 是 $\mathbb{C}$ 上的赋范线性空间, Y 是 X 的子空间. 对任意 $\ell \in X'$, 定义

$$|\ell|_Y = \sup_{y\in Y, |y|=1} |\ell(y)|. \tag{14}$$

我们断定

$$|\ell|_Y = \min_{m\in Y^{\perp}} |\ell - m|. \tag{15}$$

证明 对 $Y^{\perp}$ 中的任意 m 以及 Y 中范数为 1 的任意 y,

$$|\ell(y)| = |(\ell-m)(y)| \leqslant |\ell - m|. \tag{16}$$

由此知 $|\ell|_Y \leqslant \min_{m\in Y^{\perp}} |\ell - m|$.

根据定理 4, ℓ 在 Y 上的限制在 X 上有一个延拓, 记为 ℓ_0, 它在 X 上的范数等于它在 Y 上的范数:

$$|\ell_0| = |\ell|_Y. \tag{17}$$

由于 ℓ_0 和 ℓ 在 Y 上相等, $\ell - \ell_0 = m$ 属于 $Y^{\perp}$; 而且由 (17),

$$|\ell - m| = |\ell_0| = |\ell|_Y. \tag{17′}$$

结合 (16), 这证明了 (15) 式成立. □

定理 7′ 是对偶变分问题的另一个例子.

习题 3 证明 Y' 与 $X'/Y^{\perp}$ 等距同构.

定义 赋范线性空间 X 中的子集 $\{y_j\}$ 的闭线性张是包含所有 y_j 的最小闭线性子空间, 即包含 $\{y_j\}$ 的所有闭线性子空间的交.

习题 4 证明 $\{y_j\}$ 的闭线性张是 $\{y_j\}$ 的线性张 Y 的闭包. Y 由 y_j 的所有有限线性组合构成:

$$y = \sum_F a_j y_j. \tag{18}$$

下面的结果, 称为生成准则, 是泛函分析中常用的工具.

定理 8 赋范线性空间 X 中的点 z 属于 X 的子集 $\{y_j\}$ 的闭线性张, 当且仅当每一个在子集 $\{y_j\}$ 上为 0 的有界线性泛函 ℓ 在 z 处也为 0, 即由

$$\ell(y_j) = 0, \quad \forall y_j \tag{19}$$

可以推出 $\ell(z) = 0$.

证明 由于 ℓ 是线性的, (19) 式表明, 对所有形如 (18) 的 y, $\ell(y) = 0$. 由于 ℓ 是连续的, 它在形如 (18) 的点的极限处也为 0. 反过来, 若 z 不属于 $\{y_j\}$ 的闭线性张 Y, 则

$$\inf_{y \in Y} |z - y| = d > 0. \tag{20}$$

定义 Z 为由所有形如

$$y + az, \ y \in Y \tag{21}$$

的点构成的子空间, 且在 Z 上定义线性泛函 ℓ_0 为

$$\ell_0(y + az) = a.$$

由 (20) 知

$$|y + az| \geqslant d|a|.$$

把此式与 ℓ_0 的定义结合, 可推出, 在 Z 上, ℓ_0 以 d^{-1} 为界. 故由定理 4, ℓ_0 可以有界地延拓到整个 X 上. 由定义,

$$\forall y_j, \ \ell_0(y_j) = 0, \ \ell_0(z) = 1. \qquad \square$$

注记 定理 8 是第 6 章定理 7 在 Banach 空间上的推广.

8.3 自 反 空 间

赋范线性空间 X 的对偶 X' 也有自己的对偶, 记为 X''. 由于 $\ell(x)$ 是 ℓ 和 x 的双线性函数, 在定义 (4) 下是有界的, 因此对固定的 x, $\ell(x)$ 是 ℓ 的有界线性泛函. 由定理 6, 这个线性泛函的范数是 $|x|$. 因此空间 X 可以按照这种自然方式等距地

嵌入到 X'' 中. 有限维线性空间理论的一个基本结果是 $X'' \equiv X$, 但这个结果对一般的 Banach 空间不一定是正确的.

定义 设 X 是 Banach 空间. 如果 $X'' = X$, 即 X 是整个 X'', 则称 X 是自反的.

定理 9 每个 Hilbert 空间都是自反的.

证明 这是第 6 章定理 4 的直接推论. □

下面的结果由 Milman 得出.

定理 10 一致凸的 Banach 空间是自反的.

证明 参见 Milman.

在第 5 章我们证明了 $L^p(1 < p < \infty)$ 空间是一致凸的. 结合 Clarkson 的这个结果与 Milman 的上述结果, 我们得到 $L^p(1 < p < \infty)$ 是自反的.

定理 11 L^p 的对偶是 L^q, 这里

$$\frac{1}{p} + \frac{1}{q} = 1.$$

证明 在第 5 章中我们看到, 对 L^q 中任意的 u, 可以在 L^p 上定义一个有界线性泛函 ℓ 为

$$\ell(f) = (f, u) = \int f(s)u(s)\mathrm{d}m.$$

而且在第 5 章定理 5 中我们证明了这个线性泛函的范数是 $|u|_q$. 因此 L^q 可以等距地嵌入到 $(L^p)'$ 中. 我们断定 L^q 是整个 $(L^p)'$. 若非如此, 则存在 $(L^p)'$ 中的 z 不属于 L^q. 由于 L^q 是闭的, 根据定理 8(生成准则), 存在 $(L^p)''$ 中的 $\ell \neq 0$, 使得对 L^q 中所有的 u, $\ell(u) = 0$. 由于 L^p 是自反的, ℓ 属于 L^p, 故对 L^q 中所有的 u, $(\ell, u) = 0$. 由第 5 章定理 5, 这推出 $\ell = 0$, 矛盾. □

下面, 不利用一致凸性, 给出 $p < 2$ 时 L^p 的对偶是 L^q 的第二个证明.

为简便起见, 我们假设诱导 L^p 范数的全测度为 1. 于是, 对 $p' = 2/p$, $q' = 2/(2-p)$, 根据 Hölder 不等式, 我们有

$$||f||_p^p = \int |f|^p \mathrm{d}m \leqslant ||1||_{2/(2-p)} ||f^p||_{2/p} = ||f||_2^p.$$

故对 L^2 中所有的 f, $||f||_p \leqslant ||f||_2$.

设 ℓ 是线性泛函, 定义在由所有在 L^p 范数下有界的 L^2 函数构成的集合上:

$$|\ell(f)| \leqslant c||f||_p,$$

其中 c 是常数. 由于 p 范数小于 2 范数, ℓ 在 L^2 范数下也有界. 根据第 6 章定理 4(表示定理), 存在 $u \in L^2$, 使得

$$\ell(f) = \int fu\mathrm{d}m. \tag{22}$$

我们断定 u 属于 L^q. 为此, 我们选择 $f = f_k$ 如下:

$$f_k(x) = |u_k|^{q-1}(x)\mathrm{sgn}\ u(x),$$

这里

$$|u_k|(x) = \min\{|u(x)|, k\},$$

k 是常数. 在 (22) 式中令 $f = f_k$, 我们得到

$$\ell(f_k) = \int f_k u \mathrm{d}m = \int |u_k^{q-1}||u|\mathrm{d}m \geqslant \int |u_k|^q \mathrm{d}m.$$

另一方面,

$$||f_k||_p^p = \int |u_k|^{(q-1)p}\mathrm{d}m = \int |u_k|^q \mathrm{d}m.$$

由于根据假设, $|\ell(f_k)| \leqslant c||f_k||_p$, 所以上面两个不等式意味着

$$\int |u_k|^q \mathrm{d}m \leqslant c\left(\int |u_k|^q \mathrm{d}m\right)^{1/p}.$$

两边同时除以右边, 得到

$$||u_k||_q \leqslant c.$$

令 $k \to \infty$, 则得到 u 属于 L^q. 这完成了定理的证明. □

习题 5 证明: 若全测度为 1, 则 $||f||_p$ 是 p 的增函数.

定理 12 当赋以最大值范数时, $C[-1,1]$ 不是自反的.

证明 若 $C[-1,1]$ 是自反的, 则 C 是 C' 的对偶. 对 $X = C'$ 应用定理 6 可知, 对 C' 中的每个 ℓ, 存在 $f \in C'' = C$, 使得

$$|\ell| = \ell(f), \ |f|_{\max} = 1. \tag{23}$$

现在定义

$$\ell(g) = \int_{-1}^{0} g(t)\mathrm{d}t - \int_{0}^{1} g(t)\mathrm{d}t.$$

显然, $\forall g \in C[-1,1]$,

$$|\ell(g)| < 2|g|_{\max}, \tag{23'}$$

但是任给 $\varepsilon > 0$, 我们可以选取 g 使得

$$|\ell(g)| > (2-\varepsilon)|g|_{\max}.$$

这证明了 $|\ell| = 2$. 结合 (23′), 对 $g = f$, 这与 (23) 矛盾. □

定理 13 设 Z 是 $\mathbb{C}$ 上的赋范线性空间. 若 Z' 是可分的, 则 Z 也是可分的.

证明 可分性意味着 Z' 包含一个稠密的可数集 $\{\ell_n\}$. 由 Z' 中范数的定义, 存在 $z_n \in Z$ 使得

$$|z_n| = 1, \ \ell_n(z_n) > \frac{1}{2}|\ell_n|. \tag{24}$$

我们证明可数集 $\{z_n\}$ 的闭线性张是 Z. 根据定理 8, 这等价于在每个 z_n 处为 0 的线性泛函处处为 0. 用反证法, 假设存在一个 ℓ 使得

$$\text{对所有的 } n,\ \ell(z_n) = 0 \text{ 且 } |\ell| = 1. \tag{25}$$

由于 $\{\ell_n\}$ 在 Z' 中稠密, 可以找到一个 ℓ_n 使得

$$|\ell - \ell_n| < \frac{1}{3}. \tag{26}$$

由于 $|\ell| = 1$, 故有

$$|\ell_n| > \frac{2}{3}. \tag{26'}$$

因为 $\ell(z_n) = 0$, 由 (26) 及 (24),

$$\frac{1}{3} > |(\ell - \ell_n)(z_n)| = |\ell_n(z_n)| > \frac{1}{2}|\ell_n|.$$

这与 (26′) 矛盾, 从而证明了不存在 ℓ 满足 (25). 由定理 8, 这证明了 z_n 的所有有限线性组合构成的集合在 Z 中稠密. 进而 z_n 的所有有理系数的有限线性组合构成的集合在 Z 中也稠密; 由于这个集合是可数的, 所以 Z 是可分的. □

定理 13 可以给出定理 12 的另一个证明. 首先 $C[-1,1]$ 是可分的: 每个连续函数可以用有理结点和有理坐标的分段线性函数逼近. 另一方面, C'不是可分的: 由

$$\ell_s(f) = f(s), \qquad -1 \leqslant s \leqslant 1$$

所定义的线性泛函 ℓ_s 显然 1 为界. 同样显然的是,

$$\text{对 } s \neq t, \qquad |\ell_s - \ell_t| = 2.$$

由于 $\{\ell_s\}$ 构成了一个不可数的集合, C' 没有可数的稠密子集. 因此 $C'' \neq C$. 这是因为, 如果 $C'' = C$, 对 $Z = C'$ 应用定理 13, 由于 $C'' = C$ 是可分的, C' 也是可分的, 但是 C' 是不可分的, 矛盾. □

对至少包含一个离散点集的任意 Hausdorff 空间 Q, 我们可以对空间 $C(Q)$ 应用定理 12 的结论. 下面是具体的表述.

定理 14 设 Q 是紧 Hausdorff 空间, $C(Q)$ 是 Q 上的实值连续函数构成的空间, 赋以最大值范数.

(i) $(C(Q))'$ 由定义在所有 Borel 集上的全质量有限的带号测度 m 构成, 即 $C(Q)$ 上的每个有界线性泛函 ℓ 都可以表示为

$$\ell(f) = \int_Q f\mathrm{d}m. \tag{27}$$

ℓ 的范数是

$$|\ell| = \int_Q |\mathrm{d}m|. \tag{28}$$

测度 m 由 ℓ 唯一确定.

(ii) $(C(Q))''$ 是由 Q 上所有有界 Borel 可测函数构成的空间 $L^\infty(Q)$.

这个基本结果的雏形由 F. Riesz 得出; 一般结果则由 Kakutani 得出. 附录 A 给出了 Q 是度量空间情形的泛函分析证明.

注记 当 Q非紧时, $C(Q)$ 是 Q 上所有有界连续函数构成的空间并赋以上确界范数时, 定理 14 不成立. 这是由于下面的原因.

取 Q 为实直线 $\mathbb{R}$, $\{t_k\}$ 是一列趋于无穷的数. 取 Y 为 $C(\mathbb{R})$ 的子空间, 由使得

$$\lim_{k\to\infty} f(t_k) = f_\infty$$

存在的所有函数 f 构成. 对 Y 中的 f, 定义泛函 ℓ 为

$$\ell(f) = f_\infty.$$

显然, ℓ 是线性的且在 Y 上有界: $|\ell|_Y \leqslant 1$. 根据 Hahn-Banach 定理, ℓ 可以延拓为整个 $C(\mathbb{R})$ 上的有界线性泛函.

我们断定 ℓ 不可能被表示成 (27) 的形式. 若非如此, 则 $\ell(f)$ 的值依赖于 f 在任意满足

$$\int_I |\mathrm{d}m| \neq 0$$

的紧区间 I 上的值. 但是, 我们显然可以改变 Y 中的函数 f 在 I 上的值而不改变 $\ell(f)$ 的值, 因此不存在这样的依赖性.

下面的结果是很有趣的.

定理 15 自反 Banach 空间 X 的闭线性子空间 Y 也是自反的.

证明 X 上的每个有界线性泛函 ℓ 在 Y 上的限制是 Y 上的有界线性泛函, 记为 ℓ_0. 根据 Hahn-Banach 定理, Y 上的每个有界线性泛函都可以延拓到 X 上. $X' \to Y'$ 上的这个限制映射 $\ell \to \ell_0$ 把 X' 映到 Y' 上, 它导出了下面的从 Y'' 到 X'' 的映射.

对 Y'' 中的任意 η, 我们定义 X'' 中的 ζ: 对 X' 中任意 ℓ, 令

$$\zeta(\ell) = \eta(\ell_0), \tag{29}$$

这里 ℓ_0 是 ℓ 在 Y 上的限制. 由于 X 是自反的, ζ 可以等同于 X 中的某个元素 z:

$$\zeta(\ell) = \ell(z);$$

代入 (29) 得到

$$\ell(z) = \eta(\ell_0). \tag{29'}$$

我们断定 z 属于 Y. 为此, 注意到, 若 ℓ 属于 $Y^\perp$, 即它在 Y 上为 0, 则 $\ell_0 = 0$, 故由 (29′) 知 $\ell(z) = 0$. 由定理 8, z 属于 Y 的闭包. 但是 Y 是闭的, 故 z 属于 Y. 因此我们可以把 (29′) 重写为

$$\ell_0(z) = \eta(\ell_0). \tag{30}$$

由于 Y' 中的每个泛函必为 X' 中某个线性泛函的限制, (30) 表明 Y'' 中的每个 η 都可以等同于 Y 中的某个 z. □

8.4 集合的支撑函数

根据第 1 章, 实线性空间 X 的点集 M 的凸包是 X 中包含 M 的最小的凸集, 即包含 M 的所有凸集的交. M 的凸包记为 $\widehat{M}$.

正如第 1 章定理 6 指出的, $\widehat{M}$ 由 M 中点的所有凸组合构成. $\widehat{M}$ 中的点形如

$$x = \sum_F a_j x_j,\quad x_j \in M, \tag{31}$$

$$a_j \geqslant 0,\quad \sum_F a_j = 1. \tag{31'}$$

定义　赋范线性空间 X 的子集 M 的闭凸包是包含 M 的最小的闭凸集, 即所有包含 M 的闭凸集的交. 我们把这个集合记为 $\check{M}$.

习题 6　证明 M 的闭凸包是 M 的凸包的闭包.

定义　对 $\mathbb{R}$ 上的赋范线性空间 X 中的任意有界子集 M, 我们定义其支撑函数S_M 为 X' 上的函数

$$S_M(\ell) = \sup_{y \in M} \ell(y). \tag{32}$$

定理 16　支撑函数具有下列性质:

(i) 次可加性, $\forall\, \ell, m \in X'$, $S_M(\ell + m) \leqslant S_M(\ell) + S_M(m)$.

(ii) $S_M(0) = 0$.

(iii) 正齐性, 对 $a > 0$, $S_M(a\ell) = aS_M(\ell)$.

(iv) 单调性, 对 $M \subset N$, $S_M(\ell) \leqslant S_N(\ell)$.

(v) 可加性, $S_{M+N} = S_M + S_N$.

(vi) $S_{-M}(\ell) = S_M(-\ell)$.

(vii) $S_{\overline{M}} = S_M$.

(viii) $S_{\widehat{M}} = S_M$.

习题 7　证明定理 16.

现在我们给出一些例子.

(a) 当 M 为单点集 $\{x_0\}$ 时,

$$S_{\{x_0\}}(\ell) = \ell(x_0).$$

(b) 当 M 是以 0 为球心、以 R 为半径的球 $B_R = \{x : |x| \leqslant R\}$ 时,

$$S_{B_R}(\ell) = R|\ell|.$$

(c) 设 M 是球 $B_R(x_0) = \{x \in X : |x - x_0| \leqslant R\}$. 由例 (a) 和例 (b) 以及定理 16(v), 得到

$$S_{B_R(x_0)}(\ell) = \ell(x_0) + R|\ell|. \tag{33}$$

定理 17　设 X 是 $\mathbb{R}$ 上的赋范线性空间, M 是 X 的一个有界子集. X 中的点 z 属于 M 的闭凸包 $\check{M}$, 当且仅当对 X' 中所有的 ℓ,

$$\ell(z) \leqslant S_M(\ell). \tag{34}$$

证明　根据支撑函数的定义 (32), 对 X' 中所有的 ℓ 和 $\check{M}$ 中所有的 z, 均有 $\ell(z) \leqslant S_{\check{M}}(\ell)$. 由定理 16 的 (vii) 和 (viii), $S_{\check{M}} \equiv S_M$, 故 (34) 对所有 $\check{M}$ 中的 z 都

成立.

反之, 假设 z 不属于 $\check{M}$. 由于 $\check{M}$ 是闭的, 故以 z 为中心的某个开球 $B_R(z)$ 与 $\check{M}$ 不交. 根据第 3 章定理 6(广义超平面分离定理), 存在非零线性泛函 ℓ_0 和实数 c, 使得 $\forall u \in \check{M}$, $\forall v \in B_R(z)$,

$$\ell_0(u) \leqslant c \leqslant \ell_0(v). \tag{35}$$

由不等式 (35) 右端知, ℓ_0 是一个有界线性泛函.

$B_R(z)$ 中的点 v 形如 $v = z + Rx$, $|x| < 1$. 由不等式 (35) 的右端,

$$c \leqslant \ell_0(z) + R\ell_0(x).$$

由线性泛函范数的定义,

$$\inf_{|x|<1} \ell_0(x) = -|\ell_0|.$$

由上面的不等式可知

$$c \leqslant \ell_0(z) - R|\ell_0|. \tag{36}$$

由不等式 (35) 左端和 S_M 的定义 (32), 我们得出

$$S_M(\ell_0) \leqslant c. \tag{36$'$}$$

结合 (36) 和 (36′), 我们得到

$$S_M(\ell_0) + R|\ell_0| \leqslant \ell_0(z). \tag{37}$$

由于 ℓ_0 不恒等于 0, 故 $|\ell_0| > 0$. 因此 (37) 说明, 若 z 不属于 $\check{M}$, 则存在 ℓ_0 使得 (34) 不成立. 这正是定理 17 所要证明的. □

定理 18 设 K 是实赋范线性空间 X 的一个闭凸子集, z 是 X 中不属于 K 的一个点. 则

$$\inf_{u \in K} |z - u| = \sup_{|\ell|=1} [\ell(z) - S_K(\ell)]. \tag{38}$$

证明 由支撑函数的定义 (32),

$$\text{对所有的 } \ell \text{ 和 } K \text{ 中所有的 } u, \quad S_K(\ell) \geqslant \ell(u).$$

故对 $|\ell| = 1$,

$$S_K(\ell) \geqslant \ell(u) = \ell(z) + \ell(u - z) \geqslant \ell(z) - |u - z|,$$

即 $|u - z| \geqslant \ell(z) - S_K(\ell)$. 由此可知

$$\inf_{u \in K} |u - z| \geqslant \sup_{|\ell|=1} [\ell(z) - S_K(\ell)]. \tag{39}$$

为证相反方向的不等式, 设 R 是比 (38) 左端的下确界小的任意正数. 用 B_R 表示以原点为中心、以 R 为半径的球, 则集合 $K + B_R$ 到 z 的距离为正数. 故在定理 17 中, 以 $K + B_R$ 代替 M, 可知存在 $\ell_0 \in X'$ 使得

$$S_{K+B_R}(\ell_0) < \ell_0(z). \tag{40}$$

由可加性和例 (b),

$$S_{K+B_R}(\ell_0) = S_K(\ell_0) + R|\ell_0|. \tag{40$'$}$$

由于可以选取 ℓ_0 使得其范数等于 1, 从而由 (40) 和 (40′), 存在 ℓ_0, $|\ell_0| = 1$, 使得

$$R < \ell_0(z) - S_K(\ell_0).$$

故 (38) 式右端的上确界不小于 R. 由于 R 是比 (38) 式左端下确界小的任意数, 故

$$\inf_{u \in K} |u - z| \leqslant \sup_{|\ell|=1} [\ell(z) - S_K(\ell)].$$

结合 (39) 式, 这证明了 (38) 式. □

定理 18 给出了对偶变分问题的又一个例子. 如果我们把支撑函数的定义延拓到线性空间 Y 上：

$$S_Y(\ell) = \begin{cases} 0, & \ell \in Y^{\perp}, \\ \infty, & \ell \notin Y^{\perp}, \end{cases}$$

则定理 7 是定理 18 的特殊情形.

参考文献

Day, M. M., Normed linear spaces. *Ergebnisse der Math. und. ihrer Grenzgebiete*, **21**, 1962.

Kakutani, S., Concrete representation of abstract (M)-s spaces. (A characterization of the space of continuous functions). *An. Math.*, **42**(1941): 994–1024.

Milman, D. P., On some criteria for the regularity of spaces of type (B). *Dokl. Akad. Nauk. SSSR (N.S.)*, **20**(1938): 234.

Riesz. F., Sur les opérations fonctionnelles linéairès. *C. R. Acad. Sci. Paris,* **149**(1909): 615–619.

第 9 章　对偶性的应用

9.1　加权幂的完备性

设 $w(t)$ 是定义在 $\mathbb{R}$ 上的正函数, 且当 $|t| \to \infty$ 时呈指数衰减:

$$0 < w(t) < a\mathrm{e}^{-c|t|}, \quad c > 0. \tag{1}$$

用 C 表示 $\mathbb{R}$ 上在 ∞ 处为 0 的连续函数的集合:

$$\lim_{|t| \to \infty} x(t) = 0. \tag{2}$$

当赋以最大值范数时, C 是一个 Banach 空间.

定理 1　函数 $t^n w(t) (n = 0, 1, 2, \cdots)$ 属于 C; 它们的闭线性张是整个 C, 即 C 中的每个函数在 $\mathbb{R}$ 上都可以用加权多项式一致逼近.

证明　利用第 8 章定理 8 证明. 设 ℓ 是 C 上的任意有界线性泛函, 且在函数 $t^n w$ 上为 0:

$$\ell(t^n w) = 0, \quad n = 0, 1, \cdots. \tag{3}$$

设 ζ 是一个复变量且 $|\mathrm{Im}\ \zeta| < c$, 则 $w(t)\mathrm{e}^{\mathrm{i}\zeta t}$ 属于 C, 故

$$f(\zeta) = \ell(w\mathrm{e}^{\mathrm{i}\zeta t}) \tag{4}$$

在区域 $\{\zeta : |\mathrm{Im}\ \zeta| < c\}$ 上有定义. 我们断定 $f(z)$ 在此区域上是解析的. 因为在 C 的范数下, $w\mathrm{e}^{\mathrm{i}\zeta t}$ 的复微商趋于 $\mathrm{i}wt\mathrm{e}^{\mathrm{i}\zeta t}$, 故

$$f'(\zeta) = \lim_{\delta \to 0} \frac{f(\zeta + \delta) - f(\zeta)}{\delta} = \lim_{\delta \to 0} \ell\left(w \frac{\mathrm{e}^{\mathrm{i}(\zeta+\delta)t} - \mathrm{e}^{\mathrm{i}\zeta t}}{\delta}\right) = \ell(\mathrm{i}wt\mathrm{e}^{\mathrm{i}\zeta t}).$$

对高阶导数也有类似的结果, 特别地, 利用 (3),

$$\left.\frac{\mathrm{d}^n f}{\mathrm{d}\zeta^n}\right|_{\zeta=0} = \mathrm{i}^n \ell(wt^n) = 0, \quad n = 0, 1, \cdots.$$

由于 f 是解析的, 在 $\zeta = 0$ 点的所有导数为 0 意味着在区域 $\{\zeta : |\mathrm{Im}\ \zeta| < c\}$ 上 $f(\zeta) = 0$; 特别地,

$$\forall \zeta \in \mathbb{R}, \ f(\zeta) = \ell(w\mathrm{e}^{\mathrm{i}\zeta t}) = 0.$$

由第 8 章定理 8, 所有函数 $w\mathrm{e}^{\mathrm{i}\zeta t}$ 都属于 $t^n w$ 的闭线性张.

根据 Weierstrass 逼近定理, 每个连续的周期函数 $h(t)$ 是三角多项式的一致极限. 由此可知 wh 在函数 $w\mathrm{e}^{\mathrm{i}\zeta t}$($\zeta$ 是实数) 的闭线性张内, 因此也在 $\{t^n w : n = 0, 1, 2, \cdots\}$ 的闭线性张内. 设 y 是有紧支撑的任意连续函数, 定义

$$x = \frac{y}{w}. \tag{5}$$

设 h 是一个以 $2p$ 为周期的函数, 且满足

$$\text{对 } |t| < p, \quad x(t) \equiv h(t), \tag{5'}$$

选取 p 充分大, 使得 x 的支撑包含在区间 $\{t : |t| < p\}$ 内. 则

$$|x - h|_{\max} \leqslant |x|_{\max},$$

故由 (5), (5′) 和 (1),

$$|y - wh| \leqslant a\mathrm{e}^{-cp}|x|_{\max}.$$

这证明了当 $p \to \infty$ 时, $wh \to y$. 由于 wh 属于所有函数 $\{t^n w : n = 0, 1, 2, \cdots\}$ 的闭线性张, 所以 y 也属于 $\{t^n w : n = 0, 1, 2, \cdots\}$ 的闭线性张. 由于有紧支撑的连续函数构成的集合在 C 内稠密, 故完成了定理的证明. □

9.2 Müntz 逼近定理

根据 Weierstrass 逼近定理, 区间 $[0, 1]$ 上的任意连续函数 $x(t)$ 都可以用 t 的多项式一致逼近. 设 n 是任意整数. 若 $x(t)$ 是 $[0, 1]$ 上的连续函数, 则

$$y(s) = x(s^{\frac{1}{n}})$$

也是连续函数. $y(s)$ 在最大值范数下可以用多项式 $p(s)$ 任意逼近. 令 $s = t^n$, 我们断定 $x(t)$ 可以用 $t^{jn}(j = 0, 1, \cdots)$ 的线性组合任意逼近. 因此在 Weierstrass 逼近定理中, 不是 t 的所有幂次都需要.

Serge Bernstein 提出了下列问题：什么样的收敛到 ∞ 的正数列 $\{\lambda_j\}$ 能够使得函数

$$1, \ \{t^{\lambda_j}\}, \quad j = 1, 2, \cdots \tag{6}$$

的闭线性张是 $[0, 1]$ 上的所有连续函数构成的空间 C? 在 Berstein 得到一些初步的结果后, Müntz 证明了下面的定理.

定理 2 设 $\{\lambda_j\}$ 是趋于 ∞ 的正数列. (6) 中的函数张成 $[0, 1]$ 上在 $t = 0$ 处为 0 的连续函数构成的空间, 当且仅当

$$\sum \frac{1}{\lambda_j} = \infty. \tag{7}$$

证明 我们利用第 8 章定理 8(生成准则). 设 ℓ 是 C 上的在 (6) 中所有的非常值函数上取值都为 0 的有界线性泛函：

$$\ell(t^{\lambda_j}) = 0, \quad j = 1, 2, \cdots. \tag{8}$$

令 ζ 是一个复变量, $\mathrm{Re}\, \zeta > 0$. 对这样的 ζ, t^ζ 属于 C 且在下述意义下解析地依赖于 ζ：在 C 的最大值范数下,

$$\lim_{\delta \to 0} \frac{t^{\zeta+\delta} - t^\zeta}{\delta} = (\ln t)t^\zeta$$

存在. 定义

$$f(\zeta) = \ell(t^{\zeta}), \tag{9}$$

则 f 是 ζ 的解析函数. 由于当 $0 \leqslant t < 1$ 且 $\operatorname{Re}\zeta > 0$ 时, $|t^{\zeta}| \leqslant 1$, 以及 ℓ 是有界的 (不妨假设 $|\ell| \leqslant 1$), 根据 (9) 式可知,

$$\text{对 } \operatorname{Re}\zeta > 0, \quad |f(\zeta)| \leqslant 1. \tag{10}$$

关系式 (8) 可以表示为

$$f(\lambda_j) = 0. \tag{11}$$

我们定义 Blaschke 乘积 $B_N(\zeta)$ 为

$$B_N(\zeta) = \prod_1^N \frac{\zeta - \lambda_j}{\zeta + \lambda_j}. \tag{12}$$

它满足以下 4 个性质:

$$B_N(\lambda_j) = 0, \qquad j = 1, \cdots, N; \tag{13a}$$

$$B_N(\zeta) \neq 0, \qquad \text{对 } \zeta \neq \lambda_j; \tag{13b}$$

$$|B_N(\zeta)| \to 1, \qquad \text{当 } \operatorname{Re}\zeta \to 0 \text{ 时}; \tag{13c}$$

$$|B_N(\zeta)| \to 1, \qquad \text{当 } |\zeta| \to \infty \text{ 时}; \tag{13d}$$

由于 $f(\zeta)$ 与 $B_N(\zeta)$ 有公共的零点, 所以

$$g_N(\zeta) = \frac{f(\zeta)}{B_N(\zeta)} \tag{14}$$

在 $\{\zeta : \operatorname{Re}\zeta > 0\}$ 内是正则解析的. 可以断定

$$\text{对 } \operatorname{Re}\zeta > 0, \quad |g_N(\zeta)| \leqslant 1. \tag{15}$$

这是因为, 结合 (10) 和 (13c), (13d), 对任意的 $\varepsilon > 0$, 且对 $\operatorname{Re}\zeta = \delta$, $|\zeta| = \delta^{-1}$, δ 充分小时, 有 $|g_N(\zeta)| \leqslant 1 + \varepsilon$. 根据解析函数 g_N 在区域 $\{\zeta : \operatorname{Re}\zeta \geqslant \delta, |\zeta| \leqslant \delta^{-1}\}$ 上的最大模原理, 在此区域上, $|g_N(\zeta)| \leqslant 1 + \varepsilon$. 令 $\delta, \varepsilon \to 0$, 我们得到 (15). 设 k 是满足 $f(k) \neq 0$ 的正数, 由 (14) 和 (15), 我们断定

$$\prod_1^N \left| \frac{\lambda_j + k}{\lambda_j - k} \right| \leqslant \frac{1}{|f(k)|}. \tag{16}$$

我们可以把 (16) 式左端的因子写为

$$1 + \frac{2k}{\lambda_j - k}.$$

由于 $\lambda_j \to \infty$, 所以上面的因子中只有有限项大于 1. 由于乘积 (16) 关于 N 是一致有界的, 故对所有的 N, 和式

$$\sum_1^N \frac{1}{\lambda_j - k}$$

是一致有界的. 这与 (7) 矛盾; 因此对所有的 k 均有 $f(k) = 0$. 由 f 的定义 (9) 和 ℓ 的性质 (8), 这说明任意的在 t^{λ_j} 上为 0 的线性泛函也在 t^k(k 是正数) 上为 0. 故

由第 8 章定理 8(生成准则), 我们得到所有的函数 t^k 可以用函数 t^{λ_j} 的线性组合一致逼近. 特别地, 取 $k = 1, 2, \cdots$, 并应用 Weierstrass 逼近定理, 可以断定 (6) 中的函数张成了 C.

我们略去必要性的证明. □

注记　Szász 把 Müntz 的定理推广到 λ_j 是复数的情形.

习题 1　叙述并证明定理 2 在复指数下的情形.

9.3　Runge 定理

定理 3　设 D 是 $\mathbb{C}$ 内的一个有界单连通区域. 则 D 内的每个解析函数 $f(\zeta)$ 在 D 的每个紧子集 K 上都可以用 ζ 的多项式一致逼近.

证明　由于 D 是单连通的, 故 D 的每个紧子集都包含在 D 的一个单连通紧子集 K 中. 在 $D - K$ 中选择一条闭光滑曲线使之绕 K 中每个点一周, 并用 Cauchy 积分公式表示 $f(\zeta)(\zeta \in K)$. 这个积分对 K 中所有的点 ζ 可以用和式一致逼近. 这个和式是形如 $(\chi - \zeta)^{-1}$(χ 在曲线上) 的函数的线性组合. 因此, 为了证明定理, 只需证明所有形如 $(\chi - \zeta)^{-1}$(χ 不在 K 中) 的函数在 K 上可以用 ζ 的多项式逼近. 当 $|\chi| > R$, $R = \max\limits_{\zeta \in K} |\zeta|$ 时, 这是明显的. 于是几何级数

$$(\chi - \zeta)^{-1} = \sum_0^\infty \frac{\zeta^n}{\chi^{n+1}}$$

在 K 上一致收敛. 为证明对所有的 ζ 成立, 我们利用生成准则. 设 ℓ 是 $C(K)$ 上在所有多项式上取值为 0 的任意有界线性泛函:

$$\ell(p) = 0.$$

我们断定 ℓ 在所有形如 $(\chi - \zeta)^{-1}$(χ 不在 K 中) 上为 0. 定义

$$g(\chi) = \ell((\chi - \zeta)^{-1}).$$

由于 $(\chi - \zeta)^{-1}$ 是 $C(K)$ 中的解析函数, 故 $g(\chi)$ 在 K 的外部是 χ 的解析函数. 由于对 $|\chi| > R$, $(\chi - \zeta)^{-1}$ 属于多项式所构成集合的闭包, 且由于 $\ell(p) = 0$, 由连续性知, 对这样的 χ, $\ell((\chi - \zeta)^{-1}) = 0$, 故

$$\text{当 } |R| < |\chi| \text{ 时,}\quad g(\chi) = 0.$$

由于 g 在外部是解析的, 且单连通集 K 的外部是连通的, 故对所有不属于 K 中的 χ, $g(\chi) = 0$. 由第 8 章定理 8 生成准则知, 对 K 外面的所有 χ, $(\chi - \zeta)^{-1}$ 在多项式所构成的空间的闭包中. □

这个漂亮的证明是由 Lars Hörmander 给出的.

9.4 函数论中的对偶变分问题

定理 4 设 D 是 $\mathbb{C}$ 中的一个有界区域, 其边界由有限个 C^1 弧构成. 用 A 表示在 D 内解析且在边界连续的函数构成的空间, ζ_0 是 D 内任意一点. 定义

$$M = \sup_{f\in A, |f|_{\max}\leqslant 1} |f'(\xi_0)|. \tag{17}$$

用 u_0 表示在 ∂D 上定义的函数

$$u_0(\xi) = \frac{1}{2\pi\mathrm{i}}\frac{1}{(\zeta-\zeta_0)^2}, \tag{18}$$

定义

$$m = \inf_{g\in A}\int_{\partial D}|u_0(\zeta)-g(\zeta)||\mathrm{d}\zeta|, \tag{19}$$

则 $m = M$, 且上确界 M 可以达到.

证明 我们首先证明 $M \leqslant m$. 由 Cauchy 积分公式和 Cauchy 积分定理, 可以把 $f'(\zeta_0)$ 表示为

$$f'(\zeta_0) = \int_{\partial D} fu_0\mathrm{d}\zeta = \int_{\partial D} f(u_0-g)\mathrm{d}\zeta. \tag{20}$$

这里 g 是 A 中任意函数. 因为 (17) 中出现的 f 的绝对值 $|f| \leqslant 1$, 故由 (20) 可以推出

$$|f'(\zeta_0)| \leqslant \int_{\partial D}|u_0-g||\mathrm{d}\zeta|.$$

选择 g 使之几乎最小化 (19), 我们得到

$$|f'(\zeta_0)| < m+\varepsilon.$$

由 (17), 这意味着 $M \leqslant m+\varepsilon$, 由于 $\varepsilon > 0$ 是任意的, $M \leqslant m$.

为了证明相反的不等式, 我们考虑由 ∂D 上的连续函数构成的空间 C. u_0 属于 C 且 A 是 C 的线性子空间. 我们在 C 上赋以 L^1- 范数 $|\ |_1$, 沿着 ∂D 关于弧长 $|\mathrm{d}\zeta|$ 积分. 下确界 (19) 可以写为

$$m = \inf_{g\in A}|u_0-g|_1.$$

根据第 8 章定理 7,

$$m = \max_{|\ell|\leqslant 1,\ \ell|_A=0}|\ell(u_0)|. \tag{21}$$

我们记使 (21) 取最大值的 ℓ 为 ℓ_0. 对不在 ∂D 上的 χ 定义函数 f_0 为

$$f_0(\chi) = \frac{1}{2\pi\mathrm{i}}\ell_0\left(\frac{1}{\zeta-\chi}\right). \tag{22}$$

可以断定 f_0 具有下列性质:

(i) 对不在 ∂D 上的 χ, $f_0(\chi)$ 是解析的;

(ii) 对不在 D 内的 χ, $f_0(\chi) = 0$;

(iii) $|f_0(\chi)| \leqslant 1$;

(iv) $f_0'(\zeta_0)=m$.

性质 (i) 由 $1/(\zeta-\chi)$ 是 χ 的解析函数这一事实可得. 对不在 D 中的 χ, $1/(\zeta-\chi)$ 属于 A 且 ℓ_0 在 A 上为 0, 因此性质 (ii) 成立. 为证明 (iii), 选择靠近 ∂D 的 χ, 取 χ' 是 χ 穿过 D 的反射点. χ' 在 D 外. 由 (ii), 我们有

$$f_0(\chi)=f_0(\chi)-f_0(\chi')=\frac{1}{2\pi\mathrm{i}}\ell_0\left(\frac{1}{\zeta-\chi}-\frac{1}{\zeta-\chi'}\right).$$

由于 $|\ell_0|\leqslant 1$,

$$|f_0(\chi)|\leqslant\frac{1}{2\pi}\left|\frac{1}{\zeta-\chi}-\frac{1}{\zeta-\chi'}\right|_1=\frac{1}{2\pi}\int_{\partial D}\frac{|\chi-\chi'|}{|\zeta-\chi||\zeta-\chi'|}|\mathrm{d}\zeta|.$$

通过简单的计算可知, 对接近边界的 χ, 右端积分 $\leqslant 1+\varepsilon$. 故对接近边界的 χ, $|f_0(\chi)|\leqslant 1+\varepsilon$. 由此及最大模原理知 (iii) 成立.

对 (22) 式微分, 并令 $\zeta=\zeta_0$, 由 (18) 和 (21) 得,

$$f_0'(\zeta_0)=\ell_0(u_0)=m. \tag{23}$$

由于我们已经证明了 $|f'(\zeta_0)|\leqslant m$ 对在 D 内满足 $|f|\leqslant 1$ 的 f 成立, 故 f_0 是最大值问题 (17) 的解, 从而 $M=m$. □

假设 D 是单连通的, 则使得 (17) 式取最大值的函数 f_0 把 D 保形地映到单位圆盘上. 以下是证明的概要.

可以证明最小值问题 (19) 有解, 记为 g_0. 将 $f=f_0$ 和 $g=g_0$ 代入 (20) 式, 并利用 (23), 我们得到

$$m=\int_{\partial D}f_0(u_0-g_0)\frac{\mathrm{d}\zeta}{\mathrm{d}s}\mathrm{d}s,$$

这里 s 是弧长. 根据 $|f_0(\zeta)|\leqslant 1$ 这一事实并利用 (19) 式, 得

$$m=\int_{\partial D}|(u_0-g_0)|\left|\frac{\mathrm{d}\zeta}{\mathrm{d}s}\right|\mathrm{d}s,$$

因此可以断定在 ∂D 上 $|f_0(\zeta)|=1$ 且

$$\text{在 }\partial D\text{ 上,}\quad f_0(u_0-g_0)\frac{\mathrm{d}\zeta}{\mathrm{d}s}>0. \tag{24}$$

用 $2\pi[h]$ 表示非零复值函数 h 绕 ∂D 的幅角的增量. 由 (24) 我们推出

$$[f_0]+[u_0-g_0]+\left[\frac{\mathrm{d}\zeta}{\mathrm{d}s}\right]=0. \tag{25}$$

根据幅角原理, 对 D 内亚纯函数的边界值 h,

$$[h]=h\text{ 在 }D\text{ 中的零点个数}-h\text{ 在 }D\text{ 中的极点个数}.$$

但是 f_0 和 g_0 没有极点, u_0 只有一个二阶极点. 对单连通的区域 D, $[\mathrm{d}\zeta/\mathrm{d}s]=1$; 因此由 (25) 我们推出

$$f_0\text{的零点个数}+(u_0-g_0)\text{的零点个数}-2+1=0. \tag{26}$$

由 (26) 可知, f_0 在 D 内至多有一个零点. 我们断定它至少有一个零点. 否则, f_0^{-1} 在 D 内解析. 由于在 ∂D 上 $|f_0|=1$, 根据最大模原理, 在 D 内 $|f_0(\zeta)|\equiv 1$, 这意味着 $f_0\equiv$ 常数, 与 $f'(\zeta_0)=m$ 矛盾. 综合上述两个结论, f_0 在 D 内恰有一个零点.

根据幅角原理, $[f_0]=1$. 由于对 ∂D 上的 ζ 均有 $|f_0(\zeta)|=1$, 所以对单位圆盘内的点 w, $[f_0-w]=1$. 进而可知 $f(\zeta)$ 在 D 内取到每个 w 仅一次. 这说明 f_0 把 D 一对一地映到开的单位圆盘上.

本节的证明结合了由 Rogosinski 和 Shapiro 引入的方法以及 Garabedian 和 Schiffer 的结果.

9.5 Green 函数的存在性

定义 设 D 是一个平面区域, 其边界 B 是一次连续可微的. 对区域 D 中的点 p 和 q, D 上的 Green 函数 $G(p,q)$ 是满足下列要求的函数:

(i) $\Delta_p(G)=\delta(p-q)$, 这里 Δ_p 是关于 p 的 Laplace 算子, δ 是 Dirac 分布 (见附录 B).

(ii) 对 B 上的点 p, $G(p,q)=0$.

在这个定义中, 变量 p 和 q 的角色是不对称的, q 只是边值问题的一个参数.

Green 函数的重要性在于我们可以利用 Green 公式把 D 内的调和函数 h 用它的边界值表示出来,

$$h(q)=\int_{\partial D}h(p)G_n(p,q)\mathrm{d}p,$$

这里 $G_n(p,q)$ 是 G 在与边界 B 垂直的方向上关于 p 的导数, $\mathrm{d}p$ 是弧长. 而且, 对单连通的 D, G 是把 D 映到单位圆盘的解析函数 f 的绝对值的对数, 且它把 q 映到原点.

Green 函数可以分解为奇异部分和正则部分:

$$G(p,q)=-\frac{1}{2\pi}\ln|p-q|+g_0(p,q). \tag{27}$$

函数 g_0 称为 Green 函数的正则部分. 根据上面的 (i) 和 (ii), g_0 是边值问题

$$\Delta_p g_0=0, \qquad \text{在 } D \text{ 内}, \tag{28}$$

$$g_0(p,q)=\overline{\ln}|p-q|, \qquad \text{对 } B \text{ 上的 } p \tag{29}$$

的解, 这里 $\overline{\ln}r$ 是 $(1/2\pi)\ln r$ 的缩写.

显然, Green 函数的定义是基于边值问题 (28)、(29) 可解这一事实. 经典地, 这可由对预先给定边值的 Δ 的 Dirichlet 边值问题的可解性得出. 在这里, 我们不利用一般理论来解 (28) 和 (29). 我们用 C 表示边界 B 上的连续函数构成的空间, 赋以最大值范数. 我们用 H 表示由在 D 内调和且直到边界连续的函数 h 的边界值

构成的子空间. 在下面, D 中的点 q 给出后即固定不变. 我们对 H 中的 h, 定义泛函 ℓ_q 为

$$\ell_q(h) = h(q), \tag{30}$$

这里 $h(q)$ 表示 B 上的调和函数 h 在 q 点的值. 众所周知, 在调和函数理论中, h 在 q 点的值由 h 在边界 B 上的值唯一确定, 且最大模原理成立,

$$h(q) \leqslant \max_{z\in B} |h(z)| = |h|.$$

这个不等式说明: 作为 H 上的泛函, ℓ_q 的范数 $\leqslant 1$. 根据 Hahn-Banach 定理, ℓ_q 可以从 H 延拓到整个 C 上, 且仍有

$$|\ell_q| \leqslant 1, \tag{31}$$

我们用 w 表示平面上不属于 D 的边界 B 的任意一点, 定义 C 中元素 $k(w)$ 为

$$k(p,w) = \overline{\ln}|p-w|, \quad p \in B \tag{32}$$

下面给出 k 对参数 w 的依赖性的两个事实.

(i) $k(w)$ 是 w 的可微函数, 且在 B 的补集的每个分支上满足

$$\Delta_w k = 0 \tag{33}$$

(ii) 对 D 外部的每个点 w, $k(w)$ 属于 H.

现在我们定义函数 $g(w,q)$ 为

$$g(w,q) = \ell_q(k(w)). \tag{34}$$

这里 k 由 (32) 式定义.

引理 5

(i) $g(w,q)$ 在 B 的补集的每个分支上是 w 的调和函数.

(ii) 对 D 外部的点 w',

$$g(w',q) = \overline{\ln}|q-w'|. \tag{35}$$

证明　由于 ℓ_q 是线性的, 由 (34)

$$\ell_q\left(\frac{k(w+\mathrm{d}u)-k(w)}{d}\right) = \frac{g(w+\mathrm{d}u,q)-g(w,q)}{d}.$$

令 d 趋于 0. 由于 ℓ_q 是有界的, 我们推出

$$\ell_q(\partial_w k) = \partial_w g(w,q).$$

把这个等式应用到第二个导数上并利用 (33), 我们得到

$$\Delta_w g = \ell_q(\Delta_w k) = 0,$$

这证明了 (i).

对 D 外部的 w', $k(w')$ 属于 H. 在 (34) 中应用 ℓ_q 的原始定义 (30) 即得到 (35). □

引理 6　当 w 穿过边界时, $g(w,q)$ 连续地依赖于 w.

为证此, 设 w 是 D 内靠近边界的点, w' 是 w 关于边界的反射. 反射 w' 可以这样得到: 从 w 到最近的边界点 p_0 画一条直线, 选择 w' 使得

$$\frac{w+w'}{2}=p_0.$$

根据定义 (34) 以及 ℓ_q 的线性,

$$g(w,q)-g(w',q)=\ell_q(k(w)-k(w'))=\ell_q\left(\overline{\ln}\frac{|p-w|}{|p-w'|}\right). \tag{36}$$

由于边界 B 有连续的转向切线, 容易验证, 当 w 趋于边界 B 时, 对 B 内所有点 p, 一致地有

$$\frac{|p-w|}{|p-w'|}\to 1. \tag{37}$$

由此可知对 B 上所有点 p, 一致地有

$$\overline{\ln}\frac{|p-w|}{|p-w'|}\to 0 \tag{38}$$

从而在最大值范数下也成立. 由于 ℓ_q 是有界线性泛函, 当 w 逼近边界时, (36) 式右端趋于 0.

对 D 内靠近边界的 w, w' 在 D 外. 根据 (35), 随着 w' 趋于边界上的点 p, $g(w',q)$ 趋于 $\overline{\ln}|q-p|$. 这证明了引理 6, 同时也说明了当 D 内的点 w 趋于 B 上的点 p 时,

$$\lim_{w\to p}g(w,q)=\overline{\ln}|q-p|. \qquad\square(39)$$

根据引理 5(i), $g(w,q)$ 是 D 上的调和函数. 由 (39), 其边界值为 $\overline{\ln}|p-q|$. 这两个事实刻画了 Green 函数的正则部分 g_0, 从而

$$g(w,q)=g_0(w,q).$$

这证明了Green 函数的存在性. □

注 1 上面的证明说明: 即使 w 在 D 内, 由 (32) 式定义的 $k(w)$ 也是调和函数 $g(p,w)$ 的边界值, 从而属于 H. 因此可以应用 ℓ_q 的原始定义 (30)

$$\ell_q(k(w))=g(q,w).$$

由 (34) 可知

$$g(w,q)=g(q,w). \tag{40}$$

这证明了 Green 函数的正则部分对称地依赖于它的两个变量. 进而, 由 (27) 知, Green 函数本身也具有此性质.

注 2 当边界曲线 B 是二次可微时, 关系 (37) 可以进一步深化为

$$\left|\frac{p-w}{p-w'}\right|=1+O(d),$$

这里 $d=|w-p|$ 是 w 到边界的距离. 由此, 我们可以深化 (38) 为

$$\overline{\ln}\left|\frac{p-w}{p-w'}\right| = O(d).$$

将此代入 (36). 由于根据 (35), $g(w',q) = \overline{\ln}|q-w|$, 它与 $g(p,q) = \overline{\ln}|q-p|$ 相差 $O(d)$. 因此, 随着 D 中的 w 趋于最近的边界点 p,

$$|g(w,q) - g(p,q)| \leqslant O(d). \tag{41}$$

我们断定 g 的一阶导数在 D 中直到边界是一致有界的. 这是因为我们可以把调和函数 g 在 w 点的一阶导数表示为在以 w 为中心以 d 为半径的圆周上的积分：

$$2\pi\, \mathrm{grad}\, g(w) = \frac{1}{d}\int [g(w + \mathrm{d}e(\theta)) - g(p)]e(\theta)\mathrm{d}\theta, \tag{42}$$

这里 $e(\theta) = (\cos\theta, \sin\theta)$. 由 (41) 知, (42) 中积分项为 $O(d)$, 由此可得 grad g 的一致有界性.

由 Cauchy-Riemann 方程知, g 的共轭调和函数在 D 内也有一致有界的一阶导数. 这证明了对单连通的 D, 把 D 映到圆盘上的解析函数是一致 Lipschitz 连续的.

在文献 Lax 中构造了多于两个变量的 Green 函数.

参 考 文 献

Garabedian, P. R. and Schiffer, M., On existence theorems of potential theory and conformal mapping. *An. Math.*, **52**(1950): 164–187.

Garabedian, P. R. and Shiffman, M., On solutions of partial differential equations by the Hahn-Banach theorem. *Trans. AMS*, **76**(1954): 288–299.

Lax, P. D., On the existence of Green's function. *Proc. AMS*, **3**(1952): 526–531.

Lax, P. D., Reciprocal extremal problems in function theory. *CPAM*, **8**(1955): 437–454.

Müntz, Ch. H., Über die Approximationssatz von Weíerstrass. *Math. Abhandlungen H. A. Schwarz gewidmet*, Berlin (1914): 303–312.

Rogosinski, W. W. and Shapiro, H. S., On certain extremum problems for analytic functions, *Acta. Math.*, **84**(1953): 287–318.

Szász, O., Über die Approximation stetiger Funktionen durch lineare Aggregate von Potenzen. *Math. An.*, **77**(1915-1916): 482–496.

第 10 章　弱　收　敛

定义　设 $\{x_n\}$ 是赋范线性空间 X 中的一个点列. 如果对 X' 中的每个 ℓ,

$$\lim_{n\to\infty} \ell(x_n) = \ell(x), \tag{1}$$

则称 $\{x_n\}$弱收敛到 x, 记为

$$x_n \rightharpoonup x. \tag{1'}$$

另一种记号是

$$w - \lim_{n\to\infty} x_n = x. \tag{1''}$$

此概念是为了与范数收敛进行对比:

$$\lim_{n\to\infty} |y_n - y| = 0, \tag{2}$$

此时我们称 $\{y_n\}$强收敛到 y, 并记为

$$y_n \longrightarrow y. \tag{2'}$$

强收敛的另一种记号是

$$s - \lim_{n\to\infty} y_n = y. \tag{2''}$$

显然, 强收敛到 x 的序列也弱收敛到 x; 但是, 反过来一般不成立. 下面是一些反例.

例 1　设 $X = \ell^2$, 其中的点是有可数个分量的向量

$$\boldsymbol{x} = (a_1, a_2, \cdots) \tag{3}$$

且满足

$$||\boldsymbol{x}||^2 = \sum |a_j|^2 < \infty. \tag{3'}$$

由于 ℓ^2 是 Hilbert 空间, 根据第 6 章定理 4, ℓ^2 上的有界线性泛函可表示为

$$\ell(\boldsymbol{x}) = (\boldsymbol{x}, \boldsymbol{y}) = \sum a_j b_j, \ \ \sum |b_j|^2 < \infty. \tag{4}$$

定义 $\boldsymbol{x}_n$ 为第 n 个单位向量, 即第 n 个分量为 1 其余分量全部为 0 的向量, $\boldsymbol{x}_n = (0, \cdots, 0, 1, 0, \cdots)$. 容易验证, 序列 $\{\boldsymbol{x}_n\}$ 弱收敛到 0, 但是不强收敛到 0. 证明留作习题.

例 2　设 H 为 Hilbert 空间, $\{x_n\}$ 为 H 的一个标准正交序列, 则序列 $\{x_n\}$ 弱收敛到 0, 但不强收敛到 0.

证明　根据第 6 章的 Bessel 不等式 (31), 对 $\forall y \in H$,

$$\sum |(x_n, y)|^2 \leqslant ||y||^2, \tag{5}$$

由此可知,

$$\ell(x_n)=(x_n,y)\to 0. \tag{5'}$$

根据第 6 章定理 4 的 Riesz 表示定理, H 上的所有有界线性泛函均形如 (5′), 故 x_n 弱收敛到 0. 由于对所有的 n, $||x_n||=1$, 故 x_n 不强收敛到 0. □

例 3 设 $X=C[0,1]$,

$$x_n(t)=\begin{cases} nt, & 0\leqslant t\leqslant \dfrac{1}{n},\\ 2-nt, & \dfrac{1}{n}\leqslant t\leqslant \dfrac{2}{n},\\ 0, & \dfrac{2}{n}\leqslant t\leqslant 1.\end{cases}$$

断言 x_n 弱收敛到 0, 但不强收敛到 0.

证明 设 ℓ 是 X 上的一个有界线性泛函, 我们断定 $\lim\limits_{n\to\infty}\ell(x_n)=0$.

假设此结论不成立, 则存在无穷多个 n 使得 $|\ell(x_n)|>\delta>0$, 不妨设

$$\ell(x_n)>\delta. \tag{6}$$

选择子序列 $\{n_k\}$ 使得 $n_{k+1}>2n_k$ 且 (6) 式成立. 不难证明对所有的 $t\in[0,1]$,

$$y_K(t)=\sum_1^K x_{n_k}(t)<4, \tag{7}$$

这意味着对所有的 K, $|y_K|<4$. 由 (6) 可知

$$\ell(y_K)=\sum_1^K \ell(x_{n_k})>K\delta.$$

由于这对所有的 K 成立, 且 $|y_K|<4$ 对所有的 K 成立, 此与 ℓ 的有界性矛盾. 由于 $|x_n|=\max|x_n(t)|=1$, 因此 $\{x_n\}$ 不强收敛到 0. □

习题 1 证明不等式 (7). (画出 $x_n(t)$ 的图像).

例 4 设 $X=\ell^1$, 即向量 $\boldsymbol{x}=(a_1,a_2,\cdots)$, $|\boldsymbol{x}|=\sum|a_k|<\infty$) 的全体. 在第 8 章我们看到 (定理 11 后的习题), ℓ^1 的对偶是 ℓ^∞. 下面的结果由 Schur 得出:

若 ℓ^1 中的序列 $\{x_n\}$ 弱收敛, 则它也强收敛.

习题 2 证明上述结论.

10.1 弱收敛序列的一致有界性

下面的结果在证明弱收敛时非常有用.

定理 1 假设赋范线性空间 X 中的点列 $\{x_n\}$ 满足

(i) $\{|x_n|\}$ 是一致有界的, 即存在常数 c 使得

$$|x_n| \leqslant c.$$

(ii) 对 X' 的一个稠子集中的每个 ℓ, $\lim \ell(x_n) = \ell(x)$, 则

$$w - \lim x_n = x.$$

习题 3 证明定理 1.

令人吃惊的是, 定理 1 的逆命题在 Banach 空间中也成立. 为此, 我们利用完备度量空间 S 中的一致有界原理: 如果由 S 上实数值连续函数 f_v 构成的集族 $\{f_v\}$ 在 S 中的每个点 x 是有界的,

$$\forall v, \quad |f_v(x)| \leqslant M(x), \tag{8}$$

则函数族 $\{f_v\}$ 在某个非空开集上是一致有界的, 即存在常数 M 和非空开集 O, 使得 $\forall u \in O$, $\forall v$, 均有

$$|f_v(u)| \leqslant M. \tag{8$'$}$$

特别地, 我们考虑 S 是 Banach 空间, 且每个 f_v 是满足次可加性和绝对齐性的函数的情形,

$$f(x+y) \leqslant f(x) + f(y), \ f(ax) = |a|f(x). \tag{9}$$

定理 2 设 X 是 Banach 空间, $\{f_v\}$ 是 X 上的一族满足次可加性和绝对齐性的实数值函数, 且 $\{f_v\}$ 在 X 中每个点 x 处有界 (如 (8) 中一样), 则 $\{f_v\}$ 是一致有界的, 即存在常数 c 使得对所有的 f_v 和 X 中的所有 x, 均有

$$|f_v(x)| \leqslant c|x|. \tag{10}$$

证明 根据度量空间中的一致有界原理, 存在 M, 使得对所有的 f_v 和某个开球 $\{u = z + y : |y| < r\}$ 中的任意 u, $|f_v(u)| \leqslant M$. 由次可加性, $\forall y$, $|y| = r/2$, 均有

$$|f_v(y)| \leqslant |f_v(u-z)| \leqslant |f_v(u)| + |f_v(z)| \leqslant 2M. \tag{11}$$

对 $x \in X$, $x \neq 0$, 我们令 $y = rx/2|x|$, 则 $|y| = r/2$, 故 (11) 式成立. 利用绝对齐性, 由 (11) 式我们得到

$$|f_v(x)| = \left| f_v\left(\frac{2|x|}{r} y\right)\right| = \tfrac{2|x|}{r}|f_v(y)| \leqslant \frac{4M}{r}|x|,$$

取 $c = 4M/r$, 这就证明了 (10). □

由定理 2 立即可得到下述结论.

定理 3 设 X 是 Banach 空间, $\{\ell_v\}$ 是 X 上一族有界线性泛函, 使得对 X 中的每个点 x, $\{\ell_v(x)\}$ 有界, 即存在常数 $M(x)$ 使得

$$\forall \ell_v, \quad |\ell_v(x)| \leqslant M(x). \tag{12}$$

则存在常数 c, 使得

$$\forall \ell_v, \quad |\ell_v| \leqslant c. \tag{13}$$

证明 $|\ell_v(x)|$ 是 x 的连续函数, 且满足次可加性和绝对齐性. 因此, 由定理 2 可推出 (13) 成立. □

另一个直接的结果是下面的结论.

定理 4　设 X 是赋范线性空间, $\{x_v\}$ 是 X 中的一族点, 满足对每个有界线性泛函 ℓ, $\{\ell(x_v)\}$ 有界, 即存在常数 $M(\ell)$ 使得

$$\forall x_v,\ \ |\ell(x_v)| \leqslant M(\ell). \tag{12'}$$

则存在常数 c 使得

$$\forall x_v,\ \ |x_v| \leqslant c. \tag{13'}$$

证明　对 Banach 空间 X' 应用定理 3 即得到定理 4, 此时 X 中的元素 x_v 在 X' 上是有界线性泛函. □

由定理 4 立即可以得到下述结论.

定理 4′　赋范线性空间 X 中的弱收敛序列 $\{x_n\}$ 是关于范数一致有界的.

证明　弱收敛性推出对 X' 中的每个 ℓ, $\ell(x_n)$ 收敛. 由于收敛数列是有界的, 定理 4 的假设条件 (12′) 满足, 故 (13′) 成立. □

定理 2、定理 3 和定理 4 统称为一致有界原理.

定理 5　设 $\{x_n\}$ 是赋范线性空间 X 中弱收敛到 x 的一个点列. 则

$$|x| \leqslant \liminf |x_n|. \tag{14}$$

证明　根据第 8 章定理 6, 存在 $\ell \in X'$ 使得

$$|x| = |\ell(x)|,\ \ |\ell| = 1.$$

因为 x_n 弱收敛到 x 意味着,

$$\ell(x) = \lim \ell(x_n),$$

且由于

$$\ell(x_n) \leqslant |\ell||x_n| = |x_n|,$$

故 (14) 式得证. □

下面的定理 5 的推广由 Mazur 得出.

定理 6　设 K 是赋范线性空间 X 中的一个闭凸子集, $\{x_n\}$ 是 K 中弱收敛到点 x 的点列, 则 x 属于 K.

证明　设 S_K 是 K 的支撑函数. 由第 8 章中 (32) 对支撑函数的定义, $S_K(\ell) = \sup\limits_{x\in K} \ell(x)$, 故对 X' 中任意的 ℓ,

$$\ell(x_n) \leqslant S_K(\ell). \tag{15}$$

由于 $\ell(x_n)$ 收敛到 $\ell(x)$, 故

$$\ell(x) \leqslant S_K(\ell).$$

根据第 8 章定理 17, x 属于 K. □

习题 4　对以原点为中心的球 $K = B_R = \{x : |x| \leqslant R\}$ 应用定理 6, 推出定理 5.

10.2 弱序列紧性

定义 若 Banach 空间 X 的子集 C 中的每个点列都有一个子点列弱收敛到 C 中的点, 则称 C 是弱序列紧的.

习题 5 证明弱序列紧的集合是有界的.

弱序列紧性与强收敛下的紧性同样重要. 弱序列紧性在构造弱极限等有意义的数学对象时是一个有用的工具. 为了应用此工具, 我们需要弱紧性简单而且容易验证的判别准则; 下面是这样的一个准则.

定理 7 在自反的 Banach 空间 X 中, 闭单位球是弱序列紧的.

证明 设 $\{y_n\}$ 是闭单位球中的一个点列, 即 $|y_n| \leqslant 1$. 用 Y 表示由集合 $\{y_n\}$ 生成的闭线性子空间; Y 是可分的. 由于假设 X 是自反的, 由第 8 章定理 15, Y 也是自反的. 由于 $Y = Y''$ 是可分的, 由第 8 章定理 13, Y' 也是可分的, 即 Y' 包含一个可数的稠密子集 $\{m_j\}$. 利用经典的对角化过程, 我们可以选择 $\{y_n\}$ 的一个子序列 $\{z_n\}$ 使得对每个 m_j,

$$\lim_{n\to\infty} m_j(z_n) \tag{16}$$

存在. 由于 $\forall n$, $|z_n| \leqslant 1$, 且 $\{m_j\}$ 是稠密的, 根据 (16) 和定理 1, 对所有的 $m \in Y'$, $m(z_n)$ 当 $n \to \infty$ 时有极限. 此极限是 m 的一个线性泛函:

$$\lim_{n\to\infty} m(z_n) = y(m). \tag{16$'$}$$

由于 $|m(z_n)| \leqslant |m||z_n| \leqslant |m|$, (16$'$) 推出线性泛函 $y(m)$ 的范数不大于 1. 由于 Y 是自反的, 存在 $y \in Y$ 使得 $y(m) = m(y)$ 且 $|y| \leqslant 1$, 故 (16) 说明 $\forall m \in Y'$, $m(z_n)$ 趋于 $m(y)$(当 $n \to \infty$ 时). 由于 X' 中的任意 ℓ 在 Y 上的限制是 Y' 中的一个 m, 这证明了 z_n 弱收敛到单位球中的一点 y. □

注意对比定理 7 和第 5 章定理 6. 根据第 5 章定理 6, 无限维赋范线性空间中的单位球在范数拓扑下永远不是紧的. 以弱收敛代替强收敛便得到了紧性.

Eberlein 证明了定理 7 的逆也成立:

定理 8 Banach 空间的闭单位球是弱序列紧的仅当 X 是自反的.

结合定理 6 和定理 7, 我们得到了下面有用的结果.

定理 9 在自反 Banach 空间中, 每个有界闭凸集都是弱序列紧的.

下面是定理 9 的一个应用.

定理 10 设 X 是自反 Banach 空间, K 是 X 的一个闭凸子集, z 是 X 中任意一点, 则存在 K 中的点, 使得 z 到该点的距离比 z 到 K 中其他点的距离都近.

证明 我们不妨取 $z = 0$ 并且假设 $0 \notin K$. 用 s 表示 0 到 K 的距离, 即

$$s = \inf_{y\in K} |y|. \tag{17}$$

设 $\{y_n\}$ 是 (17) 的最小化序列. 我们可以假设每个 y_n 在 K 和以 0 为中心、以 $2s$ 为半径的球的交内. 这是一个有界的闭凸集, 因此根据定理 9, $\{y_n\}$ 的子序列 $\{z_n\}$ 弱收敛于 K 中的点 z. 根据定理 5,

$$|z| \leqslant \liminf |z_n|. \tag{18}$$

由于 z_n 是最小化序列的子序列, $\lim |z_n| = s$. 结合 (17) 和 (18), $|z| = s$, 即 z 是 K 中到 0 最近的点. □

定理 10 是第 5 章定理 8 的推广. 在那里我们假设 X 是一致凸的; 这里我们只假设 X 是自反的.

10.3 弱*收敛

设 Banach 空间 U 是 Banach 空间 X 的对偶空间 X'. X 中元素 x 在 U 上导出一个线性泛函:

$$f_x(u) = u(x). \tag{19}$$

我们可以在 U 上定义关于这些线性泛函的序列收敛性.

定义 设 Banach 空间 U 是 Banach 空间 X 的对偶. 称 U 中的序列 $\{u_n\}$ 弱*收敛到 u, 如果对 X 中任意的 x,

$$\lim\ u_n(x) = u(x). \tag{20}$$

记为

$$w^* - \lim\ u_n = u.$$

注 显然, 若 X 是自反的, 弱*收敛就是弱收敛.

例 5 设 U 是 $[-1,1]$ 上全质量有限的变号 Borel 测度构成的空间. 根据第 8 章定理 14, U 是 $C[-1,1]$ 的对偶.

考虑序列 $\{m_n\}$:

$$m_n(h) = \int h \mathrm{d}m_n = \frac{n}{2}\int_{-1/n}^{1/n} h(t)\mathrm{d}t. \tag{21}$$

显然, 对任意连续函数 h,

$$\lim_{n\to\infty} m_n(h) = h(0). \tag{22}$$

这说明 m_n 弱*收敛到原点的单位质量. U 的对偶是由所有有界可测函数构成的空间 $L^\infty[-1,1]$. 由于 (22) 对某些在 0 点不连续的 h 不成立, 故 m_n 不是弱收敛的.

定理 11 *在 Banach 空间 $U(=X')$ 中, 弱*收敛的点列 $\{u_n\}$ 是一致有界的.*

证明 弱*收敛意味着对 X 中的每个点 x, (12) 式成立. 故由定理 3 可知 $\{u_n\}$ 是一致有界的. □

习题 6 证明: 若序列 $\{u_n\}$ 弱*收敛到 u, 则

$$|u| \leqslant \lim\ \inf |u_n|.$$

定义 设 Banach 空间 U 是 Banach 空间 X 的对偶, C 是 U 的子集. 如果 C 中每个点列都有一个子列弱*收敛到 C 中的点, 则称 C 是弱*序列紧的.

下面的重要结果由 Helly 得出.

定理 12 设 X 是可分的 Banach 空间, $U = X'$, 则 U 的闭单位球是弱*序列紧的.

证明 给定 U 的一个点列 $\{u_n\}$,

$$|u_n| \leqslant 1 \tag{23}$$

和 X 中一个可数集 $\{x_k\}$, 我们可以通过对角化过程, 选择 $\{u_n\}$ 的一个子列 $\{v_n\}$ 使得

$$\lim_{n\to\infty} v_n(x_k) \tag{24}$$

对所有的 x_k 都存在. 由 (23) 和 (24), 对所有的 x, $v_n(x)$ 的极限在集合 $\{x_k\}$ 的闭包里. 因此, 如果我们取 $\{x_k\}$ 在 X 中稠密, 那么对 X 中所有的 x, $v_n(x)$ 的极限存在. 容易看出, 这个极限是 x 的线性泛函; 根据 (23), 它以 1 为界. □

参 考 文 献

Eberlein, W. F., Weak compactness in Banach spaces, *I. Proc. Nat. Acad. Sci. USA*, **33**(1947): 51–53.

Helly, E., Über lineare Funkionaloperationen *S.-B. K. Akad. Wiss. Wien Math.-Naturwiss. Kl.*, **121**(1912): 265–297.

Mazur, S., Über konvexe Mengen in linearen normierten Räumen, *Studia Math.*, **4**(1933): 70–84.

第 11 章 弱收敛的应用

11.1 用连续函数逼近 δ 函数

定义 设 $\{k_n : n \in \mathbb{N}\}$ 是 $[-1,1]$ 上的连续函数列. 若对 $[-1,1]$ 上的任意连续函数 f,

$$\lim_{n\to\infty}\int_{-1}^{1} f(t)k_n(t)\mathrm{d}t = f(0), \tag{1}$$

则称 $\{k_n\}$ 收敛到 δ 函数.

定理 1(Toeplitz) $[-1,1]$ 上的连续函数列 $\{k_n\}$ 在 (1) 式意义下收敛到 δ 函数, 当且仅当它满足

(i)

$$\lim_{n\to\infty}\int_{-1}^{1} k_n(t)\mathrm{d}t = 1; \tag{2}$$

(ii) 对每个支撑不包含 0 的 C^∞ 函数 g,

$$\lim_{n\to\infty}\int_{-1}^{1} g(t)k_n(t)\mathrm{d}t = 0; \tag{3}$$

(iii) 存在常数 c, 使得对所有的 n,

$$\int_{-1}^{1} |k_n(t)|\mathrm{d}t \leqslant c. \tag{4}$$

证明 假设 $f(0)=0$. 令 g 是一个在 $[-1,1]$ 中的每个点 t 处的函数值均与 $f(t)$ 相差不超过 ε 的 C^∞ 函数, 并且要求 g 在 $t=0$ 附近的某个区间内为 0. 根据 (4),

$$\left|\int_{-1}^{1}(f-g)k_n\mathrm{d}t\right| \leqslant \varepsilon\int|k_n|\mathrm{d}t \leqslant c\varepsilon. \tag{5}$$

根据假设 (3), $\int gk_n\mathrm{d}t$ 趋于 0, 故由 (5),

$$\limsup\left|\int fk_n\mathrm{d}t\right| \leqslant \varepsilon. \tag{6}$$

由于 ε 是任意的, 当 $f(0)=0$ 时 (1) 成立. 每个函数可以分解为 $b+f$, b 是常数且 $f(0)=0$, 故对每个连续函数 f, 由 (2) 知 (1) 成立.

现在证明必要性. 条件 (2) 显然是必需的, 因为它是 (1) 在 $f(t)\equiv t$ 时的一个特殊情形. 同理可证 (3).

我们可以把 k_n 看作是 $C'[-1,1]$ 中的序列, 并把 (1) 叙述为

$$w^* - \lim k_n = \delta.$$

根据第 10 章定理 3, 范数

$$|k_n| = \int |k_n(t)| \mathrm{d}t$$

是一致有界的. 这证明了 (4) 是必要的, 而且也证明了如下推论.

推论 1′ 若 (4) 不满足, 则存在连续函数 f 使得 (1) 式的左端趋于无穷. □

11.2 傅里叶级数的发散性

定理 2 存在周期连续函数 $f(\theta)$, 使得它的傅里叶级数在预先给定的一点是发散的.

证明 单位圆周 S^1 上的连续函数 f 的傅里叶级数是

$$f(\theta) \approx \sum_{-\infty}^{\infty} a_n \mathrm{e}^{\mathrm{i}n\theta}, \tag{7}$$

这里

$$a_n = \int_{-\pi}^{\pi} f(\theta) \mathrm{e}^{-\mathrm{i}n\theta} \frac{\mathrm{d}\theta}{2\pi}. \tag{7′}$$

级数在 $\theta = 0$ 处的收敛性意味着

$$f(0) = \lim_{N\to\infty} \sum_{-N}^{N} a_n. \tag{8}$$

利用 (7)′, 有

$$\sum_{-N}^{N} a_n = \int_{-\pi}^{\pi} f(\theta) k_N(\theta) \mathrm{d}\theta, \tag{9}$$

这里

$$2\pi k_N(\theta) = \sum_{-N}^{N} \mathrm{e}^{-\mathrm{i}n\theta}. \tag{10}$$

利用有限几何级数的求和公式, 我们得到对 $\theta \neq 0$,

$$2\pi k_N(\theta) = \frac{\sin(N+1/2)\theta}{\sin\theta/2}. \tag{10′}$$

于是每个连续函数的傅里叶级数的收敛等价于由 (10) 定义的序列 $\{k_n\}$ 逼近 δ 函数. 根据定理 1, 这当且仅当条件 (2), (3) 和 (4) 满足时成立. 我们下面证明条件 (4) 不满足! 为此, 我们利用不等式 $|\sin\phi| \leqslant |\phi|$, 这意味着 $|1/(\sin\theta/2)| \geqslant 2/|\theta|$. 由 (10′) 和简单计算, 我们得到

$$\int_{-\pi}^{\pi} |k_N(\theta)| \mathrm{d}\theta \geqslant \frac{1}{\pi} \int_{-\pi}^{\pi} \left| \sin\left(N + \frac{1}{2}\right)\theta \right| \frac{\mathrm{d}\theta}{|\theta|} = \frac{2}{\pi} \int_0^{(N+1/2)\pi} |\sin\phi| \frac{\mathrm{d}\phi}{\phi}.$$

容易证明最后的积分大于等于 $\ln N$ 的常数倍. 因此 (4) 不成立. 由推论 1′, 存在函数 f 使得 f 的傅里叶级数在 $\theta=0$ 处发散到无穷. □

习题 1 证明存在一个连续的周期函数, 使得它的傅里叶级数在预先任意给定的 n 个点处发散.

11.3 近似求积分

近似求积公式是对连续函数 f 在区间 (比如 $[-1,1]$) 上积分的逼近. 在 $[-1,1]$ 中取 N 个点 t_j(称为结点) 和 N 个称为权的数 w_j. 定义 $q(f)$ 为

$$q(f)=\sum_1^N w_j f(t_j). \tag{11}$$

我们用 $q(f)$ 来逼近积分

$$\int_{-1}^1 f(t)\mathrm{d}t \tag{11'}$$

定理 3 设 q_N 是形如 (11) 的一列求积分公式, 满足下列条件:

(i) 对每个非负整数 k,

$$\lim_{N\to\infty} q_N(t^k)=\int_{-1}^1 t^k\mathrm{d}t; \tag{12}$$

(ii) 存在常数 c 使得对所有的 N,

$$\sum_1^N |w_j(N)|\leqslant c. \tag{13}$$

则对所有的连续函数 f,

$$\lim_{N\to\infty} q_N(f)=\int_{-1}^1 f(t)\mathrm{d}t. \tag{14}$$

反之, 若 (14) 对所有的连续函数 f 成立, 则必定满足 (12) 和 (13).

证明 由 (12) 知对所有的多项式 f, (14) 式成立. 不等式 (13) 保证了 $C[-1,1]$ 上的线性泛函 q_N 的范数一致有界. 由于多项式在 $C[-1,1]$ 中是稠密的, 故对所有的连续函数 (14) 式成立. 由第 10 章定理 3 知充分性也成立. □

习题 2 证明: 若权 w_j 都是正的, (13) 可由 (12) 推出.

11.4 向量值函数的弱解析性和强解析性

设 $f(\zeta)$ 是定义在复 ζ 平面的区域 G 内且在复 Banach 空间 X 内取值的向量值函数.

定义 如果对 G 内每个点 ζ,

$$\lim_{h\to 0}\frac{f(\zeta+h)-f(\zeta)}{h}$$

在范数拓扑下存在, 则称 $f(\zeta)$ 在 G 内是强解析的.

定义 如果对 X 上每个有界线性泛函 ℓ, $\ell(f(\zeta))$ 在经典意义下是 ζ 的解析函数, 则称 $f(\zeta)$ 在 G 内是弱解析的.

N. Dunford 证明了下面的令人吃惊的结果.

定理 4 *弱解析的函数也是强解析的.*

证明 若 $\ell(f(\zeta))$ 在 G 内是解析的, 则我们可以用 Cauchy 积分公式把它表示出来:

$$\ell(f(\zeta))=\int_C\frac{\ell(f(\chi))}{\chi-\zeta}\frac{\mathrm{d}\chi}{2\pi\mathrm{i}},\tag{15}$$

这里 C 是围绕 ζ 的可求长曲线. 当 ζ 被 $\zeta+k$ 和 $\zeta+h$ 替换时 (h 和 k 充分小时), 类似的公式也成立. 假设 $k\neq 0$, $h\neq 0$, $h\neq k$; 则

$$\begin{aligned}&\frac{1}{h-k}\left\{\frac{\ell(f(\zeta+h))-\ell(f(\zeta))}{h}-\frac{\ell(f(\zeta+k))-\ell(f(\zeta))}{k}\right\}\\&=\int_C\ell(f(\chi))\frac{\mathrm{d}\chi}{2\pi\mathrm{i}(\chi-\zeta-h)(\chi-\zeta-k)(\zeta-\chi)}.\end{aligned}\tag{16}$$

对固定的 ℓ, 当 $|k|$ 和 $|h|$ 充分小时, (16) 式右端以一个与 h 和 k 无关的常数 M 为界. 我们可以把左端重新写为 $\ell(x_{h,k})$, 这里

$$x_{h,k}=\frac{1}{h-k}\left\{\frac{f(\zeta+h)-f(\zeta)}{h}-\frac{f(\zeta+k)-f(\zeta)}{k}\right\}.\tag{17}$$

弱解析性意味着对每个 ℓ 以及充分小的 h 和 k, $|\ell(x_{h,k})|\leqslant M(\ell)$. 根据第 10 章定理 4 的一致有界原理, 存在常数 c 使得对充分小的 h 和 k, $|x_{h,k}|\leqslant c$. 由 $x_{h,k}$ 的定义 (17), 这意味着范数不等式

$$\left|\frac{f(\zeta+h)-f(\zeta)}{h}-\frac{f(\zeta+k)-f(\zeta)}{k}\right|\leqslant c|h-k|.\tag{18}$$

由于 X 是完备的, $f(\zeta)$ 的差商 $\dfrac{f(\zeta+h)-f(\zeta)}{h}$ 在强解析意义下收敛. □

11.5 偏微分方程解的存在性

设

$$L=\sum_{j=1}^{m}\boldsymbol{A}_j\partial_j+\boldsymbol{B}\tag{19}$$

是作用在向量值函数上的一阶偏微分算子, 这里 $\boldsymbol{A}_j$ 和 $\boldsymbol{B}$ 是独立变量 s_j 的方阵值函数, $\boldsymbol{A}_j(s)$ 是一次可微的, $\boldsymbol{B}(s)$ 连续的, 并且有

$$\partial_j = \frac{\partial}{\partial s_j}.$$

为简单起见, 我们假设 $\boldsymbol{A}_j, \boldsymbol{B}$ 以及 L 作用的函数是变量 s 的实值周期函数. 习惯上, 我们用 L^* 表示 L 的形式伴随:

$$L^* = -\sum \partial_j \boldsymbol{A}_j^{\mathrm{T}} + \boldsymbol{B}^{\mathrm{T}}, \tag{19'}$$

这里 $\boldsymbol{A}^{\mathrm{T}}$ 和 $\boldsymbol{B}^{\mathrm{T}}$ 分别是 $\boldsymbol{A}$ 和 $\boldsymbol{B}$ 的转置. 分部积分说明对任意的两个 C^1 向量值周期函数 u 和 v,

$$(v, Lu) = (L^* v, u). \tag{20}$$

此处括号表示在周期立方体上的 L^2 内积:

$$(v, w) = \int_F v(s) \cdot w(s) \mathrm{d}s;$$

在这里, 点表示向量的点积, F 是一个周期立方体.

假设每个 $\boldsymbol{A}_j$ 都是对称的, 即 $\boldsymbol{A}_j^{\mathrm{T}} = \boldsymbol{A}_j$. 比较 (19) 和 (19′), 我们推出

$$L^* = -L - \sum \boldsymbol{A}_{j,j} + \boldsymbol{B} + \boldsymbol{B}^{\mathrm{T}}.$$

这里, $\boldsymbol{A}_{j,j}$ 表示 $\boldsymbol{A}_j$ 关于 s_j 的偏导数. 代入 (20) 式, 并取 $v = u$, 我们得到

$$2(u, Lu) = ((L + L^*)u, u) = ([\boldsymbol{B} + \boldsymbol{B}^{\mathrm{T}} - \sum \boldsymbol{A}_{j,j}]u, u). \tag{20'}$$

利用广义函数的语言 (见附录 B), 我们有如下结论.

定理 5 *假设 (20′) 右端的矩阵是正定的:*

$$\boldsymbol{B} + \boldsymbol{B}^{\mathrm{T}} - \sum \boldsymbol{A}_{j,j} > k\boldsymbol{I}, \quad k > 0, \tag{21}$$

则对每个平方可积的周期函数 f, 方程

$$Ly = f \tag{22}$$

在广义函数意义下有一个平方可积的周期解 y.

证明 由 (20′) 和 (21), 每个周期 C^1 函数 u 满足不等式

$$(u, Lu) \geqslant \frac{k}{2}||u||^2, \tag{21'}$$

这里 $||u||$ 表示 u 在 $L^2(F)$ 中的范数. 用 H 表示 Hilbert 空间 $L^2(F)$. 用 Y 表示 H 的包含周期 C^1 函数的有限维子空间; 用 $Y^{\perp}$ 表示 Y 在 H 中的正交补. 对 $y \in Y$, 考虑方程

$$Ly - f \in Y^{\perp}. \tag{22_N}$$

对 $y \in Y$, 共有 $N = \dim Y$ 个线性方程. 根据线性代数, 对每个 f, 这样的线性方程组有解当且仅当齐性方程

$$Lz \in Y^{\perp}, \quad z \in Y \tag{23}$$

只有零解 $z=0$. 取 (23) 与 z 的内积; 由 (21′),

$$0=(z,Lz)\geqslant\frac{k}{2}||z||^2,$$

这意味着 $z=0$. 故 (22_N) 有唯一的解 y. 取 (22_N) 与 y 的内积; 由 (21′) 和 Schwarz 不等式, 有

$$\frac{k}{2}||y||^2\leqslant(y,Ly)=(y,f)\leqslant||y||||f||.$$

这意味着

$$||y||\leqslant\frac{2}{k}||f||. \tag{24}$$

现在取 Y_N 是一列单调上升的 C^1 函数的子空间, 其并在 H 中稠密. 用 y_N 表示 (22_N) 的解. 由 (24) 知 $||y_N||$ 是一致有界的序列. 因为 H 是自反的, 由第 10 章定理 7, $\{y_N\}$ 存在子序列 (仍记为 $\{y_N\}$) 弱收敛:

$$w-\lim y_N=y.$$

设 v 属于 $\cup Y_N$; 由于每个 Y_N 都由可微函数构成而 v 属于某个 Y_M, v 是可微的. 对 Y_N 中的 y_N,

$$Ly_N-f\in Y_N^{\perp}.$$

取此向量与 v 的内积; 对 $N>M$,

$$(v,Ly_N)-(v,f)=0.$$

由于 v 是可微的, 由 (20), 上式可以重新写为

$$(L^*,y_N)-(v,f)=0.$$

由于序列 $\{y_N\}$ 弱收敛到 y, 对 $\cup Y_N$ 中的每个 v,

$$(L^*v,y)-(v,f)=0. \tag{25}$$

我们可以选取子空间 Y_N 使得它们的并不仅在 H 中稠密, 而且在一阶导数都属于 L^2 的周期 L^2 函数构成的空间 H_1 中稠密. 这意味着任给一个周期的 C^1 函数 v, 在 $\cup Y_N$ 中存在函数序列 $\{v_k\}$ 使得 v_k 在 L^2 范数下收敛到 v, 且 v_k 的 阶导数在 L^2 范数下收敛到 v 的一阶导数. 由于 L^* 是一阶算子, 故 L^*v_k 在 L^2 范数下收敛到 L^*v. 在 (25) 中令 $v=v_k$, 取极限我们可以断定对 C^1 中所有的 v, (25) 成立.

对所有的 C^1 函数 v, 满足 (25) 的函数 y 称为在弱意义下满足微分方程 (22). 显然, 只要 (25) 对所有的 C_0^∞ 函数 v 都成立, y 在广义函数意义下是 (22) 的一个解. □

Friedrichs 证明了 (22) 的弱解 y 在如下意义下是一个**强解**: 存在 C^1 函数序列 $\{z_n\}$ 在 L^2 意义下收敛到 z, 同时 $\{Lz_n\}$ 在 L^2 意义下收敛到 f. 利用 (21′), 容易证明方程 (22) 只有一个强解. 从而不仅子序列, 而且整个序列 $\{y_N\}$ 都收敛.

本节中描述的通过取 (22_N) 的解 y_N 的弱极限得到方程 (22) 的解 f 的方法称为Galerkin *方法*. 它不仅是证明 (22) 存在解的一个理论工具, 同时也是构造解的一

种实用的方法.

11.6 具有正实部的解析函数的表示

设 $f(\zeta)$ 是单位圆盘 $\{\zeta:|\zeta|<1\}$ 内的解析函数且其实部是正的:

$$h(\zeta)=\mathrm{Re}f(\zeta)>0,\quad |\zeta|<1.$$

每个在圆盘内解析且直到边界连续的函数, 在只相差一个虚常数意义下, 可以通过实部在边界上的 Poisson 积分表示出来. 在半径 $R<1$ 的圆盘上, 对 $|\zeta|<R$, 我们有

$$f(\zeta)=\int_0^{2\pi}\frac{R+\zeta\mathrm{e}^{-\mathrm{i}\theta}}{R-\zeta\mathrm{e}^{-\mathrm{i}\theta}}h(R\mathrm{e}^{\mathrm{i}\theta})\frac{\mathrm{d}\theta}{2\pi\mathrm{i}}+\mathrm{i}c. \tag{26}$$

取 $\zeta=0$, 我们有

$$h(0)=\int_0^{2\pi}h(R\mathrm{e}^{\mathrm{i}\theta})\frac{\mathrm{d}\theta}{2\pi\mathrm{i}}. \tag{26$'$}$$

通过 $R_N\to1$ 使得 $R\to1$. 函数 $h(R_n\mathrm{e}^{\mathrm{i}\theta})$ 是 θ 的非负函数, 根据 (26′), 其在圆周上的积分等于 $h(0)$. 对每个 R_N, 考虑作用在由单位圆周 S^1 上的连续函数 u 构成的线性空间 C 上的线性泛函

$$\ell_n(u)=\int_0^{2\pi}h(R_N\mathrm{e}^{\mathrm{i}\theta})u(\theta)\mathrm{d}\theta. \tag{27}$$

由 $h\geqslant0$ 及 (26′),

$$|\ell_n|=h(0).$$

由于 $C(S^1)$ 是可分的, 根据第 10 章定理 12 的 Helly 定理, 存在 $\{\ell_n\}$ 的子序列 (不妨仍记为 $\{\ell_n\}$) 弱*收敛到极限 ℓ: 对所有的连续函数 u,

$$\lim_{n\to\infty}\ell_n(u)=\ell(u). \tag{28}$$

由 (28) 和 $\{\ell_n\}$ 的一致有界性知对任何强收敛到 u 的序列 u_n

$$\lim_{n\to\infty}\ell_n(u_n)=\ell(u). \tag{28$'$}$$

对

$$u_n=\frac{R_n+\zeta\mathrm{e}^{-\mathrm{i}\theta}}{R_n-\zeta\mathrm{e}^{-\mathrm{i}\theta}},\quad u=\frac{1+\zeta\mathrm{e}^{-\mathrm{i}\theta}}{1-\zeta\mathrm{e}^{-\mathrm{i}\theta}}$$

应用上式, 这里 ζ 是 $|\zeta|<1$ 的任意复数; 由 (26), (27) 和 (28′), 我们有

$$f(\zeta)=\ell\left(\frac{1+\zeta\mathrm{e}^{-\mathrm{i}\theta}}{1-\zeta\mathrm{e}^{-\mathrm{i}\theta}}\right).$$

由 (27) 定义的泛函 ℓ_n 明显非负; 因此它们的弱*极限 ℓ 也是非负的. 根据第 8 章 Riesz 表示定理的推论 14′, 这样非负的 $C(S^1)$ 上的泛函可以表示为关于一个正测度 m 的积分. 于是我们证明了下面定理的第一部分.

定理 6(Herglotz-Riesz) 单位圆盘 $\{\zeta : |\zeta| < 1\}$ 内每个实部为整值的解析函数 f 都可以表示为

$$f(\zeta) = \int \frac{1 + \zeta e^{-i\theta}}{1 - \zeta e^{-i\theta}} dm + ic, \ m \text{ 是正测度}, c \text{ 是实数}. \tag{29}$$

反之, 由 (29) 表示的每个函数 f 在单位圆盘内都解析且实部为正. 表示式 (29) 是唯一的.

证明 显然, 由下面的 (30) 可知, 对任意的正测度 m, (29) 表示了在单位圆盘内实部为正的一个解析函数. 为证明表示是唯一的, 我们注意到 (29) 的实部是

$$h(\zeta) = \int \frac{1 - r^2}{1 - 2r\cos(\phi - \theta) + r^2} dm, \quad \zeta = re^{i\phi}. \tag{30}$$

取任意连续函数 $u(\phi)$, 在 (30) 两边乘以 $u(\phi)$, 并在 S^1 上对 ϕ 积分. 通过对右端的积分交换积分顺序, 我们得到

$$\int h(re^{i\phi}) u(\phi) d\phi = \int u_r(\theta) dm, \tag{31}$$

这里

$$u_r(\theta) = \int \frac{1 - r^2}{1 - 2r\cos(\phi - \theta) + r^2} u(\phi) d\phi.$$

假设 $h(\zeta)$ 可以由两个不同的测度 m 和 m' 通过 (30) 表示出来. 在 (31) 中令 $r \to 1$; 由本章定理 1, 在最大值范数下 $u_r \to u$. 由于 (31) 的左端不依赖于表示测度, 故对所有的连续函数 u,

$$\int u(\theta) dm = \int u(\theta) dm'.$$

根据 Riesz 表示定理中测度的唯一性, $m \equiv m'$. 这完成了定理 6 的证明. □

根据测度 m 的唯一性, 极限 (28) 不仅对 $\{\ell_n\}$ 的一个子序列存在, 而且对整个序列 $\{\ell_n\}$ 也存在.

参考文献

Friedrichs, K. O., The identity of the weak and strong extension of differential operators. *Trans. AMS*, **55**(1944): 132–151.

Herglotz, G., Über Potenzreihen mit positivem reellem Teil in Einheitskreis. *S.B. Sächs. Akad. Wiss.*, **63**(1911): 501–511.

Riesz, F., Sur certains systémes singuliers d'equations intégrales. *An. l'École Normale Sup.* (3), **28**(1911): 33–62.

Toeplitz, O., Über allgemeine lineare Mittelbildungen. *Prace Math.-Fiz.*, **22**(1911): 113–119.

第 12 章　弱拓扑和弱*拓扑

定义　Banach 空间 X 上的弱拓扑是使得 X 上所有有界线性泛函连续的最弱的拓扑. 由于有界线性泛函在范数 (强) 拓扑下是连续的, 因此弱拓扑比强拓扑弱. 我们现在证明, 除了有限维赋范线性空间的情形外, 弱拓扑严格地比强拓扑弱.

弱拓扑中的开集都是形如

$$\{x : a < \ell(x) < b\} \tag{1}$$

的集合的有限交的并. 显然, 在无限维空间中, 有限个形如 (1) 的集合的交是无界的. 这证明了*在弱拓扑中每个开集都是无界的*. 特别地, 球

$$\{x : |x| < R\} \tag{2}$$

在强拓扑下是开的, 但是在弱拓扑下不是开的.

下面我们证明弱拓扑在如下意义下比弱序列收敛弱：定义 Banach 空间 X 的子集 S 的弱序列闭包为 S 中所有弱收敛序列的弱极限构成的集合.

定理 1

(i) *集合 S 的弱序列闭包包含在 S 在弱拓扑下的闭包内.*

(ii) *在每个无限维的 Banach 空间里, 存在弱序列闭但非弱拓扑闭的集合.*

证明　(i) 是弱收敛和弱拓扑定义的直接推论. 下面的集合 S 是满足 (ii) 的例子：

$$S = S_2 \cup S_3 \cup \cdots, \tag{3}$$

其中每个集合 S_k 是如下构造的有限集. 在 X 中取一列子空间 X_k, $\dim X_k = k$. S_k 由有限个点 $x_{k,j}$ 构成, 使得对 X_k 中的每个 $|x| = k$ 的点 x, 存在 S_k 中点 $x_{j,k}$ 满足

$$|x - x_{k,j}| < \frac{1}{k}, \quad |x_{k,j}| = k. \tag{4}$$

我们断定原点在 S 在弱拓扑下的闭包内. 包含原点的任意开集包含着形如

$$\{x : |\ell_i(x)| < \varepsilon, \quad i = 1, \cdots, n\} \tag{5}$$

的子集, 这里 ℓ_i 是范数为 1 的线性泛函. 由于 X_k 是 k 维的, 所以对 $k > n$, X_k 包含着一个非零向量 x_k 使得

$$\begin{aligned} &\ell_i(x_k) = 0, \quad i = 1, \cdots, n, \\ &|x_k| = k. \end{aligned} \tag{6}$$

对 $x = x_k$, 在 S_k 中存在 $x_{k,j}$ 满足条件 (4). 利用 (4), (6) 以及 $|\ell_i| = 1$, 我们得到对 $\ell = \ell_i$, $i = 1, \cdots, n$,

$$\ell(x_{k,j}) = \ell(x_{k,j} - x_k) \leqslant |x_{kj} - x_k| \leqslant \frac{1}{k}. \tag{7}$$

因此对 $k > \frac{1}{\varepsilon}$, 点 $x_{k,j}$ 属于子集 (5). 这证明了原点属于 S 在弱拓扑下的闭包.

另一方面, S 只包含着半径为 R 的任意球中有限个点. 因此, 根据一致有界原理 (参看第 10 章定理 4), S不包含非平凡的弱收敛序列. □

尽管弱拓扑比强拓扑弱, 下面的结论是正确的.

定理 2 Banach 空间 X 的每个在强拓扑下闭的凸子集 K 在弱拓扑下也闭.

证明 我们证明若 X 中的点 z 不属于 K, 则 z 不属于 K 的弱拓扑闭包. 由于 K 在强拓扑下是闭的, 存在以 z 为心的开球 $B_R(z)$ 与 K 不交. 根据第 3 章定理 6 超平面分离定理, 存在非零线性泛函 ℓ 和常数 c 使得对 K 中每个 u 和 $B_R(z)$ 中每个 v,

$$\ell(u) \leqslant c \leqslant \ell(v). \tag{8}$$

与第 8 章定理 17 的证明一样, ℓ 的范数不超过 $1/R$. $B_R(z)$ 中点形如 $v = z + x$, $|x| \leqslant R$. 由于 $\ell(v) = \ell(z) + \ell(x)$,

$$\inf_{v \in B_R(z)} \ell(v) = \ell(z) + \inf_{|x|<R} \ell(x) = \ell(z) - |l|R.$$

代入 (8), 我们得到 $\ell(z) > c$; 再根据 (8), 我们断定超平面

$$\{x : \ell(x) > c\} \tag{8'}$$

包含 z 但是不包含 K 中的点. 由于 (8′) 是弱拓扑下的开集, 故 z 不属于 K 的弱拓扑闭包. □

定理 2 与第 10 章定理 6 相似.

假设 Banach 空间 U 是 Banach 空间 X 的对偶:

$$U = X', \tag{9}$$

则 U 中存在一族典则线性泛函, 即由 X 中的元素决定的线性泛函:

$$x(u) = u(x). \tag{10}$$

定义 设 Banach 空间 U 是 Banach 空间 X 的对偶. U 上的弱*拓扑是使得所有形如 (10) 的线性泛函连续的最弱的拓扑.

对形如 (9) 的非自反 Banach 空间 U, 弱*拓扑严格弱于弱拓扑, 这由下述的一些定理中可以看出. 第一个定理由 Alaoglu 得出.

定理 3 假设 Banach 空间 U 是 Banach 空间 X 的对偶, 则 U 的闭单位球 B 在弱*拓扑下是紧的.

证明 对 B 中的 u, 我们有数组 $\{u(x) : x \in X\}$. 由于 $|u| \leqslant 1$, $|u(x)| \leqslant |x|$. 把每个数组视为乘积空间 P 中的点:

$$P = \prod_{x \in X} I_x, \quad I_x = [-|x|, |x|], \tag{11}$$

并视

$$u \to \{u(x)\} \tag{12}$$

为由 B 到 P 的一个映射. P 中的元素是向量, 其分量为 I_x 中的点. P 上的自然映射是向量到各个分量的投影, 自然拓扑是使得所有这些映射连续的最弱的拓扑. 映射 (12) 是一对一的, 从而把 B 嵌入 P 中. 由定义可知 B 上的弱*拓扑和在嵌入映射下由 P 继承的拓扑相同. 每个 I_x 是 $\mathbb{R}$ 的紧区间; 由 Tychonov 定理, P 是紧的. 由于紧集的闭子集是紧的, 我们只需证明映射 (12) 把 B 映到了 P 的一个闭子集即可.

设 p 是 B 在映射 (12) 下的象集的闭包中的点. 我们下面证明 p 是 B 中点 u 的象, 即

$$\text{对 } X \text{ 中所有的点 } x, \quad p_x = u(x), \tag{13}$$

这里 $\{p_x\}$ 表示 p 的分量. 方程 (13) 定义了 X 上一个函数 $u(x)$. 我们必须证明 u 是以 1 为界的线性泛函. u 的有界性由 p_x 属于 $I_x = [-|x|, |x|]$ 可知. 线性意味着

$$p_{x+y} = p_x + p_y, \quad p_{ax} = ap_x. \tag{14}$$

对 B 在映射 (12) 下的象中的每个点 q,

$$q_{x+y} = q_x + q_y, \quad q_{ax} = aq_x. \tag{15}$$

由于 p 在 $\{q\}$ 的弱*闭包中, 且这些关系只牵扯到 q 的 3 个 (或 2 个) 分量, 由 (15) 可知 (14) 成立. □

定理 3′ 假设 Banach 空间 U 是 Banach 空间 X 的对偶. 则 U 的在弱*拓扑下闭的子集 S 是弱*紧的当且仅当 S 是范数有界的.

证明 若 S 是范数有界的, 则它包含在某个闭球 B_R 中. 根据定理 3, B_R 是弱*紧的, 故它的弱*闭子集 S 也是紧的.

反之, 设 S 是弱*紧的; 则对每个 x, S 在连续映射 $u \to u(x)$ 下的象 $\{u(x) : x \in S\}$ 也是紧的. 由于 $\mathbb{R}$(或者 $\mathbb{C}$) 的紧子集是有界的, 故对 $\forall x \in X$, $\forall u \in S$, $|u(x)| \leqslant b(x)$. 根据第 10 章定理 3 的一致有界原理, 存在常数 b, 使得 $\forall u \in S$, $|u| \leqslant b$. □

定理 4 Banach 空间 Z 的闭单位球在弱拓扑下是紧的, 当且仅当 Z 是自反的.

证明 由定理 3, 充分性成立. 必要性的证明由 Eberlein 和 Smulyan 得出, 可参看 Dunford 和 Schwartz 的书.

参 考 文 献

Alaoglu, L., Weak topologies of normed linear spaces, *An. Math.*, **41**(1940): 252–267.

Chernoff, P. R., A simple proof of Tychonoff's theorem via nets. *Am. Math. Monthly*, **99**(1992): 932–934.

Dunford, N. and Schwartz, J., *Linear Operators: Part 1: General Theory.* Wiley-Interscience, 1957, pp. 423–425.

Eberlein, W. F., Weak compactness in Banach spaces, *Proc. Nat. Acad. Sci. USA,* **33**(1947): 51-53.

Smulyan, V. I., Über lineare topologische Räume. *Math. Sbornik, N. S.*, **7**(1940): 425–448.

Tychonoff, A., Über die topologische Erweiterung von Räumen. *Math. An.*, **102**(1929-30): 544-561.

第 13 章　局部凸空间拓扑和 Krein-Milman 定理

弱拓扑和弱*拓扑是使得某些线性泛函连续的最弱的拓扑. 如果要求使更少的线性泛函连续, 我们将得到更弱的拓扑. 所有这些拓扑中的开集都可以在凸集基础上定义. 在本章中我们将详尽阐述关于这些拓扑的理论并加以应用.

定义　若 X 是一个实线性空间, 在其上有一个满足下述性质的 Hausdorff 拓扑:

(i) 加法是连续的, 即 $(x,y)\to x+y$ 是从 $X\times X$ 到 X 的连续映射;

(ii) 标量乘法是连续的, 即 $(k,x)\to kx$ 是从 $\mathbb{R}\times X$ 到 X 的连续映射;

(iii) 在原点有一个由开凸集构成的基, 即每个包含原点的开集都包含着一个包含原点的开凸集,

则称 X 是一个局部凸拓扑 (LCT) 线性空间.

注意 Banach 空间的范数拓扑是一个局部凸拓扑; 在此拓扑下, 以原点为心的所有开球构成了在原点的一个基.

习题 1　证明弱拓扑和弱*拓扑是局部凸拓扑.

习题 2　设 $\{\ell_\alpha\}$ 是实线性空间 X 的一族分离点的线性泛函, 即对 X 中两个不同的点 x 和 y, 存在 ℓ_α 使得 $\ell_\alpha(x)\neq\ell_\alpha(y)$.

(a) 证明使得所有 ℓ_α 连续的最弱的拓扑是局部凸拓扑;

(b) 证明线性泛函 ℓ 在此拓扑下连续当且仅当 ℓ 是 ℓ_α 的有限线性组合.

习题 3　证明: 设 $f(a,b)$ 是从拓扑空间 X 和 Y 的乘积空间 $X\times Y$ 到 X 内的连续映射, 则当 b 固定时, $f(a,b)$ 是 a 的连续函数.

定理 1

(i) 在 LCT 线性空间 X 中, 开集族是平移不变的, 即若 T 是开集, 则 $\forall x\in X$, $T-x$ 是开集;

(ii) 若 T 是开集, 则对 $k\neq 0$, kT 是开集, 特别地, $-T$ 是开集;

(iii) 开集 T 中的每个点都是 T 的内点.

证明　根据习题 3, 对固定的 x, $x+y$ 是 y 的连续函数. 开集 T 在此映射下的原像是 $T-x$; 这证明了 (i). 类似可证 (ii).

(iii) 根据习题 3, 对固定的 x, kx 是 x 的连续函数. 故使得 kx 在 T 的内部的数 k 构成的集合是 $\mathbb{R}$ 的开子集. 假设 T 包含原点, 则 $k=0$ 属于此数集. 由上可知, 包含 $k=0$ 的一个开区间也在此集合中. 这意味着对充分小的 k, kx 属于 T, 但

是这说明了原点是 T 的一个内点. 因为由 (1), T 中的点都可以平移到原点, 这证明了 (iii). □

13.1 通过线性泛函分离点

定理 2 LCT 线性空间 X 上的连续线性泛函分离 X 中的点, 即若 y 和 z 是 X 中不同的点, 则存在 X 上的连续线性泛函 ℓ, 使得

$$\ell(y) \neq \ell(z). \tag{1}$$

证明 我们构造一个线性泛函分离 y 和 z. 不失一般性, 我们假设 $y=0$. 由于 X 的拓扑是 Hausdorff 的, 存在包含 $y=0$ 但不包含 z 的开集 T; 由 LCT 空间的定义中的 (iii), 我们可以取 T 为凸的. 由定理 1, 0 是 T 的内点, 故 T 的度规函数 p_T 是有限的, 且

$$\forall u \in T, \quad p_T(u) < 1. \tag{2}$$

根据第 3 章定理 5 超平面分离定理, 存在线性泛函 ℓ 使得

$$\ell(z) = 1, \tag{3}$$

$$\ell(x) \leqslant p_T(x), \quad \text{对所有的 } x. \tag{4}$$

显然, 由于 $\ell(y)=\ell(0)=0$, ℓ 分离 y 和 z.

为完成定理的证明, 我们只需再证明 ℓ 是连续的. 首先我们证明每个半空间 $\{w : \ell(w) < c\}$ 是开的. 事实上, 若 w 属于半空间 $\{w : \ell(w) < c\}$, 则开集

$$w + rT, \quad r = c - \ell(w) \tag{5}$$

也包含在半空间 $\{w : \ell(w) < c\}$ 中. 由 (4), (5) 和 (2), 对 T 中的 u,

$$\ell(w+ru) = \ell(w) + r\ell(u) \leqslant \ell(w) + rp_T(u) < \ell(w) + c - \ell(w) = c, \tag{6}$$

这证明了 (5) 中每个点均在半空间中; 故半空间是开的. 类似地, 我们可以证明每个形如

$$\{w : \ell(w) > d\}$$

的半空间是开的. 为此, 我们需要 p_T 是一个偶函数; 这当 T 关于原点对称时成立. 如有必要, 还可以通过把 T 换成 $T \cap (-T)$ 来实现这一点. □

定理 2 可以进一步加强为如下定理.

定理 2′ 设 K 是 LCT 线性空间 X 中的一个闭凸集, z 是 X 中不属于 K 的一点, 则存在 X 上的连续线性泛函 ℓ, 使得

$$\forall y \in K, \quad \ell(y) \leqslant c, \quad \ell(z) > c. \tag{7}$$

证明 证明类似于定理 2, 唯一不同之处为我们用第 3 章定理 6 广义超平面分离定理代替了超平面分离定理. □

习题 4 设 K 是 LCT 线性空间 X 中的一个凸集. 证明 K 的闭包 $\overline{K}$ 也是凸的.

13.2　Krein-Milman 定理

我们回忆第 1 章结尾引入的凸集 K 的极子集的定义, 尤其回忆极值点的定义. 凸集 K 的一个子集 E 称为是 K 的极子集, 如果

(i) E 是非空凸集;

(ii) 若 E 中的点 x 可以表示为 K 中点 y 和 z 的凸组合, 则 y 和 z 都属于 E.

只包含一个单点的极子集称为极值点.

习题 5　证明极子集的非空交是极子集.

极子集的基本性质包含在第 1 章定理 7 和定理 8 中. 在有限维线性空间中关于凸集的基本结果是下述的 Carathéodory 定理:

$\mathbb{R}^N$ 中的每个紧凸子集 K 都有极值点, 且 K 中的每个点可以表示为 $N+1$ 个极值点的凸组合.

习题 6　对 N 用归纳法证明 Carathéodory 定理.

M. G. Krein 和 D. P. Milman 给出了这个结果的一个漂亮且有用的推广.

定理 3　设 X 是一个 LCT 线性空间, K 是 X 的一个非空紧凸子集, 则

(i) K 至少有一个极值点;

(ii) K 是它的极值点的集合的凸闭包.

证明　考虑 K 的所有非空的闭极子集构成的集族 $\{E_j\}$. 这个集族是非空的, 因为它包含 K 自身. 在此集族中通过集合的包含定义偏序关系. 我们断定每个全序子集族 $\{E_j\}$ 有一个下界. 此下界是交集 $\cap E_j$. 为此, 我们必须证明 $\cap E_j$ 是非空的闭极子集.

我们断定全序集 $\{E_j\}$ 的有限个子集的交非空. 这是因为, 由于 $\{E_j\}$ 是全序集, 集族 $\{E_j\}$ 中的有限子集的交是此子集中最小的集合. 为证明 $\cap E_j$ 是非空的, 我们采用反证法: 假设交为空, 则 E_j 的补集的并覆盖了 K. 由于 K 是紧的, 有限个补集就覆盖了 K, 但这意味着这有限个 E_j 的交是空集, 与我们刚才证明的结论矛盾. 由于是闭集族的交, $\cap E_j$ 是闭的. 由习题 5, 凸集 K 的非空极子集的非空交也是 K 的极子集.

根据 Zorn 引理, K 有一个最小的闭的极子集 E. 我们断定此集合 E 只包含一个点. 若不是这样, 则 E 包含两个不同的点. 根据定理 2, 存在一个连续线性泛函 ℓ 分离这两个点. 由于 E 是紧的, ℓ 是连续的且在 E 上不是常数, ℓ 在 E 的一个真子集 M 上达到最大值. 由于 ℓ 是连续的且 E 是闭的, M 也是闭的. 由于极子集的逆象也是极子集 (参看第 1 章推论 8′), 在凸集 E 上使得连续线性泛函 ℓ 达到最大

值的集合 M 是 E 的极子集. 容易证明 (根据第 1 章定理 7) 若 E 是 K 的极子集, M 是 E 的极子集, 则 M 是 K 的极子集. 由于 E 是 K 的最小极子集, M 是比 E 小的极子集, 这个矛盾说明了 E 不能包含超过一个点. 因此最小的集合 E 只包含一个点. 这个单点是 K 的一个极值点. 这不仅完成了 (i) 的证明, 同时还证明了:

(1′) K 的每个闭的极子集包含一个极值点.

下面我们证明 (ii). 用 K_e 表示 K 的极值点构成的集合, $\widehat{K_e}$ 表示 K_e 的凸包. K 中每个点属于 $\widehat{K_e}$ 的闭包等价于不属于 $\widehat{K_e}$ 的闭包中的点也不属于 K. 根据习题 4, $\widehat{K_e}$ 的闭包是凸的. 因此若 z 不属于此闭包, 则根据定理 2′, 存在连续线性泛函 ℓ 使得

$$\forall y \in \widehat{K_e}, \quad \ell(y) \leqslant c, \quad \ell(z) > c. \tag{8}$$

由于 K 是紧的且 ℓ 是连续的, ℓ 在 K 的某个闭子集 E 上达到其在 K 上的最大值. 根据第 1 章推论 8′, E 是 K 的极子集. 由 (i′), E 包含 K 的极值点 p. p 属于 K_e, 从而也属于 $\widehat{K_e}$, 由 (8), $l(p) \leqslant c$. 由构造知 $l(p) = \max_K \ell(x)$ 且对所有的 K 中的 x, $\ell(x) \leqslant l(p) \leqslant c$. 由 (8) 知 $\ell(z) > c$, 这证明了 z 不属于 K. □

13.3 Stone-Weierstrass 定理

定理 4 设 S 是一个紧 Hausdorff 空间, $C(S)$ 是 S 上所有实值连续函数构成的集合. 设 E 是 $C(S)$ 的一个子代数, 即

(i) E 是 $C(S)$ 的线性子空间;

(ii) E 中两个函数的乘积属于 E.

此外, 我们还假设 E 满足

(iii) E 分离 S 中的点, 即任给两点 p 和 q, $p \neq q$, 存在 $f \in E$ 使得 $f(p) \neq f(q)$;

(iv) 所有的常数函数属于 E.

结论 在最大值范数下, E 在 $C(S)$ 中稠密.

经典的 Weierstrass 定理是上述定理在 S 是 x 轴上的闭区间, E 是 x 的多项式的集合时的一个特殊情况, 本节给出的经典 Weierstrass 定理的 Stone 推广形式的优美证明由 Louis de Branges 得出, 它建立在 Krein-Milman 定理的基础上.

证明 根据第 8 章定理 8 生成准则, 如果 $C(S)$ 上的限制在 E 上为 0 的有界线性泛函 ℓ 是零泛函, 则 E 在 $C(S)$ 中稠密. 根据第 8 章定理 14, Riesz-Kakutani 表示定理, $C(S)$ 上的有界线性泛函形如

$$\ell(f) = \int_S f \mathrm{d}\nu,$$

这里 ν 是带号测度且 ν 的全变差 $||\nu|| = \int f|\mathrm{d}\nu|$ 是有限的. 因此我们只需要证明如果对 E 中所有 f, $\int_S f\mathrm{d}\nu = 0$, 则 $\nu = 0$ 即可.

若不成立, 用 U 表示作用在 E 上为 0 且全质量不大于 1 的带号测度的集合. 这是一个凸集, 且根据第 12 章定理 3 的 Alaoglu 定理, U 在弱*拓扑下是紧的. 故根据 Krein-Milman 定理, 若 U 包含一个非零测度, 则 U 包含一个非零的极值点, 记为 μ. 由于 μ 是极值点, $||\mu||=1$. 因 E 是代数, 若 f 和 g 属于 E, 则 gf 也属于 E. 由于 μ 零化 E 中的每个函数, 即

$$\int (fg)\mathrm{d}\mu = 0,$$

因此测度 $gd\mu$ 也零化 E 中的每个函数.

设 g 是 E 上的取值介于 0 和 1 之间的函数:

$$\forall p \in S, \quad 0 < g(p) < 1.$$

记

$$a = ||g\mu|| = \int g|\mathrm{d}\mu|, \quad b = ||(1-g)\mu|| = \int |(1-g)|\mathrm{d}\mu.$$

显然, a 和 b 是正的. 把它们相加:

$$a + b = \int \mathrm{d}|\mu| = 1.$$

等式

$$\mu = a\frac{g\mu}{a} + b\frac{(1-g)\mu}{b}$$

把 μ 表示成为 U 中点 $g\mu/a$ 和 $(1-g)\mu/b$ 的凸组合. 由于 μ 为极值点, μ 等于 $g\mu/a$.

定义测度 μ 的支撑为有具有下述性质的点 p 构成的集合: 对任意包含 p 的开集 N, $\int_N |d\mu| > 0$. 若 $\mu = g\mu/a$, 则 g 在 μ 的支撑内的每一个点的值相等.

我们断定 μ 的支撑只含有一个点. 为此, 设 p 和 q 属于 μ 的支撑, $p \neq q$. 由于 E 中的函数分离 S 的点, 存在 E 中函数 h 使得 $h(p) \neq h(q)$. 对 h 加上一个充分大的常数然后再除以另一个大的常数, 我们得到一个函数值介于 0 和 1 之间的函数 g 且 $g(p) \neq g(q)$. 这与我们前面的结论矛盾.

支撑只包含一个点 p 且 $||\mu|| = 1$ 的测度 μ 是 p 点的单位点质量. 因此

$$\int f\mathrm{d}\mu = f(p) \text{ 或 } -f(p).$$

由于假设常数函数 1 属于 E, 对 E 中 $f \equiv 1$, $\int f\mathrm{d}\mu \neq 0$, 得到矛盾. □

13.4 Choquet 定理

在局部凸空间中, Carathédory 定理可以进一步推广为如下定理.

定理 5 设 X 是 LCT 空间, K 是 X 的非空紧凸子集, K_e 是 K 的极值点构成的集合, 则对 K 中任意点 u, 在 K_e 的闭包 $\overline{K_e}$ 上存在概率测度 m_μ, 即满足

$$m_\mu \geqslant 0, \quad \int_{\overline{K}_e} \mathrm{d}m_\mu = 1, \tag{9}$$

的测度, 使得在弱意义下, 成立

$$u = \int_{\overline{K}_e} e\mathrm{d}m_\mu; \tag{10}$$

即对 X 上的每个连续线性泛函 ℓ,

$$\ell(u) = \int_{\overline{K}_e} l(c)\mathrm{d}m_u(c). \tag{10'}$$

证明 每个连续线性泛函 ℓ 在紧集 K 上达到最小值和最大值. 根据第 1 章推论 8′, 使得 ℓ 达到最小值和最大值的点集是 K 的极子集. 由定理 3(1′), 这些极子集包含极值点. 因此对 K 中每个 u 和每个连续线性泛函 ℓ,

$$\min_{p\in K_e} \ell(p) \leqslant \ell(u) \leqslant \max_{p\in K_e} \ell(p). \tag{11}$$

对 $\ell_1 - \ell_2$ 应用 (11) 可知若 ℓ_1 和 ℓ_2 在 K_e 上相等, 则它们在 K 上也相等. 因此 ℓ 在 $\overline{K}_e$ 上的值唯一确定了 ℓ 在 K 中每个 u 处的值 $\ell(u)$. 记 ℓ 在 $\overline{K}_e$ 的限制为 f:

$$f(q) = \ell(q), \quad q \in \overline{K}_e. \tag{12}$$

由于 $\ell(u)$ 由 f 确定, 我们有

$$\ell(u) = u(f) \tag{12'}$$

显然, 这是 f 的一个线性泛函. 我们把 (11) 重新写为

$$\min_{q\in \overline{K}_e} f(q) \leqslant u(f) \leqslant \max_{q\in \overline{K}_e} f(q). \tag{13}$$

由 (12) 定义的函数 f 构成的集合 L 是 $\overline{K}_e$ 上的连续函数空间 $C(\overline{K}_e)$ 的一个线性子空间. 我们断定由 (12′) 中定义的线性泛函 $u(f)$ 可以从 L 延拓到 $C(\overline{K}_e)$ 上且保持性质 (13). 事实上, 我们可以把函数 $f_0 \equiv 0$ 加到 L 中并定义 $u(f_0) = 1$. 由第 4 章定理 1, 我们能够把一个正线性泛函延拓到所有函数的空间上且仍为正的. 由 (13), $u(f)$ 是正线性泛函, 这样的延拓是可能的; 假设已经延拓完毕.

$\overline{K}_e$ 是紧集 K 的闭子集, 从而也是紧的. 由 Riesz-Kakutani 表示定理 (第 8 章定理 14), $C(\overline{K}_e)$ 上的有界线性泛函 u 可以表示为

$$u(f) = \int_{\overline{K}_e} f\mathrm{d}m. \tag{14}$$

因为线性泛函是正的, 因此表示测度 m 也是正的; 由 $u(f_0) = 1$ 知 $m(\overline{K}_e) = 1$. 把 (12) 和 (12′) 代入 (14), 我们得到了 (10′). □

定理 5 断定紧凸集 K 中的每个点 u 可以表示为极值点集合的闭包中的点的连续凸组合. 闭包的限制是需要的, 因为即使在有限维的空间中, 极值点的集合也未必是闭的. 例如在 $\mathbb{R}^3$ 中取圆周 $x^2 + y^2 = 1, z = 0$ 以及区间:

$$x = 1, \quad y = 0, \quad -1 \leqslant z \leqslant 1$$

的凸包. 凸包的极值点是：$x=1, y=0, z=\pm 1$, 以及圆周 $x^2+y^2=1, z=0$ 上除了 $x=1, y=0, z=0$ 以外的所有点.

习题 7　设 v 是 $\overline{K}_e$ 中不属于 K_e 的点; 证明 v 可以表示为

$$v=\int_{\overline{K}_e} e \mathrm{d} m,$$

这里 m 是 $\overline{K}_e$ 上满足 $m(v)=0$ 的概率测度.

习题 8　由定理 5 推出定理 3 的 (ii).

Choquet 给出了定理 5 的如下推广.

定理 6　设 K 是 LCT 线性空间 X 的非空紧凸子集, 并假设 K 可度量化, 则 K 中任意点 u 在弱意义下可以表示为

$$u=\int_{K_e} e \mathrm{d} m_u \tag{10''}$$

这里 m_u 是极值点的集合上的一个概率测度.

证明　参看文献 Phelps. □

我们称 $(10'')$ 为 Choquet 型表示. 在第 14 章中我们将给出许多凸集的 Choquet 型表示的例子.

我们现在给出一个有用的结果. 此结果把有限维空间中紧集 S 的凸包的下述直观性质推广到 LCT 空间上去：$\hat{S}$ 中不属于 S 的点不是极值点.

定理 7　设 X 是 LCT 线性空间, S 是 X 的紧子集. 如果 S 的凸包的闭包 K 是紧的, 则 K 中的每个极值点都属于 S.

证明　设 N 是包含原点的任意开凸集. 当 y 取遍 S 时, 开集族 $\{y+N\}$ 构成了 S 的一个开覆盖; 由于 S 是紧的, 存在有限个开集 $y_i+N(i=1, \cdots, n)$ 覆盖 S：

$$\bigcup_{i=1}^{n}\left(y_i+N\right) \supset S. \tag{15}$$

用 S_i 表示交 $\left(y_i+N\right) \cap S$; 由 (15),

$$\bigcup_{i=1}^{n} S_i=S. \tag{16}$$

记 S_i 的闭凸包为 K_i. 由于 $S_i \subset S$, 故 $K_i \subset K$; 由于 K_i 是闭的且假设 K 是紧的, 每个 K_i 都是紧的. 下面我们需要如下引理.

引理 8　如果 K_1 和 K_2 是 LCT 线性空间 X 中的两个紧凸集, 则它们的并的凸包是紧的.

证明　由于 K_1 和 K_2 是凸的, 容易看出它们的并集的凸包由所有如下形式的点构成：

$$a y_1+(1-a) y_2, \quad y_1 \in K_1, \quad y_2 \in K_2, \quad 0 \leqslant a \leqslant 1. \tag{17}$$

这些点是三重积

$$K_1 \times K_2 \times I, \quad I = [0,1] \tag{18}$$

在映射 (17) 下的象. 三重积 (18) 是紧的, 根据 LCT 空间的定义, 映射 (17) 是连续的. 因此紧集 (18) 的象是紧的, 这证明了引理 8. □

由引理 8, 我们推出有限个紧集的并的凸包是紧的. 对上面定义的紧集 K_i, 我们断定它们的并集的凸包 (记为 $\mathrm{CH}[K_1 \cup \cdots \cup K_n]$) 包含 K:

$$K \subset \mathrm{CH}[K_1 \cup \cdots \cup K_n]. \tag{19}$$

我们注意到 K_i 包含 S_i. 因此根据 (16), $K_1 \cup \cdots \cup K_n$ 包含 $S_1 \cup \cdots \cup S_n = S$. 根据引理 8, (19) 式右端是紧的从而是闭的. 因此它是一个包含 S 的闭凸集. 但是根据定义, K 是包含 S 的最小的闭凸集, 因此包含在 $CH[K_1 \cup \cdots \cup K_n]$ 中. 这证明了 (19). 换言之, K 中点是 K_j 中点的凸组合. 由于每个 K_j 包含在 K 中, 由极值点的定义可知 K 的每个极值点都属于某个 K_i.

由定义, S_i 包含在 y_i+N 中. 由于 N 是凸的, S_i 的凸包在 y_i+N 中: $\hat{S}_i \subset y_i+N$. 对任意集合 R, $R+N$ 包含 R 的闭包. 因为 K_i 是 $\hat{S}_i$ 的闭包, $K_i \subset y_i + N + N = y_i + 2N$. 因此由 y_i 属于 S 知

$$\cup K_i \subset S + 2N.$$

我们已经证明了 K 的每个极值点属于某个 K_i, 故由上面结果可知 K 的每个极值点 p 属于 $S+2N$. 由于 N 是包含原点的任意开凸集, S 是闭的, 所有集合 $S+2N$ 的交是 S 自身. 故 K 的每个极值点 p 都属于 S. □

定理 7 在描述极值点时是非常有用的.

习题 9 证明: 若 S 是 Banach 空间中的紧集, 则它的闭凸包是紧的. 这对每个 LCT 空间是否成立?

注记 LCT 空间的最重要的例子是具有弱拓扑或弱 * 拓扑的 Banach 空间. 另外一些重要的例子是广义函数空间. 鉴于广义函数理论在偏微分方程理论和调和分析中的巨大成功, 很自然地想到其他的一些局部凸拓扑有可能扮演类似的富有成果的角色. 这一愿望还没有实现.

在 Diestal 和 Uhl 的书中给出了 Krein-Milman 定理的另外一些应用和推广.

参考文献

Choquet, G., Existence des représentation intégrales au moyen des points extremaux, dans les cones convexes. *C. R. Acad. Sci. Paris*, **243**(1956): 699–702.

de Branges, L., The Stone-Weierstrass theorem. *Proc. AMS,* **10**(1959): 822–824

Diestel J. and Uhl, J. J., *Vector Measures.* American Mathematical Society, Providence, RI, 1970.

Kelley, J. L., *General Topology.* Van Nostrand, Princeton, NJ, 1955.

Kelley, J. L. and Namioka, I., *Linear Topological Spaces.* Van Nostrand, Princeton, NJ, 1963.

Krein, M. G. and Milman, D., On extreme points of regularly convex sets. *Studia Math.,* **9**(1940): 133-138.

Phelps, R. R., *Lectures on Choquet's Theorem.* Van Nostrand, Princeton, NJ, 1966.

第 14 章　凸集及其极值点的例子

在本章中, 我们给出凸集和它们的极值点以及在极值点基础上给出的凸集中点的 Choquet 型积分表示的例子. 在有些例子中, 我们直接给出极值点, 然后引入局部凸拓扑使得相关的凸集是紧的, 最后通过 Choquet 定理给出 Choquet 型表示. 在另外一些例子中, Choquet 型表示直接通过解析的证明得到. 然后我们利用这些表示去判断集合的极值点. 在大多数情况下, 表示是唯一的.

14.1　正线性泛函

设 Q 是一个紧 Hausdorff 空间, $C(Q)$ 是由 Q 上的实值连续函数构成的空间. 设 ℓ 是 $C(Q)$ 上的一个线性泛函. 如果对 $C(Q)$ 中的所有非负函数 f, $\ell(f) \geqslant 0$, 则称 ℓ 是一个*正线性泛函*. 从第 8 章我们知道正线性泛函是有界的. 用 P 表示所有满足

$$\ell(1) = 1 \tag{1}$$

的正线性泛函 ℓ 构成的集合.

定理 1　*P 是一个凸集, 其极值点为在每个点 r 处的赋值泛函 $e_r(r \in Q)$, 此处 e_r 定义为*

$$e_r(f) = f(r). \tag{2}$$

证明　P 的凸性是显然的. 为了证明由 (2) 定义的每个 e_r 是极值点, 假设

$$e_r = am + (1-a)\ell, \quad m, \quad \ell \in P, \quad 0 < a < 1. \tag{3}$$

设 f 是 $C(Q)$ 中满足

$$f(r) = 0 \tag{4}$$

的任意非负函数. 把 f 代入 (3); 由 (2) 和 (4),

$$e_r(f) = f(r) = 0 = am(f) + (1-a)\ell(f).$$

我们断定 $m(f)$ 和 $\ell(f)$ 都是 0; 否则它们中有一个是正的, 一个是负的, 与 $f \geqslant 0$ 和 ℓ, m 都是正线性泛函矛盾.

每个连续的函数 f 可以分解为正部和负部：

$$f = f_+ - f_-, \quad f_+ = \max\{f, 0\}.$$

f_+ 和 f_- 都是非负的, 且若 $f(r) = 0$, 则 $f_+(r) = f_-(r) = 0$. 由此以及前面可知, 若 $f(r) = 0$, 则 $m(f) = \ell(f) = 0$, 即 m 和 ℓ 的零空间包含着 e_r 的零空间. 由于非零

线性泛函的零空间的余维数为 1, 故 ℓ 和 m 是 e_r 的常数倍; 由于 P 中的所有线性泛函满足 (1), 故常数为 1. 这证明了 $\ell = m = e_r$, 从而 e_r 为极值点.

现在我们证明 P 的极值点均形如 e_r. 设 ℓ 是 $C(Q)$ 上的由 (1) 正规化的任一正线性泛函. 根据 Riesz-Kakutani 表示定理, 存在 Q 上的非负测度 m 使得对 Q 上每个连续函数 f,

$$\ell(f) = \int f \mathrm{d}m. \tag{5}$$

由正规化条件 (1), $m(Q) = 1$; 测度 m 由线性泛函 ℓ 唯一确定. 我们断定由 (1) 正规化的正线性泛函构成的集合的极值点所对应的测度都集中在一个单点上. 若不是这样, 则 m 可以分解为 $am_1 + (1-a)m_2$, 这里 m_1 和 m_2 是非负的全质量为 1 的测度且 $m_1 \neq m_2$. 设

$$\ell_i(f) = \int f \mathrm{d}m_j, \quad j = 1, 2,$$

则 $\ell = a\ell_1 + (1-a)\ell_2$. 若 ℓ 为极值点, 则 $\ell_1 = \ell_2 = \ell$, 故 ℓ 可以通过不同的测度 m_1 和 m_2 表示为 (5) 中的形式. 这与表示测度的唯一性矛盾. 这完成了定理 1 的证明. □

我们可以利用公式 (5) 把公式 (2) 形式的重新写为

$$\ell = \int e_r \mathrm{d}m(r), \tag{6}$$

这是一个 Choquet 型表示.

14.2 凸 函 数

在本节中我们利用附录 B 中给出的广义函数理论的记号和结果.

定义 设 f 是 $\mathbb{R}^n$ 上的实数值函数. 如果对任意的 $x_1, \cdots, x_N \in \mathbb{R}_n$ 和所有的 $a_j \geqslant 0, \sum a_j = 1$, 均有

$$f\left(\sum a_j x_j\right) \leqslant \sum a_j f(x_j), \tag{7}$$

则称 f 是凸的.

在此我们只考虑一个变量的凸函数 f. 只需假设 (7) 对如下结论成立: 对所有的 x, z,

$$f(ax + (1-a)z) \leqslant af(x) + (1-a)f(z), \quad 0 \leqslant a \leqslant 1. \tag{8}$$

记 $ax + (1-a)z = y$, 容易看出条件 (7) 等价于下面的条件: 对 $x < y < z$,

$$\frac{f(y) - f(x)}{y - x} \leqslant \frac{f(z) - f(y)}{z - y}. \tag{9}$$

由 (9) 知每个凸函数是连续的且有右导数和左导数.

当 h 趋于 0 时, 二阶差商

$$\frac{f(x+h)-2f(x)+f(x-h)}{h^2} \tag{10}$$

在广义函数意义下收敛到 f''. 由 (9), 差商 (10) 是非负的; 由于在广义函数意义下非负函数的极限是非负的, 故由 f 的凸性知, 在广义函数意义下,

$$0 \leqslant f''. \tag{11}$$

同样可以定义函数在区间上的凸性. 注意在一个区间上的凸函数在端点处未必连续.

我们用 C 表示区间 $[0,1]$ 上的满足下面条件的凸函数的集合:

$$f(0)=0, \quad f(1)=1, \quad f(x) \geqslant 0, \quad 0 \leqslant x \leqslant 1. \tag{12}$$

定理 2 C 是凸集, 其极值点是函数

$$e_r(x)=\begin{cases} 0, & x \leqslant r, \\ \dfrac{x-r}{1-r}, & r \leqslant x, \end{cases} \tag{13}$$

其中 $0 \leqslant r < 1$, 以及

$$e_1(x)=\begin{cases} 0, & x<1, \\ 1, & x=1. \end{cases} \tag{13$'$}$$

证明 首先我们证明函数 e_r 是 C 的极值点. 假设

$$e_r = af+(1-a)g. \tag{14}$$

因为 e_r 在 $[0,r]$ 上为 0, 我们断定 f 和 g 在 $[0,r]$ 上都等于 0; 否则根据 (14), f 和 g 中一个为负. 此与 (12) 矛盾, 故

$$f(x)=g(x)=0 \quad (0 \leqslant x \leqslant r).$$

类似地, 可以证明在 $[r,1]$ 上, $f(x)$ 和 $g(x)$ 都等于 $e_r(x)$. 若不是这样, 则 $f(x)$ 和 $g(x)$ 在某点 $y>r$ 处有一个大于 $e_r(x)$; 简短的计算说明这在 $x=r, z=1$ 时与 (9) 矛盾, 也就证明了 e_r 是极值点.

设 f 是 $[0,1]$ 上满足 (12) 的任意凸函数. 当 $r<0$ 时, 令 $f(r)=0$. 显然, 这样延拓的 f 仍是凸函数. 设 ϕ 是 $r \geqslant 0$ 时取值为 0 的 C_0^∞ 测试函数. 根据广义函数理论,

$$\int f\phi''\mathrm{d}r=\int f''\phi\mathrm{d}r, \tag{15}$$

其中 $'$ 表示关于 r 的微分. 在 $0<x<1$ 内选择 x 并定义函数 $\phi_x(r)$ 为

$$\phi_x(r)=\begin{cases} x-r, & r \leqslant x, \\ 0, & r \geqslant x. \end{cases} \tag{16}$$

函数 ϕ_x 是分段线性的且 $\phi_x''=\delta(r-x)$. 如果我们能在 (15) 中取 $\phi=\phi_x$, 则我们将会得到

$$f(x)=\int \phi_x(r)f''(r)\mathrm{d}r. \tag{17}$$

由于 ϕ_x 不是 C^∞ 的, 我们不能够这样做, 但是可以用一列 C^∞ 函数 ϕ_x^ε 逼近 ϕ_x. 由于 f 当 $r<1$ 时是连续的, (15) 式左端趋于 (17) 式左端. 另一方面, 非负的广义函数 f'' 是一个非负测度, 故 (15) 式右端趋于 (17) 式右端. 这在 $x<1$ 时证明了 (17). 利用记号 (13) 我们把此重新写为

$$f(x)=\int e_r(x)(1-r)f''(r)\mathrm{d}r,\quad x<1. \tag{18}$$

令 $x\to 1$, 我们得到

$$m_1=\lim_{x\to 1}f(x)=\int(1-r)f''(r)\mathrm{d}r. \tag{18'}$$

由于 f 是单调递增函数且 $f(1)=1$, 故 $m_1\leqslant 1$. 我们把 (18) 和 (18′) 合在一起写为

$$f(x)=\int_0^1 e_r(x)\mathrm{d}m(r), \tag{19}$$

这里,

$$\text{当 } r<1 \text{ 时},\quad m(r)=\int_0^r(1-s)f''(s)\mathrm{d}s,\quad m(1)=1-m_1. \tag{19'}$$

根据式 (19), 测度 m 由凸函数 f 唯一确定. 与 14.1 节中一样, 满足条件 (12) 的凸函数的集合 C 的极值点是那些对应的测度 m 都集中在区间 $[0,1]$ 中的单个点上的函数. 这完成了定理 2 的证明. □

我们可以把 (19) 形式地重写为

$$f=\int_0^1 e_r\mathrm{d}m, \tag{20}$$

这是凸函数的一个 Choquet 型表示.

习题 1　对 n 个变量的凸函数给出与定理 2 对应的结论.

习题 2　不利用广义函数理论, 直接用 Krein-Milman 定理证明定理 2.

14.3　完全单调函数

定义作用在单变量函数上的差分算子 D_a 为

$$(D_af)(t)=f(t+a)-f(t). \tag{21}$$

对 $a>0$, D_a 把定义在 $\mathbb{R}_+$ 上的函数映为定义在 $\mathbb{R}_+$ 上的函数.

定义　$\mathbb{R}_+$ 上的实数值函数 f 称为是完全单调的(c.m.), 如果对所有的 $a_j>0$ 和 $n=0,1,\cdots$,

$$\text{在 } \mathbb{R}_+ \text{ 上},\quad (-1)^n\left(\prod_1^n D_{a_j}\right)f\geqslant 0. \tag{22}$$

下面的结果由 S. Bernstein 得出.

定理 3 $\mathbb{R}_+$ 上每个完全单调函数 f 都可以表示为

$$f(t) = \int_0^\infty \mathrm{e}^{-\lambda t} \mathrm{d}m(\lambda), \tag{23}$$

这里 m 是非负测度, $m(\mathbb{R}_+) < \infty$. 反之, 形如 (23) 的每个函数都是完全单调的.

证明 为了证明形如 (23) 的函数是完全单调的, 我们记

$$\begin{aligned} D_a f &= \int_0^\infty D_a \mathrm{e}^{-\lambda t} \mathrm{d}m(\lambda) \\ &= \int_0^\infty (\mathrm{e}^{-a\lambda} - 1)\mathrm{e}^{-\lambda t} \mathrm{d}m(\lambda), \end{aligned}$$

则

$$(-1)^n \left(\prod_1^n D_{a_j}\right) f = \int_0^\infty \prod (1 - \mathrm{e}^{-a_i \lambda})\mathrm{e}^{-\lambda t} \mathrm{d}m,$$

显然它是非负的.

为证明直接部分, 我们利用 c.m. 函数的以下性质.

引理 4

(i) 两个 c.m. 函数的和还是 c.m. 的.

假设 f 是一个 c.m. 函数, 则

(ii) f 是非负的;

(iii) 对 $a > 0$, af 是 c.m. 的;

(iv) 对 $a > 0$, $-D_a f$ 是 c.m. 的;

(v) 对 $a > 0$, $T_a(f) = f(t + a)$ 是 c.m. 的;

(vi) 对 $b > 0$, $H_b(f) = f(bt)$ 是 c.m. 的;

(vii) f 是不增的;

(viii) f 是凸的.

证明 根据 (22) 中刻画 c.m. 函数的算子 D_a 是线性的这一事实可知 (i) 和 (iii) 成立. (ii) 即为 (22) 式, 对 (22) 分别应用算子 D_a 和 T_a 并注意到这些算子和 D_a 交换得到 (iv) 和 (v). 对 (22) 应用 H_b 并注意到

$$H_b D_a = D_{ab^{-1}} H_b,$$

得到 (vi). 在 (22) 式中取 $n = 1$ 得到 (vii), 取 $n = 2$ 得到 (viii). □

设 X 为由 $\mathbb{R}_+$ 上所有的实值函数构成的空间, 取 K 为所有正规化的 c.m. 函数构成的子集, 这里正规化是指

$$f(0) = 1. \tag{24}$$

由引理 4 的 (i) 和 (iii), K 是凸集.

引理 5 K 的极值点为

$$e_\lambda(t) = \mathrm{e}^{-\lambda t}, \quad 0 \leqslant \lambda < \infty, \tag{25a}$$

$$e_\infty(t)=\begin{cases}0, & t>0,\\ 1, & t=0.\end{cases} \tag{25b}$$

证明 由引理 4 的 (ii) 和 (vii), 每个 c.m. 函数是非负的和不增的. 由 (24), K 中每个 f 满足

$$0\leqslant f(t)\leqslant 1. \tag{26}$$

设 e 是 K 的一个极值点, 则特别地,

$$0\leqslant e(t)\leqslant 1. \tag{26$'$}$$

假设对所有的 $a>0$, 不等式严格成立:

$$0<e(a)<1. \tag{26$''$}$$

我们定义两个辅助函数如下:

$$f(t)=\frac{e(t)-e(t+a)}{1-e(a)},$$

$$g(t)=\frac{e(t+a)}{e(a)} \tag{27}$$

由引理 4 的 (iii)、(iv) 和 (v) 以及 (26$''$), f 和 g 属于 K. 显然,

$$e=(1-e(a))f+e(a)g. \tag{27$'$}$$

根据第 13 章中极值点的定义, 由 (27$'$), $f\equiv g\equiv e$. 特别地, 由 (27) 这意味着对所有的 t 和 a,

$$e(t)e(a)=e(t+a). \tag{28}$$

这个方程的所有连续解都是指数函数. 由引理 4 的 (viii), K 中的每个函数 f 是凸的, 从而当 $t>0$ 时是连续的. 我们断定

$$e(t)=\mathrm{e}^{-\lambda t}.$$

由引理 4 的 (vii), $\lambda\geqslant 0$.

对 $a>0$, (26$''$) 不成立的情形容易处理. 当 $e(a)=1$ 时, $e=e_0$; 当 $e(a)=0$ 时 $e=e_\infty$. □

下面我们在函数空间 X 上引入使得所有线性泛函

$$\ell_t(f)=f(t),\quad 0\leqslant t \tag{29}$$

都连续的最弱的拓扑. 此拓扑是乘积拓扑

$$\prod_{0\leqslant t} f(t).$$

根据 (26), K 中函数 f 的值介于 0 与 1 之间. 故 K 是

$$\prod_{0\leqslant t}[0,1]$$

的子集, 且根据 Tychonov 定理, $\prod\limits_{0\leqslant t}[0,1]$ 是紧的. 因此要证 K 是紧的, 只需证明 K

是闭的. 但是这容易证明; 对固定的 a_j 和 t, 满足 (22) 的函数 f 构成的集合明显是闭的. 作为这些集合对所有的 a_j 和 $t \geqslant 0$ 的交集, K 也是闭的.

我们在引理 5 中证明了 K 的极值点都包含在由 (25a) 和 (25b) 定义的集合 $\{e_\lambda:\ 0 \leqslant \lambda \leqslant \infty\}$ 中. 容易证明, 集合 $\{e_\lambda\}$ 是闭的从而包含了极值点集合的闭包.

现在我们应用第 13 章定理 5 中式 (10). 当 e 由 (25) 给出, ℓ 由 (29) 给出时, 此公式恰是我们所需要的表示式 (23). □

一些推论和附注.

定理 6

(i) 每个完全单调函数是 C^∞ 的;

(ii) 表示式 (23) 是唯一的;

(iii) 由 (25a) 定义的每个 $e_\lambda(0 < \lambda < \infty)$ 是 K 的极值点.

证明 由于测度 $m \geqslant 0$ 且 $m(\mathbb{R}_+) < \infty$, 我们可以在 (23) 式中在积分号下对 t 微分; 这证明了 (i).

对 (ii), 假设 K 中某个 f 有两个不同的表示. 相减得到

$$\int_0^\infty \mathrm{e}^{-\lambda t}\mathrm{d}v(\lambda) \equiv 0,$$

其中 v 是 $\mathbb{R}$ 上全质量有限的带号测度. 函数

$$F(\zeta) = \int_0^\infty \mathrm{e}^{-\lambda\zeta}\mathrm{d}v(\lambda)$$

在右半平面 $\mathrm{Re}\zeta \geqslant 0$ 内是连续的解析函数且在实数轴 $\zeta = t$ 上为 0. 由此可知 $F(\zeta) \equiv 0$, 特别地,

$$\text{对所有的实数 } \tau,\ F(i\tau) = 0.$$

$F(i\tau)$ 是测度 $\mathrm{d}v$ 的 Fourier 变换. 根据 Fourier 变换的唯一性, 我们断定 $\mathrm{d}v = 0$, 这意味着 f 不存在形如 (23) 的两个不同的表示.

对 (iii), 由于 K 是紧的, 根据 Krein-Milman 定理, K 至少有一个极值点. 由引理 5, 极值点必定是形如由 (25) 给出的 e_λ. 这些极值点必定真包含 e_0 和 e_∞, 因为 e_0 和 e_∞ 的凸组合不包含整个 K. 故存在 $e_\lambda(\lambda \neq 0, \infty)$ 是 K 的极值点. 根据引理 4 的 (vi), 算子 H_b 把 K 映到 K 中; 由于是一对一的线性映射, H_b 把 K 中极值点映为 K 中极值点. 故若 e_λ 是极值点,

$$H_b e_\lambda = e_{\lambda b},\quad b > 0$$

也是极值点. 这完成了定理 6(iii) 的证明. □

我们注意到与 Bernstein 定理类似的结果在 n 维空间上也成立, 即对定义在 $\mathbb{R}_+^n$ 上的函数也成立. 对 $\mathbb{Z}_+^n$ 上的函数, 类似的结果也成立.

14.4 Carathéodory 和 Bochner 定理

定义 设 $\{a_n\}$ 是一个斜对称的二重无限的复数列：

$$a_{-n} = \bar{a}_n. \tag{30}$$

如果对任意有限个复数 $\phi_n(-N \leqslant n \leqslant N)$,

$$\sum_{n,k} a_{n-k}\phi_n\overline{\phi}_k \geqslant 0, \tag{31}$$

则称 $\{a_n\}$ 是正定的.

下面的结果由 Toeplitz, Carathéodory 和 Herglotz 得出.

定理 7 每个正定序列都可以唯一的表示为

$$a_n = \int_{-\pi}^{\pi} \mathrm{e}^{\mathrm{i}n\theta}\mathrm{d}m(\theta), \tag{32}$$

这里 m 是 S^1 上一个非负的测度. 反之, 每一个形如 (32) 的序列都是正定的.

证明 首先我们证明形如 (32) 的每个序列都是正定的. 将 (31) 式左端的 a_{n-k} 替换为 (32)：

$$\begin{aligned}\sum_{n,k}\left(\int \mathrm{e}^{\mathrm{i}(n-k)\theta}\mathrm{d}m\right)\phi_n\overline{\phi}_k &= \int\sum_{n,k}\mathrm{e}^{\mathrm{i}n\theta}\mathrm{e}^{-\mathrm{i}k\theta}\phi_n\overline{\phi}_k\mathrm{d}m\\ &= \int(\sum_n \mathrm{e}^{\mathrm{i}n\theta}\phi_n)(\sum_k \mathrm{e}^{-\mathrm{i}k\theta}\overline{\phi}_k)\mathrm{d}m\\ &= \int|\sum_n \mathrm{e}^{\mathrm{i}n\theta}\phi_n|^2\mathrm{d}m,\end{aligned}$$

显然上式是非负的.

下面证明定理的直接部分. 我们断言：如果 $\{a_n\}$ 是一个正定的序列, 则

$$\text{对所有的整数 } m,\ \ |a_m| \leqslant a_0 \tag{33}$$

为此, 设 $\phi_0 = 1, \phi_m = \phi$ 且其他的 $\phi_n = 0$. 代入 (31) 式, 由 (30) 式可知, 对所有的复数 ϕ,

$$a_0 + a_m\phi + \bar{a}_m\overline{\phi} + a_0|\phi|^2 \geqslant 0.$$

这证明了 (33).

根据广义函数理论, 由 (33) 可知存在 Fourier 系数为 a_n 的广义函数 a：

$$a_n = \int_{S^1} \mathrm{e}^{\mathrm{i}n\theta}a\mathrm{d}\theta. \tag{34}$$

对任意的 C^∞ 函数 ψ,

$$\int \overline{\psi}a\mathrm{d}\theta = \sum_n \overline{\psi}_n a_n, \tag{34'}$$

这里 ψ_k 是 ψ 的 Fourier 系数. 由 (33), 上式右端收敛. 我们断定 a 是非负的. 为此, 取次数为 N 的任意三角多项式 q_N,

$$q_N(\theta)=\sum_{-N}^{N}\phi_n \mathrm{e}^{\mathrm{i}n\theta},$$

则 $|q_N(\theta)|^2=\sum_{n,k}\phi_n\overline{\phi}_k\mathrm{e}^{\mathrm{i}(n-k)\theta}$. 在 (34′) 中取 $\psi=|q_N|^2$. 根据 (31),

$$\int a|q_N(\theta)|^2\mathrm{d}\theta=\sum a_{n-k}\phi_n\overline{\phi}_k\geqslant 0. \tag{35}$$

设 $q(\theta)$ 是 S^1 上的任意 C^∞ 函数; 用经典的方法容易证明: 在 C^∞ 拓扑下, q 可以用三角多项式 $\{q_N\}$ 来逼近. 根据广义函数的定义, 对所有的 C^∞ 函数 q, 当 N 趋于 ∞ 时, (35) 趋于

$$\int |q(\theta)|^2 a\mathrm{d}\theta\geqslant 0. \tag{36}$$

设 $p(\theta)$ 是 S^1 上任意正的C^∞ 函数, 则

$$q(\theta)=\sqrt{p(\theta)}$$

是一个 C^∞ 函数; 因此 (36) 意味着对任意正的 C^∞ 函数 p,

$$\int p(\theta)a\mathrm{d}\theta\geqslant 0. \tag{37}$$

具有此性质的广义函数 a 称为是非负的. 根据广义函数理论中的一个经典结果 (参看附录 B), 每个非负的广义函数是一个非负的测度. 于是 $a\mathrm{d}\theta=\mathrm{d}m$ 且公式 (34) 就是要证的公式 (32). □

定理 7 可以延拓到定义在 $\mathbb{Z}^k$(k 是任意正整数) 上的函数 a; 证明是完全相同的.

注记 Carathéodory 的原始证明利用了他关于有限维空间中凸集的定理. 在 14.6 节中我们将会利用正调和函数的理论给出另一个证明.

习题 3 用 P 表示所有由

$$a_0=1 \tag{38}$$

正规化的正定序列构成的集合.

(a) 证明 P 是所有有界序列构成的空间 ℓ^∞ 的一个凸子集. 证明在乘积拓扑下 P 是 ℓ^∞ 的紧子集.

(b) 证明 P 的极值点形如

$$a_n=\mathrm{e}^{\mathrm{i}n\theta}, \tag{39}$$

并利用第 13 章定理 4 推出表示式 (32).

Carathéodory 定理的一个重要推广由 Bochner 得出

定义 设 $a(s)$ 是 $\mathbb{R}$ 上一个斜对称的复数值连续函数:

$$a(-s)=\overline{a(s)}. \tag{40}$$

如果对 $\mathbb{R}$ 中任意的 $s_1,\cdots,s_N$ 和所有复数 $\phi_1,\cdots,\phi_N$,

$$\sum a(s_j-s_k)\phi_j\overline{\phi}_k \geqslant 0, \tag{41}$$

则称 $a(s)$ 是正定的.

习题 4 证明条件 (41) 等价于对所有具有紧支撑的复数值连续函数 ϕ,

$$\int\int a(s-t)\phi(s)\overline{\phi}(t)\mathrm{d}s\mathrm{d}t \geqslant 0. \tag{41$'$}$$

定理 8 每个连续的正定函数 a 都可以唯一的表示为

$$a(s)=\int_{\mathbb{R}} \mathrm{e}^{\mathrm{i}\sigma s}\mathrm{d}m(\sigma), \tag{42}$$

这里 m 是 $\mathbb{R}$ 上一个非负的测度, $m(\mathbb{R})<\infty$. 反之, 形如 (42) 的每一个函数都是正定的.

证明 我们首先证明形如 (42) 的每个函数都是正定的. 把 (42) 代入 (41$'$) 左端得到

$$\int\int\int \mathrm{e}^{\mathrm{i}\sigma(s-t)}\phi(s)\overline{\phi}(t)\mathrm{d}s\mathrm{d}t\mathrm{d}m(\sigma)=\int|\tilde{\phi}(\sigma)|^2\mathrm{d}m(\sigma),$$

这里 $\tilde{\phi}$ 是 ϕ 的 Fourier 变换. 显然, 上式右端是非负的.

为了构造与给定的正定函数对应的测度 m, 我们采用的方法和离散的情形一样. 与 (33) 类似, 由 (41) 式我们可以推出

$$|a(s)| \leqslant a(0). \tag{43}$$

根据附录 B.5 节, 对任意的 k, 当 $|s|\to\infty$ 时, 各阶导数 $\partial_s^n(n=0,1,\cdots)$ 趋于 0 的速度都比 $|s|^{-k}$ 快的函数 f 构成的集合是函数的 Schwartz 类 S. S' 是 S 的对偶, 其中的元素称为测试函数. 根据 (43), 函数 a 是有界的; 因此它属于 S'. 从而 a 的 Fourier 逆 b 也属于 S'. 对 S 中任意的 f, Parseval 关系

$$\int b\tilde{f}\mathrm{d}\sigma=\int af\mathrm{d}s \tag{44}$$

成立, 这里 $\tilde{f}$ 是 f 的 Fourier 变换.

根据习题 4, (41$'$) 对所有具有紧支撑的 C^∞ 函数 ϕ 都成立. 在 (41$'$) 中引入新变量 s 使得 $s-t=r$:

$$\int\int a(r)\phi(s)\overline{\phi}(s-r)\mathrm{d}s\mathrm{d}r \geqslant 0. \tag{45}$$

用 f 表示卷积:

$$\int \phi(s)\overline{\phi}(s-r)\mathrm{d}s=f(r); \tag{46}$$

f 属于 C^∞ 且具有紧支撑, 并且 (45) 可以写为

$$\int a(r)f\mathrm{d}r \geqslant 0. \tag{45$'$}$$

用 ψ 表示 ϕ 的 Fourier 变换; 对 (46) 式取 Fourier 变换给出

$$|\psi(\sigma)|^2=\tilde{f}(\sigma). \tag{46$'$}$$

公式 (44) 用 b 和 $\tilde{f}$ 表示了 (45′) 的左端; 利用表示 $\tilde{f}$ 的公式 (46′), 我们得到

$$\int b(\sigma)|\psi(\sigma)|^2 \mathrm{d}\sigma \geqslant 0. \tag{45''}$$

设 $p(\sigma)$ 是 $\mathbb{R}$ 上具有紧支撑的任意的非负 C^∞ 函数, 则 $\psi = p^{1/2}$ 也是具有紧支撑的 C^∞ 函数, 从而属于 S. 把 $\psi^2 = p$ 代入 (45″), 对具有紧支撑的非负 C^∞ 函数, 我们得到

$$\int b(\sigma)p(\sigma)\mathrm{d}\sigma \geqslant 0.$$

这样的广义函数 b 称为是非负的. 根据附录 B 定理 13, b 是一个非负测度: $b(\sigma)\mathrm{d}\sigma = \mathrm{d}m$.

我们断定 m 的全质量是有限的:

$$\int \mathrm{d}m = \int_{-\infty}^{\infty} b(\sigma)\mathrm{d}\sigma < \infty. \tag{47}$$

令 g 是任意的具有紧支撑且在 $[-1,1]$ 上等于 1 的非负 C^∞ 函数. 定义 $g_n(\sigma) = g(\sigma/n)$. 用 f 表示 g 的 Fourier 逆, 则 g_n 的 Fourier 逆是 $f_n(s) = nf(ns)$. 把 f_n 代入 (44):

$$\int b(\sigma)g\left(\frac{\sigma}{n}\right)\mathrm{d}\sigma = \int a(s)nf(ns)\mathrm{d}s. \tag{48}$$

测度 b 和函数 g 都是非负的, 且对 $|\sigma| \leqslant 1$, $g(\sigma) = 1$. 因此 (48) 式左端大于

$$\int_{-n}^{n} b(\sigma)\mathrm{d}\sigma. \tag{48'}$$

另一方面, 根据 (43), $|a(s)| \leqslant a(0)$. 因此 (48) 式右端小于

$$a(0)\int n|f(ns)|\mathrm{d}s = a(0)\int |f(s)|\mathrm{d}s,$$

一个与 n 无关的数. 这证明了积分 (48′) 对所有的 n 是有界的, 从而 (47) 成立.

由 (47), $a(s)$ 可以如 (42) 中断言的那样, 逐点地表示为 b 的 Fourier 变换: 对每个 s,

$$a(s) = \int \mathrm{e}^{\mathrm{i}\sigma s}\mathrm{d}m.$$

形如 (42) 的表示的唯一性由 Fourier 变换的唯一性可知. □

用 P 表示所有由 $a(0) = 1$ 正规化的正定函数 a 构成的集合. 由定理 8 知 P 的极值点是指数函数 $\mathrm{e}^{\mathrm{i}\sigma s}$($\sigma$ 是实数). 故 (42) 可以看作是正定函数的 Choquet 型表示.

定理 8 可以很容易地延拓到 n 维的情形; 参看 Rudin 的书《群上的 Fourier 分析》.

Laurent Schwartz 给出了 Bochner 定理的如下推广.

定义 设 $a(s)$ 是 $\mathbb{R}$ 上的斜对称的复数值测试函数. 如果对所有的 C_0^∞ 函数 ϕ,

$$\int\int a(s-t)\phi(s)\overline{\phi}(t)\mathrm{d}s\mathrm{d}t \geqslant 0,$$

则称 $a(s)$ 是正定的.

定理 8′ 每个正定的测试函数是类 S' 中一个非负测度的 Fourier 变换.

Schwartz 把他的定理延拓到了 $\mathbb{R}^n$ 的情形.

14.5 Krein 的一个定理

定义 设 p 是定义在 $\mathbb{R}$ 上的一个实值连续偶函数:

$$p(-t)=p(t).$$

如果对 $\mathbb{R}$ 上所有实值、连续、具有紧支撑的偶函数 ϕ, 均有

$$\int\int p(s-t)\phi(s)\phi(t)\mathrm{d}s\mathrm{d}t \geqslant 0, \tag{49}$$

则称 p 是偶正定的.

显然, 每个形如 (42) 的偶函数具有此性质. 这些函数可以写为

$$p(s)=\int_0^\infty \cos\sigma s\,\mathrm{d}m(\sigma), \quad \mathrm{d}m \geqslant 0.$$

但是这不是所有的偶正定函数. 对所有的实数 λ 和所有的偶的、具有紧支撑的实值连续函数 ϕ,

$$\int\int \cosh\lambda(s-t)\phi(s)\phi(t)\mathrm{d}s\mathrm{d}t=\int \mathrm{e}^{\lambda s}\phi(s)\mathrm{d}s\int \mathrm{e}^{\lambda t}\phi(t)\mathrm{d}t.$$

这证明了 $\cosh\lambda s$ 是偶正定的. 于是

$$p(s)=\int \cosh\lambda s\mathrm{d}n(\lambda)$$

也是偶正定的, 这里 n 是使得积分对所有的 s 都收敛的任意非负测度.

类似地, $\mathbb{R}$ 上的一个实数值的偶函数称为是奇正定的, 如果 (49) 对所有的实数值的、连续的奇函数 ϕ 均成立. 这样的函数有 $-\cosh\lambda s$ 以及它们的叠加.

M. G. Krein 证明了下面的结果.

定理 9 $\mathbb{R}$ 上的每个实值、偶、连续的偶正定函数函数 p 都可以唯一的表示为

$$p(s)=\int_0^\infty \cos\sigma s\mathrm{d}m(\sigma)+\int_0^\infty \cosh\lambda s\mathrm{d}n(\lambda),$$

这里, m 和 n 是非负测度. 类似地, 每个奇正定函数可以表示为

$$q(s)=\int_0^\infty \cos\sigma s\mathrm{d}m(s)-\int_0^\infty \cosh\lambda s\mathrm{d}n(\lambda).$$

由此容易推出以下定理.

定理 9′ 用 P 表示所有由 $p(0)=1$ 正规化的偶正定函数构成的集合, 则 P 是一个凸集, 其极值点是

$$\cos\sigma s,\ \sigma\geqslant 0 \ \text{和}\ \cosh\lambda s,\ \lambda\geqslant 0.$$

证明见参考文献 Krein.

14.6 正调和函数

在 11.6 节, 我们证明了在单位圆盘上定义的正调和函数 h 可以通过 Poisson 公式唯一的表示为

$$h(re^{i\chi}) = \int \frac{1-r^2}{1-2r\cos(\chi-\theta)+r^2}dm(\theta), \tag{50}$$

这里 m 是一个非负测度.

容易验证, 对 $r<1$, Poisson 核有下面的 Fourier 展开:

$$\frac{1-r^2}{1-2r\cos\lambda+r^2} = \sum_{-\infty}^{\infty} r^{|\ell|}e^{i\ell\lambda}. \tag{51}$$

代入 (50) 得到 h 的 Fourier 展开:

$$h(re^{i\chi}) = \sum b_\ell r^{|\ell|}e^{i\ell\chi}, \tag{52}$$

这里

$$b_\ell = \int e^{-i\ell\theta}dm(\theta). \tag{52$'$}$$

我们下面证明如何由 (50) 推出定理 7 Carathéodory 定理; 这个证明由 Herglotz 得出. 设 $\{a_n\}$ 是在 (31) 式意义下正定的序列. 由 (33) 知, 序列 $\{a_n\}$ 是有界的. 因此级数

$$k(re^{i\chi}) = \sum_{-\infty}^{\infty} a_\ell r^{|\ell|}e^{i\ell\chi} \tag{53}$$

当 $r<1$ 时收敛, 当 $r<1-\delta$ 时一致收敛. 显然, k 是 x 和 y 的调和函数, 这里 $x+iy=re^{i\chi}$ 属于单位圆盘. 我们断定 k 是正的. 为此, 我们在 (31) 式左端引入新变量 $n-k-\ell$. 我们得到

$$\sum_\ell a_\ell \sum_n \phi_n\overline{\phi}_{n-\ell} \geqslant 0. \tag{53$'$}$$

我们想选取 $\{\phi_n\}$ 使得对所有 ℓ 以及 $r<1$, 给定的 χ, 有

$$\sum_n \phi_n\overline{\phi}_{n-\ell} = r^{|\ell|}e^{i\ell\chi}. \tag{54}$$

为满足 (54), 我们在 (54) 两端乘以 $e^{-i\ell\theta}$ 并对 ℓ 求和. 我们得到

$$\sum_\ell\sum_n \phi_n\overline{\phi}_{n-\ell}e^{-i\ell\theta} = \sum_\ell r^{|\ell|}e^{i\ell(\chi-\theta)}. \tag{54$'$}$$

上式左端可以写为

$$\sum \phi_n e^{-in\theta}\overline{\phi}_{n-\ell}e^{i(n-\ell)\theta} = \left|\sum \phi_n e^{-in\theta}\right|^2;$$

根据 (51), 上式右端是正的 Poisson 核. 因此我们可以取

$$\sum \phi_n \mathrm{e}^{-\mathrm{i}n\theta} = \left(\frac{1-r^2}{1-2r\cos(\chi-\theta)+r^2}\right)^{1/2}. \tag{55}$$

这样选取的 $\{\phi_n\}$ 满足 (54′), 从而 (54) 式成立. 把 (54) 代入 (53′) 说明当 $r<1$ 时 $k(r\mathrm{e}^{\mathrm{i}\chi})$ 是正的.

一旦证明了 k 是正的, 我们可以应用第 11 章定理 6(Herglotz-Riesz 定理), 得到 k 的形如 (50) 的一个表示. 正如上面所证明的, 这又给出了 k 的 Fourier 展开式中的系数 a_l 的公式 (52′). 这正是我们所要证明的公式 (32). □

用 H 表示开单位圆盘上的实值调和函数构成的线性空间. 用 P 表示由

$$h(0)=1 \tag{56}$$

正规化的正调和函数 h 构成的子集. 显然, P 是 H 的凸子集. 与我们在本章前面的证明一样, 根据表示 (50) 中测度的唯一性, P 的所有极值点形如

$$e_\theta = \frac{1-r^2}{1-2r(\chi-\theta)+r^2}. \tag{57}$$

这证明了正调和函数的 Herglotz-Riesz 表示是一个 Choquet 型表示.

习题 5　设 H 上的拓扑是使得所有线性泛函

$$h \to h(z),\quad |z|<1 \tag{58}$$

连续的最弱的拓扑. 证明上面定义的凸集 P 在此拓扑下是紧的. (提示: 利用正调和函数的 Harnack 定理).

14.7　Hamburger 矩问题

设 $a_0, a_1, \cdots, a_n, \cdots$ 是一列实数. 如果对任意有限个实数 $\xi_n (n=0,1,\cdots,N)$, 都有

$$\sum_{n,k} a_{n+k}\xi_n\xi_k \geqslant 0, \tag{59}$$

则称实数列 $a_0, a_1, \cdots$ 在Hankel意义下是正的(H 正的).

设 m 是 $\mathbb{R}$ 上的各阶矩都有限的一个非负测度:

$$\int_{\mathbb{R}} t^{2n}\mathrm{d}m(t) < \infty,\quad n=0,1,2,\cdots. \tag{60}$$

定义

$$a_\ell = \int_{\mathbb{R}} t^\ell \mathrm{d}m(t),\quad \ell=0,1,\cdots. \tag{61}$$

由于

$$\sum_{n,k} a_{n+k}\xi_n\xi_k = \int \sum_{n,k} t^{n+k}\xi_n\xi_k \mathrm{d}m(t) = \int \left(\sum t^n \xi_n\right)^2 \mathrm{d}m(t) \geqslant 0, \tag{62}$$

序列 $\{a_\ell\}$ 是 H 正的. 相反地, Hamburger 证明了以下定理.

定理 10 每个 H 正的序列 $\{a_n\}$ 都可以表示成 (61) 的形式.

此定理的证明见第 33 章. 一个有趣的事实是既存在只有一种形如 (61) 的表示的 H 正序列, 也存在有多种不同表示的 H 正序列. 在关于自伴算子的第 33 章中会解释这种现象.

用 H_0 表示所有由 $a_0 = 1$ 正规化的 H 正的序列. 由定理 10, H_0 的每个极值点 e 形如

$$e_k(t) = t^k, \quad k \in \mathbb{Z}_+, \quad t\text{是实数}. \tag{63}$$

不难证明相反的结论, 每个形如 (63) 的序列 $e_k(t)$ 是 H_0 的极值点. 故 (61) 是集合 H_0 的一个 Choquet 型表示.

下面是一个 Hankel 正序列的例子.

在 (61) 中取

$$\frac{\mathrm{d}m(t)}{\mathrm{d}t} = \begin{cases} t^{\delta-1}, & 0 \leqslant t \leqslant 1, \delta > 0, \\ 0, & \text{其他}, \end{cases} \tag{64}$$

则

$$a_\ell = \int_0^1 t^\ell t^{\delta-1} \mathrm{d}t = \frac{1}{\ell+\delta}.$$

于是对所有的实数 ξ_n,

$$0 \leqslant \sum \frac{\xi_n\xi_k}{n+k+\delta}. \tag{65}$$

我们注意到定理 10 在多于一个变量的情形时不成立.

14.8 G. Birkhoff 猜测

定义 如果 $\boldsymbol{n} \times n$ 矩阵 $\boldsymbol{S} = (a_{ij})$ 满足

(i) S 的所有表值都是非负的, 即

$$s_{ij} \geqslant 0. \tag{66}$$

(ii) $\boldsymbol{S}$ 的所有行和与列和都等于 1, 对所有的 i 和 j, 分别有

$$\sum_j s_{ij} = 1, \ \sum_i s_{ij} = 1, \tag{66$'$}$$

则称 $\boldsymbol{S}$ 是一个双随机矩阵. 显然, 所有的双随机矩阵构成的集合 D 是 $\mathbb{R}^{n^2}$ 中的一个凸集.

n 个对象的一个置换p 是从 $\{1,2,\cdots,n\}$ 到自身上的一对一的映射. 对应的置换矩阵$\boldsymbol{P}$ 定义为

$$p_{ij}=\begin{cases}1, & j=p(i),\\ 0, & j\neq p(i).\end{cases}$$

显然, 置换矩阵 $\boldsymbol{P}$ 的每行和每列恰好只有一个表值为 1, 其余的表值全为 0. 这说明 $\boldsymbol{P}$ 是双随机的, 即 $\boldsymbol{P}\in D$. 我们断言每个 $\boldsymbol{P}$ 都是集合 D 的一个极值点. 为此, 假设 $\boldsymbol{P}$ 是一个区间的中点, 此区间的两个端点

$$\boldsymbol{P}\pm\boldsymbol{Q}$$

均属于 D. 显然, 由 (66) 知, 若 $p_{ij}=0$, 则 $q_{ij}=0$; 由 (66′) 知, 若 $p_{ij}=1$, 则 $q_{ij}=0$. 由于 $\boldsymbol{P}$ 的表值或为 1 或为 0, 故 $\boldsymbol{Q}=0$. 这证明了 $\boldsymbol{P}$ 为极值点.

相反地, D. König 和 G. Birkhoff 证明了D 的所有极值点都是置换矩阵 $\boldsymbol{P}$.

习题 6　证明 König-Birkhoff 定理.

根据 Carathédory 定理, 所有的双随机矩阵是置换矩阵的凸组合. 但是表示一般不是唯一的.

定义　如果一个 $n\times n$ 矩阵 $\boldsymbol{S}=(a_{ij})$ 分别对所有的 i 和 j 满足

(i) $\boldsymbol{S}$ 的所有表值是非负的, 即

$$s_{ij}\geqslant 0. \tag{67}$$

(ii) $\boldsymbol{S}$ 的所有行和与列和都不大于 1, 即

$$\sum_j s_{ij}\leqslant 1,\quad \sum_i s_{ij}\leqslant 1 \tag{67′}$$

则称 $\boldsymbol{S}$ 是双次随机矩阵.

我们用 D_0 表示所有的双次随机矩阵构成的集合. 显然, D_0 是包含 D 的一个凸集. 如果矩阵 $\boldsymbol{P}_0$ 的表值全部为 0 或 1, 且每行和每列至多只有一个表值为 1, 则称 $\boldsymbol{P}_0$ 是一个次置换矩阵. 每个 $\boldsymbol{P}_0$ 属于 D_0. 上面每个 $\boldsymbol{P}$ 是 D 的极值点的证明可以用来证明每个 $\boldsymbol{P}_0$ 都是 D_0 的极值点. 相反地, 有以下结论.

习题 7　证明 D_0 的每个极值点都是一个次置换矩阵 $\boldsymbol{P}_0$.

现在考虑无穷矩阵 $\boldsymbol{S}=(S_{ij})$, $i,j\in\mathbb{Z}_+$. 与 $n\times n$ 的情形类似, 可以给出双随机、双次随机、置换和次置换矩阵的定义. 用 X 表示表值是实数且行与列均有一致有界的 ℓ^1 范数:

$$\sup_i\sum_j|s_{ij}|<\infty,\quad \sup_j\sum_i|s_{ij}|<\infty \tag{68}$$

的矩阵 $\boldsymbol{S}$ 构成的线性空间.

我们首先讨论双次随机矩阵. 设 X 的拓扑是使得把矩阵 $\boldsymbol{S}$ 映为它的第 ij 个分量的线性泛函

$$\ell_{ij}(\boldsymbol{S}) = s_{ij} \tag{69}$$

都连续的最弱的拓扑.

由第 13 章习题 3, 在 X 上连续的线性泛函都是 ℓ_{ij} 的有限线性组合.

定理 11

(i) 由所有双次随机矩阵构成的凸集 D_0 的极值点是所有次置换矩阵构成的集合 $\{\boldsymbol{P}_0\}$.

(ii) D_0 在由泛函 (69) 引入的拓扑下是 $\{\boldsymbol{P}_0\}$ 的凸闭包.

证明 我们首先证明 (ii) 成立. 若不是这样, 则存在双次随机矩阵 $\boldsymbol{Z}$ 不属于 $\boldsymbol{P}_0$ 的凸闭包. 根据第 13 章定理 2′, 存在连续线性泛函 ℓ 使得

$$\ell(\boldsymbol{Z}) > c, \tag{70}$$

但是对 $\{\boldsymbol{P}_0\}$ 的闭凸包中的所有 $\boldsymbol{T}$,

$$\ell(\boldsymbol{T}) \leqslant c. \tag{71}$$

特别地, 我们可以取 $\boldsymbol{T}$ 是任意的次置换矩阵 $\boldsymbol{P}_0$:

$$\ell(\boldsymbol{P}_0) \leqslant c. \tag{71′}$$

在使得 (69) 中的泛函 ℓ_{ij} 连续的最弱的拓扑下, 连续线性泛函 ℓ 是 ℓ_{ij} 的有限线性组合:

$$\ell = \sum_{i,j \leqslant n} b_{ij}\ell_{ij}. \tag{72}$$

用 $\boldsymbol{S}_n$ 表示由次随机矩阵 $\boldsymbol{S}$ 到它的前 n 行和前 n 列的交构成的 $n \times n$ 矩阵的投影. 显然, $\boldsymbol{S}_n$ 是一个 $n \times n$ 的双次随机矩阵. 于是由 (69) 和 (72), 对任意的 $\boldsymbol{S}$,

$$\ell(\boldsymbol{S}) = \ell(\boldsymbol{S}_n). \tag{73}$$

用 $\boldsymbol{Z}_n$ 表示 $\boldsymbol{Z}$ 的投影. 在前面我们注意到双次随机 $n \times n$ 矩阵构成的集合的极值点是 $n \times n$ 次置换矩阵. 由 Carathéodory 定理可知, 紧凸集上的连续线性泛函在它的一个极值点上达到最大值. 我们有

$$\ell(\boldsymbol{Z}_n) \leqslant \sup_{\boldsymbol{P}_n} \ell(\boldsymbol{P}_n), \tag{74}$$

这里 $\boldsymbol{P}_n$ 是一个 $n \times n$ 次置换矩阵. 这样的 $\boldsymbol{P}_n$ 是一个只有前 n 行和前 n 列的元素非零的无穷阶的次置换矩阵 $\boldsymbol{P}_0$ 的投影. 根据 (73),

$$\ell(\boldsymbol{P}_n) = \ell(\boldsymbol{P}_0) \text{ 且 } \ell(\boldsymbol{Z}_n) = \ell(\boldsymbol{Z}). \tag{75}$$

结合 (74) 和 (75), 我们得到

$$\ell(\boldsymbol{Z}) \leqslant \sup_{\boldsymbol{P}_0} \ell(\boldsymbol{P}_0).$$

上式与 (71′) 式一起说明 (70) 式不可能成立. 因此 D_0 中的每个 $\boldsymbol{Z}$ 属于 $\{\boldsymbol{P}_0\}$ 的凸包的闭.

相反地, 为了证明 $\{\boldsymbol{P}_0\}$ 的凸闭包中的点属于 D_0, 我们把判断属于 D_0 的准则 (67) 和 (67′) 重新写为：对所有的正整数 n,

$$\ell_{ij}(\boldsymbol{S}) \geqslant 0, \tag{76}$$

$$\sum_{j<n} \ell_{ij}(\boldsymbol{S}) \leqslant 1, \quad \sum_{i<n} \ell_{ij}(\boldsymbol{S}) \leqslant 1. \tag{76′}$$

根据拓扑的定义, 泛函 (76) 和 (76′) 是连续的, 且由于这些不等式在 $\{\boldsymbol{P}_0\}$ 的凸包上面成立, 故在 $\{\boldsymbol{P}_0\}$ 的闭凸包上也成立. 这完成了 (ii) 的证明.

(i) 的证明基于第 13 章定理 6：此定理说明若 $\boldsymbol{S}$ 和 $\boldsymbol{S}$ 的凸闭包都是紧的, 则 $\boldsymbol{S}$ 的凸闭包的极值点都在 $\boldsymbol{S}$ 中. 为了对 $\boldsymbol{S} = \{\boldsymbol{P}_0\}$ 应用此定理, 我们必须验证 D_0 和 $\{\boldsymbol{P}_0\}$ 是紧集. 为此, 注意到我们引入的拓扑是乘积拓扑：

$$\prod s_{ij}.$$

D_0 中元素 $\boldsymbol{S}$ 的表值在 $[0,1]$ 中, 故 D_0 是

$$\prod [0,1]$$

的子集. 根据 Tychonov 定理, 这是一个紧集. 我们在 (ii) 中已经证明了 D_0 是闭集; 作为紧集的闭子集, D_0 是紧的.

类似地, 为证 $\{\boldsymbol{P}_0\}$ 是紧的, 只需证明这个集合是闭的. 矩阵 $\boldsymbol{P}_0$ 由不等式 (76′) 和

$$\ell_{ij}(S) \in \{0,1\}$$

刻画. 这些集合都是闭的, 因此它们的交 $\{\boldsymbol{P}_0\}$ 也是闭的.

现在我们应用第 13 章定理 6. 此定理说明对紧集 $\{\boldsymbol{P}_0\}$, 若其闭凸包 D_0 也是紧的, 则闭凸包 D_0 的极值点也属于紧集 $\{\boldsymbol{P}_0\}$. 这完成了定理 11(i) 的证明. □

定理 12

(i) 双随机无穷矩阵构成的集合 D 的每个极值点都是一个置换矩阵 $\boldsymbol{P}$.

(ii) 设 ℓ_{ij} 由 (69) 定义且

$$\ell_i(\boldsymbol{S}) = \sum_j s_{ij}, \quad \ell^j(\boldsymbol{S}) = \sum_i s_{ij}.$$

在使得线性泛函 ℓ_{ij}, ℓ_i 和 ℓ^j 连续的最弱的拓扑下, D 是置换矩阵所构成的集合 $\{\boldsymbol{P}\}$ 的凸闭包.

证明　(i) 我们首先证明 D 是 D_0 的一个极子集. 假设

$$\boldsymbol{S} = a\boldsymbol{T} + b\boldsymbol{R}, \ \ \boldsymbol{T} \text{ 和 } \boldsymbol{R} \text{ 属于 } D_0, \ \ a+b=1, \ \ 0<a, 0<b.$$

写出两边的行和与列和：

$$\sum_j s_{ij} = a\sum_j t_{ij} + b\sum_j r_{ij}, \ \ \sum_i s_{ij} = a\sum_i t_{ij} + b\sum_i r_{ij}.$$

由于 $\boldsymbol{S}$ 属于 D, 因此左端的和为 1; 又由于 $\boldsymbol{T}$ 和 $\boldsymbol{R}$ 属于 D_0, 故右端的和不大于 1. 由于两端相等, 右端的两个和必须等于 1. 这意味着 $\boldsymbol{T}$ 和 $\boldsymbol{R}$ 属于 D, 从而 D 是 D_0 的极子集.

在第 1 章定理 7 中我们注意到凸集的极子集具有传递性. 故 D 的极值点 $\boldsymbol{E}$ 是 D_0 的一个极值点. 根据定理 11(ii), D_0 的所有极值点都是次置换矩阵 $\boldsymbol{P}_0$, 因此 $\boldsymbol{E}=\boldsymbol{P}_0$. 由于 $\boldsymbol{E}$ 属于 D, 故 $\boldsymbol{E}$ 不是一个次置换矩阵而是一个真的置换矩阵 $\boldsymbol{P}$.

这完成了定理 12(i) 的证明; (ii) 可以按照定理 11(ii) 的思路给出证明. 注意到因为 D 不是闭的, 从而不是紧的, 故 (ii) 不能应用 Krein-Milman 定理证明.

Garrett Birkhoff 猜测定理 12 是正确的. 上述定理及其证明由 Kiefer 和 Kendall 得出; 具体可参考 D. G. Kendall. □

14.9 De Finetti 定理

在概率论中, 我们考虑一个样本空间 Ω, 其上有一个给定的 σ 代数 $\sum$. $\sum$ 中的集合表示了所有可能发生的事件; $\sum$ 上的概率测度表示了事件发生的可能性. 事件发生的无穷序列表示为直积 $\mathbb{Z}\times\Omega$. $\mathbb{Z}\times\Omega$ 中的事件形成了包含所有柱面集的最小的 σ 代数, 柱面集是形如积集 $\prod E_j$ 的集合, 这里 E_j 属于 σ 代数 $\sum$ 且除了有限个 E_j 外, 其余的都是全空间 Ω.

$\mathbb{Z}\times\Omega$ 的柱面集上的概率测度 m 称为置换不变的, 如果对所有的柱面集,

$$m(\prod E_j)=m(\prod E_{p(j)});$$

这里 $j\to p(j)$ 是指标的一个置换, 满足除了有限个 j 外均有 $p(j)=j$.

$\mathbb{Z}\times\Omega$ 上的置换不变的概率测度构成的集合是一个凸集, 这里测度的凸组合的定义是平凡的.

Ω 的 σ 代数 $\sum$ 上的概率测度 m 导出了 $\mathbb{Z}\times\Omega$ 的柱面集上的乘积测度:

$$m(\prod E_j)=\prod m(E_j).$$

由于除了有限个 E_j 外其余的 E_j 均为 Ω, 上式右端中除了有限个数外全为 1. 显然, 由 Ω 上的测度 m 诱导出的 $\mathbb{Z}\times\Omega$ 上的乘积测度是置换不变的.

De Finetti 证明了如下重要结果.

定理 13

(i) $\mathbb{Z}\times\Omega$ 上的置换不变的概率测度构成的集合的极值点是乘积测度.

(ii) $\mathbb{Z}\times\Omega$ 上的置换不变的测度可以唯一地表示成乘积测度上的一个积分.

显然, 这是一个 Choquet 型结果. 证明参看文献 de Finetti 或任何概率论的高等教程.

14.10 保测映射

在本节中, 设 Ω 表示一个紧度量空间, T 是从 Ω 到 Ω 上的同胚. 可以证明: 在 Ω 的 Borel 子集构成的集合上至少存在一个在 T 作用下不变的概率测度. 这种测度有可能有很多. 所有在 T 作用下不变的概率测度构成了一个凸集. John Oxtoby 的下述结果刻画了这个集合的结构.

定理 14

(i) *在 T 作用下不变的概率测度构成的凸集的极值点是使得 T 遍历的测度.*

(ii) *每个 T 作用不变的测度可以表示成遍历测度上的一个积分. 这个表示是唯一的.*

证明 我们给出 (i) 的证明大概. 首先给出遍历的定义: 一个映射 T 关于 Ω 上的测度 m 是遍历的, 如果 Ω 不能够分解成两部分的并:

$$\Omega = \Omega_1 \cup \Omega_2,$$

其中 Ω_1 和 Ω_2 的测度均为正的,

$$m(\Omega_1) > 0, \quad m(\Omega_2) > 0,$$

且 Ω_1 和 Ω_2 在 T 作用下不变.

下面假设 m 在 T 作用下不变但 T 关于测度 m 不是遍历的. 此时存在 Ω 的满足上述性质的分解. 定义测度 m_1 和 m_2 分别为 m 在 Ω_1 和 Ω_2 上的限制, 即对任意 Borel 集 S,

$$m_1(S) = \frac{m(S \cap \Omega_1)}{m(\Omega_1)},$$

$$m_2(S) = \frac{m(S \cap \Omega_2)}{m(\Omega_2)}.$$

显然, m_1 和 m_2 是概率测度, 且它们在 T 作用下不变. m 是它们的一个凸组合:

$$m = m(\Omega_1)m_1 + m(\Omega_2)m_2.$$

由于 $m_1 \neq m_2$, 这说明若 m 不是遍历的, 则 m 不是极值点.

相反地, 我们证明如果 m 不是极值点, 则 m 不是遍历的. 假设

$$m = am_1 + (1-a)m_2, \ \ 0 < a < 1, \ \ m_1 \neq m_2.$$

首先考虑 m_1 关于 m_2 绝对连续的情形. 根据 Radon-Nikodym 定理,

$$m_1 = fm_2 \ \ , f \text{ 非负且属于 } L^1(m_2).$$

由于 m_1 和 m_2 在 T 下都是不变的, f 也是 T 作用不变的. 由于 $m_1 \neq m_2$, $f \not\equiv 1$; 因此存在正数 c 使得集合 $\Omega_1 = \{\omega | f(\omega) > c\}$ 和 $\Omega_2 = \{\omega | f(\omega) \leqslant c\}$ 均有正的 m_2 测度. 由于 f 是 T 不变的, T 把 Ω_1 和 Ω_2 分别映到自身上.

把 $m_1 = fm_2$ 代入 $m = am_1 + (1-a)m_2$ 得到

$$m = [af + 1 - a]m_2.$$

由此 Ω_1 和 Ω_2 均有正的 m 测度; 这证明了 T 关于 m 不是遍历的.

当 m_1 关于 m_2 不是遍历时的证明同样简单. 此时, 存在集合 E, $m_2(E) = 0$ 但是 $m_1(E) > 0$. 用 s 表示数

$$s = \sup_{m_2(E)=0} m_1(E).$$

设 E_n 是一个最大化序列:

$$\lim_{n\to\infty} m_1(E_n) = s, \quad m_2(E_n) = 0.$$

用 F 表示 E_n 的并. 显然, $m_1(F) = s$, $m_2(F) = 0$. 由此可知 F 是 T 作用不变的; 若不这样, 则集合 $(F \cup TF)$ 的 m_1 测度比 $m(F) = s$ 大, 但是其 m_2 测度为 0, 这与 s 的定义矛盾.

我们断定在分解 $\Omega = F \cup F^c$ 中, F 和 F^c 均有正的 m 测度. 这是因为, 利用 m 是 m_1 和 m_2 的凸组合, 我们得到

$$m(F) \geqslant am_1(F) = as$$

和

$$m(F^c) \geqslant (1-a)m_2(F^c) = 1 - a.$$

这说明 T 关于 m 不是遍历的.

(ii) 的证明参考 Oxtoby 的论文. □

注记 H. Hauptman 和 J. Karle 在 1986 年获得 Nobel 物理学奖时, 他们关于 X 射线结晶体的工作的关键之处利用了 Toeplitz 关于正测度的 Fourier 系数的刻画 (32).

历史注记 Dénes König(1884—1944), Budapest 理工大学教授, 是图论的鼻祖. 他阐述了许多基本的概念, 并在 1936 年写了图论的第一本书. 他利用图论的理论给出了 Birkoff-Könif 定理的证明. 伟大的匈牙利图论学派是他留给后人的财富.

König 负责高中学生的 Eötvös 数学竞赛. 他对许多有潜力的青年数学家, 包括本书的作者, 都非常和蔼并给予他们很多支持.

当德国军队在 1944 年占领匈牙利并扶植匈牙利纳粹上台时, König 意识到将会发生什么, 进而跳窗自杀.

参考文献

Akhiezer, N. I., *The Classical Moment Problem and Some Related Questions in Analysis* (English trans.). Oliver and Boyd, Edinburgh, 1965.

Bernstein, S., Sur les fonctions absolument monotone. *Acta Math.*, **52**(1929): 1-66.

Birkhoff, G., Three observations on linear algebra. *Rev. Univ. Nac. Tucuman* (A), **5**(1946): 147-151.

Bochner, S., *Vorlesungen über Fouriersche Integrale.* Akademische Verlagsgesellschaft, Leipzig, 1932.

Carathéodory, C., Über den Variabilitätsbereich der Koefficienten von Potenzreihen die gegebene Wertenicht annemen. *Math. An.*, **54**(1907): 95-115.

de Finetti, B., Funzione caratteristica di un fenomeno aleatorio. *Atti Accad. Nax. Lincei Rend. Cl. Sci. Fiz. Mat. Nat.*, (1930): 86-133.

Gelfand, I. M. and Do-Shing, S., On positive definite distributions. *Usp. Mat. Nauk.*, **15**(1960): 185-190.

Hamburger, H., Über eine Erweiterung des Stieltjesschen Moment Problems. *Math. An.*, **81**(1920): 235-319; **82**(1921): 120-164, 168-187.

Herglotz, A., Über Potenzreihen mit Positiven Reellen Teil in Einheitskreise. *Berichte Verh Sächs, Akad. Wiss Leipzig, Math. -phys. Kl.* **63**(1911): 501-511. See also *Collected Works*, Vandenhoeck and Ruprecht, Göttingen, 1979.

Kendall, D. G., On infinite doubly stochastic matrices and Birkhoff's problem III. *London Math. Soc. J.*, **35**(1960): 81–84.

König, D., *Theory of Finite and Infinite Graphs.* Täubner 1936; Birkhäuser, Boston, 1990, p. 327.

Krein, M. G., On a general method of decomposing Hermite-positive nuclei into elementary products. *Dokl. Akad. Nauk SSSR,* **53**(1946): 3-6.

Landau, H. J., Classical background of the moment problems. *Proc. Symp. Appl. Math., AMS,* **37**(1987): 1-16.

Oxtoby, J., Ergodic sets. *Bull. AMS*, 58(1952):116–136.

Rudin, W., *Fourier Analysis on Groups.* Interscience, New York, 1962.

Shohat, J. A. and Tamarkin, J. D., *The Problem of Moments.* American Mathemtical Society, New York, 1943.

Schwartz, L., *Théorie des Distribution's.* 2 vols. Hermann, Paris, 1959.

Toeplitz, O., Über die Foruiersche Entwickelung positive Funktionen. *Rend. di Circ. Mat. di Palermo*, **32**(1911): 191-192.

第 15 章　有界线性映射

在第 2 章中, 我们研究了从一个线性空间到另一个线性空间的线性映射 $\boldsymbol{M}$ 的一些初步性质. 在这里, 我们对线性空间和线性映射构成的集合赋以拓扑结构. 线性映射也称为线性算子或线性变换.

15.1　有界性和连续性

定义　设 X 和 U 是两个 Banach 空间. 如果线性映射 (实际上任意映射都可以)

$$\boldsymbol{M}: X \to U$$

把收敛序列映成收敛序列, 即

$$x_n \to x \ \text{蕴含}\ \boldsymbol{M}x_n \to \boldsymbol{M}x, \tag{1}$$

则称 $\boldsymbol{M}$ 是连续的. 这里的收敛分别是指在 X 和 U 的范数意义下收敛.

定义　设 $\boldsymbol{M}: X \to U$ 是从 Banach 空间 X 到 Banach 空间 U 的线性映射. 如果存在常数 c, 使得 $\forall x \in X$,

$$|\boldsymbol{M}x| \leqslant c|x|, \tag{2}$$

则称 $\boldsymbol{M}$ 是有界的.

定理 1　从 Banach 空间 X 到 Banach 空间 U 的线性映射 $\boldsymbol{M}: X \to U$ 是连续的, 当且仅当它有界的.

证明　容易证明有界线性映射是连续的, 甚至是 Lipschitz 连续的.

相反地, 若 $\boldsymbol{M}$ 不是有界的, 由 (2) 知, 对常数 $c = n$, 存在 x_n 使得 (2) 不成立:

$$|\boldsymbol{M}x_n| > n|x_n|.$$

正规化 x_n 使得 $|x_n| = 1/\sqrt{n}$; x_n 趋于 0 但是 $\boldsymbol{M}x_n$ 不趋于 0. 明显地, (1) 不成立, 即 $\boldsymbol{M}$ 是不连续的. □

假设 $\boldsymbol{M}$ 作用和映入的空间 X 和 U 只是赋范线性空间, 不是完备的, 并假设 $\boldsymbol{M}$ 在 (2) 意义下是连续的, 则根据连续性, $\boldsymbol{M}$ 可以延拓为从 X 的完备化到 U 的完备化的一个有界映射. 这一事实简单而且重要, 因为大多数有意义的映射都是用上面的方式构造得到的: 首先在一个不完备的空间上定义, 然后再延拓到完备化空间上去. 由光滑函数构成的空间通常都是不完备的, 而完备的空间由不太光滑的函数甚至是一点也不光滑的函数构成.

定义 设 $\boldsymbol{M}: X \to U$ 是从 Banach 空间 X 到 Banach 空间 U 的有界线性映射. 其范数定义为

$$|\boldsymbol{M}| = \sup_{x \neq 0} \frac{|\boldsymbol{M}x|}{|x|}, \tag{3}$$

记为 $|\boldsymbol{M}|$. 显然, 对 X 中任意的 x, (2) 对 $c = |\boldsymbol{M}|$ 成立:

$$|\boldsymbol{M}x| \leqslant |\boldsymbol{M}||x|. \tag{2'}$$

同样, $|\boldsymbol{M}|$ 是使得 (2) 对 X 中所有的 x 都成立的最小的常数 c. (3) 式的一个有用的重新描述是

$$|\boldsymbol{M}| = \sup_{|x|=1} |\boldsymbol{M}x|. \tag{3'}$$

定理 2 有界线性映射 $\boldsymbol{M}$ 的范数 $|\boldsymbol{M}|$ 具有下述性质:

(i) 齐性, 对任意的数 a(实数或复数), $|a\boldsymbol{M}| = |a||\boldsymbol{M}|$;

(ii) 正性, $|\boldsymbol{M}| \geqslant 0$, $|\boldsymbol{M}| = 0$ 当且仅当 $\boldsymbol{M} \equiv 0$;

(iii) 次可加性, $|\boldsymbol{M} + \boldsymbol{K}| \leqslant |\boldsymbol{M}| + |\boldsymbol{K}|$.

证明 性质 (i) 和 (ii) 是明显的. □

习题 1 证明性质 (iii).

定义 从 Banach 空间 X 到 Banach 空间 U 的所有有界线性映射构成的集合记为

$$\mathcal{L}(X, U).$$

定理 3 $\mathcal{L}(X, U)$ 在范数 (3) 下是一个 Banach 空间.

证明 定理 2 中性质 (i), (ii) 和 (iii) 说明 $\mathcal{L}(X, U)$ 在范数 (3) 下是一个赋范线性空间. 余下的是证明 $\mathcal{L}(X, U)$ 的完备性.

设 $\{\boldsymbol{M}_n\}$ 是 $\mathcal{L}(X, U)$ 中的一个 Cauchy 列:

$$\lim_{n,k\to\infty} |\boldsymbol{M}_n - \boldsymbol{M}_k| = 0. \tag{4}$$

由 (4) 知, 对 X 中任意的 x,

$$\lim_{n,k\to\infty} |\boldsymbol{M}_n x - \boldsymbol{M}_k x| = 0. \tag{4'}$$

这证明了 $\{\boldsymbol{M}_n x\}$ 是 U 中的 Cauchy 列; 由于 U 是完备的, 极限 $\lim \boldsymbol{M}_n x = u$ 存在. 我们定义映射 $\boldsymbol{M}$ 为 $\boldsymbol{M}x = u$. 显然, $\boldsymbol{M}$ 是线性的. 根据范数的定义,

$$|\boldsymbol{M}_n - \boldsymbol{M}| = \sup_{|x|=1} |\boldsymbol{M}_n x - \boldsymbol{M}x| = \sup_{|x|=1} \lim_{k\to\infty} |\boldsymbol{M}_n x - \boldsymbol{M}_k x| \leqslant \sup_{n<k} |\boldsymbol{M}_n - \boldsymbol{M}_k|.$$

由 (4) 知, $|\boldsymbol{M}_n - \boldsymbol{M}| \to 0$. □

当线性映射 $\boldsymbol{M}: X \to U$ 的目标空间 U 是一维的, 即 U 同构于 $\mathbb{R}$ 或者 $\mathbb{C}$ 时, 有界线性映射是有界线性泛函, $\mathcal{L}(X, U)$ 是 X 的对偶空间 X'.

我们回忆第 2 章中引入的线性映射 $\boldsymbol{M}: X \to U$ 的零空间$N_{\boldsymbol{M}}$ 的概念; 它由 X 中被 $\boldsymbol{M}$ 映为 0 的所有点 x 构成:

$$N_{\boldsymbol{M}} = \{x \in X: \ \boldsymbol{M}x = 0\}. \tag{5}$$

定理 4 设 X 和 U 是赋范线性空间, $\boldsymbol{M}: X \to U$ 是一个有界线性映射.

(i) $\boldsymbol{M}$ 的零空间 $N_{\boldsymbol{M}}$ 是 X 的闭线性子空间;

(ii) 当被看作映射

$$\boldsymbol{M}_0 : X/N_{\boldsymbol{M}} \to U$$
$$\{x\} \to \boldsymbol{M}x$$

时, $\boldsymbol{M}$ 是一对一的, 有界的且 $|\boldsymbol{M}_0| = |\boldsymbol{M}|$. $\boldsymbol{M}_0$ 的值域和 $\boldsymbol{M}$ 的值域相同.

证明 (i) $N_{\boldsymbol{M}}$ 是 U 中集合 $\{0\}$ 在 X 中的逆象. 由于 $\{0\}$ 是闭集且 $\boldsymbol{M}$ 是连续的, $N_{\boldsymbol{M}}$ 是闭的.

(ii) 若 $x_1 - x_2 \in N_{\boldsymbol{M}}$, 则 x_1 和 x_2 在 $\bmod N_{\boldsymbol{M}}$ 的同一个等价类内. 根据 (5) 和线性, $\boldsymbol{M}x_1 = \boldsymbol{M}x_2$; 因此映射 $\boldsymbol{M}_0$ 是良定义的. 在第 5 章中商空间 X/N 中的范数定义为

$$|\{x\}| = \inf_{y \equiv x \bmod N} |y|. \tag{6}$$

根据第 5 章定理 1, $N_{\boldsymbol{M}}$ 是闭的, 从而 $|\{x\}|$ 是 $X/N_{\boldsymbol{M}}$ 上的范数. 利用映射的范数的定义 (3) 和一些显然的运算, 我们有

$$|\boldsymbol{M}| = \sup_{|x|\neq 0} \frac{|\boldsymbol{M}x|}{|x|} = \sup_{\{x\}\neq 0} \sup_{y\equiv x} \frac{|\boldsymbol{M}x|}{|y|} = \sup_{\{x\}\neq 0} \frac{|\boldsymbol{M}x|}{\inf\limits_{y\equiv x} |y|} = \sup_{\{x\}\neq 0} \frac{|\boldsymbol{M}\{x\}|}{|\{x\}|} = |\boldsymbol{M}_0|. \qquad \square$$

设 X 和 U 是赋范线性空间, 我们定义有界线性映射 $\boldsymbol{M}: X \to U$ 的转置. 令 ℓ 为 U 的对偶 U' 中的点; 即 ℓ 是 U 上的有界线性泛函. 复合 $\ell(\boldsymbol{M}x)$ 是线性的且为 x 的有界泛函:

$$\ell(\boldsymbol{M}x) = \xi(x). \tag{7}$$

线性泛函 $\xi \in X'$ 线性的依赖于 ℓ:

$$\xi = \boldsymbol{M}'\ell. \tag{7$'$}$$

$\boldsymbol{M}' : U' \to X'$ 称为是 $\boldsymbol{M}$ 的转置.

有界线性算子的转置是矩阵转置在无穷维情形下的推广; 它是一个有广泛用途的概念. 在研究和应用转置时, 为方便起见, 我们用圆括号表示线性泛函的作用:

$$\ell(u) = (u, \ell), \quad \xi(x) = (x, \xi),$$

这里 $u \in U$, $\ell \in U'$, $x \in X$, $\xi \in X'$. 在此记号下, 关系式 (7) 和 (7$'$) 可以重新写为

$$(\boldsymbol{M}x, \ell) = (x, \boldsymbol{M}'\ell). \tag{8}$$

在第 8 章中 (参看定理 7$'$), 赋范线性空间 U 的子空间 R 的零化子$R^\perp$ 定义为 U' 中在 R 上限制为 0 的有界线性泛函 ℓ 构成的子空间. 类似地, 对 X' 的任意子集 S, 我们定义 $S^\perp$ 是由 X 中被 S 的任意元素 ξ 作用都为 0 的向量构成的集合. 显然, $S^\perp$ 是 X 的闭线性子空间. 转置的基本性质总结如下.

定理 5

(i) 有界线性算子 $\boldsymbol{M}$ 的转置 $\boldsymbol{M}'$ 是有界的且

$$|\boldsymbol{M}| = |\boldsymbol{M}'|; \tag{9}$$

(ii) $\boldsymbol{M}'$ 的零空间是 $\boldsymbol{M}$ 的值域的零化子,

$$N_{\boldsymbol{M}'} = R_{\boldsymbol{M}}^{\perp}; \tag{10}$$

(iii) $\boldsymbol{M}$ 的零空间是 $\boldsymbol{M}'$ 的值域的零化子,

$$N_{\boldsymbol{M}} = R_{\boldsymbol{M}'}^{\perp}; \tag{11}$$

(iv) $(\boldsymbol{M}+\boldsymbol{N})' = \boldsymbol{M}' + \boldsymbol{N}'$.

证明　对 $\boldsymbol{M}'$ 应用 $(3')$,

$$|\boldsymbol{M}'| = \sup_{|\ell|=1} |\boldsymbol{M}'\ell|. \tag{12}$$

X' 中 ξ 的范数定义为

$$|\xi| = \sup_{|x|=1} |(x,\xi)|. \tag{13}$$

把 $\xi = \boldsymbol{M}'\ell$ 代入 (13) 并结合 (12), 利用 (8) 得到

$$|\boldsymbol{M}'| = \sup_{|\ell|=1}\sup_{|x|=1} |(x,\boldsymbol{M}'\ell)| = \sup_{|\ell|=1=|x|} |(\boldsymbol{M}x,\ell)|. \tag{12'}$$

根据第 8 章定理 6, $\forall u \in U$,

$$|u| = \max_{|\ell|=1} |(u,\ell)|. \tag{14}$$

在 $(12')$ 右端我们首先对 ℓ 取最大值. 应用 (14) 以及 $u = \boldsymbol{M}x$, 我们得到

$$|\boldsymbol{M}'| = \sup_{|x|=1} |\boldsymbol{M}x|,$$

根据 $(3')$, 这等于 $|\boldsymbol{M}|$; 这证明了 (9).

为证明 (10), 我们注意到对 $\forall x \in X$, $\forall \ell \in N_{\boldsymbol{M}'}$, (8) 式右端为 0. 因此左端也为 0; 这证明了 $N_{\boldsymbol{M}'} \subset R_{\boldsymbol{M}}^{\perp}$. 相反地, 若 ℓ 在 $\boldsymbol{M}$ 的值域上作用为 0, 则对每个 x, (8) 式左端为 0. 因此右端也为 0, 这只能是 $\boldsymbol{M}'\ell = 0$, 由此证明了 $N_{\boldsymbol{M}'} \supset R_{\boldsymbol{M}}^{\perp}$. 因此 (10) 成立.

为证 (11), 我们注意到当 x 属于 $\boldsymbol{M}$ 的零空间时, (8) 式左端为 0. 这说明了 $N_{\boldsymbol{M}}$ 中的每个 x 属于 $\xi = \boldsymbol{M}'\ell$ $(\forall \ell \in U')$ 的零空间. 相反地, 若 x 属于所有的这样的 ξ 的零空间, 则 (8) 右端对 U' 中的所有 ℓ 均为 0. 于是左端也为 0; 这只能是 $\boldsymbol{M}x = u = 0$, 即 x 属于 $N_{\boldsymbol{M}}$. 这证明了 (11).

(iv) 是显然的. □

习题 2　设 X 和 U 是 Banach 空间, U 是自反的. 设 $\boldsymbol{M}: X \to U$ 是有界线性映射. 若 x_n 是 X 中弱收敛到 x 的序列, 则 $\boldsymbol{M}x_n$ 弱收敛到 $\boldsymbol{M}x$.

习题 3　设 $\boldsymbol{I}$ 是 $X \to X$ 的恒等映射. 证明 $\boldsymbol{I}'$ 是 $X' \to X'$ 的恒等映射.

在 Hilbert 空间中, 转置的概念替换为伴随, 定义与 (8) 类似并记为星号:

$$(\boldsymbol{M}x, y) = (x, \boldsymbol{M}^* y).$$

对矩阵而言, 伴随是矩阵的共轭转置.

习题 4 证明定理 5 对伴随运算也成立.

15.2 强拓扑和弱拓扑

从 X 到 U 的线性映射的范数定义了 $\mathcal{L}(X,U)$ 上的一个距离拓扑, 有时称为一致拓扑, 以区别于下面的两个非常有用而且重要的拓扑.

定义 $\mathcal{L}(X,U)$ 上的强拓扑是使得从 $\mathcal{L}$ 到 U 的所有形如 $\boldsymbol{M} \longrightarrow \boldsymbol{M}x$ 的线性映射连续的最弱的拓扑, 这里 x 是 X 中任意的点.

定义 $\mathcal{L}(X,U)$ 上的弱拓扑是使得所有形如 $\boldsymbol{M} \longrightarrow (\boldsymbol{M}x,\ell)$ 的线性泛函连续的最弱的拓扑, 这里 x 是 X 中任意的点, ℓ 是 U' 中任意的点.

习题 5 设 X 和 U 是 Banach 空间, 在 $\mathcal{L}(X,U')$ 上定义弱 * 拓扑. 证明存在一个从 $\mathcal{L}(X,U')$ 到 $\mathcal{L}(U,X')$ 的自然的一一对应且此对应在弱 * 拓扑下是连续的.

同样重要的是对应的序列收敛的概念.

定义 设 X 和 U 是 Banach 空间, $\{\boldsymbol{M}_n\}$ 是 $X \to U$ 的一列有界线性映射. 如果对 $\forall x \in X$,

$$s - \lim_{n\to\infty} \boldsymbol{M}_n x \tag{15}$$

都存在, 则称 $\{\boldsymbol{M}_n\}$ 是强收敛的.

如果对 $\forall x \in X$,

$$w - \lim_{n\to\infty} \boldsymbol{M}_n x \tag{15'}$$

都存在, 则称 $\{\boldsymbol{M}_n\}$ 是弱收敛的.

容易证明并留作习题: 强收敛或弱收敛的有界线性映射列都有极限 $\boldsymbol{M}$, 即 (15) 和 (15′) 等于 $\boldsymbol{M}x$. 我们把这些关系分别记为 $s - \lim \boldsymbol{M}_n = \boldsymbol{M}$ 和 $w - \lim \boldsymbol{M}_n = \boldsymbol{M}$.

习题 6 证明: 若 $w \quad \lim \boldsymbol{M}_n = \boldsymbol{M}$, 则当 X 自反时, $w - \lim \boldsymbol{M}'_n = \boldsymbol{M}'$. (提示: 利用弱收敛的定义; 参看下面的 (18) 式).

这样的结论对强收敛不成立; 取 X 和 U 都是由向量

$$\boldsymbol{x} = (a_1, a_2, \cdots), \quad ||\boldsymbol{x}||^2 = \sum |a_j|^2 < \infty$$

构成的 Hilbert 空间 ℓ^2(参看第 6 章). 定义 $\boldsymbol{M}_n$ 为

$$\boldsymbol{M}_n \boldsymbol{x} = (a_n, 0, 0, \cdots).$$

容易证明 $s - \lim \boldsymbol{M}_n = 0$. 由于 ℓ^2 是一个 Hilbert 空间, 是自对偶的; 取 $\boldsymbol{\ell} = (b_1, b_2, \cdots)$; 关系式 $(\boldsymbol{M}_n \boldsymbol{x}, \boldsymbol{\ell}) = a_n b_1 = (\boldsymbol{x}, \boldsymbol{M}'_n \boldsymbol{\ell})$ 说明 $\boldsymbol{M}'_n \boldsymbol{\ell} = (0, \cdots, b_1, \cdots)$. 显然, $s - \lim \boldsymbol{M}'_n \boldsymbol{\ell}$ 不存在, 除非 $b_1 = 0$.

这些概念的重要性在于有意义的映射经常是 (我们忍不住说通常是) 逼近映射列的一致极限、强极限或弱极限. 下面的结果既平凡又重要, 而且一直在被使用.

定理 6 设 X 和 U 是 Banach 空间, $\boldsymbol{M}_n$ 是 $X \to U$ 的一列范数一致有界的线性映射:

$$\text{对所有的 } n, \quad |\boldsymbol{M}_n| \leqslant c. \tag{16}$$

进一步假设对 X 中的一个稠密子集中的 x,

$$s - \lim \boldsymbol{M}_n \boldsymbol{x}$$

都存在, 则 $\{\boldsymbol{M}_n\}$ 强收敛, 即对 X 中所有的 x, 强极限 $s - \lim \boldsymbol{M}_n \boldsymbol{x}$ 存在.

习题 7

(a) 证明定理 6;

(b) 叙述并证明与弱收敛对应的类似定理.

15.3 一致有界原理

一致有界性对证明强收敛或弱收敛不仅方便, 而且是必要的.

定理 7 设 X 和 U 是 Banach 空间, $\boldsymbol{M}_v : X \to U$ 是一族有界线性映射, 对 X 中的每个 $\boldsymbol{x}$ 和 U' 中每个 ℓ, $(\boldsymbol{M}_v \boldsymbol{x}, \ell)$ 以一个只依赖于 $\boldsymbol{x}$ 和 ℓ 的常数 $c(\boldsymbol{x}, \ell)$ 为界:

$$\text{对所有的 } \boldsymbol{M}_v, \quad |(\boldsymbol{M}_v \boldsymbol{x}, \ell)| \leqslant c(\boldsymbol{x}, \ell). \tag{17}$$

断言 $\{\boldsymbol{M}_v\}$一致有界, 即(16)成立.

证明 我们利用第 10 章定理 4, 一致有界原理: 若 $\{u_v\}$ 是赋范线性空间 U 中的一族点, 满足对 U' 中的每个线性泛函 ℓ, $|\ell(u_v)| \leqslant c(\ell)$ 对所有的 u_v 成立, 则存在常数 c 使得 $|u_v| \leqslant c$. 对 $u_v = \boldsymbol{M}_v \boldsymbol{x}$ 应用此结果, 我们断定对所有的 v, 存在常数 $c(\boldsymbol{x})$ 使得

$$|\boldsymbol{M}_v(\boldsymbol{x})| \leqslant c(\boldsymbol{x}). \tag{17'}$$

再应用第 10 章定理 2: 若 $\{f_v\}$ 是定义在 Banach 空间 X 上的一族满足次可加性和正齐性的实数值连续函数, 且对 X 中每个 $\boldsymbol{x}$ 和每个 v, $f_v(\boldsymbol{x}) \leqslant c(\boldsymbol{x})$, 则存在常数 c 使得

$$\text{对所有的 } \boldsymbol{x} \text{ 和 } v, \quad f_v(\boldsymbol{x}) \leqslant c|\boldsymbol{x}|.$$

取函数 f_v 为 $f_v(\boldsymbol{x}) = |\boldsymbol{M}_v \boldsymbol{x}|$. 显然, f_v 满足齐性和次可加性并且还是连续的. 根据上面的 (17′), $f_v(\boldsymbol{x})$ 在每个点 $\boldsymbol{x}$ 是有界的. 因此 f_v 是一致有界的, 即在常数 c 使得对所有的 $\boldsymbol{x}$ 和 v, $|\boldsymbol{M}_v \boldsymbol{x}| \leqslant c|\boldsymbol{x}|$, 这证明了 (16). □

关系 $w - \lim \boldsymbol{M}_n = \boldsymbol{M}$ 意味着对 X 中所有的 $\boldsymbol{x}$, (15′) 成立, 这又意味着 (参看第 10 章定义 1) 对 U' 中所有的 ℓ 和 X 中所有的 $\boldsymbol{x}$,

$$\lim_{n \to \infty} (\boldsymbol{M}_n \boldsymbol{x}, \ell) = (\boldsymbol{M} \boldsymbol{x}, \ell). \tag{18}$$

由于收敛数列是有界的, 故定理 7 中条件 (17) 满足; 根据定理 7, 序列 $\{\boldsymbol{M}_n\}$ 是一致有界的.

推论 7′ 从 Banach 空间 X 到 Banach 空间 U 的一列弱收敛的有界线性映射是一致有界的.

15.4 有界线性映射的复合

现在我们考虑线性映射 $\boldsymbol{M}: X \to U$ 和 $\boldsymbol{N}: U \to W$ 的复合, 称为乘积. 在第 2 章中我们从线性代数的角度研究了这个运算. 在这里我们研究它当 X, U 和 W 是 Banach 空间, $\boldsymbol{M}$ 和 $\boldsymbol{N}$ 是有界线性映射时进一步的性质.

定理 8 设 X, U 和 W 是 Banach 空间, $\boldsymbol{M}$ 和 $\boldsymbol{N}$ 是有界线性映射:

$$\boldsymbol{M}: X \to U, \qquad \boldsymbol{N}: U \to W,$$

则复合 $\boldsymbol{NM}: X \to W$ 是有界线性映射且满足

(i) 次可乘性, $|\boldsymbol{NM}| \leqslant |\boldsymbol{N}||\boldsymbol{M}|$;

(ii) $(\boldsymbol{NM})' = \boldsymbol{M}'\boldsymbol{N}'$.

证明 两次应用不等式 (4), 我们得到

$$|\boldsymbol{NM}x| \leqslant |\boldsymbol{N}||\boldsymbol{M}x| \leqslant |\boldsymbol{N}||\boldsymbol{M}||x|.$$

根据定义 (3), 我们得到

$$|\boldsymbol{NM}| = \sup \frac{|\boldsymbol{NM}x|}{|x|} \leqslant |\boldsymbol{N}||\boldsymbol{M}|. \tag{19}$$

下面证明 (ii): $\forall x \in X, \forall m \in W'$, 两次应用 (8), 我们得到

$$(\boldsymbol{NM}x, m) = (\boldsymbol{M}x, \boldsymbol{N}'m) = (x, \boldsymbol{M}'\boldsymbol{N}'m). \qquad \square(20)$$

习题 8 证明在 $\mathcal{L}(X, U)$ 和 $\mathcal{L}(U, W)$ 的单位球上, 映射的乘法在强拓扑下是一个连续的运算.

定义 设 $\boldsymbol{A}$ 和 $\boldsymbol{M}$ 是从线性空间 X 到自身的两个映射. 如果 $\boldsymbol{AM} = \boldsymbol{MA}$, 则称 $\boldsymbol{A}$ 和 $\boldsymbol{M}$ 是可交换的.

习题 9 设 X 是一个 Banach 空间, $\boldsymbol{A}: X \to X$ 是一个有界线性映射, 且 $\boldsymbol{A}$ 与一族从 X 到 X 的有界线性映射 $\{\boldsymbol{M}_v\}$ 交换. 证明 $\boldsymbol{A}$ 与 $\{\boldsymbol{M}_v\}$ 在弱拓扑下的闭线性张中的每个映射 $\boldsymbol{M}$ 交换.

习题 10 证明在复 Hilbert 空间中, $(\boldsymbol{NM})^* = \boldsymbol{M}^*\boldsymbol{N}^*$.

15.5 开映射原理

本节的一组结果——开映射原理和闭图象定理, 远比前面的结果深刻. 这组定理的思想归功于 Stefan Banach; 它们的正确性绝不是凭直觉就能看出, 也不是很容易就能想清楚的.

定理 9 设 X 和 U 是 Banach 空间, $\boldsymbol{M}: X \to U$ 是从 X 到 U 上的有界线性映射, 则存在 $d > 0$ 使得 X 中的开单位球在 $\boldsymbol{M}$ 下的象包含着 U 中以 0 为心以 d 为半径的开球:

$$\boldsymbol{M}B_1(0) \supset B_d(0). \tag{21}$$

证明 用 B_n 表示 X 和 U 中以原点为心以 n 为半径的开球. 由于假设 $\boldsymbol{M}$ 把 X 映到 U上, 且所有 B_n 的并是整个 X, 故 $\cup \boldsymbol{M}B_n = U$. 由于 Banach 空间 U 是完备的, 根据 Baire 纲原理, 至少有一个集合 $\boldsymbol{M}B_n$ 在某个开球中是稠密的. 这个集合的一个平移在以原点为心的某个球中稠密; 由于 $\boldsymbol{M}$ 的值域是 U, 根据 $\boldsymbol{M}$ 的线性, 我们可以取平移后的集合形如 $\boldsymbol{M}(B_n - x_0)$. 集合 $B_n - x_0$ 包含在以原点为心以 $n + |x_0|$ 为半径的球中. 根据 $\boldsymbol{M}$ 的齐性, 我们断定 $\boldsymbol{M}B_1(0)$ 在某个 $B_r(0)(r > 0)$ 中稠密. 因此对任意的 $c > 0$,

$$\boldsymbol{M}B_c(0) \text{ 在 } B_{cr}(0) \text{ 中稠密.} \tag{22}$$

现在证明 $B_r(0)$ 中的任意点 u 都是 $B_2(0)$ 中某个点 x 的象:

$$\boldsymbol{M}x = u. \tag{23}$$

$B_2(0)$ 中的这个点 x 可以表示为一个无穷级数

$$x = \sum_1^\infty x_j, \tag{23$'$}$$

其中项 x_j 可以递归的构造: 取点 x_1 满足

$$|u - \boldsymbol{M}x_1| < \frac{r}{2}, \quad |x_1| < 1; \tag{24a}$$

对 $c = 1$, 由 (22) 知这样的 x_1 存在. 我们选取点 x_2 满足

$$|u - \boldsymbol{M}x_1 - \boldsymbol{M}x_2| < \frac{r}{4}, \quad |x_2| < \frac{1}{2}; \tag{24b}$$

对 $c = 1/2$, 由 (22) 及 (24a) 知这样的点 x_2 存在. 一般地, 我们选择 x_m 满足

$$|u - \sum_1^m \boldsymbol{M}x_j| < \frac{r}{2^m}, \quad |x_m| < \frac{1}{2^{m-1}}; \tag{24c}$$

对 $c = 1/2^m$, 由 (22) 和 (24c) 知这样的 x_m 存在.

由第 5 章关于赋范线性空间的几何性质可知, 如果在一个完备赋范线性空间 X 中, 级数 $\sum |x_j|$ 收敛, 则级数 $\sum x_j$ 收敛. 根据 (24c), $|x_j| < \frac{1}{2^{j-1}}$, 故 $\sum_1^\infty x_j$ 收敛到 X 中的点 x 且

$$|x| \leqslant \sum_1^\infty |x_j| < \sum_1^\infty \frac{1}{2^{j-1}} = 2. \tag{25}$$

由于 $\boldsymbol{M}$ 是一个有界线性映射, 在 (24c) 中令 $m \to \infty$, 得到 $\boldsymbol{M}x = \sum\limits_1^\infty \boldsymbol{M}x_j = u$. □

定理 9 有一些有意义的重要推论, 其中第一个是开映射原理.

定理 10 设 X 和 U 是 Banach 空间, $\boldsymbol{M}: X \to U$ 是从 X 到 U 上的有界线性映射. 则 $\boldsymbol{M}$ 把 X 中的开集映为 U 中的开集.

10 定理是定理 9 的直接推论.

定理 11 设 X 和 U 是 Banach 空间, $\boldsymbol{M}: X \to U$ 是把 X 一对一地映到 U 上的有界线性映射, 则 $\boldsymbol{M}$ 的逆是从 U 到 X 的有界线性映射.

证明 由定理 9 中 (21), 对 U 中的每个范数为 $d/2$ 的元素 u, 存在 X 的单位球中的元素 x 使得 $\boldsymbol{M}x = u$. 注意到 $|x| \leqslant 1 = 2|u|/d$. 由 $\boldsymbol{M}$ 是齐性的, $\forall u \in U$, 存在 $x \in X$ 使得

$$\boldsymbol{M}x = u, \quad |x| \leqslant 2|u|/d. \tag{26}$$

由于假设 $\boldsymbol{M}$ 是一对一的, $x = \boldsymbol{M}^{-1}u$. 显然, 由 (26) 得 $|\boldsymbol{M}^{-1}| \leqslant 2/d$. □

定义 设 $\boldsymbol{M}: X \to U$ 是从 Banach 空间 X 到 Banach 空间 U 的映射. 如果由 $\{x_n\} \subset X$,

$$x_n \longrightarrow x, \quad \boldsymbol{M}x_n \longrightarrow u, \tag{27}$$

可以推出

$$\boldsymbol{M}x = u, \tag{27$'$}$$

则称 $\boldsymbol{M}$ 是一个闭线性映射.

若 $\boldsymbol{M}$ 是连续的, 则它是闭的. 令人吃惊的是, 从 Banach 空间到 Banach 空间的闭线性映射也是连续的.

定理 12 设 X 和 U 是 Banach 空间, $\boldsymbol{M}: X \to U$ 是一个闭线性映射.

断言 $\boldsymbol{M}$ 是连续的.

证明 设 G 为由形如

$$g = \{x, \boldsymbol{M}x\}, \quad x \in X \tag{28}$$

的偶构成的线性空间. 对 G 中的 g, 定义

$$|g| = |x| + |\boldsymbol{M}x|. \tag{28$'$}$$

显然, 这是一个范数. 由 (27), (27$'$) 以及 X 和 U 的完备性, G 在这个范数下是完备的. 定义映射 $\boldsymbol{P}: G \to X$ 为到第一个分量的投影, 即

$$\boldsymbol{P}g = x, \quad \forall g = \{x, \boldsymbol{M}x\}. \tag{29}$$

由 $|g|$ 的定义 (28$'$) 知 $|\boldsymbol{P}g| \leqslant |g|$, 这意味着 $\boldsymbol{P}$ 是一个有界线性算子且 $|\boldsymbol{P}| \leqslant 1$. 显然, P 把 G 一对一的映到 X 上. 因此由定理 11, $\boldsymbol{P}$ 的逆是有界的, 即存在常数 c 使得 $c|\boldsymbol{P}g| \geqslant |g|$. 由 $\boldsymbol{P}$ 的定义 (29) 和 $|g|$ 的定义 (28$'$) 知, $(c-1)|x| \geqslant |\boldsymbol{M}x|$, 这意味着 $\boldsymbol{M}$ 是有界的. □

由 (28) 定义的 G 称为映射 $\boldsymbol{M}$ 的图像. $\boldsymbol{M}$ 是闭的当且仅当它的图像是闭的. 因此定理 12 称为闭图像定理. 闭图像定理有许多令人吃惊的应用.

定理 13 设 X 是一个线性空间, 其上定义了两个相容的范数 $|x|_1$ 和 $|x|_2$, 即若序列 $\{x_n\}$ 在两个范数下都收敛, 则对应的两个极限相等.

若 X 关于这两个范数都是完备的, 则这两个范数是等价的, 即存在常数 c 使得 $\forall x \in X$, $|x|_1 \leqslant c|x|_2$, $|x|_2 \leqslant c|x|_1$.

证明 记 X_1 和 X_2 分别为赋以 $|\ |_1$ 和 $|\ |_2$ 范数的空间 X. 根据假设, X_1 和 X_2 都是完备的. 相容性显然意味着 X_1 和 X_2 之间的恒等映射是闭的. 因此根据闭图像定理, 恒等映射是双向连续的. □

定理 14 设 X 和 U 是 Banach 空间, $\boldsymbol{M}: X \to U$ 是一个有界线性映射. 假设值域 $R_{\boldsymbol{M}}$ 是 U 的有限维线性子空间, 则 $R_{\boldsymbol{M}}$ 是闭的.

习题 11 证明定理 14. (提示: 把 $\boldsymbol{M}$ 延拓到 $X \oplus Z$ 上使得它的值域是整个 U).

习题 12 证明在每个无限维的 Banach 空间中, 存在余维数有限但是不是闭的线性子空间. (提示: 由于 Zorn 引理.)

定理 15 设 X 是一个 Banach 空间, Y 和 Z 是 X 的互补的闭子空间: $X = Y \oplus Z$, 即 X 中每个 x 都可以唯一地分解为 $x = y + z (y \in Y, z \in Z)$. 若把 x 的两个分量 y 和 z 分别记为

$$y = \boldsymbol{P}_Y x, \quad z = \boldsymbol{P}_Z x,$$

则

(i) $\boldsymbol{P}_Y$ 和 $\boldsymbol{P}_Z$ 分别是 X 到 Y 和 Z 的线性映射;

(ii) $\boldsymbol{P}_Y^2 = \boldsymbol{P}_Y$, $\boldsymbol{P}_Z^2 = \boldsymbol{P}_Z$, $\boldsymbol{P}_Y \boldsymbol{P}_Z = 0$;

(iii) $\boldsymbol{P}_Y$ 和 $\boldsymbol{P}_Z$ 是连续的.

证明 (i) 和 (ii) 是显然的. 为证 (iii), 我们注意到由于 Y 和 Z 是闭的, 且分解是唯一的, 故 $\boldsymbol{P}_Y$ 和 $\boldsymbol{P}_Z$ 的图像是闭的. 由闭图像定理知余下的结论成立. □

称满足 $\boldsymbol{P}^2 = \boldsymbol{P}$ 的线性映射为投影.

本章最后, 我们注意到在完备的距离空间中, 有不能表示成可数个无处稠密子集的并集的真子集, 称这种集合是第二纲集. 这允许我们对开映射原理进一步深化.

定理 16 设 X 和 U 是 Banach 空间, $\boldsymbol{M}: X \to U$ 是有界线性映射, 其值域 $R_{\boldsymbol{M}}$ 是 U 的第二纲的子集, 则 $\boldsymbol{M}$ 的值域是整个 U.

习题 13 证明定理 16.

历史注记 Stefan Banach(1892—1945), 波兰数学家, 现代分析的鼻祖之一. Banach 对现代分析做出了巨大的贡献并撰写了本领域的第一本专著 (1932). 为纪念他, 人们命名了 Banach 空间. 他是伟大的波兰泛函分析学派的灵魂.

第二次世界大战期间, 波兰的纳粹占领者用 Banach 和其他一些人的身体繁殖

虱子, 以获得抗伤寒免疫血清. 战争结束后, Banach 很快就去世了.

下面的故事是纳粹分子对波兰人态度的一个缩影. 1940 年当希特勒征服法国统治了几乎整个欧洲时, 一个是纳粹党成员的领袖级德国数学家, 给法国数学的核心人物 Elie Cartan 打电话讨论在欧洲新秩序下的数学组织. Cartan 想知道如何安置波兰数学家. “哦,” 德国人回答说, “元首已经宣布波兰人是劣等人.”

参考文献

Banach, S., Sur les fonctionelles linéaires, I, II. *Studia Math.*, **1**(1929): 211-216, 223–339.

Schauder, J., Über die Umkehrung linearer, stetiger Functionaloperationen. *Studia Math.* **2**(1930): 1–6.

第 16 章　有界线性映射的例子

积分算子是一类重要的线性映射. 本章的第一部分研究积分算子在不同范数下的有界性. 设 T 和 S 是分别带有测度 n 和 m 的 Hausdorff 空间. 令 $\boldsymbol{K}$ 表示把 T 上的复值函数 f 映为 S 上的复值函数 g 的积分算子：

$$g(s) = (\boldsymbol{K}f)(s) = \int_T K(s,t)f(t)\,\mathrm{d}n(t). \tag{1}$$

称复值函数 $K(s,t)$ 为 $\boldsymbol{K}$ 的核; 假设 f 和 $K(s,t)$ 可测且使得 (1) 式定义了一个可测函数 g. 后面的每个定理都揭示了关于 f, $\boldsymbol{K}$ 和 g 的一个自然的类. 在第 4 章中, 我们定义了 L^p 范数：

$$|f|_{L^p} = (\int_T |f(t)|^p \mathrm{d}n(t))^{1/p}, \quad 1 \leqslant p \leqslant \infty.$$

空间 $L^p(T,n)$ 是空间 $C_0(T)$ 在 L^p 范数下的完备化. 类似地可以定义空间 $L^p(S,m)$. L^∞ 空间是由本性有界的可测函数构成的空间.

16.1　积分算子的有界性

设 $\boldsymbol{K}$ 是由核 $K(s,t)$ 通过 (1) 式定义的积分算子, 我们将 $\boldsymbol{K}$ 视为由 $L^1(T,n)$ 或 $L^\infty(T,n)$ 到 $L^1(S,m)$ 或 $L^\infty(S,m)$ 的线性映射. 下面我们给出使得 $\boldsymbol{K}$ 成为有界线性映射的条件.

定理 1

(i) 如果 $\sup\limits_{s,t}|K(s,t)| < \infty$, 则 $\boldsymbol{K}: L^1(T,n) \to L^\infty(S,m)$ 是有界线性映射且

$$|\boldsymbol{K}| \leqslant \sup_{s,t}|K(s,t)|. \tag{2$_\mathrm{i}$}$$

(ii) 如果 $\int\int |K(s,t)|\mathrm{d}m(s)\mathrm{d}n(t) < \infty$, 则 $\boldsymbol{K}: L^\infty(T,n) \to L^1(S,m)$ 是一个有界映射且

$$|\boldsymbol{K}| \leqslant \int\int |K(s,t)|\mathrm{d}m(s)\mathrm{d}n(t). \tag{2$_\mathrm{ii}$}$$

(iii) 如果 $\sup\limits_s \int |K(s,t)|\mathrm{d}n(t) < \infty$, 则 $\boldsymbol{K}: L^\infty(T,n) \to L^\infty(S,m)$ 是一个有界线性映射且

$$|\boldsymbol{K}| \leqslant \sup_s \int |K(s,t)|\mathrm{d}n(t). \tag{2$_\mathrm{iii}$}$$

(iv) 如果 $\sup\limits_t \int |K(s,t)|\mathrm{d}m(s) < \infty$, 则 $\boldsymbol{K}: L^1(T,n) \to L^1(S,m)$ 是一个有界线性映射且

$$|\boldsymbol{K}| \leqslant \sup_t \int |K(s,t)|\mathrm{d}m(s). \tag{2_{iv}}$$

证明 由 (1), $\forall s \in S$,

$$|g(s)| \leqslant \int_T |K(s,t)||f(t)|\mathrm{d}n(t). \tag{3}$$

上式右端 $\leqslant \sup\limits_t |K(s,t)||f|_{L^1}$, 故

$$|g|_\infty = \sup_s |g(s)| \leqslant \sup_{s,t} |K(s,t)||f|_{L^1}.$$

这证明了 (2_{i}).

(3) 式在 S 上关于 $\mathrm{d}m$ 积分,

$$\begin{aligned}|g|_{L^1} &= \int_S |g(s)|\mathrm{d}m(s) \leqslant \int\int |K(s,t)||f(t)|\mathrm{d}n(t)\mathrm{d}m(s) \\ &= \int \left[\int |K(s,t)|\mathrm{d}m(s)\right]|f(t)|\mathrm{d}n(t).\end{aligned} \tag{4}$$

上式右端

$$\leqslant \int\int |K(s,t)|\mathrm{d}m(s)\mathrm{d}n(t)|f|_\infty;$$

这证明了 (2_{ii}).

(4) 式右端也小于

$$\sup_t \int |K(s,t)|\mathrm{d}m(s)|f|_{L^1};$$

这证明了 (2_{iv}).

(3) 式右端小于

$$\int_T |K(s,t)|\mathrm{d}n(t)|f|_{L^\infty};$$

此式与 (3) 合在一起证明了 (2_{iii}). □

注意到当 $K(s,t)$ 和 $f(t)$ 都是正的时, (3) 和 (4) 中的等号成立. 由此不难推出以下推论.

推论 1′ 当 (1) 中的核 $K(s,t)$ 是非负的时, (2_{iii}) 和 (2_{iv}) 中等号成立.

下面我们考虑 $\boldsymbol{K}$ 的转置. 用 $(\ ,\ )_S$ 和 $(\ ,\ )_T$ 分别表示 S 和 T 上的关于 $\mathrm{d}m$ 和 $\mathrm{d}n$ 的 L^2 内积:

$$(g,h)_S = \int g(s)h(s)\mathrm{d}m(s), \tag{5}$$

$$(k,f)_T = \int_T k(t)f(t)\mathrm{d}n(t). \tag{5′}$$

在 (1) 两边乘以 $h(s)$ 并积分, 得

$$(\boldsymbol{K}f,h)_S = \iint\limits_{ST} K(s,t)f(t)h(s)\mathrm{d}n(t)\mathrm{d}m(s) = (f,\boldsymbol{K}'h)_T, \tag{6}$$

这里

$$(\boldsymbol{K}'h)(t)=\int_S K(s,t)h(s)\mathrm{d}m(s). \tag{6'}$$

一句话, 转置 $\boldsymbol{K}'$ 的核和 $\boldsymbol{K}$ 的核相同, 只是变量 s 和 t 的角色交换了.

根据第 15 章定理 5, $\boldsymbol{K}'$ 的范数和 $\boldsymbol{K}$ 的范数相等. 我们在核 K 非负且 $\boldsymbol{K}$ 是 $L^1(T)$ 到 $L^1(S)$ 的映射时验证这个结论. 根据推论 1′, $|\boldsymbol{K}|$ 由公式 (2_{iv}) 给出. 另一方面, $\boldsymbol{K}'$ 调换了 s 和 t 的角色, 把 $L^\infty(S)$ 映到 $L^\infty(T)$ 中, 其范数由 (2_{iii}) 给出. 显然, 这证明了 $|\boldsymbol{K}'|=|\boldsymbol{K}|$.

下面我们考虑 L^2 范数, 记之为 $||\ ||$; 对应的 $\boldsymbol{K}$ 的范数记为 $||\boldsymbol{K}||$.

定理 2 当 $\int\limits_S\int\limits_T|K^2(s,t)|\mathrm{d}m\mathrm{d}n<\infty$ 时, 由 (1) 定义的 $\boldsymbol{K}: L^2(S)\to L^2(T)$ 是有界线性映射且

$$||\boldsymbol{K}||^2\leqslant\int\limits_S\int\limits_T|K^2(s,t)|\mathrm{d}m\mathrm{d}n. \tag{7}$$

证明 对 (1) 式右端应用 Schwarz 不等式 (参看第 6 章), 我们得到

$$|g(s)|^2\leqslant\int_T|K^2(s,t)|\mathrm{d}n\int_T|f(t)|^2\mathrm{d}n.$$

两端关于 $\mathrm{d}m$ 积分,

$$||g||^2\leqslant\int\limits_S\int\limits_T|K(s,t)|^2\mathrm{d}n\mathrm{d}m||f||^2,$$

此即 (7). □

不等式 (7) 属于 Hilbert 和 E. Schmidt. 线性映射有界的另一个判别准则由 Holmgren 给出.

定理 3 当 $(\sup\limits_s\int|K(s,t)|\mathrm{d}n)^{1/2}(\sup\limits_t\int|K(s,t)|\mathrm{d}m)^{1/2}<\infty$ 时, 由 (1) 定义的映射 $\boldsymbol{K}$ 作为从 L^2 到 L^2 的线性映射是有界的且

$$||\boldsymbol{K}||\leqslant\left(\sup_s\int|K(s,t)|\mathrm{d}n\right)^{1/2}\left(\sup_t\int|K(s,t)|\mathrm{d}m\right)^{1/2}. \tag{8}$$

证明 根据第 6 章定理 1,

$$||g||=\max_{||h||=1}(g,h)_S. \tag{9}$$

我们用 (9) 去估计 $g=\boldsymbol{K}f$. 根据 (6),

$$(g,h)_S=\int\int K(s,t)f(t)h(s)\mathrm{d}n\mathrm{d}m. \tag{10}$$

因为对任意的三个正数 f,h 和 c 有 $fh\leqslant cf^2/2+h^2/2c$, 故

$$(10)\text{ 式右端}\leqslant\int\int|K(s,t)|\left\{\frac{c}{2}|f(t)|^2+\frac{1}{2c}|h(s)|^2\right\}\mathrm{d}m\mathrm{d}n.$$

在第一项中先对 s 积分, 在第二项中先对 t 积分, 我们得到估计

$$\frac{c}{2}\sup_t\int|K(s,t)|\mathrm{d}m||f||^2+\frac{1}{2c}\sup_s\int|K(s,t)|\mathrm{d}n||h||^2. \tag{10'}$$

现在取 $||f||=1=||h||$ 并选择 c 使得 (10′) 取最小值. 这个最小值是

$$\left(\sup_t\int\right)^{1/2}\left(\sup_s\int\right)^{1/2}. \tag{10''}$$

结合 (9), (10) 以及 (10″), 我们断定对 $||f||=1$, $||\boldsymbol{K}f||$ 小于或等于 (10″) 中的数. 根据定义, $||\boldsymbol{K}||=\sup\limits_{||f||=1}||\boldsymbol{K}f||$, 这证明了 (8). □

16.2 Marcel Riesz 凸性定理

(8) 式右端出现的两个因子分别是在 (2_{iii}) 和 (2_{iv}) 右端出现的数的平方根. 在推论 1′ 中对正的核, 这些数不仅分别是 $\boldsymbol{K}:L^\infty\to L^\infty$ 和 $\boldsymbol{K}:L^1\to L^1$ 的范数的上界, 而且等于这些范数.

定义 用 $M(p,q)$ 表示

$$\boldsymbol{K}:L^p(T,n)\longrightarrow L^q(S,m) \tag{11}$$

的范数. 对核 $K(s,t)\geqslant 0$ 的积分算子, 我们可以把不等式 (8) 重新叙述为

$$M(2,2)\leqslant M^{1/2}(1,1)M^{1/2}(\infty,\infty).$$

这是由 M. Riesz 得出的一个定理的特殊情形.

定理 4 设 $\boldsymbol{M}$ 是一个把 T 上的复值函数映为 S 上的复值函数的线性映射. 假设 $\boldsymbol{M}$ 把关于 n 可测的函数映为关于 m 可测的函数, 并假设 $\boldsymbol{M}$ 在下面两对范数下有界:

$$L^{p_0}(T,n)\longrightarrow L^{q_0}(S,m)\ \text{和}\ L^{p_1}(T,n)\longrightarrow L^{q_1}(S,m).$$

结论: $\boldsymbol{M}$ 是 $L^{p(a)}(T,n)\longrightarrow L^{q(a)}(S,m)$ 的有界线性映射, 这里

$$\left(\frac{1}{p(a)},\frac{1}{q(a)}\right)=(1-a)\left(\frac{1}{p_0},\frac{1}{q_0}\right)+a\left(\frac{1}{p_1},\frac{1}{q_1}\right),\quad 0\leqslant a\leqslant 1. \tag{12}$$

此外, $M(p,q)$ 是 p 和 q 的对数性凸函数:

$$M(p(a),q(a))\leqslant M^{1-a}(p_0,q_0)M^a(p_1,q_1); \tag{12'}$$

这里 $M(p,q)$ 是由 (11) 定义的算子 $\boldsymbol{K}$ 的范数.

证明 我们简要给出 Thorin 关于这个定理的漂亮证明. 其出发点是由 Hadamard 得出的三线定理.

三线定理 设 $\phi(\zeta)$ 是带 $\{\zeta\in\mathbb{C}:0\leqslant\operatorname{Re}\zeta\leqslant 1\}$ 内的一个有界解析函数. 记

$$N(a)=\sup_\eta|\phi(a+\mathrm{i}\eta)|, \tag{13}$$

则

$$N(a)\leqslant N^{1-a}(0)N^a(1). \tag{13'}$$

证明 取 $c=\ln N(0)/N(1)$; 根据 (13), 对 $\mathrm{Re}\zeta=0$ 和 $\mathrm{Re}\zeta=1$, $|\phi(\zeta)\mathrm{e}^{c\zeta}|\leqslant N(0)$. 在带 $\{\zeta\in\mathbb{C}:0\leqslant\mathrm{Re}\,\zeta\leqslant 1\}$ 应用最大模原理,

$$|\phi(a+\mathrm{i}\eta)|\mathrm{e}^{ca}\leqslant N(0);$$

由此及 c 的定义得到 (13′). □

现在考虑映射 $\boldsymbol{M}$. 根据范数的定义, 得

$$M(p,q)-\sup_{|f|_{L^p}=1}|\boldsymbol{M}f|_{L^q}.$$

由根据第 5 章定理 5(Hölder 不等式和等式), 对 $\forall g\in L^q$,

$$|g|_{L^q}=\sup_{|h|_{L^{q'}}=1}|(g,h)_S|,$$

这里 q' 是 q 的对偶, $\frac{1}{q}+\frac{1}{q'}=1$. 对 $g=\boldsymbol{M}f$, 结合上两式得

$$M(p,q)=\sup_{|f|_{L^p}=1,|h|_{L^{q'}}=1}|(\boldsymbol{M}f,h)|. \tag{14}$$

取由 (12) 式定义的 $p=p(a)$ 和 $q=q(a)$. 复值函数 f 和 h 可以分解为 $f=|f|\mathrm{e}^{\mathrm{i}\mu}$, $h=|h|\mathrm{e}^{\mathrm{i}\nu}$. 对带 $0\leqslant\mathrm{Re}\zeta\leqslant 1$ 中的任意 ζ, 我们定义

$$f(\zeta)=|f|^{p(a)/p(\zeta)}\mathrm{e}^{\mathrm{i}\mu},\quad h(\zeta)=|h|^{q'(a)/q'(\zeta)}\mathrm{e}^{\mathrm{i}\nu}, \tag{15}$$

这里 $p(a)$, $p(\zeta)$ 等由公式 (12) 定义. 注意到 $f(a)=f$, $h(a)=h$. 由于 $1/p(\zeta)$ 和 $1/q(\zeta)$ 是 ζ 的线性函数, $1/q'(\zeta)$ 也是 ζ 的线性函数. 因此 $f(\zeta)$ 和 $h(\zeta)$ 是 ζ 的解析函数, 同样地

$$\phi(\zeta)=(\boldsymbol{M}f(\zeta),h(\zeta))_S=\int\boldsymbol{M}(f(\zeta))h(\zeta)\mathrm{d}m(s) \tag{15′}$$

也是 ζ 的解析函数.

引理 5 设 f 和 h 是范数为 1 的函数, $|f|_{p(a)}=1$, $|h|_{q'(a)}=1$, 且 $\phi(\zeta)$ 如上定义. 定义 $N(a)$ 为 $|\phi(\zeta)|$ 在直线 $\mathrm{Re}\zeta=a$ 上的上确界, 则

$$N(0)\leqslant M(p_0,q_0),\quad N(1)\leqslant M(p_1,q_1). \tag{16}$$

证明 首先取 $\mathrm{Re}\zeta=0$, 则 $\zeta=\mathrm{i}\eta$. 故由公式 (12),

$$\frac{p(a)}{p(\zeta)}=\frac{p(a)}{p_0}+\text{虚部},\quad\frac{q'(a)}{q'(\zeta)}=\frac{q'(a)}{q'_0}+\text{虚部}. \tag{17}$$

根据 (15),

$$|f(\mathrm{i}\eta)|^{p_0}_{L^{p_0}}=|f|^{p(a)}_{L^{p(a)}},\qquad|h(\mathrm{i}\eta)|^{q'_0}_{L^{q'_0}}=|h|^{q'(a)}_{L^{q'(a)}}. \tag{18}$$

因为 $|f|_{L^{p(a)}}=1$, $|h|_{L^{q'(a)}}=1$, 由 (18), $|f(\mathrm{i}\eta)|_{L^{p_0}}=1$, $|h(\mathrm{i}\eta)|_{L^{q'_0}}=1$. 因此

$$|\boldsymbol{M}f(\mathrm{i}\eta)|_{L^{q_0}}\leqslant M(p_0,q_0). \tag{19}$$

根据 Hölder 不等式估计由 (15′) 定义的 ϕ; 利用 (19) 以及 $|h(i\eta)|_{L^{q'_0}}=1$, 我们得到

$$|\phi(\mathrm{i}\eta))|=|(\boldsymbol{M}f(\mathrm{i}\eta),h(\mathrm{i}\eta))|\leqslant|(\boldsymbol{M})f(\mathrm{i}\eta)|_{L^{q_0}}|h(\mathrm{i}\eta)|_{L^{q'_0}}\leqslant M(p_0,q_0).$$

这证明了 (16) 的第一部分; 同样的方法可证明第二部分. □

现在对由 (15′) 定义的 ϕ 应用三线定理 (13′). 由 (16),

$$|\phi(a)| \leqslant N(a) \leqslant M^{1-a}(p_0, q_0) M^a(p_1, q_1). \tag{20}$$

因为 $f(a) = f$, $h(a) = h$, 根据 (15′),

$$\phi(a) = (\boldsymbol{M}f, h).$$

根据 (14), 上式右端对所有的范数为 1 的 f 和 h 取上确界就是 $\boldsymbol{M}$ 的范数:

$$M(p(a), q(a)) = \sup |\phi(a)|.$$

对上式右端利用估计式 (20), 我们得到了要证明的不等式 (12′). □

16.3 有界积分算子的例子

定理 2 和定理 3 给出了从 L^2 到 L^2 的积分算子有界的判别准则. 这些准则对有界性远不是必要的, 而且在证明大多数重要的线性映射的有界性时也是不充分的. 我们给出一些例子予以说明.

16.3.1 Fourier 变换

设 $T = S = \mathbb{R}$, m 和 n 是 Lebesgue 测度, $f \in L^2(\mathbb{R})$. f 的 Fourier 变换是

$$(\boldsymbol{F}f)(s) = \int_{\mathbb{R}} \mathrm{e}^{-\mathrm{i}st} f(t) \frac{\mathrm{d}t}{\sqrt{2\pi}}, \tag{21}$$

其核为

$$K(s,t) = \frac{1}{\sqrt{2\pi}} \mathrm{e}^{-\mathrm{i}st}. \tag{21′}$$

显然, 对 $\boldsymbol{K} = \boldsymbol{F}$, (7) 式和 (8) 式右端等于 ∞, 故定理 2 和定理 3 不能说明 Fourier 变换的 $L^2 \to L^2$ 有界性. 但是众所周知它是有界的, 参看附录 B 的定理 21. 另一方面, 我们可以利用定理 1(i) 断定 $\boldsymbol{F} : L^1 \to L^\infty$ 以 $\frac{1}{\sqrt{2\pi}}$ 为界. 对 $(p_0 = q_0) = (2, 2)$, $(p_1, q_1) = (1, \infty)$ 应用 M. Riesz 凸性定理, 即定理 4. 经过简单计算, 我们得到如下定理.

定理 6 对 $1 \leqslant p \leqslant 2$, $\boldsymbol{F} : L^p \to L^{p/(p-1)}$ 是有界线性映射且

$$|\boldsymbol{F}| \leqslant \left(\frac{1}{\sqrt{2\pi}}\right)^{(2-p)/p}. \tag{22}$$

为纪念其发现者, 将此不等式称为 Hausdorff-Young 不等式.

16.3.2 Hilbert 变换

设 $h(t)$ 是 $\mathbb{R}$ 上相当光滑 (C^1 即可) 的实值函数且当 $|t| \to \infty$ 时以合理的速度 (比如 $O(t^{-2})$) 趋于 0.

Cauchy 积分

$$\frac{1}{\pi\mathrm{i}} \int_{\mathbb{R}} \frac{h(t)}{t - \zeta} \mathrm{d}t = f(\zeta) \tag{23}$$

定义了一个函数 $f(\zeta)$, 或者说两个解析函数, 一个定义在上半平面, 另一个在下半平面. 我们限制 ζ 属于上半平面.

设 $\zeta=\xi+\mathrm{i}\eta$. 将 f 的实部和虚部表示出来:

$$\begin{aligned} f(\zeta)=\frac{1}{\pi\mathrm{i}}\int_{\mathbb{R}}\frac{h(t)(t-\bar{\zeta})}{|t-\zeta|^2}\mathrm{d}t&=\frac{1}{\pi}\int_{\mathbb{R}}\frac{\eta}{(\xi-t)^2+\eta^2}h(t)\mathrm{d}t\\ &+\frac{\mathrm{i}}{\pi}\int_{\mathbb{R}}\frac{(\xi-t)}{(\xi-t)^2+\eta^2}h(t)\mathrm{d}t. \end{aligned} \tag{23$'$}$$

利用 h 所满足的性质, 不难证明

(i) 随着 $|\zeta|\to\infty$,

$$|f(\zeta)|=o(|\zeta|^{-1}). \tag{24}$$

(ii) $f(\zeta)$ 连续到实轴, 且在实轴上其实部等于 h:

$$f(\xi)=h(\xi)+\mathrm{i}k(\xi), \tag{25}$$

这里 k 用 h 表示为积分主值:

$$k(\xi)=\frac{1}{\pi}PV\int\frac{h(t)}{\xi-t}\mathrm{d}t\equiv(\boldsymbol{H}h)(\xi). \tag{25$'$}$$

(25′) 中定义的映射 $\boldsymbol{H}$ 称为Hilbert 变换; 它把在上半平面内满足 (24) 的解析函数的边值的实部和虚部联系起来.

定理 7 Hilbert 变换是 $L^2(\mathbb{R})\to L^2(\mathbb{R})$ 的一个等距.

证明 由于 f^2 在 $\mathrm{Im}\zeta>0$ 内是解析的, 根据 Cauchy 定理, 在 $\mathrm{Im}\zeta>0$ 内的每个闭围道上

$$\oint f^2\mathrm{d}\zeta=0. \tag{26}$$

我们现在取围道由线段 $\xi+\mathrm{i}\varepsilon$, $-R\leqslant\xi\leqslant R$ 和一个半圆周 $\xi=R\cos\theta$, $\eta=R\sin\theta+\varepsilon$ 构成. 令 $\varepsilon\to0$, $R\to\infty$. 由 (24), (26) 中在半圆周上的积分当 $R\to\infty$ 是趋于 0, 而由 (24) 和 (25), 在线段上的积分趋于

$$\int_{\mathbb{R}}(h+\mathrm{i}k)^2d\xi=0. \tag{26$'$}$$

取 (26′) 的实部给出

$$\int h^2d\xi=\int k^2d\xi,$$

这证明了定理 7. □

习题 1 证明

$$\boldsymbol{H}^2=-\boldsymbol{I},\quad \text{这里 } \boldsymbol{I} \text{ 是恒等算子}. \tag{27}$$

(提示: 考虑 $-\mathrm{i}f(\xi)$ 的实部与虚部的关系.)

注意到 $\boldsymbol{H}$ 的核

$$K(s,t)=\frac{1}{s-t} \tag{28}$$

不满足定理 2 和定理 3 中有界性的判断条件.

用上面 $\boldsymbol{H}: L^2 \to L^2$ 是一个等距的论证可以用来证明如下定理.

定理 8 对所有的 p, $1 < p < \infty$, Hilbert 变换 $\boldsymbol{H}$ 是 $L^p \to L^p$ 的有界线性算子.

证明 取 $p = 4$, 考虑解析函数 f^4. 根据 Cauchy 定理,

$$\oint f^4 \mathrm{d}\zeta = 0. \tag{29}$$

我们选择和 (26) 中一样的道路并令 $\varepsilon \to 0$, $R \to \infty$, 得到

$$\int_{\mathbb{R}} (h(\xi) + \mathrm{i}k(\xi))^4 \mathrm{d}\xi = 0.$$

这个关系式的实部是

$$\int_{\mathbb{R}} (h^4 - 6h^2k^2 + k^4)\mathrm{d}\xi = 0. \tag{29$'$}$$

根据 Cauchy 不等式, 对正数 a, b, c, $ab \leqslant ca^2/2 + b^2/2c$; 对 $a = h^2$, $b = k^2$, $c = 6$ 应用此不等式, 有

$$6h^2k^2 \leqslant 18h^4 + \frac{1}{2}k^4.$$

代入 (29$'$), 我们得到

$$\frac{1}{2}\int k^4 d\xi \leqslant 17 \int h^4 d\xi.$$

这证明了 $\boldsymbol{H}: L^4 \to L^4$ 是有界的且 $|\boldsymbol{H}| \leqslant 34$.

同样的论证对任意偶数 p 都适用. 然后应用定理 4(M. Riesz 凸性定理), 我们得到对任意的 p, $2 \leqslant p < \infty$, $\boldsymbol{H}: L^p \to L^p$ 是有界线性映射.

为完成定理证明, 我们利用第 15 章定理 5, 根据此定理, $\boldsymbol{H}$ 的转置 $\boldsymbol{H}'$ 的范数等于 $\boldsymbol{H}$ 的范数. 根据公式 (1), (1$'$), $\boldsymbol{H}'$ 的核可以由 $\boldsymbol{H}$ 的核交换变量的角色得到. 根据 (28), 交换 $\boldsymbol{H}$ 的核中的变量只是交换符号. 故

$$\boldsymbol{H}' = -\boldsymbol{H}. \tag{30}$$

若 $\boldsymbol{H}: L^p \to L^p$, 则 $\boldsymbol{H}': (L^p)' \to (L^p)'$. 根据第 8 章定理 11, L^p 的对偶是 $L^{p'}$, 这里

$$\frac{1}{p'} + \frac{1}{p} = 1. \tag{31}$$

注意到 $p > 2$ 推出 $p' < 2$. 结合 (30) 和 (31) 以及第 8 章定理 5, 我们断定 $\boldsymbol{H}: L^{p'} \to L^{p'}$ 的范数等于 $\boldsymbol{H}: L^p \to L^p$ 的范数. 由于我们已经证明了后者当 $2 < p < \infty$ 是有限的, 故它们对 $1 < p' < 2$ 也是有界的. □

定理 8 及其令人吃惊的证明由 M. Riesz 给出.

习题 2 证明作为 $L^\infty \to L^\infty$ 的映射, H 不是有界的. 由此推出 $\boldsymbol{H}: L^1 \to L^1$ 不是有界的.

16.3.3 Laplace 变换

设 $f(t)$ 是定义在 $\mathbb{R}_+=\{t\in\mathbb{R}_+:t\geqslant 0\}$ 上的复数值函数. 它的 Laplace 变换 $\boldsymbol{L}f$ 是 $\mathbb{R}_+=\{s\in\mathbb{R}:s\geqslant 0\}$ 上的函数

$$g(s)=(\boldsymbol{L}f)(s)=\int_0^\infty f(t)\mathrm{e}^{-st}\mathrm{d}t. \tag{32}$$

定理 9 Laplace 变换 $\boldsymbol{L}$ 是 $L^2(\mathbb{R}_+)\to L^2(\mathbb{R}_+)$ 的一个有界线性映射且

$$||\boldsymbol{L}||=\sqrt{\pi}. \tag{33}$$

证明 根据 Schwarz 不等式,

$$\begin{aligned}|g(s)|^2&=\left(\int_0^\infty f(t)\mathrm{e}^{-st}\mathrm{d}t\right)^2=\left(\int_0^\infty (f(t)\mathrm{e}^{-\frac{st}{2}}t^{1/4})(\mathrm{e}^{-\frac{st}{2}}t^{-1/4})\mathrm{d}t\right)^2\\&\leqslant\int_0^\infty |f(t)|^2\mathrm{e}^{-st}t^{1/2}\mathrm{d}t\int_0^\infty \mathrm{e}^{-st}t^{-1/2}\mathrm{d}t.\end{aligned} \tag{34}$$

根据变量替换我们可以把第二个积分写为

$$\int_0^\infty \mathrm{e}^{-st}t^{-1/2}\mathrm{d}t=\int_0^\infty \mathrm{e}^{-u}u^{-1/2}\mathrm{d}u\ s^{-1/2}=Cs^{-1/2}, \tag{35}$$

这里

$$C=\int_0^\infty \mathrm{e}^{-u}u^{-1/2}\mathrm{d}u=\int_0^\infty \mathrm{e}^{-x^2}x^{-1}2x\mathrm{d}x=2\int_0^\infty \mathrm{e}^{-x^2}\mathrm{d}x=\sqrt{\pi}. \tag{36}$$

把 (35) 代入 (34) 得到

$$|g(s)|^2\leqslant Cs^{-1/2}\int_0^\infty |f(t)|^2\mathrm{e}^{-st}t^{1/2}\mathrm{d}t. \tag{37}$$

对 (37) 积分得到

$$||g||^2=\int_0^\infty |g(s)|^2\mathrm{d}s\leqslant C\int_0^\infty\int |f(t)|^2\mathrm{e}^{-st}t^{1/2}s^{-1/2}\mathrm{d}t\mathrm{d}s. \tag{38}$$

交换积分顺序并在 s 积分中做变量替换:

$$\int_0^\infty \mathrm{e}^{-st}t^{1/2}s^{-1/2}\mathrm{d}s=\int_0^\infty e^{-u}u^{-1/2}\mathrm{d}u=C.$$

由 (38),

$$||g||^2\leqslant C^2||f||^2.$$

利用 (36) 中给出的 C 的值, 我们得到 $||\boldsymbol{L}||\leqslant\sqrt{\pi}$. 为了证明等号成立, 取

$$f(t)=\begin{cases}1/\sqrt{t}, & a<t<b,\\ 0, & 其他,\end{cases}$$

则 $||f||^2=\ln b/a$. 令 $g=\boldsymbol{L}f$; 不难证明当 $a\to 0$, $b\to\infty$ 时, $||g||\geqslant\pi(1-\varepsilon)\ln b/a$. 结合 $||\boldsymbol{L}||\leqslant\sqrt{\pi}$, 这证明了 (33). □

我们注意到 $\boldsymbol{L}$ 的核 e^{-st} 完全不满足定理 2 或者定理 3 中给出的 L^2 有界判别准则.

习题 3 证明: 当 $p \neq 2$ 时, Laplace 变换 $\boldsymbol{L}$ 作为 $L^p(\mathbb{R}_+) \to L^p(\mathbb{R}_+)$ 的线性映射不是有界的. (提示: 尝试 $f(t) = \mathrm{e}^{-at}$.)

由第 15 章定理 8, 若 $\boldsymbol{L}$ 是有界的, 则 $\boldsymbol{L}^2$ 也是有界的; 因此根据 (33), 由次可乘性,

$$||\boldsymbol{L}^2|| \leqslant ||\boldsymbol{L}||^2 = \pi. \tag{39}$$

我们断定在 (39) 中等号成立. 为此, 注意到积分算子 $\boldsymbol{L}$ 的核 e^{-st} 是 s 和 t 的实对称函数. 容易验证 (参看公式 (6), (6′)), 有对称核的积分算子 $\boldsymbol{L}$ 满足

$$(\boldsymbol{L}u, v) = (u, \boldsymbol{L}v), \tag{40}$$

即这样的算子是自伴随的; 我们称这样的算子是对称的.

定理 10 设 $\boldsymbol{L}$ 是从实 Hilbert 空间到自身的一个有界对称线性映射. 则

$$||\boldsymbol{L}^2|| = ||\boldsymbol{L}||^2.$$

证明 根据次可乘性, 不论线性算子 $\boldsymbol{L}$ 是否对称, 均有 $||\boldsymbol{L}^2|| \leqslant ||\boldsymbol{L}||^2$. 为证相反的不等式, 我们在 (40) 中取 $v = \boldsymbol{L}u$; 我们得到

$$(\boldsymbol{L}u, \boldsymbol{L}u) = (u, \boldsymbol{L}^2 u).$$

左端等于 $||\boldsymbol{L}u||^2$; 由 Schwarz 不等式,

$$||\boldsymbol{L}u||^2 \leqslant ||u||||\boldsymbol{L}^2 u|| \leqslant ||u||^2||\boldsymbol{L}^2||.$$

由于这对 H 中任意向量 u 都成立, 故 $||\boldsymbol{L}||^2 \leqslant ||\boldsymbol{L}||^2$. □

显然, 由定理 10, (39) 中等号成立.

我们不难计算出线性映射 $\boldsymbol{L}^2$:

$$\begin{aligned}(\boldsymbol{L}^2 f)(r) &= \int_0^\infty (\boldsymbol{L}f)(s)\mathrm{e}^{-rs}\mathrm{d}s = \int_0^\infty \int_0^\infty f(t)\mathrm{e}^{-st}\mathrm{d}t\ \mathrm{e}^{-rs}\mathrm{d}s \\ &= \int_0^\infty f(t)\int_0^\infty \mathrm{e}^{-(t+r)s}\mathrm{d}s\mathrm{d}t = \int_0^\infty \frac{f(t)}{t+r}\mathrm{d}t.\end{aligned}$$

于是我们证明了如下定理

定理 11 积分算子 $f \to g$:

$$g(r) = \int_0^\infty \frac{f(t)}{t+r}\mathrm{d}t \tag{41}$$

是 $L^2(\mathbb{R}_+) \to L^2(\mathbb{R}_+)$ 的有界线性映射且其范数等于 π.

映射 (41) 称为是Hilbert-Hankel算子. 注意到它的核 $1/(s+r)$ 完全不满足定理 2 或者定理 3 中的 L^2 有界性的判别准则.

习题 4 证明: 对 $1 < p < \infty$, Hilbet-Hankel 算子是 $L^p \to L^p$ 的有界线性映射.

关于积分算子的更进一步的知识可以参考 Halmos 和 Sunder 的书.

16.4 双曲方程的解算子

在 11.5 节中我们给出了一阶对称的双曲算子类. 它们形如

$$L=\sum_{1}^{m} A_j\partial_j+B, \quad \partial_j=\frac{\partial}{\partial s_j}. \tag{42}$$

这里, $\boldsymbol{A}_j$ 和 $\boldsymbol{B}$ 是 $n\times n$ 矩阵, 其表值为 s 的相当光滑的实数值函数. 我们设这些表值是 s 的周期函数. L 作用在向量值函数 $u(s)$ 上, 其分量是实值的并且假设是 s 的相当光滑的周期函数. 将这样的函数的内积定义为周期平行四边形上的 L^2 内积:

$$(u,v)=\int_F u\cdot v\mathrm{d}s, \tag{43}$$

其中点是向量的标准内积. 我们假设系数矩阵 $\boldsymbol{A}_j$ 是对称的:

$$\boldsymbol{A}_j^{\mathrm{T}}=\boldsymbol{A}_j. \tag{44}$$

此时 $\boldsymbol{L}$ 的形式伴随 L^* 为

$$\boldsymbol{L}^*=-\boldsymbol{L}+\boldsymbol{K}, \tag{44'}$$

这里

$$\boldsymbol{K}=\boldsymbol{B}+\boldsymbol{B}^{\mathrm{T}}-\sum \boldsymbol{A}_{j,j}, \quad \boldsymbol{A}_{j,j}=\partial_j\boldsymbol{A}_j. \tag{45}$$

光滑函数 u 和 v 以及伴随 $\boldsymbol{L}^*$ 满足

$$(v,\boldsymbol{L}u)=(\boldsymbol{L}^*v,u);$$

令 $v=u$, 由此及 (44′),

$$2(u,\boldsymbol{L}u)=(u,\boldsymbol{K}u), \tag{45'}$$

参看第 11 章方程 (20′).

定理 12 设 $u(s,t)$ 是

$$u_t+\boldsymbol{L}u=0 \tag{46}$$

的一个解并假设 u 是 s 的周期函数, 则存在依赖于 T 的常数 c, 使得

$$||u(T)||\leqslant c||u(0)||, \tag{47}$$

这里的范数是在周期平行四边形 F 上的 L^2 范数 (43).

注 1 由 (47), 解 u 由其初值 $u(s,0)$ 唯一确定. 故 $u(T)$ 与 $u(0)$ 有关. 由于方程 (46) 是线性的, 因此这个关系是线性的. 用 $\boldsymbol{S}(T)$ 表示把 $u(0)$ 映为 $u(T)$ 的映射:

$$\boldsymbol{S}(T):u(0)\to u(T); \tag{48}$$

$\boldsymbol{S}(T)$ 称为解算子. 由定理 12, 对每个 T, 解算子是 $L^2(F)\to L^2(F)$ 的有界线性映射.

证明 首先假设对所有的 s, (45) 中矩阵 $\boldsymbol{K}\geqslant 0$. 取 (46) 与 $2u$ 的内积并在 F 上积分. 由 (43) 有,

$$2(u,u_t)+2(u,\boldsymbol{L}u)=0,$$

故由 (45′),

$$2(u,u_t)+(u,\boldsymbol{K}u)=0. \tag{49}$$

第一项可以写为 $\mathrm{d}(u,u)/\mathrm{d}t$. 因此, 若对称矩阵 $\boldsymbol{K}\geqslant 0$, 则由 (49), $||u(T)||$ 是 T 的单调递增函数; 由此可知 (47) 对所有的 $T>0$, $c=1$ 成立.

若 $\boldsymbol{K}$ 不是正的, 通过 $u=e^{kt}v$ 引入新变量 v; 代入 (46) 得到 $v_t+(k+\boldsymbol{L})v=0$. 对充分大的 k, $k+K>0$, 故 v 满足 (47)($c=1$). 因此对 $c=\mathrm{e}^{kT}$, $T>0$, u 满足 (47). □

显然, 上述证明对 $\mathbb{R}^n$ 上 s 的非周期函数, 但当 $|s|\to\infty$ 时 $u(s)$ 快速趋于 0(从而使得 $u\in L^2(\mathbb{R}^n)$) 的 u 也成立.

我们下面考虑一个形如 (46) 的方程的特殊例子:

$$\boldsymbol{A}_1=\begin{pmatrix}1&0\\0&-1\end{pmatrix},\quad \boldsymbol{A}_2=\begin{pmatrix}0&1\\1&0\end{pmatrix},\quad \boldsymbol{B}=0.$$

记 $u=(v,w)'$, 我们可以按分量把 (46) 写为

$$v_t+v_x+w_y=0,$$
$$w_t-w_x+v_y=0.$$

我们消去两个分量中的一个, 通过简单计算得到

$$v_{tt}-v_{xx}-v_{yy}=0,$$
$$w_{tt}-w_{xx}-w_{yy}=0,$$

这是经典的波动方程. 波动方程有一个显式解, 可以把解算子 $\boldsymbol{S}(T)$ 变成积分算子的形式. $\boldsymbol{S}(T)$ 的核在此情形下不再是函数而是一个广义函数, 它完全不满足定理 2 和定理 3 中叙述的 L^2 有界性准则.

16.5 热传导方程的解算子

已知热传导方程

$$u_t=u_{xx}, \tag{50}$$

当它对所有实数 x 和正时刻 0 都有定义且当 $|x|\to\infty$ 快速趋于 0 时, 考虑其解 $u(s,t)$.

定理 13 设 $u(s,t)$ 是上述热传导方程的解, 则对所有的 $T>0$,

(i) $|u(T)|_{\max}\leqslant|u(0)|_{\max}$;

(ii) $|u(T)|_{L^1}\leqslant|u(0)|_{L^1}$;

(iii) $|u(T)|_{L^2}\leqslant|u(0)|_{L^2}$.

注 2 由于 (50) 是线性的, 这些估计说明 u 由其初值唯一确定且 u 对初值的依赖是线性的. 因此解算子

$$\boldsymbol{S}(T): u(0) \to u(t) \tag{51}$$

是良定义的. 由此, 定理 13 可以重新叙述为: 作为 $L^p \to L^p$ 的一个算子 $(p = \infty, 1, 2)$, $|\boldsymbol{S}(T)| \leqslant 1$.

证明 设 k 是任意一个正数. 定义 $v(x,t)$ 为

$$v = u\mathrm{e}^{-kt}, \tag{52}$$

则 v 满足方程

$$v_t + kv = v_{xx}. \tag{50'}$$

由于 $u(x,t)$ 当 $|x| \to \infty$ 时趋于 0, 同样的结论对 $v(x,t)$ 也成立. 故函数 $|v(x,t)|$ 在带 $\{(x,t):\ 0 \leqslant t \leqslant T,\ -\infty < x < \infty\}$ 内取到最大值. 我们断定该最大值在 $t=0$ 的点取到. 设最大值在 $t = T$ 时取到. 若在此点 $v(x,T) > 0$, 则 $(50')$ 左端第一项 $\geqslant 0$, 左端第二项 > 0, 而右端的项 $v_{xx} \leqslant 0$. 对负的最小值点我们类似地得到矛盾. 于是

$$\max_{0 \leqslant t \leqslant T, x} |v(x,t)| = \max_x |v(x,0)|.$$

这证明了 v 满足定理 13(i). 在 (52) 中令 $k \to \infty$ 说明 u 也满足 (i):

$$|\boldsymbol{S}(T)| \leqslant 1, \quad \boldsymbol{S}: L^\infty \to L^\infty.$$

(ii) 考虑由倒向热传导方程

$$w_t = -w_{xx} \tag{53}$$

的所有在 $0 \leqslant t \leqslant T$ 上定义的且当 $|x| \to \infty$ 时快速趋于 0 的解 $w(x,t)$ 构成的空间. 在 (50) 两边乘以 w, (53) 两端乘以 u 并相加, 得

$$(uw)_t = wu_{tt} - uw_{xx}.$$

此式在 $\mathbb{R}$ 上对 x 积分; 然后再分部积分. 当 $|x| \to \infty$ 时 v, w 趋于 0 这一事实说明右端积分为 0. 故我们得到

$$0 = \int (uw)_t \mathrm{d}x = \frac{\mathrm{d}}{\mathrm{d}t} \int uw\mathrm{d}x,$$

即 $\int uw\mathrm{d}x = (u(t), w(t))$ 与 t 无关, 特别地,

$$(u(0), w(0)) = (u(T), w(T)). \tag{54}$$

记初值 $u(0)$ 为 f; 在记号 (51) 中, $u(T) = \boldsymbol{S}(T)f$. 类似地, 记终值 $w(T)$ 为 g. 与刚刚我们证明的对 (50) 的解一样, 对 $t < T$, $w(t)$ 完全由 $w(T)$ 决定, 且在 $w(T)$ 和 $w(0)$ 之间存在一个线性关系, 记为 $\boldsymbol{S}'$:

$$w(0) = \boldsymbol{S}'(T)g.$$

在此新记号下我们把 (54) 重新写为

$$(f, \boldsymbol{S}'(T)g) = (\boldsymbol{S}(T)f, g). \tag{55}$$

括号 (u,w) 是一个双线性函数：对固定的 w, 它是 u 的线性泛函；而对固定的 u, 它是 w 的线性泛函；故 (55) 说明 $\boldsymbol{S}$ 和 $\boldsymbol{S}'$ 互为转置.

容易验证

$$|u|_{L^1} = \sup_{|w|_{\max}=1} |(u,w)|.$$

根据 (i), $|\boldsymbol{S}'(T)g|_{\max} \leqslant |g|_{\max}$, 故由 (55), $|\boldsymbol{S}(T)f|_{L^1} \leqslant |f|_{L^1}$, 此即 (ii).

(iii) 由前面的定理 4, 即 Marcel Riesz 定理, 可得 $\boldsymbol{S}: L^2 \to L^2$ 的有界性. □

注 3 下面是 (iii) 的另外一个直接的证明. 在方程 (50) 两端乘以 $2u$ 并在 $\mathbb{R}$ 上对 x 积分. 在右端分部积分. 由于 $|x| \to \infty$ 时 $u(x,t) \to 0$,

$$\frac{\mathrm{d}}{\mathrm{d}t}\int u^2 \mathrm{d}x = -\int u_x^2 \mathrm{d}x.$$

这证明了 $\int u^2(x,t)\mathrm{d}x$ 是 t 的递减函数, 由此 (iii) 成立.

类似地可以给出 (ii) 的直接证明. 用 $x_j(t)$ 表示 $u(x,t)$ 改变符号的点：

$$u(x,t)\begin{cases} >0, & x_j < x < x_{j+1}, j\text{偶数}, \\ <0, & x_j < x < x_{j+1}, j\text{奇数}, \end{cases} \tag{56}$$

则

$$|u(t)|_{L^1} = \sum (-1)^j \int_{x_j(t)}^{x_{j+1}(t)} u(x,t)\mathrm{d}x. \tag{57}$$

对 t 微分, 并利用微积分和方程 (50), 我们得到

$$\begin{aligned} \frac{\mathrm{d}}{\mathrm{d}t}|u(t)|_{L^1} &= \sum(-1)^j \int_{x_j}^{x_{j+1}} u_t \mathrm{d}x = \sum(-1)^j \int_{x_j}^{x_{j+1}} u_{xx} \\ &= \sum(-1)^j (u_x(x_{j+1}) - u_x(x_j)). \end{aligned} \tag{57$'$}$$

根据 (56), u 的一阶 x- 导数在每个点 x_j 处改变符号：

$$u_x(x_j,t)\begin{cases} \geqslant 0, & j\text{偶数}, \\ \leqslant 0, & j\text{奇数}. \end{cases}$$

因此 (57′) 右端 $\leqslant 0$. 这证明了 $|u(t)|_{L^1}$ 是 t 的递减函数, 从而 (ii) 成立. □

我们下面给出定理 13 的另一个证明. 可求得 (50) 的初值问题的显式解：

$$u(x,t) = \frac{1}{2\sqrt{\pi t}}\int f(y)\mathrm{e}^{-(x-y)^2/4t}\mathrm{d}y.$$

这证明了 $\boldsymbol{S}$ 是积分算子, 其核为 $\exp\{(x-y)^2/4t\}/2\sqrt{\pi t}$. 应用定理 1(iii) 和 (iv) 可以证明定理 13 的 (i) 和 (ii), 应用定理 3 可以证明 (iii). □

定理 13 对任意多个变量的二阶椭圆型方程也成立；上面给出的证明对一般的情况也适用, 当然最后一种基于显式解的方法除外.

16.6 奇异积分算子, 拟微分算子和 Fourier 积分算子

上面提到的几类算子在现代分析, 特别是偏微分方程的现代理论中起着主导作用. 它们大大延拓了经典的积分算子并把积分算子和微分算子统一起来. 特别地, 许多微分算子的逆可以用这些算子表示出来.

关于这些算子的理论可参看参考文献, 特别是 Hörmander 和 Taylor 的书. 我们提醒大家注意一个特别深刻的结果, 它是由 David 和 Journée 得到的关于拟微分算子的 L^2 有界性的结果.

参 考 文 献

David, G. and Journé, J- L., A boundedness criterion for generalized Calderon-Zygmund operators. *An. Math.*, **20**(1984): 371-397.

Halmos, P. R. and Sunder, V. S., *Bounded Integral Operators on L^p Spaces.* Ergebnisse der Math. und ihrer Grenzgebiete, **XV**. Springer, Berlin, 1978.

Hardy, G. H., Littlewood, J. E. and Polya, G., *Inequalities*, Cambridge University Press, Cambridge, 1934.

Hausdorff, F., Eine Ausdehnung des Parsevalschen Satzes über Fourierreihen. *Math. Zeitschrift* **16**(1923): 163–169.

Hörmander, L., *The Analysis of Linear Partial Differential Operators.* Springer Verlag, 1983.

Riesz, M., Sur les maxima des formes bilinéaires et sur les fonctionelles linéaires. *Acto Math.*, **49**(1926): 465–497.

Riesz, M., Sur les functions conjugées. *Math. Zeit.*, **27**(1927): 218-244.

Schur, I., Bemerkungen zur Theorie der beschränkten Bilinearformen mit unendichen vielen Veränderlichen. *J. für Math.*, **140**(1911): 1-28.

Taylor, M. E., *Pseudodifferential Operators.* Princeton University Press, Princeton, NJ, 1981.

Thorin, G. O., Convexity theorems generalizing those of M. Riesz and Hadamard with some applications. *Seminar Math. Lund*, **9**(1948).

Young, W. H., On the determination of the summability of a function by means of its Fourier coefficients. *Proc. London Math. Soc.*, **12**(1913): 71-88.

Weyl, H., *Singuläre Integralgleichungen mit besonderer Berücksichtigung des Fourierschen Integraltheorems.* Collected Works. Springer, Berlin.

第 17 章 Banach 代数及其基本谱理论

17.1 赋范代数

在第 15 章中, 我们了解到当第一个映射的目标空间是第二个映射的定义空间时, 如何通过复合把 Banach 空间到 Banach 空间的两个映射相乘. 本章我们特别研究从 Banach 空间到自身的有界线性映射. 任意两个这样的映射可以复合, 从而使集合 $\mathcal{L}(X, X)$ 构成了一个有单位元的代数. $\mathcal{L}$ 中每个元素都具有第 15 章定理 2 和定理 8 中所描述性质的范数, 也就是满足次可加性和次可乘性的范数. 这样的代数称为赋范代数.

从 Banach 空间 X 到自身的有界线性映射有一组重要的仅依赖于 $\mathcal{L}(X, X)$ 的代数和解析结构的结果. 在本章和第 18 章中, 我们将会在赋范代数中导出这些结果.

定义 赋范代数$\mathcal{L}$ 是复数域上的结合代数, 其中每个元素 $\boldsymbol{M}$ 都有一个非负的范数 $|\boldsymbol{M}|$, $|\boldsymbol{M}| = 0$ 当且仅当 $\boldsymbol{M} = 0$, 且范数进一步满足

$$|\boldsymbol{M} + \boldsymbol{N}| \leqslant |\boldsymbol{M}| + |\boldsymbol{N}|, \quad |c\boldsymbol{M}| = |c||\boldsymbol{M}|, \quad |\boldsymbol{N}\boldsymbol{M}| \leqslant |\boldsymbol{N}||\boldsymbol{M}|. \tag{1}$$

若赋范代数 $\mathcal{L}$ 的单位元 I 的范数为 1, 即

$$|\boldsymbol{I}| = 1, \tag{2}$$

则 $\mathcal{L}$ 是有单位的赋范代数.

定义 若赋范代数$\mathcal{L}$ 关于其范数是完备的, 则称 $\mathcal{L}$ 为Banach 代数.

本节中的结果不仅对 $\mathcal{L}(X, X)$ 成立, 而且对所有有单位的 Banach 代数也成立.

定义 如果 Banach 代数 $\mathcal{L}$ 的元素 $\boldsymbol{M}$ 在 $\mathcal{L}$ 中有一个逆元 $\boldsymbol{N} = \boldsymbol{M}^{-1}$:

$$\boldsymbol{N}\boldsymbol{M} = \boldsymbol{M}\boldsymbol{N} = \boldsymbol{I}, \tag{3}$$

则称 $\boldsymbol{M}$ 是可逆的. 如果分别有

$$\boldsymbol{A}\boldsymbol{M} = \boldsymbol{I}, \qquad \boldsymbol{I} = \boldsymbol{M}\boldsymbol{B}, \tag{4}$$

则称 $\boldsymbol{A}$ 为 $\boldsymbol{M}$ 的*左逆*, $\boldsymbol{B}$ 为 $\boldsymbol{M}$ 的*右逆*. 代数中的一个基本事实是: 若 $\boldsymbol{M}$ 既有左逆 $\boldsymbol{A}$ 又有右逆 $\boldsymbol{B}$, 则它们相等. 这是因为在 $\boldsymbol{A}\boldsymbol{M} = \boldsymbol{I}$ 右边乘以 $\boldsymbol{B}$, 得

$$\boldsymbol{A}\boldsymbol{M}\boldsymbol{B} = \boldsymbol{B}. \tag{5}$$

根据结合性和 (4) 中第二个关系式, 我们得到 $\boldsymbol{A}=\mathbf{B}$.

定理 1

(i) *若 $\boldsymbol{M}$ 和 $\boldsymbol{K}$ 是可逆的, 则 $\boldsymbol{M}\boldsymbol{K}$ 也可逆且*

$$(\boldsymbol{MK})^{-1} = \boldsymbol{K}^{-1}\boldsymbol{M}^{-1}. \tag{6}$$

(ii) 若 $\boldsymbol{M}$ 和 $\boldsymbol{K}$ 交换,

$$\boldsymbol{MK} = \boldsymbol{KM}, \tag{7}$$

且它们的乘积可逆, 则 $\boldsymbol{M}$ 和 $\boldsymbol{K}$ 都可逆.

证明　(1) 由结合性立即可以得到. 为证明 (2), 设 $\boldsymbol{MK}$ 的逆为 $\boldsymbol{N}$:

$$(\boldsymbol{MK})\boldsymbol{N} = \boldsymbol{I} = \mathrm{N}(\boldsymbol{MK}).$$

由 $\boldsymbol{N}$ 和 $\boldsymbol{K}$ 的结合性, $\boldsymbol{KN}$ 是 $\boldsymbol{M}$ 的右逆. 根据 $\boldsymbol{M}$ 和 $\boldsymbol{K}$ 的交换性以及结合性, 我们得到

$$\boldsymbol{I} = \boldsymbol{N}(\boldsymbol{MK}) = \boldsymbol{N}(\boldsymbol{KM}) = (\boldsymbol{NK})\boldsymbol{M},$$

从而 $\boldsymbol{NK}$ 是 $\boldsymbol{M}$ 的左逆. 故 $\boldsymbol{M}$ 是可逆的. □

定理 1 是纯代数性的结果; 但下面的结论不是.

定理 2　假设 Banach 代数 $\mathcal{L}$ 中的元素 $\boldsymbol{K}$ 是可逆的, 则 $\mathcal{L}$ 中和 $\boldsymbol{K}$ 充分靠近的元素也是可逆的. 特别地, 若

$$|\boldsymbol{A}| < \frac{1}{|\boldsymbol{K}^{-1}|}, \tag{8}$$

则元素 $\boldsymbol{L} = \boldsymbol{K} - \boldsymbol{A}$ 可逆.

证明　我们首先考虑 $\boldsymbol{K} = \boldsymbol{I}$ 这一特殊情形; 我们断定只要

$$|\boldsymbol{B}| < 1, \tag{9}$$

$\boldsymbol{I} - \boldsymbol{B}$ 是可逆的, $\boldsymbol{I} - \boldsymbol{B}$ 的逆由几何级数

$$\sum_0^\infty \boldsymbol{B}^n = \boldsymbol{S} \tag{9$'$}$$

给出. 显然, 由于 $|\boldsymbol{B}| < 1$, 上面级数的部分和序列是 Cauchy 列; 由于 $\boldsymbol{L}$ 是完备的, 级数收敛. 由 (1), 收敛级数可以逐项相乘; 在 (9′) 式左端乘以 $\boldsymbol{B}$, 我们得到

$$\boldsymbol{BS} = \boldsymbol{B}\sum_0^\infty \boldsymbol{B}^n = \sum_1^\infty \boldsymbol{B}^k = \boldsymbol{S} - \boldsymbol{I},$$

由此 $(\boldsymbol{I} - \boldsymbol{B})\boldsymbol{S} = \boldsymbol{I}$. 类似地, 在 (9′) 式右端乘以 $\boldsymbol{B}$ 可以证明 $\boldsymbol{S}(\boldsymbol{I} - \boldsymbol{B}) = \boldsymbol{I}$. 这证明了 $\boldsymbol{S}$ 是 $\boldsymbol{I} - \boldsymbol{B}$ 的逆.

我们现在考虑 (8): 把 $\boldsymbol{K} - \boldsymbol{A}$ 分解为

$$\boldsymbol{K} - \boldsymbol{A} = \boldsymbol{K}(\boldsymbol{I} - \boldsymbol{K}^{-1}\boldsymbol{A}). \tag{10}$$

记 $\boldsymbol{B} = \boldsymbol{K}^{-1}\boldsymbol{A}$; 根据次可乘性和不等式 (8),

$$|\boldsymbol{B}| = |\boldsymbol{K}^{-1}\boldsymbol{A}| \leqslant |\boldsymbol{K}^{-1}||\boldsymbol{A}| < 1.$$

利用 (9′), 我们对 (10) 取逆:

$$(\boldsymbol{K} - \boldsymbol{A})^{-1} = (\boldsymbol{I} - \boldsymbol{K}^{-1}\boldsymbol{A})^{-1}\boldsymbol{K}^{-1} = \sum_0^\infty (\boldsymbol{K}^{-1}\boldsymbol{A})^n\boldsymbol{K}^{-1}. \tag{10$'$}$$

这证明了 $(\boldsymbol{K}-\boldsymbol{A})$ 是可逆的. □

定义 $\mathcal{L}$ 中元素 $\boldsymbol{M}$ 的预解集由使得

$$\lambda\boldsymbol{I}-\boldsymbol{M}$$

可逆的那些复数 λ 构成的集合; $\boldsymbol{M}$ 的谱由那些使得 $\lambda\boldsymbol{I}-\boldsymbol{M}$ 不可逆的 λ 构成的集合. $\boldsymbol{M}$ 的预解集记为 $\rho(\boldsymbol{M})$, 谱记为 $\sigma(\boldsymbol{M})$.

在 11.4 节中定义了值域在复 Banach 空间里的复解析函数. 由于 Banach 代数也是复 Banach 空间, 我们也有值域在 Banach 代数中的解析函数的概念. 读者可以立即验证, 两个解析函数的乘积是解析的. 解析函数理论所有的标准性质 (Cauchy 积分定理, Cauchy 积分公式, 幂级数, Laurent 级数, 等等) 对取值在 Banach 代数里的解析函数都是有意义的而且成立的.

定理 3

(i) 预解集 $\rho(\boldsymbol{M})$ 是 $\mathbb{C}$ 的开子集.

(ii) 在 $\rho(\boldsymbol{M})$ 上, $\boldsymbol{M}$ 的预解式 $(\zeta\boldsymbol{I}-\boldsymbol{M})^{-1}$, 简记为 $(\zeta-\boldsymbol{M})^{-1}$, 是 ζ 的解析函数.

证明 假设 λ 属于 $\rho(\boldsymbol{M})$. 对 $\boldsymbol{K}=\lambda\boldsymbol{I}-\boldsymbol{M}$ 和 $\boldsymbol{A}=h\boldsymbol{I}$ 应用定理 2,

$$(\lambda-h)\boldsymbol{I}-\boldsymbol{M}=(\lambda\ \boldsymbol{I}-\boldsymbol{M}-h\boldsymbol{I})$$

对充分小的 h 是可逆的. 这证明了 (i).

根据公式 (10′),

$$((\lambda-h)-\boldsymbol{M})^{-1}=\sum_{0}^{\infty}(\lambda-\boldsymbol{M})^{-n-1}h^{n}; \tag{11}$$

这证明了预解式在 $\rho(\boldsymbol{M})$ 中每个点 λ 周围可以展开为幂级数, 且幂级数当 $|h|<|(\lambda-\boldsymbol{M})^{-1}|^{-1}$ 时收敛. 这证明了预解式是 ζ 的解析函数. □

级数 (11) 当 $|h|<|(\lambda-\boldsymbol{M})^{-1}|^{-1}$ 时收敛. 由此, 我们推出如下推论.

推论 3′ 对 $\lambda\in\rho(\boldsymbol{M})$, 用 $d(\lambda)$ 表示 λ 到 $\boldsymbol{M}$ 的谱集的距离. 则

$$|(\lambda-\boldsymbol{M})^{-1}|\geqslant d^{-1}. \tag{11′}$$

定理 4(Gelfand)

(i) 谱集 $\sigma(\boldsymbol{M})$ 是 $\mathbb{C}$ 中非空的有界闭集.

(ii) $\boldsymbol{M}$ 的谱半径, 记为 $|\sigma(\boldsymbol{M})|$, 定义为

$$|\sigma(\boldsymbol{M})|=\max_{\lambda\in\sigma(\boldsymbol{M})}|\lambda|, \tag{12}$$

则

$$|\sigma(\boldsymbol{M})|=\lim_{k\to\infty}|\boldsymbol{M}^{k}|^{1/k}. \tag{12′}$$

证明 由于 $\rho(\boldsymbol{M})$ 是开的, 它的补集 $\sigma(\boldsymbol{M})$ 是闭的. 对 $\boldsymbol{A}=\zeta^{-1}\boldsymbol{M}$ 应用 (9) 和 (9′), 我们看到

$$(\zeta\boldsymbol{I}-\boldsymbol{M})^{-1}=\zeta^{-1}(\boldsymbol{I}-\boldsymbol{M}\zeta^{-1})^{-1}=\sum_{0}^{\infty}\boldsymbol{M}^n\zeta^{-n-1} \tag{13}$$

当 $|\zeta^{-1}\boldsymbol{M}|<1$ 时收敛, 即当 $|\zeta|>|\boldsymbol{M}|$ 时收敛. 这证明了每个这样的 $\zeta\in\rho(\boldsymbol{M})$; 故 $\sigma(\boldsymbol{M})$ 中每个 λ 满足 $|\lambda|\leqslant|\boldsymbol{M}|$. 这证明了谱是有界的.

表示式 (13) 是预解式在 ∞ 点的一个 Laurent 级数; 第一项是 $\zeta^{-1}\boldsymbol{I}$. 对 (13) 式在围道 $C:|\zeta|=c, c>|\boldsymbol{M}|$ 上对 ζ 积分得到

$$\oint(\zeta-\boldsymbol{M})^{-1}\frac{\mathrm{d}\zeta}{2\pi\mathrm{i}}=\boldsymbol{I}. \tag{14}$$

若 $\boldsymbol{M}$ 的谱是空集, 则由定理 3(ii), $(\zeta-\boldsymbol{M})^{-1}$ 是处处正则解析的函数. 对 Banach 空间上的解析函数应用 Cauchy 积分定理, (14) 式左端积分将会是 0; 由于右端积分不为 0, 这证明了 $\sigma(\boldsymbol{M})$ 是非空的, 此结果由 A. E. Taylor 得出.

下面我们更精确地研究级数 (13) 的收敛半径. 设 k 是任意整数, 则我们有分解 $n=kq+r, 0\leqslant r<k$. 故 $\boldsymbol{M}^n=\boldsymbol{M}^{kq+r}=(\boldsymbol{M}^k)^q\boldsymbol{M}^r$ 由此我们推出

$$|\boldsymbol{M}^n|\leqslant|\boldsymbol{M}^r||\boldsymbol{M}^k|^q.$$

这给出估计式

$$|\sum\frac{\boldsymbol{M}^n}{\zeta^{n+1}}|\leqslant\sum\frac{|\boldsymbol{M}^n|}{|\zeta|^{n+1}}\leqslant\left(\sum_{0}^{k-1}\frac{|\boldsymbol{M}|^r}{|\zeta|^{n+1}}\right)\sum_q\left(\frac{|\boldsymbol{M}^k|}{|\zeta|^k}\right)^q,$$

于是若

$$1>\frac{|\boldsymbol{M}|^k}{|\zeta|^k},\quad \text{即}|\zeta|>|\boldsymbol{M}^k|^{1/k}, \tag{15}$$

则级数 (13) 绝对收敛, 故每个满足 (15) 的 ζ 属于预解集; 从而 $\sigma(\boldsymbol{M})$ 中每个 λ 满足 $|\lambda|\leqslant|\boldsymbol{M}^k|^{1/k}$. 根据定义 (12), $\sigma(\boldsymbol{M})\leqslant|\boldsymbol{M}^k|^{1/k}$; 由于这对所有的整数 k 都成立, 故有

$$|\sigma(\boldsymbol{M})|\leqslant\liminf_{k\to\infty}|\boldsymbol{M}^k|^{1/k}. \tag{16}$$

现在再次考虑预解式的表示式 (13) 并把 ζ^{-n-1} 的系数用 Cauchy 积分公式表示出来:

$$\oint(\zeta-\boldsymbol{M})^{-1}\zeta^n\frac{\mathrm{d}\zeta}{2\pi\mathrm{i}}=\boldsymbol{M}^n. \tag{17}$$

我们可以选取积分的道路为 $\boldsymbol{M}$ 的预解集中绕 $\sigma(\boldsymbol{M})$ 一圈的任意围道 C. 由定义 (12) 知 $|\zeta|=|\sigma(\boldsymbol{M})|+\delta$ 是这样的一个围道. 于是我们估计 (17):

$$|\boldsymbol{M}^n|\leqslant c(|\sigma(\boldsymbol{M})|+\delta)^{n+1},\quad c=\max_{|\zeta|=\sigma(\boldsymbol{M})+\delta}|(\zeta\boldsymbol{I}-\boldsymbol{M})^{-1}|.$$

取 n 次根,

$$|\boldsymbol{M}^n|^{1/n}\leqslant c^{1/n}(|\sigma(\boldsymbol{M})|+\delta)^{1+1/n},$$

再取 lim sup, 得到

$$\limsup_{n\to\infty}|\boldsymbol{M}^n|^{1/n}\leqslant|\sigma(\boldsymbol{M})|+\delta.$$

由于这对任意的 $\delta>0$ 成立, 它对 $\delta=0$ 也成立;

$$\limsup|\boldsymbol{M}^n|^{1/n}\leqslant|\sigma(\boldsymbol{M})|. \tag{18}$$

比较 (16) 和 (18) 得, $\liminf|\boldsymbol{M}^n|^{1/n}$ 和 $\limsup|\boldsymbol{M}^n|^{1/n}$ 相等, 于是我们得到 Gelfand 的谱半径公式 (12′). □

17.2 函数演算

由于 $\mathcal{L}$ 是一个代数, 对多项式 $p(t)$, 我们令

$$p(\boldsymbol{M})=\sum^N a_j\boldsymbol{M}^j \tag{19}$$

为 $\mathcal{L}$ 中元素 $\boldsymbol{M}$ 的多项式. (19) 定义了一个从多项式代数到代数 $\mathcal{L}$ 中的映射, 显然, 这是一个同态. 这个同态可以延拓到比多项式代数更大的一个函数类里; 例如我们可以定义

$$\mathrm{e}^{\boldsymbol{M}}=\sum^\infty\frac{\boldsymbol{M}^n}{n!}.$$

更一般地, 对任意整函数

$$f(\zeta)=\sum a_n\zeta^n, \tag{20'}$$

我们可以定义

$$f(\boldsymbol{M})=\sum a_n\boldsymbol{M}^n. \tag{20}$$

更进一步, 由 (12′) 知, 我们可以对在半径超过 $|\sigma(\boldsymbol{M})|$ 的圆周内收敛的幂级数, 定义 (20). 现在我们给出一个更加一般的延拓.

定义 设 $\boldsymbol{M}$ 是 $\mathcal{L}$ 中一个元素, $f(\zeta)$ 是在包含 $\sigma(\boldsymbol{M})$ 的区域 G 内解析的函数. 设 C 是 $G\cap\rho(\boldsymbol{M})$ 内绕 $\sigma(\boldsymbol{M})$ 中每个点一圈但是绕 G 的补集中每个点 0 次的一个围道. 我们定义

$$f(\boldsymbol{M})=\oint(\zeta-\boldsymbol{M})^{-1}f(\zeta)\frac{\mathrm{d}\zeta}{2\pi\mathrm{i}}. \tag{21}$$

根据 Cauchy 积分定理, (21) 与围道的选取无关.

定理 5

(i) 当 f 是多项式时, 定义 (21) 和定义 (19) 相同.

(ii) 从包含 $\sigma(\boldsymbol{M})$ 的开集上解析的函数构成的代数到 $\mathcal{L}$ 内的映射 (21) 是一个同态.

(iii)
$$\sigma(f(\boldsymbol{M}))=f(\sigma(\boldsymbol{M})). \tag{22}$$

(iv) 设 f 在包含 $\sigma(\boldsymbol{M})$ 的一个开集解析, g 在包含 $f(\sigma(\boldsymbol{M}))$ 的一个开集上解析. 若用 h 表示它们的复合, 即

$$h(\zeta)=g(f(\zeta)), \tag{23}$$

则

$$h(\boldsymbol{M}) = g(f(\boldsymbol{M})). \tag{23'}$$

证明 (i) 在 (21) 中用多项式代替 $f(\zeta)$ 并利用 (17) 说明 (21) 和 (19) 相同. 同样的论证说明对在半径大于 $|\sigma(\boldsymbol{M})|$ 的圆盘内解析的 f, (21) 和 (20) 相同.

(ii) 对任意的复数 ζ 和 ω,

$$(\zeta\boldsymbol{I} - \boldsymbol{M}) - (\omega\boldsymbol{I} - \boldsymbol{M}) = (\zeta - \omega)\boldsymbol{I}.$$

假设 ζ 和 ω 都属于 $\rho(\boldsymbol{M})$. 在上面的等式两端乘以 $(\zeta - \boldsymbol{M})^{-1}(\omega - \boldsymbol{M})^{-1}(\zeta - \omega)^{-1}$:

$$(\zeta - \omega)^{-1}[(\omega - \boldsymbol{M})^{-1} - (\zeta - \boldsymbol{M})^{-1}] = (\zeta - \boldsymbol{M})^{-1}(\omega - \boldsymbol{M})^{-1}. \tag{24}$$

关系式 (24) 称为预解恒等式.

显然, 由 (21) 给出的映射 $f \to f(\boldsymbol{M})$ 是线性的. 现在我们证明它是可乘的. 设 f 和 g 在包含 $\sigma(\boldsymbol{M})$ 的开集 G 内是解析函数. 我们选取两个都包含在 $G \cap \rho(M)$ 内的围道 C 和 D 使得它们没有公共点且 D 在 C 内, 即 C 绕 D 的每个点 ω 一次而 D 绕 C 的每个点 ζ 零次. 对 f 和 g 分别在围道 C 和 D 上应用定义 (21), 我们把 $f(\boldsymbol{M})g(\boldsymbol{M})$ 写成两个积分的乘积, 并把它表示为二重积分. 利用预解恒等式 (24):

$$\begin{aligned} f(\boldsymbol{M})g(\boldsymbol{M}) &= \oint\oint (\zeta - \boldsymbol{M})^{-1}(\omega - \boldsymbol{M})^{-1} f(\zeta)g(\omega)\frac{\mathrm{d}\zeta}{2\pi \mathrm{i}}\frac{\mathrm{d}\omega}{2\pi \mathrm{i}} \\ &= \oint\oint (\zeta - \omega)^{-1}[(\omega - \boldsymbol{M})^{-1} - (\zeta - \boldsymbol{M})^{-1}] f(\zeta)g(\omega)\frac{\mathrm{d}\zeta}{2\pi \mathrm{i}}\frac{\mathrm{d}\omega}{2\pi \mathrm{i}} \\ &= \oint\left[\oint (\zeta - \omega)^{-1} f(\zeta)\frac{1}{2\pi \mathrm{i}}\mathrm{d}\zeta\right](\omega - \boldsymbol{M})^{-1} g(\omega)\frac{1}{2\pi \mathrm{i}}\mathrm{d}\omega \\ &\quad - \oint\left[\oint (\zeta - \omega)^{-1} g(\omega)\frac{1}{2\pi \mathrm{i}}\mathrm{d}\omega\right](\zeta - \boldsymbol{M})^{-1} f(\zeta)\frac{1}{2\pi \mathrm{i}}\mathrm{d}\zeta. \end{aligned} \tag{25}$$

由于 C 绕 D 的每个点 ω 一次, 根据 Cauchy 积分公式, 上式第一项中关于 ζ 的积分等于 $f(\omega)$. 由于 D 不绕 C 的任意点 ζ, 上面第二项中关于 ω 的积分等于 0; 故由 (25) 我们得到

$$f(\boldsymbol{M})g(\boldsymbol{M}) = \oint (\omega - \boldsymbol{M})^{-1} f(\omega)g(\omega)\frac{1}{2\pi \mathrm{i}}\mathrm{d}\omega,$$

根据 (21) 这等于 $h(\boldsymbol{M})$, 此处 $h(\omega) = f(\omega)g(\omega)$. 这证明了映射 (21) 是可乘的.

(iii) 我们必须证明, μ 属于 $f(\boldsymbol{M})$ 的谱, 当且仅当 μ 形如

$$\mu = f(\lambda), \quad \lambda \in \sigma(\boldsymbol{M}). \tag{26}$$

若 μ 不形如 (26), 则 $f(\zeta) - \mu$ 在 $\sigma(\boldsymbol{M})$ 上不为 0. 因此, $(f(\zeta) - \mu)^{-1} = g(\zeta)$ 在包含 $\sigma(\boldsymbol{M})$ 的开集上是解析的, 于是我们可以通过公式 (21) 定义 $g(\boldsymbol{M})$. 根据 (ii), $[f(\boldsymbol{M}) - \mu - \boldsymbol{I}]g(\boldsymbol{M}) = h(\boldsymbol{M})$, 这里 $h(\zeta) = (f(\zeta) - \mu)g(\zeta) \equiv 1$. 于是 $h(\boldsymbol{M}) = \boldsymbol{I}$ 且 $g(\ \boldsymbol{M})$ 是 $f(\boldsymbol{M}) - \mu\boldsymbol{I}$ 的逆. 这证明了 μ 不属于 $\sigma(f(\boldsymbol{M}))$.

另一方面, 假设 μ 形如 (26). 定义函数 $k(\zeta)$ 为

$$k(\zeta) = \frac{f(\zeta) - f(\lambda)}{\zeta - \lambda}.$$

显然, $k(\zeta)$ 在包含 $\sigma(\boldsymbol{M})$ 的开集内是解析的, 故我们可以用 (21) 定义 $k(\boldsymbol{M})$. 因为 $(\zeta-\lambda)k(\zeta)=f(\zeta)-f(\lambda)$, 故由 (ii) 可知

$$(\boldsymbol{M}-\lambda\boldsymbol{I})k(\boldsymbol{M})=f(\boldsymbol{M})-f(\lambda)\boldsymbol{I}. \tag{27}$$

由于 λ 属于 $\sigma(\boldsymbol{M})$, 第一个因子是不可逆的. 根据定理 1(ii), $f(\boldsymbol{M})-f(\lambda)\boldsymbol{I}$ 也是不可逆的.

(iv) 根据假设, $g(\omega)$ 在 $f(\sigma(\boldsymbol{M}))$ 上是解析的. 因为根据 (iii), $f(\boldsymbol{M})$ 的谱是 $f(\sigma(\boldsymbol{M}))$, 故可以在公式 (21) 中把 f 换成 g 且把 $\boldsymbol{M}$ 换成 $f(\boldsymbol{M})$, C 换成 D:

$$g(f(\boldsymbol{M}))=\oint(\omega-f(\boldsymbol{M}))^{-1}g(\omega)\frac{\mathrm{d}\omega}{2\pi\mathrm{i}}. \tag{28}$$

对 D 上的 ω, $(\omega-f(\zeta))^{-1}$ 是 $\sigma(\boldsymbol{M})$ 上的解析函数; 因此再一次应用公式 (21), 我们得到当围道 C 不绕 D 上任意的点 ω 时,

$$(\omega\boldsymbol{I}-f(\boldsymbol{M}))^{-1}=\oint(\zeta-\boldsymbol{M})^{-1}(\omega-f(\zeta))^{-1}\frac{\mathrm{d}\zeta}{2\pi\mathrm{i}}. \tag{29}$$

把 (29) 代入 (28):

$$g(f(\boldsymbol{M}))=\oint\oint(\zeta-\boldsymbol{M})^{-1}(\omega-f(\zeta))^{-1}g(\omega)\frac{1}{2\pi\mathrm{i}}\mathrm{d}\zeta\frac{1}{2\pi\mathrm{i}}\mathrm{d}\omega. \tag{30}$$

我们交换积分顺序; 由于 C 不绕 D 的点, 故 D 绕 C 中每个点 ζ. 根据 Cauchy 积分公式,

$$\oint(\omega-f(\zeta))^{-1}g(\omega)\frac{\mathrm{d}\omega}{2\pi\mathrm{i}}=g(f(\zeta))=h(\zeta),$$

在这里我们应用了 (23). 将上式代入 (30) 式右端, 根据 (21), 我们得到了 $h(\boldsymbol{M})$, 此即 (23′). □

定义 (21) 和定理 5 中列举的性质称为算子的函数演算. 关系式 (22) 称为谱映射定理.

假设 $\boldsymbol{M}$ 的谱可以分解成n 个互不相交的闭分支的并:

$$\sigma(\boldsymbol{M})=\sigma_1\cup\cdots\cup\sigma_N,\quad \sigma_j\cap\sigma_k=\phi,\ \ \forall j\neq k. \tag{31}$$

对每个 j, 用 C_j 表示 $\boldsymbol{M}$ 的预解集中绕 σ_j 中每个点一次但是不绕 $\sigma_k(k\neq j)$ 的围道. 我们定义

$$\boldsymbol{P}_j=\oint_j(\zeta-\boldsymbol{M})^{-1}\frac{\mathrm{d}\zeta}{2\pi\mathrm{i}}. \tag{32}$$

定理 6

(i) $\boldsymbol{P}_j$ 是不交的投影, 即

$$\boldsymbol{P}_j^2=\boldsymbol{P}_j,\quad \text{且对 } j\neq k,\quad \boldsymbol{P}_j\boldsymbol{P}_k=0. \tag{33}$$

(ii)

$$\sum_{j=1}^{N}\boldsymbol{P}_j=\boldsymbol{I}. \tag{34}$$

(iii) 若 σ_n 非空, 则 $\boldsymbol{P}_n\neq 0$.

证明 关系式 (33) 是定理 5(ii) 的推论. 由于 $C = \sum C_j$ 绕 $\sigma(\boldsymbol{M})$ 的每个点一次, 对所有的 j 把 (32) 相加并应用 (14) 得到 (34). 我们把 (iii) 的证明留给读者. □

习题 1 证明若 $\boldsymbol{P}$ 是非零投影, 即满足 $\boldsymbol{P}^2 = \boldsymbol{P} \neq 0$, 则

$$|\boldsymbol{P}| \geqslant 1. \tag{35}$$

习题 2 证明谱半径 $|\sigma(\boldsymbol{M})|$ 在范数拓扑下关于 $\boldsymbol{M}$ 上半连续, 即若 $\lim \boldsymbol{M}_n = \boldsymbol{M}$, 则

$$\limsup |\sigma(\boldsymbol{M}_n)| \leqslant |\sigma(\boldsymbol{M})|.$$

习题 3 证明 $|\exp \boldsymbol{M}| \leqslant \exp |\boldsymbol{M}|$.

习题 4 证明若 0 不属于 $\sigma(\boldsymbol{M})$ 且 0 不能通过 $\rho(\boldsymbol{M})$ 中的曲线与 ∞ 连通, 则可以定义 $\ln(\boldsymbol{M})$, 使得

$$\exp \ln(\boldsymbol{M}) = \boldsymbol{M}.$$

习题 5 定义 $\mathcal{L}_{\boldsymbol{M}}$ 为由 $\boldsymbol{M}$ 和 $(\zeta - \boldsymbol{M})^{-1}, \zeta \in \rho(\boldsymbol{M})$, 生成的代数的闭包. 证明 $\mathcal{L}_{\boldsymbol{M}}$ 是 $\mathcal{L}$ 的交换子代数.

注记 关于 Banach 空间上算子的谱理论历史, 请参看 Dunford 和 Schwartz 的书第 607~609 页.

"谱"的概念由 Hilbert 首先提出, 它在量子力学中有许多显著的意义.

参 考 文 献

Dunford, N., Spectral theory I, Convergence to projections. *Trans. AMS*, **54**(1943): 185–217.

Gelfand, I. M., Normierte Ringe. *Mat. Sbornik, N.S.*, **51**(1941): 3–24.

Lorch, E. R., The spectrum of linear transformations, *Trans. AMS*, **54**(1942): 238–248.

Nagumo, M., Einige analytische Untersuchungen in linearen metrischen Ringen. *Jap. J. Math.*, **13**(1936): 61–80.

Riesz, F., Sur certaines systemes singuliers d'équation integrales. *An. École Norm. Sup.* (3), **28**(1911): 33–62.

Taylor, A. E., The resolvent of a closed transformation. *Bull. AMS.* **44**(1938): 70–74.

Wiener, N., Note on a paper of M. Banach. *Fund. Math.*, **4**(1923): 136–143.

第 18 章　交换 Banach 代数的 Gelfand 理论

Banach 代数是复数域上的结合的、完备的赋范代数. 在本章中我们假设 Banach 代数 $\mathcal{L}$ 有单位元 $\boldsymbol{I}$, $|\boldsymbol{I}|=1$, 而且 $\mathcal{L}$ 是交换的:

$$\boldsymbol{MN}=\boldsymbol{NM}, \quad \text{对 } \mathcal{L} \text{ 中所有的 } \boldsymbol{M} \text{ 和 } \boldsymbol{N}. \tag{1}$$

在这里我们通过乘性泛函和极大理想这两个等价的概念来研究可逆性.

定义　Banach 代数 $\mathcal{L}$ 上的一个乘性泛函 p 是从 $\mathcal{L}$ 到 $\mathbb{C}$ 的同态.

尽管定义是纯代数的, 有单位元的交换 Banach 代数的同态具有下面的分析性质.

定理 1　有单位元的交换 Banach 代数到 $\mathbb{C}$ 上的每个同态都是一个压缩, 即满足

$$|p(\boldsymbol{M})| \leqslant |\boldsymbol{M}|. \tag{2}$$

证明　由于对每个 $\boldsymbol{M}$, $\boldsymbol{M}=\boldsymbol{IM}$ 且 p 是一个同态, 故

$$p(\boldsymbol{M})=p(\boldsymbol{IM})=p(\boldsymbol{I})p(\boldsymbol{M}).$$

由此知除了 $p\equiv 0$(在这种情形下, 定理的结论是显然的),

$$p(\boldsymbol{I})=1. \tag{3}$$

令 $\boldsymbol{K}$ 是 $\mathcal{L}$ 中的一个可逆元, 即 $\boldsymbol{KN}=\boldsymbol{I}$, 则由 (3),

$$p(\boldsymbol{K})p(\boldsymbol{N})=p(\boldsymbol{KN})=p(\boldsymbol{I})=1;$$

这证明了如下引理.

引理 2　若 $\boldsymbol{K}$ 是可逆的, 则 $p(\boldsymbol{K})\neq 0$.

现在假设 (2) 不成立, 即存在 $\boldsymbol{M}$ 使得 $|p(\boldsymbol{M})|>|\boldsymbol{M}|$, 则

$$\boldsymbol{B}=\frac{\boldsymbol{M}}{p(\boldsymbol{M})} \tag{4}$$

满足

$$|\boldsymbol{B}|<1. \tag{4$'$}$$

由第 17 章定理 2 的 (9), (9′) 可知, $\boldsymbol{K}=\boldsymbol{I}-\boldsymbol{B}$ 是可逆的. 另一方面, 由 (4) 和 (2),

$$p(\boldsymbol{K})=p(\boldsymbol{I})-p\left(\frac{\boldsymbol{M}}{p(\boldsymbol{M})}\right)=1-1=0;$$

这与引理 2 中的结论矛盾: 若 $\boldsymbol{K}$ 是可逆的, 则 $p(\boldsymbol{K})\neq 0$. 故 (2) 对所有的 $\boldsymbol{M}$ 都成立. □

本章的主要结果是引理 2 的逆.

定理 3　有单位元的交换 Banach 代数 $\mathcal{L}$ 中的元素 $\boldsymbol{K}$ 是可逆的, 当且仅当对 $\mathcal{L}$ 到 $\mathbb{C}$ 的所有非 0 同态 p, 均有

$$p(\boldsymbol{K}) \neq 0. \tag{5}$$

证明 正如引理 2 中证明的那样, 若 $\boldsymbol{K}$ 是可逆的, 则对所有的非 0 同态 p, $p(\boldsymbol{K}) \neq 0$. 余下的只需证明若 $\boldsymbol{K}$ 是不可逆的, 则存在同态 $p: \mathcal{L} \to \mathbb{C}$ 使得

$$p(\boldsymbol{K}) = 0. \tag{6}$$

为了构造这样的一个 p, 我们需要一些代数和分析的概念.

定义 设 $\mathcal{L}$ 是有单位元的交换 Banach 代数, $\mathcal{I}$ 是 $\mathcal{L}$ 的一个子集. 如果 $\mathcal{I}$ 满足

(i) $\mathcal{I}$ 是 $\mathcal{L}$ 的线性子空间;

(ii) 对 $\mathcal{L}$ 中任意的 $\boldsymbol{M}$, $\boldsymbol{M}\mathcal{I} \subset \mathcal{I}$;

(iii) $\mathcal{I}$ 是非平凡的, 即它既不是 $\{0\}$ 也不是整个 $\mathcal{L}$,

那么称 $\mathcal{I}$ 是 $\mathcal{L}$ 的一个理想.

注意到每个理想都不能包含可逆元 $\boldsymbol{N}$. 若不是这样, 则由 (ii) 可知 $\mathcal{I}$ 包含 $\mathcal{L}$ 中每个元素, 与 (iii) 矛盾. 特别地, $\mathcal{I}$ 不包含 $\boldsymbol{I}$.

引理 4 *设 $\mathcal{L}$ 和 $\mathcal{A}$ 是相同数域上的两个有单位元的交换代数, q 是从 $\mathcal{L}$ 到 $\mathcal{A}$ 上的同态. 假设 q 在以下意义下是非平凡的:*

(i) q 不是同构;

(ii) $q(\mathcal{L})$ 真包含 $\{0\}$.

由 $\mathcal{L}$ 中所有被 q 映为 0 的元素 $\boldsymbol{K}$ 构成的同态 q 的核是 $\mathcal{L}$ 的一个理想. 相反地, $\boldsymbol{L}$ 中每个理想 $\mathcal{I}$ 是某个非平凡的同态的核.

证明 容易验证 q 的核是一个理想. 为证相反的命题, 定义 $\mathcal{A}$ 为

$$\mathcal{A} = \mathcal{L}(\mathrm{mod}\mathcal{I}) = \mathcal{L}/\mathcal{I},$$

即 $\mathcal{A}$ 由 $\mathcal{L}$ 中元素的等价类构成, 两个元素 $\boldsymbol{M}$ 和 $\boldsymbol{M}'$ 是 mod$\mathcal{I}$ 等价的, 如果它们的差属于 $\mathcal{I}$:

$$\boldsymbol{M} \equiv \boldsymbol{M}' \mod \mathcal{I} \quad 如果 \boldsymbol{M} - \boldsymbol{M}' \in \mathcal{I}.$$

等价类的加法和乘法定义为从每个等价类中选取任意代表元相加和相乘得到的元素所在的等价类.

取映射 q 为把 $\mathcal{L}$ 中元素 $\boldsymbol{M}$ 映为和 $\boldsymbol{M}$ mod$\mathcal{I}$ 等价的所有 $\boldsymbol{M}'$ 所在的等价类. 显然, q 的核是 $\mathcal{I}$. □

引理 4′ *设 $\mathcal{L}$, $\mathcal{A}$ 和 q 如引理 4, $\mathcal{J}$ 是 $\mathcal{A}$ 的理想, 则 $\mathcal{J}$ 的逆象是 $\mathcal{L}$ 的理想.*

证明 这很显然.

在前面我们注意到一个理想中不能包含可逆元. 相反地, 有如下引理.

引理 5 *$\mathcal{L}$ 中任意的非零的不可逆元 $\boldsymbol{K}$ 属于某个理想.*

证明 所求的理想是由 $\boldsymbol{K}$ 生成的主理想$\boldsymbol{K}\mathcal{L}$. 容易验证性质 (i) 和 (ii); 由于 $\boldsymbol{K}\mathcal{L}$ 不包含恒等元 $\boldsymbol{I}$, 性质 (iii) 也成立. □

定义 极大理想是不包含在任意其他理想中的理想.

引理 6　$\mathcal{L}$ 的每个理想都包含在某个极大理想中.

证明　在 $\mathcal{L}$ 中由理想构成的集合上通过包含关系定义偏序. 设 $\{\mathcal{I}_\alpha\}$ 是一族全序的理想. 我们断定它们的并是一个理想; 容易验证性质 (i) 和 (ii) 成立. 由于单位元 $\boldsymbol{I}$ 不包含在任意的 $\mathcal{I}_\alpha$ 中, 也不包含在它们的并中; 这证明了性质 (iii). 由 Zorn 引理, 我们断定在包含给定理想的所有理想中有一个极大理想. □

结合引理 5 和引理 6 我们推出引理 7.

引理 7　$\mathcal{L}$ 中不可逆的元素 $\boldsymbol{K}$ 属于某个极大理想 $\mathcal{M}$.

引理 8　若 $\mathcal{M}$ 是 $\mathcal{L}$ 的一个极大理想, 则 $\mathcal{A}=\mathcal{L}/\mathcal{M}$ 是一个可除代数, 即 $\mathcal{A}$ 中的每个非零元都是可逆的.

证明　若 $\mathcal{A}$ 包含一个非零的不可逆元 $\boldsymbol{C}$, $\mathcal{J}=\boldsymbol{C}\mathcal{A}$ 是包含在 $\mathcal{A}$ 中的一个理想. 现在考虑自然的嵌入映射 $q:\mathcal{L}\to\mathcal{L}/\mathcal{M}=\mathcal{A}$. 根据引理 4′, $\mathcal{J}$ 的逆象 $\mathcal{T}$ 是 $\mathcal{L}$ 中的理想, 且真包含 $\mathcal{A}$ 中 0 的逆象 $\mathcal{M}$. 由于假设 $\mathcal{M}$ 是极大理想, 这是不可能的.□

现在我们讨论一些分析的结果.

引理 9　有单位元的交换 Banach 代数 $\mathcal{L}$ 中的理想 $\mathcal{I}$ 的闭包 $\overline{\mathcal{I}}$ 是一个理想.

证明　容易验证 $\overline{\mathcal{I}}$ 具有性质 (i) 和 (ii), 且真包含 $\{0\}$. 我们断言 $\overline{\mathcal{I}}$ 不包含 $\boldsymbol{I}$. 由于 $\mathcal{I}$ 不包含可逆元, 且根据第 17 章定理 2 知所有以 $\boldsymbol{I}$ 为心的开单位球中的 $\boldsymbol{N}$ 都是可逆的, 故 $\boldsymbol{I}$ 不在 $\overline{\mathcal{I}}$ 中. □

引理 10　有单位元的 Banach 代数 $\mathcal{L}$ 中的极大理想 $\mathcal{M}$ 是闭的.

证明　若 $\boldsymbol{M}$ 不是闭的, 则根据引理 9, $\boldsymbol{M}$ 的闭包是真包含 $\mathcal{M}$ 的理想. 这与极大性矛盾. □

引理 11　设 $\mathcal{L}$ 如上, $\mathcal{I}$ 是 $\mathcal{L}$ 中的闭理想, 则 $\mathcal{A}=\mathcal{L}/\mathcal{I}$ 在商代数的自然范数下是一个 Banach 代数.

习题 1　证明引理 11.

下面的结果由 Mazur 得出, 它是上面一系列引理的主要结论.

定理 12　若 $\mathcal{A}$ 是有单位元的可除 Banach 代数, 则 $\mathcal{A}$ 和复数域同构.

证明　正如在第 17 章定义的那样, $\mathcal{A}$ 中元素 $\boldsymbol{K}$ 的谱是使得 $\zeta\boldsymbol{I}-\boldsymbol{K}$ 不可逆的复数 ζ 构成的集合, 这里 $\boldsymbol{I}$ 是 $\mathcal{A}$ 的单位. 根据第 17 章定理 4, $\boldsymbol{K}$ 的谱都是非空的. 这意味着存在复数 κ 使得 $\kappa\boldsymbol{I}-\boldsymbol{K}$ 是不可逆的. 由于假设 $\mathcal{A}$ 是一个可除代数, 这只能当 $\kappa\boldsymbol{I}-\boldsymbol{K}$ 是 $\mathcal{A}$ 中零元时成立, 因此 $\kappa\boldsymbol{I}=\boldsymbol{K}$. 于是每个元素 $\boldsymbol{K}$ 是单位元的常数倍; 映射

$$\boldsymbol{K}\longrightarrow k \tag{7}$$

是 $\mathcal{A}$ 和 $\mathbb{C}$ 之间的一个同构. □

现在我们证明定理 3, 即任给 $\mathcal{L}$ 中的不可逆元 $\boldsymbol{K}$, 我们可以构造同态 $p:\mathcal{L}\to\mathbb{C}$ 使得 $p(\boldsymbol{K})=0$.

根据引理 7, $\boldsymbol{K}$ 属于某个极大理想 $\mathcal{M}$; 根据引理 10, $\mathcal{M}$ 是闭的. 根据引理 11, $\mathcal{L}/\mathcal{M}$ 是一个可除代数. 于是根据定理 12, $\mathcal{L}/\mathcal{M}$ 同构于 $\mathbb{C}$. 复合

$$p_{\mathcal{M}}:\mathcal{L}\to\mathcal{L}/\mathcal{M}\to\mathbb{C} \tag{8}$$

是 $\mathcal{L}$ 到 $\mathbb{C}$ 上的一个同态, 其零空间为 $\mathcal{M}$. 由于 $\boldsymbol{K}$ 属于 $\mathcal{M}$, $p_{\mathcal{M}}(\boldsymbol{K})=0$, 这证明了定理 3. □

我们把关系式 (8) 重新叙述为如下定理.

定理 13　设 $\mathcal{L}$ 是一个有单位元的交换 Banach 代数, 则对 $\mathcal{L}$ 中每个极大理想 $\mathcal{M}$, 存在 $\mathcal{L}\to\mathbb{C}$ 的同态 $p_{\mathcal{M}}$ 使得 $\mathcal{M}$ 为其零空间:

$$p_{\mathcal{M}}(\boldsymbol{K})=0 \quad 当且仅当 \quad \boldsymbol{K}\in\mathcal{M}.$$

相反地, 从 $\mathcal{L}$ 到 $\mathbb{C}$ 上的每个非 0 同态的零空间是一个极大理想.

我们注意到上面对反方向的论述是纯代数的事实. 下面我们给出定理 3 的一些结果.

定理 14　设 $\mathcal{L}$ 如上, $\boldsymbol{N}$ 是 $\mathcal{L}$ 中任意元素, 则 $\boldsymbol{N}$ 的谱是

$$\sigma(\boldsymbol{N})=\{p(\boldsymbol{N})\} \tag{9}$$

这里 p 取遍所有 $\mathcal{L}$ 到 $\mathbb{C}$ 的非 0 同态.

证明　根据谱的定义, ζ 属于 $\sigma(\boldsymbol{N})$, 当且仅当 $\zeta\boldsymbol{I}-\boldsymbol{N}$ 是不可逆的. 根据定理 3 这当且仅当存在 p 使得 $p(\zeta\boldsymbol{I}-\boldsymbol{N})=0$. 因为由 (3), $p(\boldsymbol{I})=1$, 故 $\zeta\in\sigma(\boldsymbol{N})$ 当且仅当存在 p 使得 $\zeta=p(\boldsymbol{N})$. □

下面我们说明如何利用定理 14 中谱的刻画给出谱映射定理的一个新证明. 我们首先回忆第 17 章中阐述的函数演算. 对在包含 $\sigma(\boldsymbol{M})$ 的开集内解析的函数 f, 公式 (21) 定义 $f(\boldsymbol{M})$ 为

$$f(\boldsymbol{M})=\oint(\zeta-\boldsymbol{M})^{-1}f(\zeta)\frac{1}{2\pi\mathrm{i}}\mathrm{d}\zeta. \tag{10}$$

根据第 17 章定理 4(iii), 我们得到

$$\sigma(f(\boldsymbol{M}))=f(\sigma(\boldsymbol{M})). \tag{11}$$

积分 (10) 是通常的定义 Riemann 积分的部分和在范数下的极限. 因此, 对任意的有界线性映射 $\ell:\mathcal{L}\to\mathbb{C}$, 我们可以在 (10) 式右端积分号里面应用 ℓ:

$$\ell(f(\boldsymbol{M}))=\oint\ell\left((\zeta-\boldsymbol{M})^{-1}\right)f(\zeta)\frac{1}{2\pi\mathrm{i}}\mathrm{d}\zeta. \tag{10$'$}$$

特别地, (10′) 对每个 $\mathcal{L}\to\mathbb{C}$ 的同态 p 成立:

$$p(f(\boldsymbol{M}))=\oint p\left((\zeta-\boldsymbol{M})^{-1}\right)f(\zeta)\frac{1}{2\pi\mathrm{i}}\mathrm{d}\zeta. \tag{12}$$

由于 p 是同态,

$$p\left((\zeta - \boldsymbol{M})^{-1}\right) = (\zeta - p(\boldsymbol{M}))^{-1}.$$

代入 (12) 给出

$$p(f(\boldsymbol{M})) = \oint (\zeta - p(\boldsymbol{M}))^{-1} f(\zeta) \frac{1}{2\pi \mathrm{i}} \mathrm{d}\zeta. \tag{13}$$

由定理 14 可知 $p(\boldsymbol{M})$ 属于 $\sigma(\boldsymbol{M})$. 根据构造, 围道 C 绕 $\sigma(\boldsymbol{M})$ 中每个点仅一次; 故由 Cauchy 积分公式, (13) 式右端等于 $f(p(\boldsymbol{M}))$. 这意味着

$$p(f(\boldsymbol{M})) = f(p(\boldsymbol{M})). \tag{14}$$

根据定理 14, 当 p 取遍所有同态时 (14) 式左端填满 $f(\boldsymbol{M})$ 的谱而右端填满 $f(\sigma(\boldsymbol{M}))$. 故我们断定 (11) 成立. □

在本章中构造的同态 p 可以视为对应的极大理想 $\mathcal{M}$ 和 $\mathcal{L}$ 中元素 $\boldsymbol{N}$ 的函数:

$$p = p(\mathcal{M}, \boldsymbol{N}). \tag{15}$$

对固定的 $\boldsymbol{N}$, p 是极大理想空间 J 上的函数.

定义　上面定义的函数 p 是交换 Banach 代数 $\mathcal{L}$ 在它的极大理想空间 J 上的Gelfand 表示.

定理 15

(i) Gelfand 表示是由 $\mathcal{L}$ 到集合 J 上复数值函数构成的代数之间的同态.

(ii) Gelfand 表示是一个收缩: $|p(\mathcal{M}, \boldsymbol{N})| \leqslant |\boldsymbol{N}|$.

(iii) $\boldsymbol{N}$ 的谱是表示 $\boldsymbol{N}$ 的函数的值域.

(iv) 单位元 $\boldsymbol{I}$ 被 $p(\mathcal{M}, \boldsymbol{I}) = 1$ 表示.

(v) 函数 p 分离 J 中点; 即对两个不同的极大理想 $\mathcal{M}$ 和 $\mathcal{M}'$, 存在 $\boldsymbol{N}$ 使得 $p(\mathcal{M}, \boldsymbol{N}) \neq p(\mathcal{M}', \boldsymbol{N})$.

证明　(i) 表示了每个 p 是同态; (ii) 重新叙述了 (2); (iii) 重新叙述了定理 (14); (iv) 重新叙述了 (3); (v) 由定理 13 可得. □

定义　极大理想空间 J 上的自然拓扑是使得所有的函数 $p(\mathcal{M}, \boldsymbol{N})$ ($\boldsymbol{N}$ 固定) 连续的最弱的拓扑. 此拓扑称为Gelfand 拓扑.

定理 16　J 在 Gelfand 拓扑下是紧的.

证明　考虑乘积空间

$$P = \prod_{\mathcal{L}} D_{|\boldsymbol{N}|}, \tag{16}$$

这里 D_r 是复数域 $\mathbb{C}$ 中的圆盘 $|\zeta| \leqslant r$. 每个圆盘是紧的; 因此根据 Tychonov 定理, 它们的乘积 P 在乘积拓扑下是紧的. 根据 (15), $p(\mathcal{M}, \boldsymbol{N})$ 在圆盘 $D_{|\boldsymbol{N}|}$ 里. 我们通过把 J 中的每个 $\mathcal{M}$ 映为点

$$\prod_{\mathcal{L}} p(\mathcal{M}, \boldsymbol{N}), \tag{17}$$

把 J 映到 P 内. 根据定理 15(v), (17) 是 J 到 P 内的嵌入. 显然, Gelfand 拓扑和由嵌入诱导的拓扑相同. 由于 P 是紧的, 只要知道 J 在 (17) 下的象是闭的就能够得到 J 的紧性. 设 $t=\prod t_{\boldsymbol{N}}$ 是 (17) 的闭包中的点. 我们断定 $p(\boldsymbol{N})=t_{\boldsymbol{N}}$ 是 $\mathcal{L}\to\mathbb{C}$ 的同态, 即 $t_{\boldsymbol{M}+\boldsymbol{N}}=t_{\boldsymbol{M}}+t_{\boldsymbol{N}}$, $t_{\boldsymbol{N}\boldsymbol{M}}=t_{\boldsymbol{N}}t_{\boldsymbol{M}}$ 且 $t_{c\boldsymbol{N}}=ct_{\boldsymbol{N}}$. 根据定理 15 中的 (i), (17) 中的点满足这些关系. 由于这些关系每次只和两个因子有关, 它们在 (17) 的闭包上仍然成立. □

参 考 文 献

Gelfand, I. M., Normierte Ringe. *Mat. Sbornik, N.S.*, **9**(1941): 3–24.

第 19 章　交换 Banach 代数的 Gelfand 理论的应用

19.1　代数 $C(\mathcal{S})$

设 $\mathcal{S}$ 是紧 Hausdorff 空间, $\mathcal{L} = C(\mathcal{S})$ 是 $\mathcal{S}$ 上连续的复值函数构成的代数, 赋以最大值范数

$$|f| = \max_s |f(s)|. \tag{1}$$

对 $\mathcal{S}$ 中任意的点 r, 存在与 r 对应的同态 $p_r : \mathcal{L} \to \mathbb{C}$:

$$p_r(f) = f(r). \tag{2}$$

正如我们在第 18 章定理 13 中注意到的, 同态 p_r 的核是一个极大理想

$$\mathcal{M}_r = \{f : f(r) = 0\}. \tag{3}$$

定理 1　*$C(\mathcal{S})$ 的每个极大理想 $\mathcal{M}$ 都形如 (3).*

习题 1　证明定理 1.

定理 1 证明了 $C(\mathcal{S})$ 的极大理想空间可以等同于 $\mathcal{S}$ 自身.

19.2　Gelfand 紧化

设 $\mathcal{S}$ 是局部紧 Hausdorff 空间, $C_b(\mathcal{S})$ 是 $\mathcal{S}$ 上的有界的连续复值函数构成的代数, 赋以范数

$$|f| = \sup_s |f(s)|. \tag{4}$$

任给 $\mathcal{S}$ 中点 r, 由 (3) 定义的 $\mathcal{M}_r$ 是 $C_b(\mathcal{S})$ 的一个极大理想. 我们断定当 $\mathcal{S}$ 不是紧集时, $C_b(\mathcal{S})$ 还存在其他的极大理想. 我们对 $\mathcal{S} = \mathbb{R}$ 证明此结论.

设 $s_n \in \mathbb{R}$, $s_n \to \infty$, 并设 $\mathcal{I}$ 是由所有满足

$$\lim_{n\to\infty} f(s_n) = 0 \tag{5}$$

的函数 f 构成的集合. 显然, $\mathcal{I}$ 是一个理想. 同样, $\mathcal{I}$ 中的函数没有公共的零点. 由第 18 章知, $\mathcal{I}$ 包含在某个 (事实上有很多个) 极大理想 $\mathcal{M}$ 中; 然而明显地, $\mathcal{M}$ 并不形如 (3).

尽管定理 1 在非紧情形下不成立, 下面的结论仍是正确的.

定理 2 设 $\mathcal{S}$ 是局部紧的 Hausdorff 空间. 在 Gelfand 拓扑下, 形如 (3) 的极大理想 $\mathcal{M}_r$ 构成的集合是 $C_b(\mathcal{S})$ 的极大理想空间的一个稠密子集.

证明 设 $\mathcal{M}_\infty$ 是 $C_b(\mathcal{S})$ 的一个极大理想, U 是 Gelfand 拓扑下包含 $\mathcal{M}_\infty$ 的一个开集. 则存在某个 $\varepsilon > 0$ 和 $h_1, \cdots, h_k$ 使得

$$\{\mathcal{M} : |p(\mathcal{M}, h_j) - p(\mathcal{M}_\infty, h_j)| < \varepsilon, \quad 1 \leqslant j \leqslant k\} \tag{6}$$

包含在 U 中, 这里 $p(\mathcal{M})$ 由第 18 章 (15) 式定义. 设 $h_j = f_j + c_j$, $c_j = p(\mathcal{M}_\infty, h_j)$; 我们可以把 (6) 写为

$$\{\mathcal{M} : |p(\mathcal{M}, f_j)| < \varepsilon, \ \ p(\mathcal{M}_\infty, f_j) = 0, \ \ 1 \leqslant j \leqslant k\}. \tag{7}$$

我们断定形如 (7) 的每个开集中都包含一个 $\mathcal{M}_r$. 若不是这样, 则对 $\mathcal{S}$ 中每个 r, $\mathcal{M} = \mathcal{M}_r$ 不满足 (7). 由第 18 章定义 (14) 和 $\mathcal{M}_r$ 的定义 (3), $p(\mathcal{M}_r, f_j) = f_j(r)$, (7) 不成立意味着, 对所有的 r,

$$\max_j |f_j(r)| \geqslant \varepsilon. \tag{8}$$

由 (7), $p(\mathcal{M}_\infty, f_j) = 0$, 故 $f_j (j = 1, \cdots, k)$ 属于 $\mathcal{M}_\infty$. 由于 $\mathcal{M}_\infty$ 是一个理想, 对任意的有界连续函数 g_j, $\sum g_j f_j$ 也属于 $\mathcal{M}_\infty$. 令 $g_j = \overline{f_j}$, 则

$$f = \sum |f_j|^2 \tag{9}$$

属于 $\mathcal{M}_\infty$. 由 (8), $\forall r \in \mathcal{S}$,

$$f(r) \geqslant \varepsilon^2. \tag{10}$$

这说明 f 是一个可逆元, 从而不属于任何一个理想. 这个矛盾说明 $\mathcal{M}_\infty$ 的每个邻域包含着一个点 $\mathcal{M}_r$. □

在 Gelfand 拓扑下, $C_b(\mathcal{S})$ 的极大理想空间称为 $\mathcal{S}$ 的紧化. 这个空间包含着一个和 $\mathcal{S}$ 同胚的稠密子空间; Gelfand 紧化上的连续函数空间中的函数在此子空间上的限制构成的集合是 $\mathcal{S}$ 上所有有界连续函数构成的空间.

下面的例子更加有趣.

19.3 绝对收敛的 Fourier 级数

设 $\mathcal{L}$ 是由单位圆周 S^1 上有绝对收敛的 Fourier 级数的复数值函数 $f(\theta)$, 即满足

$$f(\theta) = \sum c_n \mathrm{e}^{\mathrm{i}n\theta}, \tag{11}$$

$$|f| = \sum |c_n| < \infty \tag{12}$$

的函数构成的代数. 容易验证范数 (12) 是次可乘的: $|fg| \leqslant |f||g|$. 故 $\mathcal{L}$ 是一个 Banach 代数. 函数 $f \equiv 1$ 是 $\mathcal{L}$ 的单位元, 其范数等于 1. 对 S^1 上的每个点 ω, 映射

$$p_\omega(f) = f(\omega) \tag{13}$$

是 $\mathcal{L} \to \mathbb{C}$ 的一个同态. 相反地, 有以下定理.

定理 3 对 $\mathcal{L}$ 赋以范数 (12), 则从 $\mathcal{L}$ 到 $\mathbb{C}$ 的每个同态 p 都形如 (13).

证明 根据第 18 章定理 1, 从 Banach 代数映到 $\mathbb{C}$ 的每个同态范数都为 1. 由于 $\mathrm{e}^{\mathrm{i}\theta}$ 和 $\mathrm{e}^{-\mathrm{i}\theta}$ 的范数为 1, 故

$$|p(\mathrm{e}^{\mathrm{i}\theta})| \leqslant 1, \quad |p(\mathrm{e}^{-\mathrm{i}\theta})| \leqslant 1. \tag{14}$$

由于 p 是同态,

$$p(\mathrm{e}^{\mathrm{i}\theta})p(\mathrm{e}^{-\mathrm{i}\theta}) = p(1) = 1. \tag{15}$$

结合 (14) 和 (15), 我们得到 $|p(\mathrm{e}^{\mathrm{i}\theta})| = 1$; 因此我们可以把 $p(\mathrm{e}^{\mathrm{i}\theta})$ 写为

$$p(\mathrm{e}^{\mathrm{i}\theta}) = \mathrm{e}^{\mathrm{i}\omega}, \quad \omega\text{是实数}. \tag{16}$$

因为 p 是同态, $p(\mathrm{e}^{\mathrm{i}n\theta}) = \mathrm{e}^{\mathrm{i}n\omega}$ 对所有的整数 n 都成立, 且对所有的有限和 $\sum c_n \mathrm{e}^{\mathrm{i}n\theta}$,

$$p\left(\sum c_n \mathrm{e}^{\mathrm{i}n\theta}\right) = \sum c_n \mathrm{e}^{\mathrm{i}n\omega}. \tag{17}$$

由于 p 是连续的且 $\sum |c_n| < \infty$, (17) 对在范数 (12) 意义下收敛的无穷级数也成立. 这证明了 p 形如 (13). □

根据第 18 章定理 3, Banach 代数 $\mathcal{L}$ 中的元素 f 是可逆的, 如果对所有的 $\mathcal{L} \to \mathbb{C}$ 的同态 p, 均有 $p(f) \neq 0$. 由上面定理 3, 我们得到如下定理.

定理 4 如果定义在单位圆周上的函数 f 有绝对收敛的 Fourier 级数, 且在 S^1 上任意点处均不为 0, 则它的倒数 f^{-1} 也有绝对收敛的 Fourier 级数.

这个由 Norbert Wiener 得出的著名定理很令人惊奇, 因为函数 f 的 Fourier 级数和它的倒数的 Fourier 级数之间并没有明显的关系.

在多个变量的情形时, 结论是类似的:

$$f(\theta) = \sum c_n \mathrm{e}^{\mathrm{i}n\cdot\theta}, \quad \theta = (\theta_1, \cdots, \theta_k), \quad n = n_1, \cdots, n_k,$$
$$\sum |c_n| < \infty.$$

与定理 3 和定理 4 类似的结果成立, 证明也类似.

19.4 闭单位圆盘上的解析函数

设 $\mathcal{A}$ 是由在开单位圆盘 $\{z \in \mathbb{C} : |z| < 1\}$ 内解析且连续到边界 $\{z \in \mathbb{C} : |z| = 1\}$ 的函数 $f(z)$ 构成的代数. 在范数

$$|f| = \max_{|z| \leqslant 1} |f(z)| \tag{18}$$

下, $\mathcal{A}$ 是一个 Banach 代数.

任给 $\{z : |z| \leqslant 1\}$ 上的一点 ω, 映射

$$p_\omega(f) = f(\omega) \tag{19}$$

是 $\mathcal{A} \to \mathbb{C}$ 的一个同态. 相反地, 有以下定理.

定理 5 $\mathcal{A} \to \mathbb{C}$ 的每个同态 p 都形如 (19).

证明　根据第 18 章定理 1, 同态 p 的范数 $|p| \leqslant 1$. 由于根据 (18), $f(z) = z$ 范数为 1, 故

$$|p(z)| \leqslant 1. \tag{20}$$

设 $p(z) = w$; 由于 p 是同态, $p(z^n) = w^n$ 且对所有的有限和 $\sum_0^n a_j z^j$, 有

$$p\left(\sum_0^n a_j z^j\right) = \sum a_j w^j. \tag{21}$$

这说明当 f 是多项式时, $p(f) = f(w)$. 由于 $\mathcal{A}$ 中每个 f 在 $|z| \leqslant 1$ 上可以用多项式一致地逼近, 且 p 是连续的, 对 $\mathcal{A}$ 中所有的 f, 均有 $p(f) = f(w)$. 这证明了定理 5.

□

习题 2　证明 $\mathcal{A}$ 中每个函数在单位圆盘上可以用多项式一致逼近.

定理 6　*设 $f_1, \cdots, f_m$ 是 $\mathcal{A}$ 中在单位圆盘内没有公共零点的 m 个函数, 则在 $\mathcal{A}$ 中存在函数 $g_1, \cdots, g_m$, 使得*

$$\sum_{j=1}^m g_j f_j \equiv 1. \tag{22}$$

证明　设 $\mathcal{I}$ 是由形如

$$f = \sum_{j=1}^m h_j f_j, \quad h_j \in \mathcal{A} \tag{23}$$

的函数构成的集合. 若 $\mathcal{I} \neq \mathcal{A}$, 则 $\mathcal{I}$ 是一个理想, 因此它包含在一个极大理想 $\mathcal{M}$ 中. 根据第 18 章定理 13, $\mathcal{M}$ 是一个同态的零空间. 根据定理 5, 所有的同态形如 (19); 因此极大理想是由 $\mathcal{A}$ 中所有在某个点 w 处为 0 的函数构成的集合. 由于假设 $f_j (j = 1, \cdots, m)$ 没有公共的零点, 它们不能在同一个理想中. 这说明 $\mathcal{I}$ 不是一个理想, 从而 $\mathcal{I} = \mathcal{A}$. 特别地, $f \equiv 1$ 可以表示成 (23) 的形式; 这证明了 (22). □

对在多圆盘

$$\prod(|z_j| < 1)$$

内定义的、k 个复变量的且直到边界连续的解析函数, 情形是类似的. 定理 5 和定理 6 也有类似的推广, 证明也类似.

19.5　开单位圆盘内的解析函数

设 $\mathcal{B}$ 是由开单位圆盘内的有界解析函数构成的代数. 在范数

$$|f| = \sup_{|z|<1} |f(z)| \tag{24}$$

下, $\mathcal{B}$ 是一个 Banach 代数.

对每个 $|w|<1$, 形如 (19) 的映射是 $\mathcal{B}\to\mathbb{C}$ 的一个同态; 因此满足

$$f(w)=0,\quad |w|<1 \tag{25}$$

的 f 构成的集合是一个极大理想 $\mathcal{M}_w$. 并非 $\mathcal{B}$ 的所有极大理想都具有这种形式. 但是, 下面的结果是正确的.

定理 7 形如 (25) 的极大理想 $\mathcal{M}_w$ 构成的集合在 Gelfand 拓扑下是极大理想空间的一个稠密子集.

由定理 2 的证明过程中的分析知, 定理 7 和下述性质是等价的.

定理 7′ 设 $f_1,\cdots,f_m$ 是 $\mathcal{B}$ 中具有如下性质的函数: 对 $|z|<1$ 中的每个 z,

$$\sum_{j=1}^{m}|f_j(z)|>1, \tag{26}$$

则存在 $\mathcal{B}$ 中 m 个函数 $g_j(j=1,\cdots,m)$ 使得

$$\sum_{j=1}^{m}g_jf_j\equiv 1. \tag{27}$$

定理 7 称为冠定理. (26) $\Rightarrow$ (27) 是精巧和深刻的结果. Lennart Carleson 利用函数论的方法证明了这个结果. 在 1979 年, Toms Wolff 利用偏微分方程的方法给出了一个完全不同的证明 (见参考文献 Koosis).

19.6 Wiener 的陶伯定理

本节处理没有单位元的 Banach 代数. 此时可以通过形式地加入一个单位元 $\boldsymbol{I}$ 的方法来补救, 即若 $\mathcal{A}$ 是一个没有单位元的 Banach 代数, 把 $\mathcal{A}$ 扩充为由所有形如 $\lambda\boldsymbol{I}+\boldsymbol{M}$($\lambda$ 是复数, $\boldsymbol{M}\in\mathcal{A}$) 的元素构成的代数 $\mathcal{L}$. 加法按照分量相加定义, 且乘法满足分配律:

$$(\mu\boldsymbol{I}+\boldsymbol{N})(\lambda\boldsymbol{I}+\boldsymbol{M})=\mu\lambda\boldsymbol{I}+\mu\boldsymbol{M}+\lambda\boldsymbol{N}+\boldsymbol{N}\boldsymbol{M}.$$

我们注意到 $\mathcal{A}$ 是 $\mathcal{L}$ 的一个极大理想.

在扩充后的代数 $\mathcal{L}$ 中定义范数如下:

$$|\lambda\boldsymbol{I}+\boldsymbol{M}|=|\lambda|+|\boldsymbol{M}|.$$

显然, 这个范数满足次可加性和次可乘性, 且单位元 $\boldsymbol{I}$ 的范数为 1.

设 $\mathcal{A}$ 是由 $\mathbb{R}$ 上复数值的可积函数 (我们用小写字体表示) 构成的空间 L^1. 对 $f,g\in\mathcal{A}$, 我们定义 f 和 g 的乘法为卷积

$$(f*g)(s)=\int_{\mathbb{R}}f(s-u)g(u)\mathrm{d}u. \tag{28}$$

在积分中做变量替换 $s-u=v$, 得到卷积是交换的.

引理 8 在 L^1 范数下, 卷积是次可乘的, 即

$$|f*g|_{L^1} \leqslant |f|_{L^1}|g|_{L^1} \tag{29}$$

证明　假设 f 和 g 都是有紧支撑的连续函数, 则 $f*g$ 也有紧支撑, 且它是有限和

$$\sum_j f(s-j\Delta)g(j\Delta)\Delta \tag{29'}$$

在 $\Delta \to 0$ 时的 L^1 极限. 注意到 f 与其平移具有相同的 L^1 范数; 因此根据范数的次可加性, (29′) 的 L^1 范数以

$$|f|_{L^1}\sum |g(j\Delta)|\Delta \tag{30}$$

为界. 令 $\Delta \to 0$; (29′) 中和式趋于 $f*g$, (30) 趋于 $|f|_{L^1}|g|_{L^1}$, 故不等式 (29) 成立. □

事实上, 上述证明对 f 的任意平移不变的范数都适用, 从而

$$|f*g| \leqslant |f||g|_{L^1}, \tag{31}$$

这里 $|\ |$ 表示 $\mathbb{R}$ 上函数的任意平移不变的范数. 从现在开始, 我们假设本节中的范数均为 L^1 范数.

我们用 $\mathcal{L}$ 表示在 L^1 中形式地加入单位元 (我们记为 e) 后得到的卷积代数. 下面我们确定 $\mathcal{L}$ 的所有极大理想, 或等价地, 确定零空间是 $\mathcal{L}$ 的极大理想的乘性泛函 p. 卷积代数 $\mathcal{L}$ 的一个极大理想是 L^1. 对其他的乘性泛函 p, 存在 L^1 中的 f 使得 $p(f) \neq 0$. 正规化 f 使得

$$p(f) = 1. \tag{32}$$

设 t 是任意实数, 记 f_t 为 f 的平移:

$$f_t(s) = f(s-t). \tag{33}$$

引理 9　在范数意义, f_t 是 t 的连续函数, 即

$$\lim_{h\to 0}|f_{t+h} - f_t| = 0. \tag{34}$$

证明　当 f 是有紧支撑的连续函数时, 结论是显然的; 由于在范数下 L^1 中的每个函数 f 可以被有紧支撑的连续函数逼近, 故 (34) 对所有的 f 都成立. □

现在定义

$$\chi(t) = p(f_t). \tag{35}$$

由于 p 是连续线性泛函, 由引理 9, χ 是 t 的连续函数. 由于 f_t 的范数与 t 无关, 故对所有的实数 t, $\chi(t)$ 一致有界, 界为 $|f|$.

设 t 和 r 是两个实数. 我们断定

$$f_{t+r} * f = f_t * f_r. \tag{36}$$

为此, 我们对左端应用卷积的定义 (28):

$$(f_{t+r}*f)(s) = \int f(v-t-r)f(s-v)\mathrm{d}v.$$

令 $v-r=u$, 则上式变为

$$\int f(u-t)f(s-r-u)\mathrm{d}u;$$

此即 $f_t * f_r(s)$. 这说明 (30) 式成立.

现在让 p 作用在 (36) 式上. 由于 p 是可乘的,

$$p(f_{t+r})p(f)=p(f_t)p(f_r).$$

根据 χ 的定义 (35) 和正规化条件 (32), χ 满足函数方程

$$\chi(t+r)=\chi(t)\chi(r). \tag{37}$$

我们已经证明 χ 是连续的且是有界的; 根据分析中一个众所周知的结果, (37) 的所有解是纯虚指数函数:

$$\chi(t)=\mathrm{e}^{\mathrm{i}\xi t},\quad \xi\in\mathbb{R}. \tag{38}$$

已经确定了 p 在 f 以及 f 的平移上的作用, 我们想确定它在 $\mathcal{L}$ 中所有 g 上的作用. 首先注意到由于 p 是连续的且 $p(f)\neq 0$, p 在以 f 为心的一个半径充分小的球内不为 0. 由于 f 在范数下可以用有紧支撑的连续函数任意逼近, 存在有紧支撑的连续函数使得 p 在其上的作用不为 0. 这说明我们可以取 f 是有紧支撑的连续函数.

设 g 是具有紧支撑的任意连续函数, 则和式 (29′) 在 L^1 范数下收敛到 $f*g$. 利用记号 (33), 我们把 (29′) 重新写为

$$\sum f(j\Delta)g(j\Delta)\Delta. \tag{39}$$

让 p 作用到上面的和式上, 我们得到 $p(f*g)$ 的如下逼近:

$$\sum \mathrm{e}^{\mathrm{i}\xi j\Delta}g(j\Delta)\Delta. \tag{40}$$

当 $\Delta\to 0$ 时, (40) 趋于

$$\widetilde{g}(\xi)=\int_{\mathbb{R}}\mathrm{e}^{\mathrm{i}\xi v}g(v)\mathrm{d}v, \tag{41}$$

即它趋于与 g 的 Fourier 变换相差一个因子 $1/\sqrt{\pi}$ 的函数. 由于 (39) 趋于 $f*g$ 且 p 是连续的, 故 $p(f*g)=\widetilde{g}(\xi)$. 由于 p 是可乘的且 $p(f)=1$, 故对所有的具有紧支撑的连续函数 g,

$$p(f*g)=p(g)=\widetilde{g}(\xi). \tag{42}$$

由于 p 和在 ξ 点的 Fourier 变换都是 g 的连续函数, (42) 对 L^1 中所有的 g 成立. 我们总结为如下定理.

定理 10 卷积代数 $\mathcal{L}$ 上的每个乘法线性泛函都形如 (42) 式, 这里 ξ 是某个实数. 相反地, 对每个 $\xi\in\mathbb{R}$, (42) 式定义了 $\mathcal{L}$ 上的一个乘法线性泛函.

证明 上面已经证明了第一部分. 第二部分重新解释了 $f*g$ 的 Fourier 变换是 f 和 g 的 Fourier 变换的通常的乘积这一众所周知的事实:

$$\widetilde{f*g}=\widetilde{f}\widetilde{g}.$$

□

定理 11 (Wiener)　设 f 是 $\mathbb{R}$ 上的 L^1 函数, 且其 Fourier 变换 $\widetilde{f}(\xi)$ 对任意的 ξ 均不为 0, 则 f 的平移张成了整个 L^1, 即任意的 L^1 函数都通过 f 的平移的线性组合在 L^1 范数下逼近.

注 1　$\widetilde{f}$ 非零这一条件是必要的, 因为若 $\widetilde{f}$ 在 η 点为 0, 则 f 的任意平移、它们的线性组合以及它们的 L^1 极限的 Fourier 变换在 η 处都为 0.

证明　当 g 是有紧支撑的连续函数时, $f*g$ 是 f 的平移的线性组合 (29′) 的 L^1 极限. 由引理 8, 对任意的 $g \in L^1$, $f*g$ 是 $f*g_n$ 的 L^1 极限, 这里 g_n 是在 L^1 范数下收敛到 g 的具有紧支撑的连续函数列. 因此, 为证明定理, 我们只需证明函数 $f*g(g\in L^1)$ 构成的空间在 L^1 中是稠密的. □

引理 12　设 f 如定理 11, m 是 L^1 中的函数, 其 Fourier 变换 $\widetilde{m}$ 有紧支撑, 则存在 $g \in L^1$ 使得

$$m = f*g. \tag{43}$$

注意到 Fourier 变换具有紧支撑的 L^1 函数在 L^1 中稠密; 因此由引理 12 可知定理 11 成立.

习题 3　证明 Fourier 变换具有紧支撑的 L^1 函数 m 构成的集合在 L^1 中稠密.

引理 12 的证明　选择一个充分大的紧区间 I 使得它包含 $\widetilde{m}$ 的支撑. 构造 L^1 中一个辅助函数 h 使得其 Fourier 变换是实的而且

$$\widetilde{h}(\xi) = \begin{cases} 1, & \text{在 } I \text{ 上}, \\ \leqslant 1, & \text{处处}. \end{cases} \tag{44}$$

定义 f^c 为 f 的共轭, 即

$$f^c(s) = \overline{f(-s)}. \tag{45}$$

众所周知 f 的共轭的 Fourier 变换是 f 的 Fourier 变换的复共轭:

$$\widetilde{f^c}(\xi) = \overline{\widetilde{f}}(\xi). \tag{45′}$$

设 $\mathcal{L}$ 是在 L^1 中形式的加入单位元 e 后得到的 Banach 代数. 我们视 e 为广义函数理论中的 Dirac 测度 δ(见附录 B). $\mathcal{L}$ 中的元素形如

$$\lambda e + k, \quad k \in L^1, \quad \lambda \in \mathbb{C}.$$

显然, 泛函 $p_0(\lambda e + k) = \lambda$ 是可乘的. 由定理 10, 其他的乘法线性泛函均形如

$$p(\lambda e + k) = \lambda + \widetilde{k}(\xi), \quad \xi \in \mathbb{R}.$$

特别地, 取元素 $e - h + f*f^c$. 由上, $p_0(e-h+f*f^c) = 1$, 此非零. 对其他的 p,

$$p(e-h+f*f^c) = 1 - \widetilde{h} + |\widetilde{f}|^2. \tag{46}$$

由 (44) 和 $\widetilde{f}$ 非零可知, 对所有的 ξ, (46) 是正的. 故 $e-h+f*f^c$ 不属于任意乘法线性泛函的零空间中.

我们断定 $e-h+f*f^c$ 在 $\mathcal{L}$ 中是可逆的; 这是因为, 根据第 18 章定理 3, Banach 代数中的元素是可逆的, 当且仅当它不属于任何乘法线性泛函的零空间.

用 d 表示 $e-h+f*f^c$ 的逆:

$$(e-h+f*f^c)*d=e.$$

在此关系式两边乘以 m:

$$(e-h+f*f^c)*d*m=m. \tag{47}$$

我们断定 $(e-h)*m$ 为 0; 为此, 我们视 e 为 Dirac 的 δ 分布. $(e-h)*m$ 的 Fourier 变换是 $(1-\widetilde{h})\widetilde{m}$, 参考附录 B.5. 根据构造 (44), $1-\widetilde{h}$ 在 I 上为 0 而 $\widetilde{m}$ 在 I 的余集上为 0. 这证明了在广义函数意义下 $(e-h)*m$ 的 Fourier 变换是 0; 因此 $(e-h)*m$ 为 0. 代入 (47) 得到

$$f*f^c*d*m=m;$$

取 $g=f^c*d*m$, 这正是所要证明的关系式 (43). □

现在我们给出定理 11 的一个应用.

设 n 是 $\mathbb{R}$ 上一个有界函数, 当 s 趋于 ∞ 时有极限:

$$\lim_{s\to\infty} n(s)=a. \tag{48}$$

设 f 是一个正规化的 L^1 函数:

$$\int f(u)\mathrm{d}u=1. \tag{49}$$

于是由 (48) 和 (49) 易知

$$\lim_{s\to\infty}(f*n)(s)=a. \tag{50}$$

问题: 是否能由 (50) 推出 (48)? 这样的一个结果称为陶伯定理.

定理 13 设 n 是 $\mathbb{R}$ 上一个有界函数, f 是在 (49) 意义下正规化的 L^1 函数. 假设 (50) 成立, 即当 s 趋于 ∞ 时, f 和 n 的卷积趋于数 a. 假设 f 的 Fourier 变换处处不为 0, 则 $n(s)$ 依平均值趋于 a, 即对每个数 d,

$$\lim_{s\to\infty}\frac{1}{d}\int_s^{s+d} n(u)\mathrm{d}u=a. \tag{51}$$

证明 由 (50), 对任意的 t,

$$\lim_{s\to\infty}(f_t*n)(s)=a. \tag{50'}$$

取 (50′) 的线性组合, 对每个

$$h=\sum c_j f_{t_j}, \tag{52}$$

得

$$\lim_{s\to\infty}(h*n)(s)=a\sum c_j=a\int h\mathrm{d}u. \tag{53}$$

显然, 若 h 是形如 (52) 的函数列的 L^1 极限, (50) 也成立.

若 f 的 Fourier 变换处处不为 0, 则由定理 11, (53) 对所有的 L^1 中的 h 成立. 特别地, 取

$$h(u)=\begin{cases}1/d, & 0<s<d,\\ 0, & \text{其他}.\end{cases} \tag{54}$$

对此 h, (53) 化为 (51). □

注 2　(51) 不是 (48) 但是它们已经相当接近. 例如, 若 n 在 $\mathbb{R}_+$ 上是一致连续的, 则由 (51) 可以推出 (48).

习题 4　假设 n 是缓增函数, 即

$$\sup_{u-1<v<u} n(u)-n(v) \tag{55}$$

当 u 趋于 ∞ 时趋于 0. 证明由 (51) 和 (55) 可以推出 (48).

注记　Wiener 利用他的陶伯定理证明了素数定理.

习题 5　设 f 是 $\mathbb{R}$ 上的 L^2 函数. 证明 f 的平移张成了 L^2 当且仅当 $\widetilde{f}$ 在一个具有正 Lebesgue 测度的集合上不为 0.

注 3　A. Beurling 证明了: 若 f 属于所有的 $L^p(1\leqslant p)$ 且 $\widetilde{f}$ 在一个具有正 Lebesgue 测度 $\alpha(0\leqslant\alpha<1)$ 的集合上为 0, 则对 $p<2/(2-\alpha)$, f 的平移不能张成整个 L^p.

19.7　交换的 B* 代数

Gelfand 理论对研究复 Hilbert 空间上的算子构成的交换代数特别有用. 在第 15 章中我们引入了 Banach 空间 X 上得有界线性算子 $\boldsymbol{A}$ 的转置的概念. 当 $\boldsymbol{A}$ 为复 Hilbert 空间 H 上的算子时, 它的共轭转置, 称为伴随, 记为 $\boldsymbol{A}^*: H\to H$. 对 H 中任意的 x,y, 有

$$(\boldsymbol{A}x,y)=(x,\boldsymbol{A}^*y). \tag{56}$$

每个有界算子 $\boldsymbol{A}$ 都有一个伴随 $\boldsymbol{A}^*$; 下面的代数性质由定义直接可得:

$$(\boldsymbol{A}+\boldsymbol{B})^*=\boldsymbol{A}^*+\boldsymbol{B}^*,\ (k\boldsymbol{A})^*=\bar{k}\boldsymbol{A}^*,$$

$$\boldsymbol{A}^{**}=\boldsymbol{A},\ (\boldsymbol{A}\boldsymbol{B})^*=\boldsymbol{B}^*\boldsymbol{A}^*. \tag{57}$$

我们把 $\boldsymbol{A}$ 的算子范数记为 $||\boldsymbol{A}||$.

定理 14　设 H 是 Hilbert 空间, $\boldsymbol{A}: H\to H$ 是有界线性映射, 则

$$||\boldsymbol{A}||=||\boldsymbol{A}^*||, \tag{58}$$

$$||\boldsymbol{A}^*\boldsymbol{A}||=||\boldsymbol{A}||^2. \tag{59}$$

证明　在 (56) 两边取绝对值并对所有单位长度的 $x,y(||x||=||y||=1)$ 取上确界. 在左端首先对 y 取上确界再对 x 取上确界; 得到 $||\boldsymbol{A}||$. 再右端按相反的顺序取上确界, 得到 $||\boldsymbol{A}^*||$; 这证明了 (58).

为证 (59), 在 (56) 中取 $y=\boldsymbol{A}x$; 由 Schwarz 不等式,

$$||\boldsymbol{A}x||^2 \leqslant ||x||||\boldsymbol{A}^*\boldsymbol{A}x|| \leqslant ||x||^2||\boldsymbol{A}^*\boldsymbol{A}||.$$

对所有单位向量 x 取上确界, $||\boldsymbol{A}||^2 \leqslant ||\boldsymbol{A}^*\boldsymbol{A}||$. 由次可乘性和 (58), $||\boldsymbol{A}^*\boldsymbol{A}|| \leqslant ||\boldsymbol{A}^*||||\boldsymbol{A}|| \leqslant ||\boldsymbol{A}||^2$, 因此 (59) 成立. □

定义 具有性质 (57), (58) 和 (59) 的 $*$ 运算的完备赋范代数称为 $\mathcal{B}^*$ 代数.

$\mathcal{B}^*$ 代数中的元素 $\boldsymbol{A}$ 称为是自伴的, 如果 $\boldsymbol{A}^*=\boldsymbol{A}$. $\boldsymbol{B}$ 称为是反自伴的, 如果 $\boldsymbol{B}^*=-\boldsymbol{B}$.

定理 15

(i) 交换 $\mathcal{B}^*$ 代数的自伴元 $\boldsymbol{A}$ 的谱是实的.

(ii) 反自伴元 $\boldsymbol{B}$ 的谱是虚数.

证明 根据 Gelfand 理论, $\boldsymbol{A}$ 的谱集为 $\{p(\boldsymbol{A}):\ p\text{是任意的乘法线性泛函}\}$. 我们断定若 $\boldsymbol{A}$ 是自伴的, 则 $p(\boldsymbol{A})$ 是实的. 为此, 记

$$p(\boldsymbol{A})=a+\mathrm{i}b. \tag{60}$$

设 t 是任意实数; 令 $\boldsymbol{T}=\boldsymbol{A}+\mathrm{i}t\boldsymbol{I}$. 则 $\boldsymbol{T}^*=\boldsymbol{A}-\mathrm{i}t\boldsymbol{I}$ 且

$$\boldsymbol{T}^*\boldsymbol{T}=\boldsymbol{A}^2+t^2\boldsymbol{I}. \tag{61}$$

由 (60), $p(\boldsymbol{T})=a+\mathrm{i}(b+t)$, 故

$$|p(\boldsymbol{T})|^2=a^2+(b+t)^2. \tag{62}$$

根据第 18 章定理 1, 每个乘法线性泛函是一个压缩:

$$|p(\boldsymbol{T})|^2 \leqslant ||\boldsymbol{T}||^2. \tag{63}$$

在左端利用 (62), 右端利用 (59) 和 (61), 由 (63) 我们得到

$$a^2+(b+t)^2 \leqslant ||\boldsymbol{T}^*\boldsymbol{T}|| \leqslant ||\boldsymbol{A}||^2+t^2.$$

若 $b\neq 0$, 对和 b 同号的充分大的 t, 这明显是错误的. 故 $b=0$; 这证明了定理 15(i).

若 $\boldsymbol{B}$ 是反自伴的, 则由 (57) 知 $\mathrm{i}\boldsymbol{B}$ 是自伴的. 故 (ii) 由 (i) 可得. □

定理 16 交换 $\mathcal{B}^*$ 代数上每个乘法线性泛函 p 满足

$$p(\boldsymbol{T}^*)=\overline{p(\boldsymbol{T})}. \tag{64}$$

证明 定义 $\boldsymbol{A}$ 和 $\boldsymbol{B}$ 为

$$\boldsymbol{A}=\frac{\boldsymbol{T}+\boldsymbol{T}^*}{2},\quad \boldsymbol{B}=\frac{\boldsymbol{T}-\boldsymbol{T}^*}{2}; \tag{65}$$

由 (57), $\boldsymbol{A}^*=\boldsymbol{A}$, $\boldsymbol{B}^*=-\boldsymbol{B}$. 把 $\boldsymbol{T}$ 和 $\boldsymbol{T}^*$ 分解为

$$\boldsymbol{T}=\boldsymbol{A}+\boldsymbol{B},\quad \boldsymbol{T}^*=\boldsymbol{A}-\boldsymbol{B}.$$

由于 p 是线性的,

$$p(\boldsymbol{T})=p(\boldsymbol{A})+p(\boldsymbol{B}),\quad p(\boldsymbol{T}^*)=p(\boldsymbol{A})-p(\boldsymbol{B}). \tag{66}$$

根据定理 15, $p(\boldsymbol{A})$ 是实数而 $p(\boldsymbol{B})$ 是虚数; 因此由 (66) 可得 (64). □

定理 17 对交换 $\mathcal{B}^*$ 代数中的每个 $\boldsymbol{T}$,

$$||\boldsymbol{T}|| = |\sigma(\boldsymbol{T})|. \tag{67}$$

证明 我们首先证明对代数中的自伴元 $\boldsymbol{A}$, (67) 成立. 当 $\boldsymbol{A}^* = \boldsymbol{A}$ 时, (59) 变成

$$||\boldsymbol{A}^2|| = ||\boldsymbol{A}||^2. \tag{68}$$

由 (57) 知若 $\boldsymbol{A}$ 是自伴的, 则 $\boldsymbol{A}$ 的任意幂也是自伴的; 因此由 (68) 知

$$||\boldsymbol{A}^{2n}|| = ||\boldsymbol{A}^n||^2.$$

依次对 $n = 1, 2, 4, 8, \cdots, 2^k = m$ 应用此等式并结合这些等式, 我们得到

$$||\boldsymbol{A}^m|| = ||\boldsymbol{A}||^m.$$

取 m 次根, 我们断言

$$\lim_{k\to\infty} || \ \boldsymbol{A}^m||^{1/m} = ||\boldsymbol{A}||, \quad m = 2^k. \tag{69}$$

根据第 17 章定理 4, (69) 左端极限等于 $\boldsymbol{A}$ 的谱半径; 这对自伴的 $\boldsymbol{T} = \boldsymbol{A}$ 证明了 (67).

下面考虑任意的 $\boldsymbol{T}$. 由 (64), 对任意的乘法线性泛函 p,

$$p(\boldsymbol{T}^*\boldsymbol{T}) = p(\boldsymbol{T}^*)p(\boldsymbol{T}) = |p(\boldsymbol{T})|^2. \tag{70}$$

由于 $\sigma(\boldsymbol{T})$ 中每个点形如 $p(\boldsymbol{T})$, 由 (70) 知 $\boldsymbol{T}^*\boldsymbol{T}$ 的谱半径是 $\boldsymbol{T}$ 的谱半径的平方:

$$|\sigma(\boldsymbol{T}^*\boldsymbol{T})| = |\sigma(\boldsymbol{T})|^2. \tag{71}$$

根据 (57), $\boldsymbol{T}^*\boldsymbol{T}$ 是自伴的; 由于我们在对称的情形已经证明了 (67), 故

$$||\boldsymbol{T}^*\boldsymbol{T}|| = |\sigma(\boldsymbol{T}^*\boldsymbol{T})|. \tag{72}$$

此式与 (71) 结合给出

$$||\boldsymbol{T}^*\boldsymbol{T}|| = |\sigma(\boldsymbol{T})|^2.$$

由 (59), $||\boldsymbol{T}^*\boldsymbol{T}|| = ||\boldsymbol{T}||^2$; 这证明了对所有的 $\boldsymbol{T}$, (67) 成立. □

注记 为了导出 19.7 节中的结果, Gelfand 发展了交换 Banach 代数理论. Banach 代数理论在 Wiener 定理上的应用是人们后来才想到的.

历史注记 陶伯定理是 Hardy 和 Littlewood 以奥地利数学家 Alfred Tauber(1866—1942) 的名字命名的, Tauber 在 1897 年写了这方面的第一篇论文. 他的主要贡献是精算科学. 1942 年, 他被关押到了 Theresienstadt 集中营.

参 考 文 献

Beurling, A., On a closure problem, *Arkiv Mat.*, **1**, (19xx): 301–303.

Carleson, L., Interpolation by bounded analytic functions and the corona problem. *An. Math.*, **76**(1962): 547—559.

Gelfand, I. M., Normierte Ringe. *Mat. Sbornik, N.S.*, **9(51)**(1941): 3–24.

Koosis, P., *Introduction to H_p Spaces.* Cambridge Tracts in Mathematics, **115**. Cambridge University Press, Cambridge, 1998.

Wiener, N., Tauberian theorems. *An. Math.*, (2), **33**(1932): 1–100.

第 20 章　算子及其谱的例子

设 X 是 Banach 空间, $\mathcal{L}(X,X)$ 是 X 上的所有有界线性映射构成的 Banach 代数. 在本章中, 我们讨论并阐述 $\mathcal{L}(X,X)$ 中的线性算子的谱理论.

20.1　可逆映射

首先考虑 $\mathcal{L}(X,X)$ 中线性算子 $\boldsymbol{M}$ 的可逆性. 根据定义, $\boldsymbol{M}$ 是可逆的, 当且仅当它把 X 一对一地映到 X 上. 根据闭图象定理, $\boldsymbol{M}$ 的逆是有界的 (参考第 15 章定理 11). 因此只有两种情况使得 $\boldsymbol{M}$不是可逆的:

(a) $\boldsymbol{M}$ 不是一对一的;

(b) $\boldsymbol{M}$ 不是映上的.

由此可知, 若两个线性映射 $\boldsymbol{M}$ 和 $\boldsymbol{K}$ 的乘积 $\boldsymbol{MK}$ 是可逆的, 则 $\boldsymbol{K}$ 是一对一的, $\boldsymbol{M}$ 是映上的. 若 $\boldsymbol{M}$ 和 $\boldsymbol{K}$ 交换, 即 $\boldsymbol{MK} = \boldsymbol{KM}$, 则由乘积的可逆性得到 $\boldsymbol{K}$ 和 $\boldsymbol{M}$ 都是一对一的和映上的, 因此 $\boldsymbol{M}$ 和 $\boldsymbol{K}$ 都是可逆的.

在第 17 章定理 2 中我们看到, 若 Banach 代数中的元素 $\boldsymbol{K}$ 是可逆的, 则当 $|\boldsymbol{A}| < \frac{1}{|\boldsymbol{K}^{-1}|}$ 时, 元素 $\boldsymbol{K}-\boldsymbol{A}$ 是可逆的. 对线性映射, 我们有如下另外的结果.

定理 1　设 X 是 Banach 空间, $\boldsymbol{K}: X \to X$ 是到上的有界线性映射, 则形如

$$\boldsymbol{K}-\boldsymbol{A}, \quad |\boldsymbol{A}| < \varepsilon,\ \varepsilon\text{充分小} \tag{1}$$

的映射也是映上的映射.

证明　由第 15 章定理 9, 存在常数 k 使得 $\forall z \in X$, 存在 $x \in X$ 满足

$$\boldsymbol{K}x = z, \quad |x| \leqslant k|z|. \tag{2}$$

我们现在断定若线性映射 $\boldsymbol{A}: X \to X$ 的范数 $|\boldsymbol{A}| < 1/k$, 则 $\boldsymbol{K}-\boldsymbol{A}$ 把 X 映到 X 上, 而且对任意的 u, 存在 x 使得

$$(\boldsymbol{K}-\boldsymbol{A})x = u, \quad |x| \leqslant \frac{k}{1-k|\boldsymbol{A}|}|u|. \tag{3}$$

x 是逼近序列 $\{x_n\}$ 的极限, $\{x_n\}$ 可以递归地定义如下:

$$\boldsymbol{K}x_{n+1} = \boldsymbol{A}x_n + u,\ x_0 = 0. \tag{4}$$

根据 (2), 对 $n=1$, 方程 (4) 有解 x_1, 且 x_1 满足 $|x_1| \leqslant k|u|$. 对 $n>1$, 我们对两个相邻的方程 (4) 相减构造 x_{n+1}:

$$\boldsymbol{K}(x_{n+1}-x_n) = \boldsymbol{A}(x_n - x_{n-1}). \tag{5}$$

由 (2), (5) 的解 $(x_{n+1}-x_n)$ 满足

$$|x_{n+1}-x_n| \leqslant k|\boldsymbol{A}||x_n-x_{n-1}|. \tag{5'}$$

由于 $k|\boldsymbol{A}|<1$, 由 (5′) 可知序列 $\{x_n\}$ 收敛. 在 (4) 中令 $n\to\infty$, 得到 $x=\lim x_n$ 满足 (3). 由于 $x_0=0$, $x=\sum_0^\infty(x_{n+1}-x_n)$;

$$|x| \leqslant \sum|x_{n+1}-x_n| \leqslant \sum(k|\boldsymbol{A}|)^n|x_1| \leqslant k/(1-k|\boldsymbol{A}|)|u|,$$

这正是 (3) 式所要证明的. □

在第 17 章中, 我们定义有界线性映射 $\boldsymbol{M}$ 的谱 $\sigma(\boldsymbol{M})$ 是使得 $\lambda\boldsymbol{I}-\boldsymbol{M}$ 不可逆的所有复数 λ 构成的集合.

定理 2 设 $\boldsymbol{M}: X\to X$ 是一个有界线性算子. 若 λ 是 $\boldsymbol{M}$ 的谱的边界点, 则 $\lambda-\boldsymbol{M}$ 的值域不是整个 X.

证明 由于 λ 是 $\sigma(\boldsymbol{M})$ 的边界点, 在 $\boldsymbol{M}$ 的预解集中存在点列 $\{\lambda_n\}$ 以 λ 为极限. 根据第 17 章定理 3 的推论 3′, 对 $\zeta\in\rho(\boldsymbol{M})$,

$$|(\zeta-\boldsymbol{M})^{-1}| \geqslant |\zeta-\lambda|^{-1}. \tag{6}$$

这意味着存在依赖于 ζ 的 u 使得 $(\zeta-\boldsymbol{M})^{-1}u=x$ 而且

$$(\zeta-\boldsymbol{M})x=u, \quad |x|>\frac{1}{2|\zeta-\lambda|}|u|. \tag{7}$$

在定理 1 中取 $\boldsymbol{K}=\lambda-\boldsymbol{M}$, $\boldsymbol{A}=(\lambda-\zeta)\boldsymbol{I}$. 若定理 2 结论不成立, 即 $\boldsymbol{K}=\lambda-\boldsymbol{M}$ 的值域是整个 X, 则我们取 $\zeta=\lambda_n$ 与 λ 充分接近使得 $|\boldsymbol{A}|=|\lambda-\zeta|$ 充分小从而使 $(\boldsymbol{K}-\boldsymbol{A})x=u$ 有范数满足 (3) 的解 x. 但是由 (7),

$$(\boldsymbol{K}-\boldsymbol{A})x=(\zeta-\boldsymbol{M})x=u$$

的唯一解 x 的范数 $|x|$ 与 $|u|$ 相比是很大的, 这是一个直接矛盾. □

定理 3 设 $\boldsymbol{M}: X\to X$ 是一个有界线性映射, $\boldsymbol{M}': X'\to X'$ 是 $\boldsymbol{M}$ 的转置, 则

$$\sigma(\boldsymbol{M}')=\sigma(\boldsymbol{M}). \tag{8}$$

证明 证明基于以下简单事实: $\boldsymbol{K}: X\to X$ 是可逆的当且仅当它的转置 $\boldsymbol{K}': X'\to X'$ 是可逆的. 事实上, 若 $\boldsymbol{K}$ 是可逆的, 则它有逆 $\boldsymbol{L}$:

$$\boldsymbol{KL}=\boldsymbol{LK}=\boldsymbol{I}. \tag{9}$$

取转置得

$$\boldsymbol{L}'\boldsymbol{K}'=\boldsymbol{K}'\boldsymbol{L}'=\boldsymbol{I}'. \tag{9'}$$

这说明 $\boldsymbol{L}'$ 是 $\boldsymbol{K}'$ 的逆. 当 X 自反时, $\boldsymbol{K}$ 和 $\boldsymbol{K}'$ 的关系是对称的, 这就完成了证明. 当 X 非自反时, 我们需要另外的论证. 假设 $\boldsymbol{K}'$ 是可逆的, 则 (9′) 成立, 故取转置得到

$$\boldsymbol{K}''\boldsymbol{L}''=\boldsymbol{L}''\boldsymbol{K}''=\boldsymbol{I}''. \tag{9''}$$

由于 $\boldsymbol{K}''$ 和 $\boldsymbol{I}''$ 在 X 上的限制分别是 $\boldsymbol{K}$ 和 $\boldsymbol{I}$, 由 (9″), $\boldsymbol{K}$ 的零空间是平凡的. 故 $\boldsymbol{K}$ 是一对一的; 根据 (9″) 知 $\boldsymbol{L}''$ 在 $\boldsymbol{K}$ 的值域上的限制是 $\boldsymbol{K}$ 的逆. 由于 $\boldsymbol{L}''$ 是

连续映射, 故 $\boldsymbol{K}$ 的值域是闭的. 我们断定 $\boldsymbol{K}$ 的值域是整个 X, 若不是这样, 则根据 Hahn-Banach 定理, 存在线性泛函 $\ell \neq 0$, ℓ 限制在 $R_{\boldsymbol{K}}$ 为 0, 但是根据第 15 章定理 5, 这样的 ℓ 属于 $\boldsymbol{K}'$ 的零空间. 由于假设 $\boldsymbol{K}'$ 是可逆的, 故这不可能.

在上述结论中取 $\boldsymbol{K} = \lambda - \boldsymbol{M}$ 即得定理 3. □

推论 1　设 $\boldsymbol{M}$ 是 Hilbert 空间 H 到 H 的有界线性映射, $\boldsymbol{M}^*$ 是其伴随. 则

$$\sigma(\boldsymbol{M}^*) = \overline{\sigma(\boldsymbol{M})}.$$

习题 1　证明推论 1.

本章开始的讨论说明 λ 可以通过下面的两种途径进入映射 $\boldsymbol{M}$ 的谱:

(a) $(\lambda \boldsymbol{I} - \boldsymbol{M})$ 在 X 中的零空间是非平凡的;

(b) $(\lambda \boldsymbol{I} - \boldsymbol{M})$ 的值域是 X 的真子空间.

$\lambda \boldsymbol{I} - \boldsymbol{M}$ 的零空间中的非零向量称为 $\boldsymbol{M}$ 的特征向量. 由于在无限维空间中当 (a) 不成立时 (b) 也可能成立, 所以 $\boldsymbol{M}$ 的谱中的点 λ 未必就是 $\boldsymbol{M}$ 的特征值. 这就是为什么与在有限维的情形相比, 特征向量在线性算子的一般理论中所起作用不那么突出的原因. 正如我们将会在下面的例子和在紧算子一章中将会看到的, 特征值也起一定的作用.

下面我们给出一些例子.

20.2　移　　位

设

$$X = \ell^2 = \{\boldsymbol{x} = (a_0, a_1, \cdots) \quad \sum |a_j|^2 < \infty.\} \tag{10}$$

在 X 上定义右移位 $\boldsymbol{R}$ 和左移位 $\boldsymbol{L}$ 分别为

$$\boldsymbol{Rx} = (0, a_0, a_1, \cdots), \quad \boldsymbol{Lx} = (a_1, a_2, \cdots). \tag{11}$$

显然, $\boldsymbol{LR} = \boldsymbol{I}$, $\boldsymbol{RL} \neq \boldsymbol{I}$. 因此 $\boldsymbol{L}$ 和 $\boldsymbol{R}$ 都不可逆. 简单的计算说明, $\boldsymbol{R}$ 和 $\boldsymbol{L}$ 互为转置:

$$\boldsymbol{R}' = \boldsymbol{L}, \quad \boldsymbol{R} = \boldsymbol{L}'. \tag{12}$$

定理 4　$\boldsymbol{R}$ 和 $\boldsymbol{L}$ 的谱为单位圆盘 $\{\lambda \in \mathbb{C}: \ |\lambda| \leqslant 1\}$.

证明　显然, $\boldsymbol{L}$ 是一个压缩, 即 $||\boldsymbol{L}x|| \leqslant ||x||$. 由于存在 x 使得等式成立, 故 $||\boldsymbol{L}|| = 1$, 类似地, 对任意的正整数 n, $||\boldsymbol{L}^n|| = 1$. 因此

$$\lim ||\boldsymbol{L}^n||^{1/n} = 1, \tag{13}$$

根据第 17 章定理 4, $\boldsymbol{L}$ 的谱半径等于 1. 这说明若 $|\zeta| > 1$, 则 ζ 不属于 $\boldsymbol{L}$ 的谱.

下面我们求出 $\boldsymbol{L}$ 的特征值和特征向量. 假设 $\boldsymbol{Lx} = \lambda \boldsymbol{x}$; 由定义, 这意味着 $(a_1, a_2, \cdots) = \lambda(a_0, a_1, a_2, \cdots)$, 由此推出

$$a_n = \lambda^n a_0, \quad n = 1, 2, \cdots. \tag{14}$$

由于 $\boldsymbol{x}$ 属于 ℓ^2, $\sum|a_n|^2<\infty$; (14) 式成立当且仅当 $|\lambda|<1$. 因此 $\boldsymbol{L}$ 的特征值是所有的 $|\lambda|<1$ 的复数 λ. $\boldsymbol{L}$ 的所有特征值都属于 $\sigma(\boldsymbol{L})$; 由于谱是闭的, 单位圆盘中的所有 λ 都属于 $\sigma(\boldsymbol{L})$.

由于 $\boldsymbol{R}$ 和 $\boldsymbol{L}$ 互为伴随, 根据定理 3 可知 $\sigma(\boldsymbol{R})=\sigma(\boldsymbol{L})$; 由此及上面的两个结论知定理 4 成立. □

习题 2 证明 $\boldsymbol{R}$ 没有特征值.

习题 3 证明当作用在空间 ℓ^p $(1\leqslant p\leqslant\infty)$ 上时, $\boldsymbol{R}$ 和 $\boldsymbol{L}$ 的谱是单位圆盘 $\{\lambda\in\mathbb{C}:|\lambda|\leqslant 1\}$.

20.3 Volterra 积分算子

设 $X=C[0,1]$, $\boldsymbol{V}\colon X\to X$ 是积分算子: $\forall\boldsymbol{x}\in X$,

$$(\boldsymbol{V}\boldsymbol{x})(s)=\int_0^s x(r)\mathrm{d}r. \tag{15}$$

定理 5 $C[0,1]$ 上的算子 $\boldsymbol{V}$ 的谱由单个点 $\lambda=0$ 构成.

证明 利用分部积分, 由归纳法可以证明 $\boldsymbol{V}^n$ 由下面公式给出:

$$(\boldsymbol{V}^n\boldsymbol{x})(s)=\frac{1}{(n-1)!}\int_0^s(s-r)^{n-1}x(r)\mathrm{d}r. \tag{15$'$}$$

$\forall s\in[0,1]$,

$$|\boldsymbol{V}^n\boldsymbol{x}(s)|\leqslant\frac{1}{(n-1)!}\int_0^s(s-r)^n|\boldsymbol{x}|\mathrm{d}r\leqslant\frac{|\boldsymbol{x}|}{n!}.$$

故 $\forall\boldsymbol{x}\in C[0,1]$, $|\boldsymbol{V}^n\boldsymbol{x}|\leqslant|\boldsymbol{x}|/n!$, 根据范数的定义, $|\boldsymbol{V}^n|\leqslant 1/n!$. 由此可知

$$\lim_{n\to\infty}|\boldsymbol{V}^n|^{1/n}=0.$$

根据第 17 章定理 4, $\boldsymbol{V}$ 的谱半径为 0. 由于谱是非空的, 这证明了定理 5. □

例 1 设 $X=\ell^2$, $\{\lambda_n\}$ 是给定的一个有界复数列. 对由 (10) 给出的 $\boldsymbol{x}$, 定义

$$\boldsymbol{M}\boldsymbol{x}=(\lambda_0a_0,\lambda_1a_1,\cdots,\lambda_na_n,\cdots). \tag{16}$$

习题 4 证明由 (16) 定义的线性算子 $\boldsymbol{M}$ 的谱是集合 $\{\lambda_n\}$ 的闭包.

习题 5 设 $X=\ell^p(1\leqslant p\leqslant\infty)$, 设 $\boldsymbol{M}\colon X\to X$ 由 (16) 式定义. 证明 $\sigma(\boldsymbol{M})$ 是集合 $\{\lambda_n\}$ 的闭包.

习题 6 假设积分算子

$$\boldsymbol{K}f(s)=\int_0^s K(s,t)f(t)\mathrm{d}t \tag{17}$$

的核 $K(s,t)$ 在 $t\leqslant s$ 时是 s,t 的连续函数.

(a) 证明 $\boldsymbol{K}$ 把 $C[0,1]$ 映到 $C[0,1]$ 里.

(b) 证明 $\boldsymbol{K}$ 的谱由单点 0 构成.

形如 (17) 的算子称为Volterra 算子, 它是以首先研究这类算子的数学家 Vito Volterra 的名字命名的.

20.4 Fourier 变换

设 $\boldsymbol{F}$ 表示 Fourier 变换:

$$(\boldsymbol{F}f)(u)=\frac{1}{\sqrt{2\pi}}\int f(x)\mathrm{e}^{\mathrm{i}xu}\mathrm{d}x=\widetilde{f}(u).$$

根据 Fourier 变换理论 (见附录 B), $\boldsymbol{F}$ 是把 $L^2(\mathbb{R})$ 映到 $L^2(\mathbb{R})$ 上的保范的可逆映射, 其逆由

$$f(x)=\frac{1}{\sqrt{2\pi}}\int \widetilde{f}(u)\mathrm{e}^{-\mathrm{i}xu}\mathrm{d}u$$

给出. 以 $-x$ 替换 x 给出

$$f(-x)=\frac{1}{\sqrt{2\pi}}\int \widetilde{f}(u)\mathrm{e}^{\mathrm{i}xu}\mathrm{d}u.$$

用 $\boldsymbol{R}$ 表示映射 $f(x)\to f(-x)$, 由上面的公式知 $\boldsymbol{F}^2=\boldsymbol{R}$. 由于 $\boldsymbol{R}^2=\boldsymbol{I}$, 故

$$\boldsymbol{F}^4=\boldsymbol{I}.$$

由谱映射定理, $\boldsymbol{F}$ 的谱包含在由 1 的四次根: ±1, $\pm\mathrm{i}$ 构成的集合里.

习题 7 (a) 证明 $\boldsymbol{F}$ 把形如 $p(x)\mathrm{e}^{-x^2/2}$(p 是次数 $\leqslant n$ 的多项式) 构成的空间映到自身里.

(b) 证明 $\boldsymbol{F}$ 有形如 $p(x)\mathrm{e}^{-x^2/2}$ 的特征函数.

(c) 证明 (b) 中的特征函数张成了整个 $L^2(\mathbb{R})$. (提示: 参看 9.1 节).

参 考 文 献

Volterra, V., Sulla inversione degli integrali definiti. *An. Mat.* (2), **25**(1897): 139–178.

第21章　紧　映　射

紧映射的概念和性质像“面包”和“黄油”一样, 在泛函分析中是必不可少的.

如果完备度量空间的子集 S 的闭包是紧集, 则称 S 是准紧的. 以下是判断准紧性的两个有用准则:

(a) S 是准紧的, 当且仅当 S 中的每个点列包含一个 Cauchy 子列;

(b) S 是准紧的, 当且仅当对任意 $\varepsilon > 0$, S 可以被有限个半径为 ε 的球覆盖.

下面我们考虑 Banach 空间中的准紧子集. 下面的性质由 (a) 和 (b) 容易推出.

(c) 若 C_1 和 C_2 是 Banach 空间 X 的准紧子集, 则 $C_1 + C_2$ 是准紧的.

(d) 若 C 是 Banach 空间的准紧子集, 则 C 的凸包也是准紧的.

(e) 若 C 是 Banach 空间 X 的准紧子集, $\boldsymbol{M}$ 是 X 到 Banach 空间 U 的有界线性映射, 则 $\boldsymbol{M}C$ 是 U 的准紧子集.

习题 1　证明结论 (c), (d) 和 (e).

21.1　紧映射的基本性质

定义　设 X 和 U 是 Banach 空间, $\boldsymbol{C} : X \to U$ 是一个线性映射. 如果 X 中单位球 B 的象 $\boldsymbol{C}B$ 在 U 中是准紧的, 则称 $\boldsymbol{C}$ 是紧映射.

定理 1

(i) 从 Banach 空间 X 到 Banach 空间 U 的两个紧映射的和还是紧的.

(ii) 紧映射的常数倍是紧的.

(iii) 设 V 是 Banach 空间, $\boldsymbol{M} : U \to V$ 是有界线性映射, $\boldsymbol{C} : X \to U$ 是紧的, 则乘积 $\boldsymbol{MC} : X \to V$ 是紧的.

(iv) 设 Z 是 Banach 空间, $\boldsymbol{N} : Z \to X$ 是有界线性映射, $\boldsymbol{C} : X \to U$ 是紧的, 则 $\boldsymbol{CN} : Z \to U$ 是紧的.

(v) 设 $\boldsymbol{C}_n : X \to U$ 是一列紧映射, $\boldsymbol{C}_n$ 一致收敛到 $\boldsymbol{C}$:

$$\lim |\boldsymbol{C}_n - \boldsymbol{C}| = 0, \tag{1}$$

则 $\boldsymbol{C}$ 是紧的.

证明　设 $\boldsymbol{C}_1$ 和 $\boldsymbol{C}_2$ 是 $X \to U$ 的两个紧映射; 这意味着 X 中单位球 B 的象 $\boldsymbol{C}_1B = C_1$ 和 $\boldsymbol{C}_2B = C_2$ 是准紧的. 根据上面的 (c), $C_1 + C_2$ 是准紧的. 由于

$(\boldsymbol{C}_1+\boldsymbol{C}_2)(B)$ 包含在 $\boldsymbol{C}_1B+\boldsymbol{C}_2B$ 中且准紧集的子集是准紧的, (i) 成立.

(ii) 是 (iii) 的特殊情况. (iii) 由准紧集的性质 (e) 可得.

(iv) 由于有界映射 $\boldsymbol{N}$ 把 Z 的单位球映到 X 中的某个球内, 故 $\boldsymbol{CN}B$ 是准紧的.

(v) 任给 $\varepsilon>0$, 选择充分大的 n 使得 $|\boldsymbol{C}_n-\boldsymbol{C}|<\varepsilon$. 由于 $\boldsymbol{C}_n$ 是紧映射, $\boldsymbol{C}_nB$ 可以被有限个半径为 ε 的球覆盖; 于是 $\boldsymbol{C}B$ 被相同中心的半径为 2ε 的有限个开球覆盖. □

假设 $U=X$; 在代数的语言下, 定理 1 说明紧映射构成了 $\mathcal{L}(X)$ 的一个闭双边理想. 根据 Calkin 的一个定理, 当 X 是 Hilbert 空间时, 这是 $\mathcal{L}(X)$ 的唯一的闭双边理想.

定理 2　设 X 和 U 是 Banach 空间, $\boldsymbol{C}:X\to U$ 是紧线性映射. 设 Y 是 X 的一个闭子空间, V 是 $\boldsymbol{C}Y$ 在 U 中的闭包.

(i) $\boldsymbol{C}$ 在 Y 上的限制是 Y 到 V 的一个紧映射.

(ii) 假设 $U=X$ 且闭子空间 Y 在 $\boldsymbol{C}$ 下不变, 即 $\boldsymbol{C}$ 把 Y 映到 Y 内, 则 $\boldsymbol{C}:X/Y\to X/Y$ 是紧的.

证明　显然, (i) 成立; 考虑到商空间的范数的定义, (ii) 也是显然的. □

习题 2　证明退化的有界线性映射 $\boldsymbol{D}$(即 $\dim R_{\boldsymbol{D}}<\infty$) 是紧的.

在本章余下的部分我们给出由 F. Riesz 得出的紧算子的理论. 首先重新叙述第 5 章关于赋范线性空间的几何的引理 7. 这个引理将会被多次用到.

引理 3　设 X 是一个赋范线性空间, Y 是 X 的一个真闭子空间, 则存在 $x\in X$, 使得

$$|x|=1 \text{ 且 } d(x,Y)=\inf_{y\in Y}|x-y|>\frac{1}{2}. \tag{2}$$

在第 5 章中, 此引理被用来证明赋范线性空间的单位球是紧的当且仅当空间是有限维的. 在这里, 我们用此引理来研究从 Banach 空间 X 到自身的紧映射 $\boldsymbol{C}$. 下面三个定理是关于紧映射的基本结果.

定理 4　设 X 是 Banach 空间, $\boldsymbol{C}:X\to X$ 是一个紧映射; $\boldsymbol{I}:X\to X$ 是恒等映射; 并设

$$\boldsymbol{T}=\boldsymbol{I}-\boldsymbol{C}. \tag{3}$$

(i) $\boldsymbol{T}$ 的零空间 $N_{\boldsymbol{T}}$ 是有限维的.

(ii) 用 N_j 表示 $\boldsymbol{T}^j$ 的零空间,

$$N_j=N_{\boldsymbol{T}_j}. \tag{4}$$

则存在整数 i, 使得

$$\forall k>i,\quad N_k=N_i. \tag{5}$$

(iii) $\boldsymbol{T}$ 的值域 $R_{\boldsymbol{T}}$ 是闭的.

证明 (i) 根据 $\boldsymbol{T}$ 的定义 (3), 若 $y=\boldsymbol{C}y$, 则 $y\in N_{\boldsymbol{T}}$. 由于假设 $\boldsymbol{C}$ 是紧的, 故 $N_{\boldsymbol{T}}$ 中的单位球是准紧的. 根据第 5 章定理 6, $N_{\boldsymbol{T}}$ 是有限维的.

(ii) 假设 (5) 对所有的 i 都不成立, 即对所有的 i, N_{i-1} 是 N_i 的一个真子集. 根据引理 3, 对每个 i, 存在向量 y_i 使得

$$y_i\in N_i,\ \ |y_i|=1,\ \ d(y_i,N_{i-1})>\frac{1}{2}. \tag{6}$$

取 $m<n$; 由 $\boldsymbol{T}$ 的定义 (3),

$$\boldsymbol{C}y_n-\boldsymbol{C}y_m=y_n-\boldsymbol{T}y_n-y_m+\boldsymbol{T}y_m. \tag{7}$$

右端最后 3 项在 N_{n-1} 中, 故由 (6), 它们的和到 y_n 距离至少是 $\frac{1}{2}$. 这证明了 $|\boldsymbol{C}y_n-\boldsymbol{C}y_m|>\frac{1}{2}$. 显然, 序列 $\{\boldsymbol{C}y_n\}$ 没有 Cauchy 子列. 由于 $|y_n|=1$, 这与 $\boldsymbol{C}$ 的紧性矛盾.

(iii) 我们只需证明: 若 $\{y_n\}$ 是 $R_{\boldsymbol{T}}$ 中的收敛点列,

$$\lim y_k=y,\ \ y_k=\boldsymbol{T}x_k, \tag{8}$$

则它们的极限 y 也属于 $R_{\boldsymbol{T}}$. 用 d_k 表示 x_k 到 $N_{\boldsymbol{T}}$ 的距离:

$$d_k=\inf_{z\in N_{\boldsymbol{T}}}|x_k-z|. \tag{9}$$

我们断定数列 $\{d_k\}$ 是有界的. 事实上, 我们可以在 $N_{\boldsymbol{T}}$ 中选取 z_k 使得 $w_k=x_k-z_k$ 满足

$$|w_k|=|x_k-z_k|<2d_k. \tag{9$'$}$$

显然, 由于 $\boldsymbol{T}z_k=0$,

$$\boldsymbol{T}w_k=\boldsymbol{T}x_k-\boldsymbol{T}z_k=y_k. \tag{10}$$

假设 d_k 无界. 由 (8) 知 $|y_k|$ 是有界的, 我们用 d_k 除以 (10) 式得到

$$\boldsymbol{T}\frac{w_k}{d_k}=\frac{y_k}{d_k}\to 0. \tag{11}$$

令 $u_k=w_k/d_k$. 由 (9$'$) 知 $|u_k|<2$. 由 (11) 和 $\boldsymbol{T}$ 的定义 (3), $u_k-\boldsymbol{C}u_k\to 0$. 由于 $\boldsymbol{C}$ 是紧的, $\{\boldsymbol{C}u_k\}$ 有一个收敛子列; 于是 $\{u_k\}$ 也有一个收敛子列 (不妨仍记为 $\{u_k\}$):

$$u_k\to u. \tag{12}$$

因为 $\boldsymbol{T}$ 是连续的, 由 (11), $\lim\boldsymbol{T}u_k=\boldsymbol{T}u=0$, 即 u 属于 $N_{\boldsymbol{T}}$. 另一方面, 由 (9) 知, 对所有的 $z\in N_{\boldsymbol{T}}$, $|w_k-z|\geqslant d_k$. 除以 d_k 并利用 $u_k=w_k/d_k$, 我们断定对所有的 $z\in N_{\boldsymbol{T}}$, $|u_k-z|\geqslant 1$. 由于可以取 $z=u$, 这与 (12) 矛盾从而证明了数列 $\{d_k\}$ 是有界的.

根据 $\boldsymbol{T}$ 的定义 (3), 由 (10) 和 (8) 得,

$$w_k-\boldsymbol{C}w_k=y_k\to y. \tag{13}$$

由 (9′) 和 d_k 的有界性, $\{w_k\}$ 是有界的. 于是根据 $\boldsymbol{C}$ 的紧性, $\{\boldsymbol{C}w_k\}$ 有一个收敛子列. 由 (13), w_k 的同一个子序列也收敛到极限 w, 且由于 $\boldsymbol{T}$ 是连续的,

$$w - \boldsymbol{C}w = \boldsymbol{T}w = y.$$

这证明了 $\boldsymbol{T}$ 的值域是闭的. □

下一个结果说明对紧映射 $\boldsymbol{C}$, $\boldsymbol{T} = \boldsymbol{I} - \boldsymbol{C}$ 的值域的余维数有限且等于 $\boldsymbol{T}$ 的零空间的维数. 注意到在第 2 章中, 我们将映射 T 的指标 定义为二者的差, 故此结果用指标的语言可叙述为如下定理.

定理 5 设 X 是 Banach 空间, $\boldsymbol{C}: X \to X$ 是一个紧映射, 则 $\boldsymbol{T} = \boldsymbol{I} - \boldsymbol{C}$ 满足

$$\operatorname{ind}\boldsymbol{T} = \dim N_{\boldsymbol{T}} - \operatorname{codim} R_{\boldsymbol{T}} = 0. \tag{14}$$

证明 首先考虑 $N_{\boldsymbol{T}}$ 是平凡的情形:

$$\dim N_{\boldsymbol{T}} = 0. \tag{15}$$

因此只需证明 $\operatorname{codim} R_{\boldsymbol{T}} = 0$, 此意味着 $R_{\boldsymbol{T}} = X$. 若不是这样, 则 $R_{\boldsymbol{T}} = X_1$ 是 X 的一个真子空间. 由 (15), $\boldsymbol{T}$ 是一对一的, 从而 $\boldsymbol{T}X_1 = X_2$ 是 X_1 的真子空间. 定义 $X_k = \boldsymbol{T}^k X$. 类似地证明 $X \supset X_1 \supset X_2 \supset \cdots$, 且所有的包含都是真包含.

根据定理 4 (iii), $\boldsymbol{T}$ 的值域 X_1 是闭的. 我们断定每个子空间 X_k 是闭的. 事实上, X_k 是 $\boldsymbol{T}^k$ 的值域且 $\boldsymbol{T}^k = (\boldsymbol{I} - \boldsymbol{C})^k = \boldsymbol{I} + \sum_1^k (-1)^j \binom{k}{j} \boldsymbol{C}^j$. 根据定理 1, $\sum_1^k (-1)^j \binom{k}{j} \boldsymbol{C}^j$ 是一个紧算子. 由定理 4, X_k 是闭的. 现在应用引理 3; 我们可以选择 X_k 中的 x_k 使得

$$|x_k| = 1, \quad \operatorname{dist}(x_k, X_{k+1}) > \frac{1}{2}. \tag{16}$$

设 m 和 n 是两个不同的指标, $m < n$, 则利用 $\boldsymbol{T}$ 的定义 (3),

$$\boldsymbol{C}x_m - \boldsymbol{C}x_n = x_m - \boldsymbol{T}x_m - x_n + \boldsymbol{T}x_n.$$

右端最后 3 项属于 X_{m+1}; 因此根据 (16), $|\boldsymbol{C}x_m - \boldsymbol{C}x_n| > \frac{1}{2}$. 这与假设 $\boldsymbol{C}$ 把单位球映为准紧集矛盾, 从而在假设 (15) 下证明了 (14).

现在再考虑 $\boldsymbol{T}$ 的零空间非平凡的情形. 根据定理 4, 存在指标 i, 使得

$$N_{i+1} = N_i, \tag{17}$$

这里 N_j 由公式 (4) 定义. 由定义, $N = N_i$ 是 $\boldsymbol{T}$ 的一个不变子空间, 因此也是 $\boldsymbol{C}$ 的一个不变子空间. 故我们可以应用定理 2 (ii) 并断定 $\boldsymbol{C}: X/N \to X/N$ 是紧映射. 我们断定 $\boldsymbol{T}: X/N \to X/N$ 有平凡的零空间; 因为有非平凡的零空间意味着存在不属于N 中的向量 $\boldsymbol{x}$ 被映到 N 中. 由于 N 是 $\boldsymbol{T}^i$ 的零空间, 这意味着 $\boldsymbol{x}$ 在 $\boldsymbol{T}^{i+1}$ 的零空间 N_{i+1} 中. 这当然与 (17) 矛盾. 故 $\boldsymbol{T}$ 在 X/N 上满足假设 (15); 因此 $\boldsymbol{T}$ 把 X/N 一对一的映到 X/N 上. 这意味着对 X 中任意的 y, 存在 $\boldsymbol{x} \in X$, $\boldsymbol{z} \in N$ 使得

$$\boldsymbol{T}\boldsymbol{x} = \boldsymbol{y} + \boldsymbol{z}. \tag{18}$$

我们把此表示为

$$X = R_{\boldsymbol{T}} + N, \tag{19}$$

即 X 中每个 $\boldsymbol{y}$ 都可以表示成 $R_{\boldsymbol{T}}$ 中一个向量和 N 中一个向量的和. 对 $i > 1$, 这些空间有非空交, 由 N 中那些在 $\boldsymbol{T}$ 的值域中的向量 $\boldsymbol{n}$ 构成; 即形如

$$\boldsymbol{n} = \boldsymbol{Tz} \tag{20}$$

的向量 $\boldsymbol{n}$. 由 (17) 知 (20) 中的 $\boldsymbol{z}$ 属于 N. 根据线性代数的一个基本定理, $\boldsymbol{T}$ 在 N 中零空间的维数等于 $\boldsymbol{T}$ 在 N 中值域的余维数. 因此形如 (20) 的向量构成的空间的维数是

$$\dim N - \dim N_{\boldsymbol{T}}. \tag{21}$$

此式与 (19) 结合说明了 $R_{\boldsymbol{T}}$ 在 X 中的余维数等于 $\dim N_{\boldsymbol{T}}$, 这证明了 (14) 式. □

21.2 紧映射的谱理论

定理 6 (F. Riesz) 设 $\boldsymbol{X}$ 是一个 Banach 空间, $\boldsymbol{C}: X \to X$ 是紧线性映射.

(i) $\boldsymbol{C}$ 的谱由至多可数个复数 λ_n 构成, $\{\lambda_n\}$ 的聚点只可能是 0. 若 $\dim X = \infty$, 则 $0 \in \sigma(\boldsymbol{C})$.

(ii) 每个非零的 λ_j 是 $\boldsymbol{C}$ 的重数有限的特征值, 即对每个 $\lambda = \lambda_j \neq 0$,
$\boldsymbol{C} - \lambda$ 的零空间是有限维的,
存在整数 i 使得对所有的 $k > i$, $(\boldsymbol{C} - \lambda)^k$ 的零空间与 $(\boldsymbol{C} - \lambda)^i$ 的零空间相同.

(iii) 每个非零 λ_j 是预解式 $(\zeta - \boldsymbol{C})^{-1}$ 的极点.

证明 对 $\zeta \neq 0$, 定义 $\boldsymbol{T}$ 为 $\boldsymbol{T} = \boldsymbol{I} - \zeta^{-1}\boldsymbol{C}$. 由定理 5, 若 T 的零空间是平凡的, 即 $\dim N_{\boldsymbol{T}} = 0$, 则 $\boldsymbol{T}$ 的值域是整个 X. 这证明了 $\boldsymbol{T}$ 的谱中每个非零点是特征值. 根据定理 4 (ii), 特征值的重数是有限的; 这证明了 (ii).

下面证明 (i). 为了证明 $\boldsymbol{C}$ 的特征值 λ_n 只能以 0 为聚点, 考虑特征值的无穷序列 $\{\lambda_n\}$, 对 $n \neq m$, $\lambda_n \neq \lambda_m$, 且对应的特征向量为 $\boldsymbol{x}_n$:

$$\boldsymbol{C}\boldsymbol{x}_n = \lambda_n \boldsymbol{x}_n. \tag{22}$$

用 Y_n 表示由 $\boldsymbol{x}_1, \cdots, \boldsymbol{x}_n$ 张成的线性空间. 由于和不同特征值对应的特征向量是线性无关的, Y_{n-1} 是 Y_n 的一个真子空间. 我们对 $X = Y_n$, $Y = Y_{n-1}$ 应用引理 3; 存在 $\boldsymbol{y}_n \in Y_n$ 使得

$$|\boldsymbol{y}_n| = 1, \quad |\boldsymbol{y}_n - \boldsymbol{y}| > \frac{1}{2} \quad \forall \boldsymbol{y} \in Y_{n-1}. \tag{23}$$

由 Y_n 的定义, 我们可以假设 $\boldsymbol{y}_n$ 形如

$$\boldsymbol{y}_n = \sum_1^n a_j \boldsymbol{x}_j.$$

故

$$\boldsymbol{C}\boldsymbol{y}_n - \lambda_n \boldsymbol{y}_n = \sum_1^{n-1} (\lambda_j - \lambda_n) a_j \boldsymbol{x}_j \in Y_{n-1}. \tag{24}$$

这证明对 $n > m$,

$$\boldsymbol{C}\boldsymbol{y}_n - \boldsymbol{C}\boldsymbol{y}_m = \lambda_n \boldsymbol{y}_n - \boldsymbol{y}, \quad \boldsymbol{y} \in Y_{n-1}.$$

故由 (23),

$$|\boldsymbol{C}\boldsymbol{y}_n - \boldsymbol{C}\boldsymbol{y}_m| \geqslant \frac{|\lambda_n|}{2}. \tag{25}$$

由于每个 $\boldsymbol{y}_n$ 是单位向量, 且假设 $\boldsymbol{C}$ 把单位球映为准紧集, 因此对任意的 $\delta > 0$, 只能有有限个数 λ_n 满足 $|\lambda_n| > \delta$.

我们把 (25) 重新叙述为一种定量形式. 回忆度量空间中准紧集 K 的容积函数$C(\varepsilon, K)$ 的定义：它是 K 中满足任意两个不同 z_j 之间的距离至少为 ε 的点 $z_1, \cdots, z_C$ 的最大个数：

$$d(z_n, z_m) \geqslant \varepsilon, \quad n \neq m.$$

基于函数 C, 不等式 (25) 导出了 $\geqslant \varepsilon$ 的特征值的个数 $N(\varepsilon)$ 的如下估计：

$$N(\varepsilon) \leqslant C(\varepsilon, 2\boldsymbol{C}(B)), \tag{26}$$

这里 B 是 X 的单位球.

习题 3 证明 (26) 右端的因子 2 可以去掉.

(iii) 为证 $\boldsymbol{C}$ 的预解式以 λ_j 为极点, 取 $\zeta \neq \lambda_j$ 但是 $|\zeta - \lambda_j|$ 很小. 由预解式的定义, $(\zeta - \boldsymbol{C})^{-1} x = u$ 意味着

$$x = \zeta u - \boldsymbol{C} u. \tag{27}$$

对 u 我们分两步解此方程. 取 i 充分大使得 $N_{i+1} = N_i$, 这里 N_i 是 $N_{(\lambda - \boldsymbol{C})^i}$, 且记 N_i 为 N. 由于 N 是 $\boldsymbol{C}$ 的不变子空间, $\boldsymbol{C}$ 可以视为映射

$$\boldsymbol{C} : X/N \to X/N. \tag{28}$$

根据定理 2 (ii), (28) 中的 $\boldsymbol{C}$ 是紧的. 我们断定 λ 属于 X/N 上的 $\boldsymbol{C}$ 的预解集. 若不是这样, 则由 (ii), λ 属于 X/N 上 $\boldsymbol{C}$ 的点谱; 这意味着 $\boldsymbol{C}$ 把 X 中某个 $y \neq 0 \bmod N$ 映到 N 中. 但是这样的 y 属于 N_{i+1} 而不属于 N_i, 与 i 的选择矛盾. 于是由于 $\boldsymbol{C}$ 在 X/N 上是紧的, $\lambda - \boldsymbol{C}$ 在 X/N 上是可逆的. 由于可逆映射构成的集合是开的, 故当 $|\zeta - \lambda|$ 充分小时, $\zeta - \boldsymbol{C}$ 是可逆的, 且在 X/N 上对所有这样的 ζ,

$$|(\zeta - \boldsymbol{C})^{-1}| \leqslant c, \quad \text{c 是常数}. \tag{29}$$

解 (27) 的第一步是解同余式

$$\zeta v - \boldsymbol{C} v \equiv x \mod N; \tag{30}$$

根据 (29), (30) 有唯一的解 v 且 $|v| \leqslant c \cdot |x|$. 同余式 (30) 意味着

$$\exists n \in N, \ \zeta v - \boldsymbol{C} v = x - n, \quad n \in N. \tag{31}$$

第二步是在 N 中找方程

$$\zeta z - \boldsymbol{C}z = n \tag{32}$$

的解 z. 把 (32) 加到 (31) 式上, 我们得到 (27) 的解 $u = v + z$.

对 $z \in N$, 解 (32) 是线性代数的一个问题. 根据 λ 是 $\boldsymbol{C}$ 的特征值的定义, 我们知道 λ 属于 $\boldsymbol{C}$ 在 N 上的谱. 由于 N 是有限维的, 不存在和 λ 充分接近且不等于 λ 的 ζ 属于 $\boldsymbol{C}$ 在 N 上的谱. 故对这样的 ζ, (32) 有唯一的解, 且由于有限维空间上的预解式是一个有理函数, 解 z 满足 $|z| \leqslant d \cdot |\zeta - \lambda|^{-i}|n|$, 这里 d 是一个常数. 由 (31) 知 $|n| \leqslant d \cdot |x|$, 从而 $|z| \leqslant d \cdot |\zeta - \lambda|^{-i}|x|$. 与 $|v| \leqslant c \cdot |x|$ 结合, 我们得到

$$|u| = |(\zeta - \boldsymbol{C})^{-1}x| = |v + z| \leqslant |v| + |z| \leqslant (c + d) \cdot |\zeta - \lambda|^{-i}|x|.$$

这个不等式也可以表示为：对和 λ 充分接近但不等于 λ 的 ζ, $|(\zeta - \boldsymbol{C})^{-1}| \leqslant (c+d) \cdot |\zeta - \lambda|^{-i}$. 换言之, 在紧映射 $\boldsymbol{C}$ 的特征值 λ 附近, 预解式最多放大到 λ 距离的负 i 次幂. 与经典函数论一样, 由此易知 $\boldsymbol{C}$ 的预解式有 i 阶极点. 这完成了定理 6 的证明. □

注意到 (iii) 的证明给出了 (ii) 的另一证明.

习题 4 证明 $\boldsymbol{C}$ 的预解式在 λ 附近有 Laurent 展开

$$(\zeta - \boldsymbol{C})^{-1} = \sum_{-\infty}^{\infty} \boldsymbol{A}_j (\zeta - \lambda)^j. \tag{33}$$

证明 $\boldsymbol{A}_{-1}$ 是投影, 即 $\boldsymbol{A}_{-1}^2 = \boldsymbol{A}_{-1}$; 参考第 17 章定理 6. 证明此投影的值域是 N_i; 证明

$$\boldsymbol{A}_{-j} = (\boldsymbol{C} - \lambda)^{j-1}\boldsymbol{A}_{-1}, j = 2, \cdots, i. \tag{34}$$

习题 5 证明 $\dim X = \infty$ 时, Banach 空间 X 上的紧算子是不可逆的.

设 X 是一个 Banach 空间, $\boldsymbol{B} : X \to X$ 是一个有界线性算子. 若存在正整数 n, 使得

$$\boldsymbol{B}^n = \boldsymbol{C} \tag{35}$$

是一个紧算子, 则称 $\boldsymbol{B}$ 是一个紧幂算子. 紧算子的基本性质, 定理 4、定理 5 和定理 6, 对紧幂算子仍成立.

定理 4′ 设 $\boldsymbol{B} : X \to X$ 是一个紧幂算子; 令

$$\boldsymbol{S} = \boldsymbol{I} - \boldsymbol{B}. \tag{36}$$

(i) $\boldsymbol{S}$ 的零空间 $N_{\boldsymbol{S}}$ 是有限维的.

(ii) 存在 i 使得

$$\forall k > i, \quad N_{\boldsymbol{S}^k} = N_{\boldsymbol{S}^i}. \tag{37}$$

(iii) $\boldsymbol{S}$ 的值域 $R_{\boldsymbol{S}}$ 是闭的.

定理 5′ 对 $\boldsymbol{S} = \boldsymbol{I} - \boldsymbol{B}$,

$$\operatorname{ind} \boldsymbol{S} = \dim N_{\boldsymbol{S}} - \operatorname{codim} R_{\boldsymbol{S}} = 0. \tag{38}$$

定理 6′ 设 $\boldsymbol{B}: X \to X$ 是一个紧幂算子.

(i) $\boldsymbol{B}$ 的谱包含至多可数个复数 $\{\beta_n\}$, 其聚点只可能是 0. 若 $\dim X = \infty$, 则 $0 \in \sigma(\boldsymbol{B})$.

(ii) 每个 β_j 有有限重数和有限指标.

(iii) β_j 是预解式 $(\zeta - \boldsymbol{B})^{-1}$ 的极点.

证明 我们从以下等式出发:

$$\boldsymbol{I} - \boldsymbol{B}^n = (\boldsymbol{I} - \boldsymbol{B})(\boldsymbol{I} + \boldsymbol{B} + \cdots + \boldsymbol{B}^{n-1}). \tag{39}$$

记 $\boldsymbol{I} - \boldsymbol{B}^n = \boldsymbol{T}$, $\boldsymbol{I} + \boldsymbol{B} + \cdots + \boldsymbol{B}^{n-1} = \boldsymbol{Q}$, 则 (39) 可以重新写为

$$\boldsymbol{T} = \boldsymbol{S}\boldsymbol{Q} = \boldsymbol{Q}\boldsymbol{S}. \tag{40}$$

由此我们推出

$$N_{\boldsymbol{T}} \supset N_{\boldsymbol{S}}, \quad R_{\boldsymbol{T}} \subset R_{\boldsymbol{S}}. \tag{41}$$

根据假设 $\boldsymbol{B}^n = \boldsymbol{C}$ 是紧的; 故由定理 4 和 5,

$$\dim N_{\boldsymbol{T}} < \infty, \quad \operatorname{codim} R_{\boldsymbol{T}} < \infty. \tag{42}$$

结合 (42) 和 (41), 得到 $\dim N_{\boldsymbol{S}} < \infty$, $\operatorname{codim} R_{\boldsymbol{S}} < \infty$. 根据定理 4, $R_{\boldsymbol{T}}$ 是闭的; 由此及 (41) 知 $R_{\boldsymbol{S}}$ 也是闭的.

对 (40) 取 k 次幂:

$$\boldsymbol{T}^k = \boldsymbol{S}^k\boldsymbol{Q}^k = \boldsymbol{Q}^k\boldsymbol{S}^k,$$

由此我们推出

$$N_{\boldsymbol{T}^k} \supset N_{\boldsymbol{S}^k}, \quad R_{\boldsymbol{T}^k} \subset R_{\boldsymbol{S}^k}. \tag{43}$$

根据假设, $\boldsymbol{B}^n = \boldsymbol{C}$ 是紧的, 由定理 4(ii), $N_{\boldsymbol{T}^k}$ 对 $k > i$ 与 k 无关. 于是由 (42) 知零空间 $N_{\boldsymbol{S}^k}(k = 1, 2, \cdots)$ 都包含在有限维空间 $N_{\boldsymbol{T}^i}$ 中. 由此可知, 存在 i 使得对任意的 $k > i$, $N_{\boldsymbol{S}^k} = N_{\boldsymbol{S}^i}$. 这完成了定理 4′ 的证明. □

下面我们证明定理 6′. 根据谱映射定理 (第 17 章定理 5) 以及 $\boldsymbol{C} = \boldsymbol{B}^n$,

$$\sigma(\boldsymbol{C}) = \sigma(\boldsymbol{B}^n) = \sigma(\boldsymbol{B})^n. \tag{44}$$

根据假设, $\boldsymbol{C}$ 是紧的; 故根据定理 6, $\sigma(\boldsymbol{C})$ 由一个只以 0 为聚点的可数集构成. 由 (44) 知这对 $\boldsymbol{B}$ 的谱也成立; 这证明了 (i).

习题 6 用容积函数 $C(\varepsilon, \boldsymbol{B}^n B)$ 估计 $\boldsymbol{B}$ 的满足 $|\beta| > \varepsilon$ 的特征值 β 的个数.

我们已经证明了定理 6′ 的 (ii); 我们把 (iii) 放在下一个习题中.

习题 7 证明定理 6′ (iii).

现在我们证明定理 5′. 若由 (39) 定义的算子 $\boldsymbol{Q}$ 是可逆的, 则由分解 (40) 知 $\boldsymbol{T}$ 和 $\boldsymbol{S}$ 的零空间有相同的维数且它们的值域有相同的余维数. 故 $\operatorname{ind} \boldsymbol{T} = \operatorname{ind} \boldsymbol{S}$; 由定理 5, $\operatorname{ind} \boldsymbol{T} = 0$, 故 $\operatorname{ind} \boldsymbol{S} = 0$.

为证 $\boldsymbol{Q}$ 是可逆的, 注意到 $\boldsymbol{Q}$ 是 $\boldsymbol{B}$ 的多项式, 我们应用第 17 章定理 4 谱映射定理. 据此, $\boldsymbol{Q}$ 的谱由形如 $1+\beta+\cdots+\beta^{n-1}$ 的点构成, 这里 β 取遍 $\boldsymbol{B}$ 的谱. 故若 $\sigma(\boldsymbol{B})$ 不包含除 1 之外的 1 的其他的 n 次方根, 则 $\boldsymbol{Q}$ 是可逆的. 若 $\sigma(\boldsymbol{B})$ 包含 1 的 1 之外的其他 n 次方根, 我们可以轻微地摄动乘积 (40). □

习题 8 举例说明若 $\boldsymbol{M}$ 是一列紧算子的强极限, 则 $\boldsymbol{M}$ 未必紧.

习题 9 证明若 $\boldsymbol{C}$ 是紧算子且 $\{\boldsymbol{M}_n\}$ 强收敛到 $\boldsymbol{M}$, 则 $\boldsymbol{C}\boldsymbol{M}_n$ 和 $\boldsymbol{M}_n\boldsymbol{C}$ 分别一致收敛到 $\boldsymbol{C}\boldsymbol{M}$ 和 $\boldsymbol{M}\boldsymbol{C}$.

定理 7 (Schauder) 紧映射 $\boldsymbol{C}: X \to U$ 的转置 $\boldsymbol{C}'$ 是紧的, 反之亦然.

证明 我们必须证明 U' 中的单位球在 $\boldsymbol{C}'$ 下的象是准紧的. 根据准紧性的判别准则 (a), 任给 U 中点列 $\{\ell_n\}$, $|\ell_n| \leqslant 1$, 我们必须证明 $\{\boldsymbol{C}'\ell_n\}$ 有一个 Cauchy 子列. 用 $\boldsymbol{K}$ 表示 $\boldsymbol{C}B$ 的闭包, B 是 X 的单位球. 由于假设 $\boldsymbol{C}$ 是紧的, $\boldsymbol{K}$ 是 U 的紧子集. (ℓ_n, u) 是 u 的一致有界函数且在 K 上是等度连续的:

$$|(\ell_n, u) - (\ell_n, v)| = |(\ell_n, u-v)| \leqslant |u-v|.$$

根据 Arzela-Ascoli 定理, 在紧集K 上的一致有界的等度连续的函数列 $\{(\ell_n, u)\}$ 都有一个一致收敛的子列 (仍记为 $\{(\ell_n, u)\}$): $\forall \varepsilon > 0$, $\exists N$, 对所有的 $n, m > N$, $\forall u \in K$,

$$|(\ell_n, u) - (\ell_m, u)| < \varepsilon. \tag{45}$$

由于形如 $u = \boldsymbol{C}x(|x| \leqslant 1)$ 的每个 u 属于 K, 由 (45) 我们断定到对所有的 x, $|x| \leqslant 1$,

$$|(\ell_n - \ell_m, \boldsymbol{C}x)| = |(\boldsymbol{C}'\ell_n - \boldsymbol{C}'\ell_m, x)| \leqslant \varepsilon \tag{46}$$

根据 U' 中范数的定义, 这证明了对 $n, m > N$,

$$|\boldsymbol{C}'\ell_n - \boldsymbol{C}'\ell_m| < \varepsilon, \tag{47}$$

即 $\{\boldsymbol{C}'\ell_n\}$ 是一个 Cauchy 子列.

反之, 若 $\boldsymbol{C}'$ 是紧映射, 则根据上面的证明, $\boldsymbol{C}''$ 是紧映射. 由于 $\boldsymbol{C}$ 是 $\boldsymbol{C}''$ 在 X 上的限制, 由定理 2 (i), $\boldsymbol{C}$ 是紧映射. 这完成了定理 7 的证明. □

定理 8 设 $\boldsymbol{C}: X \to X$ 是紧映射且 $\boldsymbol{T} = \boldsymbol{I} - \boldsymbol{C}$.

(i) 向量 u 属于 $\boldsymbol{T}$ 的值域, 当且仅当对 $\boldsymbol{T}'$ 的零空间中的每个 ℓ, $(u, \ell) = 0$.

(ii) $\dim N_{\boldsymbol{T}'} = \dim N_{\boldsymbol{T}}$.

证明 $\boldsymbol{T}$ 和它的转置的关系定义为

$$(\boldsymbol{T}x, \ell) = (x, \boldsymbol{T}'\ell).$$

由此可知 $\boldsymbol{T}'$ 的零空间是 $\boldsymbol{T}$ 的值域的零化子 $R_{\boldsymbol{T}}^{\perp}$.

(i) 根据定理 4, $R_{\boldsymbol{T}}$ 是闭的, 故由第 8 章定理 8, 对 $R_{\boldsymbol{T}}^{\perp}$ 中每个 ℓ 都满足 $(u, \ell) = 0$ 的向量 u 属于 $R_{\boldsymbol{T}}$.

(ii) 由第 8 章习题 2, X 的闭子空间 R 的零化子同构于 X/R 的对偶空间. 因

此 $\dim R^{\perp} = \dim (X/R)' = \dim X/R = \operatorname{codim} R$. 对 $R = R_{\boldsymbol{T}}$ 应用此式. 因为 $R_{\boldsymbol{T}}$ 的零化子是 $\boldsymbol{T}'$ 的零空间, $\dim N_{\boldsymbol{T}'} = \operatorname{codim} R_{\boldsymbol{T}}$. 因为由定理 5, $\operatorname{ind} \boldsymbol{T} = 0$, 故 $\operatorname{codim} R_{\boldsymbol{T}} = \dim N_{\boldsymbol{T}}$. 因此 $\dim N_{\boldsymbol{T}'} = \dim N_{\boldsymbol{T}}$. 定理 8 称为 Fredholm 互斥性. □

定理 9 紧映射 $\boldsymbol{C} : X \to U$ 把每个弱收敛序列映为强收敛的序列.

习题 10

(i) 证明定理 9.

(ii) 定理 9 的逆成立吗?

注记 F. Riesz 的论文一直是 Banach 空间上紧算子理论的基础. 在该论文中, 他引用了 Hilbert 关于紧算子的定义 (那时称为全连续的), 并证明了如何将此概念延拓到 Banach 空间上. 他的成就尤为突出, 因为他在 1918 发表的论文比 Banach 的基本论文早了整整 5 年. 而且和 Banach 不同, 他讨论复数域上的赋范线性空间, 这在谱理论中是本质的.

历史注记 Julius Schauder (1899—1943) 是他那个时代最杰出的波兰数学家, Schauder 基、Schauder 不动点定理、映射的 Leray-Schauder 度以及在椭圆和双曲偏微分方程理论中的许多基础性的结果都是他的发现. 由于是犹太人, 他在纳粹占领波兰期间被杀害. 在当时, 这样的事情很平常, 以致没有人知道他何时何地被杀害.

参 考 文 献

Calkin, J. W., Two-sided ideals and congruences in the ring of bounded operator in Hilbert space. *An. Math.* (2), **42**(1941): 839–873.

Riesz, F., Über lineare Funktionalgleichungen. *Acta Math.*, **41**(1918): 71–98.

Schauder, J., Über lineare, vollstätige Funktionaloperationen. *Studia Math.* **2**(1930): 183–196.

第 22 章　紧算子的例子

22.1　紧性的判别准则

我们首先给出函数集在不同的拓扑下是紧集的一些有用的判别准则. 第一个定理是著名的 Arzela-Ascoli 判别准则.

定义　设 S 是一个 Hausdorff 空间, $\{g\}$ 是 S 上一族复值函数. 如果 $\forall s \in S, \forall \varepsilon > 0$, 存在一个包含 s 的开集 N, 使得 $\forall r \in N, \forall g \in \{g\}$,

$$|g(r) - g(s)| < \varepsilon, \tag{1}$$

则称 $\{g\}$ 是等度连续的.

定理 1　设 S 是一个紧 Hausdorff 空间, $\{g\}$ 是 S 上的一族复值函数, 满足:

(i) 集族 $\{g\}$ 是等度连续的;

(ii) $\{g\}$ 是一致有界的: $\forall s \in S, \forall g \in \{g\}$,

$$|g(s)| \leqslant M. \tag{1'}$$

断言　当 $C(S)$ 赋以最大值范数时, 集合 $\{g\}$ 是准紧的.

证明可以参考任何一本实分析的教材, 如 Royden.

习题 1　证明定理 1 中的条件 (i) 和 (ii) 也是一族函数在最大值范数下是准紧的必要条件.

习题 2　设 Q 是 $\mathbb{R}^n$ 的一个有界开集且 Q 中任意两点都可以被长度不大于 ℓ 的道路连通, $\{g\}$ 是 Q 上的一族函数. 如果函数 g 和它们的所有一阶偏导数在 Q 内是一致有界的: 存在 $M > 0$,

$$\forall s \in Q, \ \ |g(s)| \leqslant M, \ \ |\partial_i g(s)| \leqslant M,$$

则 $\{g\}$ 在最大值范数下是准紧的.

习题 3　对取值于度量空间的函数族给出定理 1 的一个形式.

紧性的另一个同样重要甚至是更重要的判别准则由 Rellich 得出.

定理 2　设 Q 是 $\mathbb{R}^n$ 中一个有界开区域, 其边界是光滑的. 假设 $\{u\}$ 是 Q 上一族函数, 且所有的函数 u 及其一阶导数在 $L^2(Q)$ 下是一致有界的:

$$||u|| \leqslant M, \ \ ||\partial_i u|| \leqslant M, \ \ i = 1, \cdots, m, \tag{2}$$

则集族 $\{u\}$ 在 $L^2(Q)$ 范数下是准紧的.

Rellich 判别准则的证明基于 Poincaré 不等式: 对有光滑边界的区域 Q 上的光滑函数 u,

$$\int_Q |u(x)|^2 \mathrm{d}x \leqslant \left| \int u \mathrm{d}x \right|^2 + d^2 \sum \int_Q |\partial_i u|^2 \mathrm{d}x, \tag{3}$$

这里 d 是 Q 的直径. 具体的证明参考 Courant-Hilbert.

我们注意到 Poincare 不等式和 Rellich 判别准则对所有的有界区域并不成立.

22.2 积分算子

现在考虑由第 16 章方程 (1) 定义的积分算子 $\boldsymbol{K}$, $g = \boldsymbol{K}f$ 定义为

$$g(s) = \int_T K(s,t) f(t) \mathrm{d}n(t), \tag{4}$$

$s \in S$, $t \in T$, S 和 T 都是紧的度量空间. 我们将会研究在不同的拓扑下核 $K(s,t)$ 使得 $\boldsymbol{K}$ 紧的条件.

定理 3 若核 $K(s,t)$ 是 s 和 t 的连续函数, 则由 (4) 定义的积分算子是 $L^1(T,n) \to C(S)$ 的紧算子.

证明 要证明 $\boldsymbol{K}: L^1(T,n) \to C(S)$ 是紧算子, 我们必须验证函数族

$$\{g = \boldsymbol{K}f, \quad |f|_{L^1} \leqslant 1\} \tag{5}$$

满足紧性的判别准则 (1) 和 (1′). 由于 S 和 T 是紧空间, 核 $k(s,t)$ 是一致有界的, 故根据第 16 章定理 1, $\boldsymbol{K}$ 是有界的; 故条件 (1′) 满足. 为验证 (1), 我们考虑 $g(r) - g(s)$:

$$|g(r) - g(s)| = \left| \int [K(r,t) - K(s,t)] f(t) \mathrm{d}n \right| \leqslant \sup_t |K(r,t) - K(s,t)| |f|_{L^1}. \tag{6}$$

由于 $T \times S$ 是紧的, 核 $k(s,t)$ 是一致连续的, 故当 r 趋于 s 时 (6) 式右端趋于 0. 这证明了函数族 $\{g\}$ 是等度连续的. □

利用类似的论证, 我们可以证明如下定理.

定理 3′ 若当 t 固定时, 核 $K(s,t)$ 在 L^1 范数下是 s 的连续函数, 则积分算子 (4) 是 $C(T) \to C(S)$ 的紧算子.

由第 16 章定理 2, 有平方可积核 $k(s,t)$ 的积分算子 $\boldsymbol{K}$ 是 $L^2(T,n) \to L^2(S,m)$ 的有界映射且

$$||\boldsymbol{K}||^2 \leqslant \int\int |K(s,t)|^2 \mathrm{d}m \mathrm{d}n. \tag{7}$$

条件 (7) 包含了更多结论.

定理 4 若积分算子 $\boldsymbol{K}: L^2(T,n) \to L^2(S,m)$ 的核是平方可积的, 则 $\boldsymbol{K}$ 是紧算子.

证明 设 $\{u_j\}$ 是 $L^2(S,\mathrm{d}m)$ 的标准正交基. 对固定的 t, 我们把 $K(s,t)$ 展开为级数

$$K(s,t)=\sum_j K_j(t)u_j(s). \tag{8}$$

对 $\{u_j\}$ 利用 Parseval 关系可知对几乎所有的 t,

$$\int |K(s,t)|^2\mathrm{d}m(s)=\sum_j |K_j(t)|^2. \tag{9}$$

对 (9) 积分给出

$$\int\int |K(s,t)|^2\mathrm{d}m\mathrm{d}n=\sum\int |K_j(t)|^2\mathrm{d}n(t). \tag{10}$$

现在定义

$$K_N(s,t)=\sum_{j\leqslant N} K_j(t)u_j(s). \tag{11}$$

并记 $\boldsymbol{K}_N$ 为以 K_N 为核的积分算子. 显然, $\boldsymbol{K}_N$ 是退化的算子, 即它的值域是有限维的; 于是根据第 21 章习题 2, $\boldsymbol{K}_N$ 是紧算子. 我们断定当 $N\to\infty$ 时, $\boldsymbol{K}_N$ 范数收敛到 $\boldsymbol{K}$. 这是因为对 $\boldsymbol{K}-\boldsymbol{K}_N$ 应用 (7), 我们得到

$$||\boldsymbol{K}-\boldsymbol{K}_N||^2\leqslant\int\int |K-K_N|^2\mathrm{d}m\mathrm{d}n=\sum_{j>n}\int K_j^2(t)\mathrm{d}n(t). \tag{12}$$

由 (10) 知道当 $N\to\infty$ 时, (12) 式右端趋于 0. 由第 21 章定理 1(v), 紧算子的一致极限还是紧算子, 故 $\boldsymbol{K}$ 是紧算子. □

习题 4 构造一个核满足 Holmgren 条件 (第 16 章定理 3) 但不是紧算子的积分算子的例子.

在第 20 章定理 4 中, 我们证明了由

$$(\boldsymbol{V}x)(s)=\int_0^s x(t)\mathrm{d}t, \tag{13}$$

定义的积分算子 $V:C[0,1]\to C[0,1]$ 的谱只包含 0 点. 在这里我们给出这个事实的另一个证明. (15) 中定义的积分算子 $\boldsymbol{V}$ 的核是

$$K(s,t)=\begin{cases}1, & t<s,\\ 0, & t>s.\end{cases} \tag{14}$$

显然, T 在 L^1 范数下对 t 是 s 的连续函数. 故根据定理 3′, $\boldsymbol{V}$ 是 $C[0,1]$ 到自身的紧映射.

根据第 21 章定理 5, 紧算子的谱由 0 和非 0 特征值构成. 我们现在证明 $\boldsymbol{V}$ 没有非 0 特征值, 因为假设 x 是特征函数, $\lambda\neq 0$ 是对应的特征值, 则

$$\boldsymbol{V}x=\int_0^s x(t)\mathrm{d}t=\lambda x(s). \tag{15}$$

左端是 s 的可微函数, 因此右端也是. 对 (15) 微分, 我们得到

$$x(s)=\lambda x'(s).$$

此式的所有非零解形如 $x(s)=ce^{s/\lambda}$, $c\neq 0$. 特别地, $x(0)=c\neq 0$; 把 $s=0$ 代入 (15), 我们得到 $0=\lambda x(0)$, 与上面的结论矛盾. 这证明了 $\boldsymbol{V}$ 没有非零特征值, 故

$$\sigma(\boldsymbol{V})=\{0\}. \qquad \square(16)$$

22.3　椭圆偏微分算子的逆

现在考虑通过求解微分方程而定义的一类算子. 设 Q 是 $\mathbb{R}^n$ 中有光滑边界的有界区域. 用 Δ 表示 Laplace 算子. 众所周知 (参考 7.2 节), $\forall f\in C^\infty(Q)$, 边值问题

$$\text{在 Q 内}, \Delta u=f, \text{在 } \partial Q \text{ 上}, u=0 \tag{17}$$

有唯一的解 u.

定义　把 (17) 的解 u 记为

$$u=\boldsymbol{S}f. \tag{18}$$

定理 5　$\boldsymbol{S}$ 是 $L^2(Q)$ 到 $L^2(Q)$ 的紧映射.

证明　用 u 乘以 (17) 并在 Q 上积分, 通过分部积分得到:

$$-\int_Q\sum|\partial_j u|^2\mathrm{d}s=\int_Q fu\mathrm{d}s. \tag{19}$$

正如在第 7 章引理 1 中注意到的, 对在 ∂Q 上为 0 的所有函数 u,

$$||u||_0\leqslant d||u||_1, \tag{20}$$

这里 $||u||_0$ 表示 u 在 Q 上的 L^2 范数, $||u||_1^2$ 表示 u 的一阶导数的 L^2 范数的平方和, d 表示 Q 的直径. 在 (19) 式右端利用 Schwarz 不等式, 然后再利用 (20), 我们得到

$$||u||_1^2\leqslant||f||_0||u||_0\leqslant d||f||_0||u||_1,$$

故

$$||u||_1\leqslant d||f||_0, \quad ||u||_0\leqslant d^2||f||_0. \tag{21}$$

$L^2(Q)$ 中的单位球在 $\boldsymbol{S}$ 下的象由所有与 $||f||_0\leqslant 1$ 对应的 (17) 的解 u 构成. 根据 (21), 这些解满足

$$||u||_1\leqslant d, \quad ||u||_0\leqslant d^2. \tag{21$'$}$$

根据定理 2, 满足 (21′) 的函数的集合在 $L^2(Q)$ 范数下是准紧的. 这证明了 $\boldsymbol{S}$ 是一个紧算子. $\square$

习题 5　证明定理 5 当 Q 不是光滑有界的时候也成立. (提示: 利用第 7 章引理 2.)

定理 5 可以没有任何改动地延拓到有 Dirichlet 边值条件的二阶椭圆算子. 在 Neumann 边值条件 $u_n=0$ 下, 必须要求 Q 是光滑有界的.

22.4 由抛物型方程定义的算子

我们的下一个例子是抛物型方程

$$u_t = \Delta u, \tag{22}$$

这里函数 $u(s,t)$, $t>0$, $s\in Q$ 和上面的例子相同. 我们将要在涉及半群的一章中证明, 抛物型方程的边界初值问题有唯一的解, 即 (23) 存在唯一的解满足:

$$\text{在 Q 中有初值} u(s,0);\quad \text{在 } \partial Q \text{ 上, 对 } T>0, \text{ 有 } \ u=0. \tag{23'}$$

设 $T \geqslant 0$. 我们用 $\boldsymbol{S}(T)$ 表示把 $u(s,0)$ 映到 $u(s,T)$ 的映射:

$$\boldsymbol{S}(T): u(s,0) \to u(s,T). \tag{23''}$$

定理 6 设 $T>0$, 则 $\boldsymbol{S}(T): L^2(Q) \to L^2(Q)$ 是紧算子.

证明 在 (23) 两边乘以 u, 在 Q 上关于 s 积分, 对 t 从 0 到 T 积分. 通过分部积分, 我们得到

$$\frac{1}{2}\int u^2 \mathrm{d}s|_0^T = \int_0^T \int u\Delta u \mathrm{d}s\mathrm{d}t = -\int\int \sum |\partial_j u|^2 \mathrm{d}s\mathrm{d}t \leqslant 0. \tag{24}$$

这证明了

$$\int u^2(s,T)\mathrm{d}s \leqslant \int u^2(s,0)\mathrm{d}s,$$

即 $||u(t)||_0$ 是 t 的递减函数. 这说明解算子 $\boldsymbol{S}$ 满足

$$||\boldsymbol{S}(T)|| \leqslant 1. \tag{25}$$

下面用 $t\Delta u$ 乘 (23) 并在 Q 上关于 s 积分, 对 t 从 0 到 T 积分. 我们得到

$$\int_0^T \int t u_t \Delta u \ \mathrm{d}s\mathrm{d}t = \int_0^T \int t(\Delta u)^2 \mathrm{d}s\mathrm{d}t. \tag{26}$$

左端对 x 和 t 分部积分; 把 u 的偏导数简记为 u_j, 我们得到 (26) 左端的如下表达式:

$$-\frac{T}{2}\int \sum u_j^2(T)\mathrm{d}s + \frac{1}{2}\int\int \sum u_j^2 \mathrm{d}t\mathrm{d}s.$$

由于 (26) 式右端是正的, 我们推出

$$\frac{T}{2}\int \sum u_j^2(T)\mathrm{d}s \leqslant \frac{1}{2}\int\int \sum u_j^2 \mathrm{d}s\mathrm{d}t.$$

用 (24) 估计上式右端; 我们得到

$$T\int \sum u_j^2(T)\mathrm{d}s \leqslant \frac{1}{2}\int u^2(0)\mathrm{d}s.$$

利用 Rellich 的紧性判别准则, 定理 2 以及习题 6, 我们断定对 $T>0$, $\{u : \int u^2(0)\mathrm{d}s \leqslant 1\}$ 在 $\boldsymbol{S}(T)$ 下的象是准紧的. □

22.5 殆正交基

下述由 Paley 和 Wiener 得出的结果说明标准正交基的不太大的摄动仍是基.

定理 7 设 H 是一个 Hilbert 空间, $\{u_n\}$ 是 H 的一组标准正交基. 设 $\{y_n\}$ 是下述意义下与 $\{x_n\}$ 相差不太大的一族元素:

$$\sum ||x_n - y_n||^2 < \infty. \tag{27}$$

我们还假设 $\{y_n\}$ 是线性无关的, 即不存在 y_n 在其余 y_k 的闭线性张内.

断言 $\{y_n\}$ 是一个基, 即 H 中每个 u 都可以唯一地表示成 $\{y_n\}$ 的线性组合.

证明 (Birkhoff-Rota 和 Sz. Nagy) 由于 $\{x_n\}$ 是标准正交基, 故 H 中每个 u 可以展开为

$$u = \sum a_n u_n,\quad a_n = (u, x_n),\ 且\ ||u||^2 = \sum |a_n|^2. \tag{28}$$

定义线性映射 $\boldsymbol{B}: H \to H$: 对由 (28) 给出的 u, 令

$$\boldsymbol{B}u = \sum a_n y_n. \tag{29}$$

因为 $\boldsymbol{B}u - u = \sum a_n(y_n - x_n)$, 故上式右端级数收敛; 于是, 根据三角不等式和 Schwarz 不等式,

$$||\boldsymbol{B}u - u|| \leqslant \sum |a_n|||y_n - x_n|| \leqslant \left(\sum |a_n|^2\right)^{1/2} \left(\sum ||y_n - x_n||^2\right)^{1/2} \leqslant c||u||. \tag{30}$$

在最后一步我们应用了假设 (27) 和 (28), c 是常数. 这证明了 $\boldsymbol{B} - \boldsymbol{I}$ 是有界线性映射. 我们断定 $\boldsymbol{B} - \boldsymbol{I}$ 是紧映射. 注意到

$$\boldsymbol{B}u - u = \sum_{0}^{N} a_n(y_n - x_n) + \sum_{N+1}^{\infty} a_n(y_n - x_n) = \boldsymbol{G}_N u + \boldsymbol{R}_N u. \tag{31}$$

我们估计 $\boldsymbol{R}_N u$:

$$||\boldsymbol{R}_N u|| \leqslant ||u|| \left(\sum_{N+1}^{\infty} ||y_n - x_n||^2\right)^{1/2}. \tag{32}$$

由 (32) 及 (27) 知

$$\lim_{N\to\infty} ||\boldsymbol{R}_N|| = 0.$$

这与 (31) 式说明了 $\boldsymbol{B} - \boldsymbol{I}$ 是 $\boldsymbol{G}_N$ 的一致极限. $\boldsymbol{G}_N$ 是退化的, 因此是紧算子; 故 $\boldsymbol{B} - \boldsymbol{I}$ 是紧映射的一致极限. 根据第 21 章定理 2, $\boldsymbol{B} - \boldsymbol{I}$ 是紧的.

$\boldsymbol{B}$ 的零空间是平凡的; 因为若存在 $u \neq 0$, 使得 $\boldsymbol{B}u = 0$, 则根据 (29), $0 = \sum a_n y_n$ 给出了 y_n 间的一个非平凡的线性关系, 由假设 (ii), 这是不可能的. 对 $\boldsymbol{B} = \boldsymbol{I} + (\boldsymbol{B} - \boldsymbol{I})$ 应用第 21 章定理 5, 我们断定 $\boldsymbol{B}$ 的值域是整个 H, 这证明了定理 7. □

参考文献

Birkhoff, G. and Rota, G.-C., On the completeness of Sturm-Lionville expansions. *Am. Math. Monthly*, **67**(1960): 835–841.

Courant, R. and Hilbert, D., *Methoden der Mathematischen Physik.* Springer, Berlin, 1993; see p. 488.

Paley, R. E. A. C. and Wiener, N., *Fourier Transforms in the Complex Domain.* AMS Coll Publ., New York, 1934.

Poincaré, H., *Rend. Circ. Mat.* Palermo (1894).

Rellich, F., Ein Satz über mittlere Kowvergenz. *Ges. Wiss. Gött.*, Nachrichten (1930).

Sz.-Nagy, B., Expansion theorems of Paley-Wiener type. *Duke Math. J.*, **14**(1947): 975–978.

第 23 章　正的紧算子

23.1　正的紧算子的谱

Perron 给出了线性代数中的一个经典而又重要的结果 (例如, 参考 Lax, p.196): 所有表值均为正数的矩阵有一个正的特征值, 并且该特征值是所有特征值中的绝对值最大的一个. 在本章中我们给出这个结论在无穷维情形下的推广.

定理 1　设 Q 是一个紧 Hausdorff 空间, $X = C(Q)$, $\boldsymbol{K}: C(Q) \to C(Q)$ 是一个线性映射, 且 $\boldsymbol{K}$ 把实值函数映为实值函数. 我们假设

(i) $\boldsymbol{K}$ 是严格正的, 即若 p 是 Q 上的非负函数, $p \neq 0$, 则 $\boldsymbol{K}p$ 在 Q 上是正的.

(ii) $\boldsymbol{K}$ 是紧的.

我们断言

$\boldsymbol{K}$ 有一个正特征值 σ, 其重数为 1, 指标为 1, 且对应的特征函数是正的.

$\boldsymbol{K}$ 的其他特征值 μ 的绝对值小于 σ:

$$|\mu| < \sigma. \tag{1}$$

证明　算子 $\boldsymbol{K}$ 的严格正性意味着 $\boldsymbol{K}$ 是严格单调的, 即

$$\text{若} x \leqslant y, x \neq y, \text{则 } \boldsymbol{K}x < \boldsymbol{K}y. \tag{2}$$

我们现在考虑 $\boldsymbol{K}$ 在非负函数上的作用. 考虑所有满足存在非负函数 x, 使得对 Q 中所有的点,

$$kx \leqslant \boldsymbol{K}x, \ \ 0 \leqslant x \tag{3}$$

的正数 k 构成的集合. 用 $|x|$ 表示 x 的最大值范数, $|\boldsymbol{K}|$ 表示 $\boldsymbol{K}$ 的范数. 容易证明, k 构成的集合是有界的, 因为 (3) 推出 $k|x| \leqslant |\boldsymbol{K}x| \leqslant |\boldsymbol{K}||x|$, 这说明 k 不能超过 $|\boldsymbol{K}|$. 现在证明满足 (3) 的 k 的集合非空. 事实上, 取 $x(t) \equiv 1$; 由 $\boldsymbol{K}$ 的严格正性知 $\boldsymbol{K}x$ 是正的. 不等式 (3) 当 $k = \min \boldsymbol{K}x$ 时成立.

下面我们利用 $\boldsymbol{K}$ 的单调性; 结合 (2) 和 (3), 我们得到 $k\boldsymbol{K}x \leqslant \boldsymbol{K}^2x$, 这与 (3) 一起给出 $k^2x \leqslant \boldsymbol{K}^2x$. 递归的应用此论证我们得到对任意的自然数 n,

$$k^nx \leqslant \boldsymbol{K}^nx. \tag{4}$$

由于函数 $x \geqslant 0$, 我们推出范数不等式

$$k^n|x| \leqslant |\boldsymbol{K}^nx| \leqslant |\boldsymbol{K}^n||x|,$$

故

$$k^n \leqslant |\boldsymbol{K}^n|. \tag{5}$$

取 n 次方根并应用谱半径公式 (参考第 17 章定理 4):

$$k \leqslant \lim |\boldsymbol{K}^n|^{1/n} = |\sigma(\boldsymbol{K})|. \tag{6}$$

由于 k 的集合非空, 故 $\boldsymbol{K}$ 的谱半径是正的. 由于 $\boldsymbol{K}$ 是紧的, 故$\boldsymbol{K}$ 的特征值的集合是非空的.

下面证明与不等式 (6) 方向相反的不等式也成立. 由于根据第 21 章定理 6, $\boldsymbol{K}$ 的非零谱是离散点谱, 故存在特征值 λ 和特征函数 z 使得

$$\boldsymbol{K}z = \lambda z, \quad |\lambda| = |\sigma(\boldsymbol{K})|. \tag{7}$$

我们断定对 $|z(s)| = y(s)$, $\sigma = |\sigma(\boldsymbol{K})|$, 下面的不等式成立:

$$\sigma y \leqslant \boldsymbol{K}y. \tag{8}$$

$\forall q \in Q$; 对函数 z 乘以绝对值为 1 的复数使得 $\lambda z(q)$ 是正实数. 设 $z = u + \mathrm{i}v$. 分开 (7) 的实部, 我们得到

$$\lambda z(q) = (\boldsymbol{K}u)(q). \tag{9}$$

由于算子 $\boldsymbol{K}$ 是单调的, 且 $u \leqslant y$, 由 (9)

$$|\lambda| y(q) = (\boldsymbol{K}u)(q) \leqslant (\boldsymbol{K}y)(q). \tag{10}$$

这证明了 (8), 而且由于 $\boldsymbol{K}$ 是严格单调的, 只有当 z 和 λ 均为正实数时 (10) 中等号才成立.

现在证明 (8) 中等号成立. 事实上, 假设存在 q 使得

$$\sigma y(q) < \boldsymbol{K}y(q). \tag{11}$$

根据连续性, 若不等式 (11) 成立, 则存在正数 δ 使得对 q 的某个邻域 N,

$$\forall s \in N, \quad \sigma y(s) + \delta \leqslant \boldsymbol{K}y(s). \tag{12}$$

现在构造一个在 N 上为正但是在 N 外为 0 的函数 p. 由于 $\boldsymbol{K}$ 是严格正的, 处处有 $\boldsymbol{K}p > 0$. 我们定义函数 x 为

$$x = y + \varepsilon p, \quad \varepsilon > 0. \tag{13}$$

我们断言对充分小的 ε, 存在常数 c 使得

$$(\sigma + c\varepsilon)x \leqslant \boldsymbol{K}x. \tag{14}$$

首先对 $s \in N$ 验证这个事实. 显然, (14) 式的右端, $\boldsymbol{K}y + \varepsilon\boldsymbol{K}p > \boldsymbol{K}y$, 左端与 λy 相差 $O(\varepsilon)$. 因此由 (12), 对充分小的 ε 和 $c \leqslant 1$, (14) 成立. 对 N 外面的 s, 函数 $p(s) = 0$, 故不等式 (14) 断定

$$(\sigma + c\varepsilon)y \leqslant \boldsymbol{K}y + \varepsilon\boldsymbol{K}p.$$

由 (8) 式, 这可以由

$$cy \leqslant \boldsymbol{K}p \tag{15}$$

推出. 由于 $\boldsymbol{K}$ 是严格正的, p 是非负的, 故在 Q 上, $\boldsymbol{K}p > 0$. 显然, 可以选取 c 足够小使得 (15) 成立. 这完成了 (14) 的证明.

不等式 (14) 说明若 (12) 成立, 则 $k = \sigma + c\varepsilon$ 和 $x = y + \varepsilon p$ 满足不等式 (3). 但是根据 (6), 这样的 k 不能超过 σ; 这是一个矛盾, 因此 (8) 式中等号处处成立. 在

前面我们证明了乘以常数时, 绝对值为 $|\sigma(\boldsymbol{K})|$ 的特征值 λ 对应的 $\boldsymbol{K}$ 的特征函数 z 是正的, 且 λ 是正实数. 这完成了定理 1 (ii) 的证明.

我们断定 σ 重数为 1. 若不是这样, 则 $\boldsymbol{K}$ 有两个与 σ 对应的线性无关的特征函数. 根据上面的证明, 这两个特征函数都可以选为正的, 但是它们的线性组合会改变符号, 矛盾. 这证明了定理 1 (i) 的第一部分.

我们只需再证明 $\boldsymbol{K}$ 没有与特征值 σ 对应的广义的特征函数. 把 $\boldsymbol{K}$ 的转置记为 $\boldsymbol{K}'$; $\boldsymbol{K}'$ 作用在全质量有限的 Borel 测度上. 它与 $\boldsymbol{K}$ 满足

$$(\boldsymbol{K}x, m) = (x, \boldsymbol{K}'m). \tag{16}$$

由 (16), $\boldsymbol{K}'$ 也是严格正的; 即若 $m \neq 0$ 是一个非负测度, 则 $\boldsymbol{K}'m$ 是正测度. $\boldsymbol{K}'$ 和 $\boldsymbol{K}$ 有相同的谱. 因此 $\boldsymbol{K}'$ 与 $\boldsymbol{K}$ 有相同的主特征值 σ. 由于 $\boldsymbol{K}$ 是紧的, $\boldsymbol{K}'$ 也是紧的. 应用与上面相同的证明, 与特征值 σ 对应的特征测度 m 是正的.

我们现在可以证明 $\boldsymbol{K}$ 没有和特征值 σ 对应的广义特征函数, 因为若 w 是这样的广义的特征函数:

$$(\boldsymbol{K} - \sigma)w = v, \quad (\boldsymbol{K} - \sigma)v = 0. \tag{17}$$

则由 (16),

$$((\boldsymbol{K} - \sigma)w, m) = (w, (\boldsymbol{K}' - \sigma)m). \tag{17'}$$

因为 $(\boldsymbol{K} - \sigma)w = v$ 和 $(\boldsymbol{K}' - \sigma)m = 0$, 由 (17),

$$(v, m) = 0.$$

但是由于 v 是正函数且 m 是正测度, 这是不可能的. 因此定理 1 得以证明. □

23.2 随机积分算子

现在考虑定理 1 的一个应用.

定理 2 设 $K(s,t)$ 是在 $\{(s,t) : 0 \leqslant s, t \leqslant 1\}$ 上连续的正函数, 满足

$$\forall t \in [0,1], \quad \int_0^1 K(s,t)\mathrm{d}s = 1. \tag{18}$$

用 $\boldsymbol{K}$ 表示核为 K 的积分算子, 则

(i) 1 是 $\boldsymbol{K}$ 的一个特征值, 与之对应的特征函数 y 是正的;

(ii) 若 x 满足

$$\int x(t)\mathrm{d}t = 1, \tag{19}$$

则

$$\lim_{n\to\infty} \boldsymbol{K}^n x = y, \tag{20}$$

只要我们正规化 y, 使得

$$\int y(t)\mathrm{d}t = 1. \tag{21}$$

证明 在第 21 章中我们证明了核在紧集 (比如 $[0,1]$) 上连续的积分算子是紧算子. 由于核 $K(x,y)$ 是正的, 算子 $\boldsymbol{K}$ 是严格正的. 由定理 1 (i), $\boldsymbol{K}$ 有一个正的特征值 σ, 其对应的特征函数是正的:

$$\int K(s,t)y(t)\mathrm{d}t = \sigma y(s). \tag{22}$$

此式对 s 积分并利用 (18), 我们得到

$$\int y(t)\mathrm{d}t = \sigma \int y(s)\mathrm{d}s.$$

因为 $y(t) > 0$, $\int y\mathrm{d}t \neq 0$, 故 $\sigma = 1$. 这证明了 (ii) 的第一部分.

为证明第二部分, 考虑平均值为 0 的连续函数 z 构成的空间 Z:

$$Z = \{z \in C[0,1] : \int z(t)\mathrm{d}t = 0\}. \tag{23}$$

Z 是 $X = C[0,1]$ 的闭子空间. 我们断定 Z 在 $\boldsymbol{K}$ 下是不变的, 即若 z 属于 Z, 则 $u = \boldsymbol{K}z$ 也属于 Z. 为此在

$$u(s) = \int K(s,t)z(t)\mathrm{d}t$$

两边关于 s 积分. 利用 (18), 改变积分顺序后得到

$$\int u(s)\mathrm{d}s = \int\int K(s,t)z(t)\mathrm{d}t\mathrm{d}s = \int z(t)\mathrm{d}t = 0.$$

显然, 由于 $\sigma = 1$ 重数为 1, 且对应的特征函数 y 不在 Z 中, $\boldsymbol{K}$ 在 Z 上的谱是由 $\boldsymbol{K}$ 在 X 上的谱构成的点谱去掉了特征值 $\sigma = 1$ 构成的. 根据定理 1 (ii) 的第一部分, 所有余下的特征值的绝对值小于 1, 于是 $\boldsymbol{K}$ 在 Z 上的限制 (简记为 $\boldsymbol{K}_y$) 的谱半径 η 满足

$$|\sigma(\boldsymbol{K}_y)| = \eta < 1.$$

根据第 17 章定理 4 中的公式 $(12)'$,

$$\lim_{n\to\infty} |\boldsymbol{K}_y^n|^{1/n} = \eta.$$

特别地, $\forall z \in Z$,

$$\lim \boldsymbol{K}^n z = 0. \tag{24}$$

对 $z = x - y$ 应用此式. 由于 x 满足 (19), y 被 (21) 正规化, z 满足 (23) 故属于 Z. 因此可以应用 (24):

$$\lim_{n\to\infty} \boldsymbol{K}^n(x-y) = 0.$$

由于 y 是特征函数, $y = \boldsymbol{K}y = \cdots = \boldsymbol{K}^n y$; 这证明了 (20). □

注意到 $\boldsymbol{K}^n x$ 趋于 y 的速度依赖于 $\boldsymbol{K}$ 的第二大特征值 η. 关于第二大特征值的有趣的估计由 Lawler 和 Sokal 导出.

满足 (19) 的非负函数 $x(t)$ 可以解释为概率密度. 核 $K(s,t)$ 是由状态 t 到状态

s 的转变的概率密度. 关系式 (18) 意味着状态 t 转变到状态 s 的概率为 1. 算子 $\boldsymbol{K}$ 刻画了分布具有密度 x 的随机变量转变为分布具有密度 $\boldsymbol{K}x$ 的随机变量的随机过程. 由 (21) 正规化的特征函数 y 是在 $\boldsymbol{K}$ 描述的随机过程下不变的概率测度.

给定一个概率分布 x, $\boldsymbol{K}^n x$ 表示随机过程 $\boldsymbol{K}$ 作用 n 次后系统的概率分布. 极限关系 (17) 的概率意义是当 $n \to \infty$ 时, 应用随机过程 $\boldsymbol{K}n$ 次把任意的分布 x 变为不变的分布 y.

23.3 二阶椭圆算子的逆

定理 3 设

$$\boldsymbol{L} = -\Delta + \sum b_i \partial_i + c \tag{25}$$

是作用在 $s_1, \cdots, s_m$ 的周期函数上的微分算子, 这里 $\partial_i = \partial/\partial_{s_i}$, $\Delta = \sum \partial_i^2$, b_i 和 c 是 s 的光滑周期函数, c 是正数, 则对任意的光滑周期函数 f, 方程

$$\boldsymbol{L}u = f \tag{26}$$

有唯一的光滑周期解 u. 我们把此解表示为 $\boldsymbol{K}f = u$. 当视为由连续的周期函数构成的空间 C 到 C 的映射时, $\boldsymbol{K}$ 有下列性质:

(i) $\boldsymbol{K}$ 是有界映射;

(ii) $\boldsymbol{K}$ 是严格正的;

(iii) $\boldsymbol{K}$ 是紧的.

证明 我们简要给出不需要太多技巧的部分的证明. 用 $s_{\max}$ 和 $s_{\min}$ 表示使得函数 u 分别取最大值和最小值的点的集合. 在这样的点上, u 的一阶导数为 0, 二阶导数分别是非正的和非负的. 因此我们由 (25) 和 (26) 推出

$$\begin{aligned} c(s_{\max})u_{\max} &\leqslant f(s_{\max}), \\ c(s_{\min})u_{\min} &\geqslant f(s_{\min}). \end{aligned} \tag{27}$$

由于假设函数 c 是正的, 我们断定 $|u|_{\max} \leqslant c|f|_{\max}$(这里 c 是常数), 这证明了 $\boldsymbol{K}$ 在最大值范数下是有界的, 此即 (i).

由 (27), 若 f 对所有的 s 是正的, 则 u 也是如此. 我们省略 (ii) 中余下的结论的论证: 若 $f \neq 0$ 是非负函数, 则 u 是正的.

我们省略 (iii) 的证明, 但是提醒读者注意到一个类似的但是更弱的结果: 在 L^2 范数下 $\boldsymbol{K}$ 的紧性, 这在第 22 章定理 5 中已被证明. □

根据定理 1, 具有上述性质的算子 $\boldsymbol{K}$ 有一个控制其他特征值的正特征值 λ, 其对应的特征函数是严格正的. 由于 $\boldsymbol{K}$ 是 $\boldsymbol{L}$ 的逆, 它的特征值是 $\boldsymbol{L}$ 的特征值的倒数. 因此由定理 3 我们推出如下定理.

定理 4 由 (25) 定义的二阶椭圆型偏微分算子 $\boldsymbol{L}$ 有一个比其他所有特征值的绝对值都小的正的特征值. 与此特征值对应的特征函数是正的.

当 Laplacian Δ 换为任意二阶椭圆型算子 $\sum a_{ij}\partial_i\partial_j$ ((a_{ij}) 是正定矩阵) 时, 定理 3 和定理 4 对形如 (25) 的算子 $\boldsymbol{L}$ 成立.

关于积分算子的定理 1 已经由 Jentsch 推出. Krein 和 Rutman 推广 Banach 空间的一个凸锥的情形.

对第二大特征值的估计由 E. Hopf 得到.

参 考 文 献

Jentsch, R., Über integralgleichungen mit positivem Kern. *J. Reine Angew. Math.* **141**(1912): 235–244.

Hopf, E., An inequality for positive operators. *J. of Math. and Mech.*, **12**(1963): 683–692, 889–892.

Krein, M. G. and Rutman, M. A., Linear operators leaving invariant a cone in Banach space. *Usp. Mat. Nauk* 3(1), **23**(1948): 3–95, *AMS Transl.*, **26**(1950).

Lawler, G. F. and Sokal, A. D., Bounds on the L^2 spectrum for Markov chains and Markov processes; a generalization of Cheeger's inequality. *Trans. AMS*, **309**, (1988): 557–580.

Lax, P. D., *Linear Algebra.* Wiley, New York, 1997.

第 24 章　积分方程的 Fredholm 理论

历史上, 关于无限维空间中线性方程组的解的一般理论是由 Ivar Fredholm 在 1900 年首先给出的. 这一理论的重要性马上被人们认识到, 同时该理论激发了 Hilbert, Schmiclt, F. Rieszi, Banach 等一大批数学家, 他们对此进行了进一步深入的研究. 这些在 Hilbert 空间和 Banach 空间中建立的新理论完全取代了 Fredholm 的理论. 与新的抽象理论不同, Fredholm 研究积分算子, 他的核心概念是积分算子所对应的行列式. 由于积分算子的行列式出现在某些现代理论 (如逆散射, 完全可积系统) 中, 我们在这里重新复习一下.

24.1　Fredholm 行列式和 Fredholm 预解式

考虑方程

$$u(x)+\int_0^1 K(x,y)u(y)\mathrm{d}y=f(x), \tag{1}$$

这里 f 是给定的一个在区间 $[0,1]$ 上连续的函数, u 是要求的未知函数. 我们假设核 $K(x,y)$ 是连续的; 而 Fredholm 处理的核是允许有奇异性的.

方程 (1) 何时有解的问题可以由第 21 章定理 5 解决. 为此, 我们把 f 和 u 都看作是连续函数空间 $C[0,1]$ 中的元素. 正如在第 22 章中证明的, (1) 式左端的积分算子是一个紧算子. 根据第 21 章定理 5, (1) 式左端作用在 u 上的算子的零空间的维数等于其值域的余维数; 根据定理 8, 该值域是 (1) 式左端的积分算子的转置(其核是 $K'(x,y)=K(y,x)$) 的零空间的正交补. Fredholm 对形如 (1) 的算子证明了这个结果, 此结果现在称为Fredholm 择一性.

Fredholm 的方法是把 (1) 中的积分替换为长度为 h 的 n 个区间上的 Riemann 和. 这导出了以 u 在剖分的 n 个节点 j/n 处的值 u_j 为未知量的 n 个线性方程组. Fredholm 把方程组的解表示为行列式的比的形式, 然后在 $n\to\infty$ 时, 取这些行列式的极限.

(1) 的离散形式是

$$u_i+h\sum K_{ij}u_j=f_j,\quad i=1,\cdots,n, \tag{1'}$$

这里 $f_i=f(ih)$, $h=1/n$, $K_{ij}=K(ih,jh)$. 用 $D(h)$ 表示作用在 (1′) 中的向量 $\boldsymbol{u}$ 上的矩阵的行列式:

$$D(h)=\det(I+hK_{ij}). \tag{2}$$

显然, $D(h)$ 是 h 的多项式:

$$D(h)=\sum_{0}^{m}a_mh^m. \tag{2'}$$

系数 a_m 可以用 Taylor 展开表示为

$$a_m=\frac{1}{m!}\left(\frac{\mathrm{d}}{\mathrm{d}h}\right)^m D(h)|_{h=0}. \tag{2''}$$

为对多项式求微分, 我们利用规则

$$\frac{\mathrm{d}}{\mathrm{d}h}\det(C_1,C_2,\cdots,C_n)=\sum_{\ell}\det\left(C_1,\cdots,\frac{\mathrm{d}}{\mathrm{d}h}C_\ell,\cdots,C_n\right). \tag{3}$$

应用同样的规则求 m 阶导数. 由于每个列 C_j 是 h 的线性函数, 这样导出的公式非常简单. 因为在 $h=0$ 点, $C_j(0)=E_j$ 是第 j 个单位向量, 我们可以进一步简化公式. 因此, 在 (2″) 中应用 (2), 我们得到关于 K_{ij} 的主子式的行列式的一个表示:

$$D(h)=1+h\sum_i K_{ii}+\frac{h^2}{2}\sum_{ij}\det\begin{pmatrix}K_{ii} & K_{ij}\\ K_{ji} & K_{jj}\end{pmatrix}+\cdots. \tag{4}$$

现在取 $h=1/n$ 并令 n 趋于 ∞. (4) 中的第 k 项是关于 k 个参数的一个和式, 它趋于一个 k 重积分. 为了把它们写成紧凑的形式, Fredholm 引入了下面的方便的缩写:

$$K\begin{pmatrix}x_1,\cdots,x_k\\ y_1,\cdots,y_k\end{pmatrix}=\det K(x_i,y_j),\quad 1\leqslant i,j\leqslant k. \tag{5}$$

$h=1/n$ 时, (4) 式当 $n\to\infty$ 时的形式极限为无穷级数

$$D=\sum_{0}^{\infty}\frac{1}{k!}\int\cdots\int K\begin{pmatrix}x_1,\cdots,x_k\\ x_1,\cdots,x_k\end{pmatrix}\mathrm{d}x_1\cdots\mathrm{d}x_k. \tag{6}$$

定义 称 D 是作用在 (1) 式左端的算子的 Fredholm 行列式.

引理 1 级数 (6) 收敛.

证明 为证明收敛性, Fredholm 应用了 Hadmard 的关于行列式的不等式去估计级数 (6) 中的项:

$$|\det(\boldsymbol{C}_1,\cdots,\boldsymbol{C}_k)|\leqslant\prod||\boldsymbol{C}_j||, \tag{7}$$

这里 $||\boldsymbol{C}||$ 表示向量 $\boldsymbol{C}$ 的 Euclidean 长度. (7) 的几何解释是: 以向量 $\boldsymbol{C}_j$ 的和为顶点的平行六面体的体积小于或等于以与 $\boldsymbol{C}_j$ 等长的边为 $\boldsymbol{C}_j{}'$ ($||\boldsymbol{C}_j{}'||=||\boldsymbol{C}_j||$) 的直平行长方体的体积, 这里 $\boldsymbol{C}_j{}'$ 互相正交.

习题 1 给出不等式 (7) 的解析证明.

由于核 K 是连续的, 因此它是有界的: 存在 M 使得

$$\text{对所有的}x,y,\quad |K(x,y)|\leqslant M.$$

故 $k \times k$ 矩阵 (5) 中的每个列向量的长度不大于 $M\sqrt{k}$. 因此根据 (7),

$$\left| K\begin{pmatrix} x_1, \cdots, x_k \\ y_1, \cdots, y_k \end{pmatrix} \right| \leqslant M^k k^{k/2}. \tag{8}$$

级数 (6) 中的第 k 项小于 $M^k k^{k/2}/k!$, 根据 Stirling 公式, 又 $\leqslant (Me)^k k^{-k/2}$. 这个估计式说明级数 (6) 是收敛的. □

Fredholm 说明了在核 K 关于变量 y 满足 Hölder 条件

$$|K(x,y) - K(x,z)| \leqslant M|y-z|^{\alpha} \tag{9}$$

时, 如何得到比 (8) 更好的估计式. 在 (5) 式右端的矩阵中, 我们从第 i 列中减去第 $i+1$ 列, $i = 1, \cdots, k-1$. 这个新矩阵与原来的矩阵有相同的行列式, 且其第 i 列的长度小于等于 $M|y_{i+1} - y_i|^{\alpha}\sqrt{k}$. 由 (7) 可知

$$\left| K\begin{pmatrix} x_1, \cdots, x_k \\ y_1, \cdots, y_k \end{pmatrix} \right| \leqslant k^{k/2} M^k \left(\prod |y_{i+1} - y_i|\right)^{\alpha}.$$

根据算术平均–几何平均不等式

$$\prod |y_{i+1} - y_i| \leqslant \left(\frac{1}{k}\right)^k,$$

我们推出

$$\left| K\begin{pmatrix} x_1, \cdots, x_k \\ y_1, \cdots, y_k \end{pmatrix} \right| \leqslant (k^k)^{(1/2)-\alpha} M^k. \tag{8$'$}$$

当 $K(x,y)$ 关于 x 也满足 Hölder 条件时, 同样的不等式也成立.

现在考虑方程 (1′). 为解此方程组, 我们在 (1′) 两边乘以作用在未知数上的矩阵的逆矩阵. 逆矩阵的元素可以表示为余阶为 1(即比原来的矩阵阶少 1 阶) 的主子式的行列式除以矩阵的行列式. 对方程组 (1′) 我们应用此过程, 我们得到与 (2) 类似的公式, 此公式又可以化为形如 (4) 的式子. 通过令 $h \to 0$ 取极限, Fredholm 求出了这些行列式的连续类似 R. 利用记号 (5), 我们可以把 R 表示为

$$\begin{aligned} R(x,y) &= k(x,y) + \int K\begin{pmatrix} x, x_1 \\ y, x_1 \end{pmatrix} \mathrm{d}x_1 + \cdots \\ &= \sum_0^{\infty} \frac{1}{k!} \int \cdots \int K\begin{pmatrix} x, x_1, \cdots, x_k \\ y, x_1, \cdots, x_k \end{pmatrix} \mathrm{d}x_1 \cdots \mathrm{d}x_k. \end{aligned} \tag{10}$$

不等式 (8) 说明 (10) 式右端的级数关于 x 和 y 是一致收敛的. 这证明了 $R(x,y)$ 是 x, y 的连续函数.

我们现在说明如何应用核 $R(x,y)$ 和行列式 D 来解方程 (1). 按照第一行展开 (10) 式中由 (5) 式定义的行列式:

$$K\begin{pmatrix} x, x_1, \cdots, x_k \\ y, x_1, \cdots, x_k \end{pmatrix} = K(x,y)K\begin{pmatrix} x_1, \cdots, x_k \\ x_1, \cdots, x_k \end{pmatrix} - K(x,x_1)K\begin{pmatrix} x_1, x_2 \cdots, x_k \\ y, x_2, \cdots, x_k \end{pmatrix} + K(x,x_2)K\begin{pmatrix} x_1, x_2 \cdots, x_k \\ y, x_1, x_3 \cdots, x_k \end{pmatrix} - \cdots \tag{11}$$

在 $x_1, \cdots, x_k$ 空间中的单位长方体上对 (11) 积分. 我们断定最后 k 项的积分相等; 这可以通过在第 j 个积分

$$(-1)^j \int \cdots \int K(x,x_j)K\begin{pmatrix} x_1, x_2, \cdots, x_k \\ y, x_1, \cdots, x_{j-1}, x_{j+1}, \cdots, x_k \end{pmatrix} \mathrm{d}x_1 \cdots \mathrm{d}x_k$$

中交换变量 x_1 和 x_j, 然后在进行一个行变换和 $j-2$ 个列变换. 我们得到

$$\int \cdots \int K\begin{pmatrix} x, x_1, \cdots, x_k \\ y, x_1, \cdots, x_k \end{pmatrix} \mathrm{d}x_1 \cdots \mathrm{d}x_k = K(x,y) \int \cdots \int K\begin{pmatrix} x_1, \cdots, x_k \\ x_1, \cdots, x_k \end{pmatrix} \mathrm{d}x_1 \cdots \mathrm{d}x_k$$

$$-k \int \cdots \int K(x,x_1)K\begin{pmatrix} x_1, \cdots, x_k \\ y, x_2, \cdots, x_k \end{pmatrix} \mathrm{d}x_1 \cdots \mathrm{d}x_k.$$

除以 $k!$ 并求和. 根据 $R(x,y)$ 的定义 (10) 和 D 的定义 (6), 我们可以把上述结果表示为

$$R(x,y) = K(x,y)D - \int K(x,x_1)R(x_1,y)\mathrm{d}x_1,$$

这又可以写为

$$R(x,y) + \int K(x,z)R(z,y)dz - DK(x,y) = 0. \tag{12}$$

如果不是按照第一行, 而是按照第一列展开行列式 (10), 我们得到类似的等式

$$R(x,y) + \int K(z,y)R(x,z)dz - DK(x,y) = 0. \tag{12'}$$

现在我们考虑积分方程 (1). Fredholm 把左端视为作用在 u 上的算子; 把以 $K(x,y)$ 为核的积分算子记为 $\boldsymbol{K}$:

$$(\boldsymbol{K}u)(x) = \int K(x,y)u(y)\mathrm{d}y. \tag{13}$$

类似地用 $\boldsymbol{R}$ 表示以 $R(x,y)$ 为核的积分算子. 方程 (1) 可以简记为

$$(\boldsymbol{I} + \boldsymbol{K})u = f. \tag{13'}$$

Fredholm 注意到形如 (13′) 的算子构成了一个半群, 即两个这样的算子的乘积仍形如 (13′):

$$(\boldsymbol{I} + \boldsymbol{H})(\boldsymbol{I} + \boldsymbol{K}) = \boldsymbol{I} + \boldsymbol{L}, \tag{14}$$

这里算子 $\boldsymbol{L}$ 的核为

$$L(x,y)=K(x,y)+H(x,y)+\int H(x,z)K(z,y)\mathrm{d}z. \tag{14'}$$

定理 2 设 K 是连续核且假设 $D\neq 0$, 则算子 $\boldsymbol{I}+\boldsymbol{K}$ 是可逆的, 其逆为 $\boldsymbol{I}-D^{-1}\boldsymbol{R}$, 这里 D 和 R 分别由 (6) 和 (10) 定义.

证明 关系式 (12) 和 (12′) 可以用线性算子表示为

$$\begin{aligned}&\boldsymbol{R}+\boldsymbol{K}\boldsymbol{R}-D\boldsymbol{K}=0,\\&\boldsymbol{R}+\boldsymbol{R}\boldsymbol{K}-D\boldsymbol{K}=0.\end{aligned} \tag{15}$$

由于假设 $D\neq 0$, 上面的等式可以重新写为

$$\begin{aligned}&(\boldsymbol{I}+\boldsymbol{K})(\boldsymbol{I}-D^{-1}\boldsymbol{R})=\boldsymbol{I},\\&(\boldsymbol{I}-D^{-1}\boldsymbol{R})(\boldsymbol{I}+\boldsymbol{K})=\boldsymbol{I}.\end{aligned} \quad\square \tag{15'}$$

定理 2 的逆也是成立的.

定理 3 设 K 是一个连续核且使得 $D=0$, 则算子 $\boldsymbol{I}+\boldsymbol{K}$ 有一个非平凡的零空间, 从而 $\boldsymbol{I}+\boldsymbol{K}$ 是不可逆的.

证明 在 $R(x,y)$ 中固定 y 并记得到的 x 的函数为 r:

$$R(\cdot,y)=r(\cdot).$$

方程 (12) 可以写为

$$r+\boldsymbol{K}r=0.$$

这说明 r 属于 $\boldsymbol{I}+\boldsymbol{K}$ 的零空间. 此论证中的问题是: $R(x,y)$ 可能对所有的 x 和 y 都为 0, 从而使得 r 是零函数. 因此我们必须另外给出证明.

设 λ 是一个复参数. 在公式 (6) 中以 λK 代替 K 给出了 λ 的一个幂级数, 记此级数为

$$D(\lambda)=\sum\frac{\lambda^k}{k!}\int\int\cdots\int K\begin{pmatrix}x_1,\cdots,x_k\\x_1,\cdots,x_k\end{pmatrix}\mathrm{d}x_1\cdots\mathrm{d}x_k. \tag{16}$$

类似地, 通过在 (10) 中以 λK 代替 K 定义函数 $R(x,y,\lambda)$ 为

$$R(x,y;\lambda)=\sum\frac{\lambda^{k+1}}{k!}\int\cdots\int K\begin{pmatrix}x,x_1,\cdots,x_k\\y,x_1,\cdots,x_k\end{pmatrix}\mathrm{d}x_1\cdots\mathrm{d}x_k. \tag{17}$$

引理 4 $D(\lambda)$ 和 $R(x,y;\lambda)$ 是 λ 的整解析函数, 即对所有复数 λ 都解析的函数.

习题 2 证明引理 4.

如果我们在 (16) 和 (17) 中取 $\lambda=1$, 则我们得到由 (6) 和 (10) 定义的 D 和 R. 因此若 $D=0$, 则 $D(\lambda)$ 在 $\lambda=1$ 处有一个零点. 由于 $D(\lambda)$ 是解析的且不恒等于 0, 此零点是有限阶的.

引理 5 假设 $\lambda=1$ 是 $D(\lambda)$ 的 m 阶零点, 则存在 x, 使得 $\lambda=1$ 是 $R(x,x;\lambda)$ 的零点且其阶 $<m$.

证明 在 (17) 中取 $y=x$ 并关于 x 积分:

$$\int R(x,x;\lambda)\mathrm{d}x=\sum\frac{\lambda^{k+1}}{k!}\int\cdots\int K\begin{pmatrix}x,x_1,\cdots,x_k\\x,x_1,\cdots,x_k\end{pmatrix}\mathrm{d}x\mathrm{d}x_1\cdots\mathrm{d}x_k.$$

上式右端等于 (16) 式关于 λ 的导数与 λ 的乘积:

$$\int R(x,x;\lambda)\mathrm{d}x\equiv\lambda\frac{\mathrm{d}}{\mathrm{d}\lambda}D(\lambda).$$

根据 m 的定义, $\lambda=1$ 是上式右端的 $m-1$ 阶零点; 因此左端也具有相同的性质. 但是 $R(x,x;\lambda)$ 不可能对每个 x 都有不小于 m 阶的零点. □

用 ℓ 表示使得对每个 x 和 y, $\lambda=1$ 是 $R(x,y;\lambda)$ 的 ℓ 阶零点的 ℓ 的最大值. 根据引理 5, $\ell<m$. 我们有

$$R(x,y;\lambda)=g(x,y)(\lambda-1)^{\ell}+O(\lambda-1)^{\ell+1}.\tag{18}$$

由 ℓ 的定义可知 $g(x,y)\neq 0$. 对 $\lambda\neq 1$, 由 (12) 式,

$$R(x,y;\lambda)+\int\lambda K(x,z)R(z,y;\lambda)\mathrm{d}z=\lambda K(x,y)D(\lambda).$$

上式两端除以 $(\lambda-1)^{\ell}$ 并令 λ 趋于 1. 因为 $D(\lambda)$ 有一个 m 阶 $(m>\ell)$ 的零点, $R(x,y;\lambda)(\lambda-1)^{\ell}$ 趋于 g, 因此我们得到

$$g(x,y)+\int K(x,z)g(z,y)\mathrm{d}z=0.\tag{19}$$

由于 $g\neq 0$, 存在 y_0 使得对某个 x, $g(x,y_0)\neq 0$. 显然, $u(x)=g(x,y_0)$ 属于 $\boldsymbol{I}+\boldsymbol{K}$ 的零空间. 这证明了定理 3. □

习题 3 假设核 $K(x,y)$ 是退化的, 即 $K(x,y)=\sum_1^n k_i(x)h_i(y)$. 证明 $D(\lambda)$ 是一个次数不大于 n 的多项式.

我们现在把解析函数 $D(\lambda)$ 的零点与 $\boldsymbol{K}$ 的特征值联系起来.

定理 6 复数 κ 是积分算子 $\boldsymbol{K}$ 的特征值, 当且仅当 $\lambda=-1/\kappa$ 是 $D(\lambda)$ 的零点.

证明 定理 2 和定理 3 说明 $\kappa=-1$ 属于积分算子 $\boldsymbol{K}$ 的谱当且仅当 $D(1)=0$. 以 λK 代替 K 即得定理 6. □

定理 6 说明 $D(\lambda)$ 所起的作用与算子 $\boldsymbol{K}$ 的特征多项式一样. 算子 $\boldsymbol{K}$ 的特征值 κ 的代数重度是它的广义特征空间的维数, 即 $(\kappa\boldsymbol{I}-\boldsymbol{K})^i$($i$ 是任意正整数) 的零空间的并集的维数. 根据第 21 章定理 6, 紧算子的非零特征值的几何重度是有限的.

定理 7 设 κ 是由 (13) 定义的算子 $\boldsymbol{K}$ 的一个非零特征值. 根据定理 6, $\lambda=-1/\kappa$ 是 (16) 中定义的 $D(\lambda)$ 的一个零点. 用 m 表示这个零点的重数. 断言: m 是特征值 κ 的代数重度.

证明　证明与有限维的情形相同, 应用行列式 D 的余有限阶的主子式. 我们省略掉具体的证明. □

下面我们将两个重要的矩阵关系推广到算子的情形.

定理 8　设积分算子 $\boldsymbol{K}$ 的核 $K(x,y)$ 关于 x 和 y 是 Hölder 连续的且 Hölder 常数 $\alpha>\frac{1}{2}$, $\kappa_1,\kappa_2,\cdots$ 是 $\boldsymbol{K}$ 的特征值, 则

$$\int K(x,x)\mathrm{d}x=\sum\kappa_j, \tag{20}$$

$$D=\prod(1+\kappa_j). \tag{20'}$$

上面的级数与乘积是绝对收敛的.

(20) 式左端的数称为积分算子 $\boldsymbol{K}$ 的迹; (20) 式称为迹公式. 在第 30 章中我们将会对 Hilbert 空间上的一大类算子建立这样的一个迹公式.

定理 8 的证明基于Hadamard 的因子分解定理. 我们仅叙述我们需要的情形.

定理 9　设 $f(\lambda)$ 是 λ 的解析整函数, 且对所有的 λ, 其阶均小于 1, 即它满足生长条件: 存在常数 c, 使得

$$|f(\lambda)|\leqslant c(\exp|\lambda|^{\rho}),\quad \rho<1. \tag{21}$$

记 f 的所有根为 $\{\lambda_j\}$, 重根按出现的次数计算, 并假设 $\lambda=0$ 不是根, 即 $f(0)\neq0$. 则 $\sum|\lambda_j|^{-1}$ 收敛且 f 可以分解为

$$f(\lambda)=f(0)\prod\left(1-\frac{\lambda}{\lambda_j}\right). \tag{22}$$

这个结果并不十分复杂, 其证明可以参考 Ahlfors 的复分析教材. 我们将对 $f(\lambda)=D(\lambda)$ 应用 (22) 式.

引理 10　若核 K 关于 x 或 y 满足 Hölder 常数为 α 的 Hölder 条件, 则 $D(\lambda)$ 满足生长条件

$$|D(\lambda)|\leqslant c\left(\exp|\lambda|^{2/(1+2\alpha)}\right).$$

这里 c 为常数.

习题 4　应用 $D(\lambda)$ 的定义 (10) 和不等式 (8′) 证明引理 10.

显然, 对 $\alpha>\frac{1}{2}$, 函数 $D(\lambda)$ 的阶小于 1, 因此可以形如 (22) 进行因子分解. 利用定理 6 中建立的 D 的零点与 $\boldsymbol{K}$ 的特征值 κ_j 之间的关系, 我们可以把因子分解写为

$$D(\lambda)=\prod(1+\kappa_j\lambda). \tag{22'}$$

这里应用了 $D(0)=1$, 此事实是 (16) 的一个直接推论. 对 (22′) 微分并取 $\lambda=0$. 在 (22′) 的左端我们得到 $\mathrm{d}D(\lambda)/\mathrm{d}\lambda|_{\lambda=0}$, 根据幂级数展开 (16), 这又等于 $\int K(x,x)\mathrm{d}x$. 对 $|\lambda|\leqslant1$, 右端的无限乘积是有限乘积的一致极限; 因此它的导数是有限乘积的导

数的极限. 这说明 (22′) 右端在 $\lambda=0$ 点的导数等于 $\sum\kappa_j$. 这证明了 (20) 式. 在 (22′) 中取 $\lambda=1$ 得到等式 (20′). 这完成了定理 8 的证明. □

24.2 Fredholm 行列式的乘法性质

下面讨论 Fredholm 给出的行列式的乘法性质在算子情形下的延拓. 记 $\boldsymbol{I}+\boldsymbol{K}$ 的行列式为 D_K, $\boldsymbol{I}+\boldsymbol{H}$ 的行列式为 D_H, 依次类推. 类似地, 记 $\boldsymbol{I}+\boldsymbol{K}$ 的逆为 $\boldsymbol{I}-D_K^{-1}\boldsymbol{R}_k$, $\boldsymbol{R}_K$ 的核为 $R_K(x,y)$.

定理 11 设 $\boldsymbol{H}$ 和 $\boldsymbol{K}$ 是具有连续核的积分算子, 并设 $(\boldsymbol{I}+\boldsymbol{H})(\boldsymbol{I}+\boldsymbol{K})=\boldsymbol{I}+\boldsymbol{L}$, 则

$$D_L=D_HD_K. \tag{23}$$

证明 下面的漂亮证明是由 Fredholm 通过计算 D_K 的变分所给出的. 我们定义

$$\delta D_K=\frac{\mathrm{d}}{\mathrm{d}\varepsilon}D_{K+\varepsilon\delta K}|_{\varepsilon=0}. \tag{24}$$

为计算 δK 的函数 δD_K, 首先计算行列式 (5) 的变分. 应用行列式的微分公式 (3), 得到 k 个行列式的和:

$$\delta K\begin{pmatrix}x_1,\cdots,x_k\\x_1,\cdots,x_k\end{pmatrix}=\sum_{\ell}\det K_\ell, \tag{25}$$

这里 K_l 的第 ℓ 列是 $\delta K(x_i,y_l)$. 把 $\det K_l$ 关于第 ℓ 列展开:

$$\delta K\begin{pmatrix}x_1,\cdots,x_k\\x_1,\cdots,x_k\end{pmatrix}=\sum(-1)^{\ell+m}K\begin{pmatrix}x_1,\cdots,(x_m),\cdots,x_k\\x_1,\cdots,(x_l),\cdots,x_k\end{pmatrix}\delta K(x_m,x_\ell), \tag{25′}$$

这里括号表示第 ℓ 列和第 m 行被去掉了. 在 k 维的单位立方体上对 (25′) 积分. 所有 $\ell=m$ 的 k 项相等; 记 $x_m=x_\ell=x$ 并把余下的变量重新标号为 $x_1,\cdots,x_{k-1}$, 我们得到 (25′) 中 $\ell=m$ 的项的和的积分的表达式:

$$k\int\cdots\int K\begin{pmatrix}x_1,\cdots,x_{k-1}\\x_1,\cdots,x_{k-1}\end{pmatrix}\mathrm{d}x_1\cdots\mathrm{d}x_{k-1}\int\delta K(x,x)\mathrm{d}x. \tag{26}$$

余下的 $x_l\neq x_m$ 的 $k(k-1)$ 个积分也相等; 记 $x_m=x$, $x_\ell=y$ 并把余下的变量标号为 $x_1,\cdots,x_{k-2}$. 假设 $\ell<m$; 则 $\ell-1$ 个行变换和 $m-2$ 个列变换把 (25′) 中 $\ell\neq m$ 的项化为相同的形式从而这些项的和是

$$-k(k-1)\int\cdots\int K\begin{pmatrix}y,x_1,\cdots,x_{k-2}\\x,x_1,\cdots,x_{k-2}\end{pmatrix}\delta K(x,y)\mathrm{d}x_1\cdots\mathrm{d}x_{k-2}\mathrm{d}x\mathrm{d}y. \tag{26′}$$

为得到 δD_k, 在定义 D_k 的级数 (6) 中逐项求变分. 我们得到 (26) 与 (26′) 的和除以 $k!$. 利用 D_k 的定义 (6), 我们把由 (26) 得到的和式写为

$$D_k\int\delta K(x,x)\mathrm{d}x,$$

根据由 (10) 定义的 $R_K(x,y)$, 把由 (26′) 得到的和式写为

$$-\int\int R_K(y,x)\delta K(x,y)\mathrm{d}x\mathrm{d}y.$$

合在一起, 得到

$$\delta D_k = D_k\int\delta K(x,x)\mathrm{d}x-\int\int R_K(y,x)\delta K(x,y)\mathrm{d}x\mathrm{d}y.$$

假设 $D_k\neq 0$ 并在两边除以 D_k, 我们得到

$$\delta\ln D_k=\int\delta K(x,x)\mathrm{d}x-D_k^{-1}\int\int R_K(y,x)\delta k(x,y)\mathrm{d}x\mathrm{d}y. \tag{27}$$

根据公式 (15′), 算子 $\boldsymbol{I}-D_k^{-1}\ \boldsymbol{R}_k$ 是算子 $\boldsymbol{I}+\boldsymbol{K}$ 的逆. 因此我们可以把 (27) 右端关于 x 的积分视为 $(\boldsymbol{I}+\boldsymbol{K})^{-1}$ 在 $\delta K(\cdot,y)$ 上的作用, 并把 (27) 写为算子形式

$$\delta\ln D_k=\int(\boldsymbol{I}+\boldsymbol{K})^{-1}\delta K(\cdot,y)\mathrm{d}y. \tag{28}$$

另外, 我们可以把 (27) 式右端关于 y 的积分视为 $\boldsymbol{I}-D_k^{-1}\boldsymbol{R}_k$ 的转置在函数 $\delta K(x,\cdot)$ 上的作用. 由于逆的转置是转置的逆, 可以把 (27) 写为

$$\delta\ln D_k=\int(\boldsymbol{I}+\boldsymbol{K}')^{-1}\delta K(x,\cdot)\mathrm{d}x, \tag{28′}$$

这里 $\boldsymbol{K}'$ 表示 $\boldsymbol{K}$ 的转置.

设 K 和 H 是使得 $D_K\neq 0$ 和 $D_H\neq 0$ 的任意两个连续核. 与前面一样, 我们把 $\boldsymbol{I}+\boldsymbol{H}$ 与 $\boldsymbol{I}+\boldsymbol{K}$ 的乘积记为 $\boldsymbol{I}+\boldsymbol{L}$. 根据定理 2, $\boldsymbol{I}+\boldsymbol{K}$ 和 $\boldsymbol{I}+\boldsymbol{H}$ 都是可逆的; 因此它们的乘积 $\boldsymbol{I}+\boldsymbol{L}$ 都是可逆的. 于是根据定理 3, $D_L\neq 0$.

为了用 δH 和 δK 计算 D_L 的变分, 通过 H 和 K 把 $\boldsymbol{L}$ 的核表示出来. 因为 $\boldsymbol{L}=\boldsymbol{K}+\boldsymbol{H}+\boldsymbol{HK}$, 所以

$$L(x,y)=K(x,y)+H(x,y)+\int H(x,z)K(z,y)\mathrm{d}z,$$

因此

$$\delta L(x,y)=\delta K(x,y)+\delta H(x,y)+\int\delta H(x,z)K(z,y)\mathrm{d}z+\int H(x,z)\delta K(z,y)\mathrm{d}z. \tag{29}$$

再通过算子 $\boldsymbol{K}'$ 和 $\boldsymbol{H}$ 的作用把 (29) 右端的积分表示出来

$$\delta L(x,y)=(\boldsymbol{I}+\boldsymbol{K}')\delta H(x,\cdot)+(\boldsymbol{I}+\boldsymbol{H})\delta K(\cdot,y). \tag{29′}$$

把 δL 的这个表达式代入与核 L 所对应的公式 (27) 中, 再把与 δH 和 δK 有关的项分别用 (28′) 和 (28) 表示出来, 得

$$\delta\ln D_L=\int(\boldsymbol{I}+\boldsymbol{L}')^{-1}(\boldsymbol{I}+\boldsymbol{K}')\delta H(x,\cdot)\mathrm{d}x+\int(\boldsymbol{I}+\boldsymbol{L})^{-1}(\boldsymbol{I}+\boldsymbol{H})\delta K(\cdot,y)dy. \tag{30}$$

注意到 $\boldsymbol{I}+\boldsymbol{L}$ 定义为 $(\boldsymbol{I}+\boldsymbol{H})(\boldsymbol{I}+\boldsymbol{K})$; 取逆然后再取转置, 得

$$(\boldsymbol{I}+\boldsymbol{L})^{-1}=(\boldsymbol{I}+\boldsymbol{K})^{-1}(\boldsymbol{I}+\boldsymbol{H})^{-1},\ \ (\boldsymbol{I}+\boldsymbol{L}')^{-1}=(\boldsymbol{I}+\boldsymbol{H}')^{-1}(\boldsymbol{I}+\boldsymbol{K}')^{-1}.$$

将上述两式代入 (30), 我们得到

$$\delta \ln D_L = \int (\boldsymbol{I} + \boldsymbol{H}')^{-1} \delta H(x, \cdot) \mathrm{d}x + \int (\boldsymbol{I} + \boldsymbol{K})^{-1} \delta K(\cdot, y) \mathrm{d}y. \tag{30'}$$

将此式与 (28) 和 (28′) 比较, 我们得到

$$\delta \ln D_L = \delta \ln D_H + \delta \ln D_K. \tag{31}$$

现在把 K 和 H 形变到 0, 使得在此过程中, $D_K \neq 0$, $D_H \neq 0$. 这很容易实现, 只要取 $K(t) = \lambda(t) K$, $H(t) = \lambda(t) H$, 这里复数值函数 $\lambda(t)$ 的零点与 $D_K(\lambda)$ 和 $D_H(\lambda)$ 都不同. 公式 (31) 说明

$$\frac{\mathrm{d}}{\mathrm{d}t} [\ln D_{L(t)} - \ln D_{K(t)} D_{H(t)}] = 0.$$

因为 $L(0) = K(0) = H(0) = 0$ 且 $D_0 = 1$, 我们推出 $\ln D_L - \ln D_K \mathrm{d}_H = 0$; 这证明了当 $D_K \neq 0$, $D_H \neq 0$ 时行列式的乘法性质. 当 $D_H = 0$ 时, $\boldsymbol{I} + \boldsymbol{H}$ 不是映上的; 当 $D_K = 0$ 时, $\boldsymbol{I} + \boldsymbol{K}$ 不是一对一的. 在这两种情形下, $(\boldsymbol{I} + \boldsymbol{H})(\boldsymbol{I} + \boldsymbol{K})$ 不是可逆的, 故 $D_L = 0$. 因此在所有的情形下, 均有 $D_L = D_H D_K$. □

习题 5 在定义 D_K 的无穷级数中逐项计算验证 δD_K.

24.3 Gelfand-Levian-Marchenko 方程和 Dyson 的公式

到目前为止, 积分方程 (1) 中的积分只是在单位区间上取. 当然这可以在任意的有限区间 $[a, b]$ 上取, 只要当核 K 的自变量趋于 ∞ 时, K 趋于 0 的速度足够快, 那么积分甚至可以在无穷区间 $[a, \infty]$ 上取.

习题 6 证明: 若

$$|K(x, y)| \leqslant M(x) M(y),$$

这里 $M(x)$ 是单调下降的可积函数且

$$\int_a^\infty M(x) \mathrm{d}x < \infty,$$

则定义 Fredholm 行列式的级数 (6) 和 (10) 都收敛.

设 $K(x, y)$ 是对所有的实数 x 和 y 都有定义的连续核. 假设当 x, y 趋于 ∞ 时, 核以充分快的速度趋于 0. 对每个实数 a, 我们定义 Fredholm 算子 $\boldsymbol{I} + \boldsymbol{K}_a$, 这里 $\boldsymbol{K}_a$ 是区间 (a, ∞) 上以 K 为核的积分算子:

$$(\boldsymbol{K}_a u)(x) = \int_a^\infty K(x, y) u(y) \mathrm{d}y, \quad a \leqslant x. \tag{32}$$

设 $D(a)$ 是 $\boldsymbol{I}+\boldsymbol{K}_a$ 的 Fredholm 行列式. 我们将要研究 $D(a)$ 对 a 的依赖性. 假设 $D(a)\neq 0$.

令 h 是任意实数; 简单的变换 $y\to y+h$ 把算子 $\boldsymbol{K}_{a+h}$ 映为在固定的区间 (a,∞) 上以 $K(x+h,y+h)$ 为核的积分算子. 这个核在 $h=0$ 点关于 h 的导数是 $\delta K=K_x+K_y$. 因此 $D(a)$ 关于 a 的导数可以通过 D 的变分公式 (27), (28) 推出. 为此, 我们需要一些联系核 K 和 R 的等式. 利用公式 (12) 和 (12′) 导出这些等式, 公式 (12) 和 (12′) 表明 $\boldsymbol{I}+\boldsymbol{K}$ 和 $\boldsymbol{I}-D^{-1}\boldsymbol{R}$ 是互逆的:

$$R(x,y)+\int K(x,z)R(z,y)\mathrm{d}z-DK(x,y)=0, \tag{12}$$

$$R(x,y)+\int K(z,y)R(x,z)\mathrm{d}z-DK(x,y)=0. \tag{12′}$$

在 (12) 中对 x 微分:

$$R_x(x,y)+\int K_x(x,z)R(z,y)\mathrm{d}z-DK_x(x,y)=0.$$

在此式中取 $y=x$, 我们得到

$$R_x(x,x)+\int K_x(x,z)R(z,x)\mathrm{d}z-DK_x(x,x)=0. \tag{33}$$

类似地, 我们也可以得到

$$R_y(y,y)+\int K_y(y,z)R(z,y)\mathrm{d}z-DK_y(y,y)=0. \tag{33′}$$

考虑 $\ln D$ 的变分公式 (27) 并将 $\delta K=K_x+K_y$ 代入:

$$\delta\ln D(a)=\int[K_x(x,x)+K_y(x,x)]\mathrm{d}x-D^{-1}\int\int R(y,x)[K_x(x,y)+K_y(x,y)]\mathrm{d}x\mathrm{d}y. \tag{34}$$

应用 (33) 和 (33′) 将 (34) 右端的二重积分替换为一重积分:

$$\begin{aligned}\delta\ln D(a)&=\int[K_x(x,x)+K_y(x,x)]\mathrm{d}x+\int[D^{-1}R_x(x,x)-K_x(x,x)]\mathrm{d}x\\&\quad+\int[D^{-1}R_y(y,y)-K_y(y,y)]\mathrm{d}y\\&=D^{-1}\int_a^{\infty}[R_x(x,x)+R_y(x,x)]\mathrm{d}x\\&=-D^{-1}R(a,a).\end{aligned}$$

因为 $\ln D(a)$ 的变分是它关于 a 的导数,

$$\frac{\mathrm{d}}{\mathrm{d}a}\ln D(a)=-D^{-1}(a)R(a,a),\ \text{由此得出}\ \frac{\mathrm{d}}{\mathrm{d}a}D(a)=-R(a,a). \tag{35}$$

习题 7 由公式 (6) 对积分的下限求微分导出公式 (31).

现在再次回到公式 (12) 并且注意到它有下面的解释. 设 y 是任意固定的数, $a \leqslant y$, 则积分方程

$$w' + \boldsymbol{K}_a w' = K(\cdot, y)$$

的解是 $w'(x) = D^{-1}(a)R(x,y)$. 特别地, 取 $y = a$, $x = a$, 我们得到 $w'(a) = D^{-1}(a)R(a,a)$. 应用关系 (35), 我们得到如下定理.

定理 12 若 $w = w(x;a)$ 为积分方程

$$w(x) + \int_a^\infty K(x,y)w(y)\mathrm{d}y = -K(x,a) \tag{36}$$

的解, 则

$$w(a;a) = \frac{\mathrm{d}}{\mathrm{d}a}\ln D(a). \tag{37}$$

我们现在说明如何把这个结果应用到散射理论中微分算子

$$-\partial_x^2 + q, \tag{38}$$

的逆问题, 这里 $q = q(x)$ 是位势且当 $x \to \pm\infty$ 时快速地趋于 0. 逆问题是根据第 37 章将要定义地反射系数来决定位势 q. 这个问题来源于物理学, 主要处理当反射系数已知而位势 q 不能直接测量的情形.

Gelfand, Levitan 和 Marchenko 设计了一个积分方程使得其解 q 可以确定. 记 $Z(x)$ 为反射系数的 Fourier 变换; 在算子 (37) 有特征值点时, 这些必须包含在 Z 中. 辅助函数 w 的 G-L-M 方程为

$$w(x;a) + \int_a^\infty Z(x+y)w(y;a)\mathrm{d}y = -Z(x+a). \tag{39}$$

根据 G-L-M(比如, 参考 Lax, 第 84~91 页), 位势 q 与 G-L-M 方程的解 w 之间的关系为

$$q(a) = -2\frac{\mathrm{d}}{\mathrm{d}a}w(a,a). \tag{40}$$

方程 (39) 是方程 (36) 当 $K(x,y) = Z(x+y)$ 时的特殊情形. 从而根据 (40), 我们可以应用定理 12 推出由 Freedman Dyson 得出的下述公式:

$$q(a) = -2\frac{\mathrm{d}^2}{\mathrm{d}a^2}\ln D(a), \tag{41}$$

这里 $D(a)$ 是 (39) 式左端作用在 w 上的 G-L-M 算子的 Fredholm 行列式.

参 考 文 献

Ahlfors, L. V., *Complex Analysis*. McGraw-Hill, New York, 1979.

Dyson, F. J., Fredholm determinants and inverse scattering problems. *Comm. Math. Phys.*, **47**(1976): 171–183.

Fredholm, I., Sur une classe d'équations fonctionnelles. *Acta Math.*, **27**(1903): 365–390.

Gelfand, I. M. and Levitan, B. M., On the determination of a differential equation by its spectral function. *Izv. Akad. Navk SSSR Ser. Mat.*, **15**(1951): 309–360; AMS *Transl.*, **1**(1955): 254–304.

Lax, P. D., *Outline of a Theory of the KdV Equation. Recent Mathematical Methods in Nonlinear Wave Propagation*, Lecture Notes in Mathematics, **1640**. Springer Verlag, 1996, pp.70–102.

Marchenko, V. A., Concerning the theory of differential operators of second order. *Dokl. Akad. Nauk SSSR*, **72**(1950): 457–460.

第 25 章　不变子空间

设 X 为 Banach 空间, $\boldsymbol{M}: X \longrightarrow X$ 为有界线性映射. 首先回想一下线性代数中不变子空间的概念: 称 X 的子空间 Y 为 $\boldsymbol{M}$ 的不变子空间, 如果 Y 在 $\boldsymbol{M}$ 的作用下被映入到自身内; 称 Y 是非平凡的, 如果 Y 是 X 的含有非零向量的真子空间. 在赋范线性空间中, 我们感兴趣的是 $\boldsymbol{M}$ 的闭不变子空间.

对于 $\boldsymbol{M}$ 的闭不变子空间 Y, 我们有可能分两步反演 $\boldsymbol{M}$, 即给定 X 中的向量 $\boldsymbol{u}$, 在 X 中可以找到向量 $\boldsymbol{x}_0$, 使得 $\boldsymbol{M}\boldsymbol{x}_0 = \boldsymbol{u}$. 首先解关于模 Y 的方程, 即在 X 中寻找向量 $\boldsymbol{x}_1$, 使得 $\boldsymbol{M}\boldsymbol{x}_1 \equiv \boldsymbol{u} \,(\mathrm{mod}\, Y)$; 若令 $\boldsymbol{z} = \boldsymbol{u} - \boldsymbol{M}\boldsymbol{x}_1$, 则 $\boldsymbol{z}$ 属于 Y. 然后, 在 Y 中选取向量 $\boldsymbol{y}$, 使得 $\boldsymbol{M}\boldsymbol{y} = \boldsymbol{z}$. 再令 $\boldsymbol{x}_0 = \boldsymbol{x}_1 + \boldsymbol{y}$, 则 $\boldsymbol{M}\boldsymbol{x}_0 = \boldsymbol{u}$. 第一步实际上是在商空间 X/Y 上反演 $\boldsymbol{M}$; 只要 X/Y 有赋范结构, 利用解析工具这一步很容易处理; 而要使得 X/Y 有赋范结构, 仅仅需要“Y 是 X 的闭子空间”这一条件.

由上面提供的算法, 如果 $\boldsymbol{M}$ 在 X/Y 和 Y 上都可逆, 那么它在 X 上也可逆. 但是, 反之是不成立的, 如第 2 章所示.

习题 1　证明: 如果 $\boldsymbol{M}$: $X \longrightarrow X$ 可逆, Y 是 $\boldsymbol{M}$ 的有限维不变子空间, 那么 $\boldsymbol{M}$ 在 Y 和 X/Y 上都可逆.

习题 2　证明: $\boldsymbol{M}$ 的所有闭不变子空间在下列意义下构成一个格, 即两个闭不变子空间的交仍是闭不变子空间, 两个闭不变子空间生成的闭子空间也是不变子空间.

25.1　紧算子的不变子空间

显然, 由 $\boldsymbol{M}$ 的特征向量所张成的每个子空间都是 $\boldsymbol{M}$ 的不变子空间. 但是, 我们以后会看到, 有许多算子没有特征值却拥有非平凡的不变子空间. 本节主要研究紧算子的闭不变子空间问题. 对于紧算子的非平凡的闭不变子空间的存在性, 即下面的定理 1, 在 Hilbert 空间的情形归功于 von Neumann, 在 Banach 空间的情形下则是由 Aronszajn 和 Smith 给出的.① 本节所给出的 Aronszajn–Smith 定理的证明是经 Hilden 简化后 Lomonosov 的证明.

定理 1　设 X 为维数大于 1 的复 Banach 空间, $\boldsymbol{C}: X \longrightarrow X$ 为紧算子, 则 C 有非平凡的闭不变子空间.

证明　假设 $\boldsymbol{C} \neq 0$, 并正规化 $\boldsymbol{C}$; 因此, 可以假设

① 因此定理 1 也称为 Aronszajn–Smith 定理. —— 译者注

$$|\boldsymbol{C}| = 1. \tag{1}$$

选取向量 $\boldsymbol{x}_0 \in X$, 使得

$$|\boldsymbol{C}\boldsymbol{x}_0| > 1, \quad |\boldsymbol{x}_0| > 1. \tag{2}$$

用 B 表示以 $\boldsymbol{x}_0$ 为心的闭单位球：

$$B = \{\boldsymbol{x}|\ |\boldsymbol{x} - \boldsymbol{x}_0| \leqslant 1\}. \tag{3}$$

由 (2), 零向量不属于 B. 用 K 表示 B 在 $\boldsymbol{C}$ 下的象的闭包：

$$K = \overline{\boldsymbol{C}B}. \tag{4}$$

因为 $\boldsymbol{C}$ 是紧映射, 所以 K 是一个紧集. 由 (2) 和 (1), K 不包含零向量.

我们将间接证明 $\boldsymbol{C}$ 的不变子空间的存在性. 假设 $\boldsymbol{C}$ 没有非平凡的闭不变子空间. 对于 X 中的任意非零向量 $\boldsymbol{y}$, 集合 $\{p(\boldsymbol{C})\boldsymbol{y}|\ p$ 为多项式$\}$ 是 $\boldsymbol{C}$ 的不变子空间, 从而该子空间的闭包是 $\boldsymbol{C}$ 的闭不变子空间. 由假设, $\boldsymbol{C}$ 不存在非平凡的闭不变子空间, 所以该闭包一定是平凡的, 即为全空间 X. 因此, 即对每个非零向量 $\boldsymbol{y}$, 集合 $\{p(\boldsymbol{C})\boldsymbol{y}|\ p$ 为多项式$\}$ 在 X 中是稠密的.

由于零向量不属于 K, 所以对 K 中的每个向量 $\boldsymbol{y}$, 我们可以应用上述结论. 故, 对每个 $\boldsymbol{y} \in K$, 都存在多项式 p 使得

$$|p(\boldsymbol{C})\boldsymbol{y} - \boldsymbol{x}_0| < 1. \tag{5}$$

注意到 (5) 是一个严格不等式, 所以对给定的多项式 p, 满足 (5) 的所有向量 $\boldsymbol{y}$ 组成的集合是 X 中的一个开集 O_p. 所有这样的开集构成了 K 的一个开覆盖. 又 K 是紧集, 所以此覆盖存在一个有限子覆盖, 即仅仅需要有限个这样的开集 O_p 即可覆盖 K. 记这有限个开集所对应的多项式为 $p_1, \cdots, p_N$. 因此, 对于 K 中的每个向量 $\boldsymbol{y}$, 必存在某个 $p = p_i$ 使得不等式 (5) 成立. 为简略起见, 我们引入缩写 $p_i(\boldsymbol{C}) = \boldsymbol{C}_i$, $i = 1, \cdots, N$, 从而对 K 中的每个向量 $\boldsymbol{y}$, 至少存在一个 i 使得

$$|\boldsymbol{C}_i\boldsymbol{y} - x_0| < 1. \tag{6}$$

注意到 $\boldsymbol{x}_0 \in B$ 及 K 的定义 (4), 我们有 $\boldsymbol{C}\boldsymbol{x}_0 \in K$. 在 (6) 中, 令 $\boldsymbol{y} = \boldsymbol{C}\boldsymbol{x}_0$, 则存在某个 $i = i_1$, 使得 $|\boldsymbol{C}_{i_1}\boldsymbol{C}\boldsymbol{x}_0 - \boldsymbol{x}_0| < 1$. 由 B 的定义 (3), 此意味着向量 $\boldsymbol{C}_{i_1}\boldsymbol{C}\boldsymbol{x}_0$ 属于 B; 再由 K 的定义 (4), $\boldsymbol{C}\boldsymbol{C}_{i_1}\boldsymbol{C}\boldsymbol{x}_0 \in K$. 因此在 (6) 中, 再令 $\boldsymbol{y} = \boldsymbol{C}\boldsymbol{C}_{i_1}\boldsymbol{C}\boldsymbol{x}_0$, 进而又会存在对某个 $i = i_2$, 使得

$$|\boldsymbol{C}_{i_2}\boldsymbol{C}\boldsymbol{C}_{i_1}\boldsymbol{C}\boldsymbol{x}_0 - \boldsymbol{x}_0| < 1.$$

重复上述过程, 得

$$\left|\prod_1^n(\boldsymbol{C}_{i_k}\boldsymbol{C})\boldsymbol{x}_0 - \boldsymbol{x}_0\right| < 1.$$

利用三角不等式, 我们有

$$\left|\prod_1^n(\boldsymbol{C}_{i_k}\boldsymbol{C})\boldsymbol{x}_0\right| \geqslant |\boldsymbol{x}_0| - 1. \tag{7}$$

注意到不等式 (2) 蕴含 (7) 的右边大于 0.

因为 $\boldsymbol{C}_i$ 是 $\boldsymbol{C}$ 的多项式, 所以 $\boldsymbol{C}_i$ 之间以及 $\boldsymbol{C}_i$ 和 $\boldsymbol{C}$ 之间都是可换的. 因此, 我们可以将 (7) 重写为

$$\left|\left(\prod_1^n \boldsymbol{C}_{i_k}\right)\boldsymbol{C}^n\boldsymbol{x}_0\right| \geqslant |\boldsymbol{x}_0| - 1. \tag{7'}$$

用 c 表示 $\boldsymbol{C}_i$ 的范数中的最大值: $|\boldsymbol{C}_i| \leqslant c,\ i = 1, \cdots, N$. 由 (7′), 得

$$c^n|\boldsymbol{C}^n||\boldsymbol{x}_0| \geqslant |\boldsymbol{x}_0| - 1.$$

两边取 n 次方根, 然后令 $n \to \infty$, 得

$$\lim_{n\to\infty} |\boldsymbol{C}^n|^{1/n} \geqslant \frac{1}{c}.$$

根据谱理论 (参见第 17 章定理 4), 左边的量是有界线性算子 $\boldsymbol{C}$ 的谱半径$|\sigma(\boldsymbol{C})|$. 由于 $|\sigma(\boldsymbol{C})| \geqslant 1/c > 0$, 所以 $\boldsymbol{C}$ 存在非零谱点. 依照紧算子的谱理论 (参见第 21 章定理 6), 这样的谱点一定是 $\boldsymbol{C}$ 的具有有限重数的特征值. 因此, 相应的特征空间为 $\boldsymbol{C}$ 的闭不变子空间, 此与我们的假设矛盾. □

25.2 不变子空间套

一旦证明了某类算子 $\boldsymbol{M}$ 的单个非平凡不变子空间 Y 的存在性, 就可以重复调用此结果证明该算子存在无限多个不变子空间. 因此, $\boldsymbol{M}$ 限制在子空间 Y 上, 以及 M 在商空间 X/Y 上都存在不变子空间, 从而存在 $\boldsymbol{M}$ 的不变子空间Z, 使得 $Y \subset Z \subset X$.

在一篇十分有趣的论文中, Ringrose 探求了这样的不变子空间族.

定义 复 Banach 空间 X 的闭子空间族 $\{M\}$ 称为一个套, 如果此子空间族 $\{M\}$ 相互嵌套, 即在包含关系下, $\{M\}$ 是一个全序集. 我们常用 $\mathcal{N}$ 表示子空间套.

定义 设 X 是复 Banach 空间, $\mathcal{N}$ 为 X 的一个闭子空间套, 令 $\boldsymbol{C}$ 为 X 到自身内的紧线性算子. 称 $\mathcal{N}$ 为 $\boldsymbol{C}$ 的不变套, 如果套 $\mathcal{N}$ 中的每个子空间都是 $\boldsymbol{C}$ 的不变子空间.

定理 2 设 X 为复 Banach 空间, $\boldsymbol{C}$: $X \to X$ 为紧算子, 则

(i) $\boldsymbol{C}$ 存在一个极大不变套 $\mathcal{N}$;

(ii) $\mathcal{N}$ 包含平凡子空间 $\{0\}$ 和 X;

(iii) 若 $\mathcal{N}_0$ 为 $\mathcal{N}$ 的一个子集, 则子空间 $N = \cap\{L:\ L \in \mathcal{N}_0\}$ 属于 $\mathcal{N}$.

证明 极大不变套的存在性可由 Zorn 引理得到, 因此 (i) 和 (ii) 得证. (iii) 中刻画的子空间 N 显然是闭的, 并且是 $\boldsymbol{C}$ 的不变子空间. 对于 $\mathcal{N}$ 中的任意元素 K, 如果存在 $\mathcal{N}_0$ 中的某个元素 L, 使得 $L \subseteq K$, 那么 N 也包含在 K 中; 另一方面, 如果 $\mathcal{N}_0$ 中的每个子空间 L 都包含了 K, 那么 N 也包含 K. 因此, 无论哪种情形, N 与 $\mathcal{N}$ 中的每个子空间 K 都有包含关系. 由于 $\mathcal{N}$ 为极大套, 所以 N 属于 $\mathcal{N}$. □

定理 2′ (Ringrose) 设 $\boldsymbol{C}$ 为复 Banach 空间 X 到自身内的紧算子, $\mathcal{N}$ 为 $\boldsymbol{C}$ 的一个极大不变套. 对 $\mathcal{N}$ 中的任一元 M, $M \neq \{0\}$, 用 M_- 表示子空间

$$M_- = \overline{\cup\{L \in \mathcal{N}: L \text{ 真包含在 } M \text{ 中}\}}. \tag{8}$$

由 $\mathcal{N}$ 的极大性, M_- 属于 $\mathcal{N}$.

(i) 商空间 M/M_- 的维数为 0 或 1.

(ii) 若 $\dim M/M_- = 1$, 则 $\boldsymbol{C}$ 在 M/M_- 上的诱导作用为数乘映射. 假设 $\mu \in \mathbb{C}$ 确定了此数乘映射, 且 $\mu \neq 0$, 则 μ 是 $\boldsymbol{C}$ 的特征值.

(iii) 反之, 对 $\boldsymbol{C}$ 的每个非零特征值 γ, 都存在 $\mathcal{N}$ 中的非零子空间 M, 使得 γ 等于由 (ii) 所确定的复数 μ. 此外, γ 通过 (ii) 中方式所确定的个数等于 γ 作为 $\boldsymbol{C}$ 的特征值的代数重数, 即

$$\max_i \{(\gamma \boldsymbol{I} - \boldsymbol{C})^i \text{的零空间的维数}\}.$$

证明 (i) 由于 M 和 M_- 都在 $\boldsymbol{C}$ 下不变, 所以 $\boldsymbol{C}$ 诱导出了 M/M_- 到自身内的紧映射. 若 M/M_- 的维数大于 1, 则 Aronszajn-Smith 定理蕴含了 $\boldsymbol{C}$ 在 M/M_- 上有非平凡的闭不变子空间, 从而存在 $\boldsymbol{C}$ 在 X 内的闭不变子空间 L, 使得 L 真包含了 M_-, 但 L 又真包含在 M 内, 即 $M_- \subset L \subset M$. 由 $\mathcal{N}$ 的极大性, L 属于 $\mathcal{N}$; 但是, 此与 M_- 的定义 (8) 矛盾. 因此, M/M_- 的维数为 0 或 1.

(ii) 由于 M/M_- 的维数 1, 所以 $\boldsymbol{C}$ 在 M/M_- 上的 (诱导) 作用为数乘映射. 假设 $\boldsymbol{C}$ 在 M/M_- 上的作用为复数 μ 所作的数乘映射, 并假设 $\mu \neq 0$, 则 $\mu\boldsymbol{I} - \boldsymbol{C}$ 在 M/M_- 上为零映射, 此意味着 $\mu\boldsymbol{I} - \boldsymbol{C}$ 将 M 映入 M_- 内. 又 $\boldsymbol{C}$ 在 M 上为紧映射以及 $\mu \neq 0$, 由第 21 章定理 5, $\mu\boldsymbol{I} - \boldsymbol{C}$ 在 M 上的零空间的维数等于 $(\mu\boldsymbol{I} - \boldsymbol{C})M$ 在 M 内的余维数. 由于 $(\mu\boldsymbol{I} - \boldsymbol{C})M$ 包含在 M_- 内, 所以它在 M 内的余维数至少为 1. 故 $\mu\boldsymbol{I} - \boldsymbol{C}$ 的零空间中含有非零向量, 即 μ 为 $\boldsymbol{C}$ 的特征值.

(iii) 设 γ 为 $\boldsymbol{C}$ 的非零特征值, $\boldsymbol{x}$ 为相应的特征向量, 令 $\mathcal{A}_{\boldsymbol{x}}$ 为 $\mathcal{N}$ 中的包含 $\boldsymbol{x}$ 的所有子空间构成的集合, 定义 $M = \cap\{K : K \in \mathcal{A}_{\boldsymbol{x}}\}$. 由定理 2, M 属于 $\mathcal{N}$. 如 (8), 我们定义子空间 M_-. 假设 M_- 真包含在 M 中: $M_- \subset M$, 由 (i), $\dim M/M_- = 1$. 依定义, M 是 $\mathcal{N}$ 中的包含 x 的最小子空间, 故 x 不属于 M_-. 因此, 商空间 M/M_- 可用 x 线性张成. 又 $\boldsymbol{C}x = \gamma x$, 所以 $\mu = \gamma$.

要完成上述证明, 我们需要验证: M_- 真包含在 M 中. 为简单起见, 不妨设 γ 的重数为 1. 首先断言, 在转置 $\boldsymbol{C}' - \gamma\boldsymbol{I}$ 的零空间中, 存在向量 $\boldsymbol{m}$ 使得 $(\boldsymbol{x}, \boldsymbol{m}) \neq 0$. 否则, 对 $\boldsymbol{C}' - \gamma\boldsymbol{I}$ 的零空间中的每个向量 $\boldsymbol{m}$, 有 $(\boldsymbol{x}, \boldsymbol{m}) = 0$; 因此, 由用 Fredholm 变换 (即第 21 章定理 8), $\boldsymbol{x}$ 属于 $\boldsymbol{C} - \gamma\boldsymbol{I}$ 的值域, 即存在非零向量 $\boldsymbol{u}$, 使得 $(\boldsymbol{C} - \gamma\boldsymbol{I})\boldsymbol{u} = \boldsymbol{x}$. 故

$$(\boldsymbol{C} - \gamma\boldsymbol{I})^2\boldsymbol{u} = (\boldsymbol{C} - \gamma\boldsymbol{I})\boldsymbol{x} = 0,$$

所以 $\boldsymbol{u}$ 是 $\boldsymbol{C}$ 的一个广义特征向量且 γ 的重数至少是 2, 此与我们的假设矛盾. 因

此上述断言成立.

令 M 同上, 即 M 是 $\mathcal{N}$ 中包含 $\boldsymbol{x}$ 的最小子空间. 设 $L \in \mathcal{N}$ 且 L 真包含在 M 中, 则 $\boldsymbol{x} \notin L$. 因为 γ 的重数为 1, 所以 $\boldsymbol{C}-\gamma \boldsymbol{I}$ 的零空间由特征向量 $\boldsymbol{x}$ 生成, 进而 $\boldsymbol{C}-\gamma \boldsymbol{I}$ 在 L 上的零空间是零, 即 $\boldsymbol{C}-\gamma \boldsymbol{I}$ 将 L 一一地映入自身内. 根据 Fredholm 变换, 此蕴含 $\boldsymbol{C}-\gamma \boldsymbol{I}$ 在 L 上是一个满射. 因此, L 中的每个向量 $\boldsymbol{y}$ 都属于 $\boldsymbol{C}-\gamma \boldsymbol{I}$ 的值域, 从而 $(\boldsymbol{y}, \boldsymbol{m})=0$, 其中 $\boldsymbol{m}$ 为 $\boldsymbol{C}'-\gamma \boldsymbol{I}$ 的零空间中的任意向量.

我们下面证明: $\boldsymbol{x}$ 不属于 M_-. 否则, 由 M_- 的定义 (8), 存在 $L_n \in \mathcal{N}$ 及向量 $\boldsymbol{y}_n \in L_n, n=1,2,\cdots$, 使得 $L_n \subset M$ 且 $\{y_n\}$ 收敛于 $\boldsymbol{x}$. 由于每个这样的 y_n 都满足条件 $(\boldsymbol{y}_n, \boldsymbol{m})=0$, 其中 $\boldsymbol{m}$ 属于 $\boldsymbol{C}'-\gamma \boldsymbol{I}$ 的零空间, 所以 $(\boldsymbol{x}, \boldsymbol{m})=0$, 此与我们先前的断言矛盾. □

习题 3 模仿上述讨论, 试证特征值 γ 有任意代数重数的情形.

构造紧算子的不变子空间套的过程类似于将矩阵化为上三角形矩阵的过程. 因此, 大量的上三角形理论出现在 K. R. Davidson 的套代数理论的专著中.

现在, 我们来看一个例子. 令 $X=C[0,1]$, $\boldsymbol{V}$ 为 X 上的线性映射:

$$(\boldsymbol{V} f)(t)=\int_0^t f(s) \,\mathrm{d} s. \tag{9}$$

由第 22 章中的 (15), $\boldsymbol{V}$ 是紧算子, 但 $\boldsymbol{V}$ 没有特征向量. 因此, $\boldsymbol{V}$ 的谱为单点集 $\{0\}$. 另一方面, 对任意实数 a, $0 \leqslant a \leqslant 1$, X 中的所有在 $[0, a]$ 上取值为 0 的函数 f 组成集合 C_a 显然是 $\boldsymbol{V}$ 的闭不变子空间.

习题 4 试证子空间 $C_a, 0 \leqslant a \leqslant 1$ 构成了 $\boldsymbol{V}$ 的一个极大不变套.

Brodsky 和 Donoghue 独立地证明了上述命题在 L^2 拓扑下的逆.

定理 3 设 H 为 Hilbert 空间 $L^2[0,1]$, a 为实数且 $0 \leqslant a \leqslant 1$, 令 H_a 为 H 中的在 $[0, a]$ 上取值为 0 的所有函数组成的集合, 则 (9) 定义的算子 $\boldsymbol{V}$ 为 H 到自身内的紧映射, 并且每个 H_a 都是 $\boldsymbol{V}$ 的不变子空间. 此外, $\boldsymbol{V}$ 再也没有其他形式的不变子空间.

证明 (Donoghue) 我们先简单讨论一下实直线 $\mathbb{R}$ 上的 L^1 函数的卷积. 设 f 和 g 为实直线上的两个 L^1 函数, 定义它们的卷积 $f * g$:

$$(f * g)(t)=\int f(s) g(t-s) \,\mathrm{d} s. \tag*{□(10)}$$

在 19.6 节, 我们证明了: 两个 L^1 函数的卷积仍是 L^1 函数且卷积满足结合律和交换率.

假设当 s 为 (绝对值) 充分大的负数时, $f(s)$ 和 $g(s)$ 的取值均为 0. 用 ℓ_f 和 ℓ_g 分别表示 f 和 g 的支集的下端点:

$$\ell_f = \sup\{\ell:\ f(s)=0, s<\ell\}. \tag{11}$$

由此, 当 $t<\ell_f+\ell_g$ 时, (10) 中右边的积分为 0, 因为它的被积函数中必有一个因子为 0. 这证明了：当 $t<\ell_f+\ell_g$ 时, $(f*g)(t)=0$, 从而 $\ell_{f*g}\geqslant \ell_f+\ell_g$. 根据 Titchmarsh 卷积定理, 此不等式中的等号成立：

$$\ell_{f*g}=\ell_f+\ell_g. \tag{12}$$

关于此定理的证明, 我们将在第 38 章给出.

用卷积的形式将算子 $\boldsymbol{V}$ 重新表示为

$$\boldsymbol{V}f=h*f, \tag{13}$$

其中 $f\in L^2[0,1]$, h 为 Heaviside 函数

$$h(s)=\begin{cases}0, & \text{当 } s<0 \text{ 时},\\ 1, & \text{当 } 0<s \text{ 时}.\end{cases} \tag{14}$$

注意到公式 (13) 的右边定义在整个实直线 $\mathbb{R}$ 上, 其在 $[0,1]$ 上的限制等于 $\boldsymbol{V}f$. 由卷积的结合率, 对任意自然数 n, 有

$$\boldsymbol{V}^n f=h^{(n)}*f, \tag{13$'$}$$

这里 $h^{(n)}$ 为 h 与自身的 n 重卷积. 由第 20 章中的计算, 容易证明

$$h^{(n)}(s)=\begin{cases}0, & \text{当 } s<0 \text{ 时},\\ s^n/n!, & \text{当 } 0<s \text{ 时}.\end{cases} \tag{14$'$}$$

要完成定理 3 中非平凡部分的证明, 我们需要下述引理.

引理 4 设 f 为 $L^2[0,1]$ 内的任一函数, 则 $f, \boldsymbol{V}f, \boldsymbol{V}^2 f,\cdots$ 生成了空间 $L^2(\ell,1)$, 其中 $\ell=\ell_f$.

证明 假设 g 属于 $L^2[0,1]$, 并且与每个函数 $\boldsymbol{V}^n f$, $n=0,1,\cdots$, 正交. 由 (13$'$), 我们将正交条件重新表示为

$$(h^{(n)}*f, g)=0,\quad n=0,1,\cdots, \tag{15}$$

其中 (,) 表示 $L^2[0,1]$ 上的内积. 定义 g_- 为 $L^2(-1,0)$ 内的函数：

$$g_-(s)=\bar{g}(-s),\qquad s\in(-1,0). \tag{16}$$

利用 g_- 和卷积, 我们可以将 $L^2[0,1]$ 上的内积表示成卷积的形式. 设 k 为 $L^2[0,1]$ 内的函数, 则 k 和 g 的内积为

$$(k,g)=(k*g_-)(0). \tag{17}$$

由卷积的结合率和 (17), 将 (15) 改写为

$$(h^{(n)}*f*g_-)(0)=0;$$

再由 (17), 此等价于

$$(h_-^{(n)}, f*g_-)=0. \tag{15$'$}$$

注意, $f*g_-$ 支撑在 $[-1,1]$ 上, 而 $h_-^{(n)}(s)$ 在区间 $[-1,0]$ 上取值为 $s^n/n!$, 在 $(0,\infty)$ 内取值为 0. 由 Weierstrass 逼近定理, 多项式在 $L^2[-1,0]$ 内稠密. 因此, 依 (15$'$),

函数 $f*g_-$ 在 $[-1,0]$ 上取值为 0; 此条件蕴含了 $\ell_{f*g_-}\geqslant 0$. 由 Titchmarsh 卷积定理, 得到

$$\ell_f+\ell_{g_-}\geqslant 0;$$

此蕴含了当 $s<-\ell_f$ 时, $g_-(s)=0$; 由 g_- 的定义 (16), 也即为

$$g(s)=0,\quad \text{当 } s>\ell_f \text{ 时}.$$

由 g 的任意性, 我们可以得到: 由 $\boldsymbol{V}^n f,\ n=0,1,\cdots$, 所张成空间的正交补子空间包含在 $L^2[0,\ell]$ 内, 从而该张成空间包含了 $L^2(\ell,1)$. 另一方面, 由于每个函数 $\boldsymbol{V}^n f$ 在 $[0,\ell]$ 上取值为 0, 所以集合 $\{\boldsymbol{V}^n f\}$ 张成了空间 $L^2(\ell,1)$. □

定理 3 的结论很容易由引理 4 得到. 事实上, 设 Y 为 $\boldsymbol{V}$ 在 $L^2[0,1]$ 上的非零不变子空间, 令 f 为 Y 内的任一非零函数, 则 $f,\boldsymbol{V}f,\boldsymbol{V}^2 f,\cdots$ 都属于 Y. 由引理 4, Y 包含了 $L^2[\ell_f,1]$. 因此, 若令

$$a=\min_{f\in Y}\ell_f,$$

则 Y 包含了 $L^2[a,1]$. 另一方面, 由 a 的定义, 对 Y 中的每个函数 f, 当 $t<a$ 时, $f(t)=0$, 故 f 属于 $L^2[a,1]$. 因此 $Y=L^2[a,1]$.

人们将 Aronszajn-Smith 定理沿许多方向进行了推广. 用 Robinson 的非标准分析方法, Robinson 和 Bernstein 证明了: 若存在多项式 p 使得 $p(\boldsymbol{T})$ 为紧算子, 则 $\boldsymbol{T}$ 存在非平凡的不变子空间. Lomonosov 证明了: 与一个紧算子交换的算子存在非平凡的不变子空间. 每个非紧算子是否存在不变子空间一直是一个悬而未决的问题, 直到 Enflo 构造了一个 Banach 空间 X 以及 X 到自身内的不可约算子, 即不存在非平凡不变子空间的算子为止. 接下来, 人们在许多所熟知的空间上构造了不可约线性映射. 但是, 所有这些 Banach 空间都不是自反的. 因此, Hilbert 空间上是否存在不可约算子至今仍是一个尚未解决的问题.

第 38 章将给出 ℓ^2 空间上的右移位算子的所有不变子空间的 Beurling 刻画.

参 考 文 献

Aronszajn, N. and Smith, K. T., Invariant subspaces of completely continuous operators. *An. Math.*, **60**(1954): 345–350.

Bernstein, A. R. and Robinson, A., Solution of an invariant subspace problem of K. T. Smith and P. R. Halmos. *Pacific J. Math.*, **16**(1966): 421–431.

Brodskii, M. S., On a problem of I. M. Gelfand. *Uspekhi Mat. Nauk* (N.S.), **12**(1957): 129–132.

Davidson, K. R., *Nest Algebras.* Pitman Research Notes in Math, **191**. Longman Scientific and Technical, Essex, England, 1988.

Donoghue, W. F., The lattice of invariant subspaces of a completely continuous quasinilpotent transformations. *Pacific J. Math.*, **7**(1957): 1031–1935.

Enflo, P., On the invariant subspace problem for Banach spaces. *Acta Math.*, **158**(1987): 213–313.

Lomonosov, V. I., Invariant subspaces for the family of operators which commute with a completely continuous operator. *Funct. Anal. Appl.*, **7**(1973): 213–214.

Radjavi, H. and Rosenthal, P., *Invariant Subspaces.* Springer, New York, 1973.

Ringrose, J. R., *Compact Non-self-adjoint Operators.* Van Nostrand Reinhold, New York, 1971.

Ringrose, J. R., Superdiagonal forms for compact linear operators. *Proc. London Math. Soc.* (3), **12**(1962): 367–384.

第 26 章　射线上的调和分析

本章将提炼第 21 章中为研究紧算子而采用的技巧, 并用它导出一类具有指数型衰减性质的函数.

26.1　调和函数的 Phragmén-Lindelöf 原理

经典解析函数论中的最大值原理可以推广到定义在延伸至无穷远处的域内的解析函数上, 此推广归功于 Phagmén 和 Lindelöf, 称为 Phragmén-Lindelöf 原理. 该原理的假设条件是: 函数在域的边界上有界, 并且当 z 趋向无穷时, 函数有有限增长性; 其结论是: 函数在整个域上有界. 对于调和函数, 此原理有一种类比的情况.

设 $h(x,y)$ 为定义在半带: $\{(x,y):\ -1 \leqslant x \leqslant 1,\ 0 \leqslant y\}$ 内的调和函数, 且 $h(x,y)$ 连续到边界. 若

(i) $h(\pm 1, y) = 0,\ y \geqslant 0$;

(ii) 在半带内, $|h(x,y)| \leqslant M\,\mathrm{e}^{\ell y}$, 其中 M, ℓ 为常数, 且 $0 < \ell < \pi/2$,

则对任意的 m, $0 < m < \pi/2$ 在半带内, $|h(x,y)| \leqslant A\,\mathrm{e}^{-my}$, 其中 A 为常数.

证明　显然, 我们仅需要考虑 $\ell < m < \pi/2$ 的情形. 对任意 m, $\ell < m < \pi/2$ 及任意 $\varepsilon > 0$, 作辅助调和函数

$$k_\varepsilon(x,y) = A\cos mx\,\mathrm{e}^{-my} + \varepsilon\cos mx\,\mathrm{e}^{my}. \tag{1}$$

将 h 和 k_ε 对比. 由于 m 的上界受 $\pi/2$ 控制, 所以函数 $\cos mx$ 在 $-1 \leqslant x \leqslant 1$ 上为正. 因此, 由 (ii), 我们可以将 (1) 中的 A 取得充分大, 使得对于 $[-1,1]$ 中的每个 x, 有

$$|h(x,0)| \leqslant A\cos mx. \tag{2}$$

我们断言: 对半带内的所有 x, y, 有 $|h(x,y)| \leqslant k_\varepsilon(x,y)$.

要证明此断言, 由 A 的选取, 当 $y = 0$, $x \in [-1,1]$ 时, 成立

$$-k_\varepsilon(x,y) < h(x,y) < k_\varepsilon(x,y). \tag{3}$$

由题设条件 (i), 当 $y \geqslant 0$ 且 $x = \pm 1$ 时, $h(x,y) = 0$, 而此时 $k_\varepsilon(x,y) > 0$, 故 (3) 也成立. 当 $y = Y > 0$ 充分大, 且 $x \in [-1,1]$ 时, (3) 亦成立, 这是因为, 由题设条件 (ii) 以及 $m > \ell$, h 的增长性至多同 $\mathrm{e}^{\ell y}$ 一样, 而 k_ε 的增长性则同 e^{my} 一样. 在方形区域 $0 \leqslant y \leqslant Y$, $-1 \leqslant x \leqslant 1$ 上, 应用经典的最大值原理, 则不等式 (3) 在该方形内成立. 综上所述, 对任意的正数 ε, 由 Y 的任意性, 不等式 (3) 在整个半带上成立. 令 ε 趋向于 0, 则在整个半带上, 有

$$|h(x,y)| \leqslant A\mathrm{e}^{-my}.$$

此证明了, 当 y 趋于 ∞ 时, h 呈指数衰减. □

26.2 抽象 Phragmén-Lindelöf 原理

本节主要陈述和证明 Phragmén-Lindelöf 原理的一个直接推广. 该推广由 Phragmén-Lindelöf 原理的作者给出, 其理论建立在调和函数空间的泛函分析抽象的基础上.

定义 设 X 为复 Banach 空间, S 是由定义在正实数集 $\{y:\ y>0\}$ 上且取值在 X 内的局部可积的向量值函数 $u(y)$ 组成的线性空间. 假设空间 S 满足下述两个条件.

(i) S 有平移不变性, 即若 $u(y)$ 属于 S, 则对任意正数 t, 函数 $u(y+t)$ 也属于 S.

(ii) 设 $0<a<b$, $u\in S$, 定义范数 $|u|_a^b$:

$$|u|_a^b = \int_a^b |u(y)|\,\mathrm{d}y. \tag{4}$$

我们假设 S 的 $|u|_a^b$ 范数下的单位球在 $|u|_{a_0}^{b_0}$ 范数拓扑下是准紧的, 其中 $[a_0,b_0]$ 为 $[a,b]$ 的任意紧子区间: $a<a_0<b_0<b$.

若用 L^p 范数

$$|u|_a^b = \left(\int_a^b |u(y)|^p\,\mathrm{d}y\right)^{1/p} \tag{4'}$$

代替 L^1 范数, 我们可以给出类似的定义.

性质 (ii) 称为内紧性.

如果我们将 S 内的、在 $\mathbb{R}_+$ 的紧子集上依 L^1 收敛的所有函数列的极限函数添加到 S 内, 则拓广后的空间仍具有性质 (i) 和 (ii). 因此, 不失一般性, 我们可以假设 S 满足条件:

(iii) 在上述刻画的序列收敛拓扑下, S 是闭的.

例 1 设 X 为定义在 $[-1,1]$ 上的、在端点 ±1 上取值为 0 的连续函数组成的 Banach 空间, 令 S 为形如 $u(y)=h(x,y)$ 的所有函数组成的空间, 其中 $h(x,y)$ 是任意一个在半带 $\{(x,y):\ -1\leqslant x\leqslant 1,\ \ y\geqslant 0\}$ 内为调和函数, 且连续到边界以及在 $x=\pm1$ 取值为 0 的函数. 不难证明, 空间 S 有性质 (i) 和 (ii).

例 2 设 $\boldsymbol{L}$ 为 $2n$ 阶的线性椭圆算子, 其系数为其中的一个独立变量 y. 令 G 为其余变量 x 空间内的域, 且 G 有光滑边界和紧闭包. 设 X 为 Banach 空间 H_0^n, 即定义在 G 上的具有平方可积的 n 阶导函数, 并且每个 i $(0\leqslant i\leqslant n-1)$ 阶导函数在 G 的边界上取值为 0 的所有函数组成的空间; 令 S 为形如 $u(y)=h(x,y)$ 的所有函数全体, 其中 $h(x,y)$ 为方程 $\boldsymbol{L}h=0$ 在半柱面 $G\times\mathbb{R}_+$ 内满足: 对固定的 y, $h(x,y)$ 属于 X 的任意解.

利用椭圆方程理论, 可以证明上述定义的空间 S 有内紧性.

例 3 设 $X=\mathbb{C}$, S 为定义在 $\mathbb{R}_+$ 上的由指数函数集 $\{\mathrm{e}^{-\mu_n y}:\ \mu_n>0,\ \sum\mu_n^{-1}<\infty\}$ 所张成的线性空间. 根据 Müntz 定理 (见第 9 章), S 为定义在 $\mathbb{R}_+$ 上的且在 ∞ 处为 0 的连续函数空间的真子空间. Laurent Schwartz 对这些空间进行了研究, 其内紧性可由 Schwartz 所建立的性质得到.

现在我们叙述抽象的 Phragmén-Lindelöf 原理.

定理 1 设 S 为定义在 $\mathbb{R}_+$ 上的向量值函数组成的具有平移不变性和内紧性的线性空间, 则存在正常数 c(仅仅依赖空间 S), 使得对 S 内的每个满足条件

$$\int_0^\infty |u(y)|\mathrm{d}y<\infty$$

的函数 $u(y)$, 有

$$\int_0^\infty |u(y)|\mathrm{e}^{cy}\mathrm{d}y<\infty.$$

证明 令 S 内的可积函数 $u(y)$ 组成的空间为 K; 在 L^1 范数

$$|u|=\int_0^\infty |u(y)|\mathrm{d}y \tag{5}$$

下, 它是一个 Banach 空间.

对 $t>0$, 令 $\boldsymbol{T}(t)$ 为作用在 K 上的平移算子:

$$(\boldsymbol{T}(t)u)(y)=u(y+t). \tag{6}$$

显然, $\boldsymbol{T}(t)$ 为可缩算子, 即 $\|\boldsymbol{T}(t)\|\leqslant 1$. 因此, 每个 $\boldsymbol{T}(t)$ 的谱都含在单位圆盘内. 定理 1 证明的关键在于: 要证明算子 $\boldsymbol{T}(t)$ 的谱含在单位圆盘的内部: $\{\lambda\in\mathbb{C}:\ |\lambda|<1\}$.

此关键性的证明十分精细, 要建立在 12 个引理和两个命题的基础上. 在下面的叙述中, 我们用 $\boldsymbol{T}$ 表示算子 $\boldsymbol{T}(t)$.

命题 A $\boldsymbol{T}$ 的位于单位圆盘内部的非零谱边界点 λ: $|\lambda|<1$, $\lambda\neq 0$, 是 $\boldsymbol{T}$ 的有限重数的特征值, 即

(i) $(\boldsymbol{T}-\lambda)$ 存在非平凡的有限维数零空间;

(ii) $\boldsymbol{T}$ 的所有广义特征函数空间是有限维的;

(iii) 若用 N 表示 $\boldsymbol{T}$ 的所有广义特征函数空间, 则 $\boldsymbol{T}-\lambda$ 为 K/N 到自身内的可逆映射;

(iv) λ 为 $\boldsymbol{T}$(在 K 上) 的谱的孤立点.

证明 命题 A 的证明需要以下几个引理.

引理 2 令 λ 为单位圆盘内部的非零点：$|\lambda|<1, \lambda \neq 0$, 若 $\{u_n\}$ 为 K 中的有界列, 且存在某个正整数 k, 使得

$$\lim_{n\to\infty}(\boldsymbol{T}-\lambda)^k u_n = v, \tag{7}$$

则 $\{u_n\}$ 存在 (在 K 内) 强收敛子列, 使得该子列的强极限 u 满足

$$(\boldsymbol{T}-\lambda)^k u = v.$$

证明 我们只证 $k=1$ 的情形. 由假设, $\{u_n\}$ 有界：$|u_n| \leqslant M$, 所以

$$|u_n|_0^{3t} \leqslant |u_n| \leqslant M.$$

又 u_n 属于内紧空间, 故 $\{u_n\}$ 存在子列, 仍用 $\{u_n\}$ 表示, 依 $|u|_t^{2t}$ 范数收敛：

$$|u_n-u_m|_t^{2t} \to 0. \tag{8}$$

首先断言：对任意正数 a, $\{u_n\}$ 在范数 $|u|_0^a$ 下收敛. 因为 $k=1$, 所以由 (7), $\{\boldsymbol{T}u_n-\lambda u_n\}$ 在 L^1 范数下收敛. 又 $(\boldsymbol{T}u_n)(y)=u_n(y+t)$ 以及 $\lambda \neq 0$, 故 (8) 蕴含了 $\{u_n\}$ 在 $|\,|_0^t$ 范数下收敛, 进而在 $|\,|_{2t}^{3t}$ 范数下收敛. 因此, 对任意正整数 N, 重复此讨论可得：$\{u_n\}$ 依 $|\,|_0^{Nt}$ 范数收敛; 断言得证.

为完成引理 1 的证明, 只需证 u_n 在无穷远 ∞ 处有一致小的 L^1 范数. 将代数等式

$$\boldsymbol{T}^m = \lambda^m + \sum_{j=1}^m \lambda^{m-j}\,\boldsymbol{T}^{j-1}(\boldsymbol{T}-\lambda)$$

作用到 u_n 上, 并令 $(\boldsymbol{T}-\lambda)u_n = v_n$, 则

$$\boldsymbol{T}^m u_n = \lambda^m u_n + \sum_1^m \lambda^{m-j}\,\boldsymbol{T}^{j-1} v_n. \tag{9}$$

由题设条件 (7), $v_n = v + e_n$, 其中 $|e_n| \to 0$; 此时, 上将述等式重写为

$$\boldsymbol{T}^m u_n = \lambda^m u_n + \sum_1^m \lambda^{m-j}\,\boldsymbol{T}^{j-1} v + \sum_1^m \lambda^{m-j}\,\boldsymbol{T}^{j-1} e_n. \tag{9$'$}$$

下面证明, 当 $m,n\to\infty$ 时, (9′) 的右边在 K 上的 L^1 范数下趋于 0. 首先注意, 最后一项有估计：

$$|\sum \lambda^{m-j}\,\boldsymbol{T}^{j-1} e_n| \leqslant \sum_1^m |\lambda|^{m-j}|e_n| \leqslant \frac{|e_n|}{1-|\lambda|}.$$

其次, 再估计另一个和式. 由于

$$|\sum_1^m \lambda^{m-j}\,\boldsymbol{T}^{j-1} v| \leqslant \sum_1^m |\lambda|^{m-j}|\,\boldsymbol{T}^{j-1} v|,$$

并注意到 $j\to\infty$ 时, $|\boldsymbol{T}^{j-1}v| = d_j$ 趋于 0, 所以 (9′) 右边的第二个和式, 在 $m\to\infty$ 时, 也趋于 0. 最后, 由于 $|\lambda^m u_n| \leqslant |\lambda|^m M$, 所以, 当 $m\to\infty$ 时, $|\lambda^m u_n| \to 0$. 因此, 对于任意 $\varepsilon>0$, 当 m 和 n 充分大时, 由 (9′),

$$|\boldsymbol{T}^m u_n| < \varepsilon.$$

又

$$|\boldsymbol{T}^m u_n| = \int_{mt}^{\infty} |u_n(y)|\mathrm{d}y,$$

所以 u_n 在 ∞ 处有一致小的 L^1 范数. 因此, 子列 $\{u_n\}$ 不仅在每个有限子区间上而且在整个正实数轴上依 L^1 范数收敛. □

引理 3 设 $\boldsymbol{T}$ 为复 Banach 空间 K 上的有界线性算子, λ 为 $\boldsymbol{T}$ 的谱边界点, 则

(i) 存在向量列 $\{u_n\}$, 使得对每个 $n \geqslant 1$, $|u_n| = 1$, 且

$$|(\boldsymbol{T} - \lambda)u_n| \to 0. \tag{10}$$

(ii) K 在 $\boldsymbol{T} - \lambda$ 下的象为 K 的真子空间.

引理 2 是第 20 章定理 2 的重述. □

现在我们转而证明命题 A 中的 (i). 设 λ 为 $\boldsymbol{T}$ 的谱边界点, $|\lambda| < 1$, $\lambda \neq 0$. 由引理 2(ii), 存在 K 中的函数列 $\{u_n\}$, $|u_n| = 1$, 满足 (10). 再依引理 1, $\{u_n\}$ 存在收敛于 u 的子列, 使得 $(\boldsymbol{T} - \lambda)u = 0$. 因为单位向量列的极限仍是单位向量, 所以 $\boldsymbol{u}$ 是 $\boldsymbol{T}$ 的特征向量. 故 λ 为 $\boldsymbol{T}$ 的特征值. 用 N_1 表示特征值 λ 的特征向量空间. 我们断言: N_1 是有限维的. 注意, $(\boldsymbol{T} - \lambda)\boldsymbol{u} = 0$ 意味着

$$\boldsymbol{u}(y + t) = \lambda \boldsymbol{u}(y).$$

因此, 对于特征向量 $\boldsymbol{u}$, 有

$$\begin{aligned} |\boldsymbol{u}|_0^{3t} &= \int_0^{3t} |\boldsymbol{u}(y)|\,\mathrm{d}y = (|\lambda|^{-1} + 1 + |\lambda|) \int_t^{2t} |\boldsymbol{u}(y)|\,\mathrm{d}y \\ &= (|\lambda|^{-1} + 1 + |\lambda|)|u|_t^{2t}. \end{aligned}$$

故在空间 N_1 上, $|\ |_0^{3t}$ 范数与 $|\ |_t^{2t}$ 范数等价. 由内紧性, N_1 在 $|\ |_0^{3t}$ 范数下的单位球在 $|\ |_t^{2t}$ 范数拓扑下是准紧的, 所以 N_1 在 $|\ |_0^{3t}$ 范数下的单位球在此范数下是准紧的. 由第 5 章定理 6, N_1 为有限维的. 命题 A 的 (i) 成立.

命题 A 中的 (ii) 涉及广义特征函数, 即 $(\boldsymbol{T} - \lambda)^k$ 的零空间 N_k 中的向量, $k = 1, 2, \cdots$. 由第 2 章定理 2, 如果 N_1 是有限维的, 那么所有零空间 N_k 都是有限维的, 并且它们的维数满足不等式

$$\dim N_k - \dim N_{k-1} \geqslant \dim N_{k+1} - \dim N_k. \tag{11}$$

注意, 此不等式可以由算子 $\boldsymbol{T} - \lambda$ 一一地将 N_{k+1}/N_k 映入 N_k/N_{k-1} 内的事实得到.

引理 4 存在某个指标 i, 使得对所有 $k \geqslant i$, (11) 中的等号成立:

$$\dim N_{k+1}/N_k = \dim N_k/N_{k-1}. \tag{11$'$}$$

证明 非负整数组成的非增列 $\{\dim N_{k+1}/N_k\}$ 最终仅由同一个数组成. □

引理 5 令 N_i 表示 $(\boldsymbol{T}-\lambda)^i$ 的零空间, $i=1,2,\cdots$, 用 N 表示它们的并: $N=\cup N_i$, 则

(i) $\boldsymbol{T}-\lambda$ 将 N/N_i 一一地映到 N/N_{i-1} 上;

(ii) $(\boldsymbol{T}-\lambda)^{-1}$ 为 N/N_{i-1} 到 N/N_i 上的有界线性算子.

证明 (i) 纯粹是线性代数中的内容.

习题 1 证明引理 4 中的 (i).

(ii) 若 $(\boldsymbol{T}-\lambda)^{-1}$ 无界, 则 N/N_i 中存在向量列 $\{U_n\}$, 使得 $|U_n|=1$, 且 $\{(\boldsymbol{T}-\lambda)U_n\}=\{V_n\}$ 为 N/N_{i-1} 中的零列. 因为 $|U_n|=1$, 所以在陪集 U_n 中存在代表 u_n, 使得 $|u_n|\leqslant 2$. 另一方面, $|V_n|\to 0$ 意味着: $(\boldsymbol{T}-\lambda)u_n$ 有分解,

$$(\boldsymbol{T}-\lambda)u_n=v_n+z_n, \tag{12}$$

其中 $z_n\in N_{i-1}$, $v_n\in N$, $|v_n|\to 0$. 将 $(\boldsymbol{T}-\lambda)^{i-1}$ 作用到 (12) 两边, 得

$$(\boldsymbol{T}-\lambda)^i u_n=(\boldsymbol{T}-\lambda)^{i-1}v_n. \tag{12'}$$

由 $|v_n|\to 0$ 和 $(\boldsymbol{T}-\lambda)^{i-1}$ 的有界性知, (12) 右边的范数趋于 0. 因此, 左边范数也趋于 0:

$$\lim_{n\to\infty}|(\boldsymbol{T}-\lambda)^i u_n|=0. \tag{13}$$

由引理 1,$\{\boldsymbol{u}_n\}$ 存在收敛于某一向量 $\boldsymbol{u}$ 的子列, 使得

$$(\boldsymbol{T}-\lambda)^i\boldsymbol{u}=0.$$

这样的 $\boldsymbol{u}$ 属于 N_i. 回想一下, 模 N_i 陪集的范数的定义. 对于上述收敛于 $\boldsymbol{u}$ 的子列 (为方便起见, 我们也用 $\{\boldsymbol{u}_n\}$ 表示该子列), 有

$$|U_n|\leqslant|\boldsymbol{u}_n-\boldsymbol{u}|\to 0.$$

此与我们的假设: $|U_n|=1,\ n=1,2,\cdots$, 矛盾; 此矛盾是由假设 $(\boldsymbol{T}-\lambda)^{-1}$ 无界导致的. 因此, (ii) 得证. □

用 $\overline{N}$ 表示 N 在 K 内的闭包. 因为 N_i 和 N_{i-1} 是有限维的, 从而是闭的, 所以 $\overline{N}/N_{i-1}$ 和 $\overline{N}/N_i$ 分别是 N/N_{i-1} 和 N/N_i 的完备化. 由于 $(\boldsymbol{T}-\lambda)^{-1}$ 在 N/N_{i-1} 上为有界线性算子, 所以它可以延拓为 $\overline{N}/N_{i-1}$ 到 $\overline{N}/N_i$ 上的有界线性算子. 故 $\boldsymbol{T}-\lambda$ 将 $\overline{N}/N_i$一对一地、满地映到 $\overline{N}/N_{i-1}$ 上.

引理 6 若将 $\boldsymbol{T}$ 看作是 $K/\overline{N}$ 到自身内的有界线性算子, 则 λ 不属于 $\boldsymbol{T}$ 的谱.

证明 用反证法. 假设 λ 属于 $\boldsymbol{T}$ 在 $K/\overline{N}$ 上的谱. 注意到我们已预先假设了 λ 为 $\boldsymbol{T}$ 在 K 上的谱边界点, 此意味着: 存在 $\boldsymbol{T}$ 在 K 上的预解集中的复数列 $\{\mu_n\}$, 使得 $\mu_n\to\lambda$. 我们先断言: 至多有有限个 μ_n 属于 $\boldsymbol{T}$ 在 $K/\overline{N}$ 上的预解集. 否则, 由我们的反证假设, λ 为 $\boldsymbol{T}$ 在 $K/\overline{N}$ 上的谱边界点. 由引理 2 中的 (i), 存在模 $\overline{N}$ 陪集中的列 $\{U_n\}$, 使得 $|U_n|=1$, $|(\boldsymbol{T}-\lambda)U_n|\to 0$. 若令 $\boldsymbol{u}_n$ 为陪集 U_n 中的代表元, 且 $|\boldsymbol{u}_n|\leqslant 2$, 则

$$(\boldsymbol{T}-\lambda)\boldsymbol{u}_n = \boldsymbol{v}_n + \boldsymbol{z}_n, \tag{14}$$

其中 $\boldsymbol{z}_n$ 属于 $\overline{N}$, $|\boldsymbol{v}_n| \to 0$. 由 (14), $|z_n| < 3$. 由上述观察, $(\boldsymbol{T}-\lambda)^{-1}$ 有界地将 $\overline{N}/N_{i-1}$ 映到 $\overline{N}/N_i$ 上; 此又意味着, 存在常数 c 以及 $\overline{N}$ 内向量 $\boldsymbol{w}_n$, 使得 $|\boldsymbol{w}_n| \leqslant c|\boldsymbol{z}_n| \leqslant 3c$, 以及

$$(\boldsymbol{T}-\lambda)\boldsymbol{w}_n = \boldsymbol{z}_n \,(\text{mod } N_{i-1}).$$

用 (14) 减此等式, 得

$$(\boldsymbol{T}-\lambda)(\boldsymbol{u}_n - \boldsymbol{w}_n) = \boldsymbol{v}_n \,(\text{mod } N_{i-1}).$$

将 $(\boldsymbol{T}-\lambda)^{i-1}$ 作用到上式两端, 有

$$(\boldsymbol{T}-\lambda)^i(\boldsymbol{u}_n - \boldsymbol{w}_n) = (\boldsymbol{T}-\lambda)^{i-1}\boldsymbol{v}_n. \tag{14'}$$

因为 $(\boldsymbol{T}-\lambda)^{i-1}$ 有界且 $|\boldsymbol{v}_n| \to 0$, 所以 (14′) 右边的范数趋于 0; 因此, 左边的范数也趋于 0:

$$\lim_{n\to\infty} |(\boldsymbol{T}-\lambda)^i(\boldsymbol{u}_n - \boldsymbol{w}_n)| = 0. \tag{15}$$

又 $|\boldsymbol{u}_n - \boldsymbol{w}_n| \leqslant |\boldsymbol{u}_n| + |\boldsymbol{w}_n|$ 一致有界, 应用引理 1, $\{\boldsymbol{u}_n - \boldsymbol{w}_n\}$ 存在收敛子列, 使得该子列的强极限 $\boldsymbol{u}$ 满足

$$(\boldsymbol{T}-\lambda)^i\boldsymbol{u} = 0.$$

因此, 这样的 $\boldsymbol{u}$ 属于 N_i. 根据陪集范数的定义,

$$|U_n| \leqslant |\boldsymbol{u}_n - \boldsymbol{w}_n - \boldsymbol{u}| \to 0,$$

此与 $|U_n| = 1$ 矛盾. 故上述断言成立, 从而除有限多个 μ_n 外, 其余的 μ_n 都属于 $\boldsymbol{T}$ 在 $K/\overline{N}$ 上的谱. 由 μ_n 的选取, $\boldsymbol{T}-\mu_n$ 将 K 映到 K 上, 从而将 $K/\overline{N}$ 映到 $K/\overline{N}$ 上. 因此, 要使得 μ_n 属于 $\boldsymbol{T}$ 在 $K/\overline{N}$ 上的谱, 那么 μ_n 只能是 $\boldsymbol{T}$ 在 $K/\overline{N}$ 上的特征值, 即存在陪集 U_n, $|U_n| = 1$, 使得 $(\boldsymbol{T}-\mu_n)U_n = 0$. 又 $\mu_n \to \lambda$, 所以 $|(\boldsymbol{T}-\lambda)U_n| \to 0$; 这样, 我们又回到了上述断言的证明过程中导致矛盾的地方. 得到此矛盾的原因是我们错误地假设了 λ 属于 $\boldsymbol{T}$ 在 $K/\overline{N}$ 上的谱. 因此, 引理得证. □

引理 7 λ 属于 $\boldsymbol{T}$ 在 K/N_{i-1} 上的预解集.

证明 引理 5 证明了, $\boldsymbol{T}-\lambda$ 将 K 映到 $K/\overline{N}$ 上; 以前, 由引理 4, 我们导出了 $\boldsymbol{T}-\lambda$ 将 $\overline{N}$ 映到 $\overline{N}/N_{i-1}$ 上. 由这些事实知, $\boldsymbol{T}-\lambda$ 将 K 映到 K/N_{i-1} 上, 从而 $\boldsymbol{T}-\lambda$ 为 K/N_{i-1} 到自身上的满射.

注意到我们已经假设 λ 为 $\boldsymbol{T}$ 在 K 上的谱边界点, 所以存在 $\boldsymbol{T}$ 在 K 上的预解集中的数列 $\{\mu_n\}$, 使得 $\mu_n \neq \lambda$, $n = 1, 2, \cdots$, 且 $\mu_n \to \lambda$. 由于 N_{i-1} 是有限维的, 由第 25 章习题 1, μ_n 属于 $\boldsymbol{T}$ 在 K/N_{i-1} 上的预解集. 若 λ 属于 $\boldsymbol{T}$ 在 K/N_{i-1} 上的谱, 则它必是该谱集的边界点. 根据引理 2(ii), K/N_{i-1} 在 $\boldsymbol{T}-\lambda$ 下的象是 K/N_{i-1} 的真子空间, 此与上述建立的事实即 $\boldsymbol{T}-\lambda$ 为 K/N_{i-1} 到自身上的满射矛盾. 因此, λ 属于 $\boldsymbol{T}$ 在 K/N_{i-1} 上的预解集. □

由于 λ 属于 $\boldsymbol{T}$ 在 K/N_{i-1} 上的预解集, 所以 $\boldsymbol{T}-\lambda$ 不能将 K 内的不属于 N_{i-1}

的向量映入 N_{i-1} 内. 由此, 我们得到 $N_i = N_{i-1}$. 故广义特征函数空间 N_i 是有限维的. 这证明了命题 A 的 (ii) 和 (iii).

对于命题 A 的 (iv), 即 λ 为 $\boldsymbol{T}$ 在 K 上的谱的孤立点, 我们可采用类似于经典的 Riesz 理论中的证明方法. 由引理 6, λ 属于 $\boldsymbol{T}$ 在 K/N_{i-1} 上的预解集, 并注意到有界线性算子的预解集为开集, 所以每个充分接近于 λ 的复数 μ, $\mu \neq \lambda$, 都属于 $\boldsymbol{T}$ 在 K/N_{i-1} 上的预解集. 另一方面, $\boldsymbol{T}$ 在 N_{i-1} 上的谱由单点集 $\{\lambda\}$ 组成. 此外, 由于 $\boldsymbol{T}$ 在 K 上的预解集为 $\boldsymbol{T}$ 在 N_{i-1} 上的预解集和 $\boldsymbol{T}$ 在 K/N_{i-1} 上的预解集的交, 所以每个充分接近 λ 的复数 μ, $\mu \neq \lambda$, 都属于 $\boldsymbol{T}$ 在 K 上的预解集. 故 λ 为 $\boldsymbol{T}$ 在 K 上的谱的孤立点. 此完成了命题 A 的证明. □

命题 B　$\boldsymbol{T}$ 的谱是一个离散点集, 0 是该点集的唯一聚点.

该命题的证明依赖于下面的 4 个引理.

引理 8　设 λ 属于 $\boldsymbol{T}$ 在 K 上的谱, 且 $|\lambda| = 1$, 则存在 S 内的 (特征函数)v, 使得

$$v(y+t) = \lambda v(y). \tag{16}$$

注意, 特征函数 v 属于 S, 但不属于 K.

证明　由于 $\boldsymbol{T}$ 在 K 上的谱包含在单位圆盘内, 从而谱中的绝对值为 1 的点为谱边界点. 因此, 由引理 2(i), 对任意一个极限为 0 的正数列 $\{\varepsilon_n\}$, 如取 $\varepsilon_n = 1/n^2$, 必存在 K 内的函数列 $\{u_n\}$, 使得

$$\frac{|(\boldsymbol{T}-\lambda)u_n|}{|u_n|} \leqslant \varepsilon_n. \tag{17}$$

对任意正数 a, 重写 (17) 为

$$\frac{\sum_k |(\boldsymbol{T}-\lambda)u_n|_{ka}^{(k+1)a}}{\sum_k |u_n|_{ka}^{(k+1)a}} \leqslant \varepsilon_n.$$

因此, 对于每个 n, 都存在正整数 k_n, 使得

$$\frac{|(\boldsymbol{T}-\lambda)u_n|_{k_n a}^{(k_n+1)a}}{|u_n|_{k_n a}^{(k_n+1)a}} \leqslant \varepsilon_n. \tag{17$'$}$$

定义

$$v_n(y) = c_n u_n(y + k_n a),$$

其中 c_n 为代定常数, 且可以选取 c_n, 使得

$$|v_n|_0^t = 1, \tag{18}$$

这里 t 为定义平移算子 $\boldsymbol{T} = \boldsymbol{T}(t)$ 的正实数. (17$'$) 又可以改写为

$$|(\boldsymbol{T}-\lambda)v_n|_0^a \leqslant \varepsilon_n |v_n|_0^a. \tag{17$''$}$$

令 $a = nt$, 并定义

$$A_n = |v_n|_0^{nt}.$$

我们断言: 对所有的整数 $k \leqslant n$, 有

$$|v_n|_0^{kt} \leqslant k + (k-1)\varepsilon_n A_n. \tag{18'}$$

当 $k=1$ 时, (18′) 正是等式 (18). 当 $k>1$ 时, 我们可以利用 (17″), 采用归纳法得到此断言. 因此, 对于 $k=n$, (18′) 蕴含

$$A_n = |v_n|_0^{nt} \leqslant n + (n-1)\varepsilon_n A_n.$$

注意, $\varepsilon_n = 1/n^2$. 因此, $A_n \leqslant 2n$; 将此不等式代入 (17″), 得

$$|(\boldsymbol{T}-\lambda)v_n|_0^{nt} \leqslant \frac{2}{n}. \tag{18''}$$

采用引理 1 的第一部分的证明方法, 利用 (17″) 和 (18′), 选取 $\{v_n\}$ 的在 $|\ |_0^b$ 范数下的收敛子列 (b 为任一正整数), 并设 v 为该子列的极限. 因为 S 在此拓扑下是闭的, 所以 v 属于 S, 并且 v 满足 (16). 由正规化式 (18), $v \neq 0$. □

引理 9 对于充分小的 t, $\lambda=-1$ 不属于 $\boldsymbol{T}(t)$ 的谱.

证明 用反证法. 假设 -1 属于 $\boldsymbol{T}(t)$ 的谱. 由引理 7, 存在 S 内的非零向量 $\boldsymbol{v}_t$, 使得

$$\boldsymbol{v}_t(y+t) = -\boldsymbol{v}_t(y).$$

当 $t\to 0$ 时, 函数 $\boldsymbol{v}_t$ 波动地越来越快. 显然, 此与 S 的内紧性矛盾. 因此, 当 t 充分小时, $\lambda=-1$ 不属于 $\boldsymbol{T}(t)$ 的谱. □

引理 10 $\boldsymbol{T}(t)$ 的位于 $0<|\lambda|<1$ 内的谱是一个聚点至多为原点或单位圆周上的点的离散点集.

证明 我们已经证明了: 当 t 充分小时, $\lambda=-1$ 属于 $\boldsymbol{T}(t)$ 的预解集. 因此, $\lambda=-1$ 的某个开邻域也含在 $\boldsymbol{T}(t)$ 的预解集内.

由命题 A, $\boldsymbol{T}(t)$ 的位于单位圆内部的谱边界点形成一个离散点集, 该点集的聚点至多为 0 或为单位圆周上点. 因此, 我们只需断言: $\boldsymbol{T}(t)$ 的位于单位圆内部的所有谱点都是谱边界点. 假设不是这样, 则单位圆内部存在某个谱点不是谱的边界点. 由于 $\boldsymbol{T}(t)$ 的位丁单位圆内部的谱边界点是一个离散点集, 因此利用一条不过谱边界点的多边形道路, 可将该点和圆周上的 $\lambda=-1$ 连通; 但是, 这是不可能的, 因为这样的道路一定含有一个边界点. 因此, 当 t 充分小时, 引理 9 成立. 利用等式 $\boldsymbol{T}(t)=\boldsymbol{T}^m(t/m)$ 以及谱映射定理, 容易证明引理 9 对于任意的 t 也都成立.

令 p 为任意正数, 用 $S^{(p)}$ 表示形如

$$u^{(p)}(y) = \mathrm{e}^{-py}u(y), \quad u\in S, \tag{19}$$

的函数 $u^{(p)}$ 的全体. 显然, $S^{(p)}$ 有平移不变性以及内紧性, 因为对有限的 a 和 b,

$$\mathrm{e}^{-pb}|u|_a^b \leqslant |u^{(p)}|_a^b \leqslant \mathrm{e}^{-pa}|u|_a^b. \tag{19'}$$

用 $K^{(p)}$ 表示 $S^{(p)}$ 中的可积函数组成的子空间; 在 L^1 范数下, $K^{(p)}$ 是一个 Banach 空间.

以后, 我们用 $\boldsymbol{T}$ 表示单位平移 $\boldsymbol{T}(1)$.

引理 11 若 λ 属于 $\boldsymbol{T}$ 在 K 上的谱, p 为正数, 则 λe^{-p} 属于 $\boldsymbol{T}$ 在 $K^{(p)}$ 上的谱.

证明 我们先回忆一下, $\boldsymbol{T}$ 在 K 上的每个谱点 λ 都是下列意义下的特征值, 即存在特征函数 u 满足

$$u(y+1)=\lambda u(y).$$

当 $|\lambda|<1$ 时, 特征函数 u 属于 K; 而 $|\lambda|=1$ 时, 特征函数 u 属于 S. 易见, $u^{(p)}=e^{-py}u$ 属于 $K^{(p)}$, 且满足

$$u^{(p)}(y+1)=e^{-p(y+1)}u(y+1)=\lambda e^{-p}u^{(p)}(y).$$

故 $u^{(p)}$ 为 $\boldsymbol{T}$ 在 $K^{(p)}$ 上的特征函数, 相应的特征值是 λe^{-p}. □

将引理 9 应用到空间 $K^{(p)}$ 上, 则 $\boldsymbol{T}$ 在 $K^{(p)}$ 上的谱在单位圆内部没有非零的聚点. 结合引理 10, 我们得到: $\boldsymbol{T}$ 在 K 上的谱的聚点不可能在单位圆周上. 这正是命题 B 的结论.

现在我们准备证明定理 1. 这还需要如下两个引理, 其中第一个引理是引理 10 的延拓.

引理 12 令 $\Sigma^{(p)}$ 表示 $\boldsymbol{T}$ 在 $K^{(p)}$ 上的谱, 设 p 和 q 为两个正数, $p<q$, 则

$$e^{(p-q)}\Sigma^{(p)}\subset\Sigma^{(q)}. \tag{20}$$

如果我们观察到 $S^{(q)}=e^{(p-q)y}S^{(p)}$, 那么该引理的证明和引理 10 一样.

由命题 B, $\Sigma^{(q)}$ 是单位圆盘内的聚点仅为原点的离散点集; 因此, (20) 蕴含了事实: 满足 $\Sigma^{(p)}$ 与单位圆周相交的所有小于 q 的正数 p, 即 $\{p>0:\ p<q,\ \Sigma^{(p)}\cap\{\lambda:|\lambda|=1\}\neq\varnothing\}$, 是一个离散点集. 在该离散点集外, 取 p, $p<q$. 按照绝对值的大小, 排列 $\boldsymbol{T}$ 在 $K^{(p)}$ 上的特征值 λ_j:

$$1>|\lambda_1|\geqslant|\lambda_2|\geqslant\cdots\to 0.$$

对于每个特征值 λ_j, 我们定义投影 $\boldsymbol{P}_j$,

$$\boldsymbol{P}_j=\frac{1}{2\pi i}\int_{C_j}(\zeta-\boldsymbol{T})^{-1}d\zeta,$$

其中 C_j 是一个以 λ_j 为圆心、但内部不含有 $\boldsymbol{T}$ 的其他谱点的圆周.

引理 13

(i) 算子 $\boldsymbol{P}_j$ 是两两不交的投影:

$$\boldsymbol{P}_j^2=\boldsymbol{P}_j,\quad \boldsymbol{P}_j\boldsymbol{P}_k=0,\quad j\neq k.$$

(ii) 每个 $\boldsymbol{P}_j$ 都与 $\boldsymbol{T}$ 可换.

(iii) $\boldsymbol{P}_j$ 的值域为 $\boldsymbol{T}$ 的对应于特征值 λ_j 的广义特征函数空间.

习题 2 证明引理 11.

由命题 A, 每个 $\boldsymbol{P}_j$ 的值域都是有限维的.

用 $K_m^{(p)}$ 表示 $\boldsymbol{P}_1,\boldsymbol{P}_2,\cdots,\boldsymbol{P}_{m-1}$ 的零空间的交集, 则 $K_m^{(p)}$ 为 $\boldsymbol{T}$ 的不变子空间.

用 $\boldsymbol{T}_{p,m}$ 表示 $\boldsymbol{T}$ 在 $K_m^{(p)}$ 上的限制, 则 $\boldsymbol{T}_{p,m}$ 的谱由特征值 $\lambda_m, \lambda_{m+1}, \cdots$ 组成. 由谱半径公式 (第 17 章定理 4), 得

$$\lim_{k\to\infty} |\boldsymbol{T}_{p,m}^k|^{1/k} = |\lambda_m|.$$

因此, 对任意正数 ε, 当 k 充分大时,

$$|\boldsymbol{T}_{p,m}^k| = (|\lambda_m| + \varepsilon)^k. \tag{21}$$

注意到 $K^{(p)}$ 中的每个向量 $\boldsymbol{u}^{(p)}$ 可以分解为

$$\boldsymbol{u}^{(p)} = \sum_1^{m-1} \boldsymbol{f}_j + \boldsymbol{v}, \tag{22}$$

其中 $\boldsymbol{f}_j = \boldsymbol{P}_j \boldsymbol{u}^{(p)}$, $\boldsymbol{v}$ 属于 $K_m^{(p)}$. 设 $\boldsymbol{u}$ 为 K 中的任意向量, 则 $\mathrm{e}^{-py}\boldsymbol{u} = \boldsymbol{u}^{(p)}$ 属于 $K^{(p)}$. 利用分解 (22), 得

$$\boldsymbol{u} = \sum \mathrm{e}^{py} \boldsymbol{f}_j + \mathrm{e}^{py} \boldsymbol{v}. \tag{22'}$$

令正数 m 充分大, 使得 $|\lambda_m| < \frac{1}{4}\mathrm{e}^{-p}$, 令 $\varepsilon < \frac{1}{4}\mathrm{e}^{-p}$. 由不等式 (21), 对充分大的 k, 成立

$$\begin{aligned}\int_k^{k+1} \mathrm{e}^{py} |\boldsymbol{v}(y)|\,\mathrm{d}\,y &\leqslant \mathrm{e}^{p(k+1)} \int_k^{\infty} |\boldsymbol{v}(y)|\,\mathrm{d}\,y \leqslant \mathrm{e}^{p(k+1)} |\boldsymbol{T}_{p,m}^k \boldsymbol{v}| \\ &\leqslant \mathrm{e}^{p(k+1)} \left(\frac{1}{2}\mathrm{e}^{-p}\right)^k |\boldsymbol{v}| = \mathrm{e}^p \left(\frac{1}{2}\right)^k |\boldsymbol{v}|.\end{aligned} \tag{23}$$

这证明了 (22′) 右边的最后一项 $\mathrm{e}^{py}\boldsymbol{v}$ 可积. 我们断言: 其余的项 $\mathrm{e}^{py}\boldsymbol{f}_j$ 呈指数型衰减; 这是因为, 它们都是 $\boldsymbol{T}$ 的相应于特征值 $\lambda_j \mathrm{e}^p$ 的特征函数或广义特征函数. 所有这些特征函数的绝对值都是小于 1 的, 否则它们以及它们的和不可积, 此与 $\boldsymbol{u}$ 属于空间 K 矛盾.

显然, 我们可以取到充分小的正数 c, 使得对每个满足 $|\lambda_j|\mathrm{e}^p < 1$ 的 λ_j, 有

$$\mathrm{e}^c |\lambda_j| \mathrm{e}^p < 1, \quad \frac{1}{2}\mathrm{e}^c < 1,$$

由 (22′) 和 (23), 函数 $\mathrm{e}^{cy}\boldsymbol{u}(y)$ 可积. 此完成了定理 1 的证明.

26.3 渐进展开

本节我们将证明, 如何利用在定理 1 的证明过程中所导出的结果来给出 K 内函数的一些渐进刻画.

引理 14

(i) $\boldsymbol{T}(1)$ 在 K 上的特征函数空间中, 存在由指数函数, 即形如

$$\mathrm{e}^{\mu y} w, \quad \mathrm{Re}\mu < 0 \tag{24}$$

的函数组成的基.

(ii) $\boldsymbol{T}(1)$ 在 K 上的广义特征函数空间中, 存在指数型多项式组成的基, 这里的指数型多项式是指, 形如

$$y^k e^{\mu y} w_k, \tag{25}$$

的函数的和.

证明 因为平移算子 $\boldsymbol{T}(t), t>0$ 之间两两可换, 所以 $\boldsymbol{T}(1)$ 的特征空间为其他所有平移算子 $\boldsymbol{T}(t)$ 的不变子空间. 因此, $\boldsymbol{T}(1)$ 的特征空间中存在一组由所有平移算子的特征函数 v:

$$\boldsymbol{T}(t)v = \lambda(t)v, \tag{26}$$

构成的基. 这样的特征函数 v 属于 K, 是 y 的可积函数. 因此, $\boldsymbol{T}(t)v$ 为 t 的 L^1 范数拓扑下的连续函数. 此蕴含了 $\lambda(t)$ 是连续的. 注意, 平移算子满足

$$\boldsymbol{T}(s+t) = \boldsymbol{T}(s)\boldsymbol{T}(t).$$

由 (26), 我们得到

$$\lambda(s+t) = \lambda(s)\lambda(t).$$

满足此方程的唯一连续解是 $\lambda(t) = e^{\mu t}$. 又算子 $\boldsymbol{T}(t)$ 是降范的, 所以 $\operatorname{Re}\mu < 0$. 这样, 我们证明了引理 13 的 (i). 对于 (ii), 我们可以采用类似的方法讨论得到. □

用 $\{\mu_j\}$ 表示出现在 $\boldsymbol{T}(1)$ 的一个特征函数 (24) 内的所有数值 μ 的集合. 由命题 B, μ_j 的实部趋于 $-\infty$.

定理 15 令 S 如定理 1 所示, K 为 S 内的可积函数空间, 则 K 内的每个函数 $u(y)$ 有渐进展开

$$u(y) \approx \sum e^{\mu_j y} e_j, \tag{27}$$

其中每个 e_j 为形如

$$e_j = \sum y^k w_{j,k} \tag{27'}$$

的有限和.

证明 如同 (22) 一样, 在 $p=0$ 的条件下, 分解 u. 作为谱半径公式的应用, 我们可以证明展开式 (27) 有渐进性. □

现在我们再回到例 2. 令 $\boldsymbol{L}$ 为 $2n$ 阶的椭圆算子

$$\boldsymbol{L} = \sum_0^{2n} \boldsymbol{A}_j \partial_y^{2n-j}, \tag{28}$$

其中 $\boldsymbol{A}_j = \boldsymbol{A}_j(x, \partial x)$ 是 $x_1, x_2, \cdots, x_m$ 为变量、系数仅仅依赖于 x 而与 y 无关的 j 阶线性偏微分算子. $\boldsymbol{L}$ 的椭圆性是指, 存在正常数 c, 使得对所有 x, 有

$$\boldsymbol{L}(\xi, \eta) = \sum A_j(x, \xi)\eta^{2n-j} > c(|\xi|^{2n} + \eta^{2n}).$$

一个典型的椭圆算子的例子是

$$\boldsymbol{L}_0 = \partial_y^{2n} + \Delta_x^n.$$

令 G 为 x- 空间内的带有光滑边界的区域, 并且 G 的闭包是紧的; 令 S 为方程 $\boldsymbol{L}u=0$ 在半柱面 $G \times \mathbb{R}_+$ 内的、在 G 的边界 ∂G 上满足强制性边界条件的解 u

的全体. 对所有的 y, 我们取相同的边界条件, 最简单的如 Dirichlet 边界条件. 将这些解看作是赋值在 Banach 空间 X 内的向量值函数 $u(y)$, 其中 X 为定义在 G 上的、满足边界条件的 (x 的) 函数空间, 其范数为 Sobolev 范数

$$\int_G \sum_{a<2n} |\partial_x^a u|^2 \mathrm{d}x.$$

由椭圆方程理论, 这些函数 $u(y)$ 组成了一个有内紧性的空间.

考虑方程 $\boldsymbol{L}u=0$ 在半柱面 $G\times\mathbb{R}_+$ 内的所有满足条件:

$$u(x,y)=\mathrm{e}^{\mu y}w(x) \tag{29}$$

的解 u. 将此解代入 (28), 则 w 满足方程

$$\left(\sum \mu^{2n-j}A_j\right)w=0, \tag{30}$$

以及满足指定的边界条件. 对上述具体情形应用定理 2, 我们得到如下结果.

定理 16

(i) 使得方程 (30) 存在满足边界条件的非平凡解的所有 μ, 构成了一个下列意下的离散点集: 即在每个带

$$a<\mathrm{Re}\,\mu<b$$

内, 仅包含有限多个这样的 μ.

(ii) 方程 $\boldsymbol{L}u=0$ 在半柱面内的可积解有渐近展开

$$u\approx\sum \mathrm{e}^{\mu_k y}w_k(y),\quad \mathrm{Re}\,\mu_k<0,$$

其中 $w_k(y)$ 为 y 的多项式.

习题 3 设

$$\lambda=(\partial_y^2+\partial_x^2)^2,$$

G 为区间 $[0,\pi]$, u 满足 Dirichlet 边界条件:

$$\text{当 } x=0 \text{ 或 } \pi \text{ 时},\quad u=u_x=0.$$

证明: 方程 (30) 内的 μ 满足等式 $\tan^2\mu\pi=(\mu\pi)^2/[1+(\mu\pi)]^2$.

参考文献

Lax, P. D., A Phragmén-Lindelöf theorem in harmonic analysis and its applications to some questions in the theory of elliptic equations, *CPAM*, **10**(1957): 361–389.

Schwartz , L., Etude des sommes d'exponentielles, 2nd ed. Actualités scientifiques et industrielles 959, Hermann, Paris, 1959.

第 27 章　指 标 理 论

本章首先回顾一下第 2 章中指标理论的几个主要结果. 设 U, V 为无限维线性空间, 称线性映射 $\boldsymbol{T}: U \to V$ 具有有限指标, 如果它满足:

(i) $\boldsymbol{T}$ 的零空间 $N_{\boldsymbol{T}}$ 是 U 的有限维子空间;

(ii) 若用 $R_{\boldsymbol{T}}$ 表示 $\boldsymbol{T}$ 的值域, 则商空间 $V/R_{\boldsymbol{T}}$ 是有限维的.

这时, 我们定义 $\boldsymbol{T}$ 的指标为

$$\operatorname{ind} \boldsymbol{T} = \dim N_{\boldsymbol{T}} - \operatorname{codim} R_{\boldsymbol{T}}. \tag{1}$$

从一个线性空间到另一个线性空间内的线性映射 $\boldsymbol{G}$ 称为是退化的, 如果它的值域是有限维的. 在第 2 章, 我们已经得到以下几个结果.

定理 A　线性映射 $\boldsymbol{T}: U \to V$ 有有限指标, 当且仅当 $\boldsymbol{T}$ 存在伪逆, 即存在线性映射 $\boldsymbol{S}: V \to U$, 使得

$$\boldsymbol{ST} = \boldsymbol{I} + \boldsymbol{G}, \quad \boldsymbol{TS} = \boldsymbol{I} + \boldsymbol{H}, \tag{2}$$

这里 $\boldsymbol{I}$ 同时表示 U 和 V 上的恒等映射, $\boldsymbol{G}, \boldsymbol{H}$ 分别表示 U 和 V 上的退化映射.

定理 B　设 $\boldsymbol{T}: U \to V$ 和 $\boldsymbol{R}: V \to W$ 有有限指标, 那么它们的乘积 $\boldsymbol{RT}$ 也有有限指标, 且

$$\operatorname{ind} \boldsymbol{RT} = \operatorname{ind} \boldsymbol{R} + \operatorname{ind} \boldsymbol{T}. \tag{3}$$

定理 C　设 $\boldsymbol{T}: U \to V$ 有有限指标, $\boldsymbol{G}: U \to V$ 为退化线性映射, 那么 $\boldsymbol{T} + \boldsymbol{G}$ 有有限指标, 且

$$\operatorname{ind}(\boldsymbol{T} + \boldsymbol{G}) = \operatorname{ind} \boldsymbol{T}. \tag{4}$$

27.1　Noether 指标

本章我们将建立 Banach 空间 U 到 Banach 空间 V 内的有界线性映射 $\boldsymbol{T}$ 的相应指标理论. 与以前的定义一样, 称 $\boldsymbol{T}$ 有有限指标, 如果它满足性质 (i) 和 (ii). 由条件 (ii) 和闭图像定理 15.14, $\boldsymbol{T}$ 的值域是闭的.

在这种情况下, 有界线性算子的伪逆自然地可以定义如下.

定义　有界线性算子 $\boldsymbol{T}: U \to V$ 和 $\boldsymbol{S}: V \to U$ 称为互为伪逆, 如果

$$\boldsymbol{ST} = \boldsymbol{I} + \boldsymbol{K}, \quad \boldsymbol{TS} = \boldsymbol{I} + \boldsymbol{H}, \tag{5}$$

这里 $\boldsymbol{K}$ 和 $\boldsymbol{H}$ 分别表示 U 和 V 到它们自身的紧算子.

在 Banach 空间的指标理论中, 类似于定理 A、定理 B 和定理 C 的结论也是成立的, 其证明也是类似的. 另外, Banach 空间中还有 3 个特殊的结果, 这些结果

的证明反复用到了第 21 章定理 5.

定理 0 设 $\boldsymbol{K}: U \to U$ 为紧算子, 则 $\boldsymbol{I}+\boldsymbol{K}$ 有有限指标, 并且

$$\operatorname{ind}(\boldsymbol{I}+\boldsymbol{K})=0. \tag{6}$$

类似于定理 A、定理 B 和定理 C, Banach 空间中的指标理论有如下定理 1、定理 2、定理 3:

定理 1 有界线性映射 $\boldsymbol{T}: U \to V$ 有有限指标, 当且仅当 $\boldsymbol{T}$ 存在 (5) 意义下的伪逆.

证明 容易证明, 当 $\boldsymbol{T}$ 有界时, 由第 2 章定理 A 所构造的伪逆是有界的. 又因为退化映射显然是紧的, 故由 (2) 可得 (5). 反之, 如果 (5) 成立, 那么 $N_{\boldsymbol{T}} \subseteq N_{\boldsymbol{I}+\boldsymbol{K}}$, $R_{\boldsymbol{T}} \supseteq R_{\boldsymbol{I}+\boldsymbol{H}}$. 由定理 0 知, $\boldsymbol{I}+\boldsymbol{K}$ 和 $\boldsymbol{I}+\boldsymbol{H}$ 有有限指标, 从而有

$$\dim N_{\boldsymbol{T}} \leqslant \dim N_{\boldsymbol{I}+\boldsymbol{K}}<\infty, \quad \operatorname{codim} R_{\boldsymbol{T}} \leqslant \operatorname{codim} R_{\boldsymbol{I}+\boldsymbol{H}}<\infty.$$ □

定理 2 设 $\boldsymbol{T}: U \to V$ 和 $\boldsymbol{R}: V \to W$ 有有限指标, 那么乘积 $\boldsymbol{R}\boldsymbol{T}$ 有有限指标, 且

$$\operatorname{ind} \boldsymbol{R}\boldsymbol{T}=\operatorname{ind} \boldsymbol{R}+\operatorname{ind} \boldsymbol{T}.$$

由定理 2, 我们可得如下定理。

定理 2′ 若 $\boldsymbol{T}$ 和 $\boldsymbol{S}$ 互为伪逆, 则

$$\operatorname{ind} \boldsymbol{T}=-\operatorname{ind} \boldsymbol{S}. \tag{7}$$

证明 由定理 2 和 (5) 知

$$\operatorname{ind} \boldsymbol{T}+\operatorname{ind} \boldsymbol{S}=\operatorname{ind}(\boldsymbol{I}+\boldsymbol{K}).$$

再由定理 0, $\operatorname{ind}(\boldsymbol{I}+\boldsymbol{K})=0$. 故 (7) 成立. □

下述结果是 Yood 给出的.

定理 3 设 $\boldsymbol{T}: U \to V$ 有有限指标, $\boldsymbol{L}: U \to V$ 是紧线性映射, 则 $\boldsymbol{T}+\boldsymbol{L}$ 有有限指标, 且

$$\operatorname{ind}(\boldsymbol{T}+\boldsymbol{L})=\operatorname{ind} \boldsymbol{T}.$$

证明 因为 $\boldsymbol{T}$ 有有限指标, 所以它存在伪逆 $\boldsymbol{S}$. 显然, $\boldsymbol{S}$ 也是 $\boldsymbol{T}+\boldsymbol{L}$ 的伪逆, 此结论由如下方程

$$\boldsymbol{S}(\boldsymbol{T}+\boldsymbol{L})=\boldsymbol{S}\boldsymbol{T}+\boldsymbol{S}\boldsymbol{L}=\boldsymbol{I}+\boldsymbol{K}+\boldsymbol{S}\boldsymbol{L},$$

以及 $\boldsymbol{S}\boldsymbol{L}$ 和 $\boldsymbol{L}\boldsymbol{S}$ 的紧性得到. 由 (7) 得,

$$\operatorname{ind}(\boldsymbol{T}+\boldsymbol{L})=-\operatorname{ind} \boldsymbol{S}=\operatorname{ind} \boldsymbol{T}.$$ □

对有界线性映射 $\boldsymbol{T}: U \to V$, 其转置 $\boldsymbol{T}'$ 由关系式

$$(\boldsymbol{T}u, \ell)=(u, \boldsymbol{T}'\ell) \tag{8}$$

定义.

定理 4 若 $\boldsymbol{T}: U \to V$ 有有限指标, 则转置 $\boldsymbol{T}'$ 也有有限指标, 并且

$$\operatorname{ind} \boldsymbol{T}'=-\operatorname{ind} \boldsymbol{T}. \tag{9}$$

证明 设 $\boldsymbol{S}$ 为 $\boldsymbol{T}$ 在 (5) 意义下的伪逆. 对 (5) 的两个等式取转置, 得

$$\boldsymbol{T}'\boldsymbol{S}' = \boldsymbol{I}' + \boldsymbol{K}', \qquad \boldsymbol{S}'\boldsymbol{T}' = \boldsymbol{I}' + \boldsymbol{H}'.$$

根据第 21 章定理 7, 紧算子的转置仍然是紧的, 所以 $\boldsymbol{T}'$ 和 $\boldsymbol{S}'$ 互为伪逆. 因此, $\boldsymbol{T}'$ 有有限指标. 我们再证明

$$\dim N_{\boldsymbol{T}'} = \operatorname{codim} R_{\boldsymbol{T}}, \qquad \operatorname{codim} R_{\boldsymbol{T}'} = \dim N_{\boldsymbol{T}}. \tag{10}$$

由 (8), $\boldsymbol{T}'$ 的零空间是 $R_{\boldsymbol{T}}$ 的零化子, 故 (10) 的第一个等式成立. 类似地, (8) 又表明了 $\boldsymbol{T}$ 的零空间是 $\boldsymbol{T}'$ 的值域在 U 中的零化子. 如果 Banach 空间 U 是自反的, 则 (10) 的第二个等式也成立; 否则, 我们仅有不等式

$$\operatorname{codim} R_{\boldsymbol{T}'} \geqslant \dim N_{\boldsymbol{T}}. \tag{10$'$}$$

(10′) 减去 (10) 的第一个等式, 得

$$-\operatorname{ind} \boldsymbol{T}' \geqslant \operatorname{ind} \boldsymbol{T}. \tag{11}$$

对于 $\boldsymbol{S}$, 用同样的讨论可得,

$$-\operatorname{ind} \boldsymbol{S}' \geqslant \operatorname{ind} \boldsymbol{S}. \tag{11$'$}$$

(11′)+(11), 得

$$-\operatorname{ind} \boldsymbol{T}' - \operatorname{ind} \boldsymbol{S}' \geqslant \operatorname{ind} \boldsymbol{T} + \operatorname{ind} \boldsymbol{S}.$$

由 (7), 该不等式的两边都是零. 但是只有当 (11) 和 (11′), 进而只有当 (10′) 中的等号成立时, 此事实才成立. 这证明了 (10), 从而得到 (9). □

下面的结果称为指标的稳定性, 是由 Dieudonné给出的.

定理 5 *若 $\boldsymbol{T}: U \to V$ 有有限指标, 则存在 $\varepsilon > 0$, 使得对所有有界线性映射 $\boldsymbol{M}: U \to V$, 只要 $|\boldsymbol{M}| < \varepsilon$, 就有*

$$\operatorname{ind}(\boldsymbol{T} + \boldsymbol{M}) = \operatorname{ind} \boldsymbol{T}. \tag{12}$$

证明 设 $\boldsymbol{S}$ 为 $\boldsymbol{T}$ 的伪逆, 那么由 (5) 得

$$\boldsymbol{S}(\boldsymbol{T} + \boldsymbol{M}) = \boldsymbol{S}\boldsymbol{T} + \boldsymbol{S}\boldsymbol{M} = \boldsymbol{I} + \boldsymbol{K} + \boldsymbol{S}\boldsymbol{M}. \tag{13}$$

取 $\varepsilon = |\boldsymbol{S}|^{-1}$, 则 $|\boldsymbol{S}\boldsymbol{M}| < 1$. 由第 17 章定理 2, $\boldsymbol{I} + \boldsymbol{S}\boldsymbol{M}$ 可逆. 将 (13) 左乘 $(\boldsymbol{I} + \boldsymbol{S}\boldsymbol{M})^{-1}$, 得

$$(\boldsymbol{I} + \boldsymbol{S}\boldsymbol{M})^{-1}\boldsymbol{S}(\boldsymbol{T} + \boldsymbol{M}) = \boldsymbol{I} + (\boldsymbol{I} + \boldsymbol{S}\boldsymbol{M})^{-1}\boldsymbol{K}.$$

这说明 $(\boldsymbol{I} + \boldsymbol{S}\boldsymbol{M})^{-1}\boldsymbol{S}$ 是 $\boldsymbol{T} + \boldsymbol{M}$ 的伪逆. 由 (7), 知

$$\operatorname{ind}(\boldsymbol{T} + \boldsymbol{M}) = -\operatorname{ind}(\boldsymbol{I} + \boldsymbol{S}\boldsymbol{M})^{-1}\boldsymbol{S}. \tag{13$'$}$$

因为 $(\boldsymbol{I} + \boldsymbol{S}\boldsymbol{M})^{-1}$ 可逆, 所以

$$\operatorname{ind}(\boldsymbol{I} + \boldsymbol{S}\boldsymbol{M})^{-1}\boldsymbol{S} = \operatorname{ind} \boldsymbol{S}.$$

将上式代入 (13′), 再由 (7) 得到 (12). □

将定理 5 重新叙述如下.

定理 5′ *设 $\{\boldsymbol{T}_n\}$ 依范数收敛于 $\boldsymbol{T}$, 若 $\boldsymbol{T}$ 有有限指标, 则当 n 充分大时, $\boldsymbol{T}_n$ 有有限指标, 且*

$$\lim_{n-\infty} \text{ind } \boldsymbol{T}_n = \text{ind } \boldsymbol{T}.$$

定理 5′ 有一个直接推论.

定理 5″ 设 $\boldsymbol{T}(t), 0 \leqslant t \leqslant 1$, 为 $U \to V$ 的有界线性算子的单参数族, 若每个 $\boldsymbol{T}(t)$ 都有有限指标, 并且 $\boldsymbol{T}(t)$ 在范数拓扑下关于 t 连续, 则 ind $\boldsymbol{T}(t)$ 与 t 无关; 特别地,

$$\text{ind } \boldsymbol{T}(0) = \text{ind } \boldsymbol{T}(1).$$

此结果称为指标的同伦不变性, 可以广泛应用于指标的运算.

容易看到, 有界线性算子的指标在强拓扑下不一定连续. 例如, 取 $U = V = \ell^2$, 对 $n \geqslant 1$, 令

$$\boldsymbol{T}_n(u) = (a_1, a_2, \cdots, a_n, 0, a_{n+1}, \cdots),$$

其中 $u = (a_1, a_2, \cdots) \in U$, 则 $\boldsymbol{T}_n$ 为 U 到 V 内的有界线性算子. 易知 $N_{\boldsymbol{T}_n} = 0$, $R_{\boldsymbol{T}_n} = \{v | v_{n+1} = 0\}$, 并且 $s - \lim \boldsymbol{T}_n = \boldsymbol{I}$, 故 ind $\boldsymbol{T}_n = -1$. 但是 $\{\boldsymbol{T}_n\}$ 的强极限 $\boldsymbol{I}$ 的指标却为零. 因此, 有界线性算子的指标在强拓扑下不一定连续. 但是, 在附加了其他条件下, Hörmander 给出了强收敛序列指标的连续性. 这些附加条件在许多情形下是很容易验证的.

定理 6 (Hörmander) 设 $\boldsymbol{T}_n : U \to V$ 和 $\boldsymbol{S}_n : V \to U$ 为两列有界线性映射, 且满足

$$\boldsymbol{S}_n \boldsymbol{T}_n = \boldsymbol{I} + \boldsymbol{K}_n, \qquad \boldsymbol{T}_n \boldsymbol{S}_n = \boldsymbol{I} + \boldsymbol{H}_n, \tag{14}$$

其中 $\{\boldsymbol{K}_n\}$ 和 $\{\boldsymbol{H}_n\}$ 为下述意义下的一致紧序列, 即向量集

$$\{\boldsymbol{K}_n u : \ |u| \leqslant 1, n = 1, 2, \cdots\} \tag{15}$$

和向量集

$$\{\boldsymbol{H}_n v : \ |v| \leqslant 1, n = 1, 2, \cdots\} \tag{15′}$$

分别含在 U 和 V 的一个紧子集内. 若 $\{\boldsymbol{T}_n\}$ 和 $\{\boldsymbol{S}_n\}$ 强收敛:

$$s - \lim \boldsymbol{T}_n = \boldsymbol{T}, \qquad s - \lim \boldsymbol{S}_n = \boldsymbol{S}, \tag{16}$$

则

$$\lim_{n\to\infty} \text{ind } \boldsymbol{T}_n = \text{ind } \boldsymbol{T}. \tag{17}$$

关于此定理的证明, 参见文献 Hörmander 中的定理 19.1.10.

下述结果是定理 6 的一个直接推论.

定理 6′ 设 $\boldsymbol{T}(t) : U \to V$ 和 $\boldsymbol{S}(t) : V \to U$ 是两族强拓扑下连续依赖于参数 $t\,(0 \leqslant t \leqslant 1)$ 的有界线性映射. 如果 $\boldsymbol{S}(t)$ 和 $\boldsymbol{T}(t)$ 互为伪逆:

$$\boldsymbol{S}(t)\boldsymbol{T}(t) = \boldsymbol{I} + \boldsymbol{K}(t), \qquad \boldsymbol{T}(t)\boldsymbol{S}(t) = \boldsymbol{I} + \boldsymbol{H}(t),$$

并且 $\boldsymbol{K}(t)$ 和 $\boldsymbol{H}(t)$ 分别在 (15) 和 (15′) 意义下是一致紧的, 那么 ind $\boldsymbol{T}(t)$ 与 t 无关; 特别地,

$$\text{ind } \boldsymbol{T}(0) = \text{ind } \boldsymbol{T}(1).$$

注记 有限指标算子通常称为 Fredholm 算子. 但是, 以前并没有关于这方面的说明. 然而, 称指标不等于零的算子为 Noether 算子, 并称其指标为 Noether 指标却更

恰当! 这是因为, 在奇异积分算子的背景下, Fritz Noether 第一次给出了这类算子的例子, 并定义了指标的概念, 证明了指标的稳定性; 参见 Hörmander 和 Dieudonné. 算子指标的乘积性质 (3) 是由 Atkinson 和 Gohberg 给出的.

历史注记 Fritz Noether 是 Emmy Noether 的兄弟, 为了逃避纳粹统治到了前苏联, 1937 年在大清洗运动中被捕入狱, 1941 年被处死.

结果却成为斯大林政权的牺牲品.

有些算子的指标可以精确地计算出来. 27.2 节中我们将举一些例子说明这一点. 在第 30 章, 我们还将证明在一定条件下算子的指标可以表示成两个算子的迹的差.

27.2 Toeplitz 算子

我们用 $L^2(\boldsymbol{S}^1)$ 表示单位圆周 $\boldsymbol{S}^1$ 上的平方可积的复值函数 u 的空间, 在 L^2 范数

$$||u||^2 = \frac{1}{2\pi}\int |u(\theta)|^2 \mathrm{d}\theta \tag{18}$$

下, 它是一个 Hilbert 空间, 并且函数 $\mathrm{e}^{\mathrm{i}k\theta}$, $k = 0, \pm 1, \pm 2, \cdots$, 构成了它的一组标准正交基; 于是 $L^2(\boldsymbol{S}^1)$ 中的每个函数 u 都可以展成级数的形式:

$$u(\theta) = \sum_{-\infty}^{\infty} u_k \mathrm{e}^{\mathrm{i}k\theta}, \tag{19}$$

其中 Fourier 系数 u_k 由等式

$$u_k = \frac{1}{2\pi}\int u(\theta)\mathrm{e}^{-\mathrm{i}k\theta}\mathrm{d}\theta \tag{20}$$

给出. 与此同时, Parseval 等式

$$||u||^2 = \sum_{-\infty}^{\infty} |u_k|^2 \tag{21}$$

成立.

定义 用 H_+ 表示 $L^2(\boldsymbol{S}^1)$ 内的负 Fourier 系数 u_k, $k < 0$, 为 0 的函数 u 组成的子空间:

$$u \in H_+ \;\Leftrightarrow\; u_k = 0,\; k < 0. \tag{22}$$

令 (19) 为 $u \in L^2(\boldsymbol{S}^1)$ 的 Fourier 级数展开式, 定义 u 到 H_+ 上的投影 $\boldsymbol{P}_+ u$:

$$\boldsymbol{P}_+ u = \sum_{0}^{\infty} u_k \mathrm{e}^{\mathrm{i}k\theta}. \tag{23}$$

此定义了 $L^2(\boldsymbol{S}^1)$ 到 H_+ 上的投影 $\boldsymbol{P}_+$. 由 (21) 知

$$||\boldsymbol{P}_+|| = 1. \tag{24}$$

类似地, 可以定义 H_- 以及 $L^2(\boldsymbol{S}^1)$ 到 H_- 上的投影.

空间 H_+ 内的每个函数都是单位圆盘内的解析函数的边界值函数, 而 H_- 内的每个函数则是单位圆盘内的反解析函数即复共轭解析函数的边界值函数.

定义 设 $s(\theta)$ 为单位圆周 $\boldsymbol{S}^1$ 上的复值连续函数, 称由

$$\boldsymbol{T}_s u = \boldsymbol{P}_+(su), \qquad u \in H_+ \tag{25}$$

确定的算子 $\boldsymbol{T}_s$ 为函数 s 定义的 Toeplitz 算子.

总之, $\boldsymbol{T}_s$ 是 H_+ 到自身内的映射, 是在 H_+ 上先用 s 作乘法运算, 然后再到 H_+ 上投影所得到的线性算子. 称 s 为 $\boldsymbol{T}_s$ 的符号. 显然, $\boldsymbol{T}_s$ 关于符号是线性的: $\boldsymbol{T}_{s+r} = \boldsymbol{T}_s + \boldsymbol{T}_r$.

当我们用 Fourier 级数表示 H_+ 内的函数时, Toeplitz 算子实际上就是一个被截断的离散卷积:

$$(\boldsymbol{T}_s u)_k = \sum_{j=0}^{\infty} s_{k-j} u_j, \quad k = 0, 1, \cdots, \tag{25'}$$

这里 s_n 和 u_n 分别表示函数 s 和 u 的第 n 阶 Fourier 系数. 由 (25′) 确定的半无限矩阵 (s_{k-j}), 在每个对角 $k-j=$ 常数 上, 赋值都是相同的. 称满足此性质的矩阵为 Toeplitz 矩阵. 这种矩阵常常出现在偏微分算子的离散化 (见 S. Parter 和 S. Osher) 和统计力学 (见 McCoy) 理论中.

定理 7 设 s 为 $\boldsymbol{S}^1$ 上的复值连续函数, $\boldsymbol{T}_s$ 是符号为 s 的 Toeplitz 算子, 则

(i) $\boldsymbol{T}_s$ 为 $H_+ \to H_+$ 有界线性映射, 且

$$||\boldsymbol{T}_s|| \leqslant |s|_{\max}. \tag{26}$$

(ii) 如果 s 在 $\boldsymbol{S}^1$ 上处处不等于零, 那么 $\boldsymbol{T}_s$ 有有限指标.

(iii)

$$\operatorname{ind} \boldsymbol{T}_s = -W(s), \tag{27}$$

其中 $W(s)$ 表示 $s(\theta)$ 在原点的圈绕数.

回想一下, 曲线 $s(\theta)$ 在原点的圈绕数是指, 当 θ 由 0 变化到 2π 时, $s(\theta)$ 的幅角增加量除以 2π 得到的数值. 用解析的语言表达为

$$W(s) = \frac{1}{2\pi} \operatorname{Im} \int_0^{2\pi} s(\theta)^{-1} \frac{\mathrm{d}\, s}{\mathrm{d}\, \theta} \mathrm{d}\, \theta. \tag{28}$$

证明 (i) 由 s 所作的乘法算子是有界的, 其界为 $|s|_{\max}$; 算子 $\boldsymbol{P}_+$ 也是有界的, 其界为 1. 又 $\boldsymbol{T}_s$ 为这两个算子的乘积, 因此也是有界的, 且 (26) 成立.

(ii) 我们断言: $\boldsymbol{T}_{s^{-1}}$ 是 $\boldsymbol{T}_s$ 的伪逆. 为此, 我们需要如下引理.

引理 8 当 s 连续时,

$$\boldsymbol{C} = \boldsymbol{P}_+ s - s \tag{29}$$

为 H_+ 到 L^2 内的紧算子.

证明 因为 s 连续, 所以对任意 $\varepsilon > 0$, 可以找到三角多项式 s_ε 一致逼近 s:

$$|s(\theta)-s_\varepsilon(\theta)|<\varepsilon,\quad \theta\in \boldsymbol{S}^1. \tag{30}$$

注意到 $\boldsymbol{C}_\varepsilon=\boldsymbol{P}_+s_\varepsilon-s_\varepsilon$ 零化了 H_+ 中的所有形如 $u=\Sigma_M^\infty u_k\mathrm{e}^{\mathrm{i}k\theta}$ 的函数, 其中 M 表示 s_ε 的阶数. 由于所有这种形式的函数组成的空间是 H_+ 中的余维数为 M 的子空间, 所以 $\boldsymbol{C}_\varepsilon$ 值域的维数小于 M, 从而 $\boldsymbol{C}_\varepsilon$ 为紧的. 由 (26) 和 (30) 知, $\boldsymbol{C}_\varepsilon$ 依范数拓扑收敛到 $\boldsymbol{C}$, 故 $\boldsymbol{C}$ 是紧算子. □

下面证明 $\boldsymbol{T}_{s^{-1}}$ 是 $\boldsymbol{T}_s$ 的伪逆. 由 (29), 得

$$\boldsymbol{T}_{s^{-1}}\boldsymbol{T}_s=\boldsymbol{P}_+s^{-1}\boldsymbol{P}_+s=\boldsymbol{P}_+s^{-1}(s+\boldsymbol{P}_+s-s)=\boldsymbol{I}+\boldsymbol{P}_+s^{-1}\boldsymbol{C}.$$

由于 $\boldsymbol{C}$ 是紧的, $\boldsymbol{T}_{s^{-1}}\boldsymbol{T}_s$ 与 H_+ 上的恒等算子相差一个紧算子. 再注意到 s 和 s^{-1} 的对称性, 因此 $\boldsymbol{T}_s$ 和 $\boldsymbol{T}_{s^{-1}}$ 是一对伪逆.

(iii) 欲计算 $\boldsymbol{T}_s$ 的指标, 通过 s 的形变, 我们连续形变 $\boldsymbol{T}_s$, 然后利用拓扑中的如下结果.

引理 9 *$\boldsymbol{S}^1$ 上的处处非零的复值连续函数类中的两个函数在此类中可以相互连续形变, 当且仅当它们具有相同的圈绕数 $W(s)$.*

证明 注意到圈绕数是连续形变下的不变量. 因此, 若题设条件中的两个函数之间存在连续形变, 则它们有相同的圈绕数. 要证此结论的反面, 首先考虑圈绕数为 0 的情形. 这样的函数 $s(\theta)$ 存在单值的对数 $\ln s(\theta)$. 利用连续形变 $t\ln s(\theta)$, 则函数 $\ln s(\theta)$ 可以形变为 0. 再令

$$s(\theta,t)=\mathrm{e}^{t\ln s(\theta)},\quad 0\leqslant t\leqslant 1,$$

则 $s(\theta,t)$ 为函数 $s(\theta)$ 到常函数 1 的形变.

对于一般的情形, 设 $s(\theta)$ 的圈绕数为 N, 即 $N=W(s)$, 记

$$s(\theta)=\mathrm{e}^{\mathrm{i}N\theta}(\mathrm{e}^{-\mathrm{i}N\theta}s(\theta)).$$

该等式右边第二个因子的圈绕数为 0, 因此由上述讨论, 它可以连续形变为常函数 1. 故 $s(\theta)$ 可以连续形变为 $\mathrm{e}^{\mathrm{i}N\theta}, N=W(s)$. ①

从解析的角度而言, 绕原点 $|N|$ 次的最简单的曲线为 $\mathrm{e}^{\mathrm{i}N\theta}$. 当 $N>0$ 时, 符号为 $\mathrm{e}^{\mathrm{i}N\theta}$ 的 Toeplitz 算子 $\boldsymbol{T}_N$ 是由 $\mathrm{e}^{\mathrm{i}N\theta}$ 所作的乘法算子. 此时不难证明, $\boldsymbol{T}_N$ 有平凡的零空间, 并且 $\boldsymbol{T}_N$ 的值域在 H_+ 内有余维数 N, 这是因为该值域是由形如 $\sum_N^\infty u_k\mathrm{e}^{\mathrm{i}k\theta}$ 的函数组成. 因此

$$\operatorname{ind}\boldsymbol{T}_N=-N. \tag{31}$$

当 $N<0$ 时, 符号为 $\mathrm{e}^{\mathrm{i}N\theta}$ 的 Toeplitz 算子 $\boldsymbol{T}_N$ 为 H_+ 到 H_+ 上的满射 $\boldsymbol{P}_+\mathrm{e}^{\mathrm{i}N\theta}$; 此时, 它的零空间由函数 $1,\mathrm{e}^{\mathrm{i}\theta},\cdots,\mathrm{e}^{\mathrm{i}(N-1)\theta}$ 生成. 故 (31) 对 $N<0$ 也成立. □

① 因此, 若题设中的两个函数有相同的圈绕数, 则它们都可以连续形变为 $\mathrm{e}^{\mathrm{i}N\theta}$, 其中 N 为它们共同的圈绕数, 进而这两个函数之间存在连续形变. —— 译者注

从引理 9 的证明过程可知, $\boldsymbol{S}^1$ 上的处处不为零的连续复值函数 $s(\theta)$ 可以形变为函数 $e^{iN\theta}$, 即存在 θ 和 t 的连续函数族 $s(\theta,t)$, 使得

$$s(\theta,t)\neq 0,\quad s(\theta,0)=s(\theta),\quad s(\theta,1)=e^{iN\theta},\quad 0\leqslant t\leqslant 1,\quad \theta\in\boldsymbol{S}^1.$$

因为圈绕数在连续形变下保持不变, 所以

$$W(s)=W(s(0))=W(s(1))=N.$$

由 (26), 得

$$||\boldsymbol{T}_{s(t)}-\boldsymbol{T}_{s(t')}||=||\boldsymbol{T}_{s(t)-s(t')}||\leqslant||s(t)-s(t')||_{\max};$$

又因为 $s(\theta,t)$ 关于 t 连续, 所以 $\boldsymbol{T}_{s(t)}$ 关于 t 在范数拓扑下连续. 由定理 5″ 的指标同伦不变性知

$$\operatorname{ind}\boldsymbol{T}_s=\operatorname{ind}\boldsymbol{T}_N.$$

由上式和 (31) 得到 (27). □

由定理 7 的证明过程中可知, 符号为 $s_N(\theta)=e^{iN\theta}$ 的 Topelitz 算子 $\boldsymbol{T}_N$ 的零空间的维数为 0 或 $|N|$, 这依赖于 N 的符号. 事实上, 对符号为一般函数 s 的 Topelitz 算子 $\boldsymbol{T}_s$, 此结论也是成立的.

定理 10 设 s 为单位圆周 $\boldsymbol{S}^1$ 上的处处非零的连续复值函数, $\boldsymbol{T}_s$ 是符号为 s 的 Toeplitz 算子, 那么

(i) 若 $W(s)>0$, 则 $\boldsymbol{T}_s$ 是单的, 它的值域有余维数 $W(s)$;

(ii) 若 $W(s)<0$, 则 $\boldsymbol{T}_s$ 的零空间的维数为 $|W(s)|$, 并且 $\boldsymbol{T}_s$ 在 H_+ 上为满射;

(iii) 若 $W(s)=0$, 则 $\boldsymbol{T}_s$ 为可逆算子.

证明 我们首先证明 (iii). 若 $W(s)=0$, 则 s 有单值对数

$$s(\theta)=\exp\ell(\theta),\quad \ell(\theta)=\ln s(\theta).$$

将 ℓ 分解为解析和反解析两部分的和

$$\ell=\ell_++\ell_-,\quad \ell_+\in H_+,\ \ell_-\in H_-.$$

先考虑 s 为光滑函数的情形, 即 $s\in C^\infty$, 此时 ℓ,ℓ_+,ℓ_- 也是光滑函数. 作指数函数

$$s=e^{\ell}=e^{\ell_++\ell_-}=e^{\ell_+}e^{\ell_-}=s_+s_-,\tag{32}$$

则 s_+ 是解析函数的边界值函数, s_- 是反解析函数的边界值函数, 并且这些解析函数和反解析函数在闭单位圆盘内处处不为 0 并连续到边界. 下面我们利用 s_+ 和 s_-, 求 $\boldsymbol{T}_s$ 的逆. 记

$$\boldsymbol{T}_su=\boldsymbol{P}_su=f,$$

$u,f\in H_+$. 此方程意味着

$$su=f+g_-,\quad g_-\in H_-.$$

由 (32), 得

$$s_+u=s_-^{-1}f+s_-^{-1}g_-.$$

因为 $s_-^{-1}=\exp(-\ell_-)$, 所以乘积 $s_-^{-1}g_-$ 属于 H_-. 两边用 $\boldsymbol{P}_+$ 作用, 得 $s_+u=\boldsymbol{P}_+s_+u=\boldsymbol{P}_+s_-^{-1}f$. 两边再用 s_+ 去除, 得

$$u=s_+^{-1}\boldsymbol{P}_+s_-^{-1}f. \tag{32'}$$

此证明了 $s_+^{-1}\boldsymbol{P}_+s_-^{-1}$ 为 $\boldsymbol{T}_s$ 的逆.

现在证明 (i) 和 (ii). 用 W 表示 s 的圈绕数, 则 $s\mathrm{e}^{-W\theta}$ 的圈绕数为零; 因此, (iii) 蕴含了方程

$$\boldsymbol{P}_+s\mathrm{e}^{-W\theta}u=f$$

定义了一个可逆映射 $u\to f$. 等价地, 映射 $\boldsymbol{T}_s$ 将 $\mathrm{e}^{-W\theta}H_+$ 一一地映到 H_+上. 由此 (i) 和 (ii) 得证. □

公式 (32′) 不仅在理论上有用而且还是计算 $\boldsymbol{T}_s$ 逆的一种有效方法.

再考虑 s 仅仅连续且 $W(s)=0$ 的情形. 对任意正数 ε, 可以用光滑函数 r 一致逼近 s:

$$|r-s|_{\max}<\varepsilon. \tag{33}$$

当 ε 充分小时,

$$|r^{-1}s-1|_{\max}<\frac{1}{2}. \tag{33'}$$

此不等式蕴含了以下两个结论.

(i) 由 (33′) 和 (26) 知

$$||\boldsymbol{T}_{r^{-1}s}-\boldsymbol{I}||<\frac{1}{2}.$$

再由第 17 章定理 2 知, $\boldsymbol{T}_{r^{-1}s}$ 可逆.

(ii) 由 (33′) 知, r 和 s 有相同的圈绕数. 由假设 $W(s)=0$, 故 $W(r)=0$. 因为 r 是光滑的, 按照 (32) 分解为

$$r=r_+r_-,$$

其中 r_+ 为单位圆盘上处处非零的解析函数的边界值函数, r_- 为单位圆盘上处处非零的反解析函数的边界值函数. 因此 $W(r_+)=0=W(r_-)$.

我们断言: 算子 $\boldsymbol{T}_{r^{-1}s}$ 可以分解为

$$\boldsymbol{T}_{r^{-1}s}=\boldsymbol{T}_{r_-^{-1}sr_+^{-1}}=\boldsymbol{P}_+r_-^{-1}sr_+^{-1}=\boldsymbol{P}_+r_-^{-1}\boldsymbol{P}_+s\boldsymbol{P}_+r_+^{-1}=\boldsymbol{T}_{r_-^{-1}}\boldsymbol{T}_sT_{r_+^{-1}}.$$

这是因为, r_+^{-1} 左边的算子 $\boldsymbol{P}_+$ 与恒等算子有相同的作用, 而 s 左边的算子 $\boldsymbol{P}_+$ 消去了一个本应该被最左边的算子 $\boldsymbol{P}_+$ 消去的反解析函数. 由上述观察, 左边的算子 $\boldsymbol{T}_{r^{-1}s}$ 可逆; 由于 r_+ 和 r_- 的圈绕数为 0, 所以由我们已证的情形, $\boldsymbol{T}_{r_-^{-1}}$ 和 $\boldsymbol{T}_{r_+^{-1}}$ 都可逆. 因此右边中间的算子 $\boldsymbol{T}_s$ 可逆. 这就证明了定理 10 的第 (iii) 部分.

上述证明是由 Gohberg 给出的. 与此同时, Gohberg 指出, 如果 s 为分段连续函数并且存在连续函数 r 满足

$$|r^{-1}s-1|_{\max}<c,\quad c<1, \tag{33''}$$

那么上述结论也是成立的. 如果我们在上式两端乘以 $|r|$, 将不等式改写为

$$|r(\theta) - s(\theta)| < r(\theta),$$

那么 (33″) 的几何意义会更加清晰. 如果用 $r(\theta)$ 表示一个人绕原点散步时的位置, $s(\theta)$ 表示他的宠物狗的位置. 假设这条狗总是被主人用长度小于 $c|r(\theta)|$ 的皮带牵着, 那么无论这条狗沿皮带限制的圈内跳得多快, 它和主人绕原点的圈数总是相等的. 关于此问题的一个完整讨论, 参见文献 Gohberg 和 Krupnik, 或者参见 Douglas 的最后一章.

Krein 和 Gohberg 已将定理 7 推广到$n \times n$ 矩阵值函数 $\boldsymbol{S}(\theta)$ 上, 这里 $\boldsymbol{S}(\theta)$ 通过乘法算子作用到向量值函数 $u(\theta)$ 上. 用 H_+ 表示 $\boldsymbol{S}^1$ 上的负 Fourier 系数部分为零的函数组成的 L^2 向量–值函数空间的子空间. $\boldsymbol{P}_+$ 为 L^2 到 H_+ 的上的正交投影.

固定正整数 n, 用 $\boldsymbol{S}(\theta)$ 表示 $\boldsymbol{S}^1$ 上的连续 n 阶复矩阵值函数. 因为 $\boldsymbol{S}(\theta)$ 是一个有界函数, 所以矩阵 Toeplitz算子

$$\boldsymbol{T_S} = \boldsymbol{P}_+\boldsymbol{S} \tag{34}$$

为 $H_+ \to H_+$ 的有界线性映射.

定理 11 设 $\boldsymbol{S}(\theta)$ 为 $\boldsymbol{S}^1$ 上连续的复矩阵值函数, 并且 $\boldsymbol{S}(\theta)$ 在 $\boldsymbol{S}^1$ 上的每一点都可逆, 则

(i) 按 (34) 定义的算子 $\boldsymbol{T_S} : H_+ \to H_+$ 有伪逆;

(ii) 因为 $\boldsymbol{S}(\theta)$ 可逆, 所以 $s(\theta) = \det \boldsymbol{S}(\theta)$ 在 $\boldsymbol{S}^1$ 上处处不为零, 此时, 有

$$\operatorname{ind} \boldsymbol{T_S} = -W(\det \boldsymbol{S}).$$

证明 类似于定理 7 的证明, $\boldsymbol{T}_{\boldsymbol{S}^{-1}}$ 是 $\boldsymbol{T_S}$ 的伪逆. 要计算它的指标, 我们用如下结果将 $\boldsymbol{S}$ 形变为简单的情形.

引理 12 $\boldsymbol{S}^1$ 上的每点都可逆的连续复矩阵值函数类内的两个函数在该类内可以相互连续形变, 当且仅当它们的行列式有相同的圈绕数.

设 $\boldsymbol{S}$ 属于引理 12 所刻画的函数类, 将 $\boldsymbol{S}$ 连续形变为对角矩阵

$$\boldsymbol{S}_N(\theta) = \begin{pmatrix} e^{iN\theta} & 0 \\ 0 & 1 \end{pmatrix}, \quad N = W(\det \boldsymbol{S}),$$

其中对角线上的元素除了第一个之外都是 1. 符号为 $\boldsymbol{S}_N$ 的矩阵 Toeplitz 算子 $\boldsymbol{T}_N$ 为数值 Toeplitz 算子的直和, 其直和分支的指标可以由公式 (31) 计算得到, 从而 $\boldsymbol{T}_N$ 的指标为 N. 由指标的同伦不变性, 定理得证. □

习题 1 令

$$\boldsymbol{S}(\theta) = \begin{pmatrix} e^{i\theta} & 0 \\ 0 & e^{-i\theta} \end{pmatrix},$$

证明 $\dim N_{\boldsymbol{T_S}} = 1, \operatorname{codim} R_{\boldsymbol{T_S}} = 1$.

前面的例子说明, 定理 10 的结论对于矩阵值符号的 Toeplitz 算子是错误的.

当 $\boldsymbol{S}$ 可以分解为 $\boldsymbol{S}_-\boldsymbol{S}_+$, 其中 $\boldsymbol{S}_-$ 反解析, $\boldsymbol{S}_+$ 解析并且它们都在单位圆盘内的每点可逆时, 则 $\boldsymbol{T_S} = \boldsymbol{S}_+^{-1}\boldsymbol{P}_+\boldsymbol{S}_-^{-1}$. 即使该分解存在, 此也不能通过取对数过程得到. 对于该分解, Lax 给出了一种建立在解 PDE-s 系统基础上的方法.

在定理 11 的证明过程中, 本质上用到了拓扑中的一些概念和结果. 反过来, 指标理论中的一些概念和结果又是处理微分拓扑的有力工具; 这方面的一个基本结果就是 Atiyah-Singer 指标定理.

用实直线代替 $\boldsymbol{S}^1$, Wiener 和 Hopf 给出了 Toeplitz 算子理论的一个重要扩展. Strang 将单变量函数扩展到两个变元的情况. L. Boutet de Monvel, V. Guillemin, C. Berger 和 Coburn 等人给出了更一般的 Toeplitz 算子的概念. 而 von Neumann 代数中的维数函数的概念则是零空间维数和值域维数等概念的最深远的扩展.

27.3 Hankel 算子

考虑 $L^2(\boldsymbol{S}^1)$ 到 H_- 上的投影 $\boldsymbol{P}_-$, 可以得到与 Toepliz 算子有关的另一类算子.

定义 设 $s(\theta)$ 为单位圆周 $\boldsymbol{S}^1$ 上的连续函数, Hankel 算子 $\boldsymbol{H}_s : \boldsymbol{H}_+ \to \boldsymbol{H}_-$ 是由方程

$$\boldsymbol{H}_s(u) = \boldsymbol{P}_-(su) \tag{35}$$

定义的算子. 如果我们用 Fourier 展开表示 $\boldsymbol{H}_-$ 和 $\boldsymbol{H}_+$ 内的函数, 那么 Hankel 算子 $\boldsymbol{H}_s$ 可表示为

$$(\boldsymbol{H}_s u)_k = \sum_{j=0}^{\infty} s_{k+j} u_j, \quad k = 0, 1, \cdots \tag{35$'$}$$

这里 s_n 表示 s 的 $(-n)$ 阶 Fourier 系数, u_j, $j = 0, 1, \cdots$ 表示 u 的 Fourier 系数. 注意, 为了保持对称性, 在 H_+ 和 H_- 内的 Fouier 展开中都保留了第 0 阶 Fourier 系数. 用来表示 Hankel 算子的半无限矩阵在每个对角线 $k + j =$ 常数 上有相同的赋值. 称这样的矩阵为 Hankel 矩阵.

习题 2 证明每个 Hankel 算子是紧的.

习题 3 证明 Hankel 算子 $\boldsymbol{H}_s$ 的范数满足

$$||\boldsymbol{H}_s|| \leqslant \inf |s - q|_{\max}, \tag{36}$$

其中 q 取遍单位圆盘内的在原点取值为零、内部解析且连续到边界的所有函数. 根据 Nehari 的定理, (36) 中的等号成立.

关于 Hankel 算子的更深入的理论, 参见文献 Hörmander 的第 19 章.

参考文献

Atkinson, F. V., The normal solubility of linear operators in normed space. *Mat. Sbornik, N.S.*, **28**(1951): 3–14.

Berger, C. A. and Coburn, L. A., Toeplitz operators and quantum mechanics. *Funct. Anal.*, **68**(1986): 273–299.

Boutet de Monvel, L. and Guillemin, V., The spectral theory of Toeplitz operators. *An. Math. Studies*, **99**(1981).

Böttcher, A. and Grudsky, S. M., *Toeplitz Matrices, Asymptotic Linear Algebra and Functional Analysis*, Brikhäuser, Boston, 2000.

Dieudonné, J., Sur les homomorphismes d'espace normeés. *Bull. Sci. Math.* (2), **67**(1943): 72–84.

Dieudonné, J., The index of operators in Banach spaces. *Integral Eq. Oper. Theory*, **8**(1985): 580–589.

Douglas, R. G., *Banach Algebra Techniques in Operator Theory*, 2nd ed. Graduate Texts in Mathematics, **179**. Springer, New York, 1988.

Gohberg, I. C., On linear equations in normed space. *Dokl. Akad. Nauk SSSR (N.S.)*, **76**(1951): 477–480.

Gohberg, I. C. and Krein, M. G., Systems of integral equations on a half line with kernels depending on the difference of arguments. *AMS Trans.*, **14**(1960): 217–288.

Gohberg, I. C. and Krupnick, N. Ja., The algebra generated by Toelitz matrices. *Funct. Anal.Appl.*, **3**(1969): 119–137.

Hörmander, L., *The Analysis of Linear Partial Differential Operators III*, Springer, New York, 1985.

Lax, P. D., On the factorization of matrix valued functions.*CPAM*, **29**(1976): 683–688.

McCoy, B. M., Introductory remarks to Szegö's paper. *On Certain Hermitean Forms Associated with the Fourier Series of a Positive Function*, Vol. 1. *Gábor Szegö's Collected Papers.* Birkhäuser, Boston, 1981.

Noether, F., Über eine Klasse singulären Integralgleichungen. *Math.Ann.*, **82**(1921): 42–63.

Osher, S., Systems of difference equations with general homogeneous boundary conditions. *Trans. AMS*, **137**(1969): 177–201.

Parter, S. V., On the eigenvalues of certain generalizations of Toelitz matrices. *Arch. Rat. Mech. Anal.*, **11**(1962): 244–257.

Sarason, D., Toeplitz operators with piecewise quasicontinuous symbols. *Indiana U. Math. J.*, **26**(1977): 817–838.

Strang, G., Toeplitz operators in a quarter plane. *Bull. AMS*, **76**(1970): 1303–1307.

Yood, B., Properties of linear transformations preserved under addition of a completely continuous transformation. *Duke Math. J.*, **18**(1951): 599–612.

第 28 章　Hilbert 空间上的紧对称算子

线性代数中最漂亮同时也是最有用的一个结果是埃尔米特对称矩阵的谱理论. 我们先来回顾埃尔米特对称矩阵的定义. 称矩阵 $\boldsymbol{A}$ 是埃尔米特对称的, 如果 $\boldsymbol{A}$ 和它的伴随 $\boldsymbol{A}^*$ 相等, 即

$$\boldsymbol{A}^* = \boldsymbol{A}.$$

矩阵 $\boldsymbol{A}$ 有一个完备的正交特征向量集, 并且 $\boldsymbol{A}$ 的相应特征值都是实的. Hilbert 将此结果推广到 Hilbert 空间上的紧埃尔米特对称算子上. 本章将刻画这一推广, 并给出一些具体的应用.

定义　称复 Hilbert 空间 H 上的线性算子 $\boldsymbol{A}$ 为埃尔米特对称的(简称对称), 如果对 H 中的任意向量 $\boldsymbol{x}$ 和 $\boldsymbol{y}$, 有

$$(\boldsymbol{Ax}, \boldsymbol{y}) = (\boldsymbol{x}, \boldsymbol{Ay}). \tag{1}$$

习题 1　证明由 (1) 定义的对称算子 $\boldsymbol{A}$ 是闭的, 也是有界的.

定理 1　设 $\boldsymbol{A}$ 为对称算子, 则

(i) H 上的埃尔米特二次型 $(\boldsymbol{Ax}, \boldsymbol{x})$ 是实的;

(ii) 二次型 (2) 不恒为零, 除非 $\boldsymbol{A} \equiv 0$.

证明　在 (1) 中, 令 $\boldsymbol{x} = \boldsymbol{y}$:

$$(\boldsymbol{Ax}, \boldsymbol{x}) = (\boldsymbol{x}, \boldsymbol{Ax}). \tag{2}$$

由于复 Hilbert 空间上的数值内积是反对称的, 所以 $(\boldsymbol{Ax}, \boldsymbol{x})$ 是实的. 若对 H 中的每个向量 $\boldsymbol{x}$, 均有 $(\boldsymbol{Ax}, \boldsymbol{x}) = 0$, 则用 $\boldsymbol{x} \pm \boldsymbol{y}$ 代替 $\boldsymbol{x}$, 可得双线性型 $(\boldsymbol{Ax}, \boldsymbol{y}) = 0$. 故 $\boldsymbol{Ax} = 0$, 从而 $\boldsymbol{A} \equiv 0$. □

定义　称 Hilbert 空间 H 上的对称算子 $\boldsymbol{K}$ 是正的, 如果对每个向量 $\boldsymbol{x}$, 二次型 $(\boldsymbol{Ax}, \boldsymbol{x})$ 是非负的. 记正算子 $\boldsymbol{K}$ 为 $0 \leqslant \boldsymbol{K}$.

定义　设 $\boldsymbol{A}, \boldsymbol{B}$ 为 Hilbert 空间 H 上的两个对称算子, 称 $\boldsymbol{A}$ 小于 $\boldsymbol{B}$ 或称 $\boldsymbol{B}$ 大于 $\boldsymbol{A}$, 用符号记为 $\boldsymbol{A} \leqslant \boldsymbol{B}$, 如果 $0 \leqslant \boldsymbol{B} - \boldsymbol{A}$.

习题 2　证明两个正算子的和仍为正的.

习题 3　证明: 如果 $\boldsymbol{A} \leqslant \boldsymbol{B}$, $\boldsymbol{C} \leqslant \boldsymbol{D}$, 那么 $\boldsymbol{A} + \boldsymbol{C} \leqslant \boldsymbol{B} + \boldsymbol{D}$.

类似地, 我们可以定义严格正和严格不等的概念.

本章将研究紧对称算子的谱理论. 回忆一下第 21 章中紧算子的概念. 如果线性算子 $\boldsymbol{A}: H \to H$ 将 H 中的单位球映入到一个紧集内, 即集合 $\{Ax : ||x|| \leqslant 1\}$

是准紧的, 则称 $\boldsymbol{A}$ 为紧的. 为方便读者, 我们先回忆准紧的概念. 称拓扑空间中的子集是准紧的, 如果它的闭包是紧的. 在度量空间中, 此概念又有如下两个等价性定义.

定义 I　度量空间中的子集 R 是准紧的, 如果 R 中的每个序列 $\{z_n\}$ 都含有一个收敛子列.

定义 II　度量空间中的子集 R 是准紧的, 如果对任意 $\varepsilon > 0$, 集合 R 能被有限个半径为 ε 的球覆盖.

定理 2　设 $\boldsymbol{A}$ 为紧对称算子, 序列 $\{\boldsymbol{x}_n\}$ 弱收敛, 那么 $\{\boldsymbol{A}\boldsymbol{x}_n\}$ 强收敛.

证明　由 (1) 知, 如果 $\{\boldsymbol{x}_n\}$ 弱收敛, 那么 $\{\boldsymbol{A}\boldsymbol{x}_n\}$ 也弱收敛. 由一致有界原理, $\{\boldsymbol{x}_n\}$ 一致有界: $||x_n|| \leqslant$ 常数. 由紧算子的定义, $\{\boldsymbol{A}\boldsymbol{x}_n\}$ 包含在一个准紧集内; 根据定义 I, $\{\boldsymbol{A}\boldsymbol{x}_n\}$ 有一个强收敛于某一向量 z 的子列. 我们断言: 整个序列 $\boldsymbol{A}\boldsymbol{x}_n$ 也强收敛于 z. 若不然, 存在 z 的某一 ε 邻域, 使得无限多个 $\boldsymbol{A}\boldsymbol{x}_n$ 不属于该 ε 邻域. 再由准紧性, $\{\boldsymbol{A}\boldsymbol{x}_n\}$ 必存在强收敛于 z' 的子列, 使得 $||z - z'|| \geqslant \varepsilon$, 此与 $\{\boldsymbol{A}\boldsymbol{x}_n\}$ 的弱收敛性矛盾. 因此, $\{\boldsymbol{A}\boldsymbol{x}_n\}$ 强收敛于 z. □

下面的谱定理是本章的主要结果.

定理 3　设 $\boldsymbol{A}$ 为复 Hilbert 空间 H 上的紧对称算子, 则 H 存在由 $\boldsymbol{A}$ 的特征向量 $\boldsymbol{z}_n$:

$$\boldsymbol{A}\boldsymbol{z}_n = \alpha_n \boldsymbol{z}_n \tag{3}$$

组成的标准正交基 $\{\boldsymbol{z}_n\}$. 特征值 α_n 是实的, 0 是它们的唯一聚点.

证明　若 $\boldsymbol{A} = 0$, 则 H 的任意标准正交基都满足题设条件. 故我们假设 $\boldsymbol{A} \not\equiv 0$. 由定理 2, $(\boldsymbol{A}\boldsymbol{x}, \boldsymbol{x}) \not\equiv 0$, 从而该二次型在 H 中的某一点取值非零, 不妨设在该点的值大于零. 考虑二次型 $(\boldsymbol{A}\boldsymbol{x}, \boldsymbol{x})$ 在单位球 $||\boldsymbol{x}|| = 1$ 上的值. 因为 $\boldsymbol{A}$ 有界, 所以在单位球上, $(\boldsymbol{A}\boldsymbol{x}, \boldsymbol{x})$ 不超过 $||\boldsymbol{A}||$: $(\boldsymbol{A}\boldsymbol{x}, \boldsymbol{x}) \leqslant ||\boldsymbol{A}||$. 令 m 表示最大值:

$$\sup_{||x||=1} (\boldsymbol{A}\boldsymbol{x}, \boldsymbol{x}) = m, \tag{4}$$

则 $m > 0$. 我们断言: 二次型 $(\boldsymbol{A}\boldsymbol{x}, \boldsymbol{x})$ 在单位球上可以达到最大值 m. 取 $\{\boldsymbol{x}_n\}$ 为最大化 (4) 的向量列: $||\boldsymbol{x}_n|| = 1$, $\lim_n(\boldsymbol{A}\boldsymbol{x}_n, \boldsymbol{x}_n) = m$. 由第 10 章定理 7, Hilbert 空间中的单位球是弱序列紧的, 所以 $\{\boldsymbol{x}_n\}$ 存在弱收敛的子序列. 显然, 此子列仍最大化了 (4), 因此我们不妨设 $\{\boldsymbol{x}_n\}$ 弱收敛, 并设其弱极限为向量 $\boldsymbol{z}$. 我们要证 $\boldsymbol{z}$ 是断言中二次型最大化问题的解. 由定理 2, $\{\boldsymbol{A}\boldsymbol{x}_n\}$强收敛于 $\boldsymbol{A}\boldsymbol{z}$, 此蕴含了 $\{(\boldsymbol{A}\boldsymbol{x}_n, \boldsymbol{x}_n)\}$ 收敛于 $(\boldsymbol{A}\boldsymbol{z}, \boldsymbol{z})$. 因此, 由 $\{\boldsymbol{x}_n\}$ 的选取, 得

$$(\boldsymbol{A}\boldsymbol{z}, \boldsymbol{z}) = m. \tag{4$'$}$$

要证明 $\boldsymbol{z}$ 最大化 (4), 我们只需再证明 $\boldsymbol{z}$ 为单位向量. 因为 $\boldsymbol{z}$ 是单位向量列的弱极限, 所以根据第 10 章定理 5, $||\boldsymbol{z}|| \leqslant 1$. 又 $m > 0$, (4$'$) 表明 $\boldsymbol{z} \neq 0$. 定义 $\boldsymbol{y} = \boldsymbol{z}/||\boldsymbol{z}||$, 则 $\boldsymbol{y}$ 是一个单位向量, 且

$$(\boldsymbol{Ay},\boldsymbol{y})=\frac{(\boldsymbol{Az},\boldsymbol{z})}{||\boldsymbol{z}||^2}=\frac{m}{||\boldsymbol{z}||^2}.$$

如果 $||\boldsymbol{z}||<1$, 就有 $(A\boldsymbol{y},\boldsymbol{y})>m$, 此将与 (4) 矛盾. 因此, $\boldsymbol{z}$ 为单位向量.

齐次函数

$$R_{\boldsymbol{A}}(\boldsymbol{x})=\frac{(\boldsymbol{Ax},\boldsymbol{x})}{||\boldsymbol{x}||^2} \tag{5}$$

称为 Rayleigh 商. 显然, $\boldsymbol{z}$ 是所有非零向量中使得 $R_{\boldsymbol{A}}(\boldsymbol{x})$ 最大的向量. 对任意向量 $\boldsymbol{w}$, $R_{\boldsymbol{A}}(\boldsymbol{z}+t\boldsymbol{w})$ 为 $t\in\mathbb{R}$ 的实函数, 且该函数在 $t=0$ 达到最大值. 因此, 该函数在 $t=0$ 的导数为 0. 此函数在 $t=0$ 求导, 成立

$$\frac{(\boldsymbol{Aw},\boldsymbol{z})+(\boldsymbol{Az},\boldsymbol{w})}{||\boldsymbol{z}||^2}-(\boldsymbol{Az},\boldsymbol{z})\frac{(\boldsymbol{w},\boldsymbol{z})+(\boldsymbol{z},\boldsymbol{w})}{||\boldsymbol{z}||^4}=0.$$

由 $\boldsymbol{A}$ 的对称性和 (4′), 得到

$$\mathrm{Re}\,(\boldsymbol{Az}-m\boldsymbol{z},\boldsymbol{w})=0.$$

由 $\boldsymbol{w}$ 的任意性知, $\boldsymbol{Az}-m\boldsymbol{z}=0$, 即 $\boldsymbol{z}$ 是 $\boldsymbol{A}$ 的特征向量, m 为相应的特征值.

一旦证明了 $\boldsymbol{A}$ 的一个特征向量的存在性, 我们就可以证明完备特征向量集的存在性, 这建立在 $\boldsymbol{A}$ 的特征向量的正交补子空间也是 $\boldsymbol{A}$ 的不变子空间这一事实的基础上. 要得到该事实, 设 $\boldsymbol{z}$ 为 $\boldsymbol{A}$ 的特征向量, $\boldsymbol{y}$ 与 $\boldsymbol{z}$ 正交, 则 $\boldsymbol{Ay}$ 也与 $\boldsymbol{z}$ 正交, 这是因为

$$(\boldsymbol{Ay},\boldsymbol{z})=(\boldsymbol{y},\boldsymbol{Az})=(\boldsymbol{y},\lambda\boldsymbol{z})=0.$$

因此, 若 $\boldsymbol{y}$ 与 $\boldsymbol{A}$ 的一族特征向量 $\{\boldsymbol{z}_m\}$ 正交, 则 $\boldsymbol{Ay}$ 也与它们正交.

设 $\{\boldsymbol{z}_m\}$ 为 $\boldsymbol{A}$ 的所有特征向量的全体; 用 Y 表示 $\{\boldsymbol{z}_m\}$ 的正交补, 则 Y 是 $\boldsymbol{A}$ 的不变子空间. 注意到 $\boldsymbol{A}$ 在 Y 上的限制为紧对称算子, 所以由上面的证明, Y 必为零空间; 否则, Y 含有 $\boldsymbol{A}$ 的特征向量, 此与 Y 与 $\boldsymbol{A}$ 的所有特征向量正交矛盾. □

习题 4 用定理 2 证明: 特征值序列极限为零.

习题 5 证明: 如果 $\boldsymbol{w}-\lim \boldsymbol{x}_n=\boldsymbol{x}$, $\lim||\boldsymbol{x}_n||=||\boldsymbol{x}||$, 那么 $\{\boldsymbol{x}_n\}$ 强收敛于 $\boldsymbol{x}$.

对于 $\boldsymbol{A}$ 的第一个特征向量, 其存在性的证明是构造性. 用同样的方法, 可以找到接下来的特征向量. 将 $\boldsymbol{A}$ 的正特征值按递减的顺序排列:

$$\boldsymbol{Az}_n=\alpha_n\boldsymbol{z}_n,\quad \alpha_1\geqslant\alpha_2\geqslant\cdots>0, \tag{6}$$

则

$$\alpha_N=\max_{\boldsymbol{x}\perp\boldsymbol{z}_1,\cdots,\boldsymbol{z}_{N-1}}\frac{(\boldsymbol{Ax},\boldsymbol{x})}{||\boldsymbol{x}||^2}. \tag{6′}$$

最大化 (6′) 的向量就是 $\boldsymbol{A}$ 的第 N 个特征向量. 用类似的最小化问题方法, 我们可以刻画 $\boldsymbol{A}$ 的负特征值.

通常情况下, 我们对特征值而不是对特征向量更感兴趣; 这样 (6′) 就不常用了, 因为它明显地牵涉了我们并不感兴趣的特征向量. 可喜的是, E. Fischer 和 R.

Courant 分别给出了两个不同的公式. 利用它们, 无需涉及 $\boldsymbol{A}$ 的前面特征值的特征向量, 就可以刻画 $\boldsymbol{A}$ 的第 N 个特征值.

定理 4　设 $\boldsymbol{A}$ 为紧对称算子, 用递减的顺序排列 $\boldsymbol{A}$ 的所有正特征值 $\{\alpha_k\}$:

$$\alpha_1 \geqslant \alpha_2 \geqslant \cdots > 0;$$

用 $R_{\boldsymbol{A}}(\boldsymbol{x})$ 表示 $\boldsymbol{A}$ 的 Rayleigh 商 (5), 则 Fischer 原理和 Courant 原理成立.

(i) Fischer 原理:

$$\alpha_N = \max_{S_N} \min_{\boldsymbol{x} \in S_N} R_{\boldsymbol{A}}(\boldsymbol{x}), \tag{7}$$

其中 S_N 为 H 的任意 N 维子空间.

(ii) Courant 原理:

$$\alpha_N = \min_{S_{N-1}} \max_{\boldsymbol{x} \perp S_{N-1}} R_{\boldsymbol{A}}(\boldsymbol{x}). \tag{8}$$

证明　(i) 设 S_N 为 H 的任一 N 维子空间, 则 S_N 内存在一个非零向量 $\boldsymbol{y}$ 满足 $N-1$ 个线性条件 $(\boldsymbol{y}, \boldsymbol{z}_k) = 0$, $k = 1, 2, \cdots, N-1$, 其中 $\boldsymbol{z}_i$ 表示 $\boldsymbol{A}$ 的第 i 个特征向量. 对于每个这样的向量 $\boldsymbol{y}$, 由 (6′) 知, $R_{\boldsymbol{A}}(\boldsymbol{y}) \leqslant \alpha_N$. 又因为 $\boldsymbol{y}$ 属于 S_N, 所以

$$\min_{\boldsymbol{x} \in S_N} R_{\boldsymbol{A}}(x) \leqslant \alpha_N. \tag{9}$$

另一方面, 若令 S_N 为由 $\boldsymbol{A}$ 的前 N 个特征向量 $\boldsymbol{z}_1, \cdots, \boldsymbol{z}_N$ 所张成的子空间, 则 S_N 上的 Rayleigh 商在 $\boldsymbol{x} = \boldsymbol{z}_N$ 达到最小值 α_N. 故 (7) 成立.

(ii) 任给 H 的 $N-1$ 维子空间 S_{N-1}, 在 $\boldsymbol{A}$ 的前 N 个特征向量生成的 N 维子空间内, 存在非零向量 $\boldsymbol{y}$ 与 $\boldsymbol{S}_{N-1}$ 正交. 又注意到前 N 个特征向量生成的 N 维子空间内的每个向量 $\boldsymbol{y}$ 都满足 $R_{\boldsymbol{A}}(\boldsymbol{y}) \geqslant \alpha_N$. 因此,

$$\max_{\boldsymbol{x} \perp S_{N-1}} R_{\boldsymbol{A}}(x) \geqslant \alpha_N. \tag{10}$$

另一方面, 若令 S_{N-1} 为 $\boldsymbol{z}_1, \cdots, \boldsymbol{z}_{N-1}$ 所张成的 $N-1$ 维子空间, 则由 (6′) 可知, (10) 中等号成立. 故 (8) 得证. □

对于负特征值的情形, 有一对类似的原理.

在有限维空间中, 对 $\boldsymbol{A}$ 的所有特征值, 无论正的或负的, (7) 和 (8) 都成立. 此时, 这两个原理是等价的; 对 $-\boldsymbol{A}$, 利用 (7) 就得到 (8).

在无限维空间中, (7) 和 (8) 是不同的. (7) 可用于得到 $\boldsymbol{A}$ 的第 N 个正特征值的下界, 而 (8) 可用于得到它的上界.

定理 5　设 $\boldsymbol{A}$ 和 B 为两个紧对称算子, $\boldsymbol{A} \leqslant \boldsymbol{B}$. 用递减的顺序分别排列它们的正特征值 α_k 和 β_k, $k = 1, 2, \cdots$, 则对每个 k, $\boldsymbol{A}$ 的第 k 个正特征值 α_k 小于或等于 $\boldsymbol{B}$ 的第 k 个正特征值 β_k:

$$\alpha_k \leqslant \beta_k. \tag{11}$$

证明　由定义, $\boldsymbol{A} \leqslant \boldsymbol{B}$ 意味着, 对每个向量 $\boldsymbol{x}$, $(\boldsymbol{Ax}, \boldsymbol{x}) \leqslant (\boldsymbol{Bx}, \boldsymbol{x})$, 从而 $R_{\boldsymbol{A}}(\boldsymbol{x}) \leqslant R_{\boldsymbol{B}}(\boldsymbol{x})$. 由 Fisher 原理 (7) 或 Courant 原理 (8) 知, 结论成立. □

对于负特征值, 反方向不等式成立.

习题 6 证明正的紧对称算子无负特征值.

在第 17 章, 我们建立了 Banach 代数中的元, 特别是 Banach 空间 X 上的有界线性算子代数 $B(X)$ 中的算子的函数演算. 那时, 对于定义在包含 $\boldsymbol{A}$ 的谱的某个开集上的解析函数 f, 我们可以定义 $f(\boldsymbol{A})$. 借助于本章的谱理论, 对于定义在紧对称算子 $\boldsymbol{A}$ 的谱上的每个有界复值函数 f, 同样可以定义 $f(\boldsymbol{A})$.

定理 6 设 $\boldsymbol{A}$ 为紧对称算子, 则对定义在 $\boldsymbol{A}$ 的谱上的每个有界复值函数 $f(\sigma)$, 都可以找到一个有界线性算子, 用 $f(\boldsymbol{A})$ 表示, 与之对应, 并且由此建立的对应 $f \mapsto f(\boldsymbol{A})$ 满足:

(i) 常值函数 $f(\sigma) \equiv 1$ 对应于恒等算子 $\boldsymbol{I}$;

(ii) 恒等函数 $f(\sigma) = \sigma$ 对应算子 $\boldsymbol{A}$;

(iii) 映射 $f \to f(\boldsymbol{A})$ 是谱 $\sigma(\boldsymbol{A})$ 上的有界函数环到 H 上的有界线性算子代数内的同构.

(iv) 上述同构是等距的:

$$||f(\boldsymbol{A})|| = \sup_{\sigma\in\sigma(\boldsymbol{A})} |f(\sigma)|;$$

(v) 若 f 是实的, 则 $f(\boldsymbol{A})$ 是对称的;

(vi) 若 f 在 $\sigma(\boldsymbol{A})$ 上是正的, 则 $f(\boldsymbol{A})$ 也是正的.

证明 定理的证明比叙述还要简短. 设 $\{\boldsymbol{z}_n\}$ 为 H 中的一组标准正交基, 其中每个 $\boldsymbol{z}_n$ 都是 $\boldsymbol{A}$ 的特征向量, $\boldsymbol{\alpha}_n$ 为相应的特征值. 将 H 中的向量 $\boldsymbol{x}$ 在这组基下展开

$$\boldsymbol{x} = \sum c_n \boldsymbol{z}_n, \tag{12}$$

定义 $f(\boldsymbol{A})$ 为

$$f(\boldsymbol{A})\boldsymbol{x} = \sum f(\alpha_n) c_n \boldsymbol{z}_n. \tag{13}$$

性质 (i)~(vi) 是显然的. □

推论 1 若算子 $\boldsymbol{A}$ 是正的, 则 $\boldsymbol{A}$ 的谱包含在非负实数集内. 因此, 函数 $f(\lambda) = \sqrt{\lambda}$ 在 $\boldsymbol{A}$ 的谱集上是实的和正的. 因此,$\sqrt{\boldsymbol{A}}$ 是对称的正算子, 称为 $\boldsymbol{A}$ 的正平方根.

习题 7 证明: $\boldsymbol{A}$ 的正平方根是唯一的, 即不存在其他平方为 $\boldsymbol{A}$ 的正算子.

定理 7 设 $\{\boldsymbol{A}_\gamma\}$ 为 Hilbert 空间 H 上的一族两两可换的对称算子: $\boldsymbol{A}_\gamma \boldsymbol{A}_\delta = \boldsymbol{A}_\delta \boldsymbol{A}_\gamma$. 假设在这族算子中至少有一个算子 $\boldsymbol{A}_\gamma$ 是紧的, 那么 H 中存在一组标准正交基 $\{\boldsymbol{z}_n\}$, 使得每个 $\boldsymbol{z}_n$ 都是所有算子 $\boldsymbol{A}_\gamma$ 的特征向量, 即

$$\boldsymbol{A}_\gamma \boldsymbol{z}_n = \alpha_n(\gamma) \boldsymbol{z}_n. \tag{14}$$

证明 用 $\boldsymbol{A}$ 表示这族算子中的一个紧算子, α_n, $n = 1, 2 \cdots$, 为 $\boldsymbol{A}$ 的所有 (互不相同的) 特征值. 用 S_n 表示 α_n 的特征子空间, 即满足

$$\boldsymbol{A z}=\alpha_n \boldsymbol{z} \tag{14'}$$

的向量 $\boldsymbol{z}$ 组成的空间. 由定理 3, 每个 S_n 都是有限维的, 并且两两正交张成 H:

$$H=S_1\oplus S_2\oplus\cdots.$$

用其他算子 $\boldsymbol{A}_\gamma$ 作用在 (14′) 两边:

$$\boldsymbol{A}_\gamma\boldsymbol{A z}=\alpha_n\boldsymbol{A}_\gamma\boldsymbol{z};$$

所以每个 $\boldsymbol{S}_n$ 都是其他所有算子 $\boldsymbol{A}_\gamma$ 的不变子空间. 任取算子 $\boldsymbol{A}_\gamma$, 则 $\boldsymbol{A}_\gamma$ 在每个 S_n 上的限制为紧对称算子, 所以每个 S_n 都是 $\boldsymbol{A}_\gamma$ 的特征空间的正交直和. 再考虑另一个算子 $\boldsymbol{A}_\mu$. 将 $\boldsymbol{A}$ 和 $\boldsymbol{A}_\gamma$ 的每个公共特征子空间分解成 $\boldsymbol{A}_\mu$ 的特征子空间的正交直和. 由于 $\boldsymbol{S}_n$ 为有限维的, 经过有限步之后, 该过程即停止. 此时, $\boldsymbol{S}_n$ 已表示成所有算子 $\boldsymbol{A}_\gamma$ 的特征子空间的正交直和. 然后, 我们再考虑 $\boldsymbol{S}_{n+1}$; 重复上面的方法, 定理得证. □

习题 8　不用定理 3 证明, 对称算子的不同特征值的特征向量是正交的.

对于正规算子, 定理 7 有如下重要应用.

定义　称 Hilbert 空间 H 上的算子 $\boldsymbol{N}$ 为正规算子, 如果 $\boldsymbol{N}$ 和它的伴随 $\boldsymbol{N}^*$ 交换:

$$\boldsymbol{N}^*\boldsymbol{N}=\boldsymbol{N}\boldsymbol{N}^*.$$

推论 2　每个紧正规算子都有一组完备的正交特征向量集.

证明　将 $\boldsymbol{N}$ 分解为对称和反对称部分的和:

$$\boldsymbol{N}=\boldsymbol{R}+\boldsymbol{J},\quad \boldsymbol{R}=\frac{\boldsymbol{N}+\boldsymbol{N}^*}{2},\quad \boldsymbol{J}=\frac{\boldsymbol{N}-\boldsymbol{N}^*}{2}.$$

显然, $\boldsymbol{R}$ 是对称的, $\boldsymbol{J}$ 是反对称的, $\boldsymbol{N}^*=\boldsymbol{R}-\boldsymbol{J}$. 因为 $\boldsymbol{N}$ 和 $\boldsymbol{N}^*$ 可换, 故 $\boldsymbol{R}$ 和 $\boldsymbol{J}$ 可换. 利用 Schauder 定理即第 21 章定理 7, $\boldsymbol{N}$ 的紧性蕴含了 $\boldsymbol{N}^*$ 的紧性; 故 $\boldsymbol{R}$ 和 $\boldsymbol{J}$ 也是紧的.

利用定理 7, $\boldsymbol{R}$ 和 $\boldsymbol{J}$ 有一组公共特征向量作成的完备正交集; 显然, 它们也都是 $\boldsymbol{N}$ 的特征向量. □

定义　称 Hilbert 空间 H 上的有界线性算子 $\boldsymbol{U}$ 为酉算子, 如果它等距地将 H 映到自身上, 即 $\|U\boldsymbol{x}\|=\|\boldsymbol{x}\|$.

习题 9　证明: 酉算子 $\boldsymbol{U}$ 满足 $\boldsymbol{U}^*\boldsymbol{U}=\boldsymbol{I}$.

习题 10　设 $\boldsymbol{U}$ 为形如 $\boldsymbol{U}=\boldsymbol{I}+\boldsymbol{C}$ 的酉算子, 其中 $\boldsymbol{C}$ 为紧的, 则 $\boldsymbol{U}$ 的一组特征向量构成了 H 的标准正交基, 且 $\boldsymbol{U}$ 的所有特征值的绝对值都是 1.

参 考 文 献

Courant, R., Über die Eigenwerte bei den Differenzialeichungen der Mathematischen Physik.

Math. Zeitschr., **7**(1920): 1–57.

Fischer, E., Über quadratische Formen mit reellen Koefficienten. *Monatshefte Math. Phys.*, **16**(1905): 234–249.

Hilbert D., Grundzüge einer allgemeinen Theorie der linearen Integralgleichungen. *Nachr. Akad. Wiss. Göttingen. Math.-Phys. Kl*(1906): 157–227.

第 29 章　紧对称算子的例子

第 28 章建立的紧对称算子的谱理论在分析中有着广泛的应用. 本章我们将给出一些例子.

29.1　卷　　积

用 $\boldsymbol{S}^1$ 表示复平面 $\mathbb{C}$ 内的单位圆周, $H = L^2(\boldsymbol{S}^1)$ 为 $\boldsymbol{S}^1$ 上的平方可积函数构成的 Hilbert 空间. 设 a 为 $L^1(\boldsymbol{S}^1)$ 内的任一复值函数, 定义算子 $\boldsymbol{A}: H \to H$ 为 a 所作的卷积算子:

$$(\boldsymbol{A}u)(x) = \int_{\boldsymbol{S}^1} a(y)u(x-y)\mathrm{d}y. \tag{1}$$

通过变量替换, 卷积也可以表示为

$$(\boldsymbol{A}u)(x) = \int_{\boldsymbol{S}^1} a(x-y)u(y)\mathrm{d}y.$$

定理 1

(i) 卷积算子与平移算子

$$(\boldsymbol{T}_c u)(x) = u(x+c)$$

交换.

(ii) 任意两个卷积算子交换.

习题 1　证明定理 1.

定理 2

(i) 由 (1) 定义的算子 $\boldsymbol{A}$ 有界, 且

$$||\boldsymbol{A}|| \leqslant |a|_{L^1}. \tag{2}$$

(ii) $\boldsymbol{A}$ 是紧算子.

(iii) $\boldsymbol{A}$ 是正规算子.

(iv) 如果 a 满足

$$a(-x) = \overline{a}(x), \tag{3}$$

那么 $\boldsymbol{A}$ 是一个对称算子.

证明　(i)　用 Riemann 和近似 (1) 右边的积分:

$$(\boldsymbol{A}u)(x) \simeq h\sum a(nh)u(x-nh).$$

由三角不等式, 右边依范数有界:

$$||h\sum a(nh)u(x-nh)||\leqslant h\sum |a(nh)|||u||.$$

令 $h\to 0$, 对于光滑函数 a 和 u, 不等式 (2) 成立. 当 u 属于 L^2, a 属于 L^1 时, 可以通过光滑函数逼近 a 和 u, 从而 (i) 得证.

(ii) 若 a 属于 $L^2(\boldsymbol{S}^1)$, 则利用 Schwarz 不等式估计 $\boldsymbol{A}u$ 的连续模, 得

$$\begin{aligned}(\boldsymbol{A}u)(x)-(\boldsymbol{A}u)(z)&=\int[a(x-y)-a(z-y)]u(y)\,\mathrm{d}\,y\\&\leqslant\left[\int|a(x-y)-a(z-y)|^2\,\mathrm{d}\,y\right]^{\frac{1}{2}}||u||\\&=\left[\int|a(y)-a(y+z-x)|^2\,\mathrm{d}\,y\right]^{\frac{1}{2}}||u||.\end{aligned}$$

当 $z-x\to 0$ 时, 右端的积分趋于零. 这说明 L^2 的单位球在 $\boldsymbol{A}$ 下的象是一个等度连续和一致有界的函数集合. 根据 Arzela-Ascoli 定理, 这样的函数集在最大值范数下是准紧的; 因此在 L^2 范数下也是准紧的.

若 a 属于 L^1, 则可以用一列 L^2 函数 $\{a_n\}$ 依 L^1 范数逼近 a. 由 (2), 相应的算子 $\boldsymbol{A}_n$ 在算子范数下趋于 $\boldsymbol{A}$. 由于我们已经证明每个算子 $\boldsymbol{A}_n$ 都是紧的, 故 $\boldsymbol{A}$ 也是紧的. (ii) 得证.

(iii) 设 u 和 v 属于 L^2, 将 (1) 两端分别乘以 $\overline{v}(x)$, 然后积分, 得

$$(\boldsymbol{A}u,v)=\int\int a(x-y)u(y)\overline{v}(x)\mathrm{d}\,y\mathrm{d}\,x. \tag{4}$$

改变 (4) 右端的积分变量, 有

$$\int\int a(y-x)\overline{v}(y)u(x)\mathrm{d}\,y\mathrm{d}\,x=(u,\boldsymbol{A}^*v),$$

这里 $\boldsymbol{A}^*$ 是由

$$a^*(x)=\overline{a}(-x) \tag{5}$$

定义的卷积算子. 因此, $\boldsymbol{A}$ 的伴随 $\boldsymbol{A}^*$ 也是卷积算子. 由卷积算子间的可换性, $\boldsymbol{A}$ 是正规算子.

(iv) 若 a 满足 (3), 那么 $a^*=a$, 从而 $\boldsymbol{A}^*=\boldsymbol{A}$. □

根据第 28 章定理 7, 对于 Hilbert 空间 H 上的一族两两可换的对称算子, 如果它们中间至少有一个紧算子, 那么由这族算子的公共特征向量可以得到 H 的一组标准正交基. 考虑所有卷积算子 $\boldsymbol{A}$ 和平移算子 $\boldsymbol{T}$ 构成的算子族, 并对此族应用上述结果. 因此, $L^2(\boldsymbol{S}^1)$ 存在一组标准正交基 $\{e_k\}$, 使得对于每个 $e=e_k$, 有

$$a*e=\alpha e,\quad e(x+c)=\tau(c)e(x). \tag{6}$$

我们以前已经看到, 在 L^2 范数下, $e(x+c)$ 是 c 的连续函数, 所以 (6) 中的特征值 $\tau(c)$ 也是 c 的连续函数. 显然 $\tau(c)\neq 0$, 否则, 对于 $\boldsymbol{S}^1$ 上的每个 x, $e(x+c)=0$, 这与 $e(x)$ 为特征函数矛盾.

在 (6) 中交换 x 和 c 的角色:

$$e(x+c)=\tau(c)e(x)=\tau(x)e(c).$$

用 $\tau(c)\tau(x)$ 去除, 得到

$$\frac{e(x)}{\tau(x)}=\frac{e(c)}{\tau(c)}.$$

故 $e=m\tau$, 其中 m 为常数. 适当选取 e, 使 $m=1$; 此时,(6) 可重写为

$$e(x+c)=e(c)e(x). \tag{7}$$

注意到 $e\equiv\tau$ 是连续函数以及指数函数为函数方程 (7) 的唯一连续非零解. 由于 c 在 $\boldsymbol{S}^1$ 上连续, 所以它为周期函数. 故

$$e_k(x)=\mathrm{e}^{\mathrm{i}kx},\ \ k\in\mathbb{Z}. \tag{8}$$

因此, 形如 (8) 的指数函数构成了 $L^2(\boldsymbol{S}^1)$ 上的一个完备正交系.

当然有更简单的方法证明, 形如 (8) 的指数函数是完备的正交系; 但是上面的证明方法有一个很大的优点, 就是可以将 $\boldsymbol{S}^1$ 推广到一般紧的交换群上去. 正是用这种方法, Hermann Weyl 证明了指数函数集 $\{\mathrm{e}^{\mathrm{i}\xi x}:\ x\in\mathbb{R}\}$, 是所有殆周期函数空间上的完备正交集. 详看 F.Riesz 和 Sz.-Nagy 的泛函分析.

29.2　一个微分算子的逆

设

$$\boldsymbol{L}=-\partial_x^2+q,\ \ \partial_x=\frac{\mathrm{d}}{\mathrm{d}x}, \tag{9}$$

为二阶微分算子, 其作用在 $[0,2\pi]$ 上的在两端点取值为零的函数空间内, 其中 q 为连续实函数且

$$q(x)\geqslant 1. \tag{10}$$

不难证明 (见第 7 章), 对于给定的连续函数 f, 边值问题

$$\boldsymbol{L}u=f,\ \ u(0)=0,\ \ u(2\pi)=0 \tag{11}$$

存在唯一解 u. 用 $\boldsymbol{A}$ 表示解 u 和函数 f 之间的依赖关系

$$\boldsymbol{A}f=u; \tag{12}$$

总之, $\boldsymbol{A}$ 为 $\boldsymbol{L}$ 的逆. 下面证明, 由 (12) 定义的算子 $\boldsymbol{A}$ 在 $\boldsymbol{L}^2(0,2\pi)$ 范数下有界; 因此它可以连续延拓到整个 Hilbert 空间 $H=L^2$ 上.

定理 3　上述定义的算子 $\boldsymbol{A}$ 是

(i) 有界的;

(ii) 紧的;

(iii) 对称的;

(iv) 在 L^2 内积下为正的.

证明 因为 u 是二阶连续可微函数, 所以方程 (11) 两端乘以函数 u 后在区间 $[0,2\pi]$ 上可积. 由 $\boldsymbol{L}$ 的定义, 利用分部积分, 得

$$\int (u_x^2 + qu^2)\mathrm{d}x = \int uf\mathrm{d}x. \tag{13}$$

我们用 Schwarz 不等式和几何–算术平均值不等式估计右边, 用限制条件 (10) 估计左边, 得不等式

$$\int u_x^2 \mathrm{d}\,x + \frac{1}{2}\int u^2 \mathrm{d}\,x \leqslant \frac{1}{2}\int f^2 \mathrm{d}\,x.$$

因此, 算子 $\boldsymbol{A}$ 是有界的. 同时, $\boldsymbol{A}$ 将 L^2 范数下的单位球映入到满足: $||u_x||^2 \leqslant 1$ 的函数 u 组成的集合内. 根据 Rellich 原理 (见第 22 章), 该函数集合是准紧的. 故算子 $\boldsymbol{A}$ 是紧的.

(iii) $\boldsymbol{A}$ 的对称性可以借助于 L 的对称性得到. 对二次可微函数 u, v, 用分部积分, 可得

$$(\boldsymbol{L}u, v) = (u, \boldsymbol{L}v).$$

令 $\boldsymbol{L}u = f,\ \ \boldsymbol{L}v = g$, 得

$$(f, \boldsymbol{A}g) = (\boldsymbol{A}f, g).$$

(iv) 因为 (13) 的右端为 $(\boldsymbol{A}f, f)$, 所以 $\boldsymbol{A}$ 为正算子.

由于算子 $\boldsymbol{A}$ 定义在有界函数空间上且在 L^2 范数下有界, 所以它可以连续延拓到整个 L^2 函数空间上, 延拓后的算子仍具有定理 3 中所列举的性质. □

习题 2 证明: 对每个 L^2 函数 f, $\boldsymbol{A}f$ 连续并且 $Af(0) = Af(\pi) = 0$. (提示: 利用估计 $||u_x|| \leqslant \frac{1}{2}||f||$.)

在 Hilbert 空间 $H = L^2(0, 2\pi)$ 上, 我们应用第 28 章中的主要结果. 因此, 算子 $\boldsymbol{A}$ 有一组完备的正交特征向量集 $\{e_n\}$:

$$\boldsymbol{A}e_n = \alpha_n e_n. \tag{14}$$

因为 $\boldsymbol{A}$ 是正的, 所以每个 α_n 也都是正的.

用习题 2 的结果和 (14), 每个 e_n 都是连续的. 在由所有这样的函数 e 组成的集合上, $\boldsymbol{L}$ 是 $\boldsymbol{A}$ 的逆. 因此将 $\boldsymbol{L}$ 作用到 (14) 两边, 得

$$\boldsymbol{L}e_n = \lambda_n e_n,\ \ \lambda_n = \alpha_n^{-1}. \tag{14'}$$

$\boldsymbol{A}$ 的特征值 α_n 趋于零, 因此 (14′) 蕴含 $\boldsymbol{L}$ 的特征值 λ_n 趋于无穷.

29.3 偏微分算子的逆

29.2 节的分析略加改动同样适用于偏微分算子. 最简单例子是

$$\boldsymbol{L} = -\Delta, \tag{15}$$

其中 $\Delta = \sum \partial_j^2$ 为 Laplace 算子, $\partial_j = \partial/\partial x_j$. 令 G 为 $\mathbb{R}^n$ 内的域, 考虑边值问题

$$\text{在 } G \text{ 内}, Lu = f; \quad \text{在 } G \text{ 的边界上}, u = 0. \tag{16}$$

若 f 任意阶可微并且 G 有光滑边界, 则边值问题存在唯一解; 这是偏微分方程理论中的一个基本结果 (见第 7 章). 若记边值问题的解 u 为 $\boldsymbol{A}f$, 采用与 29.2 节相同的技巧, 即用分部积分可以证明: 定理 3 的结果在此情形下仍然成立. 因此我们可以将 $\boldsymbol{A}$ 连续延拓到整个空间 $H = L^2(G)$ 上. 利用第 28 章中的谱定理, $\boldsymbol{A}$ 有一组完备的正交特征向量集, 并且相应的特征值 α_n 都是正的.

采用讨论 $\boldsymbol{A}$ 为紧算子的方法, 可以证明 $\boldsymbol{A}$ 是光滑算子. 更进一步地可以证明, 当 k 充分大时, $\boldsymbol{A}^k$ 高度光滑, 即它可以将每个 $L^2(G)$ 函数映为预先给定阶的高阶可微函数. 将 $\boldsymbol{A}$ 连续作用到特征方程 $\boldsymbol{A}e = \alpha e$ 的两边 k 次, 得 $\boldsymbol{A}^k e = \alpha^k e$. 由此, 特征函数 e 充分可微. 因此, $\boldsymbol{L}\boldsymbol{A}e = e$. 将 $\boldsymbol{L}$ 应用到特征方程上, 得

$$\boldsymbol{L}e_n = \lambda_n e_n, \quad \lambda_n = \alpha_n^{-1},$$

即 e_n 也是微分算子 $\boldsymbol{L}$ 的特征函数.

上述构架可以应用到更一般的椭圆算子上. 例如, 令

$$\boldsymbol{L} = -\sum \partial_i a_{ij} \partial_j + g,$$

其中 (a_{ij}) 是一个正定矩阵, 其赋值 a_{ij} 为 x 的光滑函数, g 为非负光滑函数. 边界条件即 u 在边界上为 0, 可被其他边界条件, 如 Neumann 边界条件即 u 的法向导数在边界上为 0 代替. 但是要注意, 对于边界条件 $u = 0$, 边界的光滑性是不必要; 而对于 Neumann 条件, 这是不可以的.

$\boldsymbol{A}$ 的特征值的 Fischer 和 Courant 变分原理可以转化为 $\boldsymbol{L}$ 的特征值的变分原理. 对于第 n 个特征值的大小, 有一个十分优美的渐进估计; 参见第 28 章引用的文献 Hermann Weyl 以及 Courant.

参考文献

Weyl, H., Über die asymptotische Verteilung der Eigenwerte. *Göttinger Nachr.* (1911): 110–117.

第 30 章 迹类和迹公式

迹公式是线性代数中的一个著名结果. 此公式是说, 一个复矩阵的所有特征值的和等于该矩阵的迹, 即主对角线上所有元素的和. 1959 年, Lidskii 证明了, 对于 Hilbert 空间上的一大类紧算子, 该公式也是成立的. Lidskii 迹公式的结果相当深刻, 证明过程极富技巧性, 现已成为许多分析分支中强有力的工具.

30.1 极分解与奇异值

设 H 为可分的复 Hilbert 空间, $\boldsymbol{T}$ 为 H 上的紧算子. 用 $\boldsymbol{T}^*$ 表示 $\boldsymbol{T}$ 的伴随; 显然, 乘积 $\boldsymbol{T}^*\boldsymbol{T}$ 是一个非负对称算子. 由第 28 章中的函数演算, $\boldsymbol{T}^*\boldsymbol{T}$ 有唯一的正平方根 $\boldsymbol{A}=(\boldsymbol{T}^*\boldsymbol{T})^{1/2}$. 设 $\boldsymbol{u}$ 为 H 中的任意向量, 则

$$||\boldsymbol{Tu}||^2=(\boldsymbol{Tu},\boldsymbol{Tu})=(\boldsymbol{u},\boldsymbol{T}^*\boldsymbol{Tu})=(\boldsymbol{u},\boldsymbol{A}^2\boldsymbol{u})=(\boldsymbol{Au},\boldsymbol{Au})=||\boldsymbol{Au}||^2. \tag{1}$$

在 (1) 中, 用 $\boldsymbol{u}-\boldsymbol{v}$ 代替向量 $\boldsymbol{u}$, 我们可以得到: 若 $\boldsymbol{Au}=\boldsymbol{Av}$ 则 $\boldsymbol{Tu}=\boldsymbol{Tv}$. 因此, 在 $\boldsymbol{A}$ 的值域上, 可以定义算子

$$\boldsymbol{U}: \boldsymbol{Au}\to\boldsymbol{Tu}. \tag{2}$$

由 (1), $\boldsymbol{U}$ 在 $\boldsymbol{A}$ 的值域上是一个等距.

用 R 表示 $\boldsymbol{A}$ 的值域. 在 R 的正交补上, 补充定义算子 $\boldsymbol{U}$ 为 0:

$$\boldsymbol{Un}=0,\ \ n\perp R.$$

设 $\boldsymbol{n}$ 和 $\boldsymbol{v}$ 为 H 中的向量, 且 $\boldsymbol{n}\perp R$, 则 $(\boldsymbol{n},\boldsymbol{U}^*\boldsymbol{v})=(\boldsymbol{Un},\boldsymbol{v})=0$; 因此 $\boldsymbol{U}^*$ 将 H 映入到 $R^\perp$ 的正交补内, 从而 $\boldsymbol{U}^*$ 的值域包含在 R 的闭包 $\overline{R}$ 内. 我们断言:

$$\boldsymbol{U}^*\boldsymbol{Uw}=\boldsymbol{w},\ \ \boldsymbol{w}\in\overline{R}. \tag{3}$$

为此, 令 $\boldsymbol{z}$ 和 $\boldsymbol{w}$ 为 $\overline{R}$ 内的向量, 因为 $\boldsymbol{U}$ 在 R 上是等距算子, 所以它保持 $\overline{R}$ 中的内积:

$$(\boldsymbol{z},\boldsymbol{w})=(\boldsymbol{Uz},\boldsymbol{Uw})=(\boldsymbol{z},\boldsymbol{U}^*\boldsymbol{Uw}).$$

故 $(\boldsymbol{z},\boldsymbol{U}^*\boldsymbol{Uw}-\boldsymbol{w})=0$. 再由 $\boldsymbol{z}$ 的任意性, 得

$$(\boldsymbol{U}^*\boldsymbol{Uw}-\boldsymbol{w})\perp\overline{R}.$$

另一方面, $\boldsymbol{U}^*$ 将 H 映入到 $\overline{R}$ 内, 所以 $\boldsymbol{U}^*\boldsymbol{Uw}-\boldsymbol{w}$ 属于 $\overline{R}$. 因此, $\boldsymbol{U}^*\boldsymbol{Uw}-\boldsymbol{w}$ 属于 $\overline{R}$ 且与 $\overline{R}$ 正交. 故 $\boldsymbol{U}^*\boldsymbol{Uw}=\boldsymbol{w}$, 即 (3) 得证.

我们总结一下包含在 (2) 和 (3) 内的信息.

定理 1 每个紧算子 $\boldsymbol{T}$ 都可以分解为

$$\boldsymbol{T}=\boldsymbol{UA}, \tag{2'}$$

其中 $\boldsymbol{A}$ 为正对称算子, $\boldsymbol{U}$ 在 $\boldsymbol{A}$ 的值域上满足: $\boldsymbol{U}^*\boldsymbol{U}=\boldsymbol{I}$.

算子 $\boldsymbol{A}$ 称为 $\boldsymbol{T}$ 的绝对值, $(2')$ 称为 $\boldsymbol{T}$ 的极分解.

定理 1 不仅对紧算子而且对所有有界线性算子都是正确的. 在上述证明过程中, 唯一用到紧性的地方就是 $\boldsymbol{T}^*\boldsymbol{T}$ 的正平方根的存在性. 在第 31 章将证明, 每个正对称算子都有平方根.

当 $\boldsymbol{T}$ 为紧算子时, $\boldsymbol{T}$ 的绝对值 $\boldsymbol{A}$ 也是紧算子. 由于 $\boldsymbol{A}$ 是正的紧对称算子, 所以它的非零谱点都是正特征值. 我们用 $\{s_j\}$ 表示 $\boldsymbol{A}$ 的所有非零特征值并按照递减的顺序排列它们:

$$s_1 \geqslant s_2 \geqslant \cdots \geqslant s_n \geqslant \cdots.$$

正数 s_j 称为 $\boldsymbol{T}$ 的奇异值, 记为 $s_j(\boldsymbol{T})$.

习题 1　证明: 对于每个 j, $s_j(\boldsymbol{T})$ 在算子范数拓扑下是 $\boldsymbol{T}$ 的连续的函数.

30.2　迹类, 迹范数, 迹

定义　Hilbert 空间 H 到自身内的紧算子 $\boldsymbol{T}$ 称为迹类算子, 如果

$$\sum_1^\infty s_j(\boldsymbol{T}) < \infty. \tag{4}$$

级数和 (4) 称为 $\boldsymbol{T}$ 的迹范数:

$$||\boldsymbol{T}||_{\mathrm{tr}} = \sum s_j(\boldsymbol{T}). \tag{4'}$$

习题 2　证明 $||\boldsymbol{T}|| \leqslant ||\boldsymbol{T}||_{\mathrm{tr}}$.

下述定理列举了迹范数的基本性质.

定理 2　令 $\boldsymbol{T}$ 为迹类算子, $\boldsymbol{B}$ 为任意有界线性算子, 则

(i) $||\boldsymbol{T}||_{\mathrm{tr}} = ||\boldsymbol{T}^*||_{\mathrm{tr}}$;

(ii) $||\boldsymbol{BT}||_{\mathrm{tr}} \leqslant ||\boldsymbol{B}||\,||\boldsymbol{T}||_{\mathrm{tr}}$;

(iii) $||\boldsymbol{TB}||_{\mathrm{tr}} \leqslant ||\boldsymbol{B}||\,||\boldsymbol{T}||_{\mathrm{tr}}$;

(iv) 对任意两个迹类算子 $\boldsymbol{T}$ 和 $\boldsymbol{S}$, 则 $\boldsymbol{T}+\boldsymbol{S}$ 为迹类算子且

$$||\boldsymbol{T}+\boldsymbol{S}||_{\mathrm{tr}} \leqslant ||\boldsymbol{T}||_{\mathrm{tr}} + ||\boldsymbol{S}||_{\mathrm{tr}}.$$

总之, 迹类算子集合在伴随运算下封闭, 是所有有界算子组成的代数的双边理想. 迹范数满足三角不等式.

证明　(i)　我们将证明 $s_j(\boldsymbol{T}) = s_j(\boldsymbol{T}^*)$. 由定义, $\boldsymbol{T}^*$ 的奇异值为 $\boldsymbol{T}^{**}\boldsymbol{T}^* = \boldsymbol{TT}^*$ 的平方根的正特征值. 我们断言: $\boldsymbol{TT}^*$ 和 $\boldsymbol{T}^*\boldsymbol{T}$ 有相同的正特征值. 要证明此断言, 令 λ 为 $\boldsymbol{T}^*\boldsymbol{T}$ 的正特征值, $\boldsymbol{z}$ 为相应的特征向量:

$$\boldsymbol{T}^*\boldsymbol{Tz} = \lambda\boldsymbol{z},\ \ \lambda \neq 0.$$

两边用 $\boldsymbol{T}$ 作用, 得

$$\boldsymbol{T}\boldsymbol{T}^*\boldsymbol{T}\boldsymbol{z}=\lambda\boldsymbol{T}\boldsymbol{z};$$

这就证明了 λ 为 $\boldsymbol{T}\boldsymbol{T}^*$ 的特征值, $\boldsymbol{T}\boldsymbol{z}$ 为相应的特征向量; 注意到 $\lambda\neq 0$ 蕴含了 $\boldsymbol{T}\boldsymbol{z}$ 不等于 0. 因此, 上述断言成立. 又因为 $\boldsymbol{A}=(\boldsymbol{T}^*\boldsymbol{T})^{1/2}$, 所以 $\boldsymbol{A}$ 的特征值为 $\boldsymbol{T}^*\boldsymbol{T}$ 的特征值的平方根. 因此, $s_j(\boldsymbol{T})=s_j(\boldsymbol{T}^*)$, 此证明了 (i).

习题 3 试举一例说明: 存在有界线性算子 $\boldsymbol{T}$, 使得 0 是 $\boldsymbol{T}^*\boldsymbol{T}$ 的特征值, 但 0 不是 $\boldsymbol{T}\boldsymbol{T}^*$ 的特征值.

(ii) 和 (iii): 我们将证明 $s_j(\boldsymbol{B}\boldsymbol{T})\leqslant||\boldsymbol{B}||s_j(\boldsymbol{T})$. 要推导此不等式, 需要证明, $\boldsymbol{B}\boldsymbol{T}$ 的绝对值的平方小于 $||\boldsymbol{B}||$ 倍的 $\boldsymbol{T}$ 的绝对值的平方; 这是因为, 由于相应的二次型满足不等式

$$(\boldsymbol{T}^*\boldsymbol{B}^*\boldsymbol{B}\boldsymbol{T}\boldsymbol{u},\boldsymbol{u})=||\boldsymbol{B}\boldsymbol{T}\boldsymbol{u}||^2\leqslant||\boldsymbol{B}||^2||\boldsymbol{T}\boldsymbol{u}||^2=||\boldsymbol{B}||^2(\boldsymbol{T}^*\boldsymbol{T}\boldsymbol{u},\boldsymbol{u}),$$

所以

$$(\boldsymbol{B}\boldsymbol{T})^*(\boldsymbol{B}\boldsymbol{T})\leqslant||\boldsymbol{B}||^2\boldsymbol{T}^*\boldsymbol{T}.$$

由第 28 章定理 5, 第 j 个特征值函数 s_j 是一个单调函数, 故

$$s_j^2(\boldsymbol{B}\boldsymbol{T})\leqslant||\boldsymbol{B}||^2s_j^2(\boldsymbol{T}).\tag{5}$$

先取平方根, 然后对 j 求和, 得不等式 (ii).

由于每个有界线性算子和它的伴随有相同的奇异值, 所以 (5) 蕴含了

$$s_j(\boldsymbol{T}\boldsymbol{B})=s_j(\boldsymbol{B}^*\boldsymbol{T}^*)\leqslant||\boldsymbol{B}^*||^2s_j(\boldsymbol{T}^*)=||\boldsymbol{B}||s_j(\boldsymbol{T}).\tag{5'}$$

对 j 求和, 可得 (iii).

要证明 (iv), 我们首先给出迹类算子及迹范数的另一个刻画:

$$||\boldsymbol{T}||_{\mathrm{tr}}=\sup\sum_n|(\boldsymbol{T}f_n,e_n)|,\tag{6}$$

这里的上确界取遍所有的标准正交基对 $\{f_n\}$ 和 $\{e_n\}$. 要证明此刻画, 我们只需证明 (6) 的右边不会超过左边 $||\boldsymbol{T}||_{\mathrm{tr}}$, 并且适当选一对标准正交基 $\{f_n\}$ 和 $\{e_n\}$ 后, 右边相应的和正好等于左边 $||\boldsymbol{T}||_{\mathrm{tr}}$.

设 $\{s_j\}$ 为 $\boldsymbol{A}$ 的依递减顺序排列的正特征值列 (含重数), 令 $\boldsymbol{z}_j$ 为归一化的特征向量:

$$\boldsymbol{A}\boldsymbol{z}_j=s_j\boldsymbol{z}_j,\quad ||\boldsymbol{z}_j||=1,$$

且 $\{\boldsymbol{z}_j\}$ 构成了 $\boldsymbol{A}$ 的值域闭包 $\overline{R}$ 的标准正交基; 此时, 任取 $\boldsymbol{A}$ 的特征值 0 的特征空间中的一组标准正交基, 则连同 $\{\boldsymbol{z}_j\}$, 它们构成了 H 的一组标准正交基. 因此, 对 H 中的任意向量 $\boldsymbol{f}$, 有展开式

$$\boldsymbol{A}\boldsymbol{f}=\sum_j s_j(\boldsymbol{f},\boldsymbol{z}_j)\boldsymbol{z}_j.$$

两边用 $\boldsymbol{U}$ 作用, 并利用极分解 $\boldsymbol{T}=\boldsymbol{U}\boldsymbol{A}$, 得

$$\boldsymbol{Tf} = \sum_j s_j(\boldsymbol{f}, \boldsymbol{z}_j)\boldsymbol{w}_j, \tag{7}$$

其中 $\boldsymbol{w}_j = \boldsymbol{U}\boldsymbol{z}_j$. 根据定理 1, $\{\boldsymbol{w}_j\}$ 构成了 $\boldsymbol{T}$ 的值域的一组正交基. 用 H 中的任意向量 $\boldsymbol{e}$ 与 (7) 作内积:

$$(\boldsymbol{Tf}, \boldsymbol{e}) = \sum_j s_j(\boldsymbol{f}, \boldsymbol{z}_j)(\boldsymbol{w}_j, \boldsymbol{e}). \tag{7'}$$

对于 H 的任意一对标准正交基 $\{\boldsymbol{f}_n\}$ 和 $\{\boldsymbol{e}_n\}$, 在 (7′) 中, 令 $\boldsymbol{f} = \boldsymbol{f}_n$, $\boldsymbol{e} = \boldsymbol{e}_n$, 然后对 $\boldsymbol{n}$ 求和, 得

$$\sum_n (\boldsymbol{Tf}_n, \boldsymbol{e}_n) = \sum_n \sum_j s_j(\boldsymbol{f}_n, \boldsymbol{z}_j)(\boldsymbol{w}_j, \boldsymbol{e}_n). \tag{8}$$

我们断言, 右边的双级数绝对收敛且不大于 $||\boldsymbol{T}||_{\text{tr}}$. 要证明此断言, 我们交换双级数的求和顺序: 先对 n 求和, 并应用 Schwarz 不等式, 则 (8) 的右边有估计:

$$\sum_j s_j \left(\sum_n |(\boldsymbol{f}_n, \boldsymbol{z}_j)|^2 \sum_n |(\boldsymbol{w}_j, \boldsymbol{e}_n)|^2 \right)^{1/2}.$$

由 Parseval 等式,

$$\sum_n |(\boldsymbol{f}_n, \boldsymbol{z}_j)|^2 = ||\boldsymbol{z}_j||^2 = 1, \quad \sum_n |(\boldsymbol{w}_j, \boldsymbol{e}_n)|^2 = ||\boldsymbol{w}_j||^2 = 1.$$

故 (8) 的右边有上界 $\sum_j s_j = ||\boldsymbol{T}||_{\text{tr}}$.

要完成 (iv) 的证明, 分别用 $\boldsymbol{A}$ 的值域正交补和 $\boldsymbol{T}$ 的值域正交补的任意标准正交基延拓 $\{\boldsymbol{z}_j\}$ 和 $\{\boldsymbol{w}_j\}$, 使之成为 H 中的两组标准正交基. 在 (7′) 中, 令 $\boldsymbol{f} = \boldsymbol{z}_n$, $\boldsymbol{e} = \boldsymbol{w}_n$. 注意到, $\boldsymbol{U}$ 在 $\boldsymbol{A}$ 的值域上等距算子, 所以

$$(\boldsymbol{T}\boldsymbol{z}_n, \boldsymbol{w}_n) = (\boldsymbol{UA}\boldsymbol{z}_n, \boldsymbol{U}\boldsymbol{z}_n) = s_n.$$

对 n 求和, 我们得到 (6) 中的等式.

因为 (6) 的右边是 $\boldsymbol{T}$ 的线性泛函的绝对值的和的上确界, 所以它是 $\boldsymbol{T}$ 的次可加函数. 因此若 $\boldsymbol{S}$ 和 $\boldsymbol{T}$ 为迹类算子, 则 $\boldsymbol{S} + \boldsymbol{T}$ 也是迹类算子且迹范数满足三角不等式. □

习题 4 证明在迹范数下, 所有迹类算子构成了一个完备的线性空间.

Hilbert 空间上的每个有界线性算子 $\boldsymbol{T}$ 在任意一组标准正交基 $\{\boldsymbol{f}_n\}$ 下都可以表示成无限矩阵的形式, 此矩阵的 (m,n) 元素为 $(\boldsymbol{Tf}_n, \boldsymbol{f}_m)$. 因此, 此矩阵的迹为

$$\sum_n (\boldsymbol{Tf}_n, \boldsymbol{f}_n), \tag{9}$$

当然条件是此级数收敛.

定理 3 对于每个迹类算子 $\boldsymbol{T}$, 级数 (9) 绝对收敛且级数和与标准正交基 $\{\boldsymbol{f}_n\}$ 的选取无关. 级数 (9) 的和称为 $\boldsymbol{T}$ 的迹, 记为 $\text{tr}\,\boldsymbol{T}$.

证明 在 (8) 中, 令 $\boldsymbol{e}_n = \boldsymbol{f}_n$, 得

$$\sum_n (\boldsymbol{T}\boldsymbol{f}_n, \boldsymbol{f}_n) = \sum_n \sum_j s_j(\boldsymbol{f}_n, \boldsymbol{z}_j)(\boldsymbol{w}_j, \boldsymbol{f}_n). \tag{10}$$

我们已经证明了右边的双级数收敛且收敛和不大于 $\|\boldsymbol{T}\|_{\text{tr}}$.

要证明迹与标准正交基的选取无关, 我们在上述双级数中, 改变求和顺序, 先对 n, 然后再对 j 求和. 用 Parseval 关系

$$\sum_n (\boldsymbol{f}_n, \boldsymbol{z}_j)(\boldsymbol{w}_j, \boldsymbol{f}_n) = (\boldsymbol{w}_j, \boldsymbol{z}_j);$$

重新整理 (10) 为

$$\operatorname{tr} \boldsymbol{T} = \sum_j s_j(\boldsymbol{w}_j, \boldsymbol{z}_j); \tag{11}$$

显然, 右边与标准正交基 $\{\boldsymbol{f}_n\}$ 的选取无关. □

下面给出迹的几个基本性质.

定理 4 设 $\boldsymbol{T}$ 为迹类算子, 则

(i) $|\operatorname{tr} \boldsymbol{T}| \leqslant \|\boldsymbol{T}\|_{\text{tr}}$;

(ii) $\operatorname{tr} \boldsymbol{T}$ 为 $\boldsymbol{T}$ 的线性泛函;

(iii) $\operatorname{tr} \boldsymbol{T}^* = \overline{\operatorname{tr} \boldsymbol{T}}$;

(iv) 对任意有界线性算子 $\boldsymbol{B}$, $\operatorname{tr} \boldsymbol{B}\boldsymbol{T} = \operatorname{tr} \boldsymbol{T}\boldsymbol{B}$.

证明 不等式 (i) 的证明包含在 (8) 的收敛性证明过程中. 由迹的定义 (9), 不难证明 (ii) 和 (iii). 要证明 (iv), 我们以 (7) 开始. 用 $\boldsymbol{B}$ 作用在 (7) 两边:

$$\boldsymbol{B}\boldsymbol{T}f = \sum s_j(\boldsymbol{f}, \boldsymbol{z}_j)\boldsymbol{B}\boldsymbol{w}_j.$$

因此,

$$(\boldsymbol{B}\boldsymbol{T}\boldsymbol{f}, \boldsymbol{f}) = \sum s_j(\boldsymbol{f}, \boldsymbol{z}_j)(\boldsymbol{B}\boldsymbol{w}_j, \boldsymbol{f}).$$

令 $\boldsymbol{f} = \boldsymbol{f}_n$, 然后对 n 求和. 改变双级数的求和顺序并用 Parseval 关系 (如同导出 (11) 的过程一样), 得

$$\operatorname{tr} \boldsymbol{B}\boldsymbol{T} = \sum s_j(\boldsymbol{T})(\boldsymbol{B}\boldsymbol{w}_j, \boldsymbol{z}_j). \tag{12}$$

另一方面, 用 $\boldsymbol{B}\boldsymbol{f}$ 代替 (7) 中的 $\boldsymbol{f}$, 成立

$$\boldsymbol{T}\boldsymbol{B}\boldsymbol{f} = \sum_j s_j(\boldsymbol{T})(\boldsymbol{B}\boldsymbol{f}, \boldsymbol{z}_j)\boldsymbol{w}_j = \sum s_j(\boldsymbol{T})(\boldsymbol{f}, \boldsymbol{B}^*\boldsymbol{z}_j)\boldsymbol{w}_j.$$

仿照证明 (12) 的过程, 得

$$\operatorname{tr} \boldsymbol{T}\boldsymbol{B} = \sum s_j(\boldsymbol{T})(\boldsymbol{w}_j, \boldsymbol{B}^*\boldsymbol{z}_j) = \sum s_j(\boldsymbol{T})(\boldsymbol{B}\boldsymbol{w}_j, \boldsymbol{z}_j),$$

这正是 $\operatorname{tr} \boldsymbol{B}\boldsymbol{T}$ 的公式 (12). 因此, (iv) 得证. □

30.3 迹 公 式

迹理论中最深刻、最重要的性质就是迹公式, 它是由 Lidskii 在 1959 年给出的.

定理 5　迹类算子的迹等于该算子的所有特征值的和:

$$\operatorname{tr}\boldsymbol{T}=\sum\lambda_j(\boldsymbol{T}). \tag{13}$$

等式 (13) 称为迹公式.

证明　若 $\boldsymbol{T}$ 为正规迹类算子, 由第 28 章推论 2, 我们可以选取 $\boldsymbol{T}$ 的一组正交特征向量 $\{\boldsymbol{f}_n\}$ 作为 H 的标准正交基. 由 (9),

$$\operatorname{tr}\boldsymbol{T}=\sum(\boldsymbol{T}\boldsymbol{f}_n,\boldsymbol{f}_n)=\sum\lambda_n,$$

即 (13) 成立.

若 $\boldsymbol{T}$ 不是正规的, 那么满足上述条件的标准正交基 $\{\boldsymbol{f}_n\}$ 不存在; 但此时 $\boldsymbol{T}$ 有广义特征向量集 $\{\boldsymbol{w}_n\}$:

$$\boldsymbol{T}\boldsymbol{w}_n=\lambda_n\boldsymbol{w}_n,\quad \text{或}\quad \boldsymbol{T}\boldsymbol{w}_n=\lambda_n\boldsymbol{w}_n+\boldsymbol{w}_{n-1}.$$

对 $\{\boldsymbol{w}_n\}$, 用 Gram-Schmidt 正交化过程得标准正交基 $\{\boldsymbol{f}_n\}$. 由于 $\boldsymbol{f}_n$ 是 $w_1,w_2,\cdots,w_n$ 的线性组合, 从而

$$\boldsymbol{T}\boldsymbol{f}_n=\lambda_n\boldsymbol{f}_n+\boldsymbol{f}_1,\boldsymbol{f}_2,\cdots,\boldsymbol{f}_{n-1}\text{ 的线性组合}.$$

由于 $\{\boldsymbol{f}_n\}$ 是标准正交的, 故

$$(\boldsymbol{T}\boldsymbol{f}_n,\boldsymbol{f}_n)=\lambda_n.$$

假若 $\{\boldsymbol{f}_n\}$ 构成了整个 Hilbert 空间 H 的一组标准正交基, 那么上式对 n 求和同样可以建立迹公式. 当 $\boldsymbol{T}$ 的所有特征向量和广义特征向量生成整个空间 H 时, 这种情形发生; 否则, 我们用 $\boldsymbol{T}$ 的所有特征向量和广义特征向量组成集合的正交补子空间上的标准正交基 $\{\boldsymbol{h}_m\}$ 延拓 $\{\boldsymbol{f}_n\}$, 从而得到整个 Hilbert 空间 H 上的标准正交基. 此时, $\boldsymbol{T}$ 的迹等于

$$\operatorname{tr}\boldsymbol{T}=\sum(\boldsymbol{T}\boldsymbol{f}_n,\boldsymbol{f}_n)+\sum(\boldsymbol{T}\boldsymbol{h}_m,\boldsymbol{h}_m)=\sum\lambda_n+\sum(\boldsymbol{T}\boldsymbol{h}_m,\boldsymbol{h}_m). \tag{14}$$

我们现在的任务就是要证明右边的第二个和式为 0. 为此, 我们需要几个引理.

引理 6　设 $\boldsymbol{T}$ 为 Hilbert 空间 H 上的紧算子, K 为 $\boldsymbol{T}$ 的特征向量和广义特征向量的正交补子空间, 则

(i) K 是 $\boldsymbol{T}^*$ 的不变子空间;

(ii) $\boldsymbol{T}^*$ 在 K 上的谱由单点 $\lambda=0$ 组成.

证明　设 $\boldsymbol{u}$ 为 K 中的向量, $\boldsymbol{e}$ 为 $\boldsymbol{T}$ 的特征向量或广义特征向量:

$$\boldsymbol{T}\boldsymbol{e}=\lambda\boldsymbol{e}+\boldsymbol{f},$$

其中 $\boldsymbol{f}$ 为广义特征向量. 由 K 的定义, $\boldsymbol{u}$ 和 $\boldsymbol{e}$, $\boldsymbol{f}$ 正交, 所以 $\boldsymbol{T}^*\boldsymbol{u}$ 与 $\boldsymbol{e}$ 正交, 这是因为

$$(\boldsymbol{e},\boldsymbol{T}^*\boldsymbol{u})=(\boldsymbol{T}\boldsymbol{e},\boldsymbol{u})=(\lambda\boldsymbol{e}+\boldsymbol{f},\boldsymbol{u})=0.$$

因此, $\boldsymbol{T}^*\boldsymbol{u}$ 属于 K. 故 (i) 得证.

(ii)　由 Schauder 定理, 紧算子 $\boldsymbol{T}$ 的伴随 $\boldsymbol{T}^*$ 也是紧算子. 若 λ 为 $\boldsymbol{T}^*$ 在 K 上的非零特征值, 则 λ 为 $\boldsymbol{T}^*$ 在 H 上的特征值且重数有限. 依第 21 章定理 6, 存

在某个正整数 i 使得 $(\boldsymbol{T}^*-\lambda)^i$ 和 $(\boldsymbol{T}^*-\lambda)^{i+1}$ 有相同的零空间并且此零空间真包含了 $(\boldsymbol{T}^*-\lambda)^{i-1}$ 的零空间. 设 $\boldsymbol{u}$ 为 K 中的向量, 且 $\boldsymbol{u}$ 属于 $(\boldsymbol{T}^*-\lambda)^i$ 的零空间但不属于 $(\boldsymbol{T}^*-\lambda)^{i-1}$ 的零空间, 则方程

$$(\boldsymbol{T}^*-\lambda)\boldsymbol{v}=\boldsymbol{u}$$

无解; 因为, 这样的解 $\boldsymbol{v}$ 属于 $(\boldsymbol{T}^*-\lambda)^{i+1}$ 的零空间, 但 $\boldsymbol{v}$ 不属于 $(\boldsymbol{T}^*-\lambda)^i$ 的零空间, 此与 i 的选取矛盾. 因此, $\boldsymbol{u}$ 不属于 $\boldsymbol{T}^*-\lambda$ 的值域. 由第 21 章中的定理 8 即 Fredholm 变换, 存在 $\boldsymbol{T}$ 的特征向量 $\boldsymbol{w}$, $(\boldsymbol{T}-\overline{\lambda})\boldsymbol{w}=0$, 使得 $\boldsymbol{w}$ 和 $\boldsymbol{u}$ 不正交. 但是这是不可能的, 因为 $\boldsymbol{u}$ 属于 K, $\boldsymbol{u}$ 应与 $\boldsymbol{T}$ 的所有特征向量正交, 从而 $\boldsymbol{u}$ 和 $\boldsymbol{w}$ 正交. 因此 $\boldsymbol{T}^*$ 在 K 上不存在非零特征值. □

若 $\boldsymbol{T}$ 是迹类算子, 则 $\boldsymbol{T}^*$ 也是. 由迹类算子的刻画 (6), $\boldsymbol{T}^*$ 在其不变子空间 K 上的限制也是迹类算子.

我们现在返回到公式 (14). 该公式右边的第二个和式可以改写为

$$\sum(\boldsymbol{h}_m,\boldsymbol{T}^*\boldsymbol{h}_m)=\overline{\sum(\boldsymbol{T}^*\boldsymbol{h}_m,\boldsymbol{h}_m)}.$$

由于 $\{\boldsymbol{h}_m\}$ 为 K 中的标准正交基, 所以该级数和正是 $\boldsymbol{T}^*$ 在 K 上的迹的复共轭. 由下述的 Lidskii 引理, 此和为零, 进而迹公式成立.

Lidskii 引理 设 $\boldsymbol{T}$ 为迹类算子, 若除 0 外, $\boldsymbol{T}$ 没有其他特征值, 则 $\operatorname{tr}\boldsymbol{T}=0$.

本节其余的内容将致力于上述命题的证明. 我们先用奇异值给出紧算子的特征值的一个估计.

引理 7 设 $\boldsymbol{T}$ 为紧算子, 令 λ_n, $n=1,2,\cdots$ 为 $\boldsymbol{T}$ 的所有非零特征值 (包括重数) 且按照绝对值的降序排列; 设 $s_j(\boldsymbol{T})$, $j=1,2,\cdots$ 为 $\boldsymbol{T}$ 的所有奇异值, 同样按降序排列, 则对任意自然数 N,

$$\prod_1^N|\lambda_j|\leqslant\prod_1^N s_j(\boldsymbol{T}).\tag{15}$$

证明 用 E_N 表示 $\boldsymbol{T}$ 的前 N 个特征向量生成的闭子空间, $\boldsymbol{P}_N$ 表示 H 到 E_N 上的正交投影. 用 $\boldsymbol{T}_N$ 表示 $\boldsymbol{T}$ 在不变子空间 E_N 上的限制. 若用 $\boldsymbol{A}_N$ 表示 $\boldsymbol{T}_N$ 的绝对值, 则

$$\boldsymbol{T}_N=\boldsymbol{U}_N\boldsymbol{A}_N.\tag{16}$$

由于 λ_j 非零, 所以 $\boldsymbol{T}_N$ 为可逆算子. 因此, $\boldsymbol{U}_N$ 是可逆算子, 进而为酉算子. (16) 两边取行列式, 得

$$|\det\boldsymbol{T}_N|=\det\boldsymbol{A}_N.$$

由于矩阵的行列式为其特征值的乘积, 因此上述等式变为

$$\prod_1^N|\lambda_j|=\prod_1^N\lambda_j(\boldsymbol{A}_N).\tag{17}$$

由于 $\boldsymbol{TP}_N$ 在 E_N 上的作用为矩阵 $\boldsymbol{T}_N$, 而在 E_N 的正交补 $E_N^{\perp}$ 上的作用为 0, 所以 $\boldsymbol{TP}_N$ 的绝对值在 E_N 上为 $\boldsymbol{A}_N$, 在 $E_N^{\perp}$ 上为 0. 故 $\lambda_j(\boldsymbol{A}_N) = s_j(\boldsymbol{TP}_N)$, $j = 1, 2, \cdots, N$. 由不等式 (5′),

$$s_j(\boldsymbol{TP}_N) \leqslant ||\boldsymbol{P}_N||\ s_j(\boldsymbol{T}) = s_j(\boldsymbol{T}). \tag{17′}$$

又 $\lambda_j(\boldsymbol{A}_N) = s_j(\boldsymbol{TP}_N)$, 所以将 (17′) 代入 (17) 的右边, 可得 (15). □

借助于下列命题, 我们可以给出 $|\lambda_j|$ 和 s_j 之间的关系.

引理 8 设 $a_1 \geqslant a_2 \geqslant \cdots$ 和 $b_1 \geqslant b_2 \geqslant \cdots$ 为两个单调递减的实数列, 并且满足: 对任意的自然数 N,

$$\sum_1^N a_j \leqslant \sum_1^N b_j. \tag{18}$$

若 F 为 $\mathbb{R}$ 上的凸函数且 $\lim_{t\to-\infty} F(t) = 0$, 则对任意自然数 N, 有

$$\sum_1^N F(a_j) \leqslant \sum_1^N F(b_j). \tag{18′}$$

证明 满足引理条件的所有函数 F 形成一个凸锥. 由 14.2 节, 此凸锥的每个端射线为形如

$$F(x) = \begin{cases} 0, & \text{当 } x \leqslant z, \\ x - z, & \text{当 } z \leqslant x \end{cases}$$

的折线, 其中 z 为任意实数. 对于每个端射线 F, (18′) 可以约化为

$$\sum_1^P (a_j - z) \leqslant \sum_1^Q (b_j - z), \tag{19}$$

这里

$$\text{当 } j \leqslant P \text{ 时, } a_j \geqslant z; \quad \text{当 } j > P \text{ 时, } a_j < z;$$
$$\text{当 } j \leqslant Q \text{ 时, } b_j \geqslant z; \quad \text{当 } j > Q \text{ 时, } b_j < z.$$

要证明 (19), 我们观察到 (19) 的右边又可以刻画为

$$\max_M \sum_1^M (b_j - z).$$

当 $M = P$ 时, (18) 蕴含了 $\sum_1^M (b_j - z)$ 大于 (19) 的左边. 故 (19) 成立.

由 14.2 节, 满足引理 8 条件的每个函数 F 为端射线上的点的凸组合. 因为不等式 (18′) 的两边为 F 的线性函数以及 (18′) 对每个端射线成立, 所以对所有的函数 F, (18′) 也都成立. □

不等式 (15) 两边取对数, 令

$$a_j = \ln|\lambda_j(\boldsymbol{T})|, \quad b_j = \ln s_j(\boldsymbol{T}),$$

则 (18) 成立. 若令 $F(x) = \mathrm{e}^x$, 则 (18′) 蕴含

$$\sum_{1}^{N}|\lambda_j(\boldsymbol{T})| \leqslant \sum_{1}^{N} s_j(\boldsymbol{T}). \tag{20}$$

若取 $F(x)=\ln(1+re^{x}),\quad r>0$, 则 (18′) 蕴含

$$\prod_{1}^{N}(1+r|\lambda_j|) \leqslant \prod_{1}^{N}(1+rs_j). \tag{21}$$

要估计 $\boldsymbol{T}$ 的迹, 我们用有限维投影逼近 $\boldsymbol{T}$. 令 $\{\boldsymbol{h}_n\}$ 为 Hilbert 空间 H 的一组标准正交基, 用 $\boldsymbol{P}_N$ 表示 H 到 $\boldsymbol{h}_1,\boldsymbol{h}_2,\cdots,\boldsymbol{h}_N$ 生成子空间上的投影, 用 $\boldsymbol{T}_N$ 表示 $\boldsymbol{T}$ 在 $\boldsymbol{P}_N$ 的值域上的投影:

$$\boldsymbol{T}_N=\boldsymbol{P}_N\boldsymbol{T}\boldsymbol{P}_N. \tag{22}$$

引理 9 设 $\boldsymbol{T}$ 是一个无非零特征值的迹类算子, $\boldsymbol{T}_N$ 由 (22) 定义, 则

(i) $\boldsymbol{T}_N$ 一致逼近 $\boldsymbol{T}$, 即

$$\lim_{N\to\infty}||\boldsymbol{T}_N-\boldsymbol{T}||=0;$$

(ii) $\lim \operatorname{tr}\boldsymbol{T}_N=\operatorname{tr}\boldsymbol{T}$;

(iii) 若用 σ_N 表示 $\boldsymbol{T}_N$ 的谱半径, 则 $\lim_{N\to\infty}\sigma_N=0$.

证明 对任意紧算子 $\boldsymbol{T}$, (i) 都成立的; (ii) 是迹的定义.

(iii) 由题设, 对于每个 $\lambda\neq 0$, $\boldsymbol{T}-\lambda$ 可逆. 对任意 δ, 令 $m(\delta)=m$ 表示

$$m=\max_{|\lambda|\geqslant\delta}||(\boldsymbol{T}-\lambda)^{-1}||.$$

由 (i), 我们可以选取 $M(\delta)$ 充分大, 使得当 $N>M(\delta)$ 时,

$$||\boldsymbol{T}_N-\boldsymbol{T}||<\frac{1}{m}.$$

对于这样的 N 和 $|\lambda|\geqslant\delta$, $(\boldsymbol{T}_N-\boldsymbol{T})(\boldsymbol{T}-\lambda)^{-1}$ 的范数小于 1. 因此当 $|\lambda|\geqslant\delta$ 时,

$$\boldsymbol{T}_N-\lambda=\boldsymbol{T}_N-\boldsymbol{T}+\boldsymbol{T}-\lambda=[(\boldsymbol{T}_N-\boldsymbol{T})(\boldsymbol{T}-\lambda)^{-1}+\boldsymbol{I}](\boldsymbol{T}-\lambda)$$

可逆, 进而 $\sigma_N<\delta$. □

用 $\lambda_j^{(N)}$, $j=1,2,\cdots,N$, 表示 $\boldsymbol{T}_N$ 的特征值, D_N 表示多项式

$$D_N(\lambda)=\prod_{1}^{N}(1-\lambda\lambda_j^{(N)}). \tag{23}$$

引理 10 在复数域内的每个有界集内, 极限

$$\lim_{N\to\infty}D_N(\lambda)=e^{-\lambda\alpha},\quad \alpha=\operatorname{tr}\boldsymbol{T}$$

一致成立.

证明 对 (23) 取对数和导数:

$$\frac{D_N'}{D_N}=-\sum_j\frac{\lambda_j^{(N)}}{1-\lambda\lambda_j^{(N)}},\quad D_N'=\mathrm{d}\,D_N/\mathrm{d}\,\lambda.$$

由于每个 $|\lambda_j^{(N)}|\leqslant\sigma_N$, 将右边的每项在 $|\lambda|<1/\sigma_N$ 内展成几何级数的形式:

$$\frac{D_N'}{D_N} = -\sum_j \sum_{k=1}^{\infty} \lambda^{k-1} \lambda_j^{(N)k} = -\sum_{k=1}^{\infty} S_k^{(N)} \lambda^{k-1}, \tag{24}$$

这里

$$S_k^{(N)} = \sum_{j=1}^{N} \lambda_j^{(N)k}.$$

粗略估计每个 $S_k^{(N)}$. 由于 $|\lambda_j^{(N)}| \leqslant \sigma_N$, 所以 $|S_k^{(N)}| \leqslant \sigma_N^{k-1} \sum |\lambda_j^{(N)}|$. 对算子 $\boldsymbol{T}_N$ 应用 (20) 并由定理 2, 得

$$|S_k^{(N)}| \leqslant \sigma_N^{k-1} ||\boldsymbol{T}_N||_{\text{tr}} \leqslant \sigma_N^{k-1} ||\boldsymbol{T}||_{\text{tr}}, \quad k > 1. \tag{25}$$

而当 $k = 1$ 时, 有

$$S_1^{(N)} = \operatorname{tr} \boldsymbol{T}_N. \tag{25$'$}$$

此时, 将 (24) 改写为

$$\frac{D_N'}{D_N} + \operatorname{tr} \boldsymbol{T} = \operatorname{tr} \boldsymbol{T} - S_1^{(N)} - \sum_{k=2}^{\infty} S_k^{(N)} \lambda^{k-1}.$$

两边取绝对值, 并利用 (25) 及 (25$'$). 在 $|\lambda| < 1/\sigma_N$ 内将幂级数求和, 得

$$\left| \frac{D_N'}{D_N} + \operatorname{tr} \boldsymbol{T} \right| \leqslant |\operatorname{tr} \boldsymbol{T} - \operatorname{tr} \boldsymbol{T}_N| + \frac{|\lambda| \sigma_N}{1 - |\lambda| \sigma_N} ||\boldsymbol{T}||_{\text{tr}}.$$

令 $N \to \infty$, 则引理 9 的 (ii) 和 (iii) 蕴含了极限

$$\lim_{N \to \infty} \left| \frac{D_N'}{D_N} + \operatorname{tr} \boldsymbol{T} \right| = 0$$

在关于 λ 的紧集内一致成立. 将上式对 λ 积分并注意到 $D_N(0) = 1$, 我们得到引理 10. □

用 D_N 的定义 (23) 如下估计 $|D_N(\lambda)|$:

$$|D_N(\lambda)| \leqslant \prod_1^N (1 + |\lambda| \, |\lambda_j^{(N)}|).$$

对算子 $\boldsymbol{T}_N$ 应用不等式 (21), 其中的参数 r 取 $|\lambda|$. 此时, 上式的右边小于

$$\prod_1^N (1 + |\lambda| s_j(\boldsymbol{T}_N)).$$

根据 (17$'$), $s_j(\boldsymbol{T}_N) \leqslant s_j(\boldsymbol{T})$. 因此, 得到不等式

$$|D_N(\lambda)| \leqslant \prod_1^N (1 + |\lambda| s_j(\boldsymbol{T})).$$

令 $N \to \infty$, 再由引理 10, 得

$$|\mathrm{e}^{-\lambda \alpha}| \leqslant \prod_1^{\infty} (1 + |\lambda| s_j(\boldsymbol{T})).$$

对右边第 M 个乘积因子后面的所有因子应用不等式 $1 + r \leqslant \mathrm{e}^r$, 得到

$$|e^{-\lambda\alpha}| \leqslant \prod_1^M (1+|\lambda|s_j)\exp\left(|\lambda|\sum_{M+1}^{\infty} s_j\right) = P_M(|\lambda|)e^{|\lambda|\varepsilon_M}, \tag{26}$$

这里 P_M 为 M 阶的多项式, $\varepsilon_M = \sum_{M+1}^{\infty} s_j$.

取 λ 使得 $-\lambda\alpha$ 为正值, 并令 $|\lambda|$ 趋于无穷. 在此过程中, 由于多项式的增长要比指数函数的增长慢得多, 所以 (26) 蕴含了 $|\alpha| \leqslant \varepsilon_M$. 又因为当 M 趋于无穷时, ε_M 趋于 0, 所以 $\alpha = 0$. 由引理 10, $\operatorname{tr}\boldsymbol{T} = \alpha$. 故 $\operatorname{tr}\boldsymbol{T} = 0$. 我们完成了 Lidskii 引理. □

本节中迹公式的证明归功于 Gohberg 和 Krein. 引理 7 和引理 8 是由 Hermann Weyl 导出的. Lidskii 的原始证明依赖于指数型整函数的 Hadamard 分解理论.

利用自伴迹类算子生成的复线性空间, Lidskii 定义了一般的迹类算子; 而在 Dunford-Schwartz 的迹类算子的定义中, 这类算子被定义为两个 Hilbert-Schmidt 算子的乘积, 见 30.8 节. 迹公式虽然也出现在 Dunford-Schwartz 文献中, 但它的证明并没有参考 Lidskii 的证明. 在质疑声中, Jack Schwartz 仍认为他独立地发现和证明了迹公式.

30.4 行 列 式

本节将简述 $\boldsymbol{I}+\boldsymbol{T}$ 的行列式的定义和基本性质, 其中 $\boldsymbol{T}$ 为迹类算子. 此理论的一套完整讨论由 Gohberg,Goldberg 和 Kasshoek 得出.

对于有限值域的退化算子 $\boldsymbol{G}$, 行列式的定义来源于线性代数. 设 $\boldsymbol{G}$ 为作用在 Hilbert 空间 H 上的有有限值域的算子, 令 K 为 H 的有限维子空间且包含了 $\boldsymbol{G}$ 值域. 在 K 的任意一组标准正交基下, $\boldsymbol{I}+\boldsymbol{G}$ 在 K 上有矩阵表示. 该矩阵的行列式与正交基和子空间 K 的选取都无关. 因此, 此矩阵的行列式可以被定义为算子 $\boldsymbol{I}+\boldsymbol{G}$ 的行列式. 行列式有如下性质:

$$\det(\boldsymbol{I}+\boldsymbol{G})(\boldsymbol{I}+\boldsymbol{F}) = \det(\boldsymbol{I}+\boldsymbol{G})\det(\boldsymbol{I}+\boldsymbol{F}), \tag{27a}$$

$$\det(\boldsymbol{I}+\boldsymbol{G}) = \prod_1^N (1+\lambda_j), \tag{27b}$$

这里 λ_j 为 $\boldsymbol{G}$ 在 K 上的特征值 (包含重数). 对于不同的子空间 K, 会有不同数目的零特征值, 但这显然不会影响 (27b) 右边的值.

每个迹类算子都可以用退化算子在迹范数下逼近. 例如, 取极分解 $\boldsymbol{T} = \boldsymbol{U}\boldsymbol{A}$. 用 $\boldsymbol{A}_N = \boldsymbol{A}\boldsymbol{P}_N$ 逼近 $\boldsymbol{A}$, 这里 $\boldsymbol{P}_N$ 为 H 到 $\boldsymbol{A}$ 的前 N 个特征向量生成子空间上的投影. 由迹范数的定义, 当 N 趋于 ∞ 时, $||\boldsymbol{T}-\boldsymbol{U}\boldsymbol{A}_N||_{\text{tr}}$ 趋于 0. 对于这样的逼近, 我们有如下结果.

引理 设 $\boldsymbol{T}$ 为迹类算子, $\{\boldsymbol{T}_N\}$ 为一列退化算子且在迹范数下收敛于 $\boldsymbol{T}$, 则 $\{\det(\boldsymbol{I}+$

$\boldsymbol{T}_N)\}$ 收敛且此极限与退化算子列 $\{\boldsymbol{T}_N\}$ 的选择无关. 此极限被定义为 $\boldsymbol{I}+\boldsymbol{T}$ 的行列式, 仍用 $\det(\boldsymbol{I}+\boldsymbol{T})$ 表示.

上述定义的行列式仍具有 (27) 所列的两个性质, 这也是行列式理论中的基本结果. 有关证明可参考 GGK.

在第 24 章, 我们研究了 Fredholm 理论; 此理论建立在 $\boldsymbol{I}+\boldsymbol{K}$ 的行列式概念的基础上, 其中 $\boldsymbol{K}$ 为有连续核的一维积分算子. 在 30.6 节, 我们将证明, 并非所有这样的算子 $\boldsymbol{K}$ 都是迹类算子. 因此, 行列式的定义可被推广.

30.5　迹类算子的例子和反例

本节将研究 Hilbert 空间 $H=L^2[0,1]$ 上的一维积分算子 $\boldsymbol{K}$:

$$(\boldsymbol{K}u)(s)=\int_0^1 K(s,t)u(t)\mathrm{d}\,t. \tag{28}$$

我们主要处理有连续核的积分算子. 回想一下, 在第 24 章我们已经证明了这样的积分算子为 $C[0,1]$ 到自身内的紧算子.

习题 5　证明核连续的积分算子 $\boldsymbol{K}$ 为 $L^2[0,1]$ 到自身内的紧算子.

积分算子 $\boldsymbol{K}$ 的伴随 $\boldsymbol{K}^*$ 也是积分算子, 它的核为 $\boldsymbol{H}^*(s,t)$, 即 $\boldsymbol{H}(s,t)$ 的共轭转置:

$$\boldsymbol{H}^*(s,t)=K(t,s).$$

显然, $\boldsymbol{K}$ 为对称算子, 当且仅当 $\boldsymbol{K}$ 的核斜对称即 $\boldsymbol{H}^*=\boldsymbol{H}$.

由对称算子的谱理论, H 中存在对称算子 $\boldsymbol{K}$ 的特征函数组成的完备标准正交集, 并且相应的特征值 k_j 都是实的且以 0 为聚点:

$$\boldsymbol{K}e_j=k_je_j. \tag{29}$$

由于 $\boldsymbol{K}$ 将每个 L^2 函数映为连续函数, 所以每个非零特征值 k_j 的特征函数 e_j 都是连续函数. 因此, 当核为实函数时, 积分算子 $\boldsymbol{K}$ 的特征函数可以选择为实函数.

下述结果是一个著名的定理, 最早是由 Mercer 于 1909 年在对策论中证明的.

定理 11(Mercer)　*设 $K(s,t)$ 为二元实值对称连续函数, 若 (28) 定义的积分算子 $\boldsymbol{K}$ 为通常意义下正算子:*

$$(\boldsymbol{K}u,u)\geqslant 0,\quad u\in H,$$

则核 $K(s,t)$ 可展成一致收敛级数的形式:

$$K(s,t)=\sum k_je_j(s)e_j(t), \tag{30}$$

其中 k_j 为 $\boldsymbol{K}$ 的特征值, e_j 为相应的归一化特征函数.

证明　我们先注意一个基本事实: 正积分算子的核在对角上是非负的; 若不然, 则存在某个 r 使得 $K(r,r)<0$. 由 $K(s,t)$ 的连续性, 当 s,t 充分接近 r 时, $K(s,t)$

为负值. 因此, 对支撑充分接近 (r,r) 的非负函数 u, 内积

$$(\boldsymbol{K}u,u)=\int\int K(s,t)u(t)u(s)\mathrm{d}\,s\mathrm{d}\,t$$

必定为负值; 此与 $\boldsymbol{K}$ 为正算子矛盾.

令 K_N 为 (30) 右边级数的部分和:

$$K_N(s,t)=\sum_1^N k_j e_j(s)e_j(t).$$

用 $\boldsymbol{K}_N$ 表示以 $K_N(s,t)$ 为核的积分算子. 易见, $\boldsymbol{K}-\boldsymbol{K}_N$ 为正算子, 因为它的特征函数为 e_j, 特征值为 k_j $(j>N)$ 或 0. 因此, $\boldsymbol{K}-\boldsymbol{K}_N$ 的核 $K-K_N$ 在对角上是非负的:

$$0\leqslant K(s,s)-\sum_1^N k_j e_j^2(s). \tag{31}$$

因此, 级数

$$\sum k_j e_j^2(s) \tag{30'}$$

的部分和一致有界. 又注意到, 对于每个 s, (30′) 为正项级数, 从而收敛. 由 Dini 定理, 函数项级数 (30′) 关于 $s\in[0,1]$ 一致收敛. 用 (31), 借助于 Schwarz 不等式, 可以证明 (30) 右边级数关于 s,t 一致收敛.

设 (30) 右边的级数一致收敛于 $\boldsymbol{K}_\infty$. 我们断言: $\boldsymbol{K}_\infty=\boldsymbol{K}$. 要证明此断言, 我们令 $\boldsymbol{K}_\infty$ 表示以 $\boldsymbol{K}_\infty$ 为核的积分算子. 由 $\boldsymbol{K}_\infty$ 的定义, e_j 为 $\boldsymbol{K}_\infty$ 的特征函数, 相应的特征值为 k_j. 因此, $\boldsymbol{K}$ 和 $\boldsymbol{K}_\infty$ 在每个 e_j 上, 进而在所有 e_j 的线性组合上, 有相同的作用. 又算子 $\boldsymbol{K}$ 和 $\boldsymbol{K}_\infty$ 将正交于所有 e_j 的函数映为 0, 因此对所有函数 u, $\boldsymbol{K}(u)=\boldsymbol{K}_\infty(u)$. 故 $\boldsymbol{K}$ 和 $\boldsymbol{K}_\infty$ 有相同的核, 即 $\boldsymbol{K}_\infty=\boldsymbol{K}$. □

习题 6 证明: 以不恒为零的连续函数为核的积分算子为非零算子.

在 (30) 中, 令 $s=t$, 再沿 s 积分, 得

$$\int K(s,s)\mathrm{d}\,s=\sum k_j. \tag{32}$$

因为正对称算子的特征值为它的奇异值, 故我们有如下推论.

推论 11A 满足 Mercer 定理假设的积分算子是迹类算子.

推论 11B 满足 Mercer 定理假设的积分算子的迹等于核沿对角的积分.

公式 (32) 在更一般的条件下也成立.

定理 12 设 $\boldsymbol{K}$ 是一个有连续核 K 的积分算子, 若 $\boldsymbol{K}$ 为迹类算子, 则 $\boldsymbol{K}$ 的迹等于核 K 沿对角的积分.

证明 我们首先考虑 K 为光滑函数的情形. 此时, K 可以展成一致收敛级数的形式, 如展成 Lagrange 多项式 f_n 的级数形式:

$$K(s,t)=\sum k_{j,m}f_j(s)f_m(t),$$

其中系数 $k_{j,m}$ 可由通常的正交展开式中的公式:

$$k_{j,m}=\int\int K(s,t)f_j(s)f_m(t)\mathrm{d}s\mathrm{d}t$$

给出. 对于标准正交基 $\{f_n\}$, 我们用迹的定义 (9):

$$(\boldsymbol{K}f_n,f_n)=\int\left(\int K(s,t)f_n(t)\mathrm{d}t\right)f_n(s)\mathrm{d}s=k_{n,n}.$$

对 n 求和

$$\operatorname{tr}\boldsymbol{K}=\sum k_{n,n}.$$

另一方面, 在 $K(s,t)$ 的级数展开式中, 令 $s=t$, 有

$$K(s,s)=\sum k_{j,m}f_j(s)f_m(s).$$

对变量 s 进行积分, 并用 f_j 的标准正交性得

$$\int K(s,s)\mathrm{d}s=\sum k_{m,m};$$

这同迹 $\operatorname{tr}\boldsymbol{K}$ 的表达式是一致的. 因此, 在 K 为光滑函数的情形下, 定理结论正确.

要处理 K 仅为连续的情形, 我们需要用有光滑核的积分算子进行逼近. 为此, 我们需要如下结果.

定理 13　有光滑核 K 的积分算子 $\boldsymbol{K}$ 是迹类算子.

证明　若 $\boldsymbol{K}$ 有光滑核, 则 $\boldsymbol{K}^*$ 和 $\boldsymbol{K}^*\boldsymbol{K}$ 也都有光滑核. 我们先估计 $\boldsymbol{L}=\boldsymbol{K}^*\boldsymbol{K}$ 的第 n 个特征值 λ_n. 应用第 28 章中的 Courant 原理:

$$\lambda_n=\min_{S_{n-1}}\max_{u\perp S_{n-1}}\frac{(\boldsymbol{L}u,u)}{(u,u)}.$$

因此, 对任意 $n-1$ 维子空间 S_{n-1},

$$\lambda_n\leqslant\max_{u\perp S_{n-2}}\frac{(\boldsymbol{L}u,u)}{(u,u)}.\tag{33}$$

令 S_{n-1} 为次数小于 $n-1$ 的所有多项式组成的子空间, 对任意向量 $u\perp S_{n-1}$, 有

$$(\boldsymbol{L}u,u)=\int\int L(s,t)u(s)u(t)\mathrm{d}s\mathrm{d}t=\int\int[L(s,t)-P_n(s,t)]u(s)u(t)\mathrm{d}s\mathrm{d}t,\tag{34}$$

这里 P_n 为形如

$$P_n(s,t)=\sum_0^{n-2}a_j(s)t^j+b_j(t)s^j$$

的任一函数. 由逼近论中的结果, 每个光滑函数 $L(s,t)$ 可由形如 P_n 的函数在 L^2 范数下逼近:

$$\int\int|L-P_n|^2\mathrm{d}s\mathrm{d}t\leqslant \mathrm{M}\,n^{-b},$$

这里 M 为常数, 指数 b 与 $\boldsymbol{L}$ 所拥有的连续导数的阶数成比例. 因此, 对于每个与 S_{n-1} 正交的且 L^2 范数为 1 的向量 u, 利用 Schwarz 不等式, 有

$$\left[\int\int(L-P_n)u(s)u(t)\mathrm{d}s\mathrm{d}t\right]^2 \leqslant \int\int(L-P_n)^2\mathrm{d}s\mathrm{d}t\int\int u^2(s)u^2(t)\mathrm{d}s\mathrm{d}t \leqslant M\,n^{-b},$$

其中 M 为常数. 因此, 由 (33) 和 (34), $\lambda_n \leqslant \mathrm{M}^{\frac{1}{2}}n^{-b/2}$. 又 $\boldsymbol{L}=\boldsymbol{K}^*\boldsymbol{K}$, 所以 $\lambda_n = s_n^2(\boldsymbol{K})$, 进而有估计

$$s_n(\boldsymbol{K}) \leqslant \mathrm{M}^{\frac{1}{4}}n^{-b/4}.$$

显然, 当 $b>4$ 时, 级数 $\sum s_n(\boldsymbol{K})$ 收敛. 因此, $\boldsymbol{K}$ 为迹类算子. □

我们再返回到定理 12 的证明上来. 要用光滑核逼近 $K(s,t)$, 我们需要借助光滑化算子. 令 $p(s)$ 为有紧支集的非负 C^∞- 函数且 $\int p\mathrm{d}\,s=1$. 定义 $p_n(s)=np(ns)$ 和光滑化算子 $\boldsymbol{M}_n$:

$$(\boldsymbol{M}_n u)(s) = \int p_n(s-r)u(r)\mathrm{d}\,r.$$

令 $\boldsymbol{K}_n=\boldsymbol{M}_n\boldsymbol{K}\boldsymbol{M}_n$, 则 $\boldsymbol{K}_n$ 是一个以卷积 $K_n(s,t)$ 为核的积分算子, 其中 $K_n(s,t)$ 定义为

$$K_n(s,t) = \int\int p_n(s-r)K(r,x)p_n(x-t)\mathrm{d}\,r\ \mathrm{d}\,x.$$

此时, $K_n(s,t)$ 为 C^∞ 函数, 当 $n\to\infty$ 时, $K_n(s,t)$ 一致趋于 $K(s,t)$. 由定理 2, 迹类算子构成了有界算子环的双边理想. 又由于 $\boldsymbol{K}$ 为迹类算子, 所以 $\boldsymbol{K}_n=\boldsymbol{M}_n\boldsymbol{K}\boldsymbol{M}_n$ 为迹类算子. 在定理 12 证明中的前半部分, 我们已经证明了

$$\mathrm{tr}\boldsymbol{K}_n = \int K_n(s,s)\mathrm{d}\,s.$$

当 n 趋于 ∞ 时, 右边趋于 $\int K(s,s)\mathrm{d}\,s$. 因此, 要完成定理 12 的证明, 我们仅仅再需要证明左边趋于 $\mathrm{tr}\boldsymbol{K}$ 即可. 我们将该证明作为习题 7 留给读者.

习题 7 证明 $\lim\mathrm{tr}\,\boldsymbol{K}_n=\mathrm{tr}\,\boldsymbol{K}$. (提示: 先证明 $\boldsymbol{K}$ 为退化的情形, 再用退化算子列依迹范数逼近 $\boldsymbol{K}$.) □

在第 22 章, 我们遇到了用定积分定义的算子

$$(\boldsymbol{V}u)(s) = \int_0^s u(t)\mathrm{d}\,t.$$

在那儿, 我们证明了 $\boldsymbol{V}$ 为 $C[0,1]$ 到自身内的紧算子. 同样, 它也是 $L^2[0,1]$ 到自身内的紧算子.

习题 8 证明: $\boldsymbol{V}$ 将 $L^2[0,1]$ 内的单位球映为 $C[0,1]$ 内的紧子集.

注意 $\boldsymbol{V}$ 是一个积分算子, 积分核 $K(s,t)$

$$K(s,t)=\begin{cases}1, & \text{当 } t<s,\\ 0, & \text{当 } t>s\end{cases}$$

不连续.

在第 22 章, 我们证明了 $\boldsymbol{V}$, 作为 $C[0,1]$ 到自身内的算子, 没有特征函数. 由于 $\boldsymbol{V}$ 将 $L^2[0,1]$ 内的每个函数映为 $C[0,1]$ 内的函数, 故 $\boldsymbol{V}$, 作为 $L^2[0,1]$ 到自身内的算子, 也无特征函数. 通过计算 $\boldsymbol{V}$ 在三角基: $f_n=\cos(2\pi nt)$, $g_n=\sin(2\pi nt)$, 下的迹, 证明 $\boldsymbol{V}$ 不是迹类算子. 由计算, 当 $n\neq 0$ 时,

$$\boldsymbol{V}f_n=\frac{g_n}{2\pi n},\quad \boldsymbol{V}g_n=\frac{(1-f_n)}{2\pi n},$$

而 $(\boldsymbol{V}f_0)(s)=s$. 再计算

$$(\boldsymbol{V}f_0,f_0)=\frac{1}{2},\quad (\boldsymbol{V}f_n,f_n)=0,\quad (\boldsymbol{V}g_n,g_n)=0,\quad n\neq 0.$$

因此 $\boldsymbol{V}$ 在该三角基下的迹为 1/2; 又由于 $\boldsymbol{V}$ 在 $L^2[0,1]$ 上, 不存在特征函数, 从而 $\boldsymbol{V}$ 不是迹类算子, 否则与 Lidskii 引理矛盾.

习题 9 计算 $\boldsymbol{V}$ 的奇异值并证明 $\sum s_j(\boldsymbol{V})$ 发散. (提示: $\boldsymbol{V}^*\boldsymbol{V}$ 的逆是微分算子).

我们提醒读者注意, 第 22 章定理 5 证明了: 核为 Hölder 连续且 Hölder 指标大于 1/2 的积分算子满足迹公式的积分形式.

我们将通过问与答的形式来结束本节: 给定积分算子 $\boldsymbol{K}$, 我们如何判断它是否有非零特征值? 如果知道该算子为迹类算子, 那么计算该积分算子的核沿对角的积分值, 即可得到该算子的迹. 若迹 $\mathrm{tr}\boldsymbol{K}$ 非 0, 则迹公式蕴含: $\boldsymbol{K}$ 有非零特征值; 若 $\mathrm{tr}\boldsymbol{K}=0$, 我们将得不到任何结论. 此时, 考虑算子 $\boldsymbol{K}^2$. 算子 $\boldsymbol{K}^2$ 仍为积分算子和迹类算子; 它的核可以通过 $\boldsymbol{K}$ 的核计算得到, 迹也可由核的积分给出. 若 $\mathrm{tr}\boldsymbol{K}^2\neq 0$, 则 $\boldsymbol{K}$ 有非零的特征值; 否则, 我们再考虑 $\boldsymbol{K}^3$, 等等. 如果此过程永远不结束, 怎么办?

定理 14 设 $\boldsymbol{K}$ 是一个有连续核的积分算子, 且 $\boldsymbol{K}$ 为迹类算子, 若对所有正整数 n, 有 $\mathrm{tr}\boldsymbol{K}^n=0$, 则 $\boldsymbol{K}$ 无非零特征值.

证明 用 $\{k_j\}$ 表示 $\boldsymbol{K}$ 的所有特征值, 则 $\boldsymbol{K}^n$ 的所有特征值为 $\{k_j^n\}$, 由迹公式

$$\mathrm{tr}\boldsymbol{K}^n=\sum_j k_j^n. \tag{35}$$

由不等式 (20), $\sum|k_j|\leqslant||\boldsymbol{K}||_{tr}$. 构建解析函数

$$F(z)=\sum_j(\mathrm{e}^{k_jz}-1). \tag{36}$$

注意: 当 $|w|<1$ 时, $|\mathrm{e}^w-1|<\mathrm{e}|w|$; 因此, 级数 (36) 对所有的 z 都收敛. 对 (36) 逐项求导, 计算 $F(z)$ 在 $z=0$ 点的 Taylor 系数:

$$F(0)=0,\quad F^{(n)}(0)=\sum_j k_j^n.$$

由假设 $\mathrm{tr}\boldsymbol{K}^n=0$ 以及 (35), F 的 Taylor 系数全为零; 进而, 函数 $F(z)$ 本身恒为零. 我们断言: 所有 k_j 为 0. 否则, 不妨令 $k_1,k_2,\cdots,k_j$ 为绝对值最大的特征值. 取 z 使得 k_1z 为正实数并令 $|z|\to\infty$. 显然, (36) 的第一项决定了其余各项, 因此 $F(z)\simeq m\mathrm{e}^{|k_1||z|}$, 这里 m 为 k_1 的重数, 这与 $F(z)=0$ 矛盾. □

30.6 Poisson 和公式

本节我们将研究卷积形式的积分算子. 令 f 为圆周 S^1 上的连续函数, $\boldsymbol{T}_f=\boldsymbol{T}$ 为由 f 作卷积而定义的算子:

$$(\boldsymbol{T}u)(s)=\int_{S^1}f(s-t)u(t)\mathrm{d}\,t/2\pi. \tag{37}$$

正如第 27 章所述, $\boldsymbol{T}$ 的特征函数为指数函数 $e_n(t)=\mathrm{e}^{\mathrm{i}nt}$:

$$\boldsymbol{T}e_n=\int f(s-t)\mathrm{e}^{\mathrm{i}nt}\mathrm{d}\,t/2\pi=\int f(r)\mathrm{e}^{-\mathrm{i}nr}\mathrm{d}\,r/2\pi\,\mathrm{e}^{\mathrm{i}ns}=a_n\mathrm{e}^{\mathrm{i}ns}. \tag{38}$$

因此, $\boldsymbol{T}$ 的特征值即为 f 的 Fourier 系数 a_n.

由于积分算子 $\boldsymbol{T}$ 的核在对角上的每个点取值均为 $f(0)$, 所以若 $\boldsymbol{T}$ 为迹类算子, 则迹公式蕴含 $\mathrm{tr}\,\boldsymbol{T}=f(0)=\sum a_n$. 这等价于说, f 的 Fourier 级数在 $s=0$ 收敛于 $f(0)$, 该结论对于充分光滑的函数 f 来说是正确, 但对于仅仅连续的函数来说, 结果就不正确了, 见 11.2 节. 由此证明了: **核连续的积分算子并非都是迹类算子.**

考虑整个实直线上的当 $|s|$ 趋向无穷时的光滑急减函数 $g(s)$. 定义 $L^2(S^1)$ 到自身内的算子 $\boldsymbol{T}$:

$$(\boldsymbol{T}u)(s)=\int_{\mathbb{R}}g(s-t)u(t)\mathrm{d}\,t/2\pi. \tag{39}$$

将 $\mathbb{R}$ 表示成长度为 2π 的区间 $[2\pi m,2\pi(m+1)]$ 的并, 我们可以用 (37) 来解释算子 $\boldsymbol{T}$:

$$(\boldsymbol{T}u)(s)=\int_{S^1}\sum g(s-t+2\pi m)u(t)\mathrm{d}\,t/2\pi. \tag{35$'$}$$

$\boldsymbol{T}$ 的特征值也可由 (38) 给出; 此时,

$$a_n=\textstyle\int_{S^1}\sum g(r+2\pi m)\mathrm{e}^{-\mathrm{i}nr}\mathrm{d}\,t/2\pi=\displaystyle\int_{\mathbb{R}}g(r)\mathrm{e}^{-\mathrm{i}nr}\mathrm{d}\,r/2\pi=\widetilde{g}(n)/2\pi,$$

其中 $\widetilde{g}$ 为 g 的 Fourier 变换. 积分算子 $\boldsymbol{T}$ 的核在对角的每个点上取值为 $\sum g(2\pi m)$. 因此, 迹公式蕴含着

$$\sum g(2\pi m)=2\pi\sum\widetilde{g}(n).$$

这正是经典的 Poisson 和公式.

将上述讨论可进行推广, 如考虑用其他的 (不一定交换的) 群来代替实数加群; 优美的Selberg 迹公式就是 Poisson 和公式的一个具有深远意义的推广.

30.7 如何将算子的指标表示成迹的差

回忆一下, 第 27 章中的 Banach 空间 U 到 Banach 空间 V 内的有界算子 $\boldsymbol{F}$ 的指标. 用 N 表示 $\boldsymbol{F}$ 的零空间, R 表示 $\boldsymbol{F}$ 的值域. 假设 N 的维数和 R 的余维数都是有限的, 则它们的差被定义为 $\boldsymbol{F}$ 的指标:

$$\operatorname{ind} \boldsymbol{F} = \dim N - \operatorname{codim} R. \tag{40}$$

由第 27 章定理 1, 算子 $\boldsymbol{F}: U \to V$ 有有限指标, 当且仅当 $\boldsymbol{F}$ 存在伪逆 $\boldsymbol{G}: V \to U$, 使得

$$\boldsymbol{GF} = \boldsymbol{I} - \boldsymbol{T}, \quad \boldsymbol{FG} = \boldsymbol{I} - \boldsymbol{S}, \tag{41}$$

这里 $\boldsymbol{T}: U \to U$ 和 $\boldsymbol{S}: V \to V$ 为紧算子. 本节将研究 U 和 V 为 Hilbert 空间, $\boldsymbol{T}$ 和 $\boldsymbol{S}$ 为迹类算子的情形.

定理 15 设 U 和 V 为两个 Hilbert 空间, $\boldsymbol{F}: U \to V$ 和 $\boldsymbol{G}: V \to U$ 为两个在 (41) 意义下互为伪逆的有界线性算子. 若 (41) 中的算子 $\boldsymbol{T}: U \to U$ 和 $\boldsymbol{S}: V \to V$ 为迹类算子, 则

$$\operatorname{ind} \boldsymbol{F} = \operatorname{tr} \boldsymbol{T} - \operatorname{tr} \boldsymbol{S}. \tag{42}$$

证明 用 $\boldsymbol{F}$ 左乘 (41) 中的第一个关系式, 再用 $\boldsymbol{F}$ 右乘 (41) 中的第二个关系式, 然后将所得两式比较, 可得

$$\boldsymbol{FT} = \boldsymbol{SF}. \tag{43}$$

直和分解 U 和 V

$$U = N \oplus Z, \quad V = R \oplus W.$$

令 $\boldsymbol{P}$ 为 U 到 Z 上的正交投影. 由于 Z 的正交补为 $\boldsymbol{F}$ 的零空间 N, 故 $\boldsymbol{FP} = \boldsymbol{F}$. 将此式代入 (43), 得

$$\boldsymbol{FPT} = \boldsymbol{SF}. \tag{44}$$

注意 $\boldsymbol{PT}$ 将 Z 映入自身内, $\boldsymbol{S}$ 将 R 映入自身内, 并且 $\boldsymbol{F}$ 为 $Z \to R$ 上的可逆映射. 我们断言

$$\operatorname{tr} \boldsymbol{PT}/Z = \operatorname{tr} \boldsymbol{S}/R, \tag{45}$$

这里 $\operatorname{tr} \boldsymbol{PT}/Z$ 意指 $\boldsymbol{PT}$ 限制到不变子空间 Z 上的迹, 等等.

证明 任取 R 到 Z 上的酉算子 $\boldsymbol{M}$. 用 $\boldsymbol{M}$ 左乘 (44) 的两边得

$$\boldsymbol{MFPT} = \boldsymbol{MSF} = \boldsymbol{MSM}^{-1}\boldsymbol{MF}.$$

再用 $(\boldsymbol{MF})^{-1}$ 右乘上式

$$(\boldsymbol{MF})(\boldsymbol{PT})(\boldsymbol{MF})^{-1} = (\boldsymbol{MSM}^{-1}).$$

注意括号内的所有算子都是 $Z \to Z$ 的映射. 因此迹的可换性蕴含

$$\operatorname{tr}\boldsymbol{PT}/Z = \operatorname{tr}\boldsymbol{MSM}^{-1}/Z = \operatorname{tr}\boldsymbol{S}/R. \qquad \square$$

现在, 我们用 $\boldsymbol{PT}$ 在 Z 上的迹来计算 $\boldsymbol{T}$ 在 U 上的迹. 取 $\{\boldsymbol{n}_j\}$ 和 $\{\boldsymbol{z}_j\}$ 分别为 N 和 Z 上的标准正交基, 从而它们可构成 U 的标准正交基. 因此

$$\operatorname{tr}\boldsymbol{T} = \sum(\boldsymbol{Tn}_j, \boldsymbol{n}_j) + \sum(\boldsymbol{Tz}_j, \boldsymbol{z}_j).$$

又由于 $\boldsymbol{Pz}_j = \boldsymbol{z}_j$, 重写第二个和式为

$$\sum(\boldsymbol{Tz}_j, \boldsymbol{Pz}_j) = \sum(\boldsymbol{PTz}_j, \boldsymbol{z}_j) = \operatorname{tr}\boldsymbol{PT}/Z.$$

另一方面, $\boldsymbol{F}$ 在 N 上取值为零, 从而由 (41) 的第一个关系, $\boldsymbol{T}$ 在 N 上为恒等算子 $\boldsymbol{I}$. 因此

$$\sum(\boldsymbol{Tn}_j, \boldsymbol{n}_j) = \sum(\boldsymbol{n}_j, \boldsymbol{n}_j) = \dim N.$$

将最后三个关系式整理, 得

$$\operatorname{tr}\boldsymbol{T} = \dim N + \operatorname{tr}\boldsymbol{PT}/Z. \tag{46}$$

类似地, 我们可用 $\boldsymbol{S}$ 在 R 上的迹来计算 $\boldsymbol{S}$ 在 V 上的迹. 用 W 的标准正交基 $\{\boldsymbol{w}_j\}$ 和 R 的标准正交基 $\{\boldsymbol{r}_j\}$ 来构造 V 的标准正交基, 则

$$\operatorname{tr}\boldsymbol{S} = \sum(\boldsymbol{Sw}_j, \boldsymbol{w}_j) + \sum(\boldsymbol{Sr}_j, \boldsymbol{r}_j).$$

我们将右边第二个和式作恒等变形

$$\sum(\boldsymbol{Sr}_j, \boldsymbol{r}_j) = \operatorname{tr}\boldsymbol{S}/R.$$

利用 (41) 中的第二个关系式, 可得 $\boldsymbol{I}-\boldsymbol{S}$ 的值域包含在 R 内, 进而与 W 正交. 特别地, $((\boldsymbol{I}-\boldsymbol{S})\boldsymbol{w}_j, \boldsymbol{w}_j) = 0$. 因此

$$\sum(\boldsymbol{Sw}_j, \boldsymbol{w}_j) = \sum(\boldsymbol{w}_j, \boldsymbol{w}_j) = \dim W = \operatorname{codim} R.$$

将上述最后三个关系式整理, 得

$$\operatorname{tr}\boldsymbol{S} = \operatorname{codim} R + \operatorname{tr}\boldsymbol{S}/R. \tag{46$'$}$$

(46) 减去 (46′); 又 $\operatorname{tr}\boldsymbol{PT}/Z = \operatorname{tr}\boldsymbol{S}/R$, 故指标的迹公式 (42) 成立. $\square$

若 $\boldsymbol{G}$ 为 $\boldsymbol{F}$ 的伪逆, 但 (41) 中的 $\boldsymbol{S}$ 和 $\boldsymbol{T}$ 虽不是迹类算子却存在某个正整数 n, 使得 $\boldsymbol{S}^n$ 和 $\boldsymbol{T}^n$ 为迹类算子时 (这是可能的), 我们有如下推论.

推论 15′ 设空间 U 和 V, 算子 $\boldsymbol{F}$ 和 $\boldsymbol{G}$ 同定理 15, 算子 $\boldsymbol{S}^n$ 和 $\boldsymbol{T}^n$ 为迹类算子, 其中 n 为某个正整数, 则

$$\operatorname{ind}\boldsymbol{F} = \operatorname{tr}\boldsymbol{T}^n - \operatorname{tr}\boldsymbol{S}^n. \tag{47}$$

证明 用 $\boldsymbol{G}_n = (\sum_0^{n-1}\boldsymbol{T}^j)\boldsymbol{G}$ 代替伪逆 $\boldsymbol{G}$. 那么,

$$\boldsymbol{G}_n\boldsymbol{F} = \left(\sum_0^{n-1}\boldsymbol{T}^j\right)\boldsymbol{GF} = \left(\sum_0^{n-1}\boldsymbol{T}^j\right)(\boldsymbol{I}-\boldsymbol{T}) = \boldsymbol{I}-\boldsymbol{T}^n, \tag{48}$$

在这里, 我们用到了 (41) 中的第一个关系式. 用 (41) 中的两个关系式, 我们可导出 $\boldsymbol{TG}=\boldsymbol{GS}$. 反复用此关系, 我们又可以得到

$$\boldsymbol{F}\boldsymbol{G}_n=\boldsymbol{F}\left(\sum_0^{n-1}\boldsymbol{T}^j\right)\boldsymbol{G}=\boldsymbol{FG}\left(\sum_0^{n-1}\boldsymbol{S}^j\right)=(\boldsymbol{I}-\boldsymbol{S})\left(\sum_0^{n-1}\boldsymbol{S}^j\right)=\boldsymbol{I}-\boldsymbol{S}^n. \tag{48'}$$

再借助于定理 15 即可得 (47). □

若 (47) 对某个正整数 n 成立, 则对于充分大的所有正整数也成立: 该结果是下面习题的一个特例.

习题 10 若算子 $\boldsymbol{S}$ 和 $\boldsymbol{T}$ 满足 (41), 则 $\boldsymbol{T}$ 的每个不等于 1 的特征值都是 $\boldsymbol{S}$ 的特征值, 并且具有相同的重数.

定理 15 及其推论在算子指标的计算中起着十分重要的作用; 见 Gilkey.

30.8 Hilbert-Schmidt 类

本章的最后一个习题总结了 Hilbert 空间上的 Hilbert-Schmidt(H-S) 算子类的主要性质.

习题 11 Hilbert 空间 H 到自身内的有界算子 $\boldsymbol{K}$ 称为属于 HS 类, 如果对 H 中的某个标准正交基 $\{\boldsymbol{e}_j\}$, 使得

$$\sum||\boldsymbol{K}\boldsymbol{e}_j||^2<\infty. \tag{49}$$

(a) 证明若算子 $\boldsymbol{K}$ 在某一组标准正交基下满足 (49), 则它在任意标准正交基下也满足 (49) 并且 (49) 中的级数和与标准正交基的选择无关. 该和的平方根称为 $\boldsymbol{K}$ 的 HS 范数, 记为 $||\boldsymbol{K}||_{HS}$.

(b) 证明 $||\boldsymbol{K}||\leqslant||\boldsymbol{K}||_{HS}$.

(c) 证明若 $\boldsymbol{K}$ 为 HS 算子, 则伴随 $\boldsymbol{K}^*$ 也是 HS 算子, 并且 $||\boldsymbol{K}^*||_{HS}=||\boldsymbol{K}||_{HS}$.

(d) 证明在 HS 范数下, 所有 HS 算子构成一个完备的赋范线性空间.

(e) 证明若 $\boldsymbol{K}$ 为 HS 算子, $\boldsymbol{B}$ 为任意有界算子, 则 $\boldsymbol{KB}$ 和 $\boldsymbol{BK}$ 都是 HS 算子, 并且 HS 范数 $||\boldsymbol{KB}||_{HS}$ 和 $||\boldsymbol{BK}||_{HS}$ 都不大于 $||\boldsymbol{B}||\,||\boldsymbol{K}||_{HS}$.

(f) 证明 $\boldsymbol{K}$ 为 HS 算子, 当且仅当 $\sum s_j^2(\boldsymbol{K})<\infty$.

(g) 证明每个 HS 算子都是紧算子.

(h) 证明每个迹类算子都是 HS 算子.

(i) 证明任意两个 HS 算子 $\boldsymbol{K}$ 和 $\boldsymbol{H}$ 的乘积 $\boldsymbol{KH}$ 是一个迹类算子, 并且 $||\boldsymbol{KH}||_{\text{tr}}\leqslant||\boldsymbol{K}||_{HS}||\boldsymbol{H}||_{HS}$.

(j) 证明每个迹类算子都可以分解成两个 HS 算子的乘积.

30.9 Banach 空间上的算子的迹和行列式

Banach 空间上的算子的行列式理论最早分别是由 Lezanski 在 1953 年, Grothedieck 在 1956 年和 Sikorski 在 1961 年发展起来的. Banach 空间上的一类算子的迹公式最早起源于 König 的工作; 而研究此公式的系统方法则是由 Pietsch 在他的专著中发展而来的.

另一种研究 Banach 空间上的算子的迹和行列式的系统方法则出现在 Gohberg, Goldberg 和 Krupnik 的最近的一本专著中.

参 考 文 献

Dunford, N. and Schwartz, J. T., *Linear Operators: Part II, Spectral Theory.* Interscience-Wiley, New York, 1963; see esp. ch.XI, sec. 6.

Gilkey, P. B., *Invariance Theory,the Heat Equation and the Atiyah-Singer Index Theorem,* 2nd. ed. CRC Press, Boca Raton, FL, 1995.

Gohberg, I. C., Goldberg, S., and Kaashoek, M. A., *Classes of Linear Operators.* Vol. 1. Birkhäuser. Boston, 1990.

Gohberg, I. C., Goldberg, S., and Krupnik, N., Traces and determinants of linear operators. *Operator Theory Adv.and Appl.*, **116**(2000).

Gohberg, I. C. and Krein, M. G., Introduction to the theory of linear nonself-adjoint operators. *Nauka,* Moscow(1965); *AMS Trans. Math. Monogr.*, **18**(1969).

Grothendieck, A., La théory de Fredholm. *Bull. soc. Math.*, France, **84**(1956): 319–384.

Johnson, W. B, König, H., Maurey, B., and Retherford, J. R., Eigenvalues of p-summing and l_p-type operators in Banach spaces. *J. Funct. Anal.*, **32**(1979): 353–380.

König, H., s numbers,eigenvalues and the trace theorem in Banach spaces. *Studia Math.* **67**(1980): 157–171.

Lax, P. D., The existence of eigenvalues of integral operators. *Indiana U. Math. J.*, **42**(1993): 889–891.

Leiterer, H. and Pietsch, A., An elementary proof of Lidskii's trace theorem. *Wiss. Ztsch. Friedrich Schiller Univ. Jena, Math.-Nat. R.*, **31**(1982): 587–594.

Lezanski, T., The Fredholm theory of linear equations in Banach spaces. *Studia Math.* **13**(1953): 244–276.

Lidskii, V. B., Nonself-adjoint operators with trace. *Dokl. Akad. Nauk SSR*, **125**(1959): 485-487; *AMS Trans.* **47**(1961): 43–46.

Mercer, T., Functions of positive and negative type and their connection with the theory of integral equations. *Trans.London Phil.Soc.*(A), **209**(1909): 415–446.

Pietsch, A., *Eigenvalues and s-Numbers.* Cambridge Studies in Advanced Math. **13.** Cambridge University Press, Cambridge, 1987.

Retherford, J. R., *Compact Operators and the Trace Theorem.* London Math. Soc. Student Text, **27**, Cambridge University Press, Cambridge, 1993.

Selberg, A., Harmonic analysis and discontinuous groups in weakly symmetric Riemannian Spaces, with application to Dirichlet series. *J. Indian Math.Soc.* **20**(1956): 121–129.

Sikorski, R., The determinant theory in Banach spaces. *Colloq. Math.* **8**(1961): 141–198.

Weyl, H., Inequalities between the two kinds of eigenvalues of a linear transformations. *Proc. Nat. Acad. Sc.*, **35**(1949): 408–411.

第 31 章　对称算子、正规算子和酉算子的谱理论

本章我们研究从复 Hilbert 空间 H 到自身内的线性算子 $\boldsymbol{M}$. 假设 $\boldsymbol{M}$ 是有界的而且是对称的, 即 $\boldsymbol{M}^* = \boldsymbol{M}$. 根据伴随的定义, 这意味着 $\forall x, y \in H$,

$$(\boldsymbol{M}x, y) = (x, \boldsymbol{M}y). \tag{1}$$

习题 1　证明

(a) 可逆对称算子的逆是对称算子;

(b) 交换的对称算子的乘积是对称算子;

(c) 由对称算子构成的集合在算子的弱拓扑下是闭集.

在第 28 章中我们看到每个紧对称算子都有一组特征向量构成了 Hilbert 空间 H 的一个完备的标准正交系. 在本章中, 我们把此结果推广到有界非紧对称算子的情形. 为了说明如何这样做, 我们重新描述紧自伴算子的谱分解.

设 $\{\boldsymbol{e}_n\}$ 是紧自伴算子 $\boldsymbol{A}$ 的一组特征向量. Hilbert 空间中的每个向量 $\boldsymbol{x}$ 和 $\boldsymbol{A}\boldsymbol{x}$ 都可以展开为 Fourier 级数的形式:

$$\boldsymbol{x} = \sum a_n \boldsymbol{e}_n, \quad \boldsymbol{A}\boldsymbol{x} = \sum \lambda_n a_n \boldsymbol{e}_n. \tag{2}$$

设 $\boldsymbol{E}_m$ 是 H 到特征值 λ_n 所对应的特征子空间上的投影, 则 (2) 可以重写为

$$\boldsymbol{x} = \sum \boldsymbol{E}_n \boldsymbol{x}, \quad \boldsymbol{A}\boldsymbol{x} = \sum \lambda_n \boldsymbol{E}_n \boldsymbol{x}. \tag{2'}$$

我们引入下面的投影值测度 $\boldsymbol{E}(s)$把 (2) 中的和式重写为积分: 对 $\mathbb{R}$ 的任意 Borel 集合 S, 取

$$\boldsymbol{E}(S) = \sum_{\lambda_n \in S} E_n.$$

测度 $\boldsymbol{E}$ 的支撑集是 $\boldsymbol{A}$ 的谱. 利用上面定义的测度 $\boldsymbol{E}$, 我们把 $(2')$ 重写为

$$\boldsymbol{x} = \int \mathrm{d}\boldsymbol{E}(\lambda)\boldsymbol{x}, \quad \boldsymbol{A}\boldsymbol{x} = \int \lambda \mathrm{d}\boldsymbol{E}(\lambda)\boldsymbol{x}. \tag{3}$$

在本章中, 我们的目标是对任意的有界对称算子 $\boldsymbol{M}$, 给出形如 (3) 的谱分解. 当然在此分解中出现的投影值测度 $\boldsymbol{E}$ 不再是点测度. 下面的结果既基本又简单.

定理 1　对有界对称算子 $\boldsymbol{B}$, $(\boldsymbol{B}\boldsymbol{x}, \boldsymbol{y})$ 是一个有界斜对称形式: 对 $\boldsymbol{x}$ 线性, 对 $\boldsymbol{y}$ 斜线性.

相反地, 若 $b(x, y)$ 是一个斜对称形式

$$b(y, x) = \overline{b(x, y)}, \tag{4}$$

对 x 线性且有界: 存在常数 c, 使得对任意的 $\boldsymbol{x}, \boldsymbol{y} \in H$,

$$|b(\boldsymbol{x},\boldsymbol{y})| \leqslant c||\boldsymbol{x}||||\boldsymbol{y}||. \tag{5}$$

则存在有界对称算子 $\boldsymbol{B}$, 使得

$$\forall \boldsymbol{x},\boldsymbol{y} \in H, \quad b(\boldsymbol{x},\boldsymbol{y}) = (\boldsymbol{x},\boldsymbol{B}\boldsymbol{y}) \tag{6}$$

而且

$$||\boldsymbol{B}|| \leqslant c. \tag{7}$$

证明　第一部分的证明由 $\boldsymbol{B}$ 的对称性、Schwarz 不等式和 $\boldsymbol{B}$ 的有界性可以得到. 为证第二部分, 我们固定 $\boldsymbol{y}$ 并视 $b(\boldsymbol{x},\boldsymbol{y})$ 为 $\boldsymbol{x}$ 的有界线性泛函, 界为 $c||\boldsymbol{y}||$. 根据 Riesz 表示定理, 存在 $\boldsymbol{w} \in H$ 使得

$$b(\boldsymbol{x},\boldsymbol{y}) = (\boldsymbol{x},\boldsymbol{w}), \tag{8}$$

这里 $\boldsymbol{w}$ 由 $\boldsymbol{y}$ 唯一确定; 在 (5) 中令 $\boldsymbol{x}=\boldsymbol{w}$ 推出 $||\boldsymbol{w}|| \leqslant c||\boldsymbol{y}||$. 由于 (8) 的左端和右端对 $\boldsymbol{y}$ 和 $\boldsymbol{w}$ 分别是协对称的, 故 $\boldsymbol{w}$ 是 $\boldsymbol{y}$ 的一个线性映射:

$$\boldsymbol{w} = \boldsymbol{B}\boldsymbol{y}.$$

这证明了 (6) 和 (7). $\boldsymbol{B}$ 的对称性由 b 的对称性得到:

$$(\boldsymbol{x},\boldsymbol{B}\boldsymbol{y}) = b(\boldsymbol{x},\boldsymbol{y}) = \overline{b(\boldsymbol{y},\boldsymbol{x})} = \overline{(\boldsymbol{y},\boldsymbol{B}\boldsymbol{x})} = (\boldsymbol{B}\boldsymbol{x},\boldsymbol{y}).$$

注意, 对所有的 $\boldsymbol{x}$, $(\boldsymbol{x},\boldsymbol{B}\boldsymbol{x}) = (\boldsymbol{B}\boldsymbol{x},\boldsymbol{x})$ 是实数. □

31.1　对称算子的谱

定理 2　Hilbert 空间 H 上的有界对称算子 $\boldsymbol{M}$ 的谱是实的.

证明　我们必须证明若 $\lambda=\alpha+\mathrm{i}\beta$, $\beta \neq 0$, 则 λ 属于 $\boldsymbol{M}$ 的预解集. 定义函数 B 为

$$B(\boldsymbol{x},\boldsymbol{y}) = (\boldsymbol{x},(\boldsymbol{M}-\lambda)\boldsymbol{y}).$$

则 $\boldsymbol{B}(\boldsymbol{x},\boldsymbol{y})$ 具有第 6 章定理 6 假设中列举的三条性质.

(i) B 对 $\boldsymbol{x}$ 线性, 对 $\boldsymbol{y}$ 斜线性.

(ii) B 是有界的, 因为根据 Schwarz 不等式,

$$|B(\boldsymbol{x},\boldsymbol{y})| \leqslant ||\boldsymbol{x}||||(\boldsymbol{M}-\lambda)\boldsymbol{y}|| \leqslant ||\boldsymbol{x}||||\boldsymbol{y}||(||\boldsymbol{M}||+|\lambda|).$$

(iii) $B(\boldsymbol{y},\boldsymbol{y})$ 是下有界的,

$$B(\boldsymbol{y},\boldsymbol{y}) = (\boldsymbol{y},(\boldsymbol{M}-\lambda)\boldsymbol{y}) = (\boldsymbol{y},\boldsymbol{M}\boldsymbol{y}) - \alpha(\boldsymbol{y},\boldsymbol{y}) - \mathrm{i}\beta(\boldsymbol{y},\boldsymbol{y}).$$

上式右端前两项是实的, 第三项是虚数. 故

$$|(\boldsymbol{B}(\boldsymbol{y},\boldsymbol{y}))| \geqslant |\mathrm{Im}B(\boldsymbol{y},\boldsymbol{y})| = |\beta|||\boldsymbol{y}||^2.$$

根据第 6 章定理 6 的 Lax-Milgram 定理, $\boldsymbol{H}$ 上每个线性函数 $\ell(\boldsymbol{x})$ 可以表示为 $B(\boldsymbol{x},\boldsymbol{y})$, $\boldsymbol{y}$ 由 ℓ 唯一确定. 取 $\ell(\boldsymbol{x})=(\boldsymbol{x},\boldsymbol{z})$, 则存在唯一的 $\boldsymbol{y}$, 使得对所有的 $\boldsymbol{x}$, $B(\boldsymbol{x},\boldsymbol{y})=(\boldsymbol{x},\boldsymbol{z})$. 因为 $B(\boldsymbol{x},\boldsymbol{y})=(\boldsymbol{x},(\boldsymbol{M}-\lambda)\boldsymbol{y})$, 故 $(\boldsymbol{M}-\lambda)\boldsymbol{y}=\boldsymbol{z}$. 由于 $\boldsymbol{z}$ 是任意的, 这证明了 $(\boldsymbol{M}-\lambda)$ 是可逆的. 因此 λ 属于 $\boldsymbol{M}$ 的预解集. □

注记 由第 19 章定理 15 可以推出定理 2.

定理 3 有界对称算子 $\boldsymbol{M}$ 的谱半径等于其范数:

$$\sigma(\boldsymbol{M})| = ||\boldsymbol{M}||. \tag{9}$$

证明 利用 $\boldsymbol{M}$ 的对称性, Schwarz 不等式和 $\boldsymbol{M}^2$ 范数的定义, 对任意的 $\boldsymbol{x}$ 有

$$||\boldsymbol{Mx}||^2 = (\boldsymbol{Mx}, \boldsymbol{Mx}) = (\boldsymbol{x}, \boldsymbol{M}^2\boldsymbol{x}) \leqslant ||\boldsymbol{x}||||\boldsymbol{M}^2\boldsymbol{x}|| \leqslant ||\boldsymbol{x}||^2||\boldsymbol{M}^2||.$$

因此 $||\boldsymbol{M}||^2 \leqslant ||\boldsymbol{M}^2||$. 重复 k 次我们得到

$$||\boldsymbol{M}||^n \leqslant ||\boldsymbol{M}^n||, \quad n = 2^k.$$

由于范数是次可乘的, 相反的不等式也成立. 因此 $||\boldsymbol{M}||^n = ||\boldsymbol{M}^n||$, $n = 2^k$. 取 n 次方根, 并利用第 17 章谱半径的公式 $(12')$ 得到

$$|\sigma(\boldsymbol{M})| = \lim_{n\to\infty, n=2^k} ||\boldsymbol{M}^n||^{1/n} = ||\boldsymbol{M}||. \qquad \square$$

定理 4 设 $\boldsymbol{M}$ 是 Hilbert 空间 H 上的有界对称算子,

$$a = \inf_{||x||=1} (\boldsymbol{x}, \boldsymbol{Mx}), \quad b = \sup_{||x||=1} (\boldsymbol{x}, \boldsymbol{Mx}), \tag{10}$$

则 $\boldsymbol{M}$ 的谱包含在实数轴的闭区间 $[a,b]$ 内, 而且 $[a,b]$ 的端点 a 和 b 属于 $\boldsymbol{M}$ 的谱.

证明 设实数 $\lambda < a$. 由 a 的定义 (10), $\forall \boldsymbol{x} \in H$,

$$(\boldsymbol{x}, (\boldsymbol{M} - \lambda)\boldsymbol{x}) = (\boldsymbol{x}, \boldsymbol{Mx}) - \lambda(\boldsymbol{x}, \boldsymbol{x}) \geqslant (a - \lambda)||\boldsymbol{x}||^2.$$

因此 $(\boldsymbol{x}, (\boldsymbol{M}-\lambda)\boldsymbol{x})$ 给出了一个与 $||\boldsymbol{x}||$ 等价的范数. 每个线性函数 $l(\boldsymbol{x}) = (\boldsymbol{x}, \boldsymbol{z})$ 都可以唯一的表示为对应的内积 $(\boldsymbol{x}, (\boldsymbol{M}-\lambda)\boldsymbol{y})$. 由于这对所有的 $\boldsymbol{x}$ 成立, $(\boldsymbol{M}-\lambda)\boldsymbol{y} = \boldsymbol{z}$. 因为 $\boldsymbol{z} \in H$ 是任意的, $\boldsymbol{M} - \lambda$ 是可逆的, 故 λ 不属于 $\boldsymbol{M}$ 的谱. 我们可以类似地处理 $\lambda > b$ 的情形.

为证明 a 和 b 属于谱, 我们注意到对 $||\boldsymbol{x}|| = 1$, $|(\boldsymbol{x}, \boldsymbol{Mx})| \leqslant ||\boldsymbol{x}||||\boldsymbol{Mx}|| \leqslant ||\boldsymbol{M}||$. 因此由 a 和 b 的定义 (10),

$$|a| \leqslant ||\boldsymbol{M}||, \quad |b| \leqslant ||\boldsymbol{M}||. \tag{11}$$

另一方面, 由于谱包含在 $[a,b]$ 中,

$$|\sigma(\boldsymbol{M})| \leqslant \max\{|a|, |b|\}. \tag{11'}$$

根据 (9), $|\sigma(\boldsymbol{M})| = ||\boldsymbol{M}||$; 比较 (11) 和 $(11')$, 我们看到这只有当 $\max\{|a|, |b|\} = |\sigma(\boldsymbol{M})|$ 时成立. 特别地, 如果 $b > |a|$, 则 b 属于 $\boldsymbol{M}$ 的谱; 如果 $|a| > b$, 则 a 属于 $\boldsymbol{M}$ 的谱. 对任意常数 c, 当用 $\boldsymbol{M} + c\boldsymbol{I}$ 替换 $\boldsymbol{M}$ 时, 我们把 c 加到 $\boldsymbol{M}$ 的谱上, 同时也加到 a 和 b 上. 对 $\boldsymbol{M} + c\boldsymbol{I}$ 应用上面的结果, 并适当选择 c, 我们断定 a 和 b 都属于 $\boldsymbol{M}$ 的谱. $\square$

定理 5 设 $\boldsymbol{M}$ 和 $\boldsymbol{N}$ 是两个对称算子. 则

$$\text{dist}(\sigma(\boldsymbol{M}), \sigma(\boldsymbol{N})) \leqslant ||\boldsymbol{M} - \boldsymbol{N}||, \tag{12}$$

这里, 两个闭集 $\sigma(\boldsymbol{M})$ 和 $\sigma(\boldsymbol{N})$ 之间的距离定义为下面两个数中最大的一个:

$$\max_{\nu\in\sigma(\boldsymbol{N})} \min_{\mu\in\sigma(\boldsymbol{M})} |\nu - \mu|, \quad \max_{\mu\in\sigma(\boldsymbol{M})} \min_{\nu\in\sigma(\boldsymbol{N})} |\nu - \mu|. \tag{13}$$

证明 记 $d=||\boldsymbol{M}-\boldsymbol{N}||$. 假设 (13) 中的数有一个, 不妨设是第一个 $>d$, 则存在 $v\in\sigma(\boldsymbol{N})$ 使得

$$\min_{\mu\in\sigma(\boldsymbol{M})}|\mu-\nu|>d. \tag{14}$$

这样的 v 属于 $\boldsymbol{M}$ 的预解集, 故 $\boldsymbol{M}-v\boldsymbol{I}$ 是可逆的. 根据谱映射定理,

$$\sigma((\boldsymbol{M}-\nu\boldsymbol{I})^{-1})=(\sigma(\boldsymbol{M})-\nu)^{-1}.$$

由此及 (14) 知

$$|\sigma(\boldsymbol{M}-\nu\boldsymbol{I})^{-1}|<d^{-1}. \tag{15}$$

由于 $(\boldsymbol{M}-v\boldsymbol{I})^{-1}$ 是对称算子, 根据定理 3, 其谱半径等于范数. 故由 (15), $|(\boldsymbol{M}-\nu\boldsymbol{I})^{-1}|<d^{-1}$.

下面我们分解

$$\boldsymbol{N}-\nu\boldsymbol{I}=\boldsymbol{M}-\nu\boldsymbol{I}+\boldsymbol{N}-\boldsymbol{M}=(\boldsymbol{M}-\nu\boldsymbol{I})(\boldsymbol{I}+(\boldsymbol{M}-\nu\boldsymbol{I})^{-1}(\boldsymbol{N}-\boldsymbol{M})).$$

右边的第 2 个因子可以写为 $\boldsymbol{I}+\boldsymbol{K}$, 其中 $\boldsymbol{K}=(\boldsymbol{M}-\nu\boldsymbol{I})^{-1}(\boldsymbol{N}-\boldsymbol{M})$. 由对 $(\boldsymbol{M}-v\boldsymbol{I})^{-1}$ 的估计以及 $||\boldsymbol{N}-\boldsymbol{M}||=d$,

$$||\boldsymbol{K}||\leqslant||(\boldsymbol{M}-\nu\boldsymbol{I})^{-1}||||\boldsymbol{N}-\boldsymbol{M}||<d^{-1}d=1.$$

因此 $\boldsymbol{I}-\boldsymbol{K}$ 是可逆的 (其逆为几何级数). 由于 $(\boldsymbol{M}-v\boldsymbol{I})$ 也是可逆的, 故 $\boldsymbol{N}-v\boldsymbol{I}$ 是可逆的. 但是这与 v 属于 $\boldsymbol{N}$ 的谱矛盾. □

31.2 对称算子的函数演算

在第 28 章紧对称算子中, 我们首先构造了一个谱分解, 即特征向量的一个完备正交集, 然后利用这些向量对有界函数 f 定义 $f(\boldsymbol{M})$. 对一般的对称算子, 我们按照相反的顺序进行：首先对所有在 $\boldsymbol{M}$ 的谱上连续的实数值函数 f 定义函数演算 $f(\boldsymbol{M})$, 然后再由此构造一个谱分解.

设 q 是一个实系数多项式：

$$q(\lambda)=a_n\lambda^n+\cdots+a_0.$$

如果 $\boldsymbol{M}$ 是对称算子, 则

$$q(\boldsymbol{M})=a_n\boldsymbol{M}^n+\cdots+a_0\boldsymbol{I}$$

也是对称算子. 根据第 17 章定理 5 谱映射定理,

$$\sigma(q(\boldsymbol{M}))=q(\sigma(\boldsymbol{M})). \tag{16}$$

与定理 3 公式 (9) 结合, 我们推出

$$||q(\boldsymbol{M})||=\max_{\lambda\in\sigma(\boldsymbol{M})}|q(\lambda)|. \tag{16'}$$

设 $f(\lambda)$ 是在 $\boldsymbol{M}$ 的谱 $\sigma(\boldsymbol{M})$ 上连续的任意实值函数. 由于我们可以把 f 连续地延拓到包含 $\sigma(\boldsymbol{M})$ 的区间上, 因此可以用 $\sigma(\boldsymbol{M})$ 上的多项式一致地逼近 f. 根据 Weierstrass 逼近定理, f 在此区间上可以被多项式一致地逼近. 故存在多项式列 $\{q_n\}$, 使得

$$\lim_{n\to\infty}\max_{\lambda\in\sigma(\boldsymbol{M})}|f(\lambda)-q_n(\lambda)|=0.$$

因此 $\{q_n\}$ 是一个 Cauchy 列:

$$\lim_{m,n\to\infty}\max|q_n(\lambda)-q_m(\lambda)|=0.$$

由 (16′),

$$\lim_{n,m\to\infty}||q_n(\boldsymbol{M})-q_m(\boldsymbol{M})||=0.$$

由于 Hilbert 空间上的有界线性算子构成的空间是完备的, $\lim_{n\to\infty}q_n(\boldsymbol{M})$ 存在. 我们记此极限为 $f(\boldsymbol{M})$. 它的性质总结在下面的定理中.

定理 6 $f\to f(\boldsymbol{M})$ 是等距同构:

(i) $(f+g)(\boldsymbol{M})=f(\boldsymbol{M})+g(\boldsymbol{M})$, $(fg)(\boldsymbol{M})=f(\boldsymbol{M})g(\boldsymbol{M})$;

(ii) $||f(\boldsymbol{M})||=\max\limits_{\lambda\in\sigma(\boldsymbol{M})}|f(\lambda)|$;

(iii) $f(\boldsymbol{M})$ 是对称的且 $\sigma(f(\boldsymbol{M}))=f(\sigma(\boldsymbol{M}))$.

证明 性质 (i) 当 f 和 g 是多项式时成立; 因此对多项式的一致极限也成立.

(ii) 由于 $f(\boldsymbol{M})$ 是 $q_n(\boldsymbol{M})$ 的一致极限, $||f(\boldsymbol{M})||=\lim\limits_{n\to\infty}||q_n(\boldsymbol{M})||$. 由于 $f(\lambda)$ 是 $q_n(\lambda)$ 的一致极限,

$$\max_{\sigma(\boldsymbol{M})}|f(\lambda)|=\lim_{n\to\infty}\max_{\sigma(\boldsymbol{M})}|q_n(\lambda)|.$$

此两式与 (16′) 结合给出 (ii).

(iii) 一列线性映射的极限的伴随是它们伴随的极限. 由于每个 $p(\boldsymbol{M})$ 是对称的, 故 $f(\boldsymbol{M})$ 也是对称的. 由于 $f(\boldsymbol{M})$ 是 $q(\boldsymbol{M})$ 的一致极限, 由定理 5(12) 式, $\sigma(\boldsymbol{M})$ 是 $\sigma(q_n(\boldsymbol{M}))$ 的极限. 于是由 (16), (iii) 成立. 这完成了定理 6 的证明. □

在第 18 章中, 一个对称算子 $\boldsymbol{M}$ 称为是正的, 如果

$$\forall x\in H,\quad (\boldsymbol{M}x,x)\geqslant 0.$$

定理 7 有界对称算子 $\boldsymbol{M}$ 是正的, 当且仅当它的谱只包含非负数:

$$\sigma(\boldsymbol{M})\geqslant 0.$$

证明 (i) 假设 $\sigma(\boldsymbol{M})\geqslant 0$. 函数 $f(\lambda)=\sqrt{t}$ 在 $\sigma(\boldsymbol{M})$ 上是连续的. 根据函数演算, $\sqrt{\boldsymbol{M}}=\boldsymbol{N}$ 是满足 $\boldsymbol{N}^2=\boldsymbol{M}$ 的一个对称算子. 因此

$$(\boldsymbol{M}x,x)=(\boldsymbol{N}^2x,x)=(\boldsymbol{N}x,\boldsymbol{N}x)\geqslant 0,$$

这说明 $\boldsymbol{M}$ 是正的.

(ii) 相反地, 假设 $\boldsymbol{M}$ 是正的. 根据定理 4, $\boldsymbol{M}$ 的谱的下确界是 $a=\inf_{||x||=1}(x,\boldsymbol{M}x)$. 由于 $\boldsymbol{M}$ 是正的, $a\geqslant 0$, 这说明 $\sigma(\boldsymbol{M})\geqslant 0$. □

推论 每个正对称算子有一个正的、对称的平方根.

习题 2 证明一个正对称算子只有一个正的平方根. 它有多少个不是正的平方根?

在第 30 章定理 1 中, 我们证明了每个紧算子有一个极分解.

每个紧算子 $\boldsymbol{T}$ 可以分解为 $\boldsymbol{T}=\boldsymbol{U}\boldsymbol{A}$, 这里 $\boldsymbol{A}$ 是一个正对称算子, $\boldsymbol{U}$ 是 $\boldsymbol{A}$ 的值域上的等距, $\boldsymbol{U}$ 在 $\boldsymbol{A}$ 的值域的正交补上为零.

在极分解的构造过程中唯一一处用到紧性的地方是取 $\boldsymbol{T}^*\boldsymbol{T}$ 的平方根. 由于任意正算子都有正的平方根, 我们可以去掉紧性的假设并断定:

Hilbert 空间上每个有界线性算子都有一个极分解.

31.3　对称算子的谱分解

根据 Riesz 表示定理, 紧空间 $\sigma(\boldsymbol{M})$ 上的连续函数 f 构成的空间上的每个有界线性泛函 ℓ 都可以表示成 $\sigma(\boldsymbol{M})$ 的 Borel 子集 S 上的唯一一个全变差有限的测度 $m(S)$ 的积分. 下面我们用定理 6 中描述的函数演算, 对 H 中任意两个点 x, y, 构造泛函

$$\ell_{x,y}(f)=(f(\boldsymbol{M})x,y). \tag{17}$$

根据 Riesz 表示定理, 存在唯一确定的复测度 m, 使得

$$(f(\boldsymbol{M})x,y)=\int f(\lambda)\mathrm{d}m_{x,y}. \tag{18}$$

由于 $\ell_{x,y}$ 依赖于 x 和 y, 故测度 m 也依赖于 x 和 y; m 对 x 和 y 的依赖性反映了 ℓ 对 x 和 y 的依赖性. 我们在下面的定理中把这些性质列举出来.

定理 8　设 $m_{x,y}$ 是由 (18) 定义的 $\sigma(\boldsymbol{M})$ 上的测度.

(i) $m_{x,y}$ 关于 x 和 y 是半双线性的, 即对 x 线性, 对 y 斜线性.

(ii) $m_{x,y}$ 对 x,y 斜对称: $m_{y,x}=\overline{m_{x,y}}$.

(iii) $m_{x,y}$ 的全变差 $\leqslant ||x||||y||$.

(iv) 测度 $m_{x,x}$ 是非负的实测度.

证明　显然, 由 (17), $\ell_{x,y}$ 关于 x 线性, 关于 y 斜线性. 因为 m 由 ℓ 唯一确定, 故表示 ℓ 的测度 m 是唯一的. 因为 $m_{x+z,y}$ 和 $m_{x,y}+m_{z,y}$ 都表示 $\ell_{x+z,y}$, 故

$$m_{x+z,y}=m_{x,y}+m_{z,y}. \tag{19}$$

这证明了 (i).

(ii) 由于 $f(\boldsymbol{M})$ 是对称的, (18) 式关于 x,y 是斜对称的; 根据表示测度的唯一性, m 关于 x,y 是斜对称的.

(iii) 根据 Riesz 表示定理, 表示测度的全变差等于泛函 ℓ 的范数. 由 Schwarz 不等式和 (16′), 有

$$|\ell_{x,y}(f)|=|(f(\boldsymbol{M})x,y)|\leqslant||f(\boldsymbol{M})||||x||||y||=|f|_{\max}||x||||y||.$$

这证明了 $|\ell_{x,y}|\leqslant||x||||y||$, 故 (iii) 成立.

(iv) 根据定理 6(iii), 对实函数 f, $f(\boldsymbol{M})$ 的谱是 $f(\sigma(\boldsymbol{M}))$. 故对正函数 f, $f(\boldsymbol{M})$ 是谱为正的对称算子. 由定理 7, $f(\boldsymbol{M})$ 是正算子. 这说明了线性泛函 $\ell_{x,x}(f)=$

$(f(\boldsymbol{M})x, x)$ 是正的；因此测度 $m_{x,x}$ 也是正的. □

根据定理 8, 对 $\sigma(\boldsymbol{M})$ 的 Borel 子集 S, $m_{x,y}(S)$ 是 x 和 y 的有界的、斜对称的半双线性泛函. 由定理 1, 对每个 S, 存在一个有界对称算子 $\boldsymbol{E}(S)$ 使得

$$m_{x,y}(S) = (\boldsymbol{E}(S)x, y). \tag{20}$$

这族算子 $\{\boldsymbol{E}(S)\}$ 满足下列性质.

定理 9 设 $\boldsymbol{E}(S)$ 是由 (20) 定义的一族映射, 其中 $m_{x,y}$ 由 (18) 定义, 则

(i) $\boldsymbol{E}^*(S) = \boldsymbol{E}(S)$.

(ii) $||\boldsymbol{E}(S)|| \leqslant 1$.

(iii) $\boldsymbol{E}(\varnothing) = 0$, $\boldsymbol{E}(\sigma(\boldsymbol{M})) = \boldsymbol{I}$.

(iv) 若 $S \cap T = \varnothing$, 则 $\boldsymbol{E}(S \cup T) = \boldsymbol{E}(S) + \boldsymbol{E}(T)$.

(v) 每个 $\boldsymbol{E}(S)$ 与 $\boldsymbol{M}$ 交换.

(vi) $\boldsymbol{E}(S \cap T) = \boldsymbol{E}(S)\boldsymbol{E}(T)$.

(vii) 每个 $\boldsymbol{E}(S)$ 是正交投影. 若 S 和 T 不交, 则 $\boldsymbol{E}(S)$ 和 $\boldsymbol{E}(T)$ 的值域是正交的.

(viii) 所有的正交投影 $\boldsymbol{E}(S)$ 和 $\boldsymbol{E}(T)$ 交换.

证明 (i) 是定理 1 的一部分. (ii) 由定理 8(iii) 可得.

(iii) 由于 $m_{x,y}(\varnothing) = 0$, 故由 (18), $\boldsymbol{E}(\varnothing) = 0$. 另一方面, 令 $f(\lambda) \equiv 1$, $f(\boldsymbol{M}) = \boldsymbol{I}$, 由 (18), $\forall x, y \in H$,

$$(x, y) = \int_{\sigma(\boldsymbol{M})} \mathrm{d}m_{x,y} = (\boldsymbol{E}(\sigma(\boldsymbol{M}))x, y),$$

因此 $\boldsymbol{E}(\sigma(\boldsymbol{M})) = \boldsymbol{I}$.

(iv) 由测度 $m_{x,y}$ 的可加性得到. 为证明 (v), 我们注意到由于 $\boldsymbol{M}$ 与 $f(\boldsymbol{M})$ 交换且是对称的,

$$(f(\boldsymbol{M})\boldsymbol{M}x, y) = (\boldsymbol{M}f(\boldsymbol{M})x, y) = (f(\boldsymbol{M})x, \boldsymbol{M}y).$$

左端的泛函 f 由测度 $m_{\boldsymbol{M}x,y}$ 表示；右端的泛函由测度 $m_{x,\boldsymbol{M}y}$ 表示. 由于泛函是相同的, 对应的测度也相同：

$$m_{\boldsymbol{M}x,y} = m_{x,\boldsymbol{M}y}.$$

代入 (20) 式再一次应用 $\boldsymbol{M}$ 的对称性, 给出

$$(\boldsymbol{E}(S)\boldsymbol{M}x, y) = (\boldsymbol{E}(S)x, \boldsymbol{M}y) = (\boldsymbol{M}\boldsymbol{E}(S)x, y).$$

由于这对所有的 x 和 y 都成立, $\boldsymbol{E}(S)\boldsymbol{M} = \boldsymbol{M}\boldsymbol{E}(S)$, 此即 (v).

我们把 (vi) 的证明推迟到 31.5 节.

(vii) 在 (vi) 中令 $S = T$ 说明 $\boldsymbol{E}(S) = \boldsymbol{E}^2(S)$, 即 $\boldsymbol{E}(S)$ 是幂等. 这个代数结果的几何解释是 $\boldsymbol{E}(S)$ 是投影. 因为由 (i), $\boldsymbol{E}$ 是对称的, 故 $\boldsymbol{E}(S)$ 是正交投影. 由 (iii) 和 (vi), 若 S 和 T 是不交的, 则 $\boldsymbol{E}(S)$ 和 $\boldsymbol{E}(T)$ 的值域是正交的.

在 (vi) 中交换 S 和 T 得到 (viii). □

算子族 $\{\boldsymbol{E}(S)\}$ 是一个正交投影值测度.

习题 3 (a) 证明 $\boldsymbol{E}(S)$ 在强拓扑下是可数可加的. (提示: 利用当 S 和 T 不交时 $\boldsymbol{E}(S)$ 和 $\boldsymbol{E}(T)$ 的值域是正交的.)

(b) 证明 $\boldsymbol{E}(S)$ 在范数拓扑下不是可数可加的.

我们总结如下.

定理 9′ 设 H 是 Hilbert 空间, $\boldsymbol{M}: H \to H$ 是一个有界的对称线性算子, 则在 $\boldsymbol{M}$ 的谱上存在唯一的正交投影值测度 $\boldsymbol{E}$, 使得 $\boldsymbol{E}(S\cap T)=\boldsymbol{E}(S)\boldsymbol{E}(T)$, 且对 $\sigma(\boldsymbol{M})$ 上的所有连续函数 f,

$$f(\boldsymbol{M})=\int_{\sigma(\boldsymbol{M})} f(\lambda)\mathrm{d}\boldsymbol{E}. \tag{21}$$

这里的积分在范数拓扑下存在.

证明 (18) 和 (20) 说明 (21) 在弱拓扑下成立. 为证明 (21) 在范数拓扑下成立, 只需证明右端的 Riemann-Stieltjes 积分在范数拓扑下收敛即可. 这可以通过标准的途径结合估计式

$$||\sum a_j \boldsymbol{E}(I_j)|| \leqslant \max |a_j|$$

得到, 这里 $\cup I_j=\sigma(\boldsymbol{M})$ 是 $\sigma(\boldsymbol{M})$ 的一个有限不交分解 I_j. 估计式由 $\boldsymbol{E}(I_j)$ 的正交性得到. $\boldsymbol{E}(S)$ 的唯一性由数值测度 (18) 的唯一性可得. □

取 $f\equiv 1$ 和 $f(\lambda)\equiv\lambda$:

$$\boldsymbol{I}=\int_{\sigma(\boldsymbol{M})}\mathrm{d}\boldsymbol{E},\quad \boldsymbol{M}=\int_{\sigma(\boldsymbol{M})}\lambda\mathrm{d}\boldsymbol{E}; \tag{22}$$

(22) 称为 $\boldsymbol{M}$ 的谱分解.

31.4 绝对连续谱、奇异谱和点谱

现在我们给出谱分解的一个重要的进一步细化. 根据测度的Lebesgue 分解定理, $\mathbb{R}$ 上任意测度可以表示为支撑在可数集上的一个点测度、支撑在 Lebesgue 测度为 0 的集合上的奇异测度和关于 Lebesgue 测度绝对连续的测度的和.

我们对测度 $m_{x,y}=(\boldsymbol{E}x,y)$ 应用此结果:

$$m_{x,y}=m_{x,y}^{(p)}+m_{x,y}^{(s)}+m_{x,y}^{(c)}. \tag{23}$$

由 Lebesgue 分解的唯一性, (23) 式右端的三个测度线性地依赖于 x, 斜线性地依赖于 y. 对任意 S, 这些半双线性泛函可以表示为

$$m_{x,y}^{(p)}(S)=(\boldsymbol{E}^{(p)}(S)x,y),\quad m_{x,y}^{(S)}(S)=(\boldsymbol{E}^{(s)}x,y),\quad m_{x,y}^{(c)}(S)=(\boldsymbol{E}^{(c)}x,y).$$

这些有界对称算子 $\boldsymbol{E}^{(p)}$, $\boldsymbol{E}^{(s)}$, $\boldsymbol{E}^{(c)}$ 具有定理 9 中所列举的性质; 即每一个族都是投影值测度, 且互相正交.

分别记 $\boldsymbol{E}^{(p)}(\sigma(\boldsymbol{M}))$, $\boldsymbol{E}^{(s)}(\sigma(\boldsymbol{M}))$, $\boldsymbol{E}^{(c)}(\sigma(\boldsymbol{M}))$ 的值域为 $H^{(p)}$, $H^{(s)}$ 和 $H^{(c)}$; 它们称为 H 关于算子 $\boldsymbol{M}$ 的点子空间、奇异子空间和绝对连续子空间. 显然,

$$H^{(p)} \oplus H^{(s)} \oplus H^{(c)} = H.$$

31.5 对称算子的谱表示

谱表示是对称矩阵对角形的无限维推广.

定理 10 对 Hilbert 空间 H 中的任意向量 $\boldsymbol{x}$ 和任意连续函数 f,

$$||f(\boldsymbol{M})\boldsymbol{x}||^2 = \int |f(\lambda)|^2 \mathrm{d}m_{\boldsymbol{x},\boldsymbol{x}}, \tag{24}$$

这里测度 $m_{\boldsymbol{x},\boldsymbol{x}}$ 是公式 (18) 中出现的表示测度:

$$(f(\boldsymbol{M})\boldsymbol{x}, \boldsymbol{y}) = \int f(\lambda) \mathrm{d}m_{\boldsymbol{x},\boldsymbol{y}}. \tag{18}$$

证明 对实数值的函数 f, 由 $f(\boldsymbol{M})$ 的对称性,

$$||f(\boldsymbol{M})\boldsymbol{x}||^2 = (f(\boldsymbol{M})\boldsymbol{x}, f(\boldsymbol{M})\boldsymbol{x}) = (f^2(\boldsymbol{M})\boldsymbol{x}, \boldsymbol{x}) = \int f^2(\lambda)\mathrm{d}m_{\boldsymbol{x},\boldsymbol{x}},$$

在最后一步中, 我们应用 (18) 并以 f^2 替换 f.

对复值函数 $f = g + \mathrm{i}h$, 类似的方法可证 (24) 成立. □

$\forall \boldsymbol{x} \in H$, 用 $J_{\boldsymbol{x}}$ 表示形如 $\boldsymbol{z} = f(\boldsymbol{M})\boldsymbol{x}$ 的元素 $\boldsymbol{z}$ 构成的集合, 这里 f 取遍 $\sigma(\boldsymbol{M})$ 上的复值连续函数. 显然, $J_{\boldsymbol{x}}$ 是 $\boldsymbol{M}$ 的一个不变子空间, 即 $J_{\boldsymbol{x}}$ 被 $\boldsymbol{M}$ 映到自身中. 我们说 $J_{\boldsymbol{x}}$ 中的向量 $\boldsymbol{z} = f(\boldsymbol{M})\boldsymbol{x}$ 被函数 f表示. 当 f 赋以 $L^2(m_{\boldsymbol{x},\boldsymbol{x}})$ 范数时, (24) 说明这个表示是一个等距.

若 $\boldsymbol{z} = f(\boldsymbol{M})\boldsymbol{x}$ 由 $f(\lambda)$ 表示, 则 $\boldsymbol{M}z$ 由 $\lambda f(\lambda)$ 表示.

记 $K_{\boldsymbol{x}}$ 为 $J_{\boldsymbol{x}}$ 在 Hilbert 空间 H 中的闭包. 因为表示是等距, 故 $K_{\boldsymbol{x}}$ 中每个元素 $\boldsymbol{z}$ 都可以用 $L^2(m_{\boldsymbol{x},\boldsymbol{x}})$ 的函数 h 等距的表示出来, 且 $\boldsymbol{M}\boldsymbol{z}$ 属于 $K_{\boldsymbol{x}}$, 由 $\lambda h(\lambda)$ 表示. 相反地, $L^2(m_{\boldsymbol{x},\boldsymbol{x}})$ 中的每个函数 h 都表示了 $K_{\boldsymbol{x}}$ 中的某个元素. 称之为 $\boldsymbol{M}$ 作用在 $K_{\boldsymbol{x}}$ 上的谱表示.

在 7.1 节中, 测度 n 称为关于另一个测度 m 是绝对连续的, 如果对每个 m 测度为 0 的集合, 其 n 测度也为 0. 两个测度称为是等价的, 如果每一个关于另一个都是绝对连续的. 根据 Radon-Nikodym 定理, 每个关于测度 m 绝对连续的测度 n 都可以表示为 $\mathrm{d}n = g\mathrm{d}m$, 这里 g 是一个关于 m 可积的非零正函数.

由此可知, 若 $L^2(m)$ 是对称算子 $\boldsymbol{M}$ 的一个谱表示, 则对任意的与 m 等价的测度 n, $L^2(n)$ 也是 $\boldsymbol{M}$ 的一个谱表示. 若 $\boldsymbol{z}$ 被 $L^2(m)$ 中的函数 h 表示, 则它被 $L^2(n)$ 中的函数 $hg^{-1/2}$ 表示.

一般地, $K_{\boldsymbol{x}}$ 不是整个 H 而只是 H 的一个闭子空间. 现在我们应用包含在下面习题中的一个结果.

习题 4 设 $\boldsymbol{M}$ 是作用在 Hilbert 空间 H 上的一个对称算子, K 是 $\boldsymbol{M}$ 的一个不变子空间. 证明 K 的正交补也是 $\boldsymbol{M}$ 的不变子空间.

假设上面的 $K_{\boldsymbol{x}}$ 是 H 的一个真子空间. 任意选择和 $K_{\boldsymbol{x}}$ 正交的向量 $\boldsymbol{y}$; 根据习题 4, $\boldsymbol{M}\boldsymbol{y}$ 也与 $K_{\boldsymbol{x}}$ 正交. 由此可知, 对任意的多项式 $q(\lambda)$, $q(\boldsymbol{M})\boldsymbol{y}$ 与 $K_{\boldsymbol{x}}$ 正交. 设 $K_{\boldsymbol{y}}$ 是形如 $q(\boldsymbol{M})\boldsymbol{y}$ 的向量构成的集合的闭包. 显然, $K_{\boldsymbol{y}}$ 是 $\boldsymbol{M}$ 的一个闭不变子空间且其谱表示为 $L^2(m_{\boldsymbol{y},\boldsymbol{y}})$. 应用 Zorn 引理和上面的构造, 我们得到如下定理.

定理 11 存在 H 的一族闭子空间 $\{K_j\}$, 使得

(i) K_j 是互相正交的且它们张成 H:

$$H = K_1 \oplus K_2 \oplus \cdots. \tag{25}$$

(ii) 每个 K_j 在 $\boldsymbol{M}$ 下是不变的且其谱表示为 $L^2(m_j)$.

这样的集族 $\{K_j\}$ 称为 $\boldsymbol{M}$ 在 H 上的谱表示.

由 $\boldsymbol{M}$ 的谱表示容易导出它的谱分解. 对任意的可测集 S, 在每个 K_j 上定义算子 $\boldsymbol{E}(S)$ 如下: 在 $L^2(m_j)$ 上, $\boldsymbol{E}(S)$ 是乘以 $c_S(\lambda)$ 的乘法算子, 这里, $c_S(\lambda)$ 是 S 的特征函数

$$c_S(\lambda) = \begin{cases} 1, & \lambda \in S, \\ 0, & \text{其他}. \end{cases}$$

习题 5 验证上面定义的 $\boldsymbol{E}(S)$ 是 $\boldsymbol{M}$ 的谱分解, 即 $\{\boldsymbol{E}(S)\}$ 是具有定理 9 和定理 9′ 中所列举的性质的投影值测度.

正如定理 9′ 中解释的那样, 尽管一个给定的算子可以有许多谱表示, 由这些谱表示导出的谱分解是一样的.

现在我们考虑本节最后一个论题: 谱重度. 为简化讨论, 我们假设 Hilbert 空间 H 是可分的. 由此, 在任意的谱表示 (25) 中, 集族 $\{K_j\}$ 是可数的.

为了更进一步简化, 我们假设 $\boldsymbol{M}$ 的谱测度关于 Lebesgue 测度是绝对连续的. 根据 Radon-Nikodym 定理, 这样的测度在 $\mathbb{R}$ 的一个子集 S 上等价于 Lebesgue 测度. 在此假设下, 在定理 11 的谱表示中出现的测度 m_j 在其支撑集 S_j 上可以取为 Lebesgue 测度, 这里 m 的支撑是 $\{\lambda : m\text{在包含}\lambda\text{的任意开区间上的限制有正测度}\}$.

下面的结果容易验证: 若 $\{m_j\}$ 是由可数个测度构成的集合, 则 $\sum m_j$ 的支撑包含 m_j 的支撑的并集.

称两个测度是互相奇异的, 如果它们支撑的交的 Lebesgue 测度为 0.

引理 12 取作用在可分 Hilbert 空间 H 上的具有绝对连续谱的有界对称算子 $\boldsymbol{M}$ 的两个谱表示 (25) 和 (25′):

$$H = K_1' \oplus K_2' \oplus \cdots, \quad K_j' \leftrightarrow L^2(S_j'). \tag{25′}$$

则在相差一个零测集的意义下,

$$\cup S_j = \cup S_j'.$$

证明 任取指标 k. 设 $\boldsymbol{x}$ 是 K_k 中被 S_k 上恒等于 1 的函数表示的向量. 对任意连续函数 f,

$$(f(\boldsymbol{M})\boldsymbol{x},\boldsymbol{x})=\int_{S_k} f(\lambda)\mathrm{d}\lambda. \tag{26}$$

设 $\boldsymbol{x}$ 在 K_j' 上的投影为 $\boldsymbol{x}_j'$, $g_j(\lambda)$ 是 $L^2(S_j')$ 中表示 $\boldsymbol{x}_j'$ 的函数, 则 $\boldsymbol{x}=\sum \boldsymbol{x}_j'$, 且

$$(f(\boldsymbol{M})\boldsymbol{x},\boldsymbol{x})=\sum(f(\boldsymbol{M})\boldsymbol{x}_j',\boldsymbol{x}_j')=\sum\int f(\lambda)|g_j|^2\mathrm{d}\lambda=\int f(\lambda)|g|^2\mathrm{d}\lambda, \tag{26$'$}$$

这里 $|g|^2=\sum|g_j|^2$.

(26) 和 (26$'$) 表示了相同的有界线性泛函. 因此表示测度必定相等:

$$c_{S_k}\mathrm{d}\lambda=|g|^2\mathrm{d}\lambda.$$

左侧测度的支撑是 S_k, 右侧测度的支撑包含在 $\cup S_j'$. 因此 $S_k\subset\cup S_j'$. 交换 (25) 和 (25$'$), 我们证明了引理 12. □

定义 在谱表示 (25) 中, 点 λ 的谱重度是包含 λ 的集合 S_j 的个数 $\sum c_{S_j}(\lambda)$; S_j 是表示 (25) 中第 j 个测度 m_j 的支撑集. λ 的谱重度可以是 0、任意自然数或 ∞.

谱表示不是唯一的, 因为它的构造过程中包含许多任意的选择. 故谱重度函数是不是不变量还没有弄清楚, 对给定有界对称算子的谱表示也是这样. 根据 E. Hellinger 的一个经典的结果, 我们得到如下定理.

定理 13 设 $\boldsymbol{M}$ 是可分 Hilbert 空间 H 上一个有界对称算子, $\boldsymbol{M}$ 的谱是绝对连续的. 设 $H=K_1\oplus K_2\oplus\cdots$ 是 $\boldsymbol{M}$ 的任意谱分解, 使得 $K_j\leftrightarrow L^2(S_j)$ 且 $\boldsymbol{M}$ 的作用是由 λ 所做乘法.

对 $\boldsymbol{M}$ 的所有谱表示, 谱重度 $\sum c_{S_j}(\lambda)$ 都相等.

证明 我们利用分裂和组合这两个简单的运算对谱分解进行重排.

分裂. 假设 H 的子空间 K 的谱表示为 $L^2(m)$, m 是 $\mathbb{R}$ 上的测度. 把 m 分裂为互相奇异的测度的和 $m=\sum m_j$. 每个 $L^2(m_j)$ 表示了 K 的闭子空间 K_j; 它们的直和 $K_1\oplus K_2\oplus\cdots$ 是 K 的谱分解.

组合. 这是分裂的逆. 假设 $\{K_j\}$ 是 H 的一族互相正交的子空间, K_j 的谱表示为 $L^2(m_j)$. 假设 m_j 互相奇异, 则 $K=K_1\oplus K_2\oplus\cdots$ 的谱表示是 $L^2(m)$, $m=\sum m_j$.

我们利用分裂和组合把谱表示

$$H=K_1\oplus K_2\oplus\cdots,\quad K_j\leftrightarrow L^2(S_j)$$

重排为如下的标准形式: 把 S_j 分解为

$$S_j=\cup S_j^k,$$

这里 S_j^k 是 S_j 的只属于 k 个 s_l 的点构成的子集. 定义 M_1 为

$$M_1=\cup S_j^1. \tag{27}$$

显然, M_1 是只属于一个 S_j 中的点构成的集合, 即在我们所讨论的谱表示下谱重度为 1 的点. 类似地, 我们定义 M_k 为

$$M_k = \cup S_j^k; \tag{27'}$$

显然, M_k 是重度为 k 的点的集合. M_∞ 是重度为 ∞ 的点的集合. 由构造可知

$$\cup S_j = (\cup M_k) \cup M_\infty. \tag{28}$$

通过分裂每个 S_j 并把它们重新组合为上面描述的集合 M_k, 可以把每个谱表示 $K_j \leftrightarrow L^2(S_j)$ 分裂和重新组合为谱表示 $L^2(M_k)$, $k = 1, 2, \cdots, \infty$. 存在唯一的被 $L^2(M_1)$ 表示的子空间, 记为 H_1. 存在两个被 $L^2(M_2)$ 表示的正交子空间, 它们的直和记为 H_2, 等等. 子空间 H_k 互相正交; 故可得到谱分解

$$H = H_1 \oplus H_2 \oplus \cdots \oplus H_\infty, \tag{29}$$

这里 H_k 是 $L^2(M_k)$ 的 k 重直和的谱表示. 称 (29) 是谱表示 (25) 的标准形式.

我们断定谱表示 (25$'$) 有相同的标准形式. 下面是详细的证明: 把由 (25$'$) 得到的标准谱表示记为

$$H = H_1' \oplus H_2' \oplus \cdots \oplus H_\infty', \tag{29'}$$

这里 H_k' 被 $L^2(M_k') \oplus \cdots \oplus L^2(M_k')$ 表示. 我们断言 $M_k' = M_k$ 且 $H_k' = H_k$. 为此构造 $H_k'(k > 1)$ 中和 H_1 正交的向量. 我们首先证明 $k = 2$ 的情形.

设 $\boldsymbol{x}$ 是 H_1 中在标准形式 (29) 下被 M_1 上恒等于 1 的函数表示的向量. 向量 $f(\boldsymbol{M})\boldsymbol{x}$ 张成 H_1. 用 x_2' 表示在标准谱表示 (29) 下 $\boldsymbol{x}$ 到 H_2' 的投影. 记 $\{g_1, g_2\}$ 为 M_2' 中表示 $\boldsymbol{x}_2'$ 的函数.

定义 M_2' 中的函数 h_1 和 h_2 如下:

$$h_1 = \begin{cases} 1, & g_1 = 0, \\ -\overline{g}_2, & \text{其他}, \end{cases} \qquad h_2 = \begin{cases} 1, & g_2 = 0 \\ \overline{g}_1, & \text{其他}. \end{cases}$$

设 $\boldsymbol{y}$ 是 H_2' 中被 $\{h_1, h_2\}$ 表示的向量. 我们断定 $\boldsymbol{y}$ 和所有形如 $f(\boldsymbol{M})\boldsymbol{x}$ 的向量正交. 明显的, 由于 $\boldsymbol{y}$ 属于 H_2', 它和 $f(\boldsymbol{M})\boldsymbol{x}$ 在分解 (29$'$) 中除了第二个分量外的所有分量正交. 故利用 h_1 和 h_2 的定义, 我们得到

$$\begin{aligned}(\boldsymbol{y}, f(\boldsymbol{M})\boldsymbol{x}) &= (\boldsymbol{y}, f(\boldsymbol{M})\boldsymbol{x}_2') = (\{h_1, h_2\}, f(\lambda)\{g_1, g_2\}) \\ &= \int (h_1\overline{g}_1 + h_2\overline{g}_2)\overline{f}(\lambda)\mathrm{d}\lambda = 0.\end{aligned}$$

向量 $f(\boldsymbol{M})\boldsymbol{y}$ 被 $\{f(\lambda)h_1, f(\lambda)h_2\}$ 表示. 因此, 利用 h_1 和 h_2 的定义, 我们得到

$$||f(\boldsymbol{M})\boldsymbol{y}||^2 = \int_{M_2'} |f|^2(|h_1|^2 + |h_2|^2)\mathrm{d}\lambda.$$

h_1 和 h_2 的公式说明在 M_2' 上 $|h_1|^2 + |h_2|^2$ 是正的, 且属于 $L^1(M_2')$. 由此可知 $\{f(\boldsymbol{M})\boldsymbol{y}\}$ 的闭包有谱表示 $L^2(M_2')$. 由于 $\boldsymbol{y}$ 和 H_1 正交, 向量 $f(\boldsymbol{M})\boldsymbol{y}$ 也和 H_1 正交, 故它们都属于 H_1 的正交补 $H_1^\perp$. Hilbert 空间 $H_1^\perp$ 在 $\boldsymbol{M}$ 下是不变的. 子空间 H_2, $\cdots$, H_∞ 在集合 $M_2, \cdots, M_\infty$ 上给出了 $\boldsymbol{M}$ 在 $H_1^\perp$ 的一个谱表示. 现在我们应用引理 12 可知点集 M_2' 属于 $\boldsymbol{M}$ 在 $H_1^\perp$ 上的谱表示 (29) 中出现的 $M_k(k > 1)$ 的并集

中. 因此 M_2' 包含在 $M_2 \cup M_3 \cup \cdots \cup M_\infty$ 中.

利用相同的论证, 我们断定 $M_3', \cdots, M_\infty'$ 都包含在 $M_2 \cup M_3 \cup \cdots \cup M_\infty$ 中. 由于集合 M_k 是两两不交的, 故集合 $M_k'(k>1)$ 都与 M_1 不交. 另一方面, 对作用在整个 H 上的 $\boldsymbol{M}$ 应用引理 12, 我们断定

$$\cup M_k = \cup M_k'.$$

由于 M_1 和 $M_k'(k>1)$ 是不交的, M_1 包含在 M_1' 中. 根据对称性, M_1' 包含在 M_1 中; 因此 $M_1 = M_1'$.

与引理 12 的证明一样, 我们可以证明 $H_1 = H_1'$. 留给勤勉的读者去证明对所有的 k, $M_k = M_k'$ 且 $H_k = H_k'$. □

习题 6 设 (25) 是 $\boldsymbol{M}$ 的谱表示, $K_j \leftrightarrow L^2(m_j)$, S_j 是 m_j 的支撑. 证明 S_j 的并集的闭包是 $\boldsymbol{M}$ 的谱.

习题 7 举例说明 $\boldsymbol{M}$ 的谱可能包含一个重度为 0 的 Lebesgue 测度为正的集合中.

定义 称作用在 Hilbert 空间 H 上的两个有界对称算子 $\boldsymbol{M}$ 和 $\boldsymbol{N}$ 是酉等价的, 如果存在酉映射 $\boldsymbol{U}$(即从 H 到 H 上的一对一的保范映射) 把 $\boldsymbol{M}$ 映为 $\boldsymbol{N}$:

$$\boldsymbol{N} = \boldsymbol{U}\boldsymbol{M}\boldsymbol{U}^{-1}.$$

定理 14 两个谱是绝对连续的有界对称算子 $\boldsymbol{M}$ 和 $\boldsymbol{N}$ 是酉等价的, 当且仅当它们有相同的谱重度.

证明 若 $\boldsymbol{M}$ 和 $\boldsymbol{N}$ 是酉等价的, $\boldsymbol{U}$ 把 $\boldsymbol{M}$ 的标准谱表示映为 $\boldsymbol{N}$ 的标准谱表示. 反之, 若两个算子 $\boldsymbol{M}$ 和 $\boldsymbol{N}$ 的谱重度集合 M_k 和 N_k 相同, 则由 $\boldsymbol{M}$ 和 $\boldsymbol{N}$ 的标准谱表示可以给出酉映射 $\boldsymbol{U}$. □

31.6 正规算子的谱分解

设 $\boldsymbol{N}$ 是从 Hilbert 空间 H 到 H 的有界线性算子. 如果 $\boldsymbol{N}$ 和 $\boldsymbol{N}$ 的伴随交换:

$$\boldsymbol{N}^*\boldsymbol{N} = \boldsymbol{N}\boldsymbol{N}^*, \tag{30}$$

则称 $\boldsymbol{N}$ 是正规算子. 显然, 每个有界对称算子是正规的. 31.7 节将要研究的酉算子也是正规算子.

正规算子的谱分解和对称算子的谱分解类似, 只不过正规算子的谱可能包含复数.

定理 15 设 H 是 Hilbert 空间, $\boldsymbol{N}: H \to H$ 是一个正规算子, 则在 $\boldsymbol{N}$ 的谱的 Borel 子集上存在一个正交投影值测度 $\boldsymbol{E}$, 使得

$$\boldsymbol{I} = \int_{\sigma(\boldsymbol{N})} \mathrm{d}\boldsymbol{E}, \quad \boldsymbol{N} = \int_{\sigma(\boldsymbol{N})} \lambda \mathrm{d}\boldsymbol{E}. \tag{31}$$

这里积分在范数拓扑下存在.

证明　与定理 9 一样, 我们依赖于正规算子的函数演算. 为此要利用为此而发展的 Gelfand 交换 B^* 代数理论 (参考第 18 章和第 19 章).

设 $q(\xi, n)$ 是任意两个实变量 ξ, η 的多项式. 我们把它重写为复变量 $\zeta = \xi + i\eta$ 和它的共轭 $\overline{\zeta} = \xi - i\eta$ 的多项式 Q:

$$q(\xi, \eta) = Q(\zeta, \overline{\zeta}). \tag{32}$$

我们通过令

$$\boldsymbol{Q} = Q(\boldsymbol{N}, \boldsymbol{N}^*) \tag{32'}$$

来定义函数演算. 由于 $\boldsymbol{N}$ 和 $\boldsymbol{N}^*$ 交换, 它们与 $\boldsymbol{Q}$ 交换, 且 $\boldsymbol{Q}$ 与 $\boldsymbol{Q}^*$ 交换. 我们需要下面的正规算子的谱映射定理.

引理 16　对正规算子 $\boldsymbol{N}$ 和形如 $(32')$ 的 $\boldsymbol{Q}$, $\boldsymbol{Q}$ 的谱为

$$\sigma(\boldsymbol{Q}) = \{\boldsymbol{Q}(\lambda, \overline{\lambda}): \quad \lambda \in \sigma(\boldsymbol{N})\}. \tag{33}$$

证明　形如 $(32')$ 的算子 $\boldsymbol{Q}$ 构成了一个有单位元的交换的代数. 用 $\mathcal{F}$ 表示它在算子范数下的闭包, 则 $\mathcal{F}$ 是一个有单位的交换 Banach 代数, 因此我们可以利用 Gelfand 理论. 特别地, 根据第 18 章定理 14, $\mathcal{F}$ 中任意 $\boldsymbol{Q}$ 的谱形如 $p(\boldsymbol{Q})$, 这里 p 是 $\mathcal{F}$ 到 $\mathbb{C}$ 的一个同态. 对形如 $(32')$ 的 $\boldsymbol{Q}$,

$$p(\boldsymbol{Q}) = Q(p(\boldsymbol{N}), p(\boldsymbol{N}^*)). \tag{34}$$

根据第 19 章定理 16, $p(\boldsymbol{N}^*) = \overline{p(\boldsymbol{N})}$. 代入 (34); 由于当 p 取遍所有同态时, 数 $p(\boldsymbol{N})$ 取遍 $\boldsymbol{N}$ 的谱, 我们得到 (33). □

根据第 19 章定理 17, 正规算子 $\boldsymbol{Q}$ 的范数等于它的谱半径:

$$||\boldsymbol{Q}|| = |\sigma(\boldsymbol{Q})|. \tag{35}$$

结合 (35) 和 (33), 对形如 $(32')$ 的 $\boldsymbol{Q}$,

$$||\boldsymbol{Q}|| = \max_{\lambda \in \sigma(\boldsymbol{N})} |Q(\lambda, \overline{\lambda})|. \tag{36}$$

现在可以把函数演算从多项式推广到谱 $\sigma(\boldsymbol{M})$ 上的连续函数. $\sigma(\boldsymbol{N})$ 上的每个连续函数 f 可以用多项式序列 $\{q_n\}$ 一致逼近; 关系式 (36) 保证了对应的算子序列 $\boldsymbol{Q}_n$ 范数收敛到 $\mathcal{F}$ 中的一个算子. 这样得到的函数演算具有和定理 6 中对称算子的函数演算类似的所有性质.

现在我们可以继续正规算子的谱分解的构造; 参考定理 8 和定理 9. 我们把细节留给读者. □

31.7　酉算子的谱分解

定义　酉算子 $\boldsymbol{U}$ 是从 Hilbert 空间 H 到 H 上的一对一的满的线性等距映射:

$$\forall x \in H, \quad ||\boldsymbol{U}x|| = ||x||. \tag{37}$$

习题 8　证明酉算子保持内积:

$$(\boldsymbol{U}x, \boldsymbol{U}y) = (x, y). \tag{37'}$$

由 (37′),

$$(x, \boldsymbol{U}^* \boldsymbol{U}y) = (x, y);$$

由于这对 H 中所有的 x 和 y 都成立, $\boldsymbol{U}^*\boldsymbol{U}$ 是恒等算子; $\boldsymbol{U}^*\boldsymbol{U} = \boldsymbol{I}$. 根据 $\boldsymbol{U}$ 的定义, $\boldsymbol{U}$ 是可逆的 (它是一对一的到上的), 故 $\boldsymbol{U}^*$ 是 $\boldsymbol{U}$ 的逆:

$$\boldsymbol{U}^* = \boldsymbol{U}^{-1}. \tag{38}$$

习题 9 证明满足 (38) 的算子 $\boldsymbol{U}$ 是酉算子.

习题 10 证明酉算子的谱在单位圆周上.

习题 11 证明: 若 $\boldsymbol{M}$ 是对称算子, k 是任意实数,

$$\boldsymbol{U} = (\boldsymbol{M} + \mathrm{i}k\boldsymbol{I})^{-1}(\boldsymbol{M} - \mathrm{i}k\boldsymbol{I}) \tag{39}$$

是酉算子. 反之如何呢?

习题 12 结合习题 10 和习题 11 说明有界对称算子的谱是实数.

因为每个可逆算子和其逆交换, 由 (38), $\boldsymbol{U}$ 和 $\boldsymbol{U}^*$ 交换. 这证明了每个酉算子是正规的; 于是根据定理 15, $\boldsymbol{U}$ 有形如 (31) 的谱分解, 只是此时测度 $\boldsymbol{E}$ 的支撑在单位圆周上. 由于酉算子是至今为止最重要的正规算子, 我们在这里给出一个直接的证明.

对 H 中每个向量 $\boldsymbol{x}$, 构造下列双无限序列 $\{a_n\}$:

$$a_n = (\boldsymbol{U}^n\boldsymbol{x}, \boldsymbol{x}), \quad n \in \mathbb{Z}. \tag{40}$$

我们断定此序列是正定的, 即对任意有限个复数 ϕ_n,

$$\sum_{n,m} a_{n-m}\varphi_n\overline{\varphi_m} \geqslant 0. \tag{41}$$

为此, 我们把 (40) 代入 (41) 并利用 $\boldsymbol{U}^{-1} = \boldsymbol{U}^*$:

$$\begin{aligned}\sum(\boldsymbol{U}^{n-m}\boldsymbol{x}, \boldsymbol{x})\varphi_n\overline{\varphi_m} &= \sum(\boldsymbol{U}^n\boldsymbol{x}, \boldsymbol{U}^m\boldsymbol{x})\varphi_n\overline{\varphi_m}\\ &= \left(\sum_n \varphi_n\boldsymbol{U}^n\boldsymbol{x}, \sum_m \varphi_m\boldsymbol{U}^m\boldsymbol{x}\right) = ||\sum\varphi_n\boldsymbol{U}^n\boldsymbol{x}||^2 \geqslant 0.\end{aligned}$$

根据第 14 章定理 7(Carathéodory 定理), a_n 是单位圆周上一个非负测度的 Fourier 系数:

$$(\boldsymbol{U}^n\boldsymbol{x}, \boldsymbol{x}) = \int \mathrm{e}^{\mathrm{i}n\theta}\mathrm{d}m_{\boldsymbol{x}}. \tag{42}$$

正如符号所显示的, 测度 $m_{\boldsymbol{x}}$ 依赖于 $\boldsymbol{x}$. 在 (42) 中令 $n = 0$ 说明全测度等于 $||\boldsymbol{x}||^2$.

对任意的向量 $\boldsymbol{x}, \boldsymbol{y}$, $(\boldsymbol{U}^n\boldsymbol{x}, \boldsymbol{y})$ 可以表示为 $(\boldsymbol{U}^n(\boldsymbol{x}\pm\boldsymbol{y}), \boldsymbol{x}\pm\boldsymbol{y})$ 和 $(\boldsymbol{U}(\boldsymbol{x}\pm\mathrm{i}\boldsymbol{y}), \boldsymbol{x}\pm\mathrm{i}\boldsymbol{y})$ 的一个简单线性组合. 利用 (42), 我们可以写为

$$(\boldsymbol{U}^n\boldsymbol{x},\boldsymbol{y})=\int \mathrm{e}^{in\theta}\mathrm{d}m_{\boldsymbol{x},\boldsymbol{y}}, \tag{43}$$

这里,

$$4m_{\boldsymbol{x},\boldsymbol{y}}=m_{\boldsymbol{x}+\boldsymbol{y}}-m_{\boldsymbol{x}-\boldsymbol{y}}+\mathrm{i}m_{\boldsymbol{x}+\mathrm{i}\boldsymbol{y}}-\mathrm{i}m_{\boldsymbol{x}-\mathrm{i}\boldsymbol{y}}. \tag{44}$$

显然, $m_{\boldsymbol{x},\boldsymbol{x}}=m_{\boldsymbol{x}}$.

定理 17

(i) 测度 $m_{x,y}$ 对 x 线性, 对 y 斜线性.

(ii) $m_{x,y}$ 是 x,y 的斜对称函数: $m_{y,x}=\overline{m}_{x,y}$.

(iii) $m_{x,y}$ 的全质量 $\leqslant ||x||||y||$.

证明 (i) 每个测度由其 Fourier 系数唯一确定. 由于 (43) 的左端对 x 线性, 对 y 斜线性, 故右端也是如此.

(ii) 由测度 $m_{x,y}$ 的定义 (44) 直接得到.

(iii) 在单位圆周上任取集合 S; 我们断定 $m_{x,y}(S)$ 是 H 上的一个内积. 由 (i), 它对 x 线性; 由 (ii), 它是 x 和 y 的斜对称函数. 因为 $m_{x,x}(S)=m_x(S)$, 它是非负的. 因此可以应用 Schwarz 不等式:

$$|m_{x,y}(S)|\leqslant m_x(S)^{1/2}m_y(S)^{1/2}.$$

在前面我们看到 m_x 的全测度是 $||x||^2$. 因为 m_x 是非负的, $m_x(S)\leqslant||x||^2$, $m_y(S)\leqslant ||y||^2$, 于是 $m_{x,y}(S)\leqslant||x||||y||$. □

注意, 定理 17 和定理 8 非常相似.

设 S 是单位圆周上的任意 Borel 集. 由定理 17, $m_{x,y}(S)$ 是 x 和 y 的斜对称函数, 以 $||x||||y||$ 为界. 于是由定理 1, 它可以表示为

$$m_{x,y}(S)=(\boldsymbol{E}(S)x,y), \tag{45}$$

这里 $\boldsymbol{E}(S)$ 是有界的对称算子. 我们断定 $\{\boldsymbol{E}(S)\}$ 具有定理 9 中列举的那些性质. 例如下面是性质 (vi) 的证明:

(vi) $\boldsymbol{E}(S\cap T)=E(\boldsymbol{S})\boldsymbol{E}(T)$.

证明 把 (45) 代入 (43), 得到

$$(\boldsymbol{U}^n x,y)=\int \mathrm{e}^{in\theta}\mathrm{d}(\boldsymbol{E}x,y). \tag{46}$$

以 $n+k$ 代替 n:

$$(\boldsymbol{U}^{n+k}x,y)=\int \mathrm{e}^{\mathrm{i}n\theta}\mathrm{e}^{\mathrm{i}k\theta}\mathrm{d}(\boldsymbol{E}x,y); \tag{47}$$

另一方面, 在 (46) 中以 $\boldsymbol{U}^k x$ 代替 x, 我们可以把 (47) 左端表示为

$$\int \mathrm{e}^{\mathrm{i}n\theta}\mathrm{d}(\boldsymbol{E}\boldsymbol{U}^k x,y). \tag{48}$$

在单位圆周上 Fourier 系数相同的两个测度相等; 因此

$$\mathrm{e}^{\mathrm{i}k\theta}\mathrm{d}(\boldsymbol{E}x,y)=\mathrm{d}(\boldsymbol{E}\boldsymbol{U}^k x,y).$$

在集合 S 上对此积分：

$$\int c_S(\theta)\mathrm{e}^{\mathrm{i}k\theta}\mathrm{d}(\boldsymbol{E}x,y)=(\boldsymbol{E}(S)\,\boldsymbol{U}^k x,y), \tag{49}$$

这里 c_S 是 S 的特征函数. 由 $\boldsymbol{E}(S)$ 的对称性, 我们可以把 (49) 右端重写为 $(\boldsymbol{U}^k x,\boldsymbol{E}(S)y)$；应用公式 (46), 以 k 代替 n, 我们发现这等于

$$\int \mathrm{e}^{\mathrm{i}k\theta}\mathrm{d}(\boldsymbol{E}x,\boldsymbol{E}(S)y). \tag{49'}$$

在 (49) 和 (49′) 左端的测度 Fourier 系数相同；因此它们相等：

$$c_S\mathrm{d}(\boldsymbol{E}x,y)=\mathrm{d}(\boldsymbol{E}x,\boldsymbol{E}(S)y).$$

在任意的 Borel 集 T 上对两边积分：

$$\int c_T c_S\mathrm{d}(\boldsymbol{E}x,y)=(\boldsymbol{E}(T)x,\boldsymbol{E}(S)y).$$

由于 $c_T c_S=c_{S\cap T}$, 左端等于 $(\boldsymbol{E}(S\cap T)x,y)$. 应用 $\boldsymbol{E}(S)$ 的对称性, 我们发现右端是 $(\boldsymbol{E}(S)\boldsymbol{E}(T)x,y)$. 由于它们对所有的 x 和 y 相等,

$$\boldsymbol{E}(S\cap T)=\boldsymbol{E}(S)\boldsymbol{E}(T),$$

此即 (vi).

我们把定理 9 中列举的其他性质的验证留给读者.

把 (45) 代入 (43), 我们得到

$$(\boldsymbol{U}^n x,y)=\int \mathrm{e}^{\mathrm{i}n\theta}\mathrm{d}(\boldsymbol{E}x,y),$$

这是

$$\boldsymbol{U}^n=\int \mathrm{e}^{\mathrm{i}n\theta}\mathrm{d}\boldsymbol{E} \tag{50}$$

的一个弱情形. 与定理 9 中一样, 右端的积分在范数拓扑下存在. 这是酉算子 $\boldsymbol{U}$ 的谱分解.

历史注记 有界对称算子的谱分解属于 Hilbert 的工作. 谱表示和谱重度理论是 Hilbert 的一个学生 Ernest Hellinger (1883—1950) 的工作. 在被纳粹免职以前, 他一直是法兰克福大学的数学教授. 在 1938 年臭名昭著的反犹太人运动中, 他被称为是 “Krystallnacht”, 还被送到令人恐怖的 Dachau(达豪) 集中营. 但他奇迹般地被释放. 后来在美国西北大学教授数学并安定下来.

参考文献

Gelfand, I. M., Normierte Ringe. *Mat. Sbornik, N.S.* (51), **9**(1941): 3–24.

Halmos, P., *Introduction to Hilbert Space and the Theory of Spectral Multiplicity.* Chelsea Publishing, New York, 1951.

Hellinger, E., Neue Begründung der Theorie quadratischen Formen von unendlichvielen Veränderlichen. *J. Mat.*, **136**(1909): 210–271.

Hilbert, D., Grundzüge einer allgemeinen Theorie der linearen Integralgleichungen. *Nachr. Akad. Wiss. Göttingen, Math.-Phys.*, kl(1906): 157–227.

Riesz, F. and Sz. Nagy, B., *Lecons d'analyse fonctionelle.* Akadémiai Kiadó, Budapest, 1952.

Stone, M. H., *Linear Transformations in Hilbert Space and their Applications to Analysis.* AMS Colloquium Publications, **15**. American Mathematical Society, New York, 1932.

Sz. Nagy, B., *Spectraldarstellung linearer Transformationen des Hilbertschen Raumes.* Ergebnisse der Math., **5**. Springer, Berlin, 1942.

Wintner, A., *Spectraltheorie der unendlichen Matricen.* Hirzel, Leipzig, 1929.

第 32 章　自伴算子的谱理论

在本章中, 我们研究无界自伴算子的谱理论.

首先给出由 Hellinger 和 Toeplitz 得出的结果: Hilbert 空间 H 上处处有定义且其伴随为自身的线性算子 $\boldsymbol{M}$,

$$(\boldsymbol{M}x, y) = (x, \boldsymbol{M}y) \tag{1}$$

是有界的.

首先证明 $\boldsymbol{M}$ 是一个闭算子. 假设 $\{x_n\}$ 是一个收敛序列, $x_n \to x$, $\boldsymbol{M}x_n \to u$. 在 (1) 中取 $x = x_n$, 得到

$$(\boldsymbol{M}x_n, y) = (x_n, \boldsymbol{M}y),$$

取极限, 得

$$(u, y) = (x, \boldsymbol{M}y).$$

根据 (1), 右端等于 $(\boldsymbol{M}x, y)$. 由 y 的任意性, $u = \boldsymbol{M}x$. 因此 $\boldsymbol{M}$ 是闭算子. 于是根据第 15 章定理 12 的闭图像定理, $\boldsymbol{M}$ 是有界的.

由此可知, 伴随算子为自身的无界算子只能定义在 Hilbert 空间的子空间上. 下面是 von Neumann 给出的精确定义.

定义　设 H 是复 Hilbert 空间, D 是 H 的稠密子空间, $\boldsymbol{A}$ 是 D 上定义的线性算子. $\boldsymbol{A}$ 的伴随 $\boldsymbol{A}^*$ 是定义域为 D^* 的算子, D^* 是由 H 中满足如下性质的向量 $\boldsymbol{v}$ 构成的集合: 存在 H 中向量, 记为 $\boldsymbol{A}^*\boldsymbol{v}$, 使得 $\forall \boldsymbol{u} \in D$,

$$(\boldsymbol{A}\boldsymbol{u}, \boldsymbol{v}) = (\boldsymbol{u}, \boldsymbol{A}^*\boldsymbol{v}). \tag{2}$$

由于 D 是稠密的, 所以对任意给定的 $\boldsymbol{v}$, 存在唯一的向量 $\boldsymbol{A}^*\boldsymbol{v}$ 满足 (2). 显然, D^* 是 H 的线性子空间且 $\boldsymbol{A}^*$ 是 D^* 上的线性算子. 如果 $D^* = D$ 且 $\boldsymbol{A}^* = \boldsymbol{A}$, 则称 $\boldsymbol{A}$ 是自伴算子.

32.1　谱　分　解

本章的主要结果是自伴算子的谱分解.

定理 1　设 $\boldsymbol{A}$ 是 Hilbert 空间 H 上的自伴算子, $\boldsymbol{A}$ 的定义域为 D. 则 $\boldsymbol{A}$ 有唯一的谱分解, 即存在定义在 $\mathbb{R}$ 的所有 Borel 可测子集上的满足下列性质的正交投影值测度 $\boldsymbol{E}$:

(i) $\boldsymbol{E}(\varnothing) = \boldsymbol{0}$, $\boldsymbol{E}(\mathbb{R}) = \boldsymbol{I}$;

(ii) 对任意的可测子集 S 和 T, $\boldsymbol{E}(S \cap T) = \boldsymbol{E}(S)\boldsymbol{E}(T)$;

(iii) 对每个可测子集 S, $\boldsymbol{E}^*(S)=\boldsymbol{E}(S)$;

(iv) $\boldsymbol{E}$ 和 $\boldsymbol{A}$ 交换, 即对任意的可测子集 S, $\boldsymbol{E}(S)$ 把 $\boldsymbol{A}$ 的定义域 D 映到 D 内, 且对 $\forall \boldsymbol{u}\in D$, $\boldsymbol{A}\boldsymbol{E}(S)\boldsymbol{u}=\boldsymbol{E}(S)\boldsymbol{A}\boldsymbol{u}$;

(v) $\boldsymbol{A}$ 的定义域 D 由所有满足

$$\int t^2 \mathrm{d}(\boldsymbol{E}(t)\boldsymbol{u},\boldsymbol{u})<\infty \tag{3}$$

且

$$\boldsymbol{A}\boldsymbol{u}=\int t\mathrm{d}\boldsymbol{E}(t)\boldsymbol{u} \tag{4}$$

的向量 $\boldsymbol{u}$ 构成.

这个重要结果 (第 31 章定理 9 的延拓) 有多种证明. 第一个证明由 von Neumann 给出, 我们将会在 32.3 节中简要地给出. 另一种方法将会在 32.3 节中给出. 在第 34 章半群中将会给出由 Marshall Stone 得出的一个证明. 本节给出的证明由 Doob 和 Koopman 得出.

根据第 11 章定理 6, Herglotz-Riesz 定理, 在单位圆盘 $\{\zeta\in\mathbb{C}|: \quad \zeta|<1\}$ 内实部是正的每个解析函数 $f(\zeta)$ 都可以唯一地表示为

$$f(\zeta)=\mathrm{i}c+\int\frac{\mathrm{e}^{\mathrm{i}\theta}+\zeta}{\mathrm{e}^{\mathrm{i}\theta}-\zeta}\mathrm{d}m(\theta), \tag{5}$$

这里 m 是单位圆周上的全测度有限的非负测度, c 是实数. 我们可以把单位圆盘换成上半平面并得到下面的变式.

定理 2　在上半平面内虚部是正的每个解析函数 $g(z)$ 都可以唯一地表示为

$$g(z)=a+mz+\int\frac{1+tz}{t-z}\mathrm{d}s(t), \tag{5'}$$

这里 s 是 $\mathbb{R}$ 上全测度有限的非负测度, a 是实数, $m\geqslant 0$.

证明　变换

$$\zeta\to z=i\frac{1+\zeta}{1-\zeta} \tag{6}$$

把单位圆盘共形的映到上半平面上, 把 $\zeta=1$ 点映到 ∞. 上面描述的函数 $f(\zeta)$ 和 $g(z)$ 之间的关系为

$$g(z)=\mathrm{i}f(\zeta).$$

利用变换 (6) 的逆变换,

$$\zeta=\frac{z-\mathrm{i}}{z+\mathrm{i}} \tag{6'}$$

以及 f 的表示 (5), 我们有

$$g(z)=\mathrm{i}f(\zeta)=-c+\mathrm{i}\int\frac{\mathrm{e}^{\mathrm{i}\theta}(z+\mathrm{i})+(z-\mathrm{i})}{\mathrm{e}^{\mathrm{i}\theta}(z+\mathrm{i})-(z-\mathrm{i})}\mathrm{d}m(\theta)$$

$$
\begin{aligned}
&=-c+\mathrm{i}\int\frac{\mathrm{e}^{\mathrm{i}\theta/2}(z+\mathrm{i})+\mathrm{e}^{-\mathrm{i}\theta/2}(z-\mathrm{i})}{\mathrm{e}^{\mathrm{i}\theta/2}(z+\mathrm{i})-\mathrm{e}^{-\mathrm{i}\theta/2}(z-\mathrm{i})}\mathrm{d}m\\
&=-c+\mathrm{i}\int\frac{z\cos\theta/2-\sin\theta/2}{\mathrm{i}\cos\theta/2+\mathrm{i}z\sin\theta/2}\mathrm{d}m\\
&=-c+\int\frac{-z\mathrm{cotan}\theta/2+1}{-\mathrm{cotan}\theta/2-z}\mathrm{d}m=a+mz+\int\frac{tz+1}{t-z}\mathrm{d}s(t).
\end{aligned}
$$

在最后一步中我们引入新变量：$a=-c$, $t=-\mathrm{cotan}\theta/2$, $\mathrm{d}s(t)=\mathrm{d}m(\theta)$, $m=m(0)$ 是 m 在 $\theta=0$ 点的测度. □

下面的定理是定理 2 的加强.

定理 3(Nevanlinna) 在上半平面 $\{z\in\mathbb{C}:Imz>0\}$ 内定义的虚部是正的且满足增长条件

$$\limsup_{y\to\infty} y|g(\mathrm{i}y)|<\infty \tag{7}$$

的每个解析函数 $g(z)$ 都可以唯一地表示为

$$g(z)=\int\frac{\mathrm{d}n}{t-z}, \tag{8}$$

这里 n 是 $\mathbb{R}$ 上全测度有限的非负测度. 进一步地,

$$n(\mathbb{R})=\lim_{y\to\infty}y\mathrm{Im}g(\mathrm{i}y). \tag{9}$$

证明 由于 g 在上半平面内虚部为正, 它可以表示为形式 (5′). 令 $z=\mathrm{i}y$ 并对实部和虚部分别叙述有界条件 (7):

$$\limsup_{y\to\infty} y\left|a-\int\frac{y^2-1}{t^2+y^2}t\mathrm{d}s\right|\leqslant M, \tag{7a}$$

和

$$\limsup y^2\left(m+\int\frac{1+t^2}{t^2+y^2}\mathrm{d}s\right)\leqslant M. \tag{7b}$$

当 $y\to\infty$ 时, (7b) 左端积分趋于 0；因此非负数 m 必定为 0. 故由 (7b) 推出

$$\limsup\int\frac{y^2}{t^2+y^2}(1+t^2)\mathrm{d}s(t)\leqslant M.$$

在积分左端让 $y\to\infty$ 取极限,

$$\int(1+t^2)\mathrm{d}s(t)\leqslant M.$$

我们定义

$$\mathrm{d}n(t)=(1+t^2)\mathrm{d}s(t); \tag{10}$$

则 n 是全测度不大于 M 的非负测度. 由 (7a),

$$a=\lim_{y\to\infty}\int\frac{y^2-1}{t^2+y^2}t\mathrm{d}s(t)=\int t\mathrm{d}s(t).$$

把 a 的值代入 (5′) 并令 $m=0$, 我们得到

$$g(z)=\int\left(\frac{1+tz}{t-z}+t\right)\mathrm{d}s(t)=\int\frac{1+t^2}{t-z}\mathrm{d}s(t)=\int\frac{\mathrm{d}n(t)}{t-z}.$$

测度的唯一性由 (5) 中测度的唯一性可得. 关系式 (9) 由 (8) 得到. □

任给 $\mathbb{R}$ 上全测度有限的实或复测度 n, 公式 (8) 定义了上半平面和下半平面内的两个解析函数 g; g 称为测度 n 的Cauchy 变换.

引理 4 Cauchy 变换 (8) 是一对一的, 即全测度有限的复测度 n 由它的 Cauchy 变换唯一确定.

证明 我们必须证明: 若由 (8) 定义的 $g(z)$ 对所有的非实数 z 都等于 0, 则 $n\equiv 0$. 在 (8) 中以 $\overline{z}$ 代替 z 并取复共轭, 我们得到

$$\overline{g}(\overline{z})=0=\int\frac{\mathrm{d}\overline{n}}{t-z}.$$

这说明若 n 的 Cauchy 变换为 0, 则它的实部和虚部的 Cauchy 变换也等于 0. n 的实部可以分解为正部和负部:

$$\mathrm{Re}n=n_+-n_-,$$

n_+ 和 n_- 是非负测度. 由此知 n_+ 和 n_- 有相同的 Cauchy 变换. 因此根据定理 3 中的唯一性, $n_+\equiv n_-$, 故 $Ren=0$. 类似地可以证明 $\mathrm{Im}n=0$. □

定义 数 z 属于 $\boldsymbol{A}$ 的预解集, 当且仅当 $\boldsymbol{A}-z\boldsymbol{I}$ 把 D 一对一地映到 H 上.

定理 5 设 H 是复 Hilbert 空间, $\boldsymbol{A}$ 是 H 上的自伴算子, 则任意的非实复数 z 都属于 $\boldsymbol{A}$ 的预解集.

证明 我们首先证明 $\boldsymbol{A}-z\boldsymbol{I}$ 的值域 Y 是 H 的闭子空间. 值域 Y 由所有形如

$$\boldsymbol{A}\boldsymbol{v}-z\boldsymbol{v}=\boldsymbol{u},\quad \boldsymbol{v}\in D$$

的向量 $\boldsymbol{u}$ 构成. 在两边取和 $\boldsymbol{v}$ 的内积:

$$(\boldsymbol{A}\boldsymbol{v},\boldsymbol{v})-z(\boldsymbol{v},\boldsymbol{v})=(\boldsymbol{u},\boldsymbol{v}).$$

由于 $\boldsymbol{A}$ 是对称的, $(\boldsymbol{A}\boldsymbol{v},\boldsymbol{v})$ 是实数, 故左边的虚部是 $-\mathrm{Im}z||\boldsymbol{v}||^2$. 在右端应用 Schwarz 不等式,

$$|\mathrm{Im}z|||\boldsymbol{v}||^2\leqslant||\boldsymbol{u}||||\boldsymbol{v}||,$$

这意味着

$$||\boldsymbol{v}||\leqslant\frac{1}{|\mathrm{Im}z|}||\boldsymbol{u}||.\tag{11}$$

设 $\{u_n\}$ 是 $\boldsymbol{A}-z\boldsymbol{I}$ 的值域中一列收敛到向量 $\boldsymbol{u}$ 的向量:

$$\boldsymbol{A}\boldsymbol{v}_n-z\boldsymbol{v}_n=\boldsymbol{u}_n.$$

由不等式 (11), $||\boldsymbol{v}_n-\boldsymbol{v}_m||\leqslant 1/|\mathrm{Im}z|||\boldsymbol{u}_n-\boldsymbol{u}_m||$. 因此 $\boldsymbol{v}_n$ 有极限 $\boldsymbol{v}$. 我们断定极限 $\boldsymbol{v}\in D$. 为此, 我们在上述关系式中令 $n\to\infty$. 右端趋于 u, 左端第二项趋于 $-zv$. 因此第一项 $\boldsymbol{A}\boldsymbol{v}_n$ 有极限, 记为 $\boldsymbol{r}$:

$$\boldsymbol{r}-z\boldsymbol{v}=\boldsymbol{u}.\tag{12}$$

现在取 $\boldsymbol{A}\boldsymbol{v}_n$ 和 D 中任意向量 $\boldsymbol{w}$ 的内积并利用 $\boldsymbol{A}$ 的自伴性:

$$(\boldsymbol{A}\boldsymbol{v}_n, \boldsymbol{w}) = (\boldsymbol{v}_n, \boldsymbol{A}\boldsymbol{w}).$$

令 $n \to \infty$ 取极限:

$$(\boldsymbol{r}, \boldsymbol{w}) = (\boldsymbol{v}, \boldsymbol{A}\boldsymbol{w}).$$

根据自伴性的定义, 这说明 $\boldsymbol{v}$ 属于 $\boldsymbol{A}$ 的定义域 D 且 $\boldsymbol{A}\boldsymbol{v} = \boldsymbol{r}$. 结合 (12) 这说明 $\boldsymbol{u}$ 属于 $\boldsymbol{A} - z\boldsymbol{I}$ 的值域, 故值域是闭的.

若 $\boldsymbol{A} - z\boldsymbol{I}$ 的值域不是整个 H, 则存在非零向量 $\boldsymbol{k} \in H$ 与其正交: $\forall \boldsymbol{v} \in D$,

$$(\boldsymbol{A}\boldsymbol{v} - z\boldsymbol{v}, \boldsymbol{k}) = (\boldsymbol{A}\boldsymbol{v}, \boldsymbol{k}) - (\boldsymbol{v}, \overline{z}\boldsymbol{k}) = 0$$

根据自伴性的定义, $\boldsymbol{k}$ 属于 D 且 $\boldsymbol{A}\boldsymbol{k} = \overline{z}\boldsymbol{k}$. 于是 $(\boldsymbol{k}, \boldsymbol{A}\boldsymbol{k}) = z(\boldsymbol{k}, \boldsymbol{k})$ 不是实数, 与 $\boldsymbol{A}$ 的对称性矛盾.

这证明了 $\boldsymbol{A} - z\boldsymbol{I}$ 把 D 映到整个 H 上. 由上可知它是一对一的; 若不是这样, 则存在 $\boldsymbol{k} \in D$ 使得 $(\boldsymbol{A} - z\boldsymbol{I})(\boldsymbol{k}) = 0$, 这与 (11) 矛盾. □

我们定义 $\boldsymbol{A}$ 的预解式为

$$\boldsymbol{R}(z) = (\boldsymbol{A} - z\boldsymbol{I})^{-1}.$$

由 (11), 对非实复数 z,

$$||\boldsymbol{R}(z)|| \leqslant |\text{Im} z|^{-1}. \tag{13}$$

推论 1 在 $\boldsymbol{A}$ 的预解集上, $\boldsymbol{R}(z)$ 是 z 的解析函数.

证明 $\forall \boldsymbol{u} \in H$, 记 $\boldsymbol{R}(z)\boldsymbol{u}$ 为 $\boldsymbol{v}(z)$. 根据 $\boldsymbol{R}$ 的定义,

$$(\boldsymbol{A} - z)\boldsymbol{v}(z) = \boldsymbol{u}.$$

类似地,

$$(\boldsymbol{A} - (z+h))\boldsymbol{v}(z+h) = \boldsymbol{u}.$$

两等式相减并除以 h,

$$(\boldsymbol{A} - z)\frac{\boldsymbol{v}(z+h) - \boldsymbol{v}(z)}{h} = \boldsymbol{v}(z+h),$$

这与下式相同:

$$\frac{\boldsymbol{v}(z+h) - \boldsymbol{v}(z)}{h} = \boldsymbol{R}(z)\boldsymbol{v}(z+h) = \boldsymbol{R}(z)\boldsymbol{R}(z+h)\boldsymbol{u}.$$

利用估计式 (13), 我们断定 $\boldsymbol{v}$ 关于 z 是 Lipschitz 连续的. 令 $h \to 0$, 我们断定 $\boldsymbol{v}(z)$ 在复平面上是可微的, 故 $\boldsymbol{R}(z)$ 在强拓扑下是全纯的. □

我们断定 $\boldsymbol{R}(z)$ 的伴随是 $\boldsymbol{R}(\overline{z})$. 为此, $\forall \boldsymbol{u}, \boldsymbol{w} \in H$, 记 $\boldsymbol{R}(z)\boldsymbol{u} = \boldsymbol{v}$, $(\boldsymbol{A} - z)\boldsymbol{v} = \boldsymbol{u}$, 我们有

$$(\boldsymbol{u}, \boldsymbol{R}(\overline{z})\boldsymbol{w}) = ((\boldsymbol{A} - z)\boldsymbol{v}, \boldsymbol{R}(\overline{z})\boldsymbol{w}) = (\boldsymbol{v}, (\boldsymbol{A} - \overline{z})\boldsymbol{R}(\overline{z})\boldsymbol{w}) = (\boldsymbol{v}, \boldsymbol{w}) = (\boldsymbol{R}(z)\boldsymbol{u}, \boldsymbol{w}).$$ □

固定 H 中的向量 $\boldsymbol{u}$, 对非实复数 z, 我们定义复数值的函数 $g(z)$ 如下:

$$g(z) = (\boldsymbol{R}(z)\boldsymbol{u}, \boldsymbol{u}). \tag{14}$$

为了显示 $g(z)$ 与 $\boldsymbol{u}$ 相关, 当有必要时我们记 $g(z) = g_u(z)$.

引理 6　$\forall \boldsymbol{u} \in H$, 由 (14) 定义的 g 满足下述性质:

(i) g 在上半平面 $\{z \in \mathbb{C} : \mathrm{Im}z > 0\}$ 内是 z 的解析函数, 且其虚部在上半平面内是非负的;

(ii) $y|g_u(\mathrm{i}y)| \leqslant ||\boldsymbol{u}||^2$;

(iii) $\lim\limits_{y\to\infty} y\mathrm{Im}g_u(\mathrm{i}y) = ||\boldsymbol{u}||^2$;

(iv) $g(\overline{z}) = \overline{g(z)}$.

证明　g 的解析性由 $\boldsymbol{R}(z)$ 的解析性得到. 记 $\boldsymbol{R}(z)\boldsymbol{u}$ 为 $\boldsymbol{v}$; 则

$$\boldsymbol{u} = (\boldsymbol{A} - z)\boldsymbol{v} = \boldsymbol{A}\boldsymbol{v} - z\boldsymbol{v}. \tag{15}$$

取 (15) 和 $\boldsymbol{v}$ 的内积; 由 (14), $g = (\boldsymbol{v}, \boldsymbol{u})$, 我们得到

$$g(z) = (\boldsymbol{v}, \boldsymbol{u}) = (\boldsymbol{v}, \boldsymbol{A}\boldsymbol{v} - z\boldsymbol{v}) = (\boldsymbol{v}, \boldsymbol{A}\boldsymbol{v}) - \overline{z}(\boldsymbol{v}, \boldsymbol{v}). \tag{16}$$

由于 $\boldsymbol{A}$ 是自伴的, $(\boldsymbol{v}, \boldsymbol{A}\boldsymbol{v}) = (\boldsymbol{A}\boldsymbol{v}, \boldsymbol{v}) = \overline{(\boldsymbol{v}, \boldsymbol{A}\boldsymbol{v})}$ 是实数, 故由 (16) 我们推出

$$\mathrm{Im}g(z) = y(\boldsymbol{v}, \boldsymbol{v}), \quad y = \mathrm{Im}z. \tag{17}$$

这证明了 $g(z)$ 的虚部在上半平面内是正的, 此即 (i).

(ii) 根据 Schwarz 不等式,

$$|g_{\boldsymbol{u}}(z)| = |(\boldsymbol{R}(z)\boldsymbol{u}, \boldsymbol{u})| \leqslant ||\boldsymbol{R}(z)\boldsymbol{u}||||\boldsymbol{u}|| \leqslant ||\boldsymbol{R}(z)||||\boldsymbol{u}||^2.$$

对 $\boldsymbol{R}(z)$ 利用不等式 (13), 我们得到 (ii).

(iii) 取 (15) 和 $\boldsymbol{u}$ 的内积; 由 (14), $g_u = (\boldsymbol{v}, \boldsymbol{u})$, 我们得到

$$||\boldsymbol{u}||^2 = (\boldsymbol{A}\boldsymbol{v}, \boldsymbol{u}) - zg_{\boldsymbol{u}}(z).$$

在上式中令 $z = \mathrm{i}y$ 并取实部:

$$||\boldsymbol{u}||^2 = \mathrm{Re}(\boldsymbol{A}\boldsymbol{v}, \boldsymbol{u}) + y\mathrm{Im}g_{\boldsymbol{u}}(\mathrm{i}y). \tag{18}$$

为完成 (iii) 的证明, 我们只需证明 (18) 右端第一项当 y 趋于 ∞ 时趋于 0. 为此, 我们首先用 Schwarz 不等式估计此项:

$$|\mathrm{Re}(\boldsymbol{A}\boldsymbol{v}, \boldsymbol{u})| \leqslant |(\boldsymbol{A}\boldsymbol{v}, \boldsymbol{u})| \leqslant ||\boldsymbol{A}\boldsymbol{v}||||\boldsymbol{u}||.$$

为证 $||\boldsymbol{A}\boldsymbol{v}||$ 趋于 0, 我们把 $\boldsymbol{A}\boldsymbol{v}$ 写为

$$\boldsymbol{A}\boldsymbol{v} = \boldsymbol{A}\boldsymbol{R}(z)\boldsymbol{u} = (\boldsymbol{I} + z\boldsymbol{R}(z))\boldsymbol{u}.$$

取 $z = \mathrm{i}y$ 并利用不等式 (13) 我们得到估计式

$$||\boldsymbol{A}\boldsymbol{R}(\mathrm{i}y)|| \leqslant 1 + y||\boldsymbol{R}(\mathrm{i}y)|| \leqslant 2. \tag{19}$$

这证明了算子 $\boldsymbol{A}\boldsymbol{R}(\mathrm{i}y)$ 是一致有界的. 显然, 只需证明对 H 中的一个稠密子集中的 u, $\boldsymbol{A}\boldsymbol{R}(\mathrm{i}y)u$ 趋于 0 即可. 由于 D 在 H 中稠密, 由 (13) 知

$$||\boldsymbol{A}\boldsymbol{R}(\mathrm{i}y)u|| = ||\boldsymbol{R}(\mathrm{i}y)\boldsymbol{A}u|| \leqslant ||\boldsymbol{R}(\mathrm{i}y)||||\boldsymbol{A}u|| \leqslant ||\boldsymbol{A}u||/y.$$

(iv) 因为 $\boldsymbol{R}^*(z) = \boldsymbol{R}(\overline{z})$, 我们有

$$g(\overline{z}) = (\boldsymbol{R}(\overline{z})\boldsymbol{u}, \boldsymbol{u}) = (\boldsymbol{R}^*(z)\boldsymbol{u}, \boldsymbol{u}) = (\boldsymbol{u}, \boldsymbol{R}(z)\boldsymbol{u}) = \overline{(\boldsymbol{R}(z)\boldsymbol{u}, \boldsymbol{u})} = \overline{g(z)}. \qquad \square$$

引理 6 说明对 H 中任意的 $\boldsymbol{u}$, 由 (14) 定义的函数 $g(z)$ 满足定理 3 的假设. 因此, 当 $\mathrm{Im}z$ 是正数时, $g(z)$ 可以表示为形式 (8):

$$(\boldsymbol{R}(z)\boldsymbol{u},\boldsymbol{u})=\int\frac{\mathrm{d}n(t)}{t-z}. \tag{20}$$

这里, 非负测度 n 依赖于向量 $\boldsymbol{u}$, 记为 $n=n_{\boldsymbol{u}}$. 由 (iv), 表示 (20) 在下半平面内也成立.

我们由关系式 (9) 和引理 (6)(iii) 知

$$n_{\boldsymbol{u}}(\boldsymbol{R})=||\boldsymbol{u}||^2. \tag{21}$$

对任意的向量 $\boldsymbol{u}$ 和 $\boldsymbol{v}$, 我们把 $(\boldsymbol{R}(z)\boldsymbol{u},\boldsymbol{v})$ 表示为 $(\boldsymbol{R}(z)(\boldsymbol{u}\pm\boldsymbol{v}),\boldsymbol{u}\pm\boldsymbol{v})$ 和 $(\boldsymbol{R}(z)(\boldsymbol{u}\pm\mathrm{i}\boldsymbol{v}),(\boldsymbol{u}\pm\mathrm{i}\boldsymbol{v}))$ 的线性组合. 这推出了 $(\boldsymbol{R}(z)\boldsymbol{u},\boldsymbol{v})$ 的积分表示为 Cauchy 变换:

$$(\boldsymbol{R}(z)\boldsymbol{u},\boldsymbol{v})=\int\frac{1}{t-z}\mathrm{d}n_{\boldsymbol{u},\boldsymbol{v}}. \tag{22}$$

测度 $n_{\boldsymbol{u},\boldsymbol{v}}$ 可以用 $n_{\boldsymbol{u}\pm\boldsymbol{v}}$ 和 $n_{\boldsymbol{u}\pm\mathrm{i}\boldsymbol{v}}$ 简单地表示出来; 参考 31.7 节公式 (44).

$n_{\boldsymbol{u},\boldsymbol{v}}$ 的性质总结在下面的引理中.

引理 7

(i) $n_{\boldsymbol{u},\boldsymbol{u}}=n_{\boldsymbol{u}}$.

(ii) $n_{\boldsymbol{u},\boldsymbol{v}}$ 对 $\boldsymbol{u}$ 线性, 对 $\boldsymbol{v}$ 斜线性.

(iii) $n_{\boldsymbol{u},\boldsymbol{v}}$ 是 $\boldsymbol{u}$ 和 $\boldsymbol{v}$ 的斜对称函数: $n_{\boldsymbol{v},\boldsymbol{u}}=\overline{n}_{\boldsymbol{u},\boldsymbol{v}}$.

(iv) $n_{\boldsymbol{u},\boldsymbol{v}}$ 的全变差 $\leqslant ||u||||v||$.

证明与 31.7 节中引理 7 的证明相同; 它基于 $n_{u,v}$ 的简单的显式表达式. □

现在我们应用第 31 章定理 1. Hilbert 空间 H 上的一个有界的、斜对称的、斜双线性泛函 $b(\boldsymbol{u},\boldsymbol{v})$ 可以唯一地表示为

$$b(\boldsymbol{u},\boldsymbol{v})=(\boldsymbol{E}\boldsymbol{u},\boldsymbol{v})$$

这里 $\boldsymbol{E}$ 是 H 上有界对称算子. 引理 7 说明对任意的集合 S, $n_{\boldsymbol{u},\boldsymbol{v}}(S)$ 是这样的泛函; 因此存在有界对称算子 $\boldsymbol{E}(S)$ 使得

$$n_{\boldsymbol{u},\boldsymbol{v}}(S)=(\boldsymbol{E}(S)\boldsymbol{u},\boldsymbol{v}). \tag{23}$$

代入 (21), 我们得到

$$(\boldsymbol{R}(z)\boldsymbol{u},\boldsymbol{v})=\int\frac{1}{t-z}\mathrm{d}(\boldsymbol{E}\boldsymbol{u},\boldsymbol{v}). \tag{24}$$

我们断言由 (23) 定义的算子 $\boldsymbol{E}$ 是 $\boldsymbol{A}$ 的谱分解, 即它们具有本章开始定理 1 中所列举的性质.

证明 (i) 根据 (23), 对所有的 $\boldsymbol{u},\boldsymbol{v}$, $n_{\boldsymbol{u},\boldsymbol{v}}(\varnothing)=0$, 故 $(\boldsymbol{E}(\varnothing)\boldsymbol{u},\boldsymbol{v})=0$; 这使得 $\boldsymbol{E}(\varnothing)=0$. 另一方面, 结合 (21) 和 (23), 我们得到对所有的向量 $\boldsymbol{u}$,

$$(\boldsymbol{E}(\mathbb{R})\boldsymbol{u},\boldsymbol{u})=n_{\boldsymbol{u}}(\mathbb{R})=||\boldsymbol{u}||^2=(\boldsymbol{u},\boldsymbol{u}).$$

由此容易推出 $\boldsymbol{E}(\mathbb{R})$ 是恒等算子.

(ii) 首先证明算子 $\boldsymbol{R}(z)$ 和 $\boldsymbol{E}$ 交换. 为证明此, 首先注意到对任意不是实数的复数 z 和 w, 算子 $\boldsymbol{R}(z)$ 和 $\boldsymbol{R}(w)$ 交换. 因此, $\forall \boldsymbol{u}, \boldsymbol{v} \in H$,

$$(\boldsymbol{R}(w)\boldsymbol{R}(z)\boldsymbol{u}, \boldsymbol{v}) = (\boldsymbol{R}(z)\boldsymbol{R}(w)\boldsymbol{u}, \boldsymbol{v}). \tag{25}$$

我们利用 $\boldsymbol{R}(w)$ 的伴随重写 (25) 的左端. 再在表示式 (24) 中以 $\boldsymbol{R}^* w$ 代替 $\boldsymbol{v}$ 得到

$$(\boldsymbol{R}(z)\boldsymbol{u}, \boldsymbol{R}^*(w)\boldsymbol{v}) = \int \frac{1}{t-z} \mathrm{d}(\boldsymbol{E}\boldsymbol{u}, \boldsymbol{R}^*(w), \boldsymbol{v}) = \int \frac{1}{t-z} d(\boldsymbol{R}(w)\boldsymbol{E}\boldsymbol{u}, \boldsymbol{v}). \tag{26}$$

在表示式 (24) 中以 $\boldsymbol{R}(w)u$ 替换 u, 我们重写 (25) 的右端得到

$$\int \frac{1}{t-z} \mathrm{d}(\boldsymbol{E}\boldsymbol{R}(w)\boldsymbol{u}, \boldsymbol{v}). \tag{26$'$}$$

Cauchy 变换 (26) 和 (26$'$) 是 z 的相同的函数. 因此由引理 4, 表示测度也相同: 对任意的可测集 S,

$$(\boldsymbol{R}(w)\boldsymbol{E}(S)\boldsymbol{u}, \boldsymbol{v}) = (\boldsymbol{E}(S)\boldsymbol{R}(w)\boldsymbol{u}, \boldsymbol{v}).$$

由于这对任意的 $\boldsymbol{u}$ 和 $\boldsymbol{v}$ 都成立, 故对任意的集合 S 和任意的非实复数 w 都有

$$\boldsymbol{R}(w)\boldsymbol{E}(S) = \boldsymbol{E}(S)\boldsymbol{R}(w).$$

为了证明 $\boldsymbol{E}(S \cap T) = \boldsymbol{E}(S)\boldsymbol{E}(T)$, 利用预解恒等式

$$\boldsymbol{R}(z)\boldsymbol{R}(w) = \frac{\boldsymbol{R}(z) - \boldsymbol{R}(w)}{z - w}$$

重写 (25) 式; 对 z 和 w 两次应用 (24) 得到对 (25) 式右端,

$$\frac{1}{z-w} \int \left(\frac{1}{t-z} - \frac{1}{t-w}\right) \mathrm{d}(\boldsymbol{E}\boldsymbol{u}, \boldsymbol{v}) = \int \left(\frac{1}{t-z}\right)\left(\frac{1}{t-w}\right) \mathrm{d}(\boldsymbol{E}u, v), \tag{27}$$

现在比较 (26) 和 (27). 再一次应用引理 4, 我们断定在这两个公式中出现的测度相同. 因此对任意的可测集 S,

$$(\boldsymbol{R}(w)\boldsymbol{E}(S)\boldsymbol{u}, \boldsymbol{v}) = \int \frac{c_S(t)}{t-w} \mathrm{d}(\boldsymbol{E}\boldsymbol{u}, \boldsymbol{v}), \tag{28}$$

此处 $c_S(t)$ 是集合 S 的特征函数. 现在应用公式 (24), 以 w 代替 z, 以 $\boldsymbol{E}(S)\boldsymbol{u}$ 替换 $\boldsymbol{u}$, 把 (28) 式左端重写为

$$\int \frac{1}{t-w} \mathrm{d}(\boldsymbol{E}\boldsymbol{E}(S)\boldsymbol{u}, \boldsymbol{v}). \tag{28$'$}$$

比较 (28$'$) 和 (28) 式的右端. 我们再一次应用引理 4 断定在这些公式中出现的测度相同: 对任意的可测集 T,

$$(\boldsymbol{E}(T)\boldsymbol{E}(S)\boldsymbol{u}, \boldsymbol{v}) = \int_T c_S(t) \mathrm{d}(\boldsymbol{E}(\boldsymbol{u}), \quad \boldsymbol{v}) = (\boldsymbol{E}(S \cap T)\boldsymbol{u}, \boldsymbol{v}).$$

由于这对任意的向量 $\boldsymbol{u}$ 和 $\boldsymbol{v}$ 都成立, 故 $\boldsymbol{E}(T)\boldsymbol{E}(S) = \boldsymbol{E}(S \cap T)$, 这证明了 (ii).

(iii) $\boldsymbol{E}$ 的对称性由 $n_{\boldsymbol{u},\boldsymbol{v}}(S)$ 的斜对称性可知.

(iv) 我们已经看到 $\boldsymbol{E}$ 和 $\boldsymbol{R} = \boldsymbol{R}(z)$ 交换. 为证它与 $\boldsymbol{A}$ 交换, 设 $\boldsymbol{v}$ 是 $\boldsymbol{A}$ 定义域中任意的向量, 则 $\boldsymbol{v}$ 可以写为形式 $\boldsymbol{v} = \boldsymbol{R}\boldsymbol{u}$, $\boldsymbol{u} \in H$. 应用等式 $\boldsymbol{A}\boldsymbol{R} = \boldsymbol{I} + z\boldsymbol{R}$, 得到

$$\boldsymbol{E}\boldsymbol{A}\boldsymbol{v} = \boldsymbol{E}\boldsymbol{A}\boldsymbol{R}\boldsymbol{u} = \boldsymbol{E}\boldsymbol{u} + z\boldsymbol{E}\boldsymbol{R}\boldsymbol{u}.$$

类似地, 由于 $\boldsymbol{E}$ 和 $\boldsymbol{R}$ 交换,

$$\boldsymbol{AEv} = \boldsymbol{AERu} = \boldsymbol{AR}(\boldsymbol{Eu}) = \boldsymbol{Eu} + z\boldsymbol{REu} = \boldsymbol{Eu} + z\boldsymbol{ERu}.$$

因此, $\boldsymbol{EAv} = \boldsymbol{AEv}$, 且 $\boldsymbol{E}$ 把 D 映到 D 内.

(v) 假设 v 属于 $\boldsymbol{A}$ 的定义域 D. 因为 $\boldsymbol{R}(z)$ 把 H 映到 D 上, 我们可以把 $\boldsymbol{v}$ 写为 $\boldsymbol{v} = \boldsymbol{R}(z)\boldsymbol{u}$. 选择 $z = \mathrm{i}$. 设 T 表示任意可测集. 利用 $\boldsymbol{E}$ 和 $\boldsymbol{R}$ 的性质以及预解恒等式, 我们有

$$\begin{aligned}(\boldsymbol{E}(T)\boldsymbol{v}, \boldsymbol{v}) &= (\boldsymbol{E}(T)\boldsymbol{Ru}, \boldsymbol{Ru}) = (\boldsymbol{R}^*\boldsymbol{RE}(T)\boldsymbol{u}, \boldsymbol{u}) = (\boldsymbol{R}(-i)\boldsymbol{R}(i)\boldsymbol{E}(T)\boldsymbol{u}, \boldsymbol{u}) \\ &= \frac{1}{2i}([\boldsymbol{R}(\mathrm{i}) - \boldsymbol{R}(-\mathrm{i})]\,\boldsymbol{E}(T)\boldsymbol{u}, \boldsymbol{u}) \\ &= \frac{1}{2i}\int \left[\frac{1}{t-\mathrm{i}} - \frac{1}{t+\mathrm{i}}\right] \mathrm{d}(\boldsymbol{EE}(T)\boldsymbol{u}, \boldsymbol{u}) \\ &= \int \frac{1}{1+t^2} d(\boldsymbol{EE}(T)\boldsymbol{u}, \boldsymbol{u}) = \int_T \frac{1}{1+t^2}\mathrm{d}(\boldsymbol{Eu}, \boldsymbol{u}).\end{aligned}$$

这证明了

$$\mathrm{d}(\boldsymbol{Ev}, \boldsymbol{v}) = \frac{1}{1+t^2}\mathrm{d}(\boldsymbol{Eu}, \boldsymbol{u}), \quad \boldsymbol{v} = \boldsymbol{R}(z)\boldsymbol{u},$$

因此

$$(1+t^2)\mathrm{d}(\boldsymbol{Ev}, v) = \mathrm{d}(\boldsymbol{Eu}, \boldsymbol{u}).$$

由此可知, $\forall \boldsymbol{v} \in D$,

$$\int t^2 \mathrm{d}(\boldsymbol{Ev}, \boldsymbol{v}) < \infty. \tag{3}$$

下面我们证明对 $v \in D$, 关于向量值测度 $\boldsymbol{Ev}$ 的 Riemann 积分

$$\int t\mathrm{d}\boldsymbol{Ev} \tag{4}$$

收敛. 为此, 考虑 $\mathbb{R}$ 的有限区间 S 和 S 的任意不交子区间分解 $S = \cup S_j$, 每一个区间长度都小于 1. 与此分解对应的 Riemann 和是

$$\sum l_j \boldsymbol{E}(S_j)\boldsymbol{v} = \sum t_j \boldsymbol{v}_j, \quad t_j \in S_j, \tag{4'}$$

此处 $\boldsymbol{v}_j$ 是 $\boldsymbol{E}(S_j)\boldsymbol{v}$ 的缩写. 由性质 (ii), 向量 $\boldsymbol{v}_j$ 是互相正交的, 故 Riemann 和 (4′) 的范数的平方是

$$\sum t_j^2 ||\boldsymbol{v}_j||^2.$$

由于这是积分 (3) 的 Riemann 和, 它对所有的分解是一致有界的. 积分 (4) 的收敛性由此可知.

为确定此积分的值, 我们取 H 中任意向量 w. 设 T 是任意可测集. 利用前面建立的 $\boldsymbol{E}$ 和 $\boldsymbol{R}$ 的关系, 我们导出下列等式:

$$\begin{aligned}(\boldsymbol{E}(T)\boldsymbol{v}, w) &= (\boldsymbol{E}(T)\boldsymbol{Ru}, w) = (\boldsymbol{RE}(T)\boldsymbol{u}, w) \\ &= \int \frac{1}{t-z}\mathrm{d}(\boldsymbol{EE}(T)\boldsymbol{u}, w) = \int_T \frac{1}{t-z}\mathrm{d}(\boldsymbol{Eu}, w).\end{aligned}$$

这证明了

$$\mathrm{d}(\boldsymbol{E v}, w) = \frac{1}{t-z}\mathrm{d}(\boldsymbol{E u}, w),$$

从而

$$(t-z)\mathrm{d}(\boldsymbol{E v}, w) = \mathrm{d}(\boldsymbol{E u}, w).$$

在上式右端取 $\boldsymbol{u} = (\boldsymbol{A} - z)\boldsymbol{v}$ 得到

$$t\mathrm{d}(\boldsymbol{E v}, w) = d(\boldsymbol{E A v}, w).$$

此式在 $\mathbb{R}$ 上积分, 我们推出

$$\int t\mathrm{d}(\boldsymbol{E v}, w) = (\boldsymbol{A v}, w).$$

左端是积分 (4) 与 w 的内积；由于 w 是任意的, 故

$$\int t\mathrm{d}\boldsymbol{E v} = \boldsymbol{A v}.$$

定理 1 得证. □

推论　若 x 属于 $\boldsymbol{A}^n$ 的定义域, 则 $\forall v \in H$,

$$(\boldsymbol{A}^k x, \boldsymbol{v}) = \int t^k \mathrm{d}(\boldsymbol{E}x, \boldsymbol{v}), \quad k \leqslant n. \tag{29}$$

习题 1　证明关系式 (29).

我们现在简要给出另外两种构造自伴算子谱分解的途径.

32.2　利用 Cayley 变换构造谱分解

下面我们给出 von Neumann 利用自伴算子 $\boldsymbol{A}$ 的 Cayley 变换

$$\boldsymbol{U} = (\boldsymbol{A} - \mathrm{i})(\boldsymbol{A} + \mathrm{i})^{-1} \tag{30}$$

给出的构造谱分解的原始方法.

定理 8　算子 $\boldsymbol{U}$ 是酉算子, 即 $\boldsymbol{U}$ 是从 H 到 H 上的保范映射.

证明　由于算子 $\boldsymbol{A} \pm \mathrm{i}$ 把 $D(\boldsymbol{A})$ 一对一的映到 H 上, $\boldsymbol{U}$ 把 H 映到 $\boldsymbol{H}$ 上. 我们断定 $\boldsymbol{U}$ 是保持范数的. 为此, $\forall \boldsymbol{u} \in H$, 设 $\boldsymbol{v}$ 和 $\boldsymbol{w}$ 为向量

$$\boldsymbol{v} = (\boldsymbol{A} + \mathrm{i})^{-1}\boldsymbol{u}, \quad \boldsymbol{w} = \boldsymbol{U u}.$$

则

$$(\boldsymbol{A} + \mathrm{i})\boldsymbol{v} = \boldsymbol{u}, \quad (\boldsymbol{A} - \mathrm{i})\boldsymbol{v} = \boldsymbol{w}.$$

取内积并应用 $\boldsymbol{A}$ 的对称性, 我们得到

$$||u||^2 = ((\boldsymbol{A}+\mathrm{i})\boldsymbol{v}, (\boldsymbol{A}+\mathrm{i})\boldsymbol{v}) = ||\boldsymbol{A v}||^2 + ||\boldsymbol{v}||^2 + \mathrm{i}[(\boldsymbol{v}, \boldsymbol{A v}) - (\boldsymbol{A v}, \boldsymbol{v})] = ||\boldsymbol{A v}||^2 + ||\boldsymbol{v}||^2,$$

类似地

$$||\boldsymbol{w}||^2 = ((\boldsymbol{A} - \mathrm{i})\boldsymbol{v}, (\boldsymbol{A} - \mathrm{i})\boldsymbol{v}) = ||\boldsymbol{A v}||^2 + ||\boldsymbol{v}||^2.$$

这证明了 $\boldsymbol{U}$ 是保范的. □

然后 von Neumann 利用单位圆周上的投影值测度给出酉算子 $\boldsymbol{U}$ 的谱分解；通过 $(t-\mathrm{i})/(t+\mathrm{i})=\mathrm{e}^{\mathrm{i}\theta}$ 拉回到实轴上, 这给出了 $\boldsymbol{A}$ 的谱分解.

32.3 自伴算子的函数演算

$\boldsymbol{A}$ 的预解集是由使得 $\boldsymbol{A}-z\boldsymbol{I}$ 把 D 一对一地映到 H 上的复数 z 构成的集合. $\boldsymbol{A}$ 的谱是预解集的补集. 根据定理 5, 自伴算子 $\boldsymbol{A}$ 的谱在实数轴上.

习题 2 证明无界自伴算子的谱是实数轴上的无界闭集.

无界算子的广义谱是它的谱加入 ∞ 后的紧化.

在本节中, 我们将要对在自伴算子 $\boldsymbol{A}$ 的广义谱上定义的实数值连续函数 f 定义 $f(\boldsymbol{A})$.

首先给出有关自伴算子幂的一些事实. 对任意自然数 k, $\boldsymbol{A}^k$ 的定义域, 记为 $D(\boldsymbol{A}^k)$, 由所有满足 $\boldsymbol{x},\boldsymbol{A}\boldsymbol{x},\cdots,\boldsymbol{A}^{k-1}\boldsymbol{x}$ 都属于 $\boldsymbol{A}$ 的定义域 D 的向量 $\boldsymbol{x}$ 构成.

习题 3 证明 $\boldsymbol{A}^k$ 是自伴算子.

引理 9 对作用在 Hilbert 空间 H 上的任意自伴算子 $\boldsymbol{A}$,

(i) $\boldsymbol{A}^2+\boldsymbol{I}$ 有有界的逆;

(ii) $(\boldsymbol{A}^2+\boldsymbol{I})^{-n}$ 把 H 映到 $\boldsymbol{A}^{2n}$ 的定义域内.

证明 (i) 根据定理 5, $\boldsymbol{A}+\mathrm{i}\boldsymbol{I}$ 和 $\boldsymbol{A}-\mathrm{i}\boldsymbol{I}$ 都有有界的逆. 因此它们的乘积

$$\boldsymbol{A}^2+\boldsymbol{I}=(\boldsymbol{A}-\mathrm{i}\boldsymbol{I})(\boldsymbol{A}+\mathrm{i}\boldsymbol{I})$$

也有有界的逆.

(ii) 首先证明 $(\boldsymbol{A}+\mathrm{i}\boldsymbol{I})^{-1}$ 和 $(\boldsymbol{A}-\mathrm{i}\boldsymbol{I})^{-1}$ 都把 $D(\boldsymbol{A}^{k-1})$ 映到 $D(\boldsymbol{A}^k)$ 内. 为此, 设 y 是 $D(\boldsymbol{A}^{k-1})$ 内任意的向量; 根据定理 5, $(\boldsymbol{A}+\mathrm{i}\boldsymbol{I})^{-1}\boldsymbol{y}=\boldsymbol{x}$ 属于 D. 对 $k=1$, 这正是我们要证明的. 对 $k>1$, 我们把 $\boldsymbol{y}$ 写为 $\boldsymbol{y}=(\boldsymbol{A}+\mathrm{i}\boldsymbol{I})\boldsymbol{x}$ 并将之重写为

$$\boldsymbol{A}\boldsymbol{x}=\boldsymbol{y}-\mathrm{i}\boldsymbol{x}, \tag{31}$$

这说明 $\boldsymbol{x}$ 属于 $D(\boldsymbol{A}^2)$. 对 $k=2$, 这是我们要证明的; 对 $k>2$, 让 $\boldsymbol{A}$ 作用到 (31) 上并在右端应用 (31):

$$\boldsymbol{A}^2\boldsymbol{x}=\boldsymbol{A}\boldsymbol{y}-\mathrm{i}\boldsymbol{A}\boldsymbol{x}=\boldsymbol{A}\boldsymbol{y}-\mathrm{i}\boldsymbol{y}-\boldsymbol{x}.$$

这证明 x 属于 $D(\boldsymbol{A}^3)$; 依次类推, 直到我们推出 $\boldsymbol{x}$ 在 $D(\boldsymbol{A}^k)$ 内. 对 $(\boldsymbol{A}-\mathrm{i}\boldsymbol{I})^{-1}$ 类似可证.

我们有

$$(\boldsymbol{A}^2+\boldsymbol{I})^{-n}=[(\boldsymbol{A}-\mathrm{i}\boldsymbol{I})^{-1}(\boldsymbol{A}+\mathrm{i}\boldsymbol{I})^{-1}]^n. \tag{32}$$

由于第 k 个因子 $(\boldsymbol{A}\pm i\boldsymbol{I})^{-1}$ 把 $D(\boldsymbol{A}^{k-1})$ 映到 $D(\boldsymbol{A}^k)$, (32) 右端的 $2n$ 个因子把 H 映到 $D(\boldsymbol{A}^n)$. □

习题 4　证明 $(\boldsymbol{A}^2+\boldsymbol{I})^{-n}$ 把 H 映到 $\boldsymbol{A}^{2n}$ 的定义域上.

设 $q(\lambda)$ 是任意次数不大于 $2n$ 的多项式. 由引理 9 知, $q(\boldsymbol{A})(\boldsymbol{A}^2+\boldsymbol{I})^{-n}$ 是处处有定义的有界算子.

习题 5　证明若多项式 q 的系数是实数, 则 $q(\boldsymbol{A})(\boldsymbol{A}^2+\boldsymbol{I})^{-n}$ 是对称的. (提示: 首先证明 $\boldsymbol{A}^{2n}$ 的定义域在 H 中稠密.)

谱映射定理的如下形式成立.

引理 10　设 q 是次数不大于 $2n$ 的实系数多项式, $r(\lambda)=q(\lambda)(\lambda^2+1)^{-n}$, 则 $r(\boldsymbol{A})$ 的谱由所有的形如 $r(\lambda)$ 的实数 σ 构成, 这里 λ 取遍 $\boldsymbol{A}$ 的广义谱.

证明　记

$$r(\lambda)-\sigma=[q(\lambda)-\sigma(\lambda^2+1)^n](\lambda^2+1)^{-n}.$$

$q(\lambda)-\sigma(\lambda^2+1)^n$ 有实根和成对的共轭复根. 把上式分解为

$$r(\lambda)-\sigma=\prod_1^k\left((\lambda-\rho_j)^2+\mu_j^2\right)\prod_1^{2(n-k)}(\lambda-\lambda_\ell)(\lambda^2+1)^{-n}. \tag{33}$$

于是

$$r(\boldsymbol{A})-\sigma\boldsymbol{I}=\prod_1^k\left((\boldsymbol{A}-\rho_j\boldsymbol{I})^2+\mu_j^2\boldsymbol{I}\right)\prod_1^{2(n-k)}(\boldsymbol{A}-\lambda_\ell\boldsymbol{I})(\boldsymbol{A}^2+\boldsymbol{I})^{-n}.$$

部分积

$$\prod_1^k((\boldsymbol{A}-\rho_j\boldsymbol{I})^2+\mu_j^2\boldsymbol{I})(\boldsymbol{A}^2+\boldsymbol{I})^{-k}$$

是 H 到 H 上的一对一的映射. 余下的因子是 H 到 H 上的一对一的映射, 当且仅当所有的 λ_l 属于 $\boldsymbol{A}$ 的预解集且分子的所有 0 点个数为 $2n$ 个. 由 (33), $r(\lambda_l)=\sigma$, 上面使得 $r(\boldsymbol{A})-\sigma\boldsymbol{I}$ 可逆的两个条件可以叙述为: 对 $\boldsymbol{A}$ 的谱中任意的 λ, $r(\lambda)\neq\sigma$ 且 $r(\infty)\neq\sigma$. □

根据引理 9 和习题 4, 对上面的有理函数 $r(\lambda)$, $r(\boldsymbol{A})$ 是有界对称算子. 现在应用第 31 章定理 3: $||r(\boldsymbol{A})||$ 等于 $r(\boldsymbol{A})$ 的谱半径. 根据引理 10, $r(\boldsymbol{A})$ 的谱是 $r(\lambda)$ 在 $\boldsymbol{A}$ 的广义谱 $\sigma(\boldsymbol{A})$ 上的值域. 因此

$$||r(\boldsymbol{A})||=\max_{\lambda\in\sigma(\boldsymbol{A})}|r(\lambda)|. \tag{34}$$

上面描述的有理函数构成了实数域上的一个代数. 我们断言它们分离广义实数轴的点. 显然, 若 λ_1 和 λ_2 有相同的符号, $(\lambda^2+1)^{-1}$ 在 λ_1 和 λ_2 处值不相等; 当 λ_1 和 λ_2 中有一个为 ∞ 时也是这样. 若 λ_1 和 λ_2 有相反的符号, 则 $\lambda(\lambda^2+1)^{-1}$ 分离它们. 而且常数函数也在此代数中. 我们现在应用如下定理.

Stone-Weierstrass 定理　如果紧 Hausdorff 空间 Ω 上的实数值连续函数构成的

一个代数分离 Ω 中的点且包含常数函数, 则它在 Ω 上的连续函数空间 $C(\Omega)$(赋以最大值范数) 内是稠密的.

证明参考 13.3 节.

由此知上面定义的有理函数 $r(\lambda)$ 在 $\boldsymbol{A}$ 的广义谱 ($\boldsymbol{A}$ 的谱加入点 ∞ 的紧化) 上的连续函数空间中是稠密的. 即每个这样的连续函数 f 都可以用一列有理函数一致逼近:

$$\lim r_k = f.$$

由此 $\{r_k\}$ 是一个 Cauchy 列:

$$\max_{\lambda\in\sigma(\boldsymbol{A})} |r_k(\lambda) - r_\ell(\lambda)| \to 0.$$

由 (34), 当 k, ℓ 趋于 ∞ 时, $||r_k(\boldsymbol{A}) - r_\ell(\boldsymbol{A})||$ 趋于 0. 算子 $r_k(\boldsymbol{A})$ 的范数极限定义为 $f(\boldsymbol{A})$.

容易验证我们刚刚定义的函数演算具有第 31 章定理 5 中列举的所有性质. 这个函数演算, 与在 31.3 节中所做的一样, 可以用来构造算子 $\boldsymbol{A}$ 的谱分解. 沿着 31.5 节的思路可以构造出谱表示.

注记 微分算子 (包括常微算子和偏微算子) 是第一类被建立起谱理论的无界算子, 我们将在在第 33 章中讨论它们. 无界积分算子的第一个一般的谱理论是 Carleman 在奇异积分算子的框架下发展起来的.

在参考文献中, 我们列举了一些自伴算子谱理论的早期著作.

参考文献

Carleman, T., *Sur les equations integrales singulières à noyou réel symmétrique.* Almquist and Wiksells, Uppsala, 1923.

Doob, J. L. and Koopman, B. O., On analytic functions with positive imaginary parts. *Bull. AMS*, **40**(1934): 601–606.

Hellinger, E. and Toeplitz, O., Grundlagen einer Theorie der Unendlichen Matricen. *Math. Ann.*, **69**(1910): 289–330.

Lengyel, B. A. and Stone, M. H., Elementary proof of the spectral theorem. *An. Math.*, **37**(1936): 853–864.

Lorch, E. R., Functions of self-adjoint transformations in Hilber space. *Acta. Sc. Math. Szeged*, **7**(1934): 136–146.

Nevalinna, R., Asymptotische Entwickelungen beschränkter Funktionen und das Stieltjessche Moment-problem. *Ann. Acad. Sci. Fennicae*, A **18**(1922).

Riesz, F., Über die linearen Transformationen des komplexen Hilbertschen Raumes, *Acta Sci Math. Szeged*, **5**(1930): 23–54.

Riesz, F. and Lorch, E. R., The integral representation of unbounded self-adjoint transformations in Hilbert space. *Trans. AMS*, **39**(1936): 331–340.

Stone, M. H., *Linear transformations in Hilbert Space and their application to analysis.* AMS Coll. Publ., **15**. American Mathemaical Society, New York, 1932.

Sz. -Nagy, B., *Spectraldarstelling linearer Transformationen des Hilbertschen Raumes.* Ergebnisse der Math., **5**. Springer, Berlin, 1942.

von Ncumann, J., Allgemeine Eigenwerttheorie Hermitescher Functinaloperatoren. *Math. An.*, **102**(1929): 49–131.

第 33 章 自伴算子的例子

自伴算子的定义要求人们将算子的定义域十分精确地描述出来. 在许多情况下, 这是可能的, 但是对于大多数定义在域上的满足各种边界条件的变系数偏微分算子而言, 准确刻画它们的定义域几乎是不可能的, 也是毫无意义的, 因为这类算子基本上都是通过某种合适的延拓过程而定义的. 在本章的第一部分, 我们将刻画这些过程.

33.1 无界对称算子的延拓

定义 算子 $\boldsymbol{C}$ 称为算子 $\boldsymbol{B}$ 的延拓, 如果 $\boldsymbol{C}$ 的定义域包含了 $\boldsymbol{B}$ 的定义域, 并且在它们的公共定义域内, 有 $\boldsymbol{Cu} = \boldsymbol{Bu}$.

设 H 为 Hilbert 空间, $\boldsymbol{D}(\boldsymbol{B})$ 为 H 的稠密子空间, 令 $\boldsymbol{B}$ 为 $\boldsymbol{D}(\boldsymbol{B})$ 到 H 内的对称算子:

$$(\boldsymbol{Bu}, \boldsymbol{v}) = (\boldsymbol{u}, \boldsymbol{Bv}) \tag{1}$$

其中 $\boldsymbol{u}, \boldsymbol{v}$ 为 $\boldsymbol{D}(\boldsymbol{B})$ 中任意向量. 我们提出如下问题:

(i) 能否将 $\boldsymbol{B}$ 延拓为一个自伴算子?

(ii) 有多少种延拓方式?

(iii) 通过何种过程?

首先回忆一下闭算子的定义. 闭算子是一个图像为 $H \times H$ 中的闭子集的线性算子. 用收敛的语言叙述如下.

定义 设 $\boldsymbol{C}$ 是从 H 的稠子空间 $\boldsymbol{D}(\boldsymbol{C})$ 到 H 内的算子, 如果由 $\boldsymbol{D}(\boldsymbol{C})$ 内的向量列 $\{\boldsymbol{u}_n\}$ 收敛于 $\boldsymbol{u} \in H$, 且 $\{\boldsymbol{Cu}_n\}$ 在 H 中收敛于 $\boldsymbol{w}$, 可以推出 $\boldsymbol{u}$ 属于 $\boldsymbol{C}$ 的定义域 $\boldsymbol{D}(\boldsymbol{C})$ 且 $\boldsymbol{Cu} = \boldsymbol{w}$, 则称 $\boldsymbol{C}$ 是一个闭算子.

我们现在刻画如何将一个稠定的对称算子 $\boldsymbol{B}$ 延拓为闭的对称算子, 并且这种延拓为最小延拓；与此同时, 我们称 $\boldsymbol{B}$ 的这种最小延拓为 $\boldsymbol{B}$ 的闭包, 用 $\bar{\boldsymbol{B}}$ 表示. 任取 $\boldsymbol{D}(\boldsymbol{B})$ 内的向量列 $\{\boldsymbol{u}_n\}$, 设 $\{\boldsymbol{u}_n\}$ 收敛于 $\boldsymbol{u}$, $\{\boldsymbol{Bu}_n\}$ 收敛于 $\boldsymbol{w}$. 在 (1) 中, 令 $\boldsymbol{u} = \boldsymbol{u}_n$, 则

$$(\boldsymbol{Bu}_n, \boldsymbol{v}) = (\boldsymbol{u}_n, \boldsymbol{Bv}).$$

令 $n \to \infty$, 得

$$(\boldsymbol{w}, \boldsymbol{v}) = (\boldsymbol{u}, \boldsymbol{Bv}) \tag{1'}$$

其中 $\boldsymbol{v}$ 为 $\boldsymbol{D}(\boldsymbol{B})$ 中的任意向量. 由于 $\boldsymbol{D}(\boldsymbol{B})$ 在 H 内稠密, 所以 $(1')$ 中的向量 $\boldsymbol{w}$ 由 $\boldsymbol{u}$ 唯一决定.

定义 由 $\bar{\boldsymbol{B}}\boldsymbol{u} = \boldsymbol{w}$ 定义的算子称为 $\boldsymbol{B}$ 的闭包, 其中 $\boldsymbol{u}, \boldsymbol{w}$ 满足 $(1')$. $\boldsymbol{B}$ 的闭包用 $\bar{\boldsymbol{B}}$ 表示.

习题 1 证明: 若闭算子 $\boldsymbol{C}$ 是稠定对称算子 $\boldsymbol{B}$ 的延拓, 则 $\boldsymbol{C}$ 也是 $\bar{\boldsymbol{B}}$ 的延拓.

定理 1 设 $\boldsymbol{B}$ 为稠定对称算子, $\overline{\boldsymbol{B}}$ 为 $\boldsymbol{B}$ 的闭包, 则

(i) $\overline{\boldsymbol{B}}$ 是闭的;

(ii) $\overline{\boldsymbol{B}}$ 是对称的;

(iii) 对任意非实的复数 $\boldsymbol{z}$, $\overline{\boldsymbol{B}} - \boldsymbol{z}$ 将 $\boldsymbol{D}(\overline{\boldsymbol{B}})$ 一一地映为 H 中的一个闭子空间.

证明 (i) 由 $\overline{\boldsymbol{B}}$ 的构造可得 $\overline{\boldsymbol{B}}$ 是闭算子.

(ii) 为证 $\overline{\boldsymbol{B}}$ 是对称的, 任取 $\boldsymbol{D}(\overline{\boldsymbol{B}})$ 中的向量 $\boldsymbol{v}$, 设 $\{\boldsymbol{v}_n\}$ 为 $\boldsymbol{D}(\boldsymbol{B})$ 中的向量列, 且 $\boldsymbol{v}_n \to \boldsymbol{v}$, $\boldsymbol{B}\boldsymbol{v}_n \to \overline{\boldsymbol{B}}\boldsymbol{v}$; 在 $(1')$ 中, 令 $\boldsymbol{v} = \boldsymbol{v}_n$; 令 $n \to \infty$, 得

$$(\overline{\boldsymbol{B}}\boldsymbol{u}, \boldsymbol{v}) = (\boldsymbol{u}, \overline{\boldsymbol{B}}\boldsymbol{v}),$$

即 $\overline{\boldsymbol{B}}$ 是对称的.

(iii) 设 z 为任意非实的复数, $\boldsymbol{u}$ 为 $\boldsymbol{D}(\overline{\boldsymbol{B}})$ 中的向量. 用 f 表示向量 $(\overline{\boldsymbol{B}} - z)\boldsymbol{u}$. 将 f 与 $\boldsymbol{u}$ 作内积:

$$(\overline{\boldsymbol{B}}\boldsymbol{u}, \boldsymbol{u}) - \boldsymbol{z}(\boldsymbol{u}, \boldsymbol{u}) = (f, \boldsymbol{u}).$$

因为 $\overline{\boldsymbol{B}}$ 是对称的, 左边第一项是实的; 由等式两边的虚部相等, 所以

$$|\mathrm{Im}\boldsymbol{z}| \cdot ||\boldsymbol{u}||^2 = |\mathrm{Im}(f, \boldsymbol{u})| \leqslant ||f|| \cdot ||\boldsymbol{u}||.$$

由此不等式, 得

$$||\boldsymbol{u}|| \leqslant \frac{1}{|\mathrm{Im}\boldsymbol{z}|}||f||. \tag{2}$$

此不等式隐含了算子 $\overline{\boldsymbol{B}} - \boldsymbol{z}$ 是一对一的.

设 $\{\boldsymbol{f}_n\}$ 为 $\overline{\boldsymbol{B}} - \boldsymbol{z}$ 值域内的收敛于 $\boldsymbol{f} \in H$ 的一列向量:

$$(\overline{\boldsymbol{B}} - z)\boldsymbol{u}_n = \boldsymbol{f}_n. \tag{2'}$$

由 (2), $\{u_n\}$ 在 H 中收敛于向量 $\boldsymbol{u}$. 由 $(2')$, $\{\overline{\boldsymbol{B}}\boldsymbol{u}_n\}$ 收敛. 由于 $\overline{\boldsymbol{B}}$ 是闭算子, 所以 $\boldsymbol{u}$ 属于 $\overline{\boldsymbol{B}}$ 的定义域且 $\overline{\boldsymbol{B}}\boldsymbol{u} = \boldsymbol{f} + \boldsymbol{z}\boldsymbol{u}$, 即 $\boldsymbol{f}$ 属于 $\overline{\boldsymbol{B}} - \boldsymbol{z}$ 的值域. □

下面是两个有用的推论.

推论 1 自伴算子 $\boldsymbol{A}$ 是闭的.

证明 由定理 1 的 (ii), $\overline{\boldsymbol{A}}$ 是对称的且 $\overline{\boldsymbol{A}}$ 的定义域包含在 $\boldsymbol{A}^*$ 的定义域内. 由于 $\boldsymbol{A}^*$ 和 $\boldsymbol{A}$ 有相同的定义域, 从而推论得证. □

结合推论 1 与习题 1, 我们导出如下推论.

推论 1′ 若自伴算子 $\boldsymbol{A}$ 是稠定对称算子 $\boldsymbol{B}$ 的延拓, 则 $\boldsymbol{A}$ 也是 $\overline{\boldsymbol{B}}$ 的延拓.

下面的定理给出了对称算子为自伴算子的一个充要条件.

定理 2 对称算子 $\boldsymbol{A}$ 是自伴的, 当且仅当每个非实的复数 z 都属于 $\boldsymbol{A}$ 的预解集.

证明 由第 32 章定理 5, 每个非实的复数都属于自伴算子的预解集. 因此, 我们只要证明此结论的逆成立. 设 z 为某一非实的复数且 z 和 $\overline{z}$ 都属于 $\boldsymbol{A}$ 的预解集, 我们先证 $(\boldsymbol{A}-z)^{-1}$ 是 $(\boldsymbol{A}-\overline{z})^{-1}$ 的伴随, 即证: 对 H 中的任意向量 $\boldsymbol{f}$ 和 $\boldsymbol{g}$,

$$((\boldsymbol{A}-z)^{-1}\boldsymbol{f},\boldsymbol{g})=(\boldsymbol{f},(\boldsymbol{A}-\overline{z})^{-1}\boldsymbol{g}). \tag{3}$$

为此, 我们简记

$$(\boldsymbol{A}-z)^{-1}\boldsymbol{f}=\boldsymbol{x},\quad (\boldsymbol{A}-\overline{z})^{-1}\boldsymbol{g}=\boldsymbol{y}. \tag{4}$$

重记 (3) 为

$$(\boldsymbol{x},(\boldsymbol{A}-\overline{z})\boldsymbol{y})=((\boldsymbol{A}-z)\boldsymbol{x},\boldsymbol{y}). \tag{4'}$$

因为 $\boldsymbol{A}$ 是对称的, 所以对 $\boldsymbol{A}$ 的定义域内的所有 $\boldsymbol{x}$ 和 $\boldsymbol{y}$, (4′) 都成立. 又因为 $\boldsymbol{A}-z$ 和 $\boldsymbol{A}-\overline{z}$ 的值域为 H, 所以 (3) 对所有 $\boldsymbol{f}$, $\boldsymbol{g}\in H$ 都成立.

现在证明 $\boldsymbol{A}$ 是自伴的. 由于 $\boldsymbol{A}$ 是对称的, 只需证明: 若 $\boldsymbol{v}$ 属于 $\boldsymbol{A}^*$ 的定义域, 则 $\boldsymbol{v}$ 属于 $\boldsymbol{A}$ 的定义域且 $\boldsymbol{A}^*\boldsymbol{v}=\boldsymbol{A}\boldsymbol{v}$. 设 $\boldsymbol{A}^*\boldsymbol{v}=\boldsymbol{w}$, 则对 $\boldsymbol{D}(\boldsymbol{A})$ 内所有 $\boldsymbol{x}$,

$$(\boldsymbol{A}\boldsymbol{x},\boldsymbol{v})=(\boldsymbol{x},\boldsymbol{w}); \tag{5}$$

此式两边减去 $z(\boldsymbol{x},\boldsymbol{v})$, 有

$$((\boldsymbol{A}-z)\boldsymbol{x},\boldsymbol{v})=(\boldsymbol{x},\boldsymbol{w}-\overline{z}\boldsymbol{v}).$$

令 $\boldsymbol{g}=\boldsymbol{w}-\overline{z}\boldsymbol{v}$; 由 (3) 和 (4), 得到

$$(\boldsymbol{f},\boldsymbol{v})=((\boldsymbol{A}-z)^{-1}\boldsymbol{f},\boldsymbol{w}-\overline{z}\boldsymbol{v})=(\boldsymbol{f},(\boldsymbol{A}-\overline{z})^{-1}(\boldsymbol{w}-\overline{z}\boldsymbol{v})). \tag{5'}$$

由于对 $\boldsymbol{D}(\boldsymbol{A})$ 内的所有 $\boldsymbol{x}$, (5) 成立, 所以 (5′) 对 H 内的所有 $\boldsymbol{f}$ 成立. 因此, $\boldsymbol{v}=(\boldsymbol{A}-\overline{z})^{-1}(\boldsymbol{w}-\overline{z}\boldsymbol{v})$. 又因为 $(\boldsymbol{A}-\overline{z})^{-1}$ 的值域为 $\boldsymbol{D}(\boldsymbol{A})$, 故 $\boldsymbol{v}$ 属于 $\boldsymbol{D}(\boldsymbol{A})$. 用 $(\boldsymbol{A}-\overline{z})$ 作用, 可得 $\boldsymbol{A}\boldsymbol{v}=\boldsymbol{w}$; 从而 $\boldsymbol{A}^*\boldsymbol{v}=\boldsymbol{A}\boldsymbol{v}$. □

注记 在上述证明中, 我们仅用到了假设: 存在某个非实的复数 z, 使得 z 和 $\overline{z}$ 属于 $\boldsymbol{A}$ 的预解集.

33.2 对称算子延拓的例子, 亏指数

本节将给出一些对称算子延拓的例子, 刻画自伴算子延拓的可能性.

例 1

定义 设 H 为 Hilbert 空间 $L^2(\mathbb{R})$, $\boldsymbol{C}_0^1$ 为 $\mathbb{R}$ 上的有紧支集的一阶可微函数组成的全体, 设 $\boldsymbol{B}$ 为作用在 $\boldsymbol{D}(\boldsymbol{B})=\boldsymbol{C}_0^1$ 上的算子 $\mathrm{i}(\mathrm{d}/\mathrm{d}\boldsymbol{x})$.

命题 $\boldsymbol{B}$ 是对称的, 其闭包 $\overline{\boldsymbol{B}}$ 是自伴的.

证明 利用分部积分法, 可以证明 $\boldsymbol{B}$ 是对称的. 令 z 为任一复数, $\boldsymbol{B}-z$ 的值域由形如

$$\mathrm{i}\frac{\mathrm{d}}{\mathrm{d}\boldsymbol{x}}\boldsymbol{u}-\boldsymbol{z}\boldsymbol{u}=f,\quad \boldsymbol{u}\in \boldsymbol{C}_0^1, \tag{6}$$

的所有函数 f 组成. 两边用 $\mathrm{e}^{\mathrm{i}\boldsymbol{z}\boldsymbol{x}}$ 去乘:

$$\mathrm{i}\frac{\mathrm{d}}{\mathrm{d}\boldsymbol{x}}(\mathrm{e}^{\mathrm{i}\boldsymbol{z}\boldsymbol{x}}\boldsymbol{u})=\mathrm{e}^{\mathrm{i}\boldsymbol{z}\boldsymbol{x}}f. \tag{6'}$$

沿 $\mathbb{R}$ 上积分; 由于 $\boldsymbol{u}$ 的支集为紧集, 故 $\boldsymbol{B}-\boldsymbol{z}$ 值域内的每个函数 $\boldsymbol{f}$ 需满足

$$0=\int_{-\infty}^{+\infty}\mathrm{e}^{\mathrm{i}\boldsymbol{z}\boldsymbol{x}}f(\boldsymbol{x})\mathrm{d}\,x. \tag{7}$$

反之, 我们断言: $\mathbb{R}$ 上的每个满足 (7) 的 $\boldsymbol{C}_0$ 函数 f 都属于 $\boldsymbol{B}-\boldsymbol{z}$ 的值域. 这是因为, 定义

$$\boldsymbol{u}(\boldsymbol{x})=-\mathrm{i}\int_{-\infty}^{\boldsymbol{x}}\mathrm{e}^{\mathrm{i}\boldsymbol{z}(\boldsymbol{y}-\boldsymbol{x})}f(\boldsymbol{y})\mathrm{d}\,\boldsymbol{y}. \tag{8}$$

显然, $\boldsymbol{u}$ 有连续的导函数并且若 f 在紧区间 S 外为 0, 则 (7) 和 (8) 蕴含了 $\boldsymbol{u}$ 在区间 S 外也是 0.

由于函数 $\mathrm{e}^{\mathrm{i}\boldsymbol{z}\boldsymbol{x}}$ 在 $\mathbb{R}$ 上非平方可积, 所以 $\mathbb{R}$ 上的满足条件 (7) 的所有紧支集的连续函数组成的集合在 $L^2(\mathbb{R})$ 中稠密. 根据定理 (1) 的 (iii), 对于每个非实的复数 $\boldsymbol{z}$, $\overline{\boldsymbol{B}}-\boldsymbol{z}$ 的值域是闭的, 从而为整个空间 H. 又因为 $\overline{\boldsymbol{B}}-\boldsymbol{z}$ 是一对一的, 所以 $\boldsymbol{z}$ 属于 $\overline{\boldsymbol{B}}$ 的预解集. 根据定理 2, $\overline{\boldsymbol{B}}$ 是自伴的.

闭包为自伴的对称算子称为本性自伴算子. □

例 2

定义 令 H 为 Hilbert 空间 $L^2(\mathbb{R}_+)$, $\boldsymbol{C}_0^1$ 表示 $\mathbb{R}_+$ 上有紧支集的一阶连续可微函数的全体. 设 $\boldsymbol{B}$ 为定义在 $\boldsymbol{D}(\boldsymbol{B})=\boldsymbol{C}_0^1$ 上的算子 $\mathrm{i}(\mathrm{d}/\mathrm{d}\boldsymbol{x})$.

命题 $\boldsymbol{B}$ 是对称的, 但是其闭包 $\overline{\boldsymbol{B}}$ 不是自伴的; 此外, $\boldsymbol{B}$ 不存在任何自伴延拓.

证明 由于 $\boldsymbol{B}$ 的定义域内的所有函数 f 在 0 和 ∞ 的附近为 0, 所以可以借助于分部积分法证明 $\boldsymbol{B}$ 的对称性. 如例 1 的讨论, 对于非实的复数 $\boldsymbol{z}$, 同样可证明: 支集为 $\mathbb{R}_+$ 内的紧子集的连续函数 f 属于 $\boldsymbol{B}-\boldsymbol{z}$ 的值域, 当且仅当

$$0=\int_0^{\infty}\mathrm{e}^{\mathrm{i}\boldsymbol{z}\boldsymbol{x}}f(\boldsymbol{x})\mathrm{d}\,\boldsymbol{x}. \tag{9}$$

当 $\mathrm{Im}\boldsymbol{z}<0$ 时, 函数 $\mathrm{e}^{\mathrm{i}\boldsymbol{z}\boldsymbol{x}}$ 在 $\mathbb{R}_+$ 上非平方可积, 因此满足 (9) 的所有 $\boldsymbol{C}_0$ 函数 f 组成的集合在 $L^2(\mathbb{R}_+)=H$ 内是稠密的. 由定理 2, $\overline{\boldsymbol{B}}-\boldsymbol{z}$ 的值域为整个 Hilbert 空间 H.

当 $\mathrm{Im}\boldsymbol{z}>0$ 时, 函数 $\mathrm{e}^{\mathrm{i}\boldsymbol{z}\boldsymbol{x}}$ 在 $\mathbb{R}_+$ 上平方可积, 因此 $\overline{\boldsymbol{B}}-\boldsymbol{z}$ 的值域由 H 内的所有满足正交条件 (9) 的函数 f 组成. 故 $\overline{\boldsymbol{B}}$ 不是自伴的.

我们再证 $\boldsymbol{B}$ 不存在任何自伴延拓. 若不是这样, 假设 $\boldsymbol{A}$ 是 $\boldsymbol{B}$ 的一个自伴延拓; 注意, 由推论 1, 这样的延拓 $\boldsymbol{A}$ 也是 $\overline{\boldsymbol{B}}$ 的延拓. 由于 $\overline{\boldsymbol{B}}$ 不是自伴的, 从而存在向量 $\boldsymbol{v}$ 属于 $\boldsymbol{A}$ 的定义域, 但不属于 $\overline{\boldsymbol{B}}$ 的定义域. 令 $\boldsymbol{z}$ 为任一复数且 $\mathrm{Im}\boldsymbol{z}<0$,

则由上述证明, $\overline{\boldsymbol{B}}-\boldsymbol{z}$ 将 $\boldsymbol{D}(\overline{\boldsymbol{B}})$ 映为整个空间 H. 因此 $\boldsymbol{D}(\overline{\boldsymbol{B}})$ 内存在函数 $\boldsymbol{u}$ 使得 $(\overline{\boldsymbol{B}}-\boldsymbol{z})\boldsymbol{u}=(\boldsymbol{A}-\boldsymbol{z})\boldsymbol{v}$. 由于 $\boldsymbol{A}$ 是 $\overline{\boldsymbol{B}}$ 的延拓, 所以 $(\boldsymbol{A}-\boldsymbol{z})(\boldsymbol{v}-\boldsymbol{u})=0$, 但这是不可能的, 除非 $\boldsymbol{v}-\boldsymbol{u}=0$; 因为 $\boldsymbol{A}$ 是对称算子, 由定理 1, 对于复数 $\boldsymbol{z}$ ($\mathrm{Im}\boldsymbol{z}<0$), $\boldsymbol{A}-\boldsymbol{z}$ 无非 0 的零向量. 因此, $\boldsymbol{v}-\boldsymbol{u}=0$, 但这又与向量 $\boldsymbol{v}$ 的选择矛盾. □

例 3

定义 令 $H=L^2(0,1)$, $\boldsymbol{C}_0^1$ 为定义在 $[0,1]$ 上的且在端点 $\boldsymbol{x}=0,\boldsymbol{x}=1$ 取值为 0 的所有连续可微函数 $\boldsymbol{u}$ 的全体. 设 $\boldsymbol{B}=\mathrm{i}(\mathrm{d}/\mathrm{d}\boldsymbol{x})$ 为定义在 $\boldsymbol{D}(\boldsymbol{B})=\boldsymbol{C}_0^1$ 上的算子.

命题 $\boldsymbol{B}$ 是对称的, 但闭包 $\overline{\boldsymbol{B}}$ 不是自伴的. $\boldsymbol{B}$ 有自伴延拓.

证明 $\boldsymbol{B}$ 的对称性可由分部积分得到. 如上述例子, 我们同样可以证明: $\overline{\boldsymbol{B}}-z$ 的值域, 其中 $\mathrm{Im}\boldsymbol{z}\neq 0$, 由 L^2 内所有满足正交条件

$$\int_0^1 \mathrm{e}^{\mathrm{i}\boldsymbol{z}\boldsymbol{x}} f(\boldsymbol{x})\mathrm{d}\,\boldsymbol{x}=0$$

的函数 f 组成. 根据定理 2, $\overline{\boldsymbol{B}}$ 不是自伴的.

我们现在构造 $\boldsymbol{B}$ 的一个自伴延拓.

定义 令 α 为绝对值为 1 的复数: $|\alpha|=1$, 但 $\alpha\neq 1$. 定义 $\boldsymbol{A}_\alpha$ 为算子 $\mathrm{i}(\mathrm{d}/\mathrm{d}\boldsymbol{x})$, 作用在满足边界条件:

$$\boldsymbol{u}(1)=\alpha\boldsymbol{u}(0)$$

的所有 $\boldsymbol{C}^1$ 函数 $\boldsymbol{u}$ 组成的空间上. 显然, $\boldsymbol{A}_\alpha$ 是 $\boldsymbol{B}$ 的一个延拓.

习题 2 证明 $\boldsymbol{A}_\alpha$ 是对称的.

现在要证明 $\boldsymbol{A}_\alpha$ 的闭包是自伴的. 取复数 z, $\mathrm{Im}\boldsymbol{z}\neq 0$, 我们断言: 每个连续函数属于 $\boldsymbol{A}_\alpha-\boldsymbol{z}$ 的值域. 要证明此断言, 对 (6′) 从 0 到 $\boldsymbol{x}$ 积分. 若用 c 表示 $\boldsymbol{u}$ 在 0 点的值, 则

$$\boldsymbol{u}(\boldsymbol{x})=c-\mathrm{i}\int_0^x \mathrm{e}^{\boldsymbol{z}(\boldsymbol{y}-\boldsymbol{x})} f(\boldsymbol{y})\mathrm{d}\,\boldsymbol{y}.$$

特别地,

$$\boldsymbol{u}(1)=c-\mathrm{i}\int_0^1 \mathrm{e}^{\mathrm{i}\boldsymbol{z}(\boldsymbol{y}-1)} f(\boldsymbol{y})\mathrm{d}\,\boldsymbol{y}.$$

令 $\boldsymbol{u}(1)=\alpha c$ 为关于 c 的方程. 由于 $\alpha\neq 1$, 此方程有唯一解.

由于连续函数在 L^2 内稠密, 从而 $\boldsymbol{A}_\alpha-\boldsymbol{z}$ 的值域在 L^2 内稠密; 因此 $\overline{\boldsymbol{A}}_\alpha-\boldsymbol{z}$ 的值域为整个空间 H. 由定理 2, $\overline{\boldsymbol{A}}_\alpha$ 是自伴的. □

上述这些例子很好地揭示了对称算子的延拓问题. 更一般的结果归功于 von Neumann.

定理 3 令 $\boldsymbol{C}$ 为作用在 Hilbert 空间 H 内的稠定闭对称算子. 根据定理 1, $\boldsymbol{C}-\boldsymbol{z}$,

$\mathrm{Im}z \neq 0$, 的值域为 H 的闭子空间.

(i) 对于虚部大于 0 的所有复数 z: $\mathrm{Im}z > 0$, $C - z$ 的值域的余维数都是一样的. 类似地, 对于虚部小于 0 的所有复数 z: $\mathrm{Im}z < 0$, $C - z$ 的值域的余维数也都是一样的. 我们分别用 n_+ 和 n_- 表示这两个余维数, 它们称为算子 C 的亏指数.

(ii) C 有自伴延拓, 当且仅当 $n_+ = n_-$.

证明 我们简要给出 (ii) 的证明. 作 C 的 Cayley 变换:

$$V = (C - \mathrm{i})(C + \mathrm{i})^{-1}. \tag{10}$$

V 将 $C + \mathrm{i}$ 的值域映为 $C - \mathrm{i}$ 的值域. 采用第 32 章定理 8 的证明方法可证, V 是等距算子. 显然, 等距算子 V 可以被延拓为一个酉算子, 当且仅当 V 的定义域和值域有相同的余维数. 假设 $n_+ = n_-$, 则 V 可以被延拓为酉算子; 用 U 表示 V 的一个酉延拓.

我们断言: U 的逆 Cayler 变换

$$A = \mathrm{i}(I + U)(I - U)^{-1} \tag{10'}$$

为 C 的自伴延拓. 首先要证明: U 存在 Cayler 逆, 即 $I - U$ 无非平凡的零点. 假设 $(I - U)n = 0$. 由伴随的定义, 对任意向量 y,

$$0 = ((I - U)n, y) = (n, (I - U^*)y).$$

故 n 与 $I - U^*$ 的值域正交. 又 U 是酉算子, $I - U^*$ 的值域等于 $(I - U^*)U = U - U^*U = U - I$ 的值域.

由公式 (10), $V - I = -2\mathrm{i}(C + \mathrm{i}I)^{-1}$. 定理 1 蕴含了 $(C + \mathrm{i}I)^{-1}$ 的值域即 $V - I$ 的值域为 C 的定义域, 从而为 H 的稠密子空间. 又 U 为 V 的延拓, 从而 $I - U$ 的值域包含 $I - V$ 的值域, 进而也是 H 的稠密子空间. 这样我们证明了 $n = 0$. 故 $I - U$ 可逆. 由 (10′), A 的定义域正是 $I - U$ 的值域, 从而 A 是稠定算子.

我们再来证明 A 是对称的. 令 u, v 为 A 的定义域中的两个向量. 由 (10′),

$$(Au, v) = \mathrm{i}((I + U)(I - U)^{-1}u, v).$$

由伴随的定义, 上式右边等于

$$\mathrm{i}(u, (I - U^*)^{-1}(I + U^*)v).$$

注意到 U 是酉算子, $U^* = U^{-1}$; 因此上式又可以整理为

$$\begin{aligned}\mathrm{i}(u, (I - U^{-1})^{-1}(I + U^{-1})v) &= \mathrm{i}(u, (U - I)^{-1}U(I + U^{-1})v) \\ &= \mathrm{i}(u, (U - I)^{-1}(U + I)v) = (u, Av).\end{aligned}$$

最后一步, 我们用到了 (10′) 中的两个乘积因子可换这一事实. 故 A 是对称的.

要证明 A 不仅是对称的而且还是自伴的, 只需证明: 每个非实的复数 z 都属于 A 的预解集. 由 (10), 有

$$A - zI = \mathrm{i}(I + U + \mathrm{i}z(I - U))(I - U)^{-1} = \mathrm{i}((1 + \mathrm{i}z)I + (1 - \mathrm{i}z)U)(I - U)^{-1}.$$

由 31.7 节, 每个酉算子的谱位于单位圆周上. 因为对每个非实的复数 z, $\frac{1+iz}{1-iz}$ 不可能在单位圆周上, 所以上式右边的第一个因子将 H 映为 H; 第二个因子将 $\boldsymbol{A}$ 的定义域映为 H. 这证明了 $\boldsymbol{A}-z\boldsymbol{I}$ 将 $\boldsymbol{A}$ 的定义域一对一地映为 H, 即 z 属于 $\boldsymbol{A}$ 的预解集. □

习题 3 证明定理 3 的 (i).

习题 4 计算例 1、例 2 和例 3 的亏指数.

定理 3 有如下重要推论.

推论 设 K 为实 Hilbert 空间, $\boldsymbol{B}$ 为 K 上的稠定对称算子, 则 $\boldsymbol{B}$ 存在到 K 的复化空间上的自伴延拓.

证明 K 的复化空间为 $H=K+iK$, 所以 $\boldsymbol{B}$ 在 H 上有一个自然的延拓. 注意到 H 上有一个自然的复共轭: $\overline{\boldsymbol{u}+i\boldsymbol{v}}=\boldsymbol{u}-i\boldsymbol{v}$, $\boldsymbol{u},\boldsymbol{v}$ 为 K 中的向量. 此共轭运算与 $\boldsymbol{B}$ 的作用可换.

用 $\boldsymbol{C}$ 表示 $\boldsymbol{B}$ 的闭包, 则 $\boldsymbol{C}$ 也与 H 上的复共轭交换. 因此 $\boldsymbol{C}-z\boldsymbol{I}$ 的值域为 $\boldsymbol{C}-\overline{z}\boldsymbol{I}$ 的值域的复共轭, 从而 $\boldsymbol{C}-z\boldsymbol{I}$ 值域的余维数等于 $\boldsymbol{C}-\overline{z}\boldsymbol{I}$ 值域的余维数. 这证明了 $\boldsymbol{C}$ 的亏指数相等; 由定理 3, $\boldsymbol{C}$ 有自伴延拓. □

33.3 Friedrichs 延拓

本节我们将刻画 Friedrichs建立的一种重要的延拓方法. 用此方法可以将一大类对称算子, 如 Schröedinger 算子, 延拓为自伴算子.

定义 设 $\boldsymbol{L}$ 为作用在 Hilbert 空间 H 内的稠定对称算子, $\boldsymbol{D}$ 为 $\boldsymbol{L}$ 的定义域. 我们称 $\boldsymbol{L}$ 是下半有界的, 如果存在常数 c, 使得对于 $\boldsymbol{D}$ 内的任意向量 $\boldsymbol{u}$, 成立不等式

$$c||\boldsymbol{u}||^2 \leqslant (\boldsymbol{u},\boldsymbol{L}\boldsymbol{u}). \tag{11}$$

本节余下的部分, 我们假设 (11) 中的常数 c 为 1; 否则, 考虑 $\boldsymbol{L}+\lambda\boldsymbol{I}$, 其中 λ 为充分大的正数. 在 $\boldsymbol{D}$ 上, 定义新内积 $(\boldsymbol{v},\boldsymbol{u})_L$:

$$(\boldsymbol{v},\boldsymbol{u})_L=(\boldsymbol{v},\boldsymbol{L}\boldsymbol{u}). \tag{12}$$

$\boldsymbol{L}$ 的对称性保证 $(\boldsymbol{v},\boldsymbol{u})_L$ 为斜对称的, $\boldsymbol{L}$ 的下半有界性使得 $(\boldsymbol{u},\boldsymbol{u})_L$ 非负, 而且 $(\boldsymbol{u},\boldsymbol{u})_L=0$ 当且仅当 $\boldsymbol{u}=0$. 在 $\boldsymbol{D}$ 上, 定义 L 范数:

$$||\boldsymbol{u}||_L=(\boldsymbol{u},\boldsymbol{u})_L^{\frac{1}{2}}.$$

由 (11), $\boldsymbol{D}$ 中每个向量 $\boldsymbol{u}$ 的 L 范数不小于它的初始范数:

$$||\boldsymbol{u}|| \leqslant ||\boldsymbol{u}||_L. \tag{11'}$$

一般地, 线性空间 $\boldsymbol{D}$ 在 L 范数下不是完备的, 我们用 H_L 表示 $\boldsymbol{D}$ 在此范数下的完备化; 它是一个 Hilbert 空间. 回忆一下, H_L 中的每个元都是 $\boldsymbol{D}$ 中 L 范数下的 Cauchy 列的等价类. 由 (11′), $\boldsymbol{D}$ 中 L 范数下的 Cauchy 列也是 H 中范数下的

Cauchy 列, 从而在 H 中也收敛. 因此, 我们自然地定义了一个 H_L 到 H 内的线性映射. 为方便起见, 我们用 Cauchy 列的等价类中的代表元来表示该等价类.

引理 上述定义的映: $H_L \to H$ 是一对一的.

证明 设 $\{\boldsymbol{u}_n\}$ 为 $\boldsymbol{D}$ 中的 L 范数下的 Cauchy 列, 则 $\{\boldsymbol{u}_n\}$ 在 H_L 和 H 内依各自的范数收敛, 我们分别用 $\boldsymbol{u}^L$ 和 $\boldsymbol{u}$ 表示相应的极限. 由 L 内积的定义, 对 $\boldsymbol{D}$ 中的每个向量 $\boldsymbol{v}$, 有

$$(\boldsymbol{u}_n, \boldsymbol{v})_L = (\boldsymbol{u}_n, \boldsymbol{L}\boldsymbol{v}).$$

令 $n \to \infty$, 则

$$(\boldsymbol{u}^L, \boldsymbol{v})_L = (\boldsymbol{u}, \boldsymbol{L}\boldsymbol{v}).$$

因此 $\boldsymbol{u}^L$ 与任意向量 $\boldsymbol{v}$ 的 L 内积完全由 $\boldsymbol{u}$ 唯一确定. 由于 $\boldsymbol{D}$ 在 H_L 内稠密, 所以 $\boldsymbol{u}^L$ 完全由 $\boldsymbol{u}$ 确定. □

由上述引理, 我们将上述映射 $H_L \to H$ 看作是 H_L 到 H 内的嵌入. 因此, 我们可以将 H_L 看作是 H 的子空间. 注意 $\boldsymbol{D}$ 包含在 H_L 内.

接下来, 我们定义 $\boldsymbol{L}$ 的 Friedrichs 延拓 $\boldsymbol{L}^F$. 固定 $\boldsymbol{g}$ 为 H 中的向量, 定义

$$\ell(\boldsymbol{v}) = (\boldsymbol{v}, \boldsymbol{g}), \tag{13}$$

其中 $\boldsymbol{v}$ 为 H 中的向量, 则 $\ell(\boldsymbol{v})$ 为 H 上的有界线性泛函:

$$|\ell(\boldsymbol{v})| \leqslant ||\boldsymbol{v}||\,||\boldsymbol{g}||. \tag{14}$$

由 (11′), 对于 H_L 内的所有向量 $\boldsymbol{v}$, 有

$$|\ell(\boldsymbol{v})| \leqslant ||\boldsymbol{v}||_L\,||\boldsymbol{g}||. \tag{14′}$$

因此 $\ell(\boldsymbol{v})$ 为 H_L 上的有界线性泛函. 由 Riesz-Frechét 表示定理, 在 H_L 内存在唯一的向量 $\boldsymbol{w}$, 使得

$$\ell(\boldsymbol{v}) = (\boldsymbol{v}, \boldsymbol{w})_L, \tag{13′}$$

其中 $\boldsymbol{v}$ 为 H_L 中的任意向量. 我们用 $\boldsymbol{D}^F$ 表示所有这种向量 $\boldsymbol{w}$ 组成的集合, 即

$$\boldsymbol{D}^F = \left\{\boldsymbol{w} \in H_L : \begin{array}{l} \text{存在 } \boldsymbol{g} \in H, \text{使得对任意 } \boldsymbol{v} \in H_L, \\ \text{有 } (\boldsymbol{v}, \boldsymbol{w})_L = (\boldsymbol{v}, \boldsymbol{g}) \end{array}\right\}.$$

因此, 对于 $\boldsymbol{D}^F$ 中的每个向量 $\boldsymbol{w}$, 存在向量 $\boldsymbol{g} \in H$ 使得 (13) 和 (13′) 成立, 此时, $\boldsymbol{g}$ 由 $\boldsymbol{w}$ 唯一确定; 从而我们有映射:

$$\boldsymbol{L}^F\boldsymbol{w} = \boldsymbol{g}, \quad \boldsymbol{w} \in \boldsymbol{D}^F. \tag{15}$$

易见, $\boldsymbol{L}^F$ 是 $\boldsymbol{D}^F$ 到 H 内的线性映射, 并且对每个 $\boldsymbol{w} \in \boldsymbol{D}^F$ 和 $\boldsymbol{v} \in H_L$, 有

$$(\boldsymbol{v}, \boldsymbol{w})_L = (\boldsymbol{v}, \boldsymbol{L}^F\boldsymbol{w}). \tag{16}$$

我们要证明 $\boldsymbol{L}^F$ 是 $\boldsymbol{L}$ 的一个自伴延拓. 设 $\boldsymbol{u}$ 为 $\boldsymbol{D}$ 中的向量, 令 $\boldsymbol{g} = \boldsymbol{L}\boldsymbol{u}$, 由 $\boldsymbol{L}$ 的对称性, 对于 $\boldsymbol{D}$ 中的每个向量 $\boldsymbol{v}$, 有

$$\ell(\boldsymbol{v}) = (\boldsymbol{v}, \boldsymbol{g}) = (\boldsymbol{v}, \boldsymbol{L}\boldsymbol{u}) = (\boldsymbol{v}, \boldsymbol{u})_{\boldsymbol{L}}.$$

由于 $\boldsymbol{D}$ 在 H_L 中依 L 范数稠密, 所以上式对 H_L 中的每个向量 $\boldsymbol{v}$ 成立. 因此 $\boldsymbol{u} \in \boldsymbol{D}^F$, $\boldsymbol{L}^F\boldsymbol{u} = \boldsymbol{L}\boldsymbol{u}$, 即 $\boldsymbol{D}$ 是 $\boldsymbol{D}^F$ 的子空间, $\boldsymbol{L}^F$ 为 $\boldsymbol{L}$ 的一个延拓.

定理 4 $\boldsymbol{L}^F$ 是 $\boldsymbol{L}$ 的自伴延拓.

证明 首先证明 $\boldsymbol{L}^F$ 是对称的. 将 (16) 中的向量 $\boldsymbol{v}$ 限制到 $\boldsymbol{D}_F$ 中, 并交换 $\boldsymbol{w}$ 和 $\boldsymbol{v}$ 的位置, 则

$$(\boldsymbol{w}, \boldsymbol{v})_L = (\boldsymbol{w}, \boldsymbol{L}^F\boldsymbol{v}).$$

由于两个内积都是斜对称的, 所以

$$(\boldsymbol{v}, \boldsymbol{w})_L = (\boldsymbol{L}^F\boldsymbol{v}, \boldsymbol{w});$$

与 (16) 对比, 则 $\boldsymbol{L}^F$ 是对称的.

由 $\boldsymbol{D}^F$ 的构造过程, H 中的每个向量 $\boldsymbol{g}$ 都可以唯一确定 $\boldsymbol{D}^F$ 中的向量 $\boldsymbol{w}$, 从而 (15) 中的向量 $\boldsymbol{w}$ 由 $\boldsymbol{g}$ 唯一确定. 因此, $\boldsymbol{L}^F$ 是 $\boldsymbol{D}_F$ 到 H 上可逆算子.

若用 $\boldsymbol{M}$ 表示 $\boldsymbol{L}^F$ 的逆, 则 $\boldsymbol{L}^F$ 的对称性蕴含了 $\boldsymbol{M}$ 的对称性. 由第 32 章一开始的 Hellinger-Teeplity 的证明, 对称算子 $\boldsymbol{M}$ 是有界的, 进而每个非实的复数 $\boldsymbol{z}$ 都属于 $\boldsymbol{M}$ 的预解集 (见第 31 章定理 2). 因此, 由公式

$$\boldsymbol{z}^{-1}\boldsymbol{I} - \boldsymbol{M}^{-1} = \boldsymbol{M}^{-1}(\boldsymbol{M} - \boldsymbol{z}\boldsymbol{I})\boldsymbol{z}^{-1} \tag{17}$$

得, $\boldsymbol{z}^{-1}$ 属于 $\boldsymbol{M}^{-1}$ 的预解集. 根据定理 2, 此蕴含了 $\boldsymbol{M}^{-1} = \boldsymbol{L}^F$ 是一个自伴算子.□

习题 5 证明对称算子的逆是对称的.

我们现在给出几个下半有界算子及其 Friedrichs 延拓的例子.

例 4 设 $H = L^2(0,1)$, $\boldsymbol{L} = -(\mathrm{d}^2/\mathrm{d}\boldsymbol{x}^2) + q$ 为定义在 $\boldsymbol{C}_0^2(0,1)$ 上的稠定算子, 其中 q 为 $[0,1]$ 上的实连续函数. 由于 $\boldsymbol{D}(\boldsymbol{L})$ 中的每个函数 $\boldsymbol{u}$ 在端点的值为 0, 由分部积分得到:

$$||\boldsymbol{u}||_L^2 = (\boldsymbol{u}, \boldsymbol{L}\boldsymbol{u}) = \int (\boldsymbol{u}_x^2 + q\boldsymbol{u}^2)\mathrm{d}\,\boldsymbol{x}.$$

若取 q 使得 $c - \min q > 0$, 则不等式 (11) 成立, 即 $\boldsymbol{L}$ 下半有界. 余下的部分, 我们仍旧假设 $c = \min q = 1$.

命题 H_L 内的每个函数在闭区间 $[0,1]$ 上连续, 在端点上取值为 0.

证明 设 $\boldsymbol{u} \in \boldsymbol{C}_0^2$, $a, b \in [0,1]$, $a \leqslant b$, 则由 Schwarz 不等式, 得

$$|\boldsymbol{u}(b) - \boldsymbol{u}(a)| = \left|\int_a^b \boldsymbol{u}_x \mathrm{d}\,\boldsymbol{x}\right| \leqslant \sqrt{b-a}\left(\int_a^b \boldsymbol{u}_x^2 \mathrm{d}\,\boldsymbol{x}\right)^{\frac{1}{2}} \leqslant \sqrt{b-a}||\boldsymbol{u}||_L. \tag{18}$$

故 L 范数下的每个 Cauchy 列都是一致收敛的, 其在 H_L 内的极限 $\boldsymbol{u}$ 在端点取值为 0 并且满足 (18). □

由上述命题及 $\boldsymbol{D}(\boldsymbol{L}^F)$ 包含在 H_L 内的事实, Friedrichs 延拓算子 $\boldsymbol{L}^F$ 的定义域内的每个函数须满足零阶 Dirichlet 边界条件.

习题 6　证明例 4 中的算子 $\boldsymbol{L}$ 的闭包不是自伴的.

习题 7　设 $H=L^2(0,1)$, 令 $\boldsymbol{L}$ 为定义在 $C^2(0,1)$ 上的算子 $-(\mathrm{d}/\mathrm{d}x)p(\mathrm{d}/\mathrm{d}x)+q$, 这里 p 为 C^1 内的正函数, q 为连续函数, 证明 $\boldsymbol{L}^F$ 定义域内的每个函数 $\boldsymbol{u}$ 在 $[0,1]$ 上连续、在两端点上取值为 0.

例 5　设 G 为 $\boldsymbol{x},\boldsymbol{y}$ 平面内的有界域, H 为 G 上的平方可积函数空间 $L^2(G)$, 令 $\boldsymbol{L}$ 为定义在 $C_0^2(G)$ 上的算子 $-\Delta--(\partial_x^2+\partial_y^2)$.

命题　若 G 有光滑边界, 则 $\boldsymbol{L}^F$ 定义域内的每个函数, 依下列意义, 在 G 的边界上为 0: 当曲线 C_n 趋近 G 的边界曲线 C, 以及 C_n 的切线趋近 C 的切线时, 积分

$$\int_{C_n}\boldsymbol{u}^2\mathrm{d}s$$

趋于 0.

习题 8　证明此命题. (提示：证明 $||\boldsymbol{u}||_L^2=\int(\boldsymbol{u}_{\boldsymbol{x}}^2+\boldsymbol{u}_{\boldsymbol{y}}^2)\mathrm{d}\,\boldsymbol{x}\mathrm{d}\,\boldsymbol{y}$.)

习题 9　证明例 5 中的算子 $\boldsymbol{L}$ 有亏指数 ∞.

33.4　Rellich 扰动定理

本节将给出 Rellich 扰动定理. 粗略地讲, 此定理是说, 自伴算子 $\boldsymbol{A}$ 叠加上一个与 $\boldsymbol{A}$ 相比较而并“不太大”的对称算子 $\boldsymbol{T}$, 所得的和 $\boldsymbol{A}+\boldsymbol{T}$ 仍是自伴的.

定理 5　设 $\boldsymbol{A}$ 为作用在 Hilbert 空间 H 内的自伴算子, $\boldsymbol{T}$ 为作用在 H 内的对称算子, 其定义域包含了 $\boldsymbol{A}$ 的定义域 $\boldsymbol{D}(\boldsymbol{A})$, 并且在下列意义下, $\boldsymbol{T}$ 比 $\boldsymbol{A}$ 小：存在非负常数 a 和 b, $b<1$, 使得 $\boldsymbol{D}(\boldsymbol{A})$ 内的每个向量 $\boldsymbol{u}$ 满足不等式

$$||\boldsymbol{Tu}||^2\leqslant a^2||\boldsymbol{u}||^2+b^2||\boldsymbol{Au}||^2,\tag{19}$$

则 $\boldsymbol{A}+\boldsymbol{T}$ 在 $\boldsymbol{D}(\boldsymbol{A})$ 上是自伴的.

证明　首先证明算子 $\boldsymbol{A}+\boldsymbol{T}$ 是闭的. 在不等式 (19) 两边取平方根, 有

$$||\boldsymbol{Tu}||\leqslant a||\boldsymbol{u}||+b||\boldsymbol{Au}||.\tag{19'}$$

设 $\boldsymbol{u}\in\boldsymbol{D}(\boldsymbol{A})$, 则

$$\boldsymbol{Au}=(\boldsymbol{A}+\boldsymbol{T})\boldsymbol{u}-\boldsymbol{Tu}.$$

因此,

$$||\boldsymbol{Au}||\leqslant||(\boldsymbol{A}+\boldsymbol{T})\boldsymbol{u}||+||\boldsymbol{Tu}||\leqslant||(\boldsymbol{A}+\boldsymbol{T})\boldsymbol{u}||+a||\boldsymbol{u}||+b||\boldsymbol{Au}||.$$

又 $b<1$, 所以

$$||\boldsymbol{Au}||\leqslant(1-b)^{-1}||(\boldsymbol{A}+\boldsymbol{T})\boldsymbol{u}||+(1-b)^{-1}a||\boldsymbol{u}||.$$

故 $\boldsymbol{A}+\boldsymbol{T}$ 的闭包的定义域包含在 $\boldsymbol{A}$ 的闭包的定义域内. 又 $\boldsymbol{A}$ 是自伴的, 故 $\boldsymbol{A}$ 是闭的, 进而 $\boldsymbol{A}+\boldsymbol{T}$ 也是闭的.

我们再证, 当 $c > a$ 时, ic 和 $-$ic 都属于 $\boldsymbol{A}+\boldsymbol{T}$ 的预解集. 因为 $\boldsymbol{A}+\boldsymbol{T}$ 是闭的对称算子, 由定理 1, $\boldsymbol{A}+\boldsymbol{T}+\mathrm{ic}$ 将 $\boldsymbol{D}(\boldsymbol{A})$ 一一地映为 H 中的某个闭子空间. 我们断言, 此闭子空间为整个 Hilbert 空间 H; 否则, H 内存在非零向量 $\boldsymbol{v}$ 与 $\boldsymbol{A}+\boldsymbol{T}+\mathrm{ic}$ 的值域正交:

$$((\boldsymbol{A}+\boldsymbol{T}+\mathrm{ic})\boldsymbol{u},\boldsymbol{v})=0, \tag{20}$$

这里的 $\boldsymbol{u}$ 为 $\boldsymbol{D}(\boldsymbol{A})$ 内的任意向量. 由 $\boldsymbol{A}$ 的自伴性及定理 1, $\boldsymbol{A}+\mathrm{ic}$ 的值域为整个空间 H; 因此, $\boldsymbol{A}+\mathrm{ic}$ 将 $\boldsymbol{D}(\boldsymbol{A})$ 内的某个向量 $\boldsymbol{w}$ 映为 $\boldsymbol{v}$:

$$(\boldsymbol{A}+\mathrm{ic})\boldsymbol{w}=\boldsymbol{v}.$$

将上式代入 (20), 并令 $\boldsymbol{u}=\boldsymbol{w}$, 则

$$(\boldsymbol{A}\boldsymbol{w}+\mathrm{i}c\boldsymbol{w},\boldsymbol{A}\boldsymbol{w}+\mathrm{i}c\boldsymbol{w})+(\boldsymbol{T}\boldsymbol{w},\boldsymbol{A}\boldsymbol{w}+\mathrm{i}c\boldsymbol{w})=0.$$

用 Schwarz 不等式估计第二项, 得

$$||\boldsymbol{A}\boldsymbol{w}+\mathrm{i}c\boldsymbol{w}||^2\leqslant||\boldsymbol{T}\boldsymbol{w}||^2.$$

因为 $\boldsymbol{A}$ 是对称的, 左边等于 $||\boldsymbol{A}\boldsymbol{w}||^2+c^2||\boldsymbol{w}||^2$; 由 (19), 右边有界; 因此, 上述不等式整理为

$$||\boldsymbol{A}\boldsymbol{w}||^2+c^2||\boldsymbol{w}||^2\leqslant a^2||\boldsymbol{w}||^2+b^2||\boldsymbol{A}\boldsymbol{w}||^2.$$

又 $b<1$, $a<c$, 所以 $\boldsymbol{w}=0$, 进而 $\boldsymbol{v}=0$; 此与 $\boldsymbol{v}$ 的选取矛盾. 此矛盾表明 $\boldsymbol{A}+\boldsymbol{T}+\mathrm{ic}$ 的值域为整个空间 H. 我们用同样的方法可以证明 $\boldsymbol{A}+\boldsymbol{T}-\mathrm{ic}$ 的值域也是整个空间 H. 因此, 由定理 2, $\boldsymbol{A}+\boldsymbol{T}$ 是自伴的. □

推论 2 设 $\boldsymbol{B}$ 为本性自伴算子, $\boldsymbol{T}$ 为对称算子并且 $\boldsymbol{T}$ 的定义域包含了 $\boldsymbol{B}$ 的定义域 $\boldsymbol{D}(\boldsymbol{B})$. 若 $\boldsymbol{D}(\boldsymbol{B})$ 中的每个向量都满足不等式 (19), 则 $\overline{\boldsymbol{T}}$ 的定义域包含了 $\overline{\boldsymbol{B}}$ 的定义域, $\overline{\boldsymbol{B}}+\overline{\boldsymbol{T}}$ 在 $\boldsymbol{D}(\overline{\boldsymbol{B}})$ 上是自伴算子.

习题 10 证明推论 5.

例 6 设 $H=L^2(\mathbb{R})$, $\boldsymbol{B}=-\mathrm{d}^2/\mathrm{d}\boldsymbol{x}^2$, 其定义域是 $\mathbb{R}$ 上的两阶连续可微的且有紧支集的函数组成的空间 $\boldsymbol{D}(\boldsymbol{B})=\boldsymbol{C}_0^2(\mathbb{R})$, 令 $\boldsymbol{T}$ 为 $\boldsymbol{C}_0(\mathbb{R})$ 上的 L^2 实值函数 q 确定的乘法算子.

命题

(i) $\boldsymbol{B}$ 本性自伴.

(ii) 在不等式 (19) 的意义下, $\boldsymbol{B}$ 为 $\boldsymbol{T}$ 的界.

证明 (i) 由 33.2 节例 1 中的分析, 我们可以证明, 当 z 为非实的复数时, $\boldsymbol{B}-z\boldsymbol{I}$ 的值域在 H 中稠. 因此, $\overline{\boldsymbol{B}}$ 为自伴算子.

要证明 (ii), 我们借助于例 4 中的不等式 (18):

$$|\boldsymbol{u}(b)-\boldsymbol{u}(a)|\leqslant\sqrt{b-a}||\boldsymbol{u}_x||. \tag{18}$$

设 a 为任意实数, 则存在 $b\in[a-\frac{1}{2},\ a+\frac{1}{2}]$, 使得

$$|\boldsymbol{u}(b)| \leqslant \left(\int_{a-\frac{1}{2}}^{a+\frac{1}{2}} \boldsymbol{u}(x)\mathrm{d}x\right)^{\frac{1}{2}} \leqslant ||\boldsymbol{u}||;$$

因此, (18) 蕴含

$$|\boldsymbol{u}(a)| \leqslant ||\boldsymbol{u}|| + \sqrt{\frac{1}{2}}||\boldsymbol{u}_x||.$$

对 a 取上确界, 我们得到

$$|\boldsymbol{u}|_{L^\infty} \leqslant ||\boldsymbol{u}|| + \sqrt{\frac{1}{2}}||\boldsymbol{u}_x||.$$

此不等式两边平方, 有

$$|\boldsymbol{u}|_{L^\infty}^2 \leqslant 2||\boldsymbol{u}||^2 + ||\boldsymbol{u}_{\boldsymbol{x}}||^2. \tag{21}$$

利用分部积分, 计算

$$(\boldsymbol{B}\boldsymbol{u}, \boldsymbol{u}) = -\int \boldsymbol{u}_{xx}\overline{\boldsymbol{u}}\mathrm{d}x = \int |\boldsymbol{u}_x|^2\mathrm{d}\boldsymbol{x} = ||\boldsymbol{u}_x||^2;$$

左边先用 Schwarz 不等式, 再借助于算数 – 几何平均值不等式, 得

$$||\boldsymbol{u}_x||^2 \leqslant ||\boldsymbol{u}||^2\,||\boldsymbol{B}\boldsymbol{u}||^2 \leqslant \frac{1}{2\varepsilon}||\boldsymbol{u}||^2 + \tfrac{\varepsilon}{2}||\boldsymbol{B}\boldsymbol{u}||^2, \tag{22}$$

这里的 ε 为任意正数. 复合 (21) 和 (22), 有

$$|\boldsymbol{u}|_{L^\infty}^2 \leqslant \left(2 + \frac{1}{2\varepsilon}\right)||\boldsymbol{u}||^2 + \frac{\varepsilon}{2}||\boldsymbol{B}\boldsymbol{u}||^2. \tag{23}$$

再考虑算子 $\boldsymbol{T}$:

$$||\boldsymbol{T}\boldsymbol{u}||^2 = \int q^2\boldsymbol{u}^2\mathrm{d}x \leqslant \int q^2\mathrm{d}x|\boldsymbol{u}|_{L^\infty}^2 = Q|\boldsymbol{u}|_{L^\infty}^2,$$

其中 $Q = \int q^2\mathrm{d}\,x$. 用 (23) 估计右边, 得

$$||\boldsymbol{T}\boldsymbol{u}||^2 \leqslant Q\left(2 + \frac{1}{2\varepsilon}\right)||\boldsymbol{u}||^2 + Q\frac{\varepsilon}{2}||\boldsymbol{B}\boldsymbol{u}||^2. \tag{24}$$

令 ε 充分小, 使得 (24) 中 $||\boldsymbol{B}\boldsymbol{u}||^2$ 的系数 $Q\frac{\varepsilon}{2}$ 小于 1. 此时, 我们已经证明了, $\boldsymbol{D}(\boldsymbol{B})$ 中的每个向量 $\boldsymbol{u}$ 都满足 (19). 因此, $\boldsymbol{B}+\boldsymbol{T}$ 的自伴性由推论 5 的结论直接得到. □

习题 11 证明 $\boldsymbol{B}$ 是本性自伴的.

例 7 设 $H = L^2(\mathbb{R})$, 令 $\boldsymbol{B} = -\mathrm{d}^2/\mathrm{d}\boldsymbol{x}^2$ 作用在 $\mathbb{R}$ 上的在原点取值为 0 且有紧支集的二阶连续可微函数组成的空间上, 设 $\boldsymbol{T}$ 为满足下列条件的实值函数 q 所作的乘法算子:

(i) $|q(\boldsymbol{x})| \leqslant \frac{c}{|\boldsymbol{x}|^p}$, $|\boldsymbol{x}| \leqslant 1$, $p < 1$;

(ii) q 在 $[-1,1]$ 外为 L^2- 函数.

命题

(i) $\boldsymbol{B}$ 为本性自伴的.

(ii) 在不等式 (19) 意义下, $\boldsymbol{B}$ 为 $\boldsymbol{T}$ 的界.

证明 (i) 见前面例子中的注记. 对于 (ii), 我们除了需要 (23) 外, 还需要另一个不等式, 它同样建立在 (18) 的基础上. 在 (18) 中, 我们令 $a=0$ 并运用 $\boldsymbol{u}(0)=0$, 然后两边再平方, 得

$$|\boldsymbol{u}(b)|^2 \leqslant |b| \cdot ||\boldsymbol{u}_{\boldsymbol{x}}||^2. \tag{25}$$

我们将计算 $||\boldsymbol{Tu}||^2$ 的积分拆成两部分:

$$||\boldsymbol{Tu}||^2 = \int_{\mathbb{R}} q^2\boldsymbol{u}^2 \mathrm{d}\boldsymbol{x} = \int_I + \int_{\mathbb{R}-I}, \tag{26}$$

其中 I 为区间 $[-1,1]$. 在区间 I 上, 我们对 q 应用条件 (i), 对 $\boldsymbol{u}$ 应用估计 (25), 得到

$$\int_I q^2\boldsymbol{u}^2 \mathrm{d}\boldsymbol{x} \leqslant c^2 \int_I \frac{|x|}{|x|^{2p}} d\boldsymbol{x}||\boldsymbol{u}_x||^2 = \frac{c^2}{1-p}||\boldsymbol{u}_x||^2.$$

再用 (22) 估计不等式右边的因子 $||\boldsymbol{u}_{\boldsymbol{x}}||^2$:

$$\int_I q^2\boldsymbol{u}^2 \mathrm{d}\boldsymbol{x} \leqslant \frac{c^2}{1-p}\left(\frac{1}{2\varepsilon}||\boldsymbol{u}||^2 + \frac{\varepsilon}{2}||\boldsymbol{Bu}||^2\right). \tag{27}$$

我们再来估计 (26) 的右端. 对第一项用 (27), 第二项用 (24), 有

$$||\boldsymbol{Tu}||^2 \leqslant 2Q||\boldsymbol{u}||^2 + \left(\frac{c^2}{1-p} + Q\right)\left(\frac{1}{2\varepsilon}||\boldsymbol{u}||^2 + \frac{\varepsilon}{2}||\boldsymbol{Bu}||^2\right). \tag{28}$$

由 ε 的任意性, 我们可取 ε 任意小使得 (28) 中的 $||\boldsymbol{Bu}||^2$ 的系数小于 1. 因此, 不等式 (19) 对 $\boldsymbol{D}(\boldsymbol{B})$ 中的所有向量 $\boldsymbol{u}$ 都成立. 因此由推论 5, $\overline{\boldsymbol{B}} + \overline{\boldsymbol{T}}$ 为自伴的. □

习题 12 完成 $\boldsymbol{B}$ 为本性自伴算子的证明细节.

33.5 矩 问 题

在 14.7 节, 我们描述了如下问题.

Hamburger 矩问题 满足何条件的实数列 $a_0, a_1, a_2, \cdots$ 可以表示成 $\mathbb{R}$ 上的某一分布的矩

$$a_n = \int_{\mathbb{R}} t^n \mathrm{d}m,\ n=0,1,2,\cdots, \tag{29}$$

这里的 m 为 $\mathbb{R}$ 上的支集为无限点集的非负测度.

在第 14 章, 我们已经证明, 由 (29) 得到的实数列 $a_0, a_1, \cdots$ 为Hanker 正的, 即二次形

$$Q = \sum a_{n+k}\xi_n\xi_k, \tag{30}$$

对任意有限个不全为 0 的实数 $\xi_1, \xi_2, \cdots, \xi_N$, 都是正的; 这是因为公式

$$\sum a_{n+k}\xi_n\xi_k = \int \sum t^{n+k}\xi_n\xi_k dm = \int \left(\sum t^n\xi_n\right)^2 \mathrm{d}\, m \tag{30'}$$

的右边是非负的; 此外, 若测度 m 的支集是无限的, 则 $(30')$ 的右边是严格正的. 特别地, $a_0 > 0$.

Hans Hamburger 证明了: 实数列 $\{a_n\}$ 可以表示成 (29) 的上述必要条件也是充分的.

定理 6(Hamburger) 设 $\{a_n\}$ 为一列实数, 若二次型 (30) 是正定的, 则 a_n, $n=0,1,\cdots$ 为实数轴 $\mathbb{R}$ 上的非负测度 m 的矩, 即它们可以表示成 (29) 的形式.

证明 令 $\boldsymbol{D}$ 表示所有有限实数列:

$$\boldsymbol{x}=(\xi_0,\xi_1,\cdots,\xi_N,0,\cdots)$$

组成的线性空间. 利用 (30) 中的二次形 Q, 我们定义 $\boldsymbol{D}$ 上的内积 $(\boldsymbol{x},\boldsymbol{y})$:

$$(\boldsymbol{x},\boldsymbol{y})=Q(\boldsymbol{x},\boldsymbol{y})=\sum a_{n+k}\xi_n\eta_k. \tag{31}$$

用 K 表示 $\boldsymbol{D}$ 在范数 $||\boldsymbol{x}||=Q(\boldsymbol{x},\boldsymbol{x})^{\frac{1}{2}}$ 下的完备化空间; 用 H 表示 K 的复化空间 $H=K+\mathrm{i}K$.

我们定义 $\boldsymbol{D}$ 上的右移位算子 $\boldsymbol{R}$:

$$\boldsymbol{R}\boldsymbol{x}=(0,\xi_0,\xi_1,\cdots). \tag{32}$$

若用 $\boldsymbol{e}$ 表示 $\boldsymbol{D}$ 内的单位向量:

$$\boldsymbol{e}=(1,0,0,\cdots)$$

则

$$\boldsymbol{R}^n\boldsymbol{e}=(0,\cdots,0,1,0,\cdots);$$

由内积 (31), 有

$$(\boldsymbol{e},\boldsymbol{R}^n\boldsymbol{e})=a_n. \tag{33}$$

我们断言 $\boldsymbol{R}$ 是对称的; 这是因为, 若记 $\ell=n-1$, 则

$$(\boldsymbol{R}\boldsymbol{x},\boldsymbol{y})=\sum a_{n+k}\xi_{n-1}\eta_k=\sum a_{\ell+k+1}\xi_\ell\eta_k; \tag{34}$$

显然, 右边的和关于 $\boldsymbol{x}$ 和 $\boldsymbol{y}$ 对称. 因此 $\boldsymbol{R}$ 是对称的.

注意到 $\boldsymbol{R}$ 作用在实 Hilbert 空间 K 内的稠密子空间上, 由定理 3 的推论, 存在 $\boldsymbol{R}$ 到 K 的复化空间 H 内的自伴延拓. 令 $\boldsymbol{E}$ 为 $\boldsymbol{R}$ 的自伴延拓的投影值测度, E 诱导出了该延拓的谱分解. 根据第 32 章定理 1,

$$(\boldsymbol{e},\boldsymbol{R}^n\boldsymbol{e})=\int t^n\mathrm{d}\,(\boldsymbol{E}\boldsymbol{e},\boldsymbol{e});$$

再由 (33), 我们可以找到所求的表示 (29), 其中 $m=(\boldsymbol{E}\boldsymbol{e},\boldsymbol{e})$. □

注记 Hamburger用了 150 页纸证明他的定理, 可是用自伴算子理论, 才用了不到 1 页.

Stieljes 矩问题是一个与 Hamburger 矩问题相关的问题, 它研究了是否可以将一列实数表示成正实轴 $\mathbb{R}_+$ 上的测度分布的矩

$$a_n=\int_{\mathbb{R}_+}t^n\,\mathrm{d}m. \tag{35}$$

显然, (30) 中的二次形 Q 的正定性是 (35) 成立的一个必要条件. 由公式

$$\sum a_{n+k+1}\xi_n\xi_k=\int_{\mathbb{R}_+}t^{n+k+1}\xi_n\xi_k\mathrm{d}\,m=\int_{\mathbb{R}_+}t\left(\sum t^n\xi_n\right)^2\mathrm{d}\,m.$$

因此, 二次型

$$\sum a_{n+k+1}\xi_n\xi_k \tag{36}$$

的正定性同样也是 (35) 成立的一个必要条件. 注意 (36) 的正定性可通过在 (34) 中令 $\boldsymbol{y}=\boldsymbol{x}$, 即

$$(\boldsymbol{Rx},\boldsymbol{x})\geqslant 0$$

来表达. 此不等式蕴含了, $\boldsymbol{R}$ 为 $\boldsymbol{D}$ 上的正算子. 因此,$\boldsymbol{R}$ 在 $\boldsymbol{D}$ 的复化空间上为正算子. 由 Friedrichs 延拓过程, 可以将 $\boldsymbol{R}$ 延拓为 H 内的正的自伴算子. 如前所述, 我们仍用 $\boldsymbol{E}$ 表示 $\boldsymbol{R}$ 的 Friedrichs 延拓的谱测度, 有

$$a_n=(\boldsymbol{e},\boldsymbol{R}^n\boldsymbol{e})=\int t^n d(\boldsymbol{Ee},\boldsymbol{e}).$$

注意, 谱测度 $\boldsymbol{E}$ 支撑在 $\boldsymbol{R}$ 的延拓的谱上. 因为该延拓为正算子, 所以它的谱包含在 $\mathbb{R}_+$ 内; 见第 31 章定理 7. 因此, 测度 $m=(\boldsymbol{Ee},\boldsymbol{e})$ 为支撑在 $\mathbb{R}_+$ 上的正测度. 此时, 我们完成了下述命题的证明.

定理 7(Stieltjes) 设 $\{a_n\}$ 为使得二次型 (30) 和 (36) 正定的实数列, 则 a_n, $n=0,1,2,\cdots$, 为正实轴 $\mathbb{R}_+$ 上的某一非负测度的矩, 即有表示 (35).

我们再来讨论矩问题中的表示测度的唯一性. 下面用一个简单的例子说明, 满足条件的实数列可以表示成两个不同测度的矩.

设 f 为 $\mathbb{R}$ 上的实值偶 C_0^∞ 函数, f 在 0 点的各阶导数均为 0, 设 $\boldsymbol{g}$ 为 f 的 Fourier 变换. 由于 f 是偶函数, 所以 $\boldsymbol{g}$ 为实函数; 又 f 为 $\boldsymbol{C}_0^\infty$ 函数, 故 $\boldsymbol{g}(t)$, 在 $t\to\infty$ 的过程下, 趋于 0 的速度要比 t 的任意负次幂趋于 0 的速度要快. 由 Fourier 逆, 我们有

$$\int \boldsymbol{g}(t)\mathrm{e}^{\mathrm{i}\boldsymbol{s}t}\mathrm{d}\,t=f(\boldsymbol{s}).$$

两边对变量 $\boldsymbol{s}$ 求 n 阶导数, 并令 $\boldsymbol{s}=0$:

$$\mathrm{i}^n\int \boldsymbol{g}(t)t^n\mathrm{d}\,t=\left.\frac{\mathrm{d}^n f}{\mathrm{d}\,\boldsymbol{s}^n}\right|_{\boldsymbol{s}=0}=0,$$

从而 $\boldsymbol{g}$ 的所有矩都是 0. 将 $\boldsymbol{g}$ 表示成正部和负部的差, $\boldsymbol{g}=\boldsymbol{g}_+-\boldsymbol{g}_-$; 因此 $\boldsymbol{g}_+$ 和 $\boldsymbol{g}_-$ 有相同的矩. 又 $\boldsymbol{g}$ 不恒为 0, 所以 $\boldsymbol{g}_+$ 和 $\boldsymbol{g}_-$ 不相等. 这样, 我们给出了 Hamburger 矩问题有非唯一解的例子.

当然, 我们也可以给出矩问题有唯一解的例子; 例如, 我们考虑实数列 $\{a_n\}$ 有界的情形:

$$|a_n|\leqslant \mathrm{L},$$

其中 L 为常数. 这样的实数列是 $\mathbb{R}$ 上的在闭区间 [0,1] 上为 Leasure 测度、而在 $[0,1]$ 的余集上为 0 的测度 m 的矩. 如令 $a_n = \frac{1}{n+1}$, 则

$$\int_0^1 t^n \mathrm{d}\, t = \frac{1}{n+1}.$$

令 r 为任意正实数, 用 $\frac{r^n}{n!}$ 去乘 (29), 然后将 n 由 0 到 N 求和:

$$\sum_0^N a_n \frac{r^n}{n!} = \int \sum_0^N \frac{(rt)^n}{n!} \mathrm{d}\, m.$$

因为 a_n 有界, 所以左边 $\leqslant L\mathrm{e}^r$. 又右边的被积函数为正的, 并且当 $N \to \infty$ 时, 在任意闭子空间上一致收敛于 e^{rt}, 所以 e^{rt} 在测度 m 下可积, 且

$$\int \mathrm{e}^{rt} \mathrm{d}m = \sum_0^\infty a_n \frac{r^n}{n!}.$$

由此, 我们可以得到, 上述关系对任意复数 r 也成立; 特别地, 对 $r = i\boldsymbol{s}$ 成立, 即有

$$\int \mathrm{e}^{\mathrm{i}\boldsymbol{s}t} \mathrm{d}\, m = \sum a_n \frac{(\mathrm{i}s)^n}{n!}.$$

这样, 我们证明了 m 的 Fourier 变换由它的矩 a_n 唯一决定. 又因为每个有限测度由它的 Fourier 变换唯一确定, 所以矩 $\{a_n\}$ 唯一决定了测度 m.

对于 Stieltjes 矩问题的唯一性, 我们有类似的例子和讨论. Stieltjes 本人给出了两个实数列, 其中一个列 $\{a_n\}$ 可表示成 $\mathbb{R}_+$ 上的两个不同测度的矩, 另一个列 $\{b_n\}$ 仅可以表示为 $\mathbb{R}_+$ 上的唯一一个测度的矩.

刻画存在唯一解的矩问题无论如何都是一个经典而又有趣的问题.

定理 8

(i) 矩问题 (29) 有唯一解, 当且仅当, 算子 $\boldsymbol{R}$ 是本性自伴的, 即 $\boldsymbol{R}$ 有唯一的自伴延拓.

(ii) 矩问题 (34) 有唯一解, 当且仅当算子 $\boldsymbol{R}$ 有唯一非负的自伴延拓.

定理中的任何一部分都不是显然的. 即使 $\boldsymbol{R}$ 有两个不同的自伴延拓 $\boldsymbol{R}_1$ 和 $\boldsymbol{R}_2$, 测度 $(\boldsymbol{E}_1\boldsymbol{e}, \boldsymbol{e})$ 和 $(\boldsymbol{E}_2\boldsymbol{e}, \boldsymbol{e})$ 是否相同也不是明显的. 另一方面, 当 $\boldsymbol{R}$ 不是本性自伴算子时, 矩问题存在不同于 $(\boldsymbol{E}\boldsymbol{e}, \boldsymbol{e})$ 形式的解 m, 其中 $\boldsymbol{E}$ 为 $\boldsymbol{R}$ 的某个自伴延拓的谱分解.

对于定理 8 的证明和有关矩问题文献的评述, 我们参阅 Barry Simon 撰写的文章; 也可参阅 Henry Landau 在 AMS Symposium 内的论文, 或者参见 Akhiezer, Shohat 和 Tamarkin 的书.

历史注记 Stieltjes 引入了一种与他的矩问题有关的同名积分.

为形成量子力学的框架, von Neumann 创立了自伴算子理论. Schrödinger 理论中的与原子有关的算子是带有奇异值系数的偏微分算子, 系数的奇异性与彼此接近

的两电子之间作用力的无界增长性有关. 要将这些偏微分算子定义为自伴算子并非是一件平凡的事. 虽然出现在 33.4 节例 5 和例 6 中的势能函数 q 允许有某些奇点, 但是出现在量子力学中的势能函数有更多的奇异值. 我想起了 1951 年的夏天, 当 von Neumann 了解到 Kato 已经证明了与氦原子有关的 Schrödinger 算子的自伴性时, 他那激动而又兴高采烈的样子.

那么物理学家如何看待这些事件呢? 20 世纪 60 年代, Friedrichs 遇到 Heisenberg, 非常正式地向他表达了数学界的深深谢意, 因为量子力学的创立促使了 Hillbert 空间上算子理论的诞生. Heisenberg 默许了这些. 然后, Friedrichs 补充说, 数学家在某种程度上也作了回报. 看起来 Heisenberg 没有发表任何看法, Friedrichs 又指出, 正是数学家 von Neumann 才阐明了自伴算子和仅仅对称的算子之间的差异. “指出了差异是什么”, Heisenberg 说道.

参 考 文 献

Akhiezer, N. I., *The classical Moment Problem.* Hafner, New York, 1965.

Friedrichs, K. O., Spektraltheorie halbbschränhter Operatoren, *Math. An.*, **109**(1934): 465–487, 685–713.

Hamburger, H., Über eine Erweiterung des stieltjesschen Moment Problems, *Math. An.*, **81**(1920): 235–319, **82**(1921): 120–164, 168–187.

Kato, T., Fundamental properties of Hamiltonian operators of Schrödinger type. *Trans. AMS*, **70**(1951): 195–211.

Kato, T., On the existence of solutions of the helium wave equation. *Trans. AMS*,**70**(1951): 212–218.

Kato, T., *Perturbation Theory for Linear Operators.* Die Grundlehren der Math. Wiss. in Einzeldarstellung. **132**. Springer, Berlin,1966.

Landau, H. J., cd., *Moments in Mathematics. Proc. Symp. Appl. Math.*,**37**. American Mathematical Society, Providence, RI, 1987.

Reed, M. and Simon, B., *Methods of Modern Mathematical Physics: Vol.1, Functional Analysis.* Academic Press, New York, 1972.

Rellich, F., Störungstheoric der Spektralzerlegung. *Math. An.*, **116**(1939): 555–570.

Shohat, J. A. and Tamarkin, J. D., *The Problem of Moments.* AMS Surveys **1**. American Mathematical Society, New York, 1943.

Simon, B., The classical moment problem as a self-adjoint finite difference operator. *Adv. Math.*, **137**(1998): 82–203.

Stieltjes, T., *Recherches sur les fractions continue.* Ann. Fac. Sc. Univ. Toulouse, **8**(1894–95): J1–J22; **9** A5–A47.

Stone, M. H., *Linear Transformations in Hilbert Space and Their Applications to Analysis.*

AMS Coll. Publ., **15**. American Mathematical Society, New York, 1932.

von Neumann, J., Allgemeine eigenwertheorie Hermitescher Funktionaloperatoren. *Math. An.*, **102**(1929): 49–131.

von Neumann, J., *Mathematísche Grundlagen der Quantenmechanic.* Die Grundlehren der Math. Wiss. in Einzeldarstellung, **37**. Springer, Berlin, 1932.

第34章　算子半群

算子半群源于刻画时间变化的偏微分方程和由动力系统所产生的流. 本章我们将借助源于 Hille 的观点, 给出这些具体情形的一个抽象概念. 在接下来的两章中, 我们将提供一些实例和应用. 关于算子半群的详细内容, 我们建议参看由 Hille-Phillips, Yosida 和 Goldstein 撰写的专著.

定义　复 Banach 空间 X 上的单参数算子半群是指, X 到自身内的一族满足下列条件的有界线性算子 $\boldsymbol{Z}(t)$, $t \geqslant 0$:

$$\text{对任意实数 } t,\ s \geqslant 0, \quad \boldsymbol{Z}(t+s) = \boldsymbol{Z}(t)\boldsymbol{Z}(s); \quad \boldsymbol{Z}(0) = \boldsymbol{I}. \tag{1}$$

方程 (1) 是指数型函数的乘法性质. 下面的定理将证明, 在附加连续性条件的假设下, 它刻画了半群的指数函数性质.

定理 1

(i) 令 $\boldsymbol{G}: X \to X$ 为有界线性映射, 定义 $\boldsymbol{Z}(t)$:

$$\boldsymbol{Z}(t) = \mathrm{e}^{t\boldsymbol{G}}, \quad t \geqslant 0, \tag{2}$$

这里的算子指数由幂级数:

$$\mathrm{e}^{t\boldsymbol{G}} = \sum_0^\infty \frac{t^n \boldsymbol{G}^n}{n!} \tag{3}$$

定义, 则 $\boldsymbol{Z}(t)$, $t \geqslant 0$ 为范数拓扑下连续的单参数算子半群.

(ii) 反之, 若设 $\boldsymbol{Z}(t)$: $X \to X$ 为单参数算子半群, 且在 $t = 0$ 点范数连续:

$$\lim_{t\to 0} |\boldsymbol{Z}(t) - \boldsymbol{I}| = 0, \tag{4}$$

则 $\boldsymbol{Z}(t)$ 有形式 (2), 其中 $\boldsymbol{G}$ 为 X 到自身内的某一有界线性算子.

注记　当 $t < 0$ 时, 公式 (2) 也可以用于定义算子 $\boldsymbol{Z}(t)$; 此时算子族 $\boldsymbol{Z}(t)$, $t \in \mathbb{R}$, 构成了算子群.

证明　(i) 是算子函数演算的特列; 见第 17 章中的定理 4(ii). 对于 (ii), 我们同样要借助于算子函数演算. 由于对数函数

$$\ln(1+\zeta) = \zeta - \frac{\zeta^2}{2} + \cdots$$

在以 $\zeta = 0$ 为圆心的单位圆盘内解析. 所以, 对于 X 上的任意有界线性算子 $\boldsymbol{Z}$, $|\boldsymbol{Z} - \boldsymbol{I}| < 1$, 我们可以定义算子

$$\ln \boldsymbol{Z} = \ln(\boldsymbol{I} + \boldsymbol{Z} - \boldsymbol{I}) = \boldsymbol{Z} - \boldsymbol{I} - \frac{(\boldsymbol{Z} - \boldsymbol{I})^2}{2} + \cdots. \tag{5}$$

习题 1　令 $\boldsymbol{Z}$ 和 $\boldsymbol{W}$ 为 X 到自身内的两个交换的有界线性算子, 若 $\|\boldsymbol{Z} - \boldsymbol{I}\| < \frac{1}{3}$,

$||\boldsymbol{W}-\boldsymbol{I}||<\frac{1}{3}$, 则 $||\boldsymbol{ZW}-\boldsymbol{I}||<1$, 并且

$$\ln \boldsymbol{ZW}=\ln \boldsymbol{Z}+\ln \boldsymbol{W},$$

这里的对数由公式 (5) 定义.

设 $\boldsymbol{Z}(t)$ 为 $t=0$ 点范数连续的单参数算子半群, 由 (4), 存在 $a>0$, 使当 $0\leqslant t<a$ 时, $|\boldsymbol{Z}(t)-\boldsymbol{I}|<\frac{1}{3}$. 我们用 (5) 定义 $\boldsymbol{L}(t)=\ln \boldsymbol{Z}(t)$, $0\leqslant t<a$. 注意半群的乘法性质 (1) 隐含了 $\boldsymbol{Z}(t)$ 和 $\boldsymbol{Z}(s)$ 的交换性. 由 (1), (5) 及习题 1, 有

$$\boldsymbol{L}(t+s)=\boldsymbol{L}(t)+\boldsymbol{L}(s),\quad t+s<a.$$

因此, 对所有有理数 $t<a$, 算子 $t^{-1}\boldsymbol{L}(t)$ 与 t 无关, 我们用 $\boldsymbol{G}$ 表示该算子:

$$\boldsymbol{L}(t)=t\boldsymbol{G},\quad t \text{ 为有理数}, t<a. \tag{6}$$

由乘法性质 (1), 即 $\boldsymbol{Z}(t+h)-\boldsymbol{Z}(t)=\boldsymbol{Z}(t)[\boldsymbol{Z}(h)-\boldsymbol{I}]$. 因此, $\boldsymbol{Z}(t)$ 在 $t=0$ 的连续性蕴含了 $\boldsymbol{Z}(t)$ 在任意 $t>0$ 点的连续性; 进而蕴含了 $\boldsymbol{L}(t)$ 在任意 $t<a$ 连续. 故对所有的实数 $t<a$, (6) 成立. 对 (6), 我们作指数运算, 则当 $t<a$ 时, (2) 成立. 再利用乘法性质 (1), 公式 (2) 对所有的 t 都成立. □

34.1 强连续的单参数半群

人们最感兴趣的半群并非是具有形式 (2) 的算子半群, 而是与微分方程, 如典型的热导方程

$$u_t-\partial_x^2 u=0,$$

有关的算子半群, 其中 u 为 x 的周期函数. 热导方程的解是通过指定初值即在 $t=0$ 的值来唯一确定的. 初值可以被指定为任一连续函数, 但是相应解在任意时刻取值的绝对值不会超过预先指定初值的最大绝对值. 我们用 $\boldsymbol{Z}(t)$ 表示初值 $u(x,0)$ 与解 $u(x,t)$ 关联的算子. 显然, $\boldsymbol{Z}(t)$ 构成了 (1) 意义下的单参数半群. 但是, 半群 $\boldsymbol{Z}(t)$ 不具有形式 (2); 否则, 通过 (2) 延拓 t 的所有负值, 从而 $\boldsymbol{Z}(t)$ 构成了一个算子群; 但是, 该延拓是不可能实现的, 因为众所周知, 热导方程的解在相反时间上的延拓一般是不可能的.

热导方程所定义的算子半群 $\boldsymbol{Z}(t)$ 在 $t=0$ 点不是范数连续的, 但它却仍保持了一种并不太苛刻的连续性, 表现在每个解 u 都是 t 的连续函数.

定义 设 $\boldsymbol{Z}(t)$, $t\geqslant 0$ 为作用在 Banach 空间 X 上的单参数算子半群, 我们称 $\boldsymbol{Z}(t)$ 在 $t=0$ 点强连续, 如果对于 X 中的每个向量 $\boldsymbol{x}$, 有

$$\lim_{t\to 0}\boldsymbol{Z}(t)\boldsymbol{x}=\boldsymbol{x}. \tag{7}$$

定理 2 若算子半群 $\boldsymbol{Z}(t)$ 在 $t=0$ 点强连续, 则

(i) 存在常数 b 和 k, 使得 $\boldsymbol{Z}(t)$ 范数有界, 即

$$|\boldsymbol{Z}(t)|\leqslant b\mathrm{e}^{kt},\quad t\geqslant 0; \tag{8}$$

(ii) 对于 X 中的每个向量 $\boldsymbol{x}$, $\boldsymbol{Z}(t)\boldsymbol{x}$ 为 t 的强连续函数.

证明 (i) 我们先断言, $|\boldsymbol{Z}(t)|$ 在 $t=0$ 的某个右邻域内一致有界. 若不然, 则存在正数列 $t_j \to 0$, 使得 $|\boldsymbol{Z}(t_j)| \to \infty$. 由一致有界性原理 (见第 14 章定理 7), 存在某个向量 $\boldsymbol{x} \in X$, 使得 $\boldsymbol{Z}(t_j)\boldsymbol{x}$ 不收敛于 $\boldsymbol{x}$; 此与 $\boldsymbol{Z}(t)$ 在 $t=0$ 点强连续矛盾. 因此, 存在常数 $a>0$ 和 $b>1$, 使当 $t \leqslant a$ 时, $|\boldsymbol{Z}(t)| \leqslant b$.

设 t 为任意非负实数, 则 t 可以分解为 $t = na + r$, $0 \leqslant r < a$. 由半群性质 (1), $\boldsymbol{Z}(t) = \boldsymbol{Z}^n(a)\boldsymbol{Z}(r)$. 故

$$|\boldsymbol{Z}(t)| \leqslant |\boldsymbol{Z}(a)|^n |\boldsymbol{Z}(r)| \leqslant b^{n+1} \leqslant b\mathrm{e}^{kt},$$

其中 $k = \frac{1}{a}\ln b$; 这证明了 (8).

(ii) 由半群性质 (1), 对任意正数 s 和 t, $s<t$, 有

$$\boldsymbol{Z}(t)x - \boldsymbol{Z}(s)x = \boldsymbol{Z}(s)[\boldsymbol{Z}(t-s)x - x].$$

因此, $\boldsymbol{Z}(t)x$ 的强连续性可由 (7) 和 (8) 得到. □

接下来, 我们将给出强连续算子半群的表示. 粗略地讲, 我们将证明每个强连续的算子半群可以表示为一个无界算子的指数函数形式. 首先我们给出一些有关无界算子的概念和性质.

定义 设 D 为 Banach 空间 X 的稠子空间, $\boldsymbol{G}$ 为 D 到 X 内的线性映射, 如果由 D 内的任意点列 $\{x_n\}$ 收敛到 $x \in X$, 以及 $\{\boldsymbol{G}x_n\}$ 收敛到 y, 可以推出 x 属于 D, 且 $\boldsymbol{G}x = y$, 那么我们称算子 $\boldsymbol{G}$ 为闭的. 此时, 称 D 为 $\boldsymbol{G}$ 的定义域, 记为 $D(\boldsymbol{G})$.

由闭图像定理, 定义在整个 Banach 空间 X 上的闭线性算子是有界的. 本章我们遇到的算子仅定义在 X 的稠子空间上 (简称这样的算子为稠定算子), 因而是无界的.

定义 设 $\boldsymbol{G}$ 为定义在 $D(\boldsymbol{G})$ 上的闭算子. 称复数 ζ 属于 $\boldsymbol{G}$ 的预解集, 如果 $\zeta\boldsymbol{I} - \boldsymbol{G}$ 将 $D(\boldsymbol{G})$ 一一地映到 X 上. 用 $\rho(\boldsymbol{G})$ 表示 $\boldsymbol{G}$ 的预解集. 称 $\rho(\boldsymbol{G})$ 在复数域 $\mathbb{C}$ 内的补集为 $\boldsymbol{G}$ 的谱, 用 $\sigma(\boldsymbol{G})$ 表示.

假设 ζ 属于 $\boldsymbol{G}$ 的预解集, 则 $\zeta\boldsymbol{I} - \boldsymbol{G}$ 可逆, 其逆称为 $\boldsymbol{G}$ 的预解式, 用

$$\boldsymbol{R}(\zeta) = (\zeta\boldsymbol{I} - \boldsymbol{G})^{-1}$$

表示. 预解式 $\boldsymbol{R}(\zeta)$ 将 X 映到 $D(\boldsymbol{G})$ 上. 因为 $\boldsymbol{G}$ 是闭的, 所以 $\boldsymbol{R}(\zeta)$ 也是闭的; 从而由闭图像定理, 预解式 $\boldsymbol{R}(\zeta)$ 为有界算子.

习题 2 假设 $\boldsymbol{G}$ 的预解集 $\rho(\boldsymbol{G})$ 非空, ζ 属于 $\rho(\boldsymbol{G})$, 则复数 γ 属于 $\boldsymbol{G}$ 的谱, 当且仅当 $(\zeta-\gamma)^{-1}$ 属于 $\boldsymbol{R}(\zeta)$ 的谱. 该充要条件用符号表达为

$$\sigma(\boldsymbol{R}(\zeta)) = (\zeta - \sigma(\boldsymbol{G}))^{-1}. \tag{9}$$

(9) 可以被看作是无界算子谱映射定理的一种实例.

习题 3 用 (9) 证明 $\sigma(\boldsymbol{G})$ 为复平面中的闭集.

下面我们定义无界算子的转置.

定义 设 $\boldsymbol{G}$ 为定义在 Banach 空间 X 内的稠定闭线性算子. 由关系

$$(\boldsymbol{G}x,\ell)=(x,\boldsymbol{G}'\ell) \tag{10}$$

所确定的映射 $\boldsymbol{G}'$ 称为 $\boldsymbol{G}$ 的转置. 关系 (10) 的意义为: 所有使得左边 $(\boldsymbol{G}x,\ell)$ 成为 $D(\boldsymbol{G})$ 上的有界线性泛函的 X 上的有界线性泛函 ℓ 的全体构成了 $\boldsymbol{G}'$ 的定义域. 因为 $D(\boldsymbol{G})$ 在 X 中稠密, 所以 (10) 左边定义的有界线性泛函可以唯一地延拓到整个空间 X 上, 用 $\boldsymbol{G}'\ell$ 表示此延拓. 我们用 $D(\boldsymbol{G}')$ 表示 $\boldsymbol{G}'$ 的定义域.①

习题 4 证明稠定线性算子的转置是闭的.

在前面的定义中, 我们遇到的主要困难是 $\boldsymbol{G}'$ 的定义域难以捉摸. 下面的结果在揭示 $\boldsymbol{G}'$ 的定义域方面十分有用.

定理 3 设 X 为自反 Banach 空间, $\boldsymbol{G}$ 为 $D(\boldsymbol{G})$ 到 X 内的稠定闭线性算子, 假设 $\boldsymbol{G}$ 的预解集非空, 则 $\boldsymbol{G}$ 的转置 $\boldsymbol{G}'$ 是 $D(\boldsymbol{G}')$ 到 X' 内的稠定闭线性算子, 并且 $\rho(\boldsymbol{G}')=\rho(\boldsymbol{G})$.

证明 设 ζ 属于 $\boldsymbol{G}$ 的预解集, 用 (10) 的两边同时减去 $\zeta(x,\ell)$, 得

$$((\boldsymbol{G}-\zeta\boldsymbol{I})x,\ell)=(x,(\boldsymbol{G}'-\zeta\boldsymbol{I})\ell), \tag{10'}$$

这里 $x\in D(\boldsymbol{G}), \ell\in D(\boldsymbol{G}')$. 用 $\boldsymbol{R}(\zeta)=(\boldsymbol{G}-\zeta\boldsymbol{I})^{-1}$ 表示 $\boldsymbol{G}$ 的预解式, 则 $\boldsymbol{R}(\zeta)$ 为 X 上的有界线性算子. 用 $\boldsymbol{R}'(\zeta)$ 表示 $\boldsymbol{R}(\zeta)$ 的转置:

$$(y,\boldsymbol{R}'(\zeta)m)=(\boldsymbol{R}(\zeta)y,m), \tag{10''}$$

其中 $y\in X$, $m\in X'$. 我们断言: $\boldsymbol{R}'(\zeta)$ 为 $\boldsymbol{G}'$ 的预解式. 我们首先证明 $\boldsymbol{R}(\zeta)$ 是单的. 若不然, 存在非零向量 m 使得 $\boldsymbol{R}'(\zeta)m=0$. 将此方程代入 (10″) 得, m 零化了 $\boldsymbol{R}(\zeta)$ 的值域; 又 $\boldsymbol{R}(\zeta)$ 的值域为 $D(\boldsymbol{G})$, 它是稠的, 所以 $m=0$, 此为矛盾. 可得 $\boldsymbol{R}'^{-1}(\zeta)$ 为 $-\boldsymbol{G}'+\zeta\boldsymbol{I}$, 将 $\boldsymbol{R}(\zeta)y=x$ 和 $\boldsymbol{R}'(\zeta)m=\ell$ 代入 (10″), 可得 (10′).

上述 $\boldsymbol{G}'$ 的定义域为 $\boldsymbol{R}'(\zeta)$ 的值域. 我们需要证明 $\boldsymbol{G}'$ 不能再延拓. 要得到此证明, 我们注意到 $\boldsymbol{G}'-\zeta\boldsymbol{I}'$ 的值域为整个空间 X'. 因此, 若 $\boldsymbol{G}'$ 可以延拓, 则存在非零向量 ℓ 使得 $(\boldsymbol{G}'-\zeta\boldsymbol{I}')\ell=0$; 将此代入 (10′) 得, ℓ 零化了 $\boldsymbol{G}-\zeta\boldsymbol{I}$ 的值域, 此与 ζ 属于 $\boldsymbol{G}$ 的预解集矛盾.

余下的部分就是要证明 $\boldsymbol{G}'$ 为稠定算子, 即证 $\boldsymbol{G}'$ 的定义域即 $\boldsymbol{R}(\zeta)'$ 的值域稠于 X'. 若不然, 由于 X 为自反 Banach 空间, 所以存在 X 内的非零向量 $\boldsymbol{y}$ 零化了 $\boldsymbol{R}(\zeta)'$ 的值域; 因此, 对于 X' 内的任意向量 $\boldsymbol{m}$, (10″) 的左边为 0, 进而右边也是 0.

---

① 因此,

$$D(\boldsymbol{G}')=\left\{\ell\in X':\ \begin{array}{l}\text{存在 } w\in X', \text{使得对任意 } x\in D(\boldsymbol{G}),\\ \text{有 } (\boldsymbol{G}x,\ell)=(x,w).\end{array}\right\}$$

此时的 w 由 ℓ 唯一确定, 且 $\boldsymbol{G}':\ \ell\in D(\boldsymbol{G})\to w=\boldsymbol{G}'\ell$ 正是 $\boldsymbol{G}$ 的转置, 其中 X' 为 X 的 (Banach) 对偶空间. —— 译者注

由此, 我们得到 $\boldsymbol{R}(\zeta)\boldsymbol{y}=0$, 这与 ζ 属于 $\boldsymbol{G}$ 的预解集矛盾. □

习题 5 证明: 在 Hilbert 空间的情形下, 定理 3 的结论可被修改为: $\varrho(\boldsymbol{G}^*)=\overline{\varrho(\boldsymbol{G})}$.

定义 设 $\boldsymbol{Z}(t): X\to X$ 为强连续的单参数算子半群, 即 (1)、(2) 和 (9) 成立, 由极限:

$$\boldsymbol{G}x=s-\lim_{h\to 0}\frac{\boldsymbol{Z}(h)x-x}{h} \tag{11}$$

所定义的算子 $\boldsymbol{G}$ 称为半群 $\boldsymbol{Z}(t)$ 的无穷小生成元; 使得强极限 (11) 成立的所有 x 构成了 $\boldsymbol{G}$ 的定义域 $D(\boldsymbol{G})$.

定理 4 设 $\boldsymbol{Z}(t)$ 为强连续的单参数算子半群, $\boldsymbol{G}$ 为其无穷小生成元, 则

(i) $\boldsymbol{G}$ 与 $\boldsymbol{Z}(t)$ 可换, 即若 x 属于 $D(\boldsymbol{G})$, 则 $\boldsymbol{Z}(t)x$ 也属于 $D(\boldsymbol{G})$, 且

$$\boldsymbol{G}\boldsymbol{Z}(t)x=\boldsymbol{Z}(t)\boldsymbol{G}x; \tag{12}$$

(ii) $\boldsymbol{G}$ 是稠定算子;

(iii) 任给自然数 n, $\boldsymbol{G}^n$ 是稠定算子;

(iv) $\boldsymbol{G}$ 为闭算子;

(v) 若 k 为不等式 (8) 中的常数, 则实部大于 k 的每个复数 ζ 都属于 $\boldsymbol{G}$ 的预解集. 此时, $\boldsymbol{G}$ 的预解式为 $\boldsymbol{Z}$ 的 Laplace 变换.

证明 (i) 用半群性质 (1), 我们有两种方式的分解:

$$\frac{\boldsymbol{Z}(t+h)-\boldsymbol{Z}(t)}{h}x=\boldsymbol{Z}(t)\frac{\boldsymbol{Z}(h)-\boldsymbol{I}}{h}x=\frac{\boldsymbol{Z}(h)-\boldsymbol{I}}{h}\boldsymbol{Z}(t)x. \tag{13}$$

若 x 属于 $D(\boldsymbol{G})$, 则当 $h\to 0$ 时, 中间的项收敛于 $\boldsymbol{Z}(t)\boldsymbol{G}x$. 因此, 左右两边的项也都收敛. 故对 $D(\boldsymbol{G})$ 内的每个 x, 我们有

$$\frac{\mathrm{d}}{\mathrm{d}t}\boldsymbol{Z}(t)x=\boldsymbol{Z}(t)\boldsymbol{G}x=\boldsymbol{G}\boldsymbol{Z}(t)x; \tag{14}$$

这证明了 (i).

(ii) 由 (14), 我们得到如下积分形式

$$\boldsymbol{Z}(t)x-x=\boldsymbol{G}\int_0^t\boldsymbol{Z}(s)x\mathrm{d}s, \tag{15}$$

这里 x 属于 $D(\boldsymbol{G})$. 我们先断言, 对 X 中的每个 x, (15) 成立. 要证明此断言, 由 $\boldsymbol{Z}(t)$ 的强连续性得, (15) 右边的被积函数为 s 的连续函数. 因此, 该积分可以定义为 Riemann 和的极限. 考虑 $\boldsymbol{G}$ 在此积分上的作用. 对 X 中的每个 x, 利用半群性质, 我们有

$$\begin{aligned}\frac{\boldsymbol{Z}(h)-\boldsymbol{I}}{h}\int_0^t\boldsymbol{Z}(s)x\mathrm{d}s&=\frac{1}{h}\int_0^t[\boldsymbol{Z}(s+h)x-\boldsymbol{Z}(s)x]\mathrm{d}s\\&=\frac{1}{h}\int_t^{t+h}\boldsymbol{Z}(s)x\mathrm{d}s-\frac{1}{h}\int_0^h\boldsymbol{Z}(s)x\mathrm{d}s.\end{aligned}$$

由于 $\boldsymbol{Z}(s)x$ 强连续, 所以右边的项收敛于 (15) 的左边; 这表明, 对于 X 中的每个向

量 $\boldsymbol{x}$, $\int_0^t \boldsymbol{Z}(s)\boldsymbol{x}\mathrm{d}s$ 属于 $D(\boldsymbol{G})$, 且等式 (15) 成立.

又由 $\boldsymbol{Z}$ 的强连续性, 对 X 中的每个向量 $\boldsymbol{x}$, 有

$$\lim_{t\to 0}\frac{1}{t}\int_0^t \boldsymbol{Z}(s)\boldsymbol{x}\mathrm{d}s=\boldsymbol{x};$$

这就证明了 $D(\boldsymbol{G})$ 在 X 中的稠密性.

(iii) 类似地, 我们讨论 $\boldsymbol{G}^n$ 的定义域. 设 ϕ 为定义在 $\mathbb{R}$ 上的且紧支撑在 $[0,1]$ 内的无限可微函数, 令 $\boldsymbol{x}$ 为 X 中的向量, 定义

$$\boldsymbol{x}_\phi=\int \phi(s)\boldsymbol{Z}(s)\boldsymbol{x}\mathrm{d}s.$$

用与 (ii) 中相同方法证明, $\boldsymbol{x}_\phi$ 属于 $D(\boldsymbol{G})$, 且

$$\boldsymbol{G}\boldsymbol{x}_\phi=-\int \phi'(s)\boldsymbol{Z}(s)\boldsymbol{x}\mathrm{d}s.$$

显然, $\boldsymbol{x}_\phi$ 属于每个 $\boldsymbol{G}^n$ 的定义域. 选取与 ϕ 具有相同性质的非负函数列 $\{\phi_j\}$, 使得 $\int\phi_j\mathrm{d}s=1$ 并且 ϕ_i 的支集趋于单点集 $\{0\}$. 由强连续性, $\boldsymbol{x}_{\phi_j}$ 趋于 $\boldsymbol{x}$. 因此, $\boldsymbol{G}^n$ 的定义域 $D(\boldsymbol{G}^n)$ 在 X 中稠密.

(iv) 我们断言, 对 $D(\boldsymbol{G})$ 中的所有 $\boldsymbol{x}$, 等式 (14) 的积分形式:

$$\boldsymbol{Z}(t)\boldsymbol{x}-\boldsymbol{x}=\int_0^t \boldsymbol{Z}(s)\boldsymbol{G}\boldsymbol{x}\mathrm{d}s \tag{15'}$$

成立, 其中右边的积分为 Riemann 积分. 要证明此断言, 我们需要微积分中的一个基本定理: 若 $\mathbb{R}$ 上的两个赋值在 Banach 空间内的强连续可导的向量值函数有相同的强连续导数并且在 $t=0$ 点相等, 则它们在所有 t 点的值都相等. □

习题 6 对向量值函数, 证明此基本定理.

我们对 (15′) 两边应用此基本定理. 易见, 两边的函数在 $t=0$ 点的值都为 0. 由 (14), 左边函数的导数为 $\boldsymbol{Z}(t)\boldsymbol{G}\boldsymbol{x}$; 右边为可变上限积分, 其导数也是 $\boldsymbol{Z}(t)\boldsymbol{G}\boldsymbol{x}$. 因此, 由基本定理, (15′) 成立.

设 $\{\boldsymbol{x}_n\}$ 为 $D(\boldsymbol{G})$ 内的向量列, $\boldsymbol{x}_n\to\boldsymbol{x}$, $\boldsymbol{G}\boldsymbol{x}_n\to\boldsymbol{y}$, 我们需要证明 $\boldsymbol{x}$ 属于 $D(\boldsymbol{G})$ 且 $\boldsymbol{G}\boldsymbol{x}=\boldsymbol{y}$. 在 (15′) 中, 令 $\boldsymbol{x}=\boldsymbol{x}_n$, 则

$$\boldsymbol{Z}(t)x_n-x_n=\int_0^t \boldsymbol{Z}(s)\boldsymbol{G}x_n\mathrm{d}s.$$

令 $n\to\infty$, 两边都收敛且极限相等:

$$\boldsymbol{Z}(t)\boldsymbol{x}-\boldsymbol{x}=\int_0^t \boldsymbol{Z}(s)\boldsymbol{y}\mathrm{d}s.$$

两边除以 t, 再令 $t\to 0$, 则右边趋于 $\boldsymbol{y}$, 进而左边的极限存在; 这证明了 $\boldsymbol{x}$ 属于 $D(\boldsymbol{G})$ 且 $\boldsymbol{G}\boldsymbol{x}=\boldsymbol{y}$.

(v) $\boldsymbol{Z}$ 的 Laplace 变换为

$$\boldsymbol{L}(\zeta)x=\int_0^{\infty}\mathrm{e}^{-\zeta s}\boldsymbol{Z}(s)\boldsymbol{x}\mathrm{d}s, \tag{16}$$

这里右边的积分定义为 0 到 T 的 Riemann 积分在 $T\to\infty$ 下的极限. 由 (8), $\boldsymbol{Z}$ 至多呈指数增长, $|\boldsymbol{Z}(s)|\leqslant b\mathrm{e}^{ks}$, 所以当 $\mathrm{Re}\zeta>k$ 时, (16) 左边的广义积分收敛, 并且

$$|\boldsymbol{L}(\zeta)\boldsymbol{x}|\leqslant\int_0^{\infty}b\mathrm{e}^{(k-\mathrm{Re}\zeta)s}|\boldsymbol{x}|\mathrm{d}s=\frac{b}{\mathrm{Re}\zeta-k}|\boldsymbol{x}|.$$

因此, $\boldsymbol{L}(\zeta)$ 为 X 上的有界算子且

$$|\boldsymbol{L}(\zeta)|\leqslant\frac{b}{\mathrm{Re}\zeta-k}. \tag{17}$$

我们断言, $\boldsymbol{L}(\zeta)=\boldsymbol{R}(\zeta)$ 即 $\zeta\boldsymbol{I}-\boldsymbol{G}$ 的逆. 要证明此断言, 我们考虑修改后的半群 $\mathrm{e}^{-\zeta t}\boldsymbol{Z}(t)$. 容易验证, 它也是一个强连续的算子半群, 其无穷小生成元为 $\boldsymbol{G}-\zeta\boldsymbol{I}$. 对于修改后的半群, 我们应用 (15′)

$$\mathrm{e}^{-\zeta t}\boldsymbol{Z}(t)\boldsymbol{x}-\boldsymbol{x}=(\boldsymbol{G}-\zeta\boldsymbol{I})\int_0^t\mathrm{e}^{-\zeta s}\boldsymbol{Z}(s)\boldsymbol{x}\mathrm{d}s.$$

假设 $\mathrm{Re}\zeta>k$. 当 $t\to\infty$ 时, 左边趋于 $-\boldsymbol{x}$, 而右边的积分项趋于 $\boldsymbol{L}(\zeta)\boldsymbol{x}$. 由于 $\boldsymbol{G}$ 是闭算子, 所以

$$x=(\zeta\boldsymbol{I}-\boldsymbol{G})\boldsymbol{L}(\zeta)\boldsymbol{x}.$$

这证明了 $\boldsymbol{L}(\zeta)$ 为 $(\zeta\boldsymbol{I}-\boldsymbol{G})$ 的右逆. 用 (15′) 代替 (15), 重复上述过程, 我们可以证明 $\boldsymbol{L}(\zeta)$ 为 $(\zeta\boldsymbol{I}-\boldsymbol{G})$ 的左逆, 进而它们互逆. □

我们将在第 35 章和第 36 章看到, 有许多非一致连续的强连续算子半群. 但是, 若将强连续性变成弱连续性, 算子半群的性质不会增加.

定理 5 设 X 为 Banach 空间, $\boldsymbol{Z}(t):X\to X$ 为有界算子的单参数族, 若 $\boldsymbol{Z}(t)$ 在 $t=0$ 弱连续:

$$\lim_{t\to 0}(\boldsymbol{Z}(t)\boldsymbol{x},\ell)=(\boldsymbol{x},\ell)$$

其中 $\boldsymbol{x}\in X$, $\ell\in X'$, 则 $\boldsymbol{Z}(t)$ 在 $t=0$ 强连续.

证明 这是一个有点令人吃惊的结果, 因为, 一般来讲, 弱连续性的要求要比强连续性的要求弱一些. 该定理的证明有相当的技巧. 请参见 Hille-Phillips 或 Goldstein 的书. □

34.2 半群的构造

定理 6 强连续算子半群由其无穷小生成元唯一确定.

证明 假设强连续的算子半群 $\boldsymbol{Z}(t)$ 和 $\boldsymbol{W}(t)$ 有相同的无穷小生成元 $\boldsymbol{G}$, 设 $\boldsymbol{x}\in D(\boldsymbol{G})$, 由交换率 (14) 和 (12), 我们有

$$\frac{\mathrm{d}}{\mathrm{d}t}\boldsymbol{W}(t)\boldsymbol{Z}(s-t)\boldsymbol{x}=\boldsymbol{W}(t)\boldsymbol{G}\boldsymbol{Z}(s-t)\boldsymbol{x}-\boldsymbol{W}(t)\boldsymbol{G}\boldsymbol{Z}(s-t)\boldsymbol{x}=0. \tag{18}$$

由微分中值定理, $\boldsymbol{W}(s)\boldsymbol{x}=\boldsymbol{Z}(s)\boldsymbol{x}$. 由 $\boldsymbol{W}(s)$ 和 $\boldsymbol{Z}(s)$ 的有界性以及 $D(\boldsymbol{G})$ 在 X 内的稠密性, $\boldsymbol{W}(s)\equiv\boldsymbol{Z}(s)$. □

我们现在刻画, 如何由无界算子 $\boldsymbol{G}$ 构造可缩算子半群 $\boldsymbol{Z}(t)$:

$$|\boldsymbol{Z}(t)|\leqslant 1,\quad t\geqslant 0. \tag{19}$$

定理 7 设 $\boldsymbol{G}$ 为作用在 Banach 空间 X 内的稠定闭线性算子.

(i) 若 $\boldsymbol{G}$ 是强连续可缩算子半群 $\boldsymbol{Z}(t)$ 的无穷小生成元, 则每个正实数 λ 都属于 $\boldsymbol{G}$ 的预解集且

$$|\boldsymbol{R}(\lambda)|=|(\lambda\boldsymbol{I}-\boldsymbol{G})^{-1}|\leqslant\frac{1}{\lambda}. \tag{20}$$

(ii) 反之, 若每个正实数都属于 $\boldsymbol{G}$ 的预解集, 且相应的预解式满足 (20), 则 $\boldsymbol{G}$ 为 X 上的某强连续可缩算子半群的无穷小生成元.

该著名结果被后人称为 Hille-Yosida 定理.

证明 (i) 即为不等式 (17) 在 $b=1, k=0$ 下的重述.

对于 (ii), 我们采用 Yosida 的证明. 此证明的关键在于, 人们可以用 $\boldsymbol{G}_n=n\boldsymbol{G}\boldsymbol{R}(n)$ 来逼近 $\boldsymbol{G}$. 由恒等式

$$\boldsymbol{G}_n=n^2\boldsymbol{R}(n)-n\boldsymbol{I}, \tag{21}$$

$\boldsymbol{G}_n$ 为有界线性算子. 定义

$$\boldsymbol{Z}_n(t)=\mathrm{e}^{t\boldsymbol{G}_n},$$

这里的算子指数由幂级数定义. 我们要证明 $\boldsymbol{Z}_n(t)$ 强收敛, 其强极限构成了我们所要求的半群. 为此, 我们首先证明: 对于 X 内的所有 $\boldsymbol{x}$,

$$\lim_{n\to\infty} n\boldsymbol{R}(n)\boldsymbol{x}=\boldsymbol{x}, \tag{22}$$

即 $\{n\boldsymbol{R}(n)\}$ 强收敛于 $\boldsymbol{I}$. 事实上, 由等式

$$n\boldsymbol{R}(n)-\boldsymbol{I}=\boldsymbol{R}(n)\boldsymbol{G}$$

和不等式 (20), 当 x 属于 $D(\boldsymbol{G})$ 时, 有

$$|n\boldsymbol{R}(n)\boldsymbol{x}-\boldsymbol{x}|=|\boldsymbol{R}(n)\boldsymbol{G}\boldsymbol{x}|\leqslant\frac{1}{n}|G\boldsymbol{x}|;$$

从而, (22) 对 $D(\boldsymbol{G})$ 内的每个 $\boldsymbol{x}$ 成立. 由 (20), $n\boldsymbol{R}(n)$ 为可缩算子; 再利用 $D(\boldsymbol{G})$ 在 X 中的稠密性, 我们得到, 对于 X 中的每个 $\boldsymbol{x}$, (22) 都成立.

接下来, 我们再证明 $\{\boldsymbol{G}_n\}$ 在 $D(\boldsymbol{G})$ 上点点收敛于 $\boldsymbol{G}$:

$$\lim_{n\to\infty}\boldsymbol{G}_n\boldsymbol{x}=\boldsymbol{G}\boldsymbol{x}, \tag{23}$$

其中 $x\in D(\boldsymbol{G})$. 由 $\boldsymbol{G}_n$ 的定义, 当 $x\in D(\boldsymbol{G})$ 时, $\boldsymbol{G}_n\boldsymbol{x}=n\boldsymbol{G}\boldsymbol{R}(n)\boldsymbol{x}=n\boldsymbol{R}(n)\boldsymbol{G}\boldsymbol{x}$, 所以 (23) 可以由 (22) 导出.

由定义, 我们有

$$\boldsymbol{Z}_n(t)=\mathrm{e}^{t\boldsymbol{G}_n}=\mathrm{e}^{-nt}\mathrm{e}^{n^2\boldsymbol{R}(n)t}=\mathrm{e}^{-nt}\sum_0^\infty\frac{(n^2t)^m}{m!}\boldsymbol{R}^m(n).$$

因此, 不等式 (20) 蕴含了 $\boldsymbol{Z}_n(t)$ 为可缩算子:

$$|\boldsymbol{Z}_n(t)| \leqslant \mathrm{e}^{-nt}\sum \frac{(n^2t)^m}{m!}\left(\frac{1}{n}\right)^m = \mathrm{e}^{-nt}\mathrm{e}^{nt} = 1. \tag{24}$$

要估计 $\boldsymbol{Z}_n$ 与 $\boldsymbol{Z}_k$ 的差, 我们注意 $\boldsymbol{G}_k$ 和 $\boldsymbol{G}_n$ 与 $\boldsymbol{Z}_n$ 和 $\boldsymbol{Z}_k$ 交换这一事实:

$$\frac{\mathrm{d}}{\mathrm{d}t}\boldsymbol{Z}_n(s-t)\boldsymbol{Z}_k(t)x = \boldsymbol{Z}_n(s-t)\boldsymbol{Z}_k(t)[\boldsymbol{G}_k - \boldsymbol{G}_n]\boldsymbol{x}.$$

由 (24), 右边的范数 $\leqslant |\boldsymbol{G}_n\boldsymbol{x} - \boldsymbol{G}_k\boldsymbol{x}|$. 上述等式两边对变量 t 由 0 到 s 积分, 得

$$|\boldsymbol{Z}_n(s)x - \boldsymbol{Z}_k(s)x| \leqslant s|\boldsymbol{G}_n x - \boldsymbol{G}_k x|. \tag{25}$$

因此, 结合 (23) 和 (25), 当 $x \in D(\boldsymbol{G})$ 时, $\{\boldsymbol{Z}_n(s)x\}$ 在 s 的有界集上一致收敛, 记

$$\lim_{n\to\infty}\boldsymbol{Z}_n(s)x = \boldsymbol{Z}(s)x. \tag{26}$$

再由 $D(\boldsymbol{G})$ 的稠密性和 $\boldsymbol{Z}_n(t)$ 为可缩算子的事实, 极限 (26) 对 X 中的每个 x 也都成立. 因为 $\boldsymbol{Z}_n(s)$ 为可缩半群, 所以其极限 $\boldsymbol{Z}(s)$ 也为可缩半群; $\boldsymbol{Z}(s)$ 的强连续性则可由 $\boldsymbol{Z}_n$ 的强连续性和 (26) 关于 s $(< S)$ 上的一致收敛性直接得到. 因此, $\boldsymbol{Z}(t)$ 为强连续的单参数算子半群.

我们只需要再证 $\boldsymbol{G}$ 为 $\boldsymbol{Z}(t)$ 的无穷小生成元. 设 $\boldsymbol{H}$ 为 $\boldsymbol{Z}(t)$ 的无穷小生成元, $D(\boldsymbol{H})$ 为其定义域. 在 (15′) 中, 令 $\boldsymbol{Z} = \boldsymbol{Z}_n$:

$$\boldsymbol{Z}_n(t)x - x = \int_0^t \boldsymbol{Z}_n(s)\boldsymbol{G}_n x\mathrm{d}s.$$

设 $x \in D(\boldsymbol{G})$, 令 $n \to \infty$, 依 (23) 我们得到

$$\boldsymbol{Z}(t)x - x = \int_0^t \boldsymbol{Z}(s)\boldsymbol{G}x\mathrm{d}s.$$

两边用 t 去除, 并令 $t \to 0$, 则右边趋于 $\boldsymbol{G}x$, 从而左边的极限存在; 故 $x \in D(\boldsymbol{H})$ 且 $\boldsymbol{H}x = \boldsymbol{G}x$. 因此, $\boldsymbol{H}$ 为 $\boldsymbol{G}$ 的延拓. 由定理 4, $\lambda > 0$ 同时属于 $\boldsymbol{G}$ 和 $\boldsymbol{H}$ 的预解集; 因此 $\boldsymbol{H}$ 不可能是 $\boldsymbol{G}$ 的真延拓. 故 $\boldsymbol{H} = \boldsymbol{G}$. □

下面我们再简单介绍一下, Hille 所给出的定理 7 的另一个证明; 该证明的关键是用向后差分方程

$$\frac{\boldsymbol{W}(t)x - \boldsymbol{W}(t-h)x}{h} = \boldsymbol{G}\boldsymbol{W}(t)x$$

代替微分方程 (14). 求解此差分方程, 有

$$\boldsymbol{W}(t) = (\boldsymbol{I} - h\boldsymbol{G})^{-1}\boldsymbol{W}(t-h).$$

先令 $t = h, 2h, \cdots$, 最后再令 $h = t/n$; 利用递归, 我们有

$$\boldsymbol{W}(t) = \left(\boldsymbol{I} - \frac{t}{n}\boldsymbol{G}\right)^{-n}. \tag{27}$$

如果我们用 $\boldsymbol{Z}_n(t)$ 表示这些算子, 则可断言:

(i) 每个 $\boldsymbol{Z}_n(t)$ 为可缩算子;

(ii) $\boldsymbol{Z}_n$ 强收敛于生成元为 $\boldsymbol{G}$ 的半群.

注意, (i) 是 (20) 的直接结果. 我们省略 (ii) 的证明; 可参见 34.3 节中的例 1.

34.3 半群的逼近

在偏微分方程解的离散逼近的收敛性理论中, 本节的结果起着十分重要的作用. 我们将用半群的语言来叙述这些结果. 同 34.2 节一样, 假设 $\boldsymbol{Z}(t)$ 为强连续的单参数算子半群, $\boldsymbol{G}$ 为 $\boldsymbol{Z}(t)$ 的无穷小生成元, $D(\boldsymbol{G})$ 为 $\boldsymbol{G}$ 的定义域. 我们将时间变量 t 离散化为小单位 h 的整数倍形式, 这里的 h 假设最终要趋于 0. 采用递归的方法, 定义 $\boldsymbol{Z}(nh)x$ 的离散逼近 $u^{(n)}$:

$$u^{(n+1)} = \boldsymbol{C}_h u^{(n)}, \quad u^{(0)} = x, \tag{28}$$

其中 $\boldsymbol{C}_h$ 是依赖于 h 的有界线性算子. 令 $u(t) = \boldsymbol{Z}(t)x$, 则 $u(t)$ 满足微分方程

$$\frac{\partial}{\partial t} u = \boldsymbol{G}x. \tag{29}$$

因此, $(u^{(n+1)} - u^{(n)})/h$ 是 $\boldsymbol{G}u$ 的一个逼近. 用 (28) 计算此差商, 则 $\boldsymbol{C}_h$ 及 $u(t) = \boldsymbol{Z}(t)x$ 满足如下条件, 即极限

$$\lim_{h\to 0}\left|\left(\frac{\boldsymbol{C}_h - \boldsymbol{I}}{h} - \boldsymbol{G}\right) u(t)\right| = 0 \tag{30}$$

在 $0 \leqslant t \leqslant 1$ 及 $D(\boldsymbol{G})$ 的一个稠密子集上一致成立. 条件 (30) 称为 $\boldsymbol{C}_h$ 的一致性条件.

我们可以用归纳的方法得到递归条件 (28), 从而

$$u^{(n)} = \boldsymbol{C}_h^n \boldsymbol{x} \tag{31}$$

成为 $\boldsymbol{Z}(nh)x$ 的逼近. 我们再附加离散逼近的第二个条件即所谓的稳定性条件. 该条件要求此逼近有界地依赖于初始向量 $\boldsymbol{x}$: 存在与 n 和 h 无关的常数 c, 使得

$$|\boldsymbol{C}_h^n| \leqslant c, \quad nh \leqslant 1. \tag{32}$$

下述结果称为 Lax 的等价性定理.

定理 8 设 $\boldsymbol{Z}(t)$ 为作用在 Banach 空间 X 上的强连续单参数算子半群, 设 (28) 为 $\boldsymbol{Z}(t)$ 的满足一致性条件 (30) 的离散逼近, 则当 nh 趋于 t 时, $u^{(n)} = \boldsymbol{C}_h^n x$ 对 X 中的每个 x 都趋于 $\boldsymbol{Z}(t)x$ 的充要条件是, 在条件 (32) 的意义下, 离散逼近是稳定的.

证明 条件 (32) 的必要性是一致有界原理的直接结果, 见第 15 章定理 7. 要证明定理中的充分性, 我们要用到代数恒等式:

$$\boldsymbol{A}^n - \boldsymbol{B}^n = \boldsymbol{A}^{n-1}(\boldsymbol{A} - \boldsymbol{B}) + \boldsymbol{A}^{n-2}(\boldsymbol{A} - \boldsymbol{B})\boldsymbol{B} + \cdots + (\boldsymbol{A} - \boldsymbol{B})\boldsymbol{B}^{n-1},$$

其中 $\boldsymbol{A}$ 和 $\boldsymbol{B}$ 为两个 (非交换的) 算子. 令 $\boldsymbol{A} = \boldsymbol{C}_h$, $\boldsymbol{B} = \boldsymbol{Z}(h)$, 方程两边都作用在向量 $\boldsymbol{x}$ 上:

$$\begin{aligned} C_h^n x - Z(nh)x &= \sum_0^{n-1} C_h^{n-j-1}(C_h - Z(h))Z(jh)x \\ &= \sum_0^{n-1} C_h^{n-j-1}(C_h - Z(h))u(jh); \end{aligned} \tag{33}$$

这里我们用到了半群性质及 $u(t) = Z(t)x$.

设 x 属于 G 的定义域 $D(G)$, 由无穷小生成元的定义得

$$Z(h)x = x + hGx + s_h,$$

其中 s_h 是一个范数 $|s_h|$ 为 $o(h)$ 的向量. 因此, 对任意的 t,

$$\begin{aligned} Z(h)u(t) &= Z(h)Z(t)x = Z(t)Z(h)x \\ &= Z(t)[x + hGx + s_h] = u(t) + hGu(t) + Z(t)s_h. \end{aligned}$$

故

$$(C_h - Z(h))u = (C_h - I - hG)u - Z(t)s_h.$$

将此等式代入 (33), 得

$$C_h^n x - Z(nh)x = \sum C_h^{n-j-1}[C_h - I - hG]u(jh) - \sum C_h^{n-j-1} Z(jh)s_h. \tag{33'}$$

借助于一致性条件 (30)、范数估计 $|s_h| = o(h)$、稳定性条件 (32) 以及 $\|Z(t)\|$ 的有界性可知, 当 $t \leqslant 1$ 时, (33′) 的右边依范数有上界 $\sum_0^{n-1} o(h) = n\,o(h)$. 注意, 在 $nh \leqslant 1$ 的条件下, 当 h 趋于 0 时, $n\,o(h)$ 趋于 0. 此时, 我们已证明了: 当 nh 趋于 t 和 h 趋于 0 时, 对于满足一致性条件 (30) 的所有 x 及所有 $t \leqslant 1$, $C_h^n x$ 趋向于 $Z(t)x$. 由于满足一致性条件 (30) 的所有向量 x 构成了 X 的一个稠密子集, 并注意到算子 C_h^n 和 $Z(t)$ 的一致有界性, 上述所得的结论对 X 中的每个向量 x 也是成立. 同样, 利用延拓以及群性质 (1), 上述结论对 $t > 1$ 也成立. □

等价性定理是有限差分和与时间相关的偏微分方程解的其他离散逼近的一个结构性定理; 参见文献中的 Lax 和 Richtmyer. 定理中的 C_h 为空间变量的差分算子, G 为偏微分算子. 在光滑函数类内, 我们可以用 Taylor 定理验证一致性.

等价性定理的有效性已超出了算子半群的情形. 对于偏微分方程 $u_t = Gu$ 解的逼近 (28), 等价性定理同样也是正确的, 这里 G 为依赖于 t 的线性算子.

有关等价性定理的参考文献十分丰富; 可参见 Richtmyer 和 Morton.

我们现在给出定理 8 在抽象框架下的几个应用.

例 1 设 $Z(t)$ 为强连续的可缩算子半群, G 为其无穷小生成元. 对于算子 C_h, 选取定理 7 的 Hille 证明中的向后差分算子 (27):

$$C_h = (I - hG)^{-1}. \tag{34}$$

我们断言, C_h 的这种选择导致了一致的和稳定的逼近. 事实上, 一致性可由下列一串代数恒等式:

$$\begin{aligned}\frac{C_h-\boldsymbol{I}}{h}-\boldsymbol{G}&=(\boldsymbol{I}-h\boldsymbol{G})^{-1}\frac{(\boldsymbol{I}-(\boldsymbol{I}-h\boldsymbol{G}))}{h}-\boldsymbol{G}=(\boldsymbol{I}-h\boldsymbol{G})^{-1}\boldsymbol{G}-\boldsymbol{G}\\&=(\boldsymbol{I}-h\boldsymbol{G})^{-1}[\boldsymbol{G}-(\boldsymbol{I}-h\boldsymbol{G})\boldsymbol{G}]=h(\boldsymbol{I}-h\boldsymbol{G})^{-1}\boldsymbol{G}^2\\&=(h^{-1}\boldsymbol{I}-\boldsymbol{G})^{-1}\boldsymbol{G}^2\end{aligned}$$

得到. 若 $\boldsymbol{x}$ 属于 $\boldsymbol{G}^2$ 的定义域, 则一致性条件 (30) 是估计 (20) 的直接结果. 又因为, 在定理 4 中我们已经证明了 $\boldsymbol{G}^2$ 为稠定算子, 所以此逼近具有一致性.

习题 7 用 (20), 证明 (30) 是稳定的.

定理 8 仅是诸多半群逼近定理中的其中一个, 其他定理归功于 Trotter, Kato 和 Chernoff (见 Goldstein 和 Strang 的书), 其中Trotter 的乘积公式是 Trotter 定理中的一个十分有用的结果.

设 $\boldsymbol{T}(t)$ 和 $\boldsymbol{S}(t)$ 为两个强连续的可缩算子半群, $\boldsymbol{G}$ 和 $\boldsymbol{H}$ 分别是它们的无穷小生成元; 若 $\boldsymbol{G}+\boldsymbol{H}$ 的闭包是强连续可缩算子半群 $\boldsymbol{Z}(t)$ 的无穷小生成元, 则当 $nh\to t, h\to 0$ 时, 对于 X 中的每个向量 $\boldsymbol{x}$, 有

$$\lim[\boldsymbol{T}(h)\boldsymbol{S}(h)]^n\boldsymbol{x}=\boldsymbol{Z}(t)\boldsymbol{x}. \tag{35}$$

该定理的意义在于, 它揭示了物理过程中的许多无穷小生成性都有一种自然的分解性. 同时, 在许多问题中, 这也有利于采用完全不同的逼近方法计算 $\boldsymbol{T}(h)$ 和 $\boldsymbol{S}(h)$. Strang 指出, 用

$$\left[\boldsymbol{T}\left(\frac{h}{s}\right)\boldsymbol{S}(h)\boldsymbol{T}\left(\frac{h}{2}\right)\right]^n\boldsymbol{x}=\boldsymbol{T}\left(\frac{h}{2}\right)[\boldsymbol{S}(h)\boldsymbol{T}(h)]^{n-1}\boldsymbol{S}(h)\boldsymbol{T}\left(\frac{h}{2}\right)\boldsymbol{x}$$

逼近 $\boldsymbol{Z}(nh)\boldsymbol{x}$ 要比用 $[\boldsymbol{T}(h)\boldsymbol{S}(h)]^n\boldsymbol{x}$ 逼近更好.

习题 8 Strang 的结论为什么是正确的?

人们自然地要问: 在定理 8 中, 是否可以去掉"$\boldsymbol{G}$ 为强连续算子半群生成元"的假设, 而通过稳定的且与 $\boldsymbol{G}$一致的差分格式 (28) 的存在性直接推导出此假设来呢? 在偏微分方程理论中, 这有利于证明用其他方程的解逼近偏微分方程解的存在性. 我们仅提供一个弱一点的抽象结果; 为简单起见, 我们取 X 为 Hilbert 空间.

设 $\boldsymbol{G}$ 为定义在 X 内的稠定闭算子, 假设 $\boldsymbol{G}$ 的伴随算子 $\boldsymbol{G}^*$ 也是稠定算子. 定义微分方程

$$\frac{\partial}{\partial t}u-\boldsymbol{G}u=0,\ \ u(0)=x \tag{36}$$

的弱解.

令 $w(t)$ 为 $[0,\infty)$ 到 $\boldsymbol{G}^*$ 的定义域内的连续可微的向量值函数, 且满足: $\boldsymbol{G}^*w(t)$ 为 t 的连续函数. 用 $w(t)$ 和 (36) 作内积, 然后再对 t 从 0 到 1 积分, 得

$$\int_0^1\left(w,\frac{\partial}{\partial t}u-\boldsymbol{G}u\right)\mathrm{d}t=0.$$

当 $t\geqslant 1$ 时, 我们令 $w(t)=0$; 用分部积分法, 并借助于 $\boldsymbol{G}$ 和 $\boldsymbol{G}^*$ 的伴随性质, 得

$$\int \left(\frac{\partial}{\partial t}w + \boldsymbol{G}^* w,\, u\right) \mathrm{d}\,t + (w(0), x) = 0. \tag{37}$$

满足上述所有条件的函数 $w(t)$ 称为可允许实验函数.

定义 可积向量值函数 $u(t)$ 称为方程 (36) 的弱解, 如果对任意可允许实验函数 $w(t)$, 方程 (37) 成立.

我们现在简单刻画一下, 如何利用逼近 (28) 构造方程 (36) 的弱解. 首先将 (28) 重写为

$$\frac{u^{(n+1)} - u^{(n)}}{h} = \boldsymbol{G}_h u^{(n)}, \quad u^{(0)} = x, \tag{38}$$

其中

$$\boldsymbol{G}_h = \frac{\boldsymbol{C}_h - \boldsymbol{I}}{h}.$$

我们用它的对偶来代替一致性条件 (30), 即假设 $\boldsymbol{G}_h^*$ 在 $\boldsymbol{G}^*$ 的定义域上点点收敛于 $\boldsymbol{G}^*$:

$$\boldsymbol{G}_h^* w \to \boldsymbol{G}^* w. \tag{39}$$

注意, 方程 (38) 的解可由公式 (31): $u^{(n)} = \boldsymbol{C}_h^n x$ 给出. 我们仍保留稳定性条件 (32).

下面引入新的 Hilber 空间 H. 在 $[0,1]$ 到 X 内的连续向量值函数 $w(t)$ 空间上, 定义 H 范数:

$$||w||_H^2 = \int_0^1 ||w(t)||^2 \mathrm{d}\,t.$$

令 H 为该空间在 H 范数下的完备化空间, 它是一个 Hilbert 空间.

给定差分方程 (38) 的一组解 $u^{(n)}$, $n = 0, 1, \cdots$, 令

$$u_h(t) = u^{(n)}, \quad nh \leqslant t < (n+1)h,$$

我们可以将这组解延拓为 t 的函数 u_h. 此时, u_h 的 H 范数为

$$||u_h||_H^2 = h \sum_0^N ||u^{(n)}||^2, \quad Nh = 1.$$

由稳定性条件 (32): 对所有的 n 和 $nh \leqslant 1$, $||u^{(n)}||$ 一致有界; 从而 $||u_h||_H$ 关于 h 一致有界. 再由 Hilbert 空间中的有界集的弱序列紧性, 在 $h \to 0$ 的过程中, 我们可以选取一个子列使得 $\{u_h\}$ 弱收敛于 H 中的某个函数 u. 我们将断言, 函数 u 正是 (36) 的一个弱解.

定理 9 *弱极限 u 为方程 (36) 的一个弱解.*

证明 设 $w(t)$ 为任一可允许实验函数, 令 $w^{(n)} = w(nh)$. 用 $w^{(n)}$ 与 (38) 作内积, 再乘以 h, 并沿 n 求和, 则

$$h \sum_0^N [(w^{(n)}, \frac{u^{(n+1)} - u^{(n)}}{h}) - (w^{(n)}, \boldsymbol{G}_h u^{(n)})] = 0.$$

将上述和式分开, 并注意到 $\boldsymbol{G}^*$ 和 $\boldsymbol{G}$ 的伴随性质以及当 $t \geqslant 1$ 时, $w(t)=0$ 的事实, 我们有

$$h\sum_{1}^{N}\left(\frac{w^{(n)}-w^{(n-1)}}{h}+\boldsymbol{G}_h^* w^{(n)}, u^{(n)}\right)+(w(0), x)=0. \tag{40}$$

在 (40) 中, 用 $w(t-s)$ 代替函数 $w(t)$, 并沿区间 $0 \leqslant s \leqslant h$ 积分, 将所得的结果整理为

$$\int\left(\frac{w(t)-w(t-h)}{h}+\boldsymbol{G}_h^* w(t), u\right) \mathrm{d} t+(w(0), x)=0. \tag{40$'$}$$

令 h 沿前面所选取的子列趋于零, 由于每个可允许实验函数都是可微的, 并且对所有的 $t \leqslant 1$, $\boldsymbol{G}_h^* w(t)$ 一致趋于 $\boldsymbol{G}^* w(t)$, 所以 (40′) 趋于

$$\int\left(\frac{\partial}{\partial t} w+\boldsymbol{G}^* w, u\right) \mathrm{d} t+(w(0), x)=0.$$

因此, u 为方程 (36) 的弱解. □

注 1　由前面的讨论, 弱极限 u 属于 H 即 u 是平方可积的. 事实上, 容易证明 u 是有界的. 令 $[a,b]$ 为 $[0,1]$ 的子区间, 由稳定性条件, 存在正常数 M 使得 $||u^{(n)}||^2 \leqslant \mathrm{M}$, $n=0,1,\cdots$. 因此,

$$\int_a^b ||u_h(t)||^2 \mathrm{d} t=h \sum_{a<nh<b}||u^{(n)}||^2 \leqslant(b-a) \mathrm{M}.$$

又 L^2 范数在弱收敛下是下半连续的, 故

$$\int_a^b ||u(t)||^2 \mathrm{d} t \leqslant \liminf \int_a^b ||u_h||^2 \mathrm{d} t \leqslant(b-a) \mathrm{M}.$$

因此, 对几乎所有的 t, $||u(t)|| \leqslant \sqrt{\mathrm{M}}$.

注 2　一致性条件 (39) 可以被减弱为: $\boldsymbol{G}_h^*$ 仅在 $\boldsymbol{G}^*$ 的定义域内的一个稠密子空间 W 上点点收敛于 $\boldsymbol{G}^*$. 与此同时, 要求在可允许实验函数的条件上应作相应的变化.

注 3　由 Friedrichs 的一个著名定理, 对于一阶偏微分算子来说, 弱解 u 也是强解即经典解的 L^2 极限. 我们还不知道此结论是否有对应的抽象结果.

34.4　半群的扰动

Rellich 证明了, 自伴算子 $\boldsymbol{A}$ 加上一个 (与 $\boldsymbol{A}$ 比较) 并不太大的对称算子所得的和仍是自伴的; 参见第 33 章定理 5. 本节将证明, 可缩算子半群的生成元也有类似的性质. 在叙述该结果之前, 我们先解释一下可缩算子半群生成元的 Hille-Yosida 条件的 Lumer-Phillips 形式. 为简单起见, 我们仅考虑 Hilbert 空间上的算子半群.

引理 10(Lumer-Phillips)　*设 $\boldsymbol{G}$ 为作用在 Hilbert 空间 H 内的稠定算子, 若 $\boldsymbol{G}$ 的预解集包含了 $\mathbb{R}_+$, 则使得 $\boldsymbol{G}$ 生成强连续可缩算子半群的充要条件中的不等式*

(20), 等价于不等式

$$\operatorname{Re}(x, \boldsymbol{G}x) \leqslant 0 \tag{20'}$$

在 $\boldsymbol{G}$ 的定义域上对所有 x 成立.

满足不等式 (20′) 的算子称为耗散算子.

证明 假设不等式 (20) 成立, 则对 H 中的任意向量 $\boldsymbol{u}$ 和任意正实数 λ, 有

$$||(\lambda \boldsymbol{I}-\boldsymbol{G})^{-1}\boldsymbol{u}||^2 \leqslant \frac{1}{\lambda^2}||\boldsymbol{u}||^2.$$

用 $\boldsymbol{x}$ 表示向量 $(\lambda \boldsymbol{I}-\boldsymbol{G})^{-1}\boldsymbol{u}$, 则整理上述不等式为

$$(\boldsymbol{x}, \boldsymbol{x}) \leqslant \frac{1}{\lambda^2}(\lambda \boldsymbol{x}-\boldsymbol{G}\boldsymbol{x}, \lambda \boldsymbol{x}-\boldsymbol{G}\boldsymbol{x}).$$

展开右边, 两边消去 $(\boldsymbol{x}, \boldsymbol{x})$, 再用 λ 去乘两端, 移项后, 得

$$(\boldsymbol{x}, \boldsymbol{G}\boldsymbol{x})+(\boldsymbol{G}\boldsymbol{x}, \boldsymbol{x}) \leqslant \frac{1}{\lambda}||\boldsymbol{G}\boldsymbol{x}||^2.$$

令 λ 趋于无穷, 得不等式 (20′).

若将上述证明过程逆过去, 则可以证明, (20′) 蕴含了不等式 (20). □

下列结果归功于 Trotter.

定理 11 令 $\boldsymbol{G}$ 为 Hilbert 空间 H 上的强连续可缩算子半群的无穷小生成元, $D(\boldsymbol{G})$ 为其定义域. 假设定义在 H 内的稠定算子 $\boldsymbol{H}$ 满足下述条件:

(i) $\boldsymbol{H}$ 的定义域包含 $\boldsymbol{G}$ 的定义域;

(ii) $\boldsymbol{H}$ 为耗散算子;

(iii) 存在非负实数 a 和 b, $a<1$, 使得不等式

$$||\boldsymbol{H}\boldsymbol{x}|| \leqslant a||\boldsymbol{G}\boldsymbol{x}||+b||\boldsymbol{x}|| \tag{41}$$

在 $D(\boldsymbol{G})$ 上成立,

则算子 $\boldsymbol{G}+\boldsymbol{H}$ 定义在 $D(\boldsymbol{G})$ 上, 是强连续可缩算子半群的无穷小生成元.

证明 因为 $\boldsymbol{G}$ 为强连续可缩算子半群的生成元, 所以它是闭算了. 我们断言, $\boldsymbol{G}+\boldsymbol{H}$ 定义在 $D(\boldsymbol{G})$ 上也是闭的. 事实上, 设 $\{\boldsymbol{x}_n\}$ 为 $D(\boldsymbol{G})$ 内的向量列, 且 $\boldsymbol{x}_n \to \boldsymbol{x}$, $(\boldsymbol{G}+\boldsymbol{H})\boldsymbol{x}_n \to \boldsymbol{z}$; 令 $\boldsymbol{y}_n=(\boldsymbol{G}+\boldsymbol{H})\boldsymbol{x}_n$, 则

$$\boldsymbol{G}(\boldsymbol{x}_n-\boldsymbol{x}_m)=\boldsymbol{y}_n-\boldsymbol{y}_m-\boldsymbol{H}(\boldsymbol{x}_n-\boldsymbol{x}_m).$$

右端应用不等式 (41), 则

$$(1-a)||\boldsymbol{G}(\boldsymbol{x}_n-\boldsymbol{x}_m)|| \leqslant ||\boldsymbol{y}_n-\boldsymbol{y}_m||+b||\boldsymbol{x}_n-\boldsymbol{x}_m||.$$

因此, $\{\boldsymbol{G}\boldsymbol{x}_n\}$ 收敛, 进而 $\{\boldsymbol{H}\boldsymbol{x}_n\}$ 也收敛. 由于 $\boldsymbol{G}$ 为闭算子, 所以 $\boldsymbol{x} \in D(\boldsymbol{G})$ 且 $\boldsymbol{G}\boldsymbol{x}_n \to \boldsymbol{G}\boldsymbol{x}$. 再由 (41), $\{\boldsymbol{H}\boldsymbol{x}_n\}$ 收敛于 $\boldsymbol{H}\boldsymbol{x}$. 因此, $\boldsymbol{z}=(\boldsymbol{G}+\boldsymbol{H})\boldsymbol{x}$. 故 $\boldsymbol{G}+\boldsymbol{H}$ 为闭算子.

我们再断言, 每个充分大的正实数 λ 属于 $\boldsymbol{G}+\boldsymbol{H}$ 的预解集. 首先证明, $(\lambda \boldsymbol{I}-\boldsymbol{G}-\boldsymbol{H})$ 在 $D(\boldsymbol{G})$ 上是一一的. 由 Lumer-Phillips 引理, $\boldsymbol{G}$ 为耗散算子. 又由条件

(ii), $\boldsymbol{H}$ 为耗散算子, 从而它们的和 $\boldsymbol{G}+\boldsymbol{H}$ 也是耗散算子. 故由 Lumer-Phillips 引理中的逆, 不等式

$$||\boldsymbol{x}|| \leqslant \frac{1}{\lambda}||(\lambda \boldsymbol{I}-\boldsymbol{G}-\boldsymbol{H})\boldsymbol{x}|| \tag{42}$$

在 $\boldsymbol{G}$ 的定义域上成立. 因此, $(\lambda\boldsymbol{I}-\boldsymbol{G}-\boldsymbol{H})$ 为一一映射.

由 (42), $\boldsymbol{G}+\boldsymbol{H}-\lambda\boldsymbol{I}$ 的值域是闭的; 我们需要证明, 该值域为整个 Hilbert 空间 X. 否则的话, 存在非零向量 $\boldsymbol{v}$ 与该值域正交, 即对 $D(\boldsymbol{G})$ 中的任意向量 $\boldsymbol{x}$, 有

$$((\boldsymbol{G}+\boldsymbol{H}-\lambda\boldsymbol{I})\boldsymbol{x}, \boldsymbol{v}) = 0. \tag{43}$$

由于 $\boldsymbol{G}$ 生成了强连续的可缩算子半群, 所以 $\boldsymbol{G}-\lambda\boldsymbol{I}$ 可逆. 故, 在定义域 $D(\boldsymbol{G})$ 内存在向量非零 $\boldsymbol{x}$ 使得

$$(\boldsymbol{G}-\lambda\boldsymbol{I})\boldsymbol{x} = \boldsymbol{v}. \tag{44}$$

将 (44) 代入 (43), 得

$$||\boldsymbol{v}||^2 + (\boldsymbol{H}\boldsymbol{x}, \boldsymbol{v}) = 0.$$

用 Schwarz 不等式估计第二项, 得

$$||\boldsymbol{v}|| \leqslant ||\boldsymbol{H}\boldsymbol{x}||. \tag{45}$$

用 (41) 估计 (45) 的右端; 对于左端, 用 $\boldsymbol{v}$ 的表达式 (44), 则

$$||\boldsymbol{G}\boldsymbol{x}-\lambda\boldsymbol{x}|| \leqslant a||\boldsymbol{G}\boldsymbol{x}|| + b||\boldsymbol{x}||.$$

两边同时平方, 并注意事实: $\boldsymbol{G}$ 为耗散算子, 则

$$||\boldsymbol{G}\boldsymbol{x}||^2 + \lambda^2||\boldsymbol{x}||^2 \leqslant a^2||\boldsymbol{G}\boldsymbol{x}||^2 + 2ab||\boldsymbol{G}\boldsymbol{x}||||\boldsymbol{x}|| + b^2||\boldsymbol{x}||^2. \tag{46}$$

因为 $a<1$, 所以当 λ 充分大时, $||\boldsymbol{x}||=0$, 进而 $\boldsymbol{x}=0$ 以及 $\boldsymbol{v}=(\boldsymbol{G}-\lambda\boldsymbol{I})\boldsymbol{x}=0$; 此与 $\boldsymbol{v}$ 为非零向量矛盾! 故 $\boldsymbol{G}+\boldsymbol{H}-\lambda\boldsymbol{I}$ 的值域为整个 Hilbert 空间 X. 综上所述, 我们的断言成立.

由上述断言及 Lumer-Phillips 引理, $\boldsymbol{G}+\boldsymbol{H}$ 生成了强连续的可缩算子半群. □

Banach 空间情形下的 Trotter 扰动定理的叙述和证明是由 Goldstein 给出的.

34.5　半群的谱理论

在本章一开始我们就证明了, 若半群 $\boldsymbol{Z}(t)$ 的生成元 $\boldsymbol{G}$ 为有界线性算子, 则 $\boldsymbol{Z}(t)$ 为 $\boldsymbol{G}$ 的指数形式:

$$\boldsymbol{Z}(t) = \mathrm{e}^{t\boldsymbol{G}}. \tag{47}$$

由第 18 章中的谱映射定理, 则

$$\sigma(\boldsymbol{Z}(t)) = \mathrm{e}^{t\sigma(\boldsymbol{G})}. \tag{48}$$

当 $\boldsymbol{G}$ 为无界算子时, (47) 仅在符号意义下成立. 我们的问题是: 当 $\boldsymbol{G}$ 无界时, (48) 成立吗?

容易证明, 当 γ 为 $\boldsymbol{G}$ 的特征值时, $\mathrm{e}^{t\gamma}$ 为 $\boldsymbol{Z}(t)$ 的特征值. 要证明此结论, 令 $\boldsymbol{u}$ 为 γ 的特征向量: $\boldsymbol{G}\boldsymbol{u}=\gamma\boldsymbol{u}$, 则

$$\frac{\mathrm{d}}{\mathrm{d}\,t}\mathrm{e}^{-\gamma t}\boldsymbol{Z}(t)\boldsymbol{u}=e^{-\gamma t}\boldsymbol{Z}(t)(\boldsymbol{G}-\gamma\boldsymbol{I})\boldsymbol{u}=0.$$

因此, $\mathrm{e}^{-\gamma t}\boldsymbol{Z}(t)\boldsymbol{u}$ 与 t 无关; 又 $\mathrm{e}^{-\gamma t}\boldsymbol{Z}(t)\boldsymbol{u}$ 在 $t=0$ 的值为 $\boldsymbol{u}$, 所以对所有的 t, $\mathrm{e}^{-\gamma t}\boldsymbol{Z}(t)\boldsymbol{u}=\boldsymbol{u}$, 即 $\mathrm{e}^{\gamma t}$ 为 $\boldsymbol{Z}(t)$ 的特征值.

当 γ 为 $\boldsymbol{G}$ 的任意谱点时, Ralph Phillips 证明了相同的结论成立.

定理 12 *若 $\boldsymbol{Z}(t)$ 为作用在 Banach 空间 X 上的强连续单参数算子半群, $\boldsymbol{G}$ 为其生成元, 则*

$$\sigma(\boldsymbol{Z}(t))\supset \mathrm{e}^{t\sigma(\boldsymbol{G})}. \tag{48'}$$

证明 用 $\mathcal{A}$ 表示由半群 $\boldsymbol{Z}(t), t\geqslant 0$ 和 $\boldsymbol{G}$ 的所有预解式 $\boldsymbol{R}(\zeta)$ 所生成代数的范数闭包. 由于 $\boldsymbol{Z}(t)$ 和预解式 $\boldsymbol{R}(\zeta)$ 可换, 所以 $\mathcal{A}$ 是一个含有单位元的交换 Banach 代数. 因此, $\boldsymbol{Z}(t)$ 和 $\boldsymbol{R}(\zeta)$ 作为 X 上的有界线性算子的谱与作为 Banach 代数 $\mathcal{A}$ 中元素的谱是一样的.

令 k 为 (8) 中的常数, $\zeta>k$, 则 ζ 属于 $\boldsymbol{G}$ 的预解集. 定义单参数算子族 $\boldsymbol{V}(t)$:

$$\boldsymbol{V}(t)=\boldsymbol{R}(\zeta)\boldsymbol{Z}(t),\quad t>0. \tag{49}$$

我们断言, 在范数拓扑下, $\boldsymbol{V}(t)$ 关于 t 连续. 要证明此断言, 将 $\boldsymbol{R}(\zeta)$ 的表达式 (16) 代入 (49):

$$\begin{aligned}\boldsymbol{V}(t)x&=\int_0^\infty \boldsymbol{Z}(s)\mathrm{e}^{-\zeta s}\boldsymbol{Z}(t)x\mathrm{d}\,s\\&=\int_0^\infty \boldsymbol{Z}(s+t)x\mathrm{e}^{-\zeta s}\mathrm{d}\,s=\mathrm{e}^{\zeta t}\int_t^\infty \boldsymbol{Z}(r)x\mathrm{e}^{-\zeta r}\mathrm{d}\,r;\end{aligned}$$

因此, $\boldsymbol{V}(t)$ 在一致拓扑下连续依赖于 t. 又 $\boldsymbol{Z}$ 与 $\boldsymbol{R}$ 交换, 所以 (49) 蕴含:

$$\boldsymbol{R}(\zeta)\,\boldsymbol{V}(t+s)=\boldsymbol{V}(t)\,\boldsymbol{V}(s). \tag{50}$$

由习题 2 中的 (9), γ 属于 $\boldsymbol{G}$ 的谱, 当且仅当 $(\zeta-\gamma)^{-1}$ 属于 $\boldsymbol{R}(\zeta)$ 的谱:

$$\sigma(\boldsymbol{R}(\zeta))=(\zeta-\sigma(\boldsymbol{G}))^{-1}. \tag{51}$$

根据 Gelfand 变换理论, $\sigma(\boldsymbol{R}(\zeta))=\{p(\boldsymbol{R}(\zeta)):\ p$ 为 $\mathcal{A}$ 到 $\mathbb{C}$ 内的非零同态$\}$. 因此, 若 γ 为 $\boldsymbol{G}$ 的谱点, 则存在非零同态 $p:\ \mathcal{A}\to\mathbb{C}$, 使得

$$p(\boldsymbol{R}(\zeta))=(\zeta-\gamma)^{-1}. \tag{51'}$$

令同态 p 作用在 (50) 两边, 则

$$p(\boldsymbol{R}(\zeta))p(\,\boldsymbol{V}(t+s))=p(\,\boldsymbol{V}(t))p(\,\boldsymbol{V}(s)). \tag{52}$$

由 (51′), $p(\boldsymbol{R}(\zeta))\neq 0$. 因此, 我们可定义

$$m(t)=p(\,\boldsymbol{V}(t))/p(\boldsymbol{R}(\zeta)). \tag{53}$$

此时, (52) 可以重写为

$$m(t+s)=m(t)m(s). \tag{54}$$

由于 $\boldsymbol{V}(t)$ 和同态 p 都在一致拓扑下连续, 所以 $p(\boldsymbol{V}(t))$ 和 $m(t)$ 都是 $\mathbb{R}$ 上的复值连续函数. 众所周知, 方程 (54) 的连续解为指数函数:

$$m(t) = \mathrm{e}^{k't}. \tag{55}$$

令 p 作用在 (49) 两边, 得 $p(\boldsymbol{V}(t)) = p(\boldsymbol{R}(\zeta))p(\boldsymbol{Z}(t))$. 结合 (53) 和 (55), 则

$$p(\boldsymbol{Z}(t)) = \mathrm{e}^{k't}. \text{①} \tag{55'}$$

用 $\boldsymbol{R}$ 作用在 (16) 两边:

$$\boldsymbol{R}(\zeta)^2 x = \int_0^\infty \mathrm{e}^{-\zeta s}\boldsymbol{R}(\zeta)\boldsymbol{Z}(s)x\mathrm{d}\,s.$$

由于 $\boldsymbol{RZ}(s)$ 在一致拓扑下连续, 所以上述右边的积分在一致拓扑下存在:

$$\boldsymbol{R}(\zeta)^2 = \int_0^\infty \mathrm{e}^{-\zeta s}\boldsymbol{R}(\zeta)\boldsymbol{Z}(s)\mathrm{d}s.$$

用 p 作用在上式两端并用 (55′):

$$p(\boldsymbol{R}(\zeta))^2 = \int_0^\infty \mathrm{e}^{-\zeta s}p(\boldsymbol{R}(\zeta))p(\boldsymbol{Z}(s))\mathrm{d}\,s = p(\boldsymbol{R}(\zeta))\int_0^\infty \mathrm{e}^{-\zeta s}\mathrm{e}^{k's}\mathrm{d}s = \frac{p(\boldsymbol{R}(\zeta))}{\zeta - k'}.$$

由于 $p(\boldsymbol{R}(\zeta)) \neq 0$, 则 $p(\boldsymbol{R}(\zeta)) = (\zeta - k')^{-1}$. 对比 (51′), 我们有 $k' = \gamma$. 代入 (55′), 有

$$p(\boldsymbol{Z}(t)) = \mathrm{e}^{\gamma t}. \tag{56}$$

由 Gelfand 理论, $p(\boldsymbol{Z}(t))$ 属于 $\boldsymbol{Z}(t)$ 的谱, 从而 $\mathrm{e}^{\gamma t}$ 属于 $\boldsymbol{Z}(t)$ 的谱. 由 γ 的任意性, 我们得到 (48′). □

在某些情形下, (48′) 中的包含为真包含. 虽然如此, 但 Phillips 证明如下定理.

定理 12′ 设 $\boldsymbol{Z}(t)$ 为强连续的单参数算子半群, $\boldsymbol{G}$ 为其无穷小生成元, 若存在某个 $T > 0$, 使得 $\boldsymbol{Z}(t)$ 在 $t \geqslant T$ 上一致连续, 则 $\boldsymbol{Z}(t)$ 的每个非零谱点都属于 $\mathrm{e}^{t\sigma(\boldsymbol{G})}$.

证明 由于 $\boldsymbol{Z}(t)$ 的每个非零谱点都形如 $p(\boldsymbol{Z}(t))$ 的形式, 其中 p 为 $\mathcal{A}$ 到 $\mathbb{C}$ 内的非零同态, 因此, 对于固定的 p, 令 $n(t) = p(\boldsymbol{Z}(t))$. 将 p 作用在方程 $\boldsymbol{Z}(s+t) = \boldsymbol{Z}(s)\boldsymbol{Z}(t)$ 的两端, 则

$$n(s+t) = n(s)n(t).$$

由假设, $\boldsymbol{Z}(t)$ 在 $t \geqslant T$ 上一致连续, 所以 $n(t)$ 在 $t \geqslant T$ 上连续. 满足此函数方程的非零连续解为指数函数: $n(t) = \mathrm{e}^{vt}$. 我们略去证明的余下部分; 可参见定理 12 的证明. □

定理 13 设 $\boldsymbol{Z}(t)$ 为强连续的单参数算子半群, $\boldsymbol{G}$ 为其无穷小生成元. 若存在 $T > 0$ 使得 $\boldsymbol{Z}(T)$ 为紧算子, 则下列性质成立:

(i) $\boldsymbol{Z}(t)$ 的非零谱属于 $\mathrm{e}^{t\sigma(\boldsymbol{G})}$;

---

① 注意, 对任意 $t \geqslant 0$, $p(\boldsymbol{Z}(t)) = \mathrm{e}^{k't} \leqslant ||\boldsymbol{Z}(t)|| \leqslant b\mathrm{e}^{kt}$, 所以 $k' \leqslant k < \zeta$. —— 译者注

(ii) $\boldsymbol{G}$ 的谱由离散点集 $\{\gamma_j\}$ 组成, 其中 $\operatorname{Re}\gamma_1 \geqslant \operatorname{Re}\gamma_2 \geqslant \cdots$, 并且 $\operatorname{Re}\gamma_j \to -\infty$.

(iii) 设 $\boldsymbol{x}$ 为任意向量, 则对充分大的 t, $\boldsymbol{Z}(t)x$ 有渐进展开式:

$$\boldsymbol{Z}(t)\boldsymbol{x} \sim \sum \mathrm{e}^{\gamma_j t} p_j(t), \tag{57}$$

这里的 p_j 为 t 的多项式, 其系数为 $\boldsymbol{G}$ 的广义特征向量.

习题 9 证明定理 13.

我们现在转向讨论半群及其生成元的转置问题.

定理 14 设 X 为自反 Banach 空间, 若 $\boldsymbol{Z}(t): X \to X$ 为强连续的单参数算子半群, 则它的转置 $\boldsymbol{Z}'(t): X' \to X'$ 也是强连续的单参数算子半群, 其生成元为 $\boldsymbol{Z}(t)$ 的生成元的转置.

证明 由转置的定义, 若 x 属于 X, ℓ 属于 X', 则

$$(\boldsymbol{Z}(t)x, \ell) = (x, \boldsymbol{Z}'(t)\ell). \tag{58}$$

因此, 由自反性, $\boldsymbol{Z}'(t)$ 是弱序列连续的; 定理 5 蕴含了 $\boldsymbol{Z}'(t)$ 的强连续性.

我们用 $\boldsymbol{H}$ 表示 $\boldsymbol{Z}'(t)$ 的生成元, 用 $\boldsymbol{G}$ 表示 $\boldsymbol{Z}(t)$ 的生成元. 设 $\boldsymbol{x}$ 为 $D(\boldsymbol{G})$ 内的向量, $\boldsymbol{\ell}$ 为 $D(\boldsymbol{H})$ 内的向量, 若对 (58) 两端在 $t=0$ 求微分, 则

$$(\boldsymbol{G}\boldsymbol{x}, \boldsymbol{\ell}) = (\boldsymbol{x}, \boldsymbol{H}\boldsymbol{\ell}).$$

因此, $\boldsymbol{G}'$ 为 $\boldsymbol{H}$ 的延拓. 由定理 4, 每个大于 k 的实数 λ 都属于 $\boldsymbol{H}$ 的预解集; 又由定理 3, $\boldsymbol{G}'$ 的预解集和 $\boldsymbol{G}$ 的预解集一致, 因此 $\boldsymbol{G}'$ 的预解集中也包含这些大于 k 的实数 λ. 故 $\boldsymbol{G}'$ 不可能是 $\boldsymbol{H}$ 的真延拓, 即转置 $\boldsymbol{G}'$ 为 $\boldsymbol{Z}'(t)$ 的生成元. □

参考文献

Chernoff, P. R., Note on product formulas for operator semigroups. *J.Func.Anal.*, **2**(1968): 238–242.

Friedrichs, K. O., The identity of the weak and strong extension of differential operators. *Trans. AMS*, **55**(1944): 132–151.

Goldstein, J. A., *Semigroups of Linear Operators and Applications*. Oxford University Press. Oxford, 1985.

Hille, E. and Phillips, R. S., *Functional Analysis and Semigroups*. AMS Coll. Publ., **31**. American Mathematical Society, New York, 1957.

Kato, T., On the Trotter-Lie product formula. *Proc. Japan Acad.*, **50**(1974): 694–698.

Lax, P. D. and Richtmyer. R. D., Survey of the stability of linear finite difference equations. *CPAM*, **9**(1956): 267–293.

Lumer, G. and Phillips, R. S., Dissipative operators in a Banach space. *Pac, J. Math.*, **11**(1961): 679–698.

Pillips, R. S., Spectral theory for semigroups of linear operators. *Trans. AMS*, **74**(1951): 393–415.

Richtmyer, R. D. and Morton, K. W., *Difference Methods for Initial Value Problems*, 2nd ed. Interscience New York, 1967.

Strang, G., Approximation of semigroups and the consistency of difference schemes, *Proc. AMS.*, **20**(1969): 1–7.

Trotter, H. F., On the product of semigroups of operators. *Proc. AMS.* **10**(1959): 545–551.

Trotter, H. F., Approximation of semi-groups of operators. *Pac. J. Math.*, **8**(1958): 887–919.

Yosida, K., On the differentiability and the representation of one-parameter semi-groups of linear operators. *J. Math. Soc. Jap.*, **1**(1948): 15–21.

Yosida, K., *Functional Analysis.* Springer Verlag, 1965.

第35章　酉算子群

数学的各个分支中到处都可以找到酉算子群的影子. 本章我们将考虑强连续的单参数酉算子群 $\boldsymbol{U}(t), -\infty < t < \infty$. 这类群一般来源于三个方面：一是能量守恒过程, 如由各种波动方程控制的过程; 二是保概率过程, 如由 Schrödinger 方程控制的过程; 三是 Hamilton 流和其他保测度的流的过程.

35.1　Stone 定理

定理 1　设 $\boldsymbol{A}$ 为作用在 Hilbert 空间 H 内的自伴算子, 则

(i) 存在强连续的酉算子群 $\boldsymbol{U}(t)$, 使得 $\mathrm{i}\boldsymbol{A}$ 为其无穷小生成元;

(ii) 反之, 每个强连续的酉算子群都是由 $\mathrm{i}\boldsymbol{A}$ 生成的, 其中 $\boldsymbol{A}$ 为某个自伴算子.

证明　(i) 由第 32 章定理 5, 每个非实复数 z 都属于自伴算子 $\boldsymbol{A}$ 的预解集, 且预解式有界：

$$||\boldsymbol{R}(z)|| \leqslant |\mathrm{Im}z|^{-1}.$$

因此, $\mathrm{i}\boldsymbol{A}$ 和 $-\mathrm{i}\boldsymbol{A}$ 均满足 Hille-Yosida 定理的条件 (见第 34 章中的定理 7), 它们都可以生成强连续的可缩算子半群, 我们分别用 $\boldsymbol{U}(t)$ 和 $\boldsymbol{V}(t)$, $t \geqslant 0$ 表示. 我们断言, $\boldsymbol{U}(t)$ 和 $\boldsymbol{V}(t)$ 是互逆的. 为此, 令 x 属于 $\boldsymbol{A}$ 的定义域, 定义 t 的函数：

$$\boldsymbol{U}(t)\,\boldsymbol{V}(t)x.$$

该函数关于 t 可微且导数为 0：

$$\frac{\mathrm{d}}{\mathrm{d}t}(\boldsymbol{U}(t)\,\boldsymbol{V}(t)x) = (\boldsymbol{U}(t)\,\boldsymbol{A}\,\boldsymbol{V}(t)x - \boldsymbol{U}(t)\boldsymbol{A}\,\boldsymbol{V}(t)x)\mathrm{i} = 0.$$

因此, 函数 $\boldsymbol{U}(t)\,\boldsymbol{V}(t)x$ 为 t 的常值函数. 故 $\boldsymbol{U}(t)\,\boldsymbol{V}(t)x = \boldsymbol{U}(0)\,\boldsymbol{V}(0)x = x$. 由 x 的任意性, $\boldsymbol{U}(t)\,\boldsymbol{V}(t)$ 在 $\boldsymbol{A}$ 的定义域上为恒等算子. 再由 $\boldsymbol{A}$ 定义域的稠密性和算子 $\boldsymbol{U}(t)\,\boldsymbol{V}(t)$ 的连续性, $\boldsymbol{U}(t)\,\boldsymbol{V}(t)$ 在整个 Hilbert 空间 H 上为恒等算子. 调换 $\boldsymbol{U}$ 和 $\boldsymbol{V}$ 的位置得, $\boldsymbol{U}(t)$ 和 $\boldsymbol{V}(t)$ 为一对互逆算子.

根据 Hille-Yosida 定理, $\boldsymbol{U}(t)$ 和 $\boldsymbol{V}(t)$ 为可缩算子. 另一方面, 它们的乘积为 $\boldsymbol{I}$; 因此, $\boldsymbol{U}(t)$ 和 $\boldsymbol{V}(t)$ 保范, 进而它们为酉算子.

当 t 为负实数时, 定义 $\boldsymbol{U}(t) = \boldsymbol{V}(-t)$. 显然, 对所有实数 s 和 t, $\boldsymbol{U}(s+t) = \boldsymbol{U}(s)\,\boldsymbol{U}(t)$, 并且当 x 属于 $\boldsymbol{A}$ 的定义域时, $\mathrm{d}\,\boldsymbol{U}(t)x/\mathrm{d}t = \boldsymbol{A}\,\boldsymbol{U}(t)x$. 因此, $\mathrm{i}\boldsymbol{A}$ 为酉群 $\boldsymbol{U}(t)$ 的生成元.

(ii) 我们反过来证明 (i) 的逆命题. 设 $\boldsymbol{U}(t)$, $-\infty < t < \infty$, 为强连续的酉算子

群, 则 $\boldsymbol{U}(t)$ 和 $\boldsymbol{V}(t)=\boldsymbol{U}(-t)$ 为两个强连续的可缩算子半群; 它们的生成元相差一个负号, 分别用 $\boldsymbol{G}$ 和 $-\boldsymbol{G}$ 表示. 对生成元 $\boldsymbol{G}$ 和 $-\boldsymbol{G}$ 应用第 34 章定理 7 可知, 每个非零实数都属于 $\boldsymbol{G}$ 的预解集. 因为 $\boldsymbol{U}(t)$ 为酉算子, 所以

$$||\boldsymbol{U}(t)x||^2=(\boldsymbol{U}(t)x,\boldsymbol{U}(t)x)=||x||^2.$$

令 $\boldsymbol{x}$ 为 $\boldsymbol{G}$ 的定义域内的向量, 对上式微分, 并令 $t=0$, 则

$$(\boldsymbol{Gx},\boldsymbol{x})+(\boldsymbol{x},\boldsymbol{Gx})=0.$$

在上式中, 若用 $\boldsymbol{x}+\boldsymbol{y}$ 代替 $\boldsymbol{x}$, 则

$$(\boldsymbol{Gx},\boldsymbol{y})+(\boldsymbol{x},\boldsymbol{Gy})$$

的实部为 0. 再用 $\mathrm{i}\boldsymbol{y}$ 代替 $\boldsymbol{y}$, 则当 $\boldsymbol{x}$ 和 $\boldsymbol{y}$ 均属于 $\boldsymbol{G}$ 的定义域时, 有

$$(\boldsymbol{Gx},\boldsymbol{y})+(\boldsymbol{x},\boldsymbol{Gy})=0. \tag{1}$$

此等价于, $\boldsymbol{G}$ 为反对称算子; 从而, $\boldsymbol{G}^*$ 为 $-\boldsymbol{G}$ 的延拓. 由第 34 章定理 3, $\boldsymbol{G}^*$ 的预解集为 $\boldsymbol{G}$ 的预解集的复共轭. 因此, 每个非零实数都属于 $\boldsymbol{G}^*$ 的预解集. 又因为每个非零实数属于 $-\boldsymbol{G}$ 的预解集, 所以 $\boldsymbol{G}^*$ 和 $-\boldsymbol{G}$ 中的任一个算子不可能是另一个算子的真延拓. 故 $\boldsymbol{G}^*=-\boldsymbol{G}$. □

用自伴算子 $\boldsymbol{A}$ 的谱分解, 可以定义函数 $c_s(\boldsymbol{A})$, 其中 c_s 为 Borel 集 S 上的特征函数. 首先回忆一下, 第 33 章中的 $\boldsymbol{A}$ 的谱分解的三种构造都是先以限制性的函数演算开始的. 33.1 节中的构造建立在预解式 $(\boldsymbol{A}-z\boldsymbol{I})^{-1}$ 的基础上, 其中 z 为非实的复数; 33.2 节中的构造应用了 Cayley 变换 $(\boldsymbol{A}-\mathrm{i}I)(\boldsymbol{A}+\mathrm{i}I)^{-1}$; 33.3 节中的构造建立在连续函数演算 $f(\boldsymbol{A})$ 的基础上, 其中 f 为 $\mathbb{R}\cup\{\infty\}$ 上的连续函数. 用 Stone 定理, 我们可以定义指数函数 $\mathrm{e}^{\mathrm{i}t\boldsymbol{A}}$, 因此接下来, 我们将刻画如何利用该函数演算构建 $\boldsymbol{A}$ 的谱分解.

引理 2 设 $\boldsymbol{U}(t)$ 为 Hilbert 空间 H 上的强连续的单参数酉算子群, 设 $\boldsymbol{u}$ 为 H 中的向量, 则函数

$$a(t)=(\boldsymbol{U}(t)\boldsymbol{u},\boldsymbol{u}) \tag{2}$$

为 Bochner 意义下的正定函数 (参见 14.4 节), 即 $\alpha(t)$ 为斜对称的、连续的, 且对任意有限个实数 $t_1,t_2,\cdots t_N$ 及复数 $\phi_1,\cdots,\phi_N$, 成立不等式:

$$\sum a(t_j-t_k)\phi_j\overline{\phi}_k\geqslant 0.$$

证明 由 $\boldsymbol{U}(t)$ 的群性质和事实 $\boldsymbol{U}(-t)=\boldsymbol{U}(t)^{-1}=\boldsymbol{U}(t)^*$, 得

$$\begin{aligned}\sum a(t_j-t_k)\phi_j\overline{\phi}_k&=\sum(\boldsymbol{U}(t_j-t_k)u,u)\phi_j\overline{\phi}_k\\&=\sum(\boldsymbol{U}(t_k)^{-1}\boldsymbol{U}(t_j)u,u)\phi_j\overline{\phi}_k\\&=\sum(\boldsymbol{U}(t_j)u,\boldsymbol{U}(t_k)u)\phi_j\overline{\phi}_k\\&=\left(\sum\phi_j\boldsymbol{U}(t_j)u,\sum\phi_k\boldsymbol{U}(t_k)u\right)\end{aligned}$$

$$= \|\sum \phi_j \boldsymbol{U}(t_j)u\|^2 \geqslant 0. \qquad \square$$

由 Bochner 定理即第 14 章定理 8, $\mathbb{R}$ 上的每个正定函数都是 $\mathbb{R}$ 上的某一非负测度的 Fourier 变换. 因此, 存在 $\mathbb{R}$ 上的非负测度 m, 使得

$$(\boldsymbol{U}(t)u, u) = \int \mathrm{e}^{\mathrm{i}t\lambda}\mathrm{d}m(\lambda). \tag{3}$$

令 $t=0$, 则 $\|u\|^2 = m(\mathbb{R})$. 因此, 测度 m 与向量 $\boldsymbol{u}$ 有关, 是 $(\boldsymbol{U}(t)\boldsymbol{u}, \boldsymbol{u})$ 的 Fourier 变换并由 $\boldsymbol{u}$ 唯一决定. 故我们可以用 $m(\boldsymbol{u})$ 表示由 $\boldsymbol{u}$ 确定的测度 m.

由于 (2) 的右端为 $\boldsymbol{u}$ 的二次函数, 所以我们有与之相伴的斜双线性函数:

$$(\boldsymbol{U}(t)\boldsymbol{u}, \boldsymbol{v}) = \int \mathrm{e}^{\mathrm{i}t\lambda}\mathrm{d}m(\lambda; \boldsymbol{u}, \boldsymbol{v}), \tag{4}$$

这里的 $m(\boldsymbol{u}, \boldsymbol{v})$ 是通过极化测度 $m(\boldsymbol{u})$ 所得到的测度.

引理 3 测度 $m(\boldsymbol{u}, \boldsymbol{v})$ 有下列性质:

(i) $m(\boldsymbol{u}, \boldsymbol{u}) = m(\boldsymbol{u})$;

(ii) $m(\boldsymbol{v}, \boldsymbol{u}) = \overline{m(\boldsymbol{u}, \boldsymbol{v})}$;

(iii) $m(\boldsymbol{u}, \boldsymbol{v})$ 关于 $\boldsymbol{u}$ 是线性的, 关于 $\boldsymbol{v}$ 是共轭线性的;

(iv) $|m(S, \boldsymbol{u}, \boldsymbol{v})| \leqslant \|\boldsymbol{u}\| \cdot \|\boldsymbol{v}\|$, 其中 S 为任一 Borel 集.

证明 同第 31 章定理 17 的证明. □

由有界半双线性型的性质, 即第 31 章定理 1, 对任意 Borel 集 S, 存在有界对称算子 $\boldsymbol{E}(S)$, $\|\boldsymbol{E}(S)\| \leqslant 1$, 使得

$$m(S, \boldsymbol{u}, \boldsymbol{v}) = (\boldsymbol{E}(S)\boldsymbol{u}, \boldsymbol{v}).$$

因此, (4) 又可重写为

$$(\boldsymbol{U}(t)u, v) = \int \mathrm{e}^{\mathrm{i}t\lambda}\mathrm{d}\,(\boldsymbol{E}\boldsymbol{u}, \boldsymbol{v}). \tag{5}$$

用类似于 31.7 节讨论单个酉算子谱分解的方法, 我们可以证明, $\boldsymbol{E}$ 是算子 $\boldsymbol{A}$ 的单位分解, 即 $\boldsymbol{E}$ 具有第 32 章定理 1 所叙述的性质. 我们将该细节留给读者.

35.2 遍历理论

强连续的酉算子群理论可以应用于平均遍历定理. 本节我们将给出一个与 35.3 节的遍历性有密切关系的抽象结果.

定理 4 (von Neumann) 设 $\boldsymbol{U}(t)$ 为作用在 Hilbert 空间 H 上的强连续单参数酉算子群, 则下列性质成立:

(i) 令 F 为在群 $\boldsymbol{U}(t)$ 下不变的所有向量 f 组成的集合 $\{f \in H : \boldsymbol{U}(t)f = f, t \in \mathbb{R}\}$, 则 F 为 H 中的闭子空间;

(ii) 令 $\boldsymbol{M}(t)$ 表示平均算子

$$\boldsymbol{M}(t)g = \frac{1}{t}\int_0^t \boldsymbol{U}(s)g\,\mathrm{d}\,s, \tag{6}$$

则当 $t \to \infty$ 时, $\boldsymbol{M}(t)$ 强收敛于 P, 即对 H 中的每个向量 $\boldsymbol{g}$, 有

$$S - \lim_{t\to\infty} \boldsymbol{M}(t)\boldsymbol{g} = P\boldsymbol{g},$$

其中强极限 P 为 H 到 F 上的正交投影.

证明 von Neumann 的原始证明依赖于无界自伴算子的谱分解. 现在, 我们给出一个简单证明, 这归功于 Eberhardt Hopf.

集合 F 为 H 中的闭子空间是一个显然的结论, 因为它是一组有界线性算子 $\boldsymbol{U}(t) - \boldsymbol{I}$, $t \in \mathbb{R}$, 的零空间的交集. 对于 (ii), 我们需要如下引理.

引理 5 设 $\boldsymbol{U}$ 为酉算子, E 和 R 分别是 $\boldsymbol{U} - \boldsymbol{I}$ 的零空间和值域, 则 E 为 R 的正交补.

证明 设 $\boldsymbol{g}$ 和 $\boldsymbol{h}$ 为 H 中的向量, 则

$$((\boldsymbol{U} - \boldsymbol{I})\boldsymbol{g}, \boldsymbol{h}) = (\boldsymbol{g}, (\boldsymbol{U}^* - \boldsymbol{I})\boldsymbol{h}).$$

利用 $\boldsymbol{U}^*\boldsymbol{U} = \boldsymbol{I}$, 则上式变形为

$$((\boldsymbol{U} - \boldsymbol{I})\boldsymbol{g}, \boldsymbol{h}) = (\boldsymbol{g}, (\boldsymbol{I} - \boldsymbol{U})\boldsymbol{U}^*\boldsymbol{h}).$$

上式蕴含: 若 $\boldsymbol{g}$ 与 R 正交, 则右端为 0, 从而左端也是 0, 即 $(\boldsymbol{U} - \boldsymbol{I})\boldsymbol{g}$ 与 H 中的每个向量 $\boldsymbol{h}$ 正交. 故 $\boldsymbol{g}$ 属于 $\boldsymbol{U} - \boldsymbol{I}$ 的零空间 E. 反之, 若 $\boldsymbol{g}$ 属于 E, 则左端为 0, 从而右端也是 0, 即 $\boldsymbol{g}$ 与 R 正交. □

设 r 为实数, 令 $\boldsymbol{U} = \boldsymbol{U}(r)$. 将 H 沿 $\boldsymbol{U} - \boldsymbol{I}$ 的值域 R 的闭包 $\overline{R}$ 正交分解, 则 H 中的每个向量 $\boldsymbol{g}$ 可分解为

$$\boldsymbol{g} = \boldsymbol{e} + \boldsymbol{z}, \tag{7}$$

其中 $\boldsymbol{z}$ 属于 $\overline{R}$, $\boldsymbol{e}$ 与 R 正交. 由引理 5, $\boldsymbol{e}$ 属于 $\boldsymbol{U} - \boldsymbol{I}$ 的零空间 E. 我们断言, 当 $t \to \infty$ 时, $M(t)\boldsymbol{z} \to 0$. 要证明此断言, 对于任意 $\varepsilon > 0$, 我们用 R 中的向量 $\boldsymbol{z}_\varepsilon$ 逼近 $\boldsymbol{z}$:

$$||\boldsymbol{z} - \boldsymbol{z}_\varepsilon|| < \varepsilon, \quad \boldsymbol{z}_\varepsilon = (\boldsymbol{U}(r) - \boldsymbol{I})h, \ \ \boldsymbol{h} \in H.$$

由 $\boldsymbol{M}$ 的定义 (6) 及 $||\boldsymbol{U}(s)|| = 1$ 知, $||\boldsymbol{M}(t)|| \leqslant 1$. 因此, 对实数 t,

$$||\boldsymbol{M}(t)z - \boldsymbol{M}(t)z_\varepsilon|| = ||\boldsymbol{M}(t)(z - z_\varepsilon)|| \leqslant \varepsilon.$$

再由 (6) 及 $\boldsymbol{U}(s)$ 的群性质, 我们有

$$\begin{aligned}\boldsymbol{M}(t)z_\varepsilon &= \boldsymbol{M}(t)(\boldsymbol{U}(r) - \boldsymbol{I})h = \boldsymbol{M}(t)\boldsymbol{U}(r)h - \boldsymbol{M}(t)h \\ &= \frac{1}{t}\int_0^t \boldsymbol{U}(s)\boldsymbol{U}(r)h\,\mathrm{d}\,s - \frac{1}{t}\int_0^t \boldsymbol{U}(s)h\,\mathrm{d}\,s \\ &= \frac{1}{t}\int_t^{t+r} \boldsymbol{U}(s)h\,\mathrm{d}\,s - \frac{1}{t}\int_0^r \boldsymbol{U}(s)h\,\mathrm{d}\,s.\end{aligned}$$

易见, 右边每一项的范系数都小于 $r||h||/t$, 所以 $t \to \infty$ 时, 左边依范数 $||\boldsymbol{M}(t)z_\varepsilon||$ 趋于 0. 又 $||M(t)z - M(t)z_\varepsilon|| \leqslant \varepsilon$ 及 ε 的任意性, 所以 $||\boldsymbol{M}(t)z||$ 也趋于 0.

接下来, 我们再证明: 若 $\boldsymbol{e}$ 属于零空间 E, 则 $t\to\infty$ 时, $\boldsymbol{M}(t)\boldsymbol{e}$ 的极限存在, 且该极限属于 E. 由于 $\boldsymbol{U}(t+r)\boldsymbol{e}=\boldsymbol{U}(t)\boldsymbol{U}(r)\boldsymbol{e}=\boldsymbol{U}(t)\boldsymbol{e}$, 所以 $\boldsymbol{U}(t)\boldsymbol{e}$ 为 t 的周期函数且 r 是一个周期. 对于实数 t, 若令 $t=nr+q$, $0\leqslant q<|r|$, n 为自然数, 则

$$\boldsymbol{M}(t)\boldsymbol{e}=\frac{1}{t}\int_0^t \boldsymbol{U}(s)\boldsymbol{e}\,\mathrm{d}\,s=\frac{n}{t}\int_0^r \boldsymbol{U}(s)\boldsymbol{e}\,\mathrm{d}\,s+\frac{1}{t}\int_0^q \boldsymbol{U}(s)\boldsymbol{e}\,\mathrm{d}\,s.$$

令 $t\to\infty$, 则右边的第二项趋于 0, 而第一项则趋于

$$\frac{1}{r}\int_0^r \boldsymbol{U}(s)\boldsymbol{e}\,\mathrm{d}\,s. \tag{8}$$

因此, $\boldsymbol{M}(t)\boldsymbol{e}$ 收敛于 (8). 又 $\boldsymbol{U}(s)$ 与 $\boldsymbol{U}-\boldsymbol{I}$ 可换, 所以 $\boldsymbol{U}(s)$ 将 E 映入自身. 故向量 (8) 属于 E.

因为 H 中的每个向量 $\boldsymbol{g}$ 有分解 $\boldsymbol{e}+\boldsymbol{z}$, 所以由上述两段的证明, 当 $t\to\infty$ 时, $M(t)\boldsymbol{g}$ 的极限存在, 且该极限属于 E, 即该极限为 $\boldsymbol{U}=\boldsymbol{U}(r)$ 的固定向量. 由 r 的任意性, $M(t)\boldsymbol{g}$ 在 $t\to\infty$ 下的极限属于 F.

由 F 的定义, $\boldsymbol{U}(s)$ 在子空间 F 上为恒等算子. 我们进一步断言, 它将 F 的正交补子空间映入到自身内. 这是因为, 若向量 $\boldsymbol{w}$ 与 F 正交, 则对 F 中的每个向量 $\boldsymbol{f}$, 有

$$(\boldsymbol{U}(s)\boldsymbol{w},\boldsymbol{f})=(\boldsymbol{w},\boldsymbol{U}(-s)\boldsymbol{f})=(\boldsymbol{w},\boldsymbol{f})=0;$$

因此 $\boldsymbol{U}(s)\boldsymbol{w}$ 与 F 正交, 此断言成立. 由于算子 $M(t)$ 是酉算子群 $\boldsymbol{U}(s)$ 的均值, 所以 $M(t)$ 以及 $M(t)$ 的强极限在 F 上的作用为恒等作用, 且将 F 的正交补子空间映入自身. 又 $M(t)$ 的强极限将整个 Hilbert 空间 H 映入 F 内, 所以该强极限只能将 F 的正交补子空间映为零. 因此, $M(t)$ 的强极限正是 H 到 F 上的正交投影. □

35.3 Koopman 群

设 M 为开的紧微分流形, V 为 M 上的预先给定的体积元, 我们要研究沿向量场 D 的保体积流, 即研究微分方程

$$\frac{\mathrm{d}x}{\mathrm{d}t}=D(x) \tag{9}$$

的解. 令 $x(y;t)$ 表示微分方程 (9) 的解, 其中 y 为该解在 $t=0$ 的值, 则 $y\to x(y;t)$ 为保体积的映射. 因为 M 是紧的, 所以 M 的体积有限. 由于向量场 D 与 t 无关, 所以

$$x(x(z;s),t)=x(z;s+t). \tag{9'}$$

令 H 表示 M 上的平方可积函数 g 组成的 Hilbert 空间, Bemard Koopman 将这样的流 $x(y;t)$ 与 H 上的单参数酉算子群:

$$(\boldsymbol{U}(t)g)(y)=g(x(y;t)) \tag{10}$$

联系起来. 由流的保体积特性, 由 (10) 定义的算子 $\boldsymbol{U}(t)$ 保 L^2 范数; 事实上, 它们保所有 L^p 范数, $1 \leqslant p \leqslant \infty$.

对于这样的流, von Neumann 的平均遍历定理能告诉我们什么信息呢? 即在酉算子群 (10) 下固定的函数组成的空间 F 有何性质呢? 显然, 常值函数在每个 $\boldsymbol{U}(t)$ 下固定, 即常值函数属于 F. 除此之外, F 中还有其他函数吗? 假设函数 f 属于 F, 不妨设 f 为实函数, 令 c 为任意实数, S_c 为 M 中的满足 $f(y) < c$ 的所有点 y 组成的集合, 则 S_c 在流下不变, 即若 y 属于 S_c, 则所有的点 $x(y;t)$ 都属于 S_c. 若 f 不是常值函数, 则 S_c 为流的非平凡不变子集, 即 S_c 及其补子集都有非零测度. 反之, 若 S 为流下不变的非平凡子集, 则其特征函数

$$f(y) = \begin{cases} 1, & y \in S, \\ 0, & y \notin S \end{cases}$$

在酉群 (10) 下固定. 综上所述, 我们已经证明了如下结论.

给定 M 上的保体积流, 则在与该流相伴的 Koopman 群 (10) 内的所有算子下固定的函数仅为 M 上的常值函数, 当且仅当 M 不存在流下不变的非平凡可测子集.

不存在非平凡的不变可测子集的流称为具有*度量可迁性*.

假设在流 (9) 下不存在非平凡的不变子集, 则 F 由常值函数组成. 因此, 由平均遍历定理, $M(t)$ 在 $g \in L^2(M)$ 上的作用 $M(t)g$ 趋于 g 到常值函数空间上的投影. 如何确定该投影呢? 显然, 它是 g 的在给定体积 V 下的均值:

$$Pg = \frac{1}{\mathrm{Vol}(M)} \int_M g(x)\,\mathrm{d}V. \tag{11}$$

投影 (11) 称为函数 g 的空间均值, 而由均值算子 $M(t)$ 得到的极限称为 g 的时间均值. 因此, 粗略地讲, Koopman 群的平均遍历定理告诉我们: 假设流 (9) 不存在非平凡的不变子集, 则每个 L^2 函数的时间均值和空间均值相等.

在统计力学中, 流形 M 对应于相空间即由 N 个相互作用粒子的 Hamiltonian 系统导出的向量场, 其中 $N \sim 10^{23}$; 时间均值被解释为 N 元函数 g 的测量值. 依定理 4, 测量的时间要很大. 遍历定理最早由 Ludwig Boltzmann 以一种初等的形式提出来, 其意义在于我们仅仅需要估计 10^{23} 维流形上的积分 (11), 而并不需要求涉及 10^{23} 个未知函数的形如 (9) 的偏微分方程的解.

Jack Schwartz 已经指出, 测量值有热力学意义的函数 g 是 10^{23} 个变元的对称函数. 这些极特殊函数的时间和空间均值之间的等式是由除遍历定理以外的其他原因造成的.

一般来讲, 我们很难决定哪些流有非平凡的不变子集, 哪些流没有. 文献 Lax 中给出了一个有趣的例子.

35.4 波动方程

典型的波动方程为

$$u_{tt} - \Delta u = 0,$$

其中 Δ 为 Laplace 算子：

$$\Delta = \partial_x^2 + \partial_y^2 + \partial_z^2,$$

这里的下标表示偏导数. 对波动方程在全时空 $\mathbb{R}^3 \times \mathbb{R}$ 上的解 u, 若 u 及其一阶偏导数在 $x^2 + y^2 + z^2 \to \infty$ 时, 快速趋于 0, 则利用如下过程, 我们可以导出关于 u 的**能量守恒定律**：先用 u_t 去乘波动方程, 再沿 $\mathbb{R}^3$ 积分：

$$\int_{\mathbb{R}^3} u_t(u_{tt} - \Delta u)\,\mathrm{d}V = 0.$$

用分部积分法, 将此式整理为

$$\int (u_t u_{tt} + u_{xt}u_x + u_{yt}u_y + u_{zt}u_z)\,\mathrm{d}V = 0.$$

左边的积分是函数

$$E(t) = \frac{1}{2}\int (u_t^2 + u_x^2 + u_y^2 + u_z^2)\mathrm{d}V$$

对 t 的导数. 因此, $E(t)$ 为 t 的常值函数. 这种与时间无关的量称为**运动常数**或守恒量.

函数 $E(t)$ 称为**能量**, 它是 u 和 u_t 的二次函数, 其平方根称为**能量范数**.

若波动方程的两个解有相同的初值, 则它们的差也是波动方程的解, 其初值为零, 进而原始能量也为零. 因此, 由能量守恒定律, 波动方程的这两个解的差在每一时刻的能量均为零, 从而在每一时刻的值也是零. 因此, 初值 $u(0)$ 和 $u_t(0)$ 完全决定了波动方程的解在每一时刻的取值.

我们用 H 表示有有限能量的所有初值 $\{u(0), u_t(0)\}$ 组成的线性空间在能量范数下的完备化空间, 它是一个 Hilbert 空间.

我们用 $\boldsymbol{U}(t)$ 表示解算子, 即将初值映为 t 时刻数值的算子：

$$U(t) : \{u(0), u_t(0)\} \to \{u(t), u_t(t)\}.$$

不难证明, 若预先给定的初值 $u(0)$ 和 $u_t(0)$ 充分光滑和带有紧支集, 则可以求得波动方程在全时空内的初值问题的解. 因此, 我们可以先在光滑的有紧支集的初值上定义算子 $\boldsymbol{U}(t)$, 再利用满足这些性质的初值在空间 H 内的稠密性, 将 $\boldsymbol{U}(t)$ 连续延拓到整个空间 H 上. 不难证明：**延拓后的算子形成了一个强连续的单参数酉算子群**. 此时的强连续性可先在光滑的初值上验证, 然后由连续性, 再在对有限能量的初值上进行验证. 群性质 $\boldsymbol{U}(s + r) = \boldsymbol{U}(s)\boldsymbol{U}(r)$ 表达了这样的事实：若 $u(x, y, z, t)$ 为波动方程的解, 则 $u(x, y, z, t - s)$ 也是波动方程的解; 酉性质仅仅是能量守恒及

其 $\boldsymbol{U}(t)$ 的可逆性的另一种表述, 而此时的可逆性又可以通过求相反初值问题的解得到验证.

习题 1 求波动方程的解算子形成的强连续单参数酉算子群的无穷小生成元.

下面我们将波动方程在全时空内的初值问题延伸到有障碍的初值问题上, 即研究波动方程在全时空和三维空间的某个障碍 B 外部的解. 我们要求在障碍 B 上, 所有的解 u 需满足边界条件, 即 u 在 B 的边界上取值为零.

同上所述, 用同样的方法可以导出能量守恒性质. 先用分部积分法产生边界项:

$$\int_{\partial B} u_t u_n \, \mathrm{d}S, \quad u_n = u \text{ 的法向导数},$$

当 u 在边界 ∂B 上取值为 0 时, 此边界项为 0. 当然, 我们也可以要求边界条件 $u_n = 0$, 从而使得边界项为 0. 无论哪一种情形, 能量守恒性质都成立.

用类似的过程构造解算子 $\boldsymbol{U}(t)$, 从而形成强连续的酉算子群 (在能量范数下). 在此过程中, 唯一会出现的新困难就是: 很难证明, 有光滑初始值问题的波动方程在所有时刻满足边界条件的解的存在性. 但是, 这仅仅是技术性困难, 不会掩盖在障碍 B 外部的有限能量解的简单基本结构.

35.5 平移表示

我们先来回顾一下作用在 Hilbert 空间 H 内的自伴算子 $\boldsymbol{A}$ 的谱表示 (参见第 32 章). 若 $\boldsymbol{A}$ 有重数为 1 的谱, 则存在 $\mathbb{R}$ 上的非负测度 m 以及存在 H 和 $L^2(\mathbb{R}, m)$ 之间的酉算子:

$$H \leftrightarrow L^2(\mathbb{R}, m),$$

使得算子 $\boldsymbol{A}$ 对应了作用在 $L^2(\mathbb{R}, m)$ 内的变量 $\lambda \in \mathbb{R}$ 所作的乘法算子. 若 $\boldsymbol{A}$ 的谱为多重数的, 则存在 H 和 L^2 空间的 (可能无限个)Cartesian 积 $\prod L^2(\mathbb{R}, m_j)$ 之间的酉映射:

$$H \leftrightarrow \prod L^2(\mathbb{R}, m_j),$$

使得算子 $\boldsymbol{A}$ 对应于 Cartesian 积空间上的算子, 并使得该算子在每个分支上为 $\lambda \in \mathbb{R}$ 所作的乘法算子, 这里的 m_j 为 $\mathbb{R}$ 上的非负测度.

由 Stone 定理, 算子 $\mathrm{i}\boldsymbol{A}$ 生成了强连续的单参数酉算子群 $\boldsymbol{U}(t)$, 用符号将 $\boldsymbol{U}(t)$ 表示为: $\boldsymbol{U}(t) = \exp \mathrm{i}\boldsymbol{A}t$.

定理 6 在自伴算子 $\boldsymbol{A}$ 的谱表示中, 算子 $\boldsymbol{U}(t) = \exp \mathrm{i}\boldsymbol{A}t$ 被表示为 $\exp \mathrm{i}\lambda t$ 所作的乘法算子.

证明 Stone 定理的证明建立在 Hille-Yosida 定理即第 34 章定理 7 的基础上.

我们将采用 Yosida 的方法证明该定理, 即将 $\exp \mathrm{i}\boldsymbol{A}t$ 看作是强极限

$$\exp \mathrm{i}\boldsymbol{A}t = s - \lim_{n\to\infty} \mathrm{e}^{\mathrm{i}\boldsymbol{G}_n t}, \quad \boldsymbol{G}_n = n^2\boldsymbol{R}(n) - n\boldsymbol{I}. \tag{12}$$

在 31.5 节推导谱表示的过程中, 我们已经证明了 $\boldsymbol{R}(n) = (n\boldsymbol{I} - \mathrm{i}\boldsymbol{A})^{-1}$ 被表示为 $(n - \mathrm{i}\lambda)^{-1}$ 所作的乘法算子. 因此, (12) 右边的算子可被表示为 $\mathrm{e}^{\mathrm{i}n\lambda t/(n-\lambda)}$ 所作的乘法算子.

设 u 为 H 中的向量, 不妨设 u 对应于 $\{k_j(\lambda)\}$, 则 $\mathrm{e}^{\mathrm{i}\boldsymbol{G}_n t}u$ 对应于 $\{\mathrm{e}^{\mathrm{i}n\lambda t/(n-\lambda)}k_j(\lambda)\}$; 这些函数在 $n\to\infty$ 下的 $L^2(m_j)$ 极限对应于函数 $\{\mathrm{e}^{\mathrm{i}\lambda t}k_j(\lambda)\}$. 故 $\boldsymbol{U}(t)$ 在 H 上的作用被表示为 $\exp \mathrm{i}\lambda t$ 在 $\prod L^2(\mathbb{R}, m_j)$ 上的乘法作用. □

下面我们考虑 $\boldsymbol{A}$ 的谱在 $\mathbb{R}$ 上绝对连续且具有一致谱重数的情形, 即谱表示中的所有测度 m_j 支撑在 $\mathbb{R}$ 上并且关于 $\mathbb{R}$ 上的 Lebesgue 测度绝对连续的情形. 第 31 章结束部分的注记中已表明, 这种情形下, 出现在谱表示中的测度可以选取为整个 $\mathbb{R}$ 上的 Lebesgue 测度, 故谱表示可重新记为

$$H \leftrightarrow \prod L^2(\mathbb{R}).$$

为方便起见, 我们将 $L^2(\mathbb{R})$ 空间的 Cartesian 积看成单个空间 $L^2(N, \mathbb{R})$, 即赋值在某个辅助 Hilbert 空间 N 上的 L^2 向量值函数组成的空间, 其中 N 的维数等于 Cartesian 积分支的个数, 可能为 ∞. 注意 N 的维数也是 $\boldsymbol{A}$ 的谱重数. 因此, 我们有谱表示

$$H \leftrightarrow L^2(N, \mathbb{R}). \tag{13}$$

取 Fourier 逆, 由 (13), 我们得到谱表示的另一种形式

$$H \leftrightarrow L^2(N, \mathbb{R}), \tag{13$'$}$$

即若 H 中的向量 $\boldsymbol{u}$ 在 (13) 中对应于函数 $f(\lambda)$, 则在 (13$'$) 中, 向量 $\boldsymbol{u}$ 对应于函数

$$k(x) = \frac{1}{\sqrt{2\pi}} \int f(\lambda)\mathrm{e}^{-\mathrm{i}x\lambda}\,\mathrm{d}\,\lambda.$$

由定理 6, H 中的向量 $(\exp \mathrm{i}\boldsymbol{A}t)\boldsymbol{u}$ 在谱表示 (13) 中被表示为 $(\exp \mathrm{i}\lambda t)f(\lambda)$, 从而在谱表示 (13$'$) 中, 被表示为 $k(x-t)$. 鉴于此原因, (13$'$) 称为 H 的关于 $\mathrm{i}\boldsymbol{A}$ 生成酉群的**平移表示**. 反之, 从一个平移表示出发, 我们可以利用 Fourier 逆构造 $\boldsymbol{A}$ 的谱表示.

下面我们研究 Sinai 给出的平移表示的一个几何特征. 设 H 为 Hilbert 空间, $\boldsymbol{U}(t)$ 为作用在 H 上的强连续单参数酉算子群, 假设 H 关于群 $\boldsymbol{U}(t)$ 有平移表示, 令 F 为 H 的闭子空间并且在平移表示下, F 对应于支撑在 $\mathbb{R}_-$ 上的所有 L^2 函数空间:

$$F \leftrightarrow L^2(N, \mathbb{R}_-), \tag{14}$$

则 $\boldsymbol{U}(r)F$ 中的向量被表示为支撑在 $(-\infty, r)$ 上的 L^2 函数. 因此, $\boldsymbol{U}(r)F$ 为 r 的递增单参数族, 且当 r 由 $-\infty$ 变到 ∞ 时, $\boldsymbol{U}(r)F$ 由 $\{0\}$ 变到 H. 因此, 我们可以用

下面的 (15a), (15b) 和 (15c) 更精确地表达上述刻画：

$$U(r)F \subset F, \quad r < 0, \tag{15a}$$

$$\cap \boldsymbol{U}(r)F = \{0\}, \tag{15b}$$

$$\overline{\cup \boldsymbol{U}(r)F} = H. \tag{15c}$$

定理 7 反之, 设 H 为 Hilbert 空间, $\boldsymbol{U}(t)$ 为 H 上的强连续单参数酉算子群, 令 F 为 H 的满足 (15a),(15b) 和 (15c) 的闭子空间, 则 H 存在群 $\boldsymbol{U}(t)$ 下的平移表示 (13′), 并且在此表示下, F 有表示 (14).

习题 2 证明: 当 $s < t$ 时,$\boldsymbol{U}(s)F \subset \boldsymbol{U}(t)F$.

Sinai 利用 von Neumann 的 Heisenberg 交换关系定理 (即本章定理 11) 证明了上述平移定理. 与此同时, Phillips 和作者给出了本定理的另一个独立证明, 此外，我们还证明了如何由此平移表示定理导出 von Neumann 的结果. 有关此细节, 详见 35.6 节内容. 下面我们提供定理 7 的 Phillips 和 Lax 的证明. 该证明有一定的技巧性, 在作者眼里是非常漂亮的.

证明 我们将用下面的表示定理证明定理 7. □

定理 8 设 K 为 Hilbert 空间, $\boldsymbol{Z}(t)$ 为作用在 K 上的强连续单参数可缩算子半群, 若 $t \to \infty$ 时, $\boldsymbol{Z}(t)$ 强收敛于 0:

$$\lim_{t \to \infty} \boldsymbol{Z}(t)k = 0, \tag{16}$$

其中 $\boldsymbol{k}$ 为 K 内的任意向量, 则 K 可以酉表示为 $L^2(N, \mathbb{R}_-)$ 的闭子空间, 使得 $\boldsymbol{Z}(t)$ 的作用对应于变量 t 在 $\mathbb{R}$ 上所作的右平移作用在 $\mathbb{R}_-$ 上的限制, 其中 N 为某个辅助 Hilbert 空间.

证明 设 $\boldsymbol{G}$ 为半群 $\boldsymbol{Z}(t)$ 的生成元, $D(\boldsymbol{G})$ 为 $\boldsymbol{G}$ 的定义域. 我们先给出 $D(\boldsymbol{G})$ 的一个表示, 然后将此表示连续延拓到整个空间 K 上. 对 $D(\boldsymbol{G})$ 内的任一向量 $\boldsymbol{g}$, 定义函数 $\gamma(s)$:

$$\gamma(s) = \boldsymbol{Z}(-s)\boldsymbol{g}, \quad s \leqslant 0, \tag{17}$$

则 γ 为 $\mathbb{R}_-$到 $D(\boldsymbol{G})$ 内的向量值函数. 我们要在 $D(\boldsymbol{G})$ 上定义新的半范数 $|| \, ||_N$, 使得对 $D(\boldsymbol{G})$ 内的每个向量 $\boldsymbol{g}$, 由 (17) 定义的向量值函数 γ 的 L^2 范数与 $\boldsymbol{g}$ 的初始范数 $||\boldsymbol{g}||$ 相等, 即

$$||\boldsymbol{g}||^2 = \int_{-\infty}^{0} ||\gamma(s)||_N^2 \, \mathrm{d}\, s = \int_0^{\infty} ||\boldsymbol{Z}(t)\boldsymbol{g}||_N^2 \, \mathrm{d}\, t. \tag{18}$$

因为 $\boldsymbol{Z}(t)$ 将 $D(\boldsymbol{G})$ 映入 $D(\boldsymbol{G})$ 内, 所以在 (18) 中用 $\boldsymbol{Z}(h)\boldsymbol{g}$ 代替 $\boldsymbol{g}$, 相应的等式仍然成立：

$$||\boldsymbol{Z}(h)\boldsymbol{g}||^2 = \int_0^{\infty} ||\boldsymbol{Z}(s+h)\boldsymbol{g}||_N^2 \, \mathrm{d}\, s = \int_h^{\infty} ||\boldsymbol{Z}(s)\boldsymbol{g}||_N^2 \, \mathrm{d}\, s. \tag{18′}$$

(18′) 两边对 h 求微分, 再令 $h = 0$, 则

$$(\boldsymbol{Gg},\boldsymbol{g})+(\boldsymbol{g},\boldsymbol{Gg})=-||\boldsymbol{g}||_N^2. \tag{19}$$

由于 $\boldsymbol{Z}(t)$ 为可缩算子, 所以 $(18')$ 的左边为 h 的递减函数, 进而 (19) 的左边不大于 0, 故新范数 $||\boldsymbol{g}||_N$ 是非负的. 因此, 利用 (19), 我们可以定义$D(\boldsymbol{G})$ 上的新半范数 $||\boldsymbol{g}||_N$.①

我们现在证明, 在 N 及 N 范数下, 表示 (17) 是一个等距, 即对 $D(\boldsymbol{G})$ 内的每个向量 $\boldsymbol{g}$, (18) 成立. 设 $\boldsymbol{g}$ 属于 $D(\boldsymbol{G})$, 则 $\boldsymbol{Z}(t)\boldsymbol{g}$ 属于 $D(\boldsymbol{G})$; 由定义 (17) 和 (19), 令 $s=-t$, 则

$$||\gamma(s)||_N^2=||\boldsymbol{Z}(t)\boldsymbol{g}||_N^2=-2\mathrm{Re}(\boldsymbol{GZ}(t)\boldsymbol{g},\boldsymbol{Z}(t)\boldsymbol{g})=-\frac{\mathrm{d}}{\mathrm{d}t}||\boldsymbol{Z}(t)\boldsymbol{g}||^2; \tag{19'}$$

对变量 t 由 0 到 r 积分, 并注意用假设：当 $r\to\infty$ 时, $||\boldsymbol{Z}(r)g||$ 趋于 0, 我们即得 (18).

由于 $D(\boldsymbol{G})$ 在 K 中是稠密的, 利用连续性, 我们可将以表示 (17) 等距延拓到整个空间 K 上. 显然, 在此表示中, $\boldsymbol{Z}(t)$ 的作用对应了由 t 所作的右平移作用在 $\mathbb{R}_-$ 上的限制. □

我们现在转向定理 7 的证明. 用 $\boldsymbol{P}$ 表示 H 到子空间 F 上的正交投影, 定义算子 $\boldsymbol{Z}(t)$：

$$\boldsymbol{Z}(t)=\boldsymbol{PU}(t),\quad t\geqslant 0, \tag{20}$$

我们有如下引理.

引理 9 假设 $\boldsymbol{U}$ 有性质 (15), 则由 (20) 定义的 $\boldsymbol{Z}(t)$ 为作用在 F 上的强连续单参数可缩算子半群, 且当 $t\to\infty$ 时,$\boldsymbol{Z}(t)$ 在 F 上强收敛于 0.

证明 因为 $\boldsymbol{U}(t)$ 强连续, 所以 $\boldsymbol{Z}(t)$ 也是强连续的. 又 $\boldsymbol{U}(t)$ 和 P 为可缩算子, 所以 $\boldsymbol{Z}(t)$ 也是可缩算子. 要证明 $\boldsymbol{Z}(t)$ 为半群, 令 f 属于 F, 则

$$\begin{aligned}\boldsymbol{Z}(r)\boldsymbol{Z}(s)f&=\boldsymbol{PU}(r)\boldsymbol{PU}(s)f=\boldsymbol{PU}(r)[\boldsymbol{U}(s)f+p]\\&=\boldsymbol{PU}(r+s)f+\boldsymbol{PU}(r)p=\boldsymbol{Z}(r+s)f+\boldsymbol{PU}(r)p,\end{aligned} \tag{21}$$

这里的 $\boldsymbol{p}$ 属于 H 且与 F 正交. 我们断言, 当 $r>0$ 时, $\boldsymbol{U}(r)\boldsymbol{p}$ 与 F 正交. 事实上, 令 $\boldsymbol{g}$ 为 F 中的向量, 注意到 $\boldsymbol{U}^*(r)=\boldsymbol{U}^{-1}(r)=\boldsymbol{U}(-r)$, 则

$$(\boldsymbol{g},\boldsymbol{U}(r)\boldsymbol{p})=(\boldsymbol{U}(-r)\boldsymbol{g},\boldsymbol{p}).$$

由假设 (15a), $\boldsymbol{U}(-r)\boldsymbol{g}$ 属于 F; 又 p 与 F 正交, 所以上式右边为 0, 从而左边也是 0, 即 $\boldsymbol{U}(r)p$ 与 g 正交. 由 g 的任意性, 此断言得证. 由于 $\boldsymbol{P}$ 是 H 到 F 上的正交投影, 所以 (21) 的右边最后一项为 0. 因此, $\boldsymbol{Z}(t)$ 是一个半群.

---

① 令

$$\mathcal{L}=\{\boldsymbol{g}\in D(\boldsymbol{G})|\ ||\boldsymbol{g}||_N=0\},$$

则 $||\,||_N$ 自然诱导了商空间 $D(\boldsymbol{G})/\mathcal{L}$ 上的范数. 我们令辅助 Hilbert 空间 N 为 $D(\boldsymbol{G})/\mathcal{L}$ 的完备化. 为方便起见, 我们将 $D(\boldsymbol{G})$ 中的向量 $\boldsymbol{g}$ 与它在商空间 $D(\boldsymbol{G})/\mathcal{L}$ 中的等价类等同起来.

—— 译者注

要证明当 t 趋于 ∞ 时, $\boldsymbol{Z}(t)$ 强趋于 0, 我们先证明形如

$$\boldsymbol{U}(t)g, \quad g \in F^{\perp}, \quad t < 0, \tag{22}$$

的向量构成了 H 的稠密子集, 这里的 $F^{\perp}$ 表示 F 在 H 中的正交补. 若不然, 必存在 H 中的非零向量 $\boldsymbol{v}$ 与所有向量 $\boldsymbol{U}(t)\boldsymbol{g}, \boldsymbol{g} \in F^{\perp}, t < 0$, 正交. 由于 $\boldsymbol{U}(t)$ 为酉算子, 所以它将 F 的正交补 $F^{\perp}$ 映为 $\boldsymbol{U}(t)F$ 的正交补 $(\boldsymbol{U}(t)F)^{\perp}$, 从而 $(\boldsymbol{U}(t)F^{\perp})^{\perp} = \boldsymbol{U}(t)F$. 因此, $\boldsymbol{v}$ 属于每个 $\boldsymbol{U}(t)F, t < 0$, 这与 (15b) 矛盾.

给定 F 中的向量 $\boldsymbol{f}$ 及正数 ε, 由上述集合的稠密性, 存在 $F^{\perp}$ 中的向量 $\boldsymbol{g}$ 及实数 $r < 0$, 使得 $||f - \boldsymbol{U}(r)\boldsymbol{g}|| < \varepsilon$. 若记 $s = -r$, 则 $||\boldsymbol{U}(s)\boldsymbol{f} - \boldsymbol{g}|| < \varepsilon$. 由于 $\boldsymbol{P}\boldsymbol{g} = 0$, 所以

$$||\boldsymbol{Z}(s)\boldsymbol{f}|| = ||\boldsymbol{P}\boldsymbol{U}(s)\boldsymbol{f}|| = ||\boldsymbol{P}(\boldsymbol{U}(s)\boldsymbol{f} - \boldsymbol{g})|| < \varepsilon.$$

又 $\boldsymbol{Z}$ 为可缩半群, 所以当 $t > s$ 时, $||\boldsymbol{Z}(t)\boldsymbol{f}|| < \varepsilon$. 因此, 当 t 趋于 ∞ 时, $\boldsymbol{Z}(t)$ 强收敛于 0. □

对作用在空间 F 上的半群 $\boldsymbol{Z}(t) = \boldsymbol{P}\boldsymbol{U}(t)$, 由引理 9, $\boldsymbol{Z}(t)$ 满足定理 8 的条件, 故存在 F 与 $L^2(N, \mathbb{R}_-)$ 的闭子空间之间的等距平移表示, 使得若将 F 中的向量 $\boldsymbol{f}$ 表示为 $L^2(N, \mathbb{R}_-)$ 中的函数 ϕ:

$$\boldsymbol{f} \leftrightarrow \phi(s) \tag{23}$$

则 $t > 0$ 时, $\boldsymbol{Z}(t)f$ 有表示

$$\boldsymbol{P}\boldsymbol{U}(t)\boldsymbol{f} \leftrightarrow c(t)\phi(s - t), \tag{23$'$}$$

这里的 c 为 $\mathbb{R}-$ 上的特征函数. 该表示是等距的:

$$||\boldsymbol{f}||^2 = \int_{-\infty}^{0} ||\phi(s)||_N^2 \,\mathrm{d}\, s, \tag{24}$$

$$||\boldsymbol{P}\boldsymbol{U}(t)\boldsymbol{f}||^2 = \int_{-\infty}^{-t} ||\phi(s)||_N^2 \,\mathrm{d}\, s. \tag{25}$$

令

$$\boldsymbol{U}(t)f \leftrightarrow \phi(s - t), \tag{26}$$

我们将表示 (23) 延拓到 H 中的形如 $U(t)\boldsymbol{f}$, $\boldsymbol{f} \in F$ 的向量上. 由 (24) 及 $\boldsymbol{U}(t)$ 为等距这一事实, (26) 为等距表示. 我们断言 (26) 与 (23′) 是一致的, 即若 $\boldsymbol{U}(t)\boldsymbol{f}$ 属于 F, 则两表示 (23′) 和 (26) 的右边相等. 显然, 此断言成立, 当且仅当 $\boldsymbol{f}$ 的表示函数 $\phi(s)$ 在 $-t < s < 0$ 内, 取值为 0. 因此, 若 $\boldsymbol{U}(t)\boldsymbol{f}$ 属于 F, 注意到 $\boldsymbol{U}(t)$ 为酉算子, 所以 (24) 和 (25) 左边相等, 进而它们的右边也相等, 此可保证, $\phi(s)$ 在 $(-t, 0)$ 内为 0.

由 (15c), 所有形如 $\boldsymbol{U}(r)\boldsymbol{f}, \boldsymbol{f} \in F$, 的向量在 H 中稠密. 因此, 表示 (26) 可以被连续延拓到整个空间 H 上:

$$u \leftrightarrow k(x).$$

此延拓后的表示仍是一个等距:

$$||u||^2 = \int_{-\infty}^{\infty} ||k(x)||_N^2 \, \mathrm{d}\, x;$$

半群 $\boldsymbol{U}$ 的作用被表示为平移变换:

$$\boldsymbol{U}(t)u \leftrightarrow k(x-t),$$

而正交投影 $\boldsymbol{P}$ 的作用被表示为截切:

$$\boldsymbol{P}u \leftrightarrow c(s)k(s).$$

不难证明, 由此表示的值域为整个 Hilbert 空间 $L^2(N, \mathbb{R})$; 参见本章后面的参考文献 Lax-Phillips, 1981. □

单参数酉算子群存在平移表示的条件有点特殊, 但是, 存在一些自然、有趣而又非平凡的例子, 它们来源于 34.5 节中的波传播. 在这些例子中, 底空间 H 为定义在 $\mathbb{R}^3$ 上的所有初值 $\{u(x,0), u_t(x,0)\}$ 组成的 Hilbert 空间, 赋予能量范数:

$$||\{u(x), u_t(x)\}||_E^2 = \int \left(\sum u_x^2 + u_t^2\right) \mathrm{d}\, x.$$

我们令 $\boldsymbol{U}(t)$ 为波动方程

$$u_{tt} - \Delta u = 0$$

的解算子群:

$$\boldsymbol{U}(t) : \{u(x,0), u_t(x,0)\} \longrightarrow \{u(x,t), u_t(x,t)\}.$$

算子 $\boldsymbol{U}(t)$ 的酉特征揭示了能量守恒和时间的可逆性.

子空间 F 被定义为由输入初值组成的空间, 即所有入解 $u(x,t)$ 的初值组成的空间, 这里的入解是指, 在反向光锥内部取值为零的解 $u(x,t)$:

$$u(x,t) = 0, \quad |x| < -t.$$

波动方程存在入解的事实一点也不明显. 我们现在证明, 如何借助于三维空间中波传播的 Huygens 原理来构造入解. 从概念上讲, 该原理是说波动方程的解以速度 1 传播信息. 从技术上讲, 此原理意味着由初值 $\{u(0), u_t(0)\}$ 唯一确定的解 $u(y,s)$ 在 $(y,s) \in \mathbb{R}^3 \times \mathbb{R}$ 点的值仅仅依赖于 $u(0)$, $u_t(0)$ 及其空间导数在光锥与原始平面的交集即在 $|x-y| = |s|$ 的上点 x 处的取值.

设 $f = \{f_1, f_2\}$ 为初值且当 $|x| > s$ 时, f 取值为零, 我们断言, 当 $t > s$ 时, $\boldsymbol{U}(-t)f$ 为入解.

习题 3 用 Huygens 原理证明, $\boldsymbol{U}(-t)f$ 为入解.

现在证明, 输入初值空间 F 有 (15a)~(15c) 所列的性质.

(i) 设 u 为一个入解, f 为其初值, 则初值为 $\boldsymbol{U}(r)f$ 的解是 $u^{(r)}(x,t) = u(x,t+r)$. 因为 u 为入解, 所以

$$u(x,t) = 0, \quad |x| < -t.$$

因此

$$u^{(r)}(x,t)=0,\quad |x|<-(t+r).$$

故当 $r<0$ 时, $u^{(r)}$ 为入解. 由此, 我们证明了, 当 $r<0$ 时, $\boldsymbol{U}(r)F\subset F$.

(ii) 由上述关系, $u^{(r)}(x,0)$ 在 $|x|<-r$ 内为 0; 对 t 求微分后, 同样有 $u_t^{(r)}(x,0)$ 在 $|x|<-r$ 内取值为 0. 因此, 所有 $\boldsymbol{U}(r)F$ 的交仅包含一个零初值.

(iii) 设 u 为利用 Huygens 原理构造的任一入解, f 为其初值, 则 $\boldsymbol{U}(t)f$ 可以取支撑在 $|x|<t$ 内的任意数值. 因此, 当 $t\to\infty$ 时, $\boldsymbol{U}(t)F$ 的并在 H 中是稠密的.

Huygens 原理在任意奇数维空间上是成立的, 因此上述输入初值的分析在奇数维空间上也是有效的. 虽然人们可以利用波动方程在 $\mathbb{R}^n\times\mathbb{R}$ 上的解的公式导出输入初值的性质, 但是我们的推导更直观, 更清晰.

35.4 节所讨论的障碍外部的波传播也是一个十分有趣的情形. 假设障碍 $\boldsymbol{B}$ 包含在以原点为心、以 R 为半径的球内, 我们可以将入解 $u(x,t)$ 定义为在锥内部为 0 的解:

$$u(x,t)=0,\quad |x|<-t+R.$$

注意这样定义的入解满足 35.4 节所讨论的两个边界条件. 类似地, 我们令 F 为入解的初值组成的空间. 性质 (15a) 和 (15b) 可以用上述方法进行验证, 但是性质 (15c) 的验证需要更深刻的理论 (参见文献 Lax 和 phillips 的书第 5 章). 在 36.5 节, 我们还将回到此例子上来.

另一个有趣的例子是由双曲空间内的自守波动方程所提供的, 我们将在第 37 章研究它.

35.6 Heisenberg 交换关系

在量子力学中, 物理系统的态是指与该系统相关的复 Hilbert 空间 H 内的单位向量 $\boldsymbol{u}$, $||\boldsymbol{u}||=1$; 观察量是指根据所谓的量子规则所构造的自伴算子.

定义 设 $\boldsymbol{A}$ 为观察量, $\boldsymbol{u}$ 为态且 $\boldsymbol{u}$ 属于 $\boldsymbol{A}$ 的定义域, 我们称 $(\boldsymbol{u},\boldsymbol{A}\boldsymbol{u})$ 为观察量 $\boldsymbol{A}$ 在态 $\boldsymbol{u}$ 下的期望值.

术语 "期望值" 蕴含了观察量在态 $\boldsymbol{u}$ 下测量的不确定度.

定义 称观察量 $(\boldsymbol{A}-a\boldsymbol{I})^2$ 在态 $\boldsymbol{u}$ 下的期望值的平方根为观察量 $\boldsymbol{A}$ 在态 $\boldsymbol{u}$ 下测量的不确定度, 其中 a 为 $\boldsymbol{A}$ 在态 $\boldsymbol{u}$ 下的期望值. 我们用 $\Delta(\boldsymbol{A},\boldsymbol{u})$ 表示不确定度:

$$\begin{aligned}\Delta^2(\boldsymbol{A},\boldsymbol{u})&=(\boldsymbol{u},(\boldsymbol{A}-a\boldsymbol{I})^2\boldsymbol{u})=||\boldsymbol{A}\boldsymbol{u}-a\boldsymbol{u}||^2\\&=||\boldsymbol{A}\boldsymbol{u}||^2-2a(\boldsymbol{u},\boldsymbol{A}\boldsymbol{u})+a^2=||\boldsymbol{A}\boldsymbol{u}||^2-a^2.\end{aligned}\tag{27}$$

由第 3 个公式, 不确定度 $\Delta(\boldsymbol{A},\boldsymbol{u})$ 等于零, 当且仅当 $\boldsymbol{A}\boldsymbol{u}-a\boldsymbol{u}=0$, 即 $\boldsymbol{u}$ 为 $\boldsymbol{A}$ 的特征态.

令 $\boldsymbol{A}$ 与 $\boldsymbol{B}$ 表示一对观察量, 由 (27), 观察量 $\boldsymbol{A}$ 和 $\boldsymbol{B}$ 可以在同一态 $\boldsymbol{u}$ 下用绝对确定度进行测量, 当且仅当 $\boldsymbol{u}$ 为 $\boldsymbol{A}$ 和 $\boldsymbol{B}$ 的公共特征向量. 两个交换的算子有共同的特征向量, 但是在物理系统中这种交换关系是不可期望的!

假设两个自伴算子 $\boldsymbol{A}$ 和 $\boldsymbol{B}$ 满足Heisenberg 交换关系

$$\boldsymbol{AB}-\boldsymbol{BA}=\mathrm{i}\boldsymbol{I}, \tag{28}$$

则 $\boldsymbol{A}$ 和 $\boldsymbol{B}$ 没有公共的特征向量, 因为这样的向量在 (28) 左边算子的作用下为零, 而在右边算子的作用下非零. 这表明了, 满足 Heisenberg 交换关系的观察量 $\boldsymbol{A}$ 和 $\boldsymbol{B}$ 不能在同一态下以绝对确定度来测量. 对于不确定度, Heisenberg 建立了如下定量分析.

定理 10 设 $\boldsymbol{A}$ 和 $\boldsymbol{B}$ 为满足 Heisenberg 交换关系 (28) 的自伴算子, 设 $\boldsymbol{u}$ 为 $\boldsymbol{A}$ 和 $\boldsymbol{B}$ 的公共定义域内的态, 则 $\boldsymbol{A}$ 和 $\boldsymbol{B}$ 在态 $\boldsymbol{u}$ 下测量的不确定度满足不等式:

$$\Delta(\boldsymbol{A},\boldsymbol{u})\Delta(\boldsymbol{B},\boldsymbol{u})\geqslant\frac{1}{2}. \tag{29}$$

(29) 称为 Heisenberg 测不准原理.

证明 我们以 Heisenberg 交换关系 (28) 开始. 令 (28) 的两边同时作用在向量 $\boldsymbol{u}$ 上, 然后用所得的向量再与 $\boldsymbol{u}$ 作内积, 注意 $\boldsymbol{A}$ 和 $\boldsymbol{B}$ 的对称性, 则

$$(\boldsymbol{Bu},\boldsymbol{Au})-(\boldsymbol{Au},\boldsymbol{Bu})=\mathrm{i}||\boldsymbol{u}||^2. \tag{28$'$}$$

显然, 若用 $\boldsymbol{A}$ 和 $\boldsymbol{B}$ 的公共定义域内的任意向量 $\boldsymbol{v}$ 代替 $\boldsymbol{u}$, 则 $(28')$ 仍然成立. 这是对 (28) 的一种弱解释. 设 t 为任意实数, 则由 Schwarz 不等式, 得

$$|(\boldsymbol{u},\boldsymbol{Au}+\mathrm{i}t\boldsymbol{Bu})|^2\leqslant||\boldsymbol{Au}+\mathrm{i}t\boldsymbol{Bu}||^2. \tag{30}$$

若用 a 和 b 分别表示 $\boldsymbol{A}$ 和 $\boldsymbol{B}$ 在态 $\boldsymbol{u}$ 下的期望值, 则不等式 (30) 又可以整理为

$$a^2+b^2t^2\leqslant||\boldsymbol{Au}||^2+\mathrm{i}[(\boldsymbol{Bu},\boldsymbol{Au})-(\boldsymbol{Au},\boldsymbol{Bu})]t+||\boldsymbol{Bu}||^2t^2. \tag{30$'$}$$

用 $(28')$ 并注意 $||\boldsymbol{u}||=1$, 则 $(30')$ 右边的中间项为 $-t$. 再借助于 (27) 整理 $(30')$, 得不等式:

$$0\leqslant(||\boldsymbol{Au}||^2-a^2)-t+(||\boldsymbol{Bu}||^2-b^2)t^2=\Delta^2(\boldsymbol{A},\boldsymbol{u})-t+\Delta^2(\boldsymbol{B},\boldsymbol{u})t^2.$$

总之, 由于上述不等式对所有实数 t 都成立, 所以不等式右边的二次多项式的判别式不大于 0. 故其判别式

$$1-4\Delta^2(\boldsymbol{A},u)\Delta^2(\boldsymbol{B},u)\leqslant 0.$$

因此, (29) 成立. □

我们自然地会问, 何种算子满足交换关系 (28) 呢? Wielandt 用一个十分优美的讨论证明了, 有界线性算子不可能满足交换关系 (28). 要看到这一点, 我们从 (28) 式用归纳法可以证明, 对所有自然数 n, 有

$$\mathrm{i}\,n\boldsymbol{B}^{n-1}=\boldsymbol{AB}^n-\boldsymbol{B}^n\boldsymbol{A}. \tag{28$''$}$$

两边取范数, 并注意到右边用三角不等式和算子范数的乘积不等式, 得

$$n\|\boldsymbol{B}^{n-1}\| \leqslant 2\|\boldsymbol{A}\|\,\|\boldsymbol{B}^n\| \leqslant 2\|\boldsymbol{A}\|\,\|\boldsymbol{B}\|\,\|\boldsymbol{B}^{n-1}\|;$$

此不等式蕴含了, 当 $n > 2\|\boldsymbol{A}\|\,\|\boldsymbol{B}\|$ 时, $\|\boldsymbol{B}^{n-1}\| = 0$, 从而 $\boldsymbol{B}^{n-1} = 0$. 返回到建立在 $(28'')$ 基础上的递推, 则对所有的 k, $\boldsymbol{B}^k = \boldsymbol{O}$. 因此, 两个有界线性算子不可能满足 (28).

另一方面, 若令 $\boldsymbol{A} = \mathrm{i}(\mathrm{d}/\mathrm{d}\mu)$ 和 $\boldsymbol{B} = \mu$ 为作用在 Hilbert 空间 $L^2(\mathbb{R})$ 上的算子, 则 $\boldsymbol{A}$ 和 $\boldsymbol{B}$ 满足交换关系 (28); 这是因为, 对于任意可微函数 f, 得

$$\mathrm{i}\frac{\mathrm{d}}{\mathrm{d}\mu}\mu f - \mu\mathrm{i}\frac{\mathrm{d}}{\mathrm{d}\mu}f = \mathrm{i}f.$$

von Neumann 已经证明了, 在可以相差数乘和酉等价意义下, 这里的 $\boldsymbol{A}$ 和 $\boldsymbol{B}$ 为满足交换关系的唯一一对算子. 在准确叙述和证明此结果之前, 我们先采用 Weyl 的方式重新整理 (28). 考虑单参数族

$$\boldsymbol{U}(s)\boldsymbol{B}\boldsymbol{U}(-s), \tag{31}$$

其中 $\boldsymbol{U}(s)$ 为由 $\mathrm{i}\boldsymbol{A}$ 生成的酉群. 在 $\boldsymbol{A}$ 的定义域内, $\boldsymbol{U}(s)$ 满足

$$\frac{\mathrm{d}}{\mathrm{d}s}\boldsymbol{U}(s) = \mathrm{i}\boldsymbol{A}\,\boldsymbol{U}(s) = \mathrm{i}\,\boldsymbol{U}(s)\boldsymbol{A}.$$

求 (31) 的微分, 并用交换关系 (28), 得

$$\frac{\mathrm{d}}{\mathrm{d}s}\boldsymbol{U}(s)\boldsymbol{B}\boldsymbol{U}(-s) = \mathrm{i}\,\boldsymbol{U}(s)[\boldsymbol{A}\boldsymbol{B} - \boldsymbol{B}\boldsymbol{A}]\,\boldsymbol{U}(-s) = -\boldsymbol{I}.$$

对上式求积分, 得

$$\boldsymbol{U}(s)\boldsymbol{B}\boldsymbol{U}(-s) = \boldsymbol{B} - s\boldsymbol{I}. \tag{32}$$

等式 (32) 称为交换关系的 Weyl 形式. 此形式意味着, 对所有实数 s, (32) 两边的自伴算子相等.

习题 4 由 (32) 推导, $\boldsymbol{U}(s)$ 将 $\boldsymbol{B}$ 的定义域映到自身上.

习题 5 若用 $\boldsymbol{V}(t)$ 表示由 $\mathrm{i}\boldsymbol{B}$ 所生成的酉群, 利用 (32), 证明: 对所有的实数 s 和 t,

$$\boldsymbol{U}(s)\,\boldsymbol{V}(t) = \mathrm{e}^{\mathrm{i}st}\,\boldsymbol{V}(t)\,\boldsymbol{U}(s).$$

(提示: 对 t 进行微分.)

下述结果由 von Neumann 得出.

定理 11 设 $\boldsymbol{A}$ 和 $\boldsymbol{B}$ 为作用在 Hilbert 空间 H 内的两个自伴算子, $\boldsymbol{U}(t)$ 为由 $\mathrm{i}\boldsymbol{A}$ 所生成的酉算子群, 假设 Weyl 关系式 (32) 成立, 则存在 H 的表示空间 $L^2(N, \mathbb{R})$, 使得

$$\boldsymbol{A} = \mathrm{i}\frac{\mathrm{d}}{\mathrm{d}\mu}, \quad \boldsymbol{B} = \mu.$$

证明 由习题 2 后面的说明, Sinai 利用本定理导出了平移表示定理; 而对于平移表示定理, 我们已经给出一个独立于本定理的证明. 因此, 我们可以翻转 Sinai

的证明, 即我们可以用平移表示定理证明本定理.

设 $\boldsymbol{E}(\lambda)$ 为自伴算子 $\boldsymbol{B}$ 的谱分解:

$$\boldsymbol{B}=\int \lambda \mathrm{d}\, \boldsymbol{E}(\lambda), \tag{33}$$

则

$$\boldsymbol{U}(s)\boldsymbol{B}\boldsymbol{U}(-s)=\int \lambda \mathrm{d}\,(\boldsymbol{U}(s)\boldsymbol{E}(\lambda)\,\boldsymbol{U}(-s)) \tag{34}$$

和

$$\boldsymbol{B}-s\boldsymbol{I}=\int (\lambda-s)\mathrm{d}\, \boldsymbol{E}(\lambda)=\int \lambda \mathrm{d}\, \boldsymbol{E}(\lambda+s). \tag{34$'$}$$

注意 (34) 和 (34′) 左边的算子为自伴算子, 而右边的积分给出了相应算子的谱分解. 由 (32), 上述两式左边的算子相等, 所以它们的谱分解也相等. 因此, 对任意 Borel 集 T, 有

$$\boldsymbol{U}(s)\boldsymbol{E}(T)\,\boldsymbol{U}(-s)=\boldsymbol{E}(T+s). \tag{35}$$

若用 F 表示 $\boldsymbol{E}(\mathbb{R}_-)$ 的值域, 我们断言, 群 $\boldsymbol{U}(s)$ 和子空间 F 满足性质 (15). 要证明此断言, 在 (35) 中令 $T=\mathbb{R}_-$, 则 $\boldsymbol{U}(s)F$ 为 $\boldsymbol{E}(\mathbb{R}_-+s)$ 的值域. 因此, 由谱理论, $\boldsymbol{U}(s)F$ 形成了一个关于 s 递增的子空间单参数族, 并且当 s 从 $-\infty$ 到 ∞ 时, $\boldsymbol{U}(s)F$ 从 $\{0\}$ 到 H. 这些事实正是 (15a)~(15c) 所述的性质.

由定理 7, Hilbert 空间 H 有表示空间 $L^2(N,\mathbb{R})$, 使得 $\boldsymbol{U}(s)$ 的作用表示为 $L^2(N,\mathbb{R})$ 上的平移作用, 并且子空间 F 有表示子空间 $L^2(N,\mathbb{R}_-)$; 因此, 群 $\boldsymbol{U}(s)$ 的生成元 $\mathrm{i}\boldsymbol{A}$ 表示为算子 $-\mathrm{d}/\mathrm{d}\mu$, 从而算子 $\boldsymbol{A}$ 表示为 $\mathrm{i}\frac{\mathrm{d}}{\mathrm{d}\mu}$, 并且 $\boldsymbol{E}(\mathbb{R}_-+s)$ 的值域即 $\boldsymbol{U}(s)F$ 表示为 $L^2(N,\mathbb{R}_-+s)$, 进而 $\boldsymbol{E}(\mathbb{R}_-+s)$ 表示为由 $\mathbb{R}_-+s$ 上的特征函数所作的乘法算子. 我们将这些此事实代入 (33), 则 $\boldsymbol{B}$ 表示为自变量 μ 所作的乘法算子. □

哲学–历史注记 测不准原理是深刻改变人们哲学思想的几个数学物理概念之一. 其他的概念还有: 量子跃变, 狭义相对论, Gödel 不完全定理和黑洞. 测不准原理甚至已渗透到公众意识之中. 有这样的一个例子, 它发生在 Michael Frayn 的科学剧 "哥本哈根" 中. 该剧在伦敦和百老汇的演出获得了巨大的成功. 剧本以 Heisenberg在 1941 年 9 月 21 日去哥本哈根拜访 Bohr 为线索展开. 当时的欧洲正处在德国高度统治之下. Heisenberg 宣称他带来了一份模糊建议, 它建议各方的科学家都不应该研制原子弹. 而 Bohr 回忆说, Heisenberg 来哥本哈根就是为了收集情报, 他认为 Heisenberg 的建议是 "毫无事实根据" 的. 剧作者暗示了, 对同一件事情有不同的看法是测不准原理在人类交流中的一种表现形式.

原子时代的物理学家和历史学家 Arnold Kramish 有证据认为, Heisenberg 到

哥本哈根的访问任务就是收集情报, 这一点是毫无疑问的. 这是由 1941 年瑞典的一份名为*Stockholms-Tidningen* 的报纸上的一篇文章引发的, 该文声称美国正在用铀研制一种新型的具有史无前例爆炸威力的炸弹. 这篇文章被德国外交部新闻部门的负责人 P.K.Schmidt 博士收集到. Schmidt 将此报道转寄给德国外交部长 Ernst von Weizsäcker 的儿子、物理学家 Carl von Weizsäcker. 1941 年 9 月 4 日, Carl von Weizsäcker 通知了德国最高司令部的情报部门 Abwerhr 和德国负责正在进行铀计划的纳粹部长 Bernhard Rüst. 此时的 Heisenberg 和 Weizsäcker 正是德国铀计划项目的主要成员. 两周以后, Heisenberg 和 Weizsäcker 到哥本哈根的"文化"访问以最高规格形式被确定了.

具有讽刺意味的是瑞典报纸上的报道很草率. 美国的铀计划直到 1942 年才开始. 真是一次极大的嘲弄, Heisenberg 访问 Bohr 没有了解到任何信息, 但是 Bohr 却发现了德国活跃的铀计划. 1943 年, Bohr 逃到美国时, 提醒 Manhattan 计划的领导者要警惕德国可能爆炸的原子弹的危险性.

参考文献

Hopf, E., *Ergodentheorie*. Ergebnisse der Math., **2**, Springer, Berlin, 1937.

Heisenberg, W. *Z., Phys.*, **43**(1927).

Koopman, B. O., Hamiltonian systems and transformations in Hilbert space. *Proc. Nat. Acad. Sci. USA*, **17**(1931): 315–318.

Lax, P. D., The ergodic character of sequences of pedal triangles. *Am. Math. Monthly*, **97**(1990): 377–381.

Lax, P. D. and Phillips, R. S., *Scattering Theory.* Pure and Applied Mathematics, **26.** Academic Press, New York, 1967.

Lax, P. D. and Phillips, R. S., *The Translation Representation Theorem.* Integral Equations and Operator Theory **4**. Birkhäuser, Boston, 1981, pp. 416–421.

von Neumann, J., Die Eindeutigkeit der Schrödingerschen Operatoren. *Math. An.*, **104**(1931).

von Neumann, J., Proof of the quasi-ergodic hypothesis. *Proc. Nat. Acad. Sci. USA*, **18**(1932): 70–82.

Schwartz, J., The pernicious influence of mathematics on science. *Logic, Methodology and Philosophy of Science. Proc. 1960 Int. Congr.* E. Nagel, P. Suppes, and Tarski, eds. Stanford University Press, Stanford 1962, pp. 356–360.

Sinai, Ja. G., Dynamical systems with countable Lebesgue spectrum. *Izv. Akad. Nauk SSSR*, **25**(1961): 899–924.

Stone, M., Linear transformations in Hilbert space, IV. *Proc. Nat. Acad. Sci. USA*, **15**(1929): 198–200.

Weyl, H., Quantenmechanic und Gruppentheorie. *Z. Phys.*, **46**(1927): 1–46.

Wielandt H., Über die Unbeschrankheit der Operatoren der Quantenmechanic. *Math.An.*, **121**(1949): 21.

第 36 章　强连续算子半群的例子

36.1　由抛物型方程定义的半群

在 16.5 节, 我们研究了热导方程

$$u_t = u_{xx} \tag{1}$$

在 $t \geqslant 0, x \in \mathbb{R}$ 上的满足 $|x| \to \infty$ 时, 具有快速衰变性质的解. 由该节的定理 13, 满足此性质的解由其初值唯一决定. 我们用 $\boldsymbol{S}(t)$ 表示将解的初值映为 t 时刻值的解算子:

$$\boldsymbol{S}(t)u(0) = u(t).$$

因此, 16.5 节中的结果用半群的语言总结如下.

解算子 $\boldsymbol{S}(t), t \geqslant 0$ 形成了 Banach 空间 X 上的强连续可缩算子半群, 其中 X 为 $L^p(\mathbb{R}), 1 \leqslant p < \infty$ 或 X 为 $\mathbb{R}$ 上的在 $\pm\infty$ 为零的连续函数组成的 Banach 空间.

此外, 第 16 章表明, 对于更一般的方程, 相似的结果也是成立的. 例如, 我们可用任意多个空间变量的二阶椭圆算子 $\boldsymbol{E}$ 在 u 上的作用代替 (1) 中 u 的二阶空间导数:

$$u_t = \boldsymbol{E}u, \tag{2}$$

其中

$$\boldsymbol{E} = \sum a_{ij}\partial_i\partial_j + b_i\partial_i + c, \quad \partial_i = \frac{\partial}{\partial x_i}, \tag{2'}$$

这里 (a_{ij}) 为实的一致正定对称矩阵, a_{ij} 和系数 b_i 以及 c 为 x 的光滑函数. 同样地, 全空间 $\mathbb{R}$ 可以用 $\mathbb{R}^n$ 中的有界域代替, 但此时要求 u 在该有界域的边界上满足单个边界条件, 比如要求 u 在边界上为 0. 此时的解算子也构成半群, 其无穷小生成元的定义域包括了所有满足边界条件的光滑函数, 并且生成元在这些函数上的作用如同 (2′) 中算子 $\boldsymbol{E}$ 的作用. 证明给定初始条件的方程 (2) 有解的一种可能的方法就是, 将算子 $\boldsymbol{E}$ 进行适当延拓, 然后验证延拓后的算子满足 Hille-Yosida 定理中的假设条件.

36.2　由椭圆型方程定义的半群

在本章的第一个例子中, 取 Banach 空间 X 为 $C(S^m)$, 即 m 维单位球面上的连续函数空间. 对于 $C(S^m)$ 内的每个函数 u, 存在唯一一个定义在 $m+1$ 维单位

球内的调和函数 $h = h(r\omega)$, 使得 h 在 $m+1$ 维单位球的边界上等于 u:

$$\Delta h = 0, \quad h(\omega) = u(\omega), \ \ \omega \in S^m. \tag{3}$$

定义作用在 Banach 空间 $C(S^m)$ 上的半群 $\boldsymbol{Z}(t)$:

$$\boldsymbol{Z}(t)u(\omega) = h(\mathrm{e}^{-t}\omega), \tag{4}$$

其中 h 为由 (3) 确定的唯一的调和函数.

定理 1

(i) 在最大模下, $\boldsymbol{Z}(t)$ 为可缩算子.

(ii) $\boldsymbol{Z}(t)$ 形成一个强连续的单参数算子半群.

(iii) 当 $t > 0$ 时, $\boldsymbol{Z}(t)$ 为紧算子.

证明 (i) 可由调和函数的极大值原理得到.

(ii) 半群性质是显然的; 这是因为, 若 $h(x)$ 为调和函数, 则 $h(cx)$ 也是调和函数, 其中 c 为任意常数. 故

$$\boldsymbol{Z}(t)\boldsymbol{Z}(s)u = h(\mathrm{e}^{-t}\mathrm{e}^{-s}\omega) = h(\mathrm{e}^{-(s+t)}\omega) = \boldsymbol{Z}(s+t)u.$$

半群 $\boldsymbol{Z}(t)$ 的强连续性是函数 h 在单位球上连续的结果.

(iii) 要证明算子 $\boldsymbol{Z}(t)$ $(t > 0)$ 的紧性, 我们只需证明 $C(S^m)$ 的单位球在 $\boldsymbol{Z}(t)$ 下的象集 $\mathcal{R}$ 包含在一个紧集内. 由 $\boldsymbol{Z}(t)$ 的定义, 该象集 $\mathcal{R}$ 是由, 在单位球内以 1 为界, 限制在球面 $|x| = \mathrm{e}^{-t}$ 上为调和函数的所有 $C(S^m)$ 函数组成的集合. 因此, 由极大模范数下的准紧性的 Arzela-Ascoli 准则, 我们只需证明, $\mathcal{R}$ 具有等度连续性. 事实上, $\mathcal{R}$ 的等度连续性可由调和函数的一个著名性质, 即调和函数的一阶 (或任意高阶) 导函数在定义域内的每个紧子集上一致有界, 直接得到. 因此, $C(S^m)$ 的单位球在 $\boldsymbol{Z}(t)$, $t > 0$, 下的象是准紧的, 从而 $\boldsymbol{Z}(t)$ 为紧算子. □

在本章的第二个例子中, 我们要用 $L^2(S^m)$ 范数代替极大模范数. 除了类似于定理 1 的结果成立外, 还可以得到 $\boldsymbol{Z}(t)$ 的另外一些性质.

定理 1′

(i) 由 (3) 和 (4) 定义的算子 $\boldsymbol{Z}(t)$ 为 $L^2(S^m)$ 范数下的可缩算子.

(ii) $\boldsymbol{Z}(t)$ 形成了 $L^2(S^m)$ 范数下的强连续单参数算子半群.

(iii) 当 $t > 0$ 时, $\boldsymbol{Z}(t)$ 为紧算子.

(iv) $\boldsymbol{Z}(t)$ 为实对称算子.

证明 (i) 我们先叙述并证明极大值原理在 L^2 范数下的类比情况. 为简单起见, 我们令 $m = 1$. 由于定义在单位圆盘内的调和函数 h 可以展成 Fourier 级数:

$$h = \sum r^n(a_n \cos n\theta + b_n \sin n\theta),$$

其中 r 和 θ 为极坐标, 由 Parseval 等式, 得

$$\int h^2(r,\theta)\mathrm{d}\,\theta = \pi \sum r^{2n}(a_n^2 + b_n^2). \tag{5}$$

显然, 右边为 r 的递增函数. 由 (5), 我们可得到 (i).

(ii) 我们仅证半群 $\boldsymbol{Z}(t)$ 的强连续性. 由定理 1, 当 u 为连续函数时, $\boldsymbol{Z}(t)u$ 在极大值范数下连续, 进而在 L^2 范数下连续. 又所有连续函数构成了 L^2 空间的稠子空间, 所以, 当 u 为 L^2 函数时, $\boldsymbol{Z}(t)u$ 在 L^2 范数下连续.

(iii) $\boldsymbol{Z}(t)(t>0)$ 的紧性可以像定理 1 中的证明一样导出, 因为我们可以用 $r(r<1)$ 来估计调和函数及其导函数在单位球内以 r 为极坐标的点的函数值, 以及估计该调和函数在单位球面上的平方积分值.

(iv) $\boldsymbol{Z}(t)$ 的对称性等价于方程

$$(\boldsymbol{Z}(t)u, v) = (u, \boldsymbol{Z}(t)v)$$

成立. 由 $\boldsymbol{Z}(t)$ 的定义 (4), 这意味着：对于单位球内的任意调和函数 h 和 k, 以及任意常数 s, $0<s<1$, 须有

$$\int h(s,\omega)k(1,w)\,\mathrm{d}\,\omega = \int h(1,\omega)k(s,\omega)\,\mathrm{d}\,\omega. \tag{6}$$

要证明公式 (6), 我们利用单参数族：

$$\int h(p,\omega)k(q,\omega)\,\mathrm{d}\,\omega, \quad q=\frac{s}{p}, \ \ s\leqslant p\leqslant 1, \tag{7}$$

将 (6) 的左边连续变形为右边. 对于固定的 s, (7) 中的积分关于 p 在 $(s,1)$ 内可微, 且导数为

$$\int \left[h_r(p)k(q) - h(p)k_r(q)\frac{q}{p}\right]\mathrm{d}\,\omega. \tag{8}$$

注意在导出 (8) 的过程中, 我们用到了 $\mathrm{d}\,q/\mathrm{d}\,p = -q/p$. 定义函数 ℓ：

$$\ell(r,\omega) = k\left(\frac{q}{p}r, \omega\right),$$

则 ℓ 在半径为 p/q 的球内为调和函数且

$$\ell(p,\omega) = k(q,\omega), \quad \ell_r(p,\omega) = \frac{q}{p}k_r(q,\omega).$$

将上式代入 (8), 得

$$\int [h_r(p)\ell(p) - h(p)\ell_r(p)]\,\mathrm{d}\,\omega. \tag{9}$$

我们再来回忆一下 Green 公式：

$$\int_G [\ell\Delta h - h\Delta\ell]\,\mathrm{d}\,x = \int_{\partial G}[\ell h_n - h\ell_n]\,\mathrm{d}\,\boldsymbol{S}. \tag{10}$$

因为 h 和 ℓ 为调和函数, 所以 (10) 的左边为零, 进而右边也是零. 若令 G 为以 p 为半径的球, 则法向导数 h_n 和 ℓ_n 正是 h 和 ℓ 关于半径 r 的导数, 并且 $\mathrm{d}\,\boldsymbol{S} = p^m\mathrm{d}\,\omega$. 因此, (10) 的右边等于 p^m 乘以 (9). 故 (9) 为零, 从而 (7) 与 p 无关. 令 (7) 中的 p 分别趋于 s 和 1, 则 (6) 的两边相等. □

我们再证定理 1′ 中的半群 $\boldsymbol{Z}(t)$ 的生成元 $\boldsymbol{G}$ 是自伴算子. 要证明此结论, 设 u 和 v 属于 $\boldsymbol{G}$ 的定义域, 由于 $\boldsymbol{Z}(t)$ 为对称算子, 所以

$$(\boldsymbol{Z}(t)u, v) = (u, \boldsymbol{Z}(t)v).$$

两边对 t 求微分, 再令 $t=0$, 则

$$(\boldsymbol{G}u, v) = (u, \boldsymbol{G}v).$$

因此 $\boldsymbol{G}$ 是对称的. 由第 32 章中的结果, 实部充分大的每个复数都属于 $\boldsymbol{G}$ 的预解集. 另一方面, 我们在第 33 章已证明了, 若无界对称算子的预解集中既含有上半平面内的点又含有下半平面内的点, 则该算子为自伴算子, 故 $\boldsymbol{G}$ 为自伴算子.

习题 1 证明: 若半群 $\boldsymbol{Z}(t)$ 的生成元 $\boldsymbol{G}$ 为自伴算子, 则 $\boldsymbol{Z}(t)$ 也是自伴算子. (提示: 用自伴算子的函数演算.)

如何刻画生成元 $\boldsymbol{G}$ 的谱呢? 因为 $\boldsymbol{Z}(t)$ $(t>0)$ 为紧算子, 所以它的谱都是点谱且以 0 为唯一聚点的离散点集. 由 Phillis 谱映射定理 (见 34.5 节), $\boldsymbol{G}$ 的谱则是一个以 $-\infty$ 为唯一 (广义) 极限点的离散点集. 因此, $\boldsymbol{G}$ 的谱可以被明确地确定下来.

设 γ 为 $\boldsymbol{G}$ 的一个谱点, 由于 $\boldsymbol{G}$ 是自伴算子, 所以 γ 为实数. 由前面所提到的谱映射定理, $\mathrm{e}^{\gamma t}$ 为 $\boldsymbol{Z}(t)$ 的谱点, 是 $\boldsymbol{Z}(t)$ 的特征值. 又 $\boldsymbol{Z}(t)$ 为可缩算子, 所以 $\gamma \leqslant 0$. 设 $e(\omega)$ 为 $\boldsymbol{Z}(t)$ 的相应于特征值 $\mathrm{e}^{\gamma t}$ 的特征向量, $h(r,\omega)$ 是以 $e(\omega)$ 为边界值函数的调和函数. 由定义 (4),

$$\boldsymbol{Z}(t)e = h(\mathrm{e}^{-t}\omega) = \mathrm{e}^{\gamma t}e(\omega).$$

若令 $\mathrm{e}^{-t}=r$, 则

$$h(r\omega) = r^{-\gamma}\mathrm{e}(\omega). \tag{11}$$

因此, γ 是一个非正的整数; 因为, 否则, (11) 右边的函数 $r^{-\gamma}e(\omega)$ 在 $r=0$ 仅可能有有限阶的导数, 这与单位球内的调和函数在原点无限阶可导矛盾.

定理 2 定理 1′ 中的半群 $\boldsymbol{Z}(t)$ 的生成元 $\boldsymbol{G}$ 的谱由所有非正的整数组成.

证明 我们仅需要再证明: 每个非正的整数都属于 $\boldsymbol{G}$ 的谱. 设 $n \geqslant 0$ 为整数, 令 P_n 为次数不大于 n 的所有齐次多项式 $p(x_0,\cdots,x_m)$ 组成的线性空间, 设 d_n 为 P_n 的维数. 由于 Laplace 算子将 P_n 中的每个齐次多项式 p 映入到空间 P_{n-2} 内, 所以由线性代数理论, Laplace 算子将 P 内的维数至少为 $d_n - d_{n-2}$ 的子空间映成了零; 当然, 该子空间由调和多项式组成. 这种调和多项式的边界值 $e(\omega)=p(\omega)$ 满足

$$\boldsymbol{Z}(t)e = p(\mathrm{e}^{-t}\omega) = \mathrm{e}^{-nt}e(\omega).$$

因此, $e(\omega)$ 是 $\boldsymbol{Z}(t)$ 的特征函数. 两边对 t 求微分, 我们可以证明 e 是 $\boldsymbol{G}$ 的特征函数, 其相应的特征值为 $-n$. □

36.3 半群的指数型衰减

在 34.1 节, 我们看到了, 强连续的单参数算子半群当 t 趋于无穷时, 至多呈指数型增长. 本节我们将研究这种半群的衰减性质.

设 $\boldsymbol{Z}(t)$ 为作用在 Hilbert 空间 H 上的单参数算子半群, $\boldsymbol{G}$ 为 $\boldsymbol{Z}(t)$ 的无穷小生成元. 假设 $\boldsymbol{G}$ 为 H 上的有界自伴线性算子, 则由 $\boldsymbol{G}$ 的谱分解, 半群 $\boldsymbol{Z}(t)$ 可表示为

$$\boldsymbol{Z}(t)f = \int \mathrm{e}^{\lambda t}\mathrm{d}\,E_\lambda f.$$

因此, 对于非零向量 $\boldsymbol{f}$, 当 t 趋于无穷时, $\boldsymbol{Z}(t)f$ 以某种指数型速度递减. 本节的主要结果包含上述结果的一个扰动; 参见文献 Lax.

定理 3 设 H 为 Hilbert 空间, $\boldsymbol{G}$ 为 H 上的强连续算子半群的生成元, 且 $\boldsymbol{G}$ 满足: 存在趋于 $-\infty$ 的实数列 $\{\xi_n\}$, 使得 $\boldsymbol{G}$ 的预解式在复平面中的所有直线 $\mathrm{Re}\lambda = \xi_n$ 上一致有界:

$$||(\boldsymbol{G}-\lambda\boldsymbol{I})^{-1}|| \leqslant d^{-1}, \quad \mathrm{Re}\lambda = \xi_n. \tag{12}$$

设 $u(t), t \geqslant 0$ 为取值在 $\boldsymbol{G}$ 的定义域内的向量值函数. 假设 $\boldsymbol{G}u(t)$ 为 t 的强连续函数, $u(t)$ 强可微且带有强连续的导函数 u_t. 若 $u(t)$ 满足不等式

$$||u_t - \boldsymbol{G}u(t)|| \leqslant k||u(t)||, \quad t > 0, \tag{13}$$

这里 k 是一个为与 t 无关且小于 d 的常数, 则除非 $u(t)$ 恒等于零, 否则, 在 L^2 意义下, $u(t)$ 不会比指数函数衰减得快, 即存在正数 b, 使得

$$\int_0^\infty ||u(t)||^2\mathrm{e}^{bt}\,\mathrm{d}\,t = \infty. \tag{14}$$

证明 本定理的证明建立在如下不等式的基础上. □

引理 4 设 $\boldsymbol{G}$ 为强连续算子半群的生成元, 其预解式在直线 $\mathrm{Re}\lambda = \xi$ 上有界 d^{-1}, 令 $u(t), -\infty < t < \infty$ 为取值在 $\boldsymbol{G}$ 的定义域内的向量值函数. 若 $\boldsymbol{G}u(t)$ 为 t 的强连续函数, 且 $u(t)$ 有强连续的一阶导数 u_t, 那么只要下面的不等式左边的积分有限, 如下不等式成立

$$d^2\int_{\mathbb{R}} ||u(t)||^2\mathrm{e}^{-2\xi t}\,\mathrm{d}\,t \leqslant \int_{\mathbb{R}} ||\boldsymbol{G}u(t) - u_t||^2\mathrm{e}^{-2\xi t}\,\mathrm{d}\,t. \tag{15}$$

证明 定义 $v(t) = \mathrm{e}^{-\xi t}u(t)$, 则 $(\boldsymbol{G}u - u_t)\mathrm{e}^{-\xi t} = (\boldsymbol{G}-\xi)v - v_t$, 其 Fourier 变换为

$$(\boldsymbol{G} - \xi - \mathrm{i}\tau)\widehat{v}(\tau),$$

这里 $\widehat{v}$ 是 v 的 Fourier 变换. 由假设, $||(\boldsymbol{G}-\lambda)^{-1}||$ 在 $\mathrm{Re}\lambda = \xi$ 上有界 d^{-1}, 所以

$$d^2||\widehat{v}(\tau)||^2 \leqslant ||(\boldsymbol{G} - \xi - \mathrm{i}\tau)\widehat{v}(\tau)||^2. \tag{16}$$

根据 Parseval 定理, Fourier 变换保持 L^2 范数. 因此, 只要 v 属于 L^2 空间, 不等式 (16) 两边积分就可以导出不等式 (15). □

习题 2 证明取值在 Hilbert 空间内的向量值函数的 Parseval 定理.

我们现在证明定理 3. 首先将 $u(t)$ 延拓到整个实数集 $\mathbb{R}$ 上：令 $u(t)=u(0)a(t)$, $t<0$, 其中 $a(t)$ 为有紧支集的光滑函数, 且 $a(0)=1$. 对于延拓后的向量值函数 $u(t)$ 及满足不等式 (12) 的 $\xi=\xi_n$, 应用不等式 (15). 对于不等式 (15) 右边的积分, 当 $t>0$ 时, 应用不等式 (13); 对于左边的项, 截去沿 $\mathbb{R}_-$ 上的积分, 那么我们会得到新不等式

$$d^2\int_{\mathbb{R}_+}||u(t)||^2\mathrm{e}^{-2\xi_n t}\,\mathrm{d}\,t\leqslant K_n+k^2\int_{\mathbb{R}_+}||u(t)||^2\mathrm{e}^{-2\xi_n t}\,\mathrm{d}\,t,\tag{17}$$

其中 K_n 为 $||\boldsymbol{G}u(t)-u_t||^2\mathrm{e}^{-2\xi_n t}$ 沿 $\mathbb{R}_-$ 上的积分. 容易证明, 当 $n\to\infty$ 时, K_n 趋于 0. 因为 k 小于 d, 所以只要 (17) 左边的积分有限就有

$$\int_{\mathbb{R}_+}||u(t)||^2\mathrm{e}^{-2\xi_n t}\,\mathrm{d}\,t\leqslant K_n/(d^2-k^2).\tag{17$'$}$$

假设 (14) 不成立, 则对于所有 ξ_n, (17) 左边都是有限的; 此时, (17′) 蕴含了 $u(t)\equiv 0$, $t>0$. □

注意, 在上述证明过程中, 我们仅仅要求 $\boldsymbol{G}$ 的预解式在 $\mathrm{Re}\lambda=\xi_n$ 上一致有界即 (12) 成立, 并没有要求 $\boldsymbol{G}$ 的预解式在其定义域内一致有界.

当 $\boldsymbol{G}$ 为自伴算子时, 条件 (12) 等价于如下条件:

区间 (ξ_n-d,ξ_n+d) 与 $\boldsymbol{G}$ 的谱不交.

因此, 作为定理 3 的推论, 我们有如下结果.

定理 3′ 设 $\boldsymbol{G}$ 为上方有界的自伴算子, 并且 $\boldsymbol{G}$ 的谱有无限多个宽度为 2d 的区间间隙. 设 $u(t)$ 为如定理 3 中所定义的向量值函数并且满足不等式 (13), 则在 (14) 意义下, $u(t)$ 不会比指数函数衰减得快, 除非它恒等于零.

限制条件 $k<d$ 是必须的; 否则, 在参考文献 Lax 中, 我们给出了一个反例.

现在, 我们给出定理 3′ 的一个应用. 设 $\boldsymbol{L}$ 为形如 $\Delta-c$ 的偏微分算子, 其中 Δ 为 Laplace 算子, c 为光滑的正函数 $c(x)$ 所确定的乘法算子. 对于方程 $\boldsymbol{L}w=0$ 的解, 极大模原理 (5) 的 L^2 类似情形成立.

引理 5 设 w 为方程 $\boldsymbol{L}w=0$ 的解, 其中 $\boldsymbol{L}=\Delta-c$, $c>0$, 则

$$I(r)-\int w^2(r,\omega)\,\mathrm{d}\,\omega\tag{18}$$

为 r 的递增函数.

证明 (18) 两边对变量 r 求微分, 得

$$\frac{\mathrm{d}}{\mathrm{d}\,r}I(r)=2\int w_r w\,\mathrm{d}\,\omega.\tag{18$'$}$$

用 Green 定理, 变换下列在半径为 r 的球 B_r 上的积分:

$$0=\int_{B_r}w\boldsymbol{L}w\,\mathrm{d}\,x=\int_{B_r}(w\Delta w-cw^2)\,\mathrm{d}\,x=\int_{S_r}ww_r\,\mathrm{d}\,\omega-\int_{B_r}(w_x^2+cw^2)\,\mathrm{d}\,x.$$

因为 $c>0$, 所以 (18′) 的正性可以由上式得到. 因此, $I(r)$ 为 r 的递增函数. □

用 H 表示 Hilbert 空间 $L^2(S)$, 其中 S 为单位球面. 令 $\boldsymbol{Z}(t)$ 为 36.2 节定理 1′ 中所讨论的算子半群, $\boldsymbol{G}$ 为半群 $\boldsymbol{Z}(t)$ 的生成元. 首先回忆一下 $\boldsymbol{Z}(t)$ 的定义. $\boldsymbol{Z}(t)$ 是由方程

$$\boldsymbol{Z}(t)u = h(\mathrm{e}^{-t}\omega) \tag{4}$$

所定义的 H 上的有界线性算子, 这里 h 为条件 (3) 确定的调和函数:

$$\Delta h = 0, \quad h(\omega) = u(\omega), \quad \omega \in S. \tag{3}$$

方程 (4) 两边在 $t=0$ 点求微分, 得

$$\boldsymbol{G}u = -h_r. \tag{19}$$

设 w 为方程 $\boldsymbol{L}w=0$ 在包含单位球的一开集内的解, 定义 $u(t)$ 为 $w(\mathrm{e}^{-t}\omega)$. 因此在 $t=0$,

$$u_t = -w_r. \tag{20}$$

我们现在证明函数 u 满足定理 3 中的不等式 (13), 其中涉及的函数 $k=k(t)$ 满足: 当 t 趋于 ∞ 时, $k(t)$ 趋于 0.

设 v 是定义在球面 S 上的光滑函数, $p(x)$ 是一个单位球 B 内为调和函数, 而在边界 S 上等于 v 的函数:

$$\Delta p = 0, \quad p(\omega) = v(\omega). \tag{21}$$

用 h 去乘 (21), 然后在单位球上积分. 由于 h 和 p 都是调和函数, 所以, 由单位球上的 Green 定理得

$$0 = \int_S (p_r h - p h_r)\,\mathrm{d}\,\omega. \tag{22}$$

类似地, 由 Green 定理得

$$\int_B [p\Delta w - (\Delta p)w]\,\mathrm{d}\,x = \int_S (p w_r - p_r w)\,\mathrm{d}\,\omega.$$

又 $\Delta p = 0$ 和 $\Delta w = cw$, 所以

$$\int_B pcw\,\mathrm{d}\,x = \int (p w_r - p_r w)\,\mathrm{d}\,\omega.$$

将上式和 (22) 相加, 得

$$\int p(w_r - h_r) + p_r(h-w)\,\mathrm{d}\,\omega = \int_B pcw\,\mathrm{d}\,x. \tag{23}$$

由 $u(t)$ 的定义和 (3), 在 $t=0$ 点, $u(0)(\omega) = w(\omega) = h(\omega)$; 由 (21), $p(\omega)=v(\omega)$; 再由 (19) 和 (20), 分别得 $h_r = -\boldsymbol{G}u$ 和 $w_r = -u_t$. 将这些结果代入 (23), 得

$$(v, \boldsymbol{G}u - u_t) = \int_B pcw\,\mathrm{d}\,x, \tag{23′}$$

其中左边的 (,) 表示 H 中的内积. 由 Schwarz 不等式, (23′) 的右边小于或等于

$$c_{\max}\left(\int_B p^2\,\mathrm{d}\,x\int w^2\,\mathrm{d}\,x\right)^{1/2}. \tag{24}$$

在 36.2 节我们已经证明了, 对于调和函数 p, 函数 $\int p^2(rw)\,\mathrm{d}\,\omega$ 为 r 的递增函数. 因此

$$\int_B p^2(x)\,\mathrm{d}\,x=\int_0^1\int_S p^2(r\omega)\,\mathrm{d}\,\omega\, r^m\,\mathrm{d}\,r\leqslant\frac{1}{m+1}\int_S p^2(\omega)\,\mathrm{d}\,\omega=\frac{1}{m+1}||v||^2,$$

这里 $||\ ||$ 为 H 上的范数. 用引理 5, 我们有类似的估计

$$\int_B w^2\,\mathrm{d}\,x\leqslant\frac{1}{m+1}||u||^2.$$

上述两个估计证明了, $\frac{1}{m+1}c_{\max}||u||||v||$ 为 (24) 的一个上界. 因此, 由 (23′), 得

$$|(v,\boldsymbol{G}u-u_t)|\leqslant\frac{1}{m+1}c_{\max}||u||||v||. \tag{25}$$

根据第 6 章推论 1′, 实 Hilbert 空间 H 中的每个向量 f 的范数有计算公式

$$||f||=\sup(v,f),$$

这里 v 取遍 H 的单位球面 $\{v\in H:\ ||v||=1\}$ 中的一个稠密子集. 因此, 由光滑函数在 H 中的稠密性, (25) 蕴含了, 对于 $t=0$, 如下不等式成立

$$||\boldsymbol{G}u-u_t||\leqslant\frac{1}{m+1}c_{\max}||u||. \tag{26}$$

令 $k=1/(m+1)c_{\max}$, 则这正是不等式 (13).

回想一下, H 中的函数 $u(t)$ 可以被定义为函数 $w(\mathrm{e}^{-t}x)$ 在单位球面上的值. 由于函数 $w(t)=w(\mathrm{e}^{-t}x)$ 满足微分方程

$$\Delta w(t)=\mathrm{e}^{-2t}(\Delta w)(\mathrm{e}^{-t}x)=\mathrm{e}^{-2t}c(\mathrm{e}^{-t}x)w(t),$$

所以, 对于 $u(t)$, 我们应用 (26) 得

$$||\boldsymbol{G}u-u_t||\leqslant\frac{\mathrm{e}^{-2t}}{m+1}c_{\max}||u||; \tag{26′}$$

这正是不等式 (13), 相应的 k 为 $\mathrm{e}^{-2t}c_{\max}/(m+1)$.

由定理 2, $\boldsymbol{G}$ 的谱为非正整数, 故谱中有无限多个长度为 1 的区间间隙. 由于当 t 趋于 ∞ 时, (26′) 右边的因子趋于 0, 所以函数 $u(t)=w(\mathrm{e}^{-t}\omega)$ 满足定理 3′ 的假设. 因此, 除非 $w\equiv 0$, 否则必存在常数 b, 使得

$$\int_0^\infty ||u(t)||^2\mathrm{e}^{bt}\,\mathrm{d}\,t=\infty. \tag{14}$$

令 $\mathrm{e}^{-t}=r$ 和 $x=r\omega$. 因为 $\mathrm{d}\,t=-r\mathrm{d}\,r$ 以及 $\mathrm{d}\,x=r^m\mathrm{d}\,\omega\,\mathrm{d}\,r$, 所以我们可以将 (14) 重写为

$$\int w^2(x)|x|^{-b-m+1}\,\mathrm{d}\,x=\infty. \tag{14′}$$

我们将结论 (14′) 总结如下.

定理 6 偏微分方程 $\Delta w+cw=0$ 的解 w 不可能有无限级的零点, 除非 w 恒为零.

注记 对于研究偏微分方程的学者而言，解析系数的线性椭圆方程的解本身也是解析的，这是一个众所周知的结果. 因此，这种方程的非零解不可能有无限个的零点；从而，定理 6 的结果也仅在 $c(x)$ 为非解析函数的情形下才是新颖的非平凡结果. 对两个空间变量的情形下，Carleman 第一个得到了这样的定理；对任意 m 个空间变量的情形下，Müller 得到相应的结果；更一般的结论应归功于 Calderon.

36.4 Lax-Phillips 半群

在 35.5 节，我们引入了作用在 Hilbert 空间 H 上的酉算子群 $\boldsymbol{U}(t)$ 的平移表示. 该表示中起关键作用的是 H 的闭子空间 F，我们现在称之为入子空间，并用符号 F_- 来表示. 假设入子空间 F_- 满足第 35 章中的方程 (15) 所列的性质：

$$\boldsymbol{U}(r)F_- \subset F_-, \quad r < 0, \tag{27a}$$

$$\cap \boldsymbol{U}(r)F_- = \{0\}, \tag{27b}$$

$$\overline{\cup \boldsymbol{U}(r)F_-} = H. \tag{27c}$$

同时，我们还假设存在满足如下性质的出子空间 F_+：

$$\boldsymbol{U}(r)F_+ \subset F_+, \quad r > 0, \tag{28a}$$

$$\cap \boldsymbol{U}(r)F_+ = \{0\}, \tag{28b}$$

$$\overline{\cup \boldsymbol{U}(r)F_+} = H. \tag{28c}$$

另外，假设子空间 F_- 和 F_+ 彼此正交.

定理 7 设 $\boldsymbol{U}(t)$ 为 Hilbert 空间 H 上的强连续单参数酉算子群，F_- 和 F_+ 分别是 (27) 和 (28) 意义下的入子空间和出子空间，并且 F_- 和 F_+ 彼此正交. 用 $\boldsymbol{P}_-$ 和 $\boldsymbol{P}_+$ 分别表示 H 到 F_- 的正交补和 F_+ 的正交补上的正交投影，用 K 表示 $F_- \oplus F_+$ 在 H 内的正交补子空间. 若令

$$\boldsymbol{Z}(t) = \boldsymbol{P}_+ \boldsymbol{U}(t) \boldsymbol{P}_-, \quad t \geqslant 0, \tag{29}$$

则 $\boldsymbol{Z}(t)$ 形成了 K 上的强连续可缩算子半群且当 t 趋于 ∞ 时，$\boldsymbol{Z}(t)$ 强收敛于 0.

证明 显然，每个 $\boldsymbol{Z}(t)$ 都是可缩算子. 要证明 $\boldsymbol{Z}(t)$ 将 K 映入自身，我们需要证明：对于 K 中的每个向量 k，$\boldsymbol{Z}(t)k$ 与子空间 F_- 和 F_+ 正交. 由定义，$\boldsymbol{Z}(t)$ 的值域与 F_+ 正交；因此，$\boldsymbol{Z}(t)$ 与 F_+ 正交.

由于 $\boldsymbol{P}_-$ 在 K 上为恒等映射，所以，当 k 属于 K 时，$\boldsymbol{Z}(t)k = \boldsymbol{P}_+\boldsymbol{U}(t)k$. 我们断言：当 $t \geqslant 0$ 时，$\boldsymbol{U}(t)k$ 与 F_- 正交. 为此，对 F_- 中的向量 $\boldsymbol{f}_-$，有

$$(\boldsymbol{U}(t)k, \boldsymbol{f}_-) = (k, \boldsymbol{U}^*(t)\boldsymbol{f}_-) = (k, \boldsymbol{U}(-t)\boldsymbol{f}_-). \tag{30}$$

由 (27a)，当 $t \geqslant 0$ 时，$\boldsymbol{U}(-t)$ 将 F_-映入自身，所以 (30) 右边的内积为 0，从而上述断言成立. 又 $(\boldsymbol{I} - \boldsymbol{P}_+)\boldsymbol{U}(t)k$ 属于 F_+，所以该向量与 F_-正交；因此，$\boldsymbol{Z}(t)k = \boldsymbol{P}_+\boldsymbol{U}(t)k = \boldsymbol{U}(t)k - (\boldsymbol{I} - \boldsymbol{P}_+)\boldsymbol{U}(t)k$ 与 F_- 正交.

我们再证明 $\boldsymbol{Z}(t)$, $t \geqslant 0$ 为作用在 K 上的算子半群. 根据性质 (28a), $\boldsymbol{U}(t)$, $t \geqslant 0$, 将 F_+ 映入自身; 又 $\boldsymbol{P}_+$ 将 F_+ 映为零, 所以

$$\boldsymbol{P}_+ \boldsymbol{U}(t) \boldsymbol{P}_+ = \boldsymbol{P}_+ \boldsymbol{U}(t), \quad t \geqslant 0.$$

因此, 对 K 中的向量 $\boldsymbol{k}$, 及实数 $s, t \geqslant 0$, 有

$$\boldsymbol{Z}(t)\boldsymbol{Z}(s)\boldsymbol{k} = \boldsymbol{P}_+ \boldsymbol{U}(t) \boldsymbol{P}_+ \boldsymbol{U}(s)\boldsymbol{k} = \boldsymbol{P}_+ \boldsymbol{U}(t)\boldsymbol{U}(s)\boldsymbol{k} = \boldsymbol{P}_+ \boldsymbol{U}(t+s)\boldsymbol{k} = \boldsymbol{Z}(t+s)\boldsymbol{k}.$$

要证当 t 趋于 ∞ 时, $\boldsymbol{Z}(t)$ 强收敛于 0, 我们要借助于性质 (28c), 即所有子空间 $\boldsymbol{U}(t)F_+$, $-\infty < t < +\infty$, 生成了 H 的稠密子空间. 设 $\boldsymbol{k}$ 为 K 中的任意向量, 对任意 $\varepsilon > 0$, 由 (28c), 必存在 F_+ 中的向量 $\boldsymbol{f}_+$ 及实数 r, 使得

$$\| \boldsymbol{U}(r)\boldsymbol{f}_+ - \boldsymbol{k} \| < \varepsilon.$$

由于 $\boldsymbol{P}_+ \boldsymbol{U}(t)$ 为可缩算子, 所以

$$\| \boldsymbol{P}_+ \boldsymbol{U}(t)(k - \boldsymbol{U}(r) f_+) \| < \varepsilon.$$

由性质 (28a), 当 $t + r > 0$ 时, $\boldsymbol{P}_+ \boldsymbol{U}(t+r) f_+ = 0$; 此时, $\|\boldsymbol{P}_+ \boldsymbol{U}(t)k\| < \varepsilon$. 因此, 当 $t > |-\boldsymbol{r}|$ 时, $\|\boldsymbol{Z}(t)k\| = \|\boldsymbol{P}_+ \boldsymbol{U}(t)k\| < \varepsilon$. □

36.5 障隘外部的波动方程

设 B 为 $\mathbb{R}^3$ 内的障碍, 即 B 是一个有光滑边界的有界区域. 因此, 可以假设 B 包含在以原点为心, 以 $R > 0$ 为半径的球内. 从 35.4 节的结束部分, 我们看到了波动方程

$$u_{tt} - \Delta u = 0$$

对所有时间 t, 定义在 B 的外部且在 B 的边界上取值为 0 的解的存在性. 在那儿, 我们证明了这样的解 u 保持能量, 即

$$E = \frac{1}{2} \int (u_t^2 + u_x^2) \, \mathrm{d}\, x \tag{31}$$

与时间变量无关, 这里的积分区域为 B 的外部区域. 将能量的平方根定义为能量范数, 用 H 表示光滑的、紧支撑在 B 的外部并且在 B 的边界上取值为零的所有初值 $\{u(0), u_t(0)\}$ 组成的空间在能量范数下的完备化. 用 $\|f\|_E$ 表示初值 $f = \{f_1, f_2\}$ 的能量范数.

就像 35.4 节中的注记那样, 利用偏微分方程理论的技巧可以证明, 对所有时间 $t \in (-\infty, +\infty)$, 定义在 B 外部的波动方程在给定光滑的有有限能量的且在 B 的边界上取值为零的初值下有解. 由能量守恒定律, 这些解由它们的初值唯一确定. 因此, 我们可以定义解算子 $\boldsymbol{U}_t$:

$$\boldsymbol{U}(t) : \{u(0), u_t(0)\} \to \{u(t), u_t(t)\},$$

即 $\boldsymbol{U}(t)$ 是一个将解 u 的初值映为 u 在 t 时刻数值的算子. 我们将算子 $\boldsymbol{U}(t)$ 连续地延拓到整个空间 H 上, 延拓后的算子形成了 H 上的强连续单参数酉算子群

$\boldsymbol{U}(t)$.

现在, 我们回顾一下 35.5 节的结尾部分引入的障隘 B 外部的波动方程入解的概念. 入解被定义为后锥内取值为 0 的解:

$$u(x,t)=0,\quad |x|<-t+R,\quad t\leqslant 0.$$

我们可以证明, 所有入解的初值在能量范数下的闭包是酉算子群 $\boldsymbol{U}(t)$ 的一个入子空间 F_-; 事实上, 性质 (27a) 和 (27b) 是很容易验证的, 但 (27c) 的证明是一个十分深刻的结果, 有关此结果的一个完整证明, 我们参见本章的文献 Lax-Phillips. 在此, 我们仅仅指出性质 (27c) 与局部能量衰减之间的关系并将证明: 对于障隘外部的任意有界子集 G 以及 H 内的任意向量 $\boldsymbol{f}$, 有

$$\lim_{t\to-\infty}||\boldsymbol{U}(t)\boldsymbol{f}||_{E,G}=0, \tag{32}$$

其中 $||\,||_{E,G}$ 表示局部能量范数:

$$||h||_{E,G}^2=\frac{1}{2}\int_G(|h_1|^2+|h_2|^2)\,\mathrm{d}\,x.$$

性质 (27c) 蕴含了, 对于给定的任一正数 ε, 存在时间 $T\in(-\infty,\infty)$ 以及存在 F_- 中的向量 $\boldsymbol{g}$, 使得

$$||f-\boldsymbol{U}(T)\boldsymbol{g}||<\varepsilon.$$

由 F_- 的定义, 当 $T+t<0$ 时, $\boldsymbol{U}(T+t)\boldsymbol{g}$ 在球 $|x|<R-(T+t)$ 内取值为 0. 注意当 t 为绝对值充分大的负数时, 球 $|x|<R-(T+t)$ 包含了有界集 G. 又 $\boldsymbol{U}(t)$ 保持能量, 所以 $||\boldsymbol{U}(t)f-\boldsymbol{U}(T+t)\boldsymbol{g}||_E=||f-\boldsymbol{U}(T)\boldsymbol{g}||_E<\varepsilon$. 因此, 当 $t<0$ 且绝对值充分大时, $||\boldsymbol{U}(t)f||_{E,G}<\varepsilon$. 故 (32) 成立.

局部能量衰减的重要性在于, 可以证明上述结论的逆也是成立的. 事实上, 性质 (27c) 可以通过能量衰减的弱形式:

$$\lim_{t\to\infty}\inf||\boldsymbol{U}(t)f||_{E,G}=0 \tag{32'}$$

进行验证. 关于 (32) 推导性质 (27c) 以及 (32) 本身的证明, 我们参见本章的文献 Lax-Phillips 的第 V 章. 作为注记, 我们指出 (27c) 的证明关键就是要证明群 $\boldsymbol{U}(t)$ 的生成元没有点谱.

用类似的方式, 我们将在前锥内取值为 0 的解 v:

$$v(x,t)=0,\quad |x|<t+R,\quad t\geqslant 0$$

定义为出解. 所有出解的初值在能量范数下的闭包是酉算子群 $\boldsymbol{U}(t)$ 的出子空间 F_+. 同 F_-一样, 性质 (28a) 和 (28b) 很容易被验证, 而 (28c) 的证明是一项艰巨的工作.

引理 8 *F_- 和 F_+ 彼此正交.*

证明 我们先模仿 35.5 节给出入解的构造: 令 $T>R$, 对波动方程在自由空间 $\mathbb{R}^3\times\mathbb{R}$ 内的解 $u(x,t)$, 由 Huygen 原理, 若 $u(x,t)$ 在 T 时刻和球 $|x|>T-R$ 内取值为 0, 则当 $t\leqslant 0$, $u(x,t)$ 为入解.

设 u 和 v 为自由空间内的波动方程在 $0 \leqslant T$ 内的两个解, 由能量守恒, 则这两个解的能量数值内积

$$(\{u(t), u_t(t)\}, \{v(t), v_t(t)\})_E$$

与 t 是无关的. 特别地,

$$(\{u(0), u_t(0)\}, \{v(0), v_t(0)\})_E = (\{u(T), u_t(T)\}, \{v(T), v_t(T)\})_E. \tag{33}$$

若令 u 是由上述构造得到的入解, v 为任一出解, 则 (33) 右边的内积为 0, 这是因为函数 $u(T)$ 和 $u_t(T)$ 支撑在半径为 $T-R$ 的球内, 而在此条件内, 出解 v 的取值为 0.

上述讨论似乎是一个合理的证明, 但是实际上我们并没有完全证明引理 8, 因为我们还没有证明：借助于 Huygen 原理构造的入解 u 在所有入解空间 F_- 内是稠密的. 关于引理 8 的直接证明, 请读者参见后面的文献 Lax-Phillips. □

在二维空间内, 用 Huygen 原理证明入初值和出初值的正交性是十分自然的; 在 Huygen 原理不成立的情形下, 入解和出解不是正交的.

半群 $\boldsymbol{Z}(t)$ 是研究波与障隘之间相互作用的一个自然工具. 如果入波尚未与障隘相互作用, 那么出波将永远不会与障碍作用. 入解和出解通过投影 $\boldsymbol{P}_-$ 和 $\boldsymbol{P}_+$ 更换, 从而我们可以研究波与障隘在所有时间内的相互作用.

障隘的形状和算子 $\boldsymbol{Z}(t)$ 及无穷小生成元 $\boldsymbol{G}$ 的谱之间存在着密切联系. 我们先以一个基本结果开始研究这种联系.

定理 9 *设 k 为任一正数, 则 $(k\boldsymbol{I}-\boldsymbol{G})^{-1}\boldsymbol{Z}(2R)$ 为紧算子.*

关于此定理的证明, 我们参见文献 Lax-Phillips 的第 V 章. 由定理 9, 我们将直接得到如下推论.

推论 9′ *$\boldsymbol{G}$ 的谱均为点谱, 且仅以 ∞ 为聚点.*

习题 3 由定理 9, 证明推论 9′. (提示: 用 34.5 节的半群谱理论.)

障碍的几何性质和 $\boldsymbol{Z}(t)$ 的谱之间的联系是波传播的几何光学刻画. 相应的几何性质就是, 根究经典的反射定律, 障碍可以将在其边界被反射的一束光线保留多长时间; 这样的光线可以被定义为由直线段组成的道路. 若用 $\ell(B)$ 表示包含在以 R 为半径的球内的被反射光线长度的上确界, 那么我们有如下性质.

定理 10

(i) *若 $\ell(B) < \infty$, 则对充分大的 t, $\boldsymbol{Z}(t)$ 为紧算子.*

(ii) *若 $\ell(B) = \infty$, 则对所有的 t, $||\boldsymbol{Z}(t)|| = 1$.*

本定理的证明具有很强的技巧性, 我们仅给出几点注记, 不再详细列出其细节. Lax 和 Phillips 指出 (i) 可利用广义的 Huygen 原理得到. 该原理粗略地讲是说, 在障隘的外部, 信号的尖端沿射线传播, 这里的射线包括由障隘本身反射来的射线.

由此推广的 Huygen 原理是由 Melrose 和 Taylor 证明的.

由 (i) 和局部能量衰减性质, $Z(t)$ 的所有特征值都形如 $e^{\gamma_j t}$, 其中 $0 > \mathrm{Re}\gamma_j \geqslant \cdots \to -\infty$. 因此, 当 $t \to \infty$ 时, $||Z(t)||$ 呈指数型衰减. 对于 $\ell(B) < 2R$ 的星状障碍 B, Lax, Morawetz 和 Phillips 证明了 $||Z(t)||_E \leqslant e^{-\alpha t}$, 这里 $\alpha > 0$. 他们的证明建立在 Morawetz 的非标准能量估计的基础上, 并没有依靠推广的 Huygens 原理.

(ii) 的证明建立在如下事实的基础上, 即在任意给定的反射射线的任意邻域内, 波动方程总存在有有限能量的解. 这样的解是由 Jim Ralston 构造的.

当 $\ell(B) = \infty$ 时, 生成元 G 的特征值的实部并不趋于 $-\infty$. 对此, Ikawa 给出了许多有趣的信息.

参考文献

Calderon, A. P., Uniqueness in the Cauchy problem for partial differential equations. *Am. J. Math.*, **80**(1958): 16–36.

Carleman, T., Sur un problem d'unicité pour les systems d'equations aux dériées partielles a deux variables indépendents. *Arkiv. Math.*, 26B, **17**(1939): 1–9.

Ikawa, M., Decay of solutions of the wave equation in the exterior of two convex obstacles. *Osaka J. Math.* **19**(1982): 459–509.

Lax, P. D., A stability theorem for solutions of abstract differential equations, and its application to the study of local behavior of solutions of elliptic equations. *CPAM*,**9**(1956): 747–766.

Lax, P. D. and Phillips, R. S., *Scattering Theory*, Academic press, New York, 1967.

Lax, P. D., Morawetz, C. S., and Phillips, R. S., Exponential decay of solutions of the wave equation in the exterior of a star-shaped obstacle. *CPAM*, **16**(1963): 477–486.

Melrose, R., Singularities and energy decay in acoustic scattering. *Duke Math. J.*, **46**(1979): 43–59.

Morawetz, C. S., The decay of solutions of the exterior initial-boundary value problem for the wave equation. *CPAM*, **14**(1961): 561–568.

Muller, C., On the behaviour of the solutions of the differential equation $\Delta u = F(x, u)$ in the neighborhood of a point. *CPAM*, **7**(1954): 505–515.

Ralston, J., Solution of the wave equation with localized energy. *CPAM*, **22**(1969): 807–823.

Taylor, M., Propagation, reflection and diffraction of singularities of solutions to wave equations. *Bull. AMS*, **84**(1978): 589–611.

第 37 章　散射理论

散射理论有两个核心内容：一个是数学的，主要处理有连续谱的算子的酉等价；另一个是物理的，处理诸如拟定态、截面和量子力学中的可观测量等概念.

37.1　扰动理论

扰动理论是由 Lord Rayleigh 和 Erwin Schrödinger 发展而来的. Erwin Schrödinger 将扰动理论发展成为解决物理、经典力学和量子力学问题的工具. 本节将刻画扰动理论中的一个最简单的结果. 有关扰动理论的详尽讨论，可以参考 Kato 的书.

定理 1　设 $\boldsymbol{A}$ 为作用在 Hilbert 空间 H 内的自伴算子，α 为 $\boldsymbol{A}$ 的重数为 1 的孤立特征值，若令 $\boldsymbol{D}$ 为 H 上的有界对称算子，$\|\boldsymbol{D}\| \leqslant 1$，则对于充分小的正数 ε，$\boldsymbol{A}+\varepsilon\boldsymbol{D}$ 在区间 $[\alpha-\varepsilon, \alpha+\varepsilon]$ 上有重数为 1 的孤立特征值.

证明　我们需要如下引理. □

引理 2　设 $\boldsymbol{P}$ 和 $\boldsymbol{Q}$ 为 Hilbert 空间 H 上的两个正交投影，若它们的差有小于 1 的范数：

$$\|\boldsymbol{P}-\boldsymbol{Q}\| < 1, \tag{1}$$

则 $\boldsymbol{P}$ 和 $\boldsymbol{Q}$ 有相同的值域维数.

证明　假设 $\boldsymbol{P}$ 的值域维数大于 $\boldsymbol{Q}$ 的值域维数，那么在 $\boldsymbol{P}$ 的值域内存在向量 $\boldsymbol{u}$，使得 $\|\boldsymbol{u}\| = 1$ 且 $\boldsymbol{u}$ 与 $\boldsymbol{Q}$ 的值域正交. 因此 $\boldsymbol{Pu} = \boldsymbol{u}$，$\boldsymbol{Qu} = 0$；从而 $\|(\boldsymbol{P}-\boldsymbol{Q})\boldsymbol{u}\| = \|\boldsymbol{u}\| = 1$，这与 (1) 矛盾. □

用 C 表示以孤立谱点 α 为心、以 $r > 0$ 为半径的圆周，使得 C 含在 $\boldsymbol{A}$ 的预解集内，并且 α 为 $\boldsymbol{A}$ 在 C 内部的唯一谱点. 定义映射 $\boldsymbol{P}$：

$$\boldsymbol{P} = \oint (\zeta - \boldsymbol{A})^{-1}\,\mathrm{d}\,\zeta. \tag{2}$$

显然，$\boldsymbol{P}$ 为投影 $\boldsymbol{E}(\alpha)$，其中 $\boldsymbol{E}$ 为 $\boldsymbol{A}$ 的谱分解中的正交投影值测度. 由假设，$\boldsymbol{P}$ 的值域维数为 1.

当 ε 充分小时，对于 C 上的每个点 ζ，$\zeta-(\boldsymbol{A}+\varepsilon\boldsymbol{D})$ 可逆，并且该算子的逆与 $(\zeta-\boldsymbol{A})^{-1}$ 的差很小. 因此，我们可以定义算子 $\boldsymbol{P}_\varepsilon$：

$$\boldsymbol{P}_\varepsilon = \oint (\zeta - \boldsymbol{A} - \varepsilon\boldsymbol{D})^{-1}\,\mathrm{d}\,\zeta; \tag{2'}$$

$\boldsymbol{P}_\varepsilon$ 也是投影且当 ε 趋于 0 时, $||\boldsymbol{P}-\boldsymbol{P}_\varepsilon||$ 趋于 0. 因此, 由引理 2, 当 ε 充分小时, $\boldsymbol{P}_\varepsilon$ 和 $\boldsymbol{P}$ 有相同的值域维数 1. 此时, $\boldsymbol{P}_\varepsilon$ 值域中的每个非零向量都是 $\boldsymbol{A}+\alpha\boldsymbol{D}$ 的特征向量且当 ε 趋于 0 时, 相应的特征值趋于 α. □

习题 1 试证 $\boldsymbol{A}+\alpha\boldsymbol{D}$ 的上述特征值与 α 相差不大于 ε.

推论 由公式 $(2')$, $\boldsymbol{A}+\varepsilon\boldsymbol{D}$ 的特征值和特征向量为 ε 的解析函数.

习题 2 若以 $\alpha(\varepsilon)$ 和 $u(\varepsilon)$ 分别表示 $\boldsymbol{A}+\varepsilon\boldsymbol{D}$ 的特征值和相应的范数为 1 的特征向量, 试证

$$\frac{\mathrm{d}}{\mathrm{d}\varepsilon}\alpha=(\boldsymbol{D}\boldsymbol{u},\boldsymbol{u}).$$

试问高阶导数的情形如何?

注 设 α 为 $\boldsymbol{A}$ 的重数为 n 的孤立特征值, 用讨论定理 1 的方法可以证明, $\boldsymbol{A}+\varepsilon\boldsymbol{D}$ 在区间 $[\alpha-\varepsilon,\alpha-\varepsilon]$ 上有 n 个特征值, 其中有些特征值可能是多重的.

由公式 $(2')$, $\boldsymbol{A}+\varepsilon\boldsymbol{D}$ 的特征值为 ε 的代数函数, $\varepsilon=0$ 是一个可能的代数奇点. Rellich 指出: 每个代数函数可以被展成 Pauiseux 级数, 即 $\varepsilon^{\frac{1}{p}}$ 的幂级数形式, 其中 p 是该代数函数在 $\varepsilon=0$ 的支点的阶数. 此幂级数的所有分支代表了该代数方程的解, 也就是说, 它们都是 $\boldsymbol{A}+\varepsilon\boldsymbol{D}$ 的特征值. 由于当 $p\neq 1$ 时, 此幂级数的某些分支为复值分支, 它们不可能是自伴算子 $\boldsymbol{A}+\varepsilon\boldsymbol{D}$ 的特征值, 所以 p 只有等于 1. 因此 $\boldsymbol{A}+\varepsilon\boldsymbol{D}$ 的所有特征值都是 ε 的解析函数.

我们现在转向另一种极端形式.

定理 3 设 $\boldsymbol{A}$ 为作用在 Hilbert 空间 H 内的自伴算子, α 为 $\boldsymbol{A}$ 的本质谱点即对于每个包含 α 的区间 I, $\boldsymbol{E}(I)$ 有无限维的值域. 若 $\boldsymbol{C}$ 为任一对称紧算子, 则 α 属于 $\boldsymbol{A}+\boldsymbol{C}$ 的本质谱.

证明 若不然, 则存在包含 α 的区间 I, 使得 $\boldsymbol{E}_{\boldsymbol{C}}(I)$ 有有限值域, 这里 $\boldsymbol{E}_{\boldsymbol{C}}$ 表示 $\boldsymbol{A}+\boldsymbol{C}$ 的谱分解中的投影值测度. 由于 $\boldsymbol{A}+\boldsymbol{C}$ 再加上一个紧算子后, 可以同时消除位于 I 内的有限个特征值, 所以我们只需证明 α 为 $\boldsymbol{A}+\boldsymbol{C}$ 的谱.

要得到这一点, 我们证明当 η 趋于 0 时, $\boldsymbol{A}+\boldsymbol{C}$ 的预解式 $\boldsymbol{R}(\alpha+\mathrm{i}\eta)$ 的范数趋于 ∞. 将紧算子 $\boldsymbol{C}$ 分解为

$$\boldsymbol{C}=\boldsymbol{F}+\boldsymbol{S},\ \ 这里\ \boldsymbol{F}=\sum_{1}^{N}\gamma_j(x,f_j)f_j,\ \ ||\boldsymbol{S}||<\eta. \tag{3}$$

设 $\boldsymbol{x}$ 为 $\boldsymbol{E}(\alpha-\eta,\alpha+\eta)$ 值域内的任一非 0 向量, 则 $||(\boldsymbol{A}-\alpha-\mathrm{i}\eta)\boldsymbol{x}||<2\eta||\boldsymbol{x}||$. 又 $\boldsymbol{E}(\alpha-\eta,\alpha+\eta)$ 有无限维的值域, 所以在该值域内存在非零向量 $\boldsymbol{x}$, 使得 $\boldsymbol{x}$ 与每个 f_j, $j=1,2,\cdots,N$, 正交. 对于这样的向量 $\boldsymbol{x}$, $\boldsymbol{F}\boldsymbol{x}=0$. 因此, 利用 (3), 得

$$||(\boldsymbol{A}+\boldsymbol{C}-\alpha-\mathrm{i}\eta)\boldsymbol{x}||=||(\boldsymbol{A}-\alpha-\mathrm{i}\eta)\boldsymbol{x}+\boldsymbol{S}\boldsymbol{x}||\leqslant||(\boldsymbol{A}-\alpha-\mathrm{i}\eta)\boldsymbol{x}||+||\boldsymbol{S}\boldsymbol{x}||<3\eta||\boldsymbol{x}||. \tag{4}$$

因此 $(\boldsymbol{A}+\boldsymbol{C}-\alpha-\mathrm{i}\eta)^{-1}$ 的范数大于 $1/3\eta$. □

定理 3 的结果可能会让人有点误解. 假设 $\boldsymbol{A}$ 的谱是绝对连续的, 那么 $\boldsymbol{A}$ 的每个谱点都是 $\boldsymbol{A}$ 的本质谱, 因此也是 $\boldsymbol{A}+\boldsymbol{C}$ 的本质谱, 这里 $\boldsymbol{C}$ 为任一紧对称算子. 但是, 正如 Weyl 观察到的那样, $\boldsymbol{A}+\boldsymbol{C}$ 的谱不一定是连续谱. 同时, Weyl 证明了, 对于任意 $\varepsilon>0$, 都存在紧算子 $\boldsymbol{C}$, $||\boldsymbol{C}||<\varepsilon$, 使得 $\boldsymbol{A}+\boldsymbol{C}$ 的谱都是纯点谱, 并且这些点谱在 $\boldsymbol{A}$ 的谱中是稠密的. 此结果被 von Neumann 加强为: $\boldsymbol{C}$ 不仅仅是紧算子, 而且可以选取为具有任意小 Hilbert-Schmidt 范数的 Hilbert-Schmidt 类算子 (参见 30.8 节).

若 $\boldsymbol{C}$ 为对称紧算子, $\{\gamma_j\}$ 为其特征值, 则 $\boldsymbol{C}$ 的 Hilbert-Schmidt 范数为 $(\sum\gamma_j^2)^{\frac{1}{2}}$. 更一般地, 人们可以定义 p 交叉范数 $(\sum\gamma_j^p)^{\frac{1}{p}}$(参见文献 Shatten). 对于 von Neumann 的结果, Kuroda 进一步加强为: 可以取到具有任意小 p 交叉范数 $(p>1)$ 的紧算子 $\boldsymbol{C}$.

对于 $p=1$, p 交叉范即为迹范数 (参见 30.2 节). 当 $\boldsymbol{C}$ 为迹类算子时, 情况有明显的不同. Marving Rosenblum 在他的学位论文中证明了, 自伴算子加上对称迹类算子的扰动将连续谱遗留为连续谱. 我们在接下来的两节将专门研究此结果.

37.2 波 算 子

本节的研究对象是可分的 Hilbert 空间 H 和一对自伴算子 $\boldsymbol{A}$ 和 $\boldsymbol{B}$. 我们用 $\mathrm{e}^{\mathrm{i}t\boldsymbol{A}}$ 和 $\mathrm{e}^{\mathrm{i}t\boldsymbol{B}}$ 分别表示 $\boldsymbol{A}$ 和 $\boldsymbol{B}$ 所生成的单参数酉算子群; 参见第 35 章. 定义 H 上的单参数酉算子族 $\boldsymbol{W}(t)$ 为

$$\boldsymbol{W}(t)=\mathrm{e}^{\mathrm{i}t\boldsymbol{B}}\mathrm{e}^{-\mathrm{i}t\boldsymbol{A}}. \tag{5}$$

$\boldsymbol{W}(t)$ 在 $t\to\pm\infty$ 时的强极限:

$$\boldsymbol{W}_+=s-\lim_{t\to\infty}\boldsymbol{W}(t),\quad \boldsymbol{W}_-=s-\lim_{t\to-\infty}\boldsymbol{W}(t) \tag{6}$$

在本节的研究中占有中心地位, 当然是在它们都存在的假设条件下. 我们称 $\boldsymbol{W}_+$ 和 $\boldsymbol{W}_-$ 为波算子 . 如果需要强调波算子对 $\boldsymbol{A}$ 和 $\boldsymbol{B}$ 的依赖性, 那么我们将用 $\boldsymbol{W}_+(\boldsymbol{B},\boldsymbol{A})$ 和 $\boldsymbol{W}_-(\boldsymbol{B},\boldsymbol{A})$ 来表示.

习题 3 试证

$$\boldsymbol{W}_\pm(\boldsymbol{C},\boldsymbol{A})=\boldsymbol{W}_\pm(\boldsymbol{C},\boldsymbol{B})\boldsymbol{W}_\pm(\boldsymbol{B},\boldsymbol{A}),$$

假如右边的所有波算子都存在.

因为波算子为酉算子族的强极限, 所以它们都是等距算子:

$$||\boldsymbol{W}_\pm u||=||u||. \tag{7}$$

方程 (5) 两边取伴随, 则

$$\boldsymbol{W}^*(t)=\mathrm{e}^{\mathrm{i}t\boldsymbol{A}}\mathrm{e}^{-\mathrm{i}t\boldsymbol{B}}.$$

又因为伴随的强极限 (弱极限) 为极限的伴随, 所以, 假如下面所有的波算子都存在, 那么它们分别相等:

$$\boldsymbol{W}_{\pm}(\boldsymbol{A}, \boldsymbol{B}) = \boldsymbol{W}_{\pm}^{*}(\boldsymbol{B}, \boldsymbol{A}). \tag{8}$$

由定义 (5), 对实数 s 和 t, 有

$$\boldsymbol{W}(t+s) = \mathrm{e}^{\mathrm{i}s\boldsymbol{B}}\boldsymbol{W}(t)\mathrm{e}^{-\mathrm{i}s\boldsymbol{A}}.$$

令 $t \to \infty$, 则

$$\boldsymbol{W}_{+} = \mathrm{e}^{\mathrm{i}s\boldsymbol{B}}\boldsymbol{W}_{+}\mathrm{e}^{-\mathrm{i}s\boldsymbol{A}};$$

将该式重写为

$$\boldsymbol{W}_{+}\mathrm{e}^{\mathrm{i}s\boldsymbol{A}} = \mathrm{e}^{\mathrm{i}s\boldsymbol{B}}\boldsymbol{W}_{+}. \tag{9}$$

作差商

$$\boldsymbol{W}_{+}\frac{\mathrm{e}^{\mathrm{i}s\boldsymbol{A}} - \boldsymbol{I}}{s}v = \frac{\mathrm{e}^{\mathrm{i}s\boldsymbol{B}} - \boldsymbol{I}}{s}\boldsymbol{W}_{+}v,$$

这里 v 属于 $\boldsymbol{A}$ 的定义域. 令 $s \to 0$; 左边的极限存在, 且为 $\mathrm{i}\boldsymbol{W}_{+}\boldsymbol{A}v$; 因此右边的极限也存在, 从而 $\boldsymbol{W}_{+}v$ 属于 $\boldsymbol{B}$ 的定义域且

$$\boldsymbol{W}_{+}\boldsymbol{A} = \boldsymbol{B}\boldsymbol{W}_{+}. \tag{9'}$$

对于波算子 $\boldsymbol{W}_{-}$, 我们有类似的关系式.

假设波算子 $\boldsymbol{W}_{+}$ 将整个 Hilbert 空间 H 映到子空间 K 上; 由 (7), $\boldsymbol{W}_{+}$ 为 H 到 K 上的酉算子. 此时 (9) 蕴含了事实: $\mathrm{e}^{\mathrm{i}s\boldsymbol{B}}$ 将 K 映入自身内. 我们断言: $\mathrm{e}^{\mathrm{i}s\boldsymbol{B}}$ 将 K 在 H 中的正交补 $K^{\perp}$ 也映入自身 $K^{\perp}$ 内. 事实上, 由公式

$$(\boldsymbol{W}_{+}^{*}z, h) = (z, \boldsymbol{W}_{+}h), \quad z,\ h \in H,$$

得 $\boldsymbol{K}^{\perp}$ 为波算子 $\boldsymbol{W}_{+}^{*}$ 的零空间. 对 (9) 两边取伴随并用 $-s$ 代替 s, 得

$$\mathrm{e}^{\mathrm{i}s\boldsymbol{A}}\boldsymbol{W}_{+}^{*} = \boldsymbol{W}_{+}^{*}\mathrm{e}^{\mathrm{i}s\boldsymbol{B}};$$

由此, $\boldsymbol{W}_{+}^{*}\mathrm{e}^{\mathrm{i}s\boldsymbol{B}}z = \mathrm{e}^{\mathrm{i}s\boldsymbol{A}}\boldsymbol{W}_{+}^{*}z = 0$, 其中 z 属于 K 的正交补 $K^{\perp}$. 故上述断言成立. 这样, 我们已经证明了, 子空间 K 约化了 算子 $\boldsymbol{B}$, 即 $\boldsymbol{B}$ 在 $K \cap D$ 和 $K^{\perp} \cap D$ 上的限制分别为 $\boldsymbol{B}$ 在 K 和 $K^{\perp}$ 内的自伴算子, 其中 D 表示 $\boldsymbol{B}$ 的定义域. 因此由 (9′), $\boldsymbol{A}$ 作用在 H 内和 $\boldsymbol{B}$ 作用在 K 内是酉等价的.

假设波算子 $\boldsymbol{W}_{+}(\boldsymbol{B}, \boldsymbol{A})$ 和 $\boldsymbol{W}_{+}(\boldsymbol{A}, \boldsymbol{B})$ 都存在, 那么由 (8), $\boldsymbol{W}_{+}(\boldsymbol{A}, \boldsymbol{B}) = \boldsymbol{W}_{+}^{*}(\boldsymbol{B}, \boldsymbol{A})$; 又由 (7), $\boldsymbol{W}_{+}^{*}(\boldsymbol{B}, \boldsymbol{A})$ 是等距算子. 因此, $\boldsymbol{W}_{+}^{*}(\boldsymbol{B}, \boldsymbol{A})$ 的零空间是平凡的, 从而 $K = H$. 我们将上述讨论总结如下.

定理 4 假设波算子 $\boldsymbol{W}_{+}(\boldsymbol{B}, \boldsymbol{A})$ 和 $\boldsymbol{W}_{+}(\boldsymbol{A}, \boldsymbol{B})$ 都存在, 那么 $\boldsymbol{A}$ 和 $\boldsymbol{B}$ 酉等价.

酉等价的算子有相同的谱. 特别地, 它们有相同的点谱. 因为在散射理论中, 算子 $\boldsymbol{B}$ 是算子 $\boldsymbol{A}$ 的扰动, 所以扰动 $\boldsymbol{B}$ 保持 $\boldsymbol{A}$ 的特征值不变是极不可能的 (见习题 2). 因此假设 $\boldsymbol{A}$ 存在点谱, 那么仅在某些特殊的条件下, 波算子 $\boldsymbol{W}_{\pm}(\boldsymbol{A}, \boldsymbol{B})$ 才存在. 就像 31.4 节解释的那样, 这种情况可以通过将 $\boldsymbol{A}$ 限制到 H 的绝对连续子空间 $H^{(c)}$ 上的方式进行改善.

习题 4 在 31.4 节, 我们仅仅处理了有界算子的情形, 试将这些概念推广到无界算子上去.

定义 设 $H^{(c)}$ 为 H 的子空间且使得 $\boldsymbol{A}$ 在其上的作用有绝对连续谱, $\boldsymbol{P}_c$ 为 H 到 $H^{(c)}$ 上的正交投影. 我们称 $\boldsymbol{W}(t)\boldsymbol{P}_c$ 在 $t \to \pm\infty$ 的强极限, 仍用 $\boldsymbol{W}_\pm$ 表示, 为广义波算子:

$$\lim_{t\to\pm\infty} \boldsymbol{W}(t)\boldsymbol{P}_c = \boldsymbol{W}_\pm, \tag{6'}$$

其中 $\boldsymbol{W}(t)$ 仍由 (5) 定义.

习题 5 若广义波算子 $\boldsymbol{W}_+(\boldsymbol{B},\boldsymbol{A})$ 存在, 试证, 它将 $H^{(c)}$ 映到 $\boldsymbol{B}$ 的约化子空间 K 上且 $\boldsymbol{B}$ 在 K 上有绝对连续谱.

习题 6 若两个广义波算子 $\boldsymbol{W}_+(\boldsymbol{B},\boldsymbol{A})$ 和 $\boldsymbol{W}_+(\boldsymbol{A},\boldsymbol{B})$ 都存在, 则 $\boldsymbol{A}$ 和 $\boldsymbol{B}$ 的绝对连续部分酉等价.

37.3 波算子的存在性

下述结果归功于 Cook, 也可参见文献 Jauch 和 Kuroda.

定理 5 假设存在 $H^{(c)}$ 的稠密子集 J, 使得对 J 中的所有向量 $\boldsymbol{u}$ 满足下列条件:

(i) $\mathrm{e}^{-\mathrm{i}t\boldsymbol{A}}\boldsymbol{u}$ 属于 $\boldsymbol{A}$ 和 $\boldsymbol{B}$ 公共定义域 $D(\boldsymbol{A})\cap D(\boldsymbol{B})$;

(ii) $(\boldsymbol{B}-\boldsymbol{A})\mathrm{e}^{-\mathrm{i}t\boldsymbol{A}}\boldsymbol{u}$ 为 t 的连续函数;

(iii) $\|(\boldsymbol{B}-\boldsymbol{A})\mathrm{e}^{-\mathrm{i}t\boldsymbol{A}}\boldsymbol{u}\|$ 在 $[0,\infty)$ 上可积,

那么, 波算子 $\boldsymbol{W}_+(\boldsymbol{B},\boldsymbol{A})$ 存在.

对于 $\boldsymbol{W}_-$, 我们有类似的结论.

证明 设 $\boldsymbol{u}$ 为 J 中的任意向量, 由 (i), $\boldsymbol{W}(t)\boldsymbol{u} = \mathrm{e}^{\mathrm{i}t\boldsymbol{B}}\mathrm{e}^{-\mathrm{i}t\boldsymbol{A}}\boldsymbol{u}$ 关于 t 可微且

$$\frac{\mathrm{d}}{\mathrm{d}\,t}\boldsymbol{W}(t)u = \mathrm{i}\mathrm{e}^{\mathrm{i}t\boldsymbol{B}}(\boldsymbol{B}-\boldsymbol{A})\mathrm{e}^{-\mathrm{i}t\boldsymbol{A}}\boldsymbol{u}. \tag{10}$$

由 (ii), 导数 (10) 关于 t 连续; 因此, 将 (10) 的两边在区间 $[a,b]$ 上积分, 得

$$\boldsymbol{W}(b)\boldsymbol{u} - \boldsymbol{W}(a)\boldsymbol{u} = \mathrm{i}\int_a^b \mathrm{e}^{\mathrm{i}t\boldsymbol{B}}(\boldsymbol{B}-\boldsymbol{A})\mathrm{e}^{-\mathrm{i}t\boldsymbol{A}}\boldsymbol{u}\,\mathrm{d}\,t. \tag{10'}$$

因为 $\mathrm{e}^{\mathrm{i}t\boldsymbol{B}}$ 为酉算子, 所以

$$\|\boldsymbol{W}(b)\boldsymbol{u} - \boldsymbol{W}(a)\boldsymbol{u}\| \leqslant \int_a^b \|(\boldsymbol{B}-\boldsymbol{A})\mathrm{e}^{-\mathrm{i}t\boldsymbol{A}}\boldsymbol{u}\|\,\mathrm{d}\,t.$$

由 (iii), 当 a 和 b 趋于 ∞ 时, 右边的积分趋于 0; 因此, 左边也趋于 0.

上述讨论证明了, 对 J 内的任意向量 $\boldsymbol{u}$, $\boldsymbol{W}(t)\boldsymbol{u}$ 在 $t\to\infty$ 时极限存在. 又 J 为 H 中的稠密子集以及 $\boldsymbol{W}(t)$ 为保范算子, 所以强极限 (6) 成立. □

引理 6 假设 $\boldsymbol{A}$ 和 $\boldsymbol{B}$ 相差一个有界线性算子 $\boldsymbol{D}$:

$$\boldsymbol{B}=\boldsymbol{A}+\boldsymbol{D},\quad ||\boldsymbol{D}||<\infty,$$

且广义波算子 $\boldsymbol{W}_+(\boldsymbol{B},\boldsymbol{A})$ 存在, 那么, 对于 $H^{(c)}$ 内的每个向量 $\boldsymbol{u}$ 和任意实数 a, 有

$$||\boldsymbol{W}_+\boldsymbol{u}-\boldsymbol{W}(a)\boldsymbol{u}||^2=-2\,\mathrm{Im}\int_a^{\infty}(\mathrm{e}^{\mathrm{i}t\boldsymbol{A}}\boldsymbol{W}_+^*\boldsymbol{D}\mathrm{e}^{-\mathrm{i}t\boldsymbol{A}}\boldsymbol{u},\boldsymbol{u})\,\mathrm{d}t. \tag{11}$$

证明 因为 $\boldsymbol{A}$ 和 $\boldsymbol{B}$ 相差一个有界线性算子, 所以对 $\boldsymbol{A}$ 的定义域内的每个向量 $\boldsymbol{u}$, (10) 和 (10′) 都成立. 又 $\boldsymbol{A}$ 的定义域在 H 内稠密, 所以对 H 内的所有向量, (10′) 成立. 令 (10′) 中的 b 趋于 ∞. 由假设, 对于 $H^{(c)}$ 内的每个向量 $\boldsymbol{u}$, $\boldsymbol{W}(b)_+\boldsymbol{u}$ 收敛于 $\boldsymbol{W}_+\boldsymbol{u}$, 因此

$$\boldsymbol{W}_+\boldsymbol{u}-\boldsymbol{W}(a)\boldsymbol{u}=\mathrm{i}\int_a^{\infty}\mathrm{e}^{\mathrm{i}\boldsymbol{B}t}\boldsymbol{D}\mathrm{e}^{-\mathrm{i}t\boldsymbol{A}}\boldsymbol{u}\mathrm{d}t. \tag{10''}$$

又 $\boldsymbol{W}(a)$ 和 $\boldsymbol{W}_+$ 是等距算子, 所以

$$\begin{aligned}||\boldsymbol{W}_+\boldsymbol{u}-\boldsymbol{W}(a)\boldsymbol{u}||^2&=2||\boldsymbol{u}||^2-2\mathrm{Re}(\boldsymbol{W}(a)\boldsymbol{u},\boldsymbol{W}_+\boldsymbol{u})\\&=2\mathrm{Re}(\boldsymbol{W}_+\boldsymbol{u}-\boldsymbol{W}(a)\boldsymbol{u},\boldsymbol{W}_+\boldsymbol{u}).\end{aligned}$$

将 (10″) 代入上式的右边项 $\boldsymbol{W}_+\boldsymbol{u}-\boldsymbol{W}(a)\boldsymbol{u}$ 内, 然后将 (9) 两边转置并用 t 代替 $-s$, 可以给出 (11). □

定理 7(Rosenblum) 若自伴算子 $\boldsymbol{A}$ 和 $\boldsymbol{B}$ 相差一个 (有界) 迹类算子 $\boldsymbol{D}$: $\boldsymbol{B}=\boldsymbol{A}+\boldsymbol{D}$, 则广义波算子 $\boldsymbol{W}_+(\boldsymbol{B},\boldsymbol{A})$ 和 $\boldsymbol{W}_+(\boldsymbol{A},\boldsymbol{B})$ 存在.

由习题 6, $\boldsymbol{A}$ 和 $\boldsymbol{B}$ 的绝对连续部分酉等价.

证明 首先考虑扰动算子 $\boldsymbol{D}$ 为秩一算子的情形:

$$\boldsymbol{D}u=c(u,f)f,\quad ||f||=1.$$

用 K 表示 H 中的包含 f 并约化算子 $\boldsymbol{A}$ 的最小闭子空间. 由 31.5 节, 子空间 K 为所有形如 $b(\boldsymbol{A})f$ 的向量组成空间的闭包, 其中 b 为 $\mathbb{R}$ 上的有界连续函数. 由于 $\boldsymbol{B}$ 和 $\boldsymbol{A}$ 在 K 的正交补上相等, 所以当向量 $\boldsymbol{u}$ 与 K 正交时, $\boldsymbol{W}(t)\boldsymbol{u}=\boldsymbol{u}$, 即 $\boldsymbol{W}(t)$ 在 K 的正交补上为恒等算子. 因此, 我们只需证明, $\boldsymbol{A}$ 和 $\boldsymbol{B}$ 限制在 K 上的波算子的存在即可.

将 f 沿 $H^{(c)}$ 分解:

$$f=g+h,\quad g=\boldsymbol{P}_cf,\ h=(\boldsymbol{I}-\boldsymbol{P}_c)f.$$

形如 $b(\boldsymbol{A})\boldsymbol{g}$ 的所有向量集合的闭包为 H 的闭子空间 $K^{(c)}$, $\boldsymbol{A}$ 在 $K^{(c)}$ 上是绝对连续的而在其正交补上为奇异的. 因为 $\boldsymbol{g}$ 属于 $H^{(c)}$, 所以 $(\boldsymbol{Eg},\boldsymbol{g})$ 为绝对连续的测度. 因此, K 存在表示空间 $L^2(S)$, 且算子 $\boldsymbol{A}$ 在 K 上的作用被表示为 $L^2(S)$ 上的变量 λ 所作的乘法作用, 这里 S 为 $\mathbb{R}$ 中的某个 Borel 子集.

不失一般性, 在定义 $\boldsymbol{D}\boldsymbol{u}=c(u,f)f$ 中, 我们令 $c=1$. 定义

$$\boldsymbol{D}_c\boldsymbol{u}=\boldsymbol{P}_c\boldsymbol{D}\boldsymbol{P}_c\boldsymbol{u}=(\boldsymbol{P}_c\boldsymbol{u},f)\boldsymbol{P}_cf=(\boldsymbol{u},\boldsymbol{g})\boldsymbol{g},$$

其中 $\boldsymbol{g}=\boldsymbol{P}_cf$, 从而在 K 的函数表示中, g 被表示为 $\mathbb{R}$ 上的支集含在 S 内的平方可积函数. 因此, 波算子 $\boldsymbol{W}_+(\boldsymbol{B},\boldsymbol{A})$ 的存在性被约化为如下情形: Hilbert 空间为

$L^2(S)$, $\boldsymbol{A}$ 为作用在 $L^2(S)$ 内的 λ 所作的乘法算子, $\boldsymbol{B}=\boldsymbol{A}+\boldsymbol{D}$, 其中 $\boldsymbol{D}\boldsymbol{u}=(\boldsymbol{u},\boldsymbol{g})\boldsymbol{g}$.

将 $L^2(S)$ 看作是 $H=L^2(\mathbb{R},\mathrm{d}\,\lambda)$ 的闭子空间. 将 $\boldsymbol{A}$ 延拓为 H 上的由 λ 所作的乘法作用, 将 $\boldsymbol{D}$ 延拓为 H 上的秩一算子 $\boldsymbol{D}\boldsymbol{u}=(\boldsymbol{u},\boldsymbol{g})\boldsymbol{g}$, 其中 $\boldsymbol{g}$ 在 S 的补集上定义为 0. 我们只要证明 $\boldsymbol{W}_+$ 在拓广后的空间上的存在性即可.

首先考虑 $g(\lambda)$ 为光滑函数, 并且 $g(\lambda)$ 及其导数在 $\lambda\to\pm\infty$ 时为急减函数的情形. 我们要借助于定理 5. 取 J 为 H 中的所有函数 $u(\lambda)$ 组成的子集, 其中 $u(\lambda)$ 满足条件: $u(\lambda)$ 光滑, 且 $u(\lambda)$ 连同其导数在 $\lambda\to\pm\infty$ 时有急减性质, 则 J 在 H 中稠密. 我们验证定理 5 的三个条件成立.

(i) 由于满足 $\lambda u(\lambda)$ 平方可积的所有函数 $u(\lambda)$ 组成了 $\boldsymbol{A}$ 和 $\boldsymbol{B}$ 的定义域, 所以条件 (i) 成立.

(ii) 由 $\boldsymbol{D}_c$ 的定义, 得

$$\begin{aligned}\boldsymbol{D}_c\mathrm{e}^{-\mathrm{i}t\boldsymbol{A}}u&=(\mathrm{e}^{-\mathrm{i}t\boldsymbol{A}}u,g)g=\int \mathrm{e}^{-\mathrm{i}t\mu}u(\mu)\overline{g}(\mu)\,\mathrm{d}\,\mu\, g(\lambda)\\&=\widetilde{u\overline{g}}(-t)\boldsymbol{g}(\lambda),\end{aligned}\tag{12}$$

这里的 $\sim$ 表示 Fourier 变换. 又因为 u 和 g 在无穷远点急减, 所以 $u\overline{g}$ 属于 L^1, 从而它的 Fourier 变换连续, 此正是 (ii) 中所要求的条件. 因为 u 和 g 的导数急减, 所以当 $t\to\pm\infty$ 时, $\widetilde{u\overline{g}}$ 急减的速度要比 t 的任意次幂急减的速度要快. 因此, 条件 (iii) 也成立. 由定理 5, 广义波算子 $\boldsymbol{W}_\pm(\boldsymbol{A},\boldsymbol{B})$ 存在.

要将上述光滑函数的情形过渡到 g 为任意函数的情形, 我们要利用恒等式 (11). 用表达式 (12) 代替 (11) 中的 $\boldsymbol{D}\mathrm{e}^{-\mathrm{i}t\boldsymbol{A}}u$, 得

$$||\,\boldsymbol{W}_+u-\boldsymbol{W}(a)u||^2=-2\mathrm{Im}\int_a^\infty \widetilde{u\overline{g}}(t)(\mathrm{e}^{\mathrm{i}t\boldsymbol{A}}\,\boldsymbol{W}_+^*g,u)\,\mathrm{d}\,t.\tag{13}$$

简记 $\boldsymbol{W}_+^*g$ 为 g^*, 并重写上述积分中的第二个因子为

$$(\mathrm{e}^{\mathrm{i}t\boldsymbol{A}}g^*,u)=\int \mathrm{e}^{\mathrm{i}t\lambda}g^*(\lambda)\overline{u}(\lambda)\,\mathrm{d}\,\lambda=\widetilde{g^*\overline{u}}(t).$$

用 Schwarz 不等式估计 (13) 右边的积分, 得

$$||\,\boldsymbol{W}_+u-\boldsymbol{W}(a)u||^2\leqslant 2\left(\int_a^\infty|\widetilde{u\overline{g}}|^2\,\mathrm{d}\,t\int_a^\infty|\widetilde{g^*\overline{u}}|^2\,\mathrm{d}\,t\right)^{1/2}.$$

由 Parseval 方程, Fourier 变换是一个等距映射数乘 2π. 因此, 上述右边的第二个因子小于

$$2\pi\int|g^*u|^2\,\mathrm{d}\,\lambda\leqslant 2\pi|u|_\infty^2\int|g^*|^2\,\mathrm{d}\,\lambda,$$

其中 $|u|_\infty$ 表示 $|u(\lambda)|$ 在 $\mathbb{R}$ 上的极大值. 进一步地, 由于 $\boldsymbol{W}_+^*$ 为等距算子 $\boldsymbol{W}_+$ 的伴随, 所以它有范数 1, 从而

$$\int|g^*|^2\,\mathrm{d}\,\lambda=||g^*||^2=||\,\boldsymbol{W}_+^*g||^2\leqslant||g||^2\leqslant 1.$$

我们将这些不等式组合在一起, 得到

$$||\boldsymbol{W}_+u-\boldsymbol{W}(a)u||\leqslant(8\pi)^{1/4}|u|_\infty^{1/2}\left(\int_a^\infty|\widetilde{ug}|^2\,\mathrm{d}t\right)^{1/4}.$$

若用 b 代替 a, 则类似的不等式成立; 因此, 由三角不等式, 得

$$||\boldsymbol{W}(b)u-\boldsymbol{W}(a)u||\leqslant(8\pi)^{1/4}|u|_\infty^{1/2}\cdot\left\{\left[\int_a^\infty|\widetilde{ug}(t)|^2\,\mathrm{d}t\right]^{1/4}+\left[\int_b^\infty|\widetilde{ug}(t)|^2\,\mathrm{d}t\right]^{1/4}\right\}.\tag{13'}$$

注意到此不等式是在假设 u 和 g 都是光滑急减函数的条件下证明的. 我们现在要证明, 此不等式对所有平方可积函数 g 也成立. 要证明这一点, 需要借助于这样的事实: 每个 $L^2(\mathbb{R})$ 函数 g 都可以用在无穷远点急减的光滑函数列 $\{g_n\}$ 依 L^2 范数逼近. 对于每个这样的函数 g_n, 构造 $\boldsymbol{B}_n=\boldsymbol{A}+(\cdot,g_n)g_n$ 和 $\boldsymbol{W}_n(t)=\mathrm{e}^{\mathrm{i}\boldsymbol{B}_nt}\mathrm{e}^{-\mathrm{i}t\boldsymbol{A}}$, 则不等式 (13′) 成立. 因为 $g_n\to g$, 该不等式的右边趋于 (13′) 的右边; 我们断言, 左边也有此性质. 为此, 我们需证 $\mathrm{e}^{\mathrm{i}\boldsymbol{B}_nt}$ 强收敛于 $\mathrm{e}^{\mathrm{i}\boldsymbol{B}t}$. 不难验证 $\mathrm{e}^{\mathrm{i}\boldsymbol{B}t}u=u(t)$ 和 $\mathrm{e}^{\mathrm{i}\boldsymbol{B}_nt}=u_n(t)$ 分别为微分方程

$$\frac{\mathrm{d}}{\mathrm{d}t}u-\mathrm{i}\boldsymbol{B}u=0,\quad\frac{\mathrm{d}}{\mathrm{d}t}u_n-\mathrm{i}\boldsymbol{B}_nu_n=0,\quad u(0)=u_n(0)=u$$

的解, 这里 u 属于 $\boldsymbol{B}$ 的定义域. 两微分方程相减, 得

$$\frac{\mathrm{d}}{\mathrm{d}t}(u-u_n)-\mathrm{i}\boldsymbol{B}(u-u_n)=\mathrm{i}(\boldsymbol{B}-\boldsymbol{B}_n)u_n.$$

我们用 $\mathrm{e}^{-\mathrm{i}t\boldsymbol{B}}$ 作用在方程两边, 然后再积分, 得

$$u(s)-u_n(s)=\mathrm{i}\int_0^s\mathrm{e}^{\mathrm{i}(s-t)\boldsymbol{B}}(\boldsymbol{B}-\boldsymbol{B}_n)u_n\,\mathrm{d}t.$$

因为 $\mathrm{e}^{\mathrm{i}(s-t)\boldsymbol{B}}$ 有范数 1 和 $||u_n(t)||\leqslant||u||$, 所以

$$||u(s)-u_n(s)||\leqslant s||\boldsymbol{B}-\boldsymbol{B}_n||\,||u||.$$

由 g_n 趋于 g, $||\boldsymbol{B}-\boldsymbol{B}_n||=||(\cdot,g)g-(\cdot,g_n)g_n||$ 趋于 0. 由此, 我们证明了 $\mathrm{e}^{\mathrm{i}\boldsymbol{B}_nt}$ 在一致拓扑下收敛于 $\mathrm{e}^{\mathrm{i}\boldsymbol{B}t}$. 因此不等式 (13′) 对于所有的 L^2 函数 g 和所有在 ∞ 点急减的光滑函数 u 成立.

显然, 当 a 和 b 趋于 ∞ 时, (13′) 的右边收敛于 0, 因此左边也应该收敛于 0. 故当 t 趋于 ∞, $\boldsymbol{W}(t)u$ 收敛. 因为光滑急减函数构成了 $L^2(\mathbb{R})$ 的稠密子集, 再注意到算子 $\boldsymbol{W}(t)$ 有范数 1, 所以对于 $L^2(\mathbb{R})$ 内的每个函数 u, $\boldsymbol{W}(t)u$ 的极限存在. 因此, 广义波算子 $\boldsymbol{W}_+(\boldsymbol{B},\boldsymbol{A})$ 存在. 由于 $\boldsymbol{A}$ 和 $\boldsymbol{B}$ 的作用是对称的, 所以波算子 $\boldsymbol{W}_+(\boldsymbol{A},\boldsymbol{B})$ 也存在. 故 $\boldsymbol{A}$ 和 $\boldsymbol{B}$ 的绝对连续部分酉等价.

我们先将证明停顿一会, 以一个例子来说明: 即使算子 $\boldsymbol{A}$ 有绝对连续的谱, 秩一算子扰动也可以使 $\boldsymbol{B}$ 产生一个点谱. 令 $\boldsymbol{A}$ 为作用在 $L^2(\mathbb{R})$ 内的用变量 x 所作的乘法算子, 并令 $\boldsymbol{D}=(\cdot,f)f$, 其中 f 为光滑 L^2 函数 (如 Lipschitz 连续函数). 我们可以确定 f, 使得 $\boldsymbol{A}+\boldsymbol{D}$ 存在特征值 τ. 求方程

$$xu(x)+(u,f)f(x)=\tau u(x)$$

的解 $u(x)$：

$$u(x)=\frac{(u,f)}{\tau-x}f(x).$$

要使得 u 平方可积, τ 必须为 f 的零点. 两边与 f 作内积, 消去 (u,f) 因子, 得

$$\int\frac{f^2(x)}{\tau-x}\mathrm{d}\,x=1.$$

因此, 如果我们选取函数 $f(x)$ 满足上述等式和方程"$f(\tau)=0$", 那么 $\boldsymbol{B}=\boldsymbol{A}+\boldsymbol{D}$ 有特征值 τ.

习题 7 设 n 为任意自然数, 试证存在函数 f, 使得 $\boldsymbol{A}+\boldsymbol{D}$ 有 n 个特征值. $\boldsymbol{B}$ 可能存在无限个特征值吗?

函数 f 的轻微变化会造成 $\boldsymbol{B}$ 的特征值 τ 消失. 这是因为, 尽管变化了的函数 f 在 τ 附近存在零点, 但是在一般情形下上述积分条件不一定成立. 这种现象称为*嵌在连续谱内的点谱的不稳定性*.

我们现在回来完成定理 7 的证明.

设 $\boldsymbol{D}$ 为对称迹类算子, 用 d_k 表示 $\boldsymbol{D}$ 的特征值, $\boldsymbol{f}_k$ 为相应的正规化特征向量. 由第 30 章中的 (20),

$$||\boldsymbol{D}||_{\mathrm{tr}}\geqslant\sum|d_k|,$$

并且 $\boldsymbol{D}$ 本身可以表示为

$$\boldsymbol{D}=\sum d_k(\cdot\,,\boldsymbol{f}_k)\boldsymbol{f}_k.$$

用 $\boldsymbol{D}_n$ 表示有限和

$$\boldsymbol{D}_n=\sum_1^n d_k(\cdot\,,\boldsymbol{f}_k)\boldsymbol{f}_k.$$

定义 $\boldsymbol{B}_n$ 为 $\boldsymbol{A}+\boldsymbol{D}_n$. 由我们已经证明的结果, 广义波算子 $\boldsymbol{W}_+(\boldsymbol{B}_n,\boldsymbol{B}_{n-1})$ 存在. 因此由习题 3, 波算子 $\boldsymbol{W}_+(\boldsymbol{B}_n,\boldsymbol{A})$ 存在. 为简略起见, 我们用 $\boldsymbol{W}_{n+}$ 表示波算子 $\boldsymbol{W}_+(\boldsymbol{B}_n,\boldsymbol{A})$. 用公式 (11):

$$||\,\boldsymbol{W}_{n+}\boldsymbol{u}-\boldsymbol{W}_n(a)\boldsymbol{u}||^2=-2\,\mathrm{Im}\int_a^\infty(\mathrm{e}^{\mathrm{i}t\boldsymbol{A}}\,\boldsymbol{W}_{n+}^*\boldsymbol{D}_n\mathrm{e}^{-\mathrm{i}t\boldsymbol{A}}\boldsymbol{u},\boldsymbol{u})\mathrm{d}\,t.$$

再用 $\boldsymbol{D}_n$ 的定义重写上式为

$$||\,\boldsymbol{W}_{n+}\boldsymbol{u}-\boldsymbol{W}_n(a)\boldsymbol{u}||^2=-2\,\mathrm{Im}\int_a^\infty\sum_1^n d_k(\mathrm{e}^{-\mathrm{i}t\boldsymbol{A}}\boldsymbol{u},\boldsymbol{f}_k)(\mathrm{e}^{\mathrm{i}t\boldsymbol{A}}\,\boldsymbol{W}_{n+1}^*\boldsymbol{f}_k,\boldsymbol{u})\mathrm{d}\,t.$$

先对右边的和式利用 Schwarz 不等式, 然后再对积分应用 Schwarz 不等式, 得

$$\|\boldsymbol{W}_{n+}\boldsymbol{u}-\boldsymbol{W}_n(a)\boldsymbol{u}\|\leqslant 2\left[\sum_1^n|d_k|\int_a^\infty|(\mathrm{e}^{-\mathrm{i}t\boldsymbol{A}}\boldsymbol{u},\boldsymbol{f}_k)|^2\mathrm{d}\,t\right]^{1/2}\cdot\left[\sum_1^n|d_k|\int_a^\infty|(\mathrm{e}^{\mathrm{i}t\boldsymbol{A}}\boldsymbol{f}_k^*,\boldsymbol{u})|^2\mathrm{d}\,t\right]^{1/2},\tag{14}$$

这里 $\boldsymbol{f}_k^*$ 为 $\boldsymbol{W}_{n+}^*\boldsymbol{f}_k$ 的缩写. 我们已证明 $\|\boldsymbol{f}_k^*\|\leqslant\|\boldsymbol{f}_k\|=1$.

由于使得 $\boldsymbol{W}(t)\boldsymbol{u}$ 在 $t\to\infty$ 下强收敛的向量 $\boldsymbol{u}$ 属于 $\boldsymbol{A}$ 的绝对连续空间, 所以 $\boldsymbol{u}=\boldsymbol{P}_c\boldsymbol{u}$. 在 (14) 两边, 用 $\boldsymbol{P}_c\boldsymbol{u}$ 代替 $\boldsymbol{u}$. 我们借助于事实即 $\boldsymbol{P}_c$ 与 $\mathrm{e}^{\mathrm{i}t\boldsymbol{A}}$ 可换, 用 $\boldsymbol{P}_c\boldsymbol{f}_k$ 和 $\boldsymbol{P}_c\boldsymbol{f}_k^*$ 分别代替 $\boldsymbol{f}_k$ 和 $\boldsymbol{f}_k^*$, 重写 (14) 的右边. 因此, 我们可以假设 (14) 中的 $\boldsymbol{f}_k$ 和 $\boldsymbol{f}_k^*$ 属于 $\boldsymbol{A}$ 的绝对连续空间.

用 $\boldsymbol{A}$ 的谱分解重写 (14) 右边的项:

$$(\mathrm{e}^{-\mathrm{i}t\boldsymbol{A}}\boldsymbol{u},\boldsymbol{f})=\int\mathrm{e}^{-\mathrm{i}t\lambda}\mathrm{d}\,(\boldsymbol{E}\boldsymbol{u},\boldsymbol{f})$$

和

$$(\mathrm{e}^{\mathrm{i}t\boldsymbol{A}}\boldsymbol{f}^*,\boldsymbol{u})=\int\mathrm{e}^{\mathrm{i}t\lambda}\mathrm{d}\,(\boldsymbol{E}\boldsymbol{f}^*,\boldsymbol{u}).$$

因为 $\boldsymbol{u},\boldsymbol{f}$ 和 $\boldsymbol{f}^*$ 属于 $\boldsymbol{A}$ 的绝对连续空间, 所以我们可以用 Radon-Nikodym 导数重写上述两式右边的积分为

$$\int\mathrm{e}^{-\mathrm{i}t\lambda}\frac{\mathrm{d}}{\mathrm{d}\,\lambda}(\boldsymbol{E}u,f)\,\mathrm{d}\,\lambda\ \text{和}\ \int\mathrm{e}^{-\mathrm{i}t\lambda}\frac{\mathrm{d}}{\mathrm{d}\,\lambda}(\boldsymbol{E}f^*,u)\,\mathrm{d}\,\lambda.\tag{15}$$

由 Schwarz 不等式, 得

$$\frac{\mathrm{d}}{\mathrm{d}\,\lambda}(\boldsymbol{E}\boldsymbol{u},\boldsymbol{f})\leqslant\left[\frac{\mathrm{d}}{\mathrm{d}\,\lambda}(\boldsymbol{E}\boldsymbol{u},\boldsymbol{u})\frac{\mathrm{d}}{\mathrm{d}\,\lambda}(\boldsymbol{E}\boldsymbol{f},\boldsymbol{f})\right]^{1/2}.$$

习题 8 试证此不等式.

假设向量 $\boldsymbol{u}$ 满足条件

$$\sup_\lambda\frac{\mathrm{d}}{\mathrm{d}\,\lambda}(\boldsymbol{E}\boldsymbol{u},\boldsymbol{u})<\infty,\tag{16}$$

则 Schwarz 不等式蕴含

$$\frac{\mathrm{d}}{\mathrm{d}\,\lambda}(\boldsymbol{E}\boldsymbol{u},\boldsymbol{f})\leqslant m\left[\frac{\mathrm{d}}{\mathrm{d}\,\lambda}(\boldsymbol{E}\boldsymbol{f},\boldsymbol{f})\right]^{1/2},$$

其中 m 表示上确界 (16) 的平方根. 因此 $\mathrm{d}\,(\boldsymbol{E}\boldsymbol{u},\boldsymbol{f})/\mathrm{d}\,\lambda$ 平方可积, 从而由 Parseval 定理, (15) 中的第一个积分为 t 的平方可积函数.

用 $\eta(t)$ 表示 (15) 中的第一个 (关于 t 的) 函数, 用 $\eta^*(t)$ 表示 (15) 中的第二个函数; 将它们代入 (14), 得

$$\|\boldsymbol{W}_{n+}\boldsymbol{u}-\boldsymbol{W}_n(a)\boldsymbol{u}\|\leqslant 2\left[\sum_1^n|d_k|\int_a^\infty|\eta_k|^2\mathrm{d}\,t\right]^{1/2}\left[\sum_1^n|d_k|\int_a^\infty|\eta_k^*|^2\mathrm{d}\,t\right]^{1/2}.\tag{14$'$}$$

由 Parseval 公式,

$$\int_a^{\infty}|\eta_k^*|^2\mathrm{d}\,t\leqslant\int_{-\infty}^{\infty}|\eta_k^*|^2\mathrm{d}\,t=2\pi\int_{\mathbb{R}}\left|\frac{\mathrm{d}}{\mathrm{d}\,\lambda}(\boldsymbol{Ef}^*,\boldsymbol{u})\right|^2\mathrm{d}\,\lambda$$
$$\leqslant 2\pi m^2\int\frac{\mathrm{d}}{\mathrm{d}\,\lambda}(\boldsymbol{Ef}^*,\boldsymbol{f}^*)\mathrm{d}\,\lambda=2\pi m^2||\boldsymbol{f}^*||^2\leqslant 2\pi m^2.$$

因此, 重写 (14′) 为

$$||\,\boldsymbol{W}_{n+}\boldsymbol{u}-\boldsymbol{W}_n(a)\boldsymbol{u}||\leqslant(8\pi)^{1/2}\left[\sum_1^n|d_k|\int_a^{\infty}|\eta_k|^2\mathrm{d}\,t\right]^{1/2}m||\boldsymbol{D}||_{\mathrm{tr}}^{1/2}. \tag{14''}$$

注意, 在上述不等式的推导中我们用到了事实 $\sum_1^n|d_k|\leqslant||\boldsymbol{D}||_{\mathrm{tr}}$. 用 b 代替 a, 借助于三角不等式和 (14″), 有

$$||\,\boldsymbol{W}_n(b)\boldsymbol{u}-\boldsymbol{W}_n(a)\boldsymbol{u}||\leqslant(8\pi||\boldsymbol{D}||_{\mathrm{tr}})^{1/4}m^{1/2}\left(\left[\sum_1^n|d_k|\int_a^{\infty}|\eta_k|^2\mathrm{d}\,t\right]^{1/4}\right.$$
$$\left.+\left[\sum_1^n|d_k|\int_b^{\infty}|\eta_k|^2\mathrm{d}\,t\right]^{1/4}\right).$$

令 n 趋于 ∞. 因为 $\boldsymbol{B}_n=\boldsymbol{A}+\boldsymbol{D}_n$ 一致收敛于 $\boldsymbol{B}=\boldsymbol{A}+\boldsymbol{D}$, 所以 $\boldsymbol{W}_n(a)$ 和 $\boldsymbol{W}_n(b)$ 分别一致收敛于 $\boldsymbol{W}(a)$ 和 $\boldsymbol{W}(b)$; 此时, 不等式右边趋于一个级数和. 在 $n\to\infty$ 后所得到的不等式中, 再令 a 和 b 趋于 ∞, 我们断言: 所得不等式的右边趋于 0. 此断言可以从如下事实中得到:

(i) $\int_{-\infty}^{\infty}|\eta_k(t)|^2\mathrm{d}\,t\leqslant 2\pi m^2$;

(ii) $\sum|d_k|<\infty$;

(iii) $\lim\limits_{a\to\infty}\int_a^{\infty}|\eta_k|^2\mathrm{d}\,t=0$.

综上所述, 当 $b\to\infty$ 时, $\boldsymbol{W}(b)u$ 收敛.

对于满足 (16) 的所有向量 $\boldsymbol{u}$, 上述结论也是成立的, 即当 b 趋于 ∞ 时, $\boldsymbol{W}(b)\boldsymbol{u}$ 收敛. 因此, 要完成本定理的证明, 我们还仅仅需要证明, 满足 (16) 的所有向量 $\boldsymbol{u}$ 构成了 $H^{(c)}$ 的稠密子集. 要证明此结论并不难. 设 $\boldsymbol{v}$ 为 $H^{(c)}$ 内的向量, 则测度 $(\boldsymbol{Ev},\boldsymbol{v})$ 关于 Lebesgue 测度绝对连续, 即成立

$$||\boldsymbol{v}||^2=\int\mathrm{d}\,(\boldsymbol{Ev},\boldsymbol{v})=\int\frac{\mathrm{d}}{\mathrm{d}\,\lambda}(\boldsymbol{Ev},\boldsymbol{v})\mathrm{d}\,\lambda.$$

因此 $\mathrm{d}\,(\boldsymbol{Ev},\boldsymbol{v})/\mathrm{d}\,\lambda$ 为 L^1 内的非负函数. 以 S_m 表示满足 $\mathrm{d}\,(\boldsymbol{Ev},\boldsymbol{v})/\mathrm{d}\,\lambda>m$ 的所有 λ 的集合, 令 $v_m=(\boldsymbol{I}-\boldsymbol{E}(S_m))\boldsymbol{v}$, 用 μ_m 表示测度

$$(\boldsymbol{E}v_m,v_m).$$

如果我们用 μ 表示测度 $(\boldsymbol{E}v,v)$, 则 $\mathrm{d}\,\mu_m=(1-c_S)\mathrm{d}\,\mu$, 其中 c_S 为集合 S_m 上的特征函数. 因此, 相应的 Radon-Nikodym 导数有类似的关系:

$$\frac{\mathrm{d}}{\mathrm{d}\,\lambda}(\boldsymbol{E}v_m, v_m) = (1-c_S)\frac{\mathrm{d}}{\mathrm{d}\,\lambda}(\boldsymbol{E}\boldsymbol{u}, \boldsymbol{u}).$$

由定义, 对 S_m 中的每个 λ, 有 $\mathrm{d}\,\mu/\mathrm{d}\,\lambda > m$, 所以对于所有的 λ, $\mathrm{d}\,\mu_m/\mathrm{d}\,\lambda \leqslant m$, 因此 v_m 满足 (16). 显然, 当 m 趋于 ∞ 时, v_m 趋于 v. 由此, 我们证明了满足 (16) 的所有向量构成了 $H^{(c)}$ 的稠密子集. 又因为波算子的定义域为 $H^{(c)}$ 的闭子空间, 所以当 $\boldsymbol{A}$ 和 $\boldsymbol{B}$ 相差一个迹类算子时, 广义波算子 $\boldsymbol{W}_+(\boldsymbol{B}, \boldsymbol{A})$ 存在. □

当然, 广义波算子 $\boldsymbol{W}_-(\boldsymbol{B}, \boldsymbol{A})$ 也是存在的. 又因为 $\boldsymbol{A}$ 和 $\boldsymbol{B}$ 在定理假设中的作用是对称的, 所以波算子 $\boldsymbol{W}_+(\boldsymbol{A}, \boldsymbol{B})$也存在. 因此, $\boldsymbol{A}$ 和 $\boldsymbol{B}$ 的绝对连续部分酉等价.

37.4 波算子的不变性

本节将推广 37.3 节的主要结果. 设 $\phi(\lambda)$ 是一个满足如下性质的实值函数:

(i) ϕ 分段可微;

(ii) ϕ' 是正的、连续的、局部有界变差函数.

定理 8 (Birman-Kato) *设 $\boldsymbol{A}$ 和 $\boldsymbol{B}$ 为定义在 Hilbert 空间 H 内的两个自伴算子, ϕ 为满足上述性质的函数. 若 $\boldsymbol{A}$ 和 $\boldsymbol{B}$ 相差一个迹类算子, 则波算子 $\boldsymbol{W}_\pm(\phi(\boldsymbol{B}), \phi(\boldsymbol{A}))$ 存在且它们与 ϕ 无关.*

由于波算子 $\boldsymbol{W}_\pm(\phi(\boldsymbol{A}), \phi(\boldsymbol{B}))$ 存在, 所以 $\phi(\boldsymbol{A})$ 和 $\phi(\boldsymbol{B})$ 的绝对连续部分酉等价.

由条件 (ii), ϕ 为单调函数. 注意即使 ϕ 不是单调函数, 我们同样可以证明 $\boldsymbol{W}_\pm(\phi(\boldsymbol{B}), \phi(\boldsymbol{A}))$ 的存在性; 但是在此种情形下, 这些波算子不再等于 $\boldsymbol{W}_\pm(\boldsymbol{B}, \boldsymbol{A})$.

关于这些结果的证明, 我们可参见 Kato 的书.

37.5 位 势 散 射

本节将为 37.3 节所建立和发展的抽象理论提供一个具体的例子. 令 $H = L^2(\mathbb{R}^3)$, $\boldsymbol{A} = -\Delta$, 即负 Laplace 算子, $\boldsymbol{B} = -\Delta + q$, 其中 q 为实函数. 我们考虑最简单的情形即位势函数q 为平方可积的有界函数的情形.

定理 9 *若 q 为平方可积的有界实函数, 则波算子 $\boldsymbol{W}_\pm(\boldsymbol{B}, \boldsymbol{A})$ 存在.*

证明 众所周知, Fourier 变换为 $-\Delta$ 的谱表示并且 $-\Delta$ 的谱为绝对连续的、充满实数集 $\mathbb{R}$ 且有无限重数. 我们将借助于定理 5. 令 J 为 H 中所有形如 $\mathrm{e}^{-(x-a)^2/2}$, $a \in \mathbb{R}^3$, 的函数所生成的子空间. 对于函数 $u(x) = \mathrm{e}^{-(x-a)^2/2}$, 求方程 $u_t = -\mathrm{i}\boldsymbol{A}u = \mathrm{i}\Delta u$ 的解 $u(x,t)$. 先作 Fourier 变换

$$\widetilde{u}_t = -\mathrm{i}\xi^2\widetilde{u}, \quad \widetilde{u}(0) = \mathrm{e}^{-\xi^2/(2+\mathrm{i}a\cdot\xi)};$$

因此 $\widetilde{u}(\xi,t) = \mathrm{e}^{-(2\mathrm{i}t+1)\xi^2/2+\mathrm{i}a\cdot\xi}$. 再取 Fourier 逆, 得

$$u(x,t) = \mathrm{e}^{-\mathrm{i}t\boldsymbol{A}}u(x) = (1+2\mathrm{i}t)^{-3/2}\mathrm{e}^{-(x-a)^2/(2+4\mathrm{i}t)}.$$

显然, 向量 $\mathrm{e}^{-\mathrm{i}t\boldsymbol{A}}\boldsymbol{u}$ 属于 $\boldsymbol{A}$ 和 $\boldsymbol{B}$ 的公共定义域, 即定理 5 中的条件 (i) 成立. 由于

$$||(\boldsymbol{B}-\boldsymbol{A})\mathrm{e}^{-\mathrm{i}t\boldsymbol{A}}\boldsymbol{u}|| = ||q\boldsymbol{u}(x,t)|| \leqslant ||q||\,|1+2\mathrm{i}t|^{-3/2},$$

所以 $||(\boldsymbol{B}-\boldsymbol{A})\mathrm{e}^{-\mathrm{i}t\boldsymbol{A}}\boldsymbol{u}||$ 为 t 的连续函数且在整个 t 轴上可积; 因此定理 5 中的条件 (ii) 和 (iii) 成立.

我们还需证明 J 在 H 中的稠密性. 根据第 6 章中的定理 7, 我们只需证明, H 中的与形如 $\mathrm{e}^{-(x-a)^2/2}$ 的所有函数正交的任意函数 $f(x)$ 为 0. 要证明这一点, 我们将正交条件重写为

$$0 = \int f(y+a)\mathrm{e}^{-y^2/2}\mathrm{d}\,y = \int \mathrm{e}^{\mathrm{i}a\xi}\widetilde{f}(\xi)\mathrm{e}^{-\xi^2/2}\mathrm{d}\,\xi,$$

其中在第一步应用了变量替换 $x-a=y$, 在第二步用到了 Parseval 关系. 由最后一个方程知, $\widetilde{f}(\xi)\mathrm{e}^{-\xi^2}/2$ 的 Fourier 逆恒为 0, 从而 $\widetilde{f}(\xi)\mathrm{e}^{-\xi^2/2}$ 恒为 0. 因此 $\widetilde{f}(\xi)$ 和 $f(x)$ 恒为 0. □

由定理 9, $-\Delta$ 和 $\boldsymbol{B} = -\Delta + q$ 在 $\boldsymbol{B}$ 的一个不变子空间上酉等价. 特别地, $-\Delta+q$ 的连续谱包含了整个正实轴, 且谱有无限重数.

定理 9 中的 "q 为平方可积" 的限制条件可以被放松. 关于这个更强的结论, 参见 Kato 的书. 可是, 如果仅仅要求 q 为有界函数, 那么 $\Delta+q$ 依概率 1 存在一个纯点谱. 这是固态物理中的一个重要结果, 称为 Anderson 局部化. 读者可以参看文献 Fröhlich 和 Spencer.

另一方面, 若 $|x|\to\infty$ 时, 位势函数 $q(x)$ 快速趋于 0, 那么, 对 $\lambda<0$, $(\lambda-\boldsymbol{A})^{-1}$ 和 $(\lambda-\boldsymbol{B})^{-1}$ 相差一个迹类算子. 因此, 由定理 8, 波算子 $\boldsymbol{W}_\pm(\boldsymbol{B},\boldsymbol{A})$ 和 $\boldsymbol{W}_\pm(\boldsymbol{A},\boldsymbol{B})$ 存在, 从而 $-\Delta$ 酉等价于 $-\Delta+q$ 的绝对连续部分.

37.6 散射算子

令 $\boldsymbol{B}$ 为 $\boldsymbol{A}$ 的扰动, 假设广义波算子 $\boldsymbol{W}_\pm(\boldsymbol{B},\boldsymbol{A})$ 存在并且它将 $\boldsymbol{A}$ 的绝对连续部分映为 $\boldsymbol{B}$ 的绝对连续部分, 由 (9′) 得,

$$\boldsymbol{W}_+\boldsymbol{A} = \boldsymbol{B}\boldsymbol{W}_+, \quad \boldsymbol{W}_-\boldsymbol{A} = \boldsymbol{B}\boldsymbol{W}_-.$$

由此, 我们导出

$$\boldsymbol{W}_-^{-1}\boldsymbol{W}_+\boldsymbol{A} = \boldsymbol{W}_-^{-1}\boldsymbol{B}\boldsymbol{W}_+ = \boldsymbol{A}\boldsymbol{W}_-^{-1}\boldsymbol{W}_+;$$

换句话说, 算子 $\boldsymbol{W}_-^{-1}\boldsymbol{W}_+$ 和 $\boldsymbol{A}$ 交换. 我们称算子 $\boldsymbol{W}_-^{-1}\boldsymbol{W}_+$ 为散射算子, 以 $\boldsymbol{S}$ 表示.

散射算子的物理意义如下所述.

若将算子 $\boldsymbol{A}$ 和 $\boldsymbol{B}$ 分别看作是非扰动的和扰动后的 Shrödinger 算子, 并假设在距离很远的地方, 扰动将被忽略. 例如, 37.5 节中讨论的算子 $\boldsymbol{A}$ 和 $\boldsymbol{B}$ 就是这样的算子对, 其中要求当 $x\to\infty$ 时, 位势函数 $q(x)$ 趋于 0. 对充分大的正时间 t, 大部

分信号已传播到很远的地方以至于信号 $\mathrm{e}^{\mathrm{i}t\boldsymbol{B}}u$ 与受非扰动方程控制的信号 $\mathrm{e}^{-\mathrm{i}t\boldsymbol{A}}+$ 差别很小. 类似地, 对充分大的负时间 t, 两信号 $\mathrm{e}^{\mathrm{i}t\boldsymbol{B}}u$ 和 $\mathrm{e}^{\mathrm{i}t\boldsymbol{A}}u_-$ 差别也很小. 令 $t\to\pm\infty$, 则下列两极限存在:

$$u_+ = \lim_{t\to\infty} \mathrm{e}^{-\mathrm{i}t\boldsymbol{A}}\mathrm{e}^{\mathrm{i}t\boldsymbol{B}}u = \boldsymbol{W}_-^{-1}u$$

和

$$u_- = \lim_{t\to-\infty} \mathrm{e}^{-\mathrm{i}t\boldsymbol{A}}\mathrm{e}^{\mathrm{i}t\boldsymbol{B}}u = \boldsymbol{W}_+^{-1}u.$$

连接 u_- 和 u_+ 的正是散射算子 $\boldsymbol{W}_-^{-1}\boldsymbol{W}_+$. 因此, 遥远过去的被扰动系统的状态与其模糊将来的状态是由散射算子连接起来的.

Møller 在 1945 年对散射过程的这种与时间有关的动态写照进行了描述. 1937 年, John Wheeler 研究了散射理论的静态性质; 1943 年, Heisenberg 对此进行了详细阐述, 其原因是物理理论处理的量仅仅是可观察的量. 人们无法测量作用在一个核子周围的电子上的作用力, 物理实验测量的仅仅是在原子时间标度下发生在 $t=\infty$ 时的结果, 并将这些结果与系统在 $t=-\infty$ 时的状态进行比较. 散射理论的任务就是由散射算子重现原子的作用力. 我们可参见 Ludivg Faddeev 的评论以及 Reed 和 Simon 的第 2 卷.

因为 $\boldsymbol{S}$ 和 $\boldsymbol{A}$ 交换, 所以 $\boldsymbol{S}$ 的自然刻画应体现在 $\boldsymbol{A}$ 的谱表示中. 在该表示中, $\boldsymbol{S}$ 为乘法算子. 37.7 节我们将在稍微不同的情形下详细阐述它.

历史注记　1930 年, Heisenberg 在芝加哥大学作新量子力学的演讲. 那时他的助手是美国年轻的物理学家 Frank Hoyt, 其任务就是帮助 Heisenberg 准备英语演讲稿. 第二次世界大战期间, Hoyt 参加了制造核武器的 Manhattan 计划, 他的其中一个任务就是仔细检查 Heisenberg 在战争期间的出版物, 看看这些成果是否可以成为爆炸研究的“副产品”. Hoyt 完整地研究了 Heisenberg 在 1943 年发表的有关散射理论的两篇论文. 正如他后来告诉我的一样, 最后得出的结论是: 这些理论与核武器的研究毫无关系. 或许正是这一结论拯救了 Heisenberg 的生命, 因为 OSS(即 CIA 在战争期间的前身) 一直在训练间谍要暗杀他.

37.7　Lax-Phillips 散射理论

本节和 36.4 节的背景是一样的: 作用在可分 Hilbert 空间 H 上的酉算子群 $\boldsymbol{U}(t)$, 一对相互正交的入子空间 F_-和出子空间 F_+, 它们分别满足 36.4 节中的 (27a)～(27c) 和 (28a)～(28c):

$$\text{每个 } \boldsymbol{U}(t) \text{ 将 } F_- \text{ 映入 } F_- \text{ 内}, \quad t<0, \tag{17a}$$

$$\text{所有 } \boldsymbol{U}(t)F_-, \text{ 的交为 } \{0\}, \tag{17b}$$

$$\text{所有 } \boldsymbol{U}(t)F_-, \text{ 的并在 } H \text{ 内稠密}. \tag{17c}$$

对于出子空间 F_+, 我们只需改变 (17a) 中 t 的符号即可得到类似的性质.

本节要借助于第 35 章中的平移表示定理 7. 该定理是说, 若上述三个条件满足, 则 H 等距表示为 Hilbert 空间 $L^2(N,\mathbb{R})$, 使得 $\boldsymbol{U}(t)$ 的作用被表示为 t 所作的右平移作用. 此外, 入子空间 F_- 被表示为子空间 $L^2(N,\mathbb{R}_-)$. 同样, 对出子空间 F_+, H 有出表示 $L^2(N,\mathbb{R})$, 使得 $\boldsymbol{U}(t)$ 被表示为平移, F_+ 被表示为子空间 $L^2(N,\mathbb{R}_+)$. 因为出现在入表示和出表示中的两个辅助空间 N 的维数都等于酉算子群 $\boldsymbol{U}(t)$ 的生成元的谱重数, 所以我们可以令这两个辅助空间为同一个 Hilbert 空间 N.

设 $\boldsymbol{u}$ 为 H 中的向量, k_- 和 k_+ 分别是 $\boldsymbol{u}$ 的入表示和出表示, 定义 $\boldsymbol{S}$ 为连接 k_- 和 k_+ 的算子:

$$\boldsymbol{S}k_- = k_+. \tag{18}$$

我们称 $\boldsymbol{S}$ 为关联于 $\boldsymbol{U}(t)$, F_- 和 F_+ 的散射算子.

在文献 Lax-Phillips 的散射理论中的第 II 章, 我们证明了如何构造一个非扰动酉算子群 $\boldsymbol{U}_0(t)$, 使得在 37.6 节中, 用连接 $\boldsymbol{U}_0$ 和 $\boldsymbol{U}$ 的波算子而定义的散射算子与 (18) 定义的散射算子相同.

定理 10 设 $\boldsymbol{U}(t)$ 为酉算子群, F_- 和 F_+ 分别是两个相互正交的入子空间和出子空间, $\boldsymbol{S}$ 为 (18) 定义的散射算子, 则

(i) $\boldsymbol{S}$ 为酉算子;

(ii) $\boldsymbol{S}$ 与平移交换;

(iii) $\boldsymbol{S}$ 将 $L^2(N,\mathbb{R}_-)$ 映入自身.

证明

(i) 因为 k_- 和 k_+ 为 u 的两个等距表示, 所以 $||k_-|| = ||k_+|| = ||u||$. 因此 $\boldsymbol{S}$ 是一个等距. 又 $\boldsymbol{S}$ 为满射, 所以 $\boldsymbol{S}$ 是一个酉算子.

(ii) 因为 $k_-(x-t)$ 和 $k_+(x-t)$ 都表示 $\boldsymbol{U}(t)\boldsymbol{u}$, 所以 $\boldsymbol{S}$ 将 k_- 的平移映为 k_+ 的同一个平移.

(iii) 由入表示, $L^2(N,\mathbb{R}_-)$ 中的每个 k_- 都是 F_- 中的某个向量 $\boldsymbol{u}$ 的入表示. 由于向量 $\boldsymbol{u}$ 与 F_+ 正交, 所以 $\boldsymbol{u}$ 的出表示 k_+ 与 F_+ 的出表示空间 $L^2(N,\mathbb{R}_+)$ 正交. 因此, k_+ 属于 $L^2(N,\mathbb{R}_-)$. □

性质 (iii) 称为因果率; 我们可以用下列语言解释它: k_+ 在 $\mathbb{R}_+$ 上的值依赖于 k_- 在 $\mathbb{R}_-$ 上的值.

$\boldsymbol{S}$ 的伴随 $\boldsymbol{S}^*$ 有类似的性质:

(i) $\boldsymbol{S}^*$ 为酉算子;

(ii) $\boldsymbol{S}^*$ 与平移交换;

(iii) $\boldsymbol{S}^*$ 将 $L^2(N,\mathbb{R}_+)$ 映入自身.

设 $\boldsymbol{u}$ 为 H 中的向量, 令 k_- 和 k_+ 分别为 $\boldsymbol{u}$ 的入平移表示和出平移表示. 若用 f_- 和 f_+ 分别表示 k_- 和 k_+ 的 Fourier 变换, 则称 f_- 和 f_+ 为 u 的入谱表示

和出谱表示. 定义算子:

$$\mathcal{S}f_- = f_+. \tag{19}$$

定理 10′

(i′) $\mathcal{S}$ 为酉算子;

(ii′) $\mathcal{S}$ 与有界可测函数所作的乘法算子交换;

(iii′) $\mathcal{S}$ 将 $L^2(N,\mathbb{R}_-)$ 的 Fourier 变换映入自身.

证明　(i′) 因为 $\boldsymbol{S}$ 为酉算子, 所以它的 Fourier 变换也是酉算子. 故 (i′) 得证.

(ii′) Fourier 变换将 a 所作的平移算子变换为 $\mathrm{e}^{\mathrm{i}a\lambda}$ 所作的乘法算子. 因此, 由定理 10 的 (ii), $\mathcal{S}$ 与 $\mathrm{e}^{\mathrm{i}a\lambda}$ 所作的乘法算子交换. 对于任给的有界可测函数 $b(\lambda)$, 我们用形如 $b_n(\lambda)=\sum_1^n c_j\mathrm{e}^{\mathrm{i}a_j\lambda}$ 的函数列 $\{b_n(\lambda)\}$ 逼近 $b(\lambda)$, 则 $\lim b_n(\lambda)=b(\lambda)$ a.e, 且 $b_n(\lambda)$ 在 $\mathbb{R}$ 上一致有界. 因此, 对于 $L^2(N,\mathbb{R})$ 内的任意函数 f, $\{b_nf\}$ 和 $\{b_n\mathcal{S}f\}$ 依 $L^2(N,\mathbb{R})$ 范数分别收敛于 bf 和 $b\boldsymbol{\mathcal{S}}f$. 因为 $\mathcal{S}$ 有界, 所以 $\{\mathcal{S}b_nf\}$ 收敛于 $\mathcal{S}bf$. 又 $b_n\mathcal{S}f=\mathcal{S}b_nf$, 所以 $\mathcal{S}bf=b\mathcal{S}f$, 即 (ii′) 得证.

(iii′) 为定理 10 中的 (iii) 在谱表示中的重述. □

设 k 为支撑在 $\mathbb{R}_-$ 上的 L^2 函数, 则 k 的 Fourier 变换 f 可以被延拓为下半复平面 $\mathbb{C}_-$ 内的解析函数:

$$f(\zeta)=\frac{1}{\sqrt{2\pi}}\int_{-\infty}^{0}k(x)\mathrm{e}^{\mathrm{i}\zeta x}\mathrm{d}\,x, \tag{20}$$

这里 $\zeta=\lambda+\mathrm{i}\eta,\eta<0$.

定理 11(Paley-Wiener)　设 k 为 $L^2(N,\mathbb{R}_-)$ 内的函数, 则 k 的 Fourier 变换 f 为 $L^2(N,\mathbb{R})$ 内的向量值函数, 且存在 f 到下半平面 $\mathbb{C}_-$ 内的满足下列性质的解析延拓 $f(\zeta)$:

(i) 对于固定的 $\eta<0$, $f(\lambda+\mathrm{i}\eta)$ 为 λ 的向量值 L^2 函数, 当 η 趋于负无穷时, $||f(\cdot+\mathrm{i}\eta)||$ 趋于 0.

(ii) 当 η 趋于 0 时, $f(\cdot+\mathrm{i}\eta)$ 依 L^2 范数趋于 f.

反之, 满足性质 (i) 和 (ii) 的任意函数 f 都是 $L^2(N,\mathbb{R}_-)$ 内某一函数的 Fourier 变换.

数值函数情形的证明仅仅需要借助于 Cauchy 积分定理, 我们将在第 38 章中给出. 由数值函数到向量值函数情形的推广, 像通常的方法一样, 也是直接的.

若用 H_- 和 H_+ 分别表示 $L^2(N,\mathbb{R}_-)$ 和 $L^2(N,\mathbb{R}_+)$ 的 Fourier 变换, 则 H_+ 中的函数有类似于定理 11 的刻画, 即 H_+ 是由 $L^2(N,\mathbb{R})$ 内的可以解析延拓到上半平面内 $\mathbb{C}_+$ 内且满足类似于定理 11 中的性质 (i) 和 (ii) 的向量值函数组成的空间.

定理 12　由 (19) 定义的算子 $\mathcal{S}$ 可以被实现为算子值函数 $\mathcal{M}(\lambda)$ 所作的乘法算子, 其中每个 $\mathcal{M}(\lambda)$ 是 N 到自身内的线性算子.

(i) 对几乎所有的实数 λ, $\mathcal{M}(\lambda)$ 都是酉算子;

(ii) $\mathcal{M}(\lambda)$ 为 $\mathbb{C}_-$ 内的全纯算子值函数 $\mathcal{M}(\zeta)$ 的边界值;

(iii) 对 $\mathbb{C}_-$ 内的每个复数 ζ, $\mathcal{M}(\zeta): N \to N$ 是可缩算子.

函数 $\mathcal{M}(\zeta)$ 称为散射矩阵.

证明 我们首先证明 (i) 和 (iii). 设 $\boldsymbol{u}$ 为 F_- 中的向量, 则由定理 10′ 中的 (iii′), $\boldsymbol{u}$ 的入谱表示 f_- 和出谱表示 f_+ 都属于 H_-. 因此, f_- 和 f_+ 为 $\mathbb{C}_-$ 内的解析向量值函数.

我们断言, 对复数 $\zeta \in \mathbb{C}_-$和函数 $f_- \in H_-$, $f_+(\zeta)$ 的值由 $f_-(\zeta)$ 的值确定. 要证明这一点, 我们只需证明: 若 $f_-(\zeta) = 0$, 则 $f_+(\zeta) = 0$. 将这样的函数 f_- 分解:

$$f_-(\lambda) = \frac{\lambda - \zeta}{\lambda + \zeta} g(\lambda).$$

由 Paley-Wiener 定理 (即定理 11), g 属于 H_-. 又因为 $\mathcal{S}$ 与 $\mathbb{R}$ 上的有界函数所作的乘法算子可换, 故

$$f_+(\lambda) = \mathcal{S} f_- = \mathcal{S} \frac{\lambda - \zeta}{\lambda + \zeta} g = \frac{\lambda - \zeta}{\lambda + \zeta} \mathcal{S} g.$$

因为 g 属于 H_-, 所以由定理 10′, $\mathcal{S}g$ 也属于 H_-. 在上述关系中令 $\lambda = \zeta$, 则 $f_+(\zeta) = 0$.

由上述断言, $f_+(\zeta)$ 和 $f_-(\zeta)$ 之间的关系确定了 N 到自身内的一个线性映射, 用 $\mathcal{M}(\zeta)$ 表示此映射:

$$\mathcal{M}(\zeta) f_-(\zeta) = f_+(\zeta). \tag{21}$$

要证明 $\mathcal{M}(\zeta)$ 是强解析的, 对 N 中的向量 $\boldsymbol{n}$, 令 $f_-(\lambda) = \boldsymbol{n}/(\lambda - \mathrm{i})$, 则 f_- 和 f_+ 都属于 H_-. 将这一对函数代入 (21):

$$\frac{1}{\zeta - \mathrm{i}} \mathcal{M}(\zeta) \boldsymbol{n} = f_+(\zeta).$$

因为 $f_+(\zeta)$ 在 $\mathcal{C}_-$内解析, 所以 $\mathcal{M}(\zeta)\boldsymbol{n}$ 解析.

(iii) 令 ζ 属于 $\mathbb{C}_-$, n 属于 N, 定义

$$k_+(x) = \begin{cases} \mathrm{e}^{\mathrm{i}\zeta x} n, & x < 0, \\ 0, & 0 < x. \end{cases} \tag{22}$$

对于任意正数 r, 则

$$k_+(x - r) = \mathrm{e}^{-\mathrm{i}\zeta r} \mathrm{e}^{\mathrm{i}\zeta x} \boldsymbol{n}, \quad x < r. \tag{22′}$$

将 (22) 代入 (22′):

$$k_+(x - r) - \mathrm{e}^{-\mathrm{i}\zeta r} k_+(x) = 0, \quad x < 0. \tag{23}$$

定义

$$k_- = \boldsymbol{S}^* k_+. \tag{24}$$

因为 $\boldsymbol{S}^*$ 与平移可换且 $\boldsymbol{S}^*$ 将 $L^2(N, \mathbb{R}_+)$ 映入自身内, 所以由 (23), 对于任意正数 r,

$$k_-(x-r)-\mathrm{e}^{-\mathrm{i}\zeta r}k_-(x)=0,\quad x<0. \tag{23'}$$

该式蕴含了

$$k_-(x)=\mathrm{e}^{\mathrm{i}\zeta x}\boldsymbol{m},\quad x<0, \tag{22''}$$

其中 $\boldsymbol{m}$ 为 N 中的某一向量. 同先前一样, 我们定义入谱表示 f_- 和出谱表示 f_+:

$$f_-=\boldsymbol{F}k_-,\quad f_+=\boldsymbol{F}k_+,$$

这里 $\boldsymbol{F}$ 为 Fourier 变换. 用公式 (22) 和 (22''), 我们得到

$$f_+(\lambda)=\frac{1}{\sqrt{2\pi}}\int_{-\infty}^{0}\mathrm{e}^{\mathrm{i}(\lambda+\zeta)x}n\,\mathrm{d}\,x=\frac{-\mathrm{i}}{\sqrt{2\pi}}\frac{n}{\lambda+\zeta} \tag{25}$$

和

$$f_-(\lambda)=\frac{-\mathrm{i}}{\sqrt{2\pi}}\frac{m}{\lambda+\zeta}+a_+(\lambda), \tag{25'}$$

这里 a_+ 为 k_- 限制在 $\mathbb{R}_+$ 上的 Fourier 变换. 因此, a_+ 属于 H_+.

设 $\boldsymbol{p}$ 为 N 中的向量, 用公式 (25), 我们得到

$$\left(f_+,\frac{\boldsymbol{p}}{\lambda+\zeta}\right)=\frac{-\mathrm{i}}{\sqrt{2\pi}}\int\frac{(\boldsymbol{n},\boldsymbol{p})_N}{(\lambda+\zeta)(\lambda+\overline{\zeta})}\,\mathrm{d}\,\lambda.$$

由残数的计算, 可以导出

$$\left(f_+,\frac{\boldsymbol{p}}{\lambda+\zeta}\right)=-\sqrt{2\pi}\frac{(\boldsymbol{n},\boldsymbol{p})_N}{2\mathrm{Im}\ \zeta}. \tag{26}$$

类似地, 用 (25'), 我们得到

$$\left(f_-,\frac{\boldsymbol{p}}{\lambda+\zeta}\right)=\frac{-\mathrm{i}}{\sqrt{2\pi}}\int\frac{(\boldsymbol{m},\boldsymbol{p})_N}{(\lambda+\zeta)(\lambda+\overline{\zeta})}\,\mathrm{d}\,\lambda+\int\frac{(a_+(\lambda),\boldsymbol{p})_N}{(\lambda+\overline{\zeta})}\,\mathrm{d}\,\lambda.$$

因为 a_+ 属于 H_+, 所以我们可以改变右边第二个积分的积分路线, 由实轴替换为 $\lambda+\mathrm{i}\kappa,\kappa>0$; 再利用 Schwarz 不等式估计此积分, 则当 κ 趋于 ∞ 时, 第二个积分趋于 0. 因此, 我们得到

$$\left(f_-,\frac{\boldsymbol{p}}{\lambda+\zeta}\right)=-\sqrt{2\pi}\frac{(\boldsymbol{m},\boldsymbol{p})_N}{2\mathrm{Im}\ \zeta}. \tag{26'}$$

用 (24) 的 Fourier 变换: $f_-=\mathcal{S}^*f_+$ 和 (25), 我们将 (26') 改写为

$$\begin{aligned}\left(\frac{p}{\lambda+\zeta},f_-\right)&=\left(\frac{\boldsymbol{p}}{\lambda+\zeta},\mathcal{S}^*f_+\right)\\&=\left(\mathcal{S}\left(\frac{\boldsymbol{p}}{\lambda+\zeta}\right),f_+\right)=\frac{\mathrm{i}}{\sqrt{2\pi}}\int\left(\mathcal{S}\left(\frac{\boldsymbol{p}}{\lambda+\zeta}\right),\boldsymbol{n}\right)_N\frac{\mathrm{d}\,\lambda}{\lambda+\overline{\zeta}}.\end{aligned}$$

因为 $p/(\lambda+\zeta)$ 属于 H_-, 所以 $\mathcal{S}(p/(\lambda+\zeta))$ 也属于 H_-. 因此, 上述被积函数以 $-\overline{\zeta}$ 为简单极点, 是下半平面内的亚纯函数. 将积分路线由实轴替换为 $\lambda+\kappa$, 然后令 κ 趋于 $-\infty$. 用 (21), 我们得到

$$\left(\frac{\boldsymbol{p}}{\lambda+\zeta},f_-\right)=\sqrt{2\pi}(\mathcal{M}(-\overline{\zeta})\boldsymbol{p},\boldsymbol{n})_N\frac{1}{2\mathrm{Im}\zeta}. \tag{27}$$

比较 (27) 和 (26′), 得

$$(\boldsymbol{m},\boldsymbol{p})_N=(\boldsymbol{n},\mathcal{M}(-\bar{\zeta})\boldsymbol{p})_N=(\mathcal{M}^*(-\bar{\zeta})\boldsymbol{n},\boldsymbol{p})_N.$$

由 $\boldsymbol{p}$ 在 N 中的任意性, 得

$$\boldsymbol{m}=\mathcal{M}^*(-\bar{\zeta})\boldsymbol{n}. \tag{28}$$

下面估计 $\boldsymbol{m}$ 的范数. 对 (26′) 的左边应用 Schwarz 不等式, 得

$$\frac{\sqrt{2\pi}}{2|\mathrm{Im}\zeta|}|(\boldsymbol{m},\boldsymbol{p})_N|\leqslant||f_-||\left|\left|\frac{\boldsymbol{p}}{\lambda+\zeta}\right|\right|. \tag{29}$$

用 f_- 的定义 $\boldsymbol{F}k_-$、公式 (24) 和 $\mathcal{S}^*$ 为酉算子的事实, 得

$$||f_-||=||k_-||=||\mathcal{S}^*k_+||=||k_+||. \tag{30}$$

由 k_+ 的定义 (22), 有

$$||k_+||^2=\int_0^\infty|\mathrm{e}^{\mathrm{i}\zeta x}|^2\,\mathrm{d}\,x|\boldsymbol{n}|_N^2=\frac{1}{2|\mathrm{Im}\zeta|}|\boldsymbol{n}|_N^2. \tag{30′}$$

计算

$$\left|\left|\frac{\boldsymbol{p}}{\lambda+\zeta}\right|\right|^2=\int\frac{\mathrm{d}\,\lambda}{|\lambda+\zeta|^2}|\boldsymbol{p}|_N^2=\frac{\pi}{|\mathrm{Im}\zeta|}|\boldsymbol{p}|_N^2. \tag{30″}$$

将 (30), (30′) 和 (30″) 代入 (29) 的右边, 得

$$|(\boldsymbol{m},\boldsymbol{p})_N|\leqslant|\boldsymbol{n}|_N|\boldsymbol{p}|_N.$$

由 $\boldsymbol{p}$ 的任意性知, $|\boldsymbol{m}|_N\leqslant|\boldsymbol{n}|_N$. 因此, 由 (28), $|\mathcal{M}^*(-\bar{\zeta})|_N\leqslant 1$, 此蕴含 $|\mathcal{M}(-\bar{\zeta})|_N\leqslant 1$. 性质 (iii) 得证.

注意 $(\mathcal{M}(\zeta)\boldsymbol{n},\boldsymbol{p})$ 为 $\mathbb{C}_-$ 内的有界解析函数. 由解析函数理论的一个基本结果, 极限

$$\lim_{\eta\to 0}(\mathcal{M}(\lambda+\mathrm{i}\eta)\boldsymbol{n},\boldsymbol{p})_N\quad \eta<0, \tag{31}$$

关于实数 λ 几乎处处存在. 令向量 $\boldsymbol{n}$ 和 $\boldsymbol{p}$ 取遍 N 的一个可数稠密子集. 由于 $|\mathcal{M}(\zeta)|\leqslant 1$, 所以对 N 中所有向量 $\boldsymbol{n}$ 和 $\boldsymbol{p}$ 以及几乎所有实数 λ, 极限 (31) 成立. 用 $\mathcal{M}(\lambda)$ 表示弱极限 (31); 显然 $|\mathcal{M}(\lambda)|\leqslant 1$ a.e. λ.

对 N 中的向量 $\boldsymbol{n}$, 函数 $f_-(\lambda)=\boldsymbol{n}/(\lambda-\mathrm{i})$ 属于 H_-. 因此, $f_-(\lambda)$ 是 H_- 中的某个函数 u 的入谱表示. 此时, u 的出谱表示 f_+ 也属于 H_-. 在 (21) 中, 令 $\zeta=\lambda+i\eta$:

$$\frac{1}{\lambda+\mathrm{i}\eta-\mathrm{i}}\mathcal{M}(\lambda+\mathrm{i}\eta)\boldsymbol{n}=f_+(\lambda+\mathrm{i}\eta),\quad \eta<0. \tag{21′}$$

令 $\eta\to 0$, 右边依 $L^2(N,\mathbb{R})$ 范数趋于 f_+, 所以左边也趋于 f_+. 由此, 不难导出 $\mathcal{M}(\lambda+\mathrm{i}\eta)n$ 关于实数 λ 几乎处处 强收敛于$\mathcal{M}(\lambda)\boldsymbol{n}$. 因此, $f_+(\lambda)=1/(\lambda-i)\mathcal{M}(\lambda)\boldsymbol{n}$ a.e. λ.

因为 $\mathcal{S}$ 是一个等距, 所以由 (21′) 得

$$||f_-||^2=\left|\left|\frac{\boldsymbol{n}}{\lambda-\mathrm{i}}\right|\right|^2=|\boldsymbol{n}|_N^2\int\frac{1}{|\lambda-\mathrm{i}|^2}\,\mathrm{d}\,\lambda=||f_+||^2=\int\frac{1}{|\lambda-\mathrm{i}|^2}|\mathcal{M}(\lambda)\boldsymbol{n}|_N^2\,\mathrm{d}\,\lambda.$$

又 $|\mathcal{M}(\lambda)| \leqslant 1$ a.e. λ, 所以 $|\mathcal{M}(\lambda)n|_N = |n|_N$ a.e. λ.

$\mathcal{S}$ 是 $\mathcal{M}(\lambda)$ 所作的乘法算子, 因此 $\mathcal{S}^*$ 是 $\mathcal{M}^*(\lambda)$ 所作的乘法算子. 又 $\mathcal{S}^*$ 为等距, 所以 $\mathcal{M}^*(\lambda)$ 几乎处处是等距, 从而 $\mathcal{M}(\lambda)$ 几乎处处为酉算子. 综上所述, 我们完成了定理 12 的证明. □

注意, $\mathcal{M}^*(\lambda)$ 为亚纯函数 $\mathcal{M}^*(\overline{\zeta})$, $\lambda \in \mathbb{C}_+$, 的边界值函数.

37.8 散射矩阵的零点

首先回顾一下 36.4 节中的 Lax-Phillips 半群

$$\boldsymbol{Z}(t) = \boldsymbol{P}_+ \boldsymbol{U}(t) \boldsymbol{P}_-,$$

其中 $\boldsymbol{P}_-$ 和 $\boldsymbol{P}_+$ 分别是 H 到 F_- 的正交补和 F_+ 的正交补上的投影, F_- 和 F_+ 为一对相互正交的入子空间和出子空间. 半群 $\boldsymbol{Z}(t)$ 作用在 Hilbert 空间 $K = H \ominus F_- \ominus F_+$ 上.

因为半群 $\boldsymbol{Z}$ 和散射矩阵有相同的成份, 所以它们之间肯定存在某种关系. 本节用 $\boldsymbol{G}$ 表示 $\boldsymbol{Z}(t)$ 的无穷小生成元.

定理 13 实部小于零的复数 γ: $\mathrm{Re}\gamma < 0$, 属于 $\boldsymbol{G}$ 的点谱, 当且仅当 $\mathcal{M}^*(i\overline{\gamma})$ 有非平凡的零空间.

证明 假设复数 γ, $\mathrm{Re}\gamma < 0$, 为 $\boldsymbol{G}$ 的特征值, 令 $\boldsymbol{u}$ 为相应的特征向量:

$$\boldsymbol{G}\boldsymbol{u} = \gamma \boldsymbol{u}, \quad \boldsymbol{Z}(t)\boldsymbol{u} = \mathrm{e}^{\gamma t}\boldsymbol{u}. \tag{32}$$

令 k_+ 为 $\boldsymbol{u}$ 的出平移表示. 因为 $\boldsymbol{u}$ 属于 K, 所以它与 F_+ 正交; 因此 k_+ 在 $\mathbb{R}_+$ 上为 0. 在出表示中, $\boldsymbol{Z}(t)$ 被表示为 t 在负轴上的平移; 由此, (32) 变为

$$k_+(x-t) = \mathrm{e}^{\gamma t} k_+(x), \quad x < 0, \ t > 0.$$

因此,

$$k_+(x) = \begin{cases} \mathrm{e}^{-\gamma x} n, & x < 0, \\ 0, & 0 < x, \end{cases}$$

其中 $\boldsymbol{n}$ 为 N 中的某个向量.

因为 $\boldsymbol{u}$ 的出谱表示为 k_+ 的 Fourier 变换:

$$f_+(\lambda) = \boldsymbol{F} k_+ = c \frac{\boldsymbol{n}}{\mathrm{i}\lambda - \gamma}, \quad c = \frac{1}{\sqrt{2\pi}}.$$

又因为 λ 为实数时, $\mathcal{M}^{-1}(\lambda) = \mathcal{M}^*(\lambda)$, 所以由 (21), $\boldsymbol{u}$ 的入谱表示为

$$f_-(\lambda) = \frac{c}{\mathrm{i}\lambda - \gamma} \mathcal{M}^*(\lambda) n. \tag{33}$$

由于 $\boldsymbol{u}$ 属于 K, 所以 $\boldsymbol{u}$ 与 F_- 正交, 进而 f_- 与 H_- 正交, 这蕴含了 f_- 属于 H_+. 因此存在 f_- 到 $\mathbb{C}_+$ 内的解析延拓. 注意到公式 (33) 给出了 f_- 在 $\mathbb{C}_+$ 内的一个

亚纯延拓; 易见, 此亚纯延拓为解析延拓, 当且仅当 $f_-(\lambda)$ 的可能极点 $\lambda=-\mathrm{i}\gamma$ 被 $\mathcal{M}^*(\overline{\zeta})n$ 在 $\zeta=-\mathrm{i}\gamma$ 的零点约去.

将上述讨论翻转过去, 可以给出本定理的另一个方向的证明. □

由上述证明可知, $\boldsymbol{G}-\gamma\boldsymbol{I}$ 零空间的维数等于 $\mathcal{M}^*(\mathrm{i}\overline{\gamma})$ 零空间的维数. 更一般地, 我们可以证明如下定理.

定理 13′ 复数 γ 属于 $\boldsymbol{G}$ 的预解集, 当且仅当 $\mathcal{S}(\mathrm{i}\overline{\gamma})$ 是可逆的.

证明 关于此定理的证明, 我们参见文献 Lax-Phillips 的散射理论中的第 III 章第 3 节. □

由定理 12, 散射矩阵 $\mathcal{M}(\lambda)$ 可以解析延拓到下半平面 $\mathbb{C}_-$ 内. 假设 $\mathcal{M}(\lambda)$ 在实数轴的一个区间 I 上依范数拓扑连续, 那么, 由 Schwarz 反射原理的算子形式, $\mathcal{M}$ 可以解析地连续穿过 I:

$$\mathcal{M}(\zeta)=\mathcal{M}^*(\overline{\zeta})^{-1}, \tag{34}$$

其中 $\zeta\in\mathbb{C}_+$ 在 I 的附近.

37.9 自守波动方程

Faddeev 和 Pavlov 给出了 Lax-Phillips 散射理论在双曲平面内的波动方程自守解理论中的一个漂亮应用. 双曲平面$\mathbb{H}$ 的 Poincaré模型是赋予了 Riemann 度量

$$\mathrm{d}\,s^2=\frac{\mathrm{d}\,x^2+\mathrm{d}\,y^2}{y^2} \tag{35}$$

的上半平面 $(x,y),y>0$. 借用复变量 $z=x+\mathrm{i}y$ 而定义的双曲平面 $\mathbb{H}$ 上的等距:

$$z\longrightarrow\frac{az+b}{cz+d},\quad a,b,c,d\text{ 为实数},\quad ad-bc=1, \tag{36}$$

称为 $\mathbb{H}$ 上的一个**双曲运动**.

习题 9 试证 Riemann 度量 (35) 是双曲运动 (36) 下的一个不变度量.

双曲运动组成的群中, 有许多有趣的**离散子群** Γ, 使得 $\mathbb{H}$ 内的每一点在 Γ 下的象集仅以 ∞ 为聚点. 令 $u(x,y)$ 为双曲平面 $\mathbb{H}$ 内的函数, 称 $u(x,y)$ 在群 Γ 下是**自守的**, 如果对 Γ 中的每个运动 γ, 有 $u(\gamma(x,y))=u(x,y)$.

我们称 $\mathbb{H}$ 中的域 P 为离散子群 Γ 的**基本域**, 如果 P 满足下列两个条件:

(i) 对 $\mathbb{H}$ 中的任意点 (x,y), 存在 Γ 中的运动 γ 使得 $\gamma(x,y)$ 属于 $\overline{P}$;

(ii) P 中的任意两点不能被 Γ 中的运动 γ 相互映射.

注意, P 的每个边界点将被 Γ 中的某一运动 γ 映为另一个边界点.

习题 10 试证子群 Γ 的基本域在 Γ 中任意运动 γ 下的象仍是基本域.

基本域 P 称为基本多边形, 如果 P 的边界由有限个测地线组成. Poincaré 模型中的测地线是指圆心位于直线 $y=0$ 上的圆周及其极限, 即直线 $x=$ 常数.

散射理论中的运动离散子群有无界的基本多边形. 本节我们将看到具有这种性质的最简单一种子群 ——模群. 模群 Γ 是所有形如 (36) 的双曲运动组成的群, 但这里要求出现在 (36) 中的 a, b, c, d 均为整数. 不难证明, 上述定义的模群 Γ 是一个离散子群, 并且以测地弧 $x=\pm\frac{1}{2}, y>\sqrt{\frac{3}{4}}$ 和 $x^2+y^2=1, -\frac{1}{2}<x<\frac{1}{2}$ 为边界的测地三角 T 是模群 Γ 的一个基本域.

习题 11 画出 T 的图形.

习题 12 试证 T 是模群的基本域.

习题 13 试证模群是由变换 $z\to z+1$ 和 $z\to -1/z$ 所生成的群.

习题 14 试证基本三角 T 有有限的双曲面积, 并计算它的面积.

运动 $z\to z+1$ 将 T 的边 $x=-\frac{1}{2}$ 映为另一条边 $x=\frac{1}{2}$; 运动 $z\to -1/z$ 将 T 的第三条边 $x^2+y^2=1$ 映到自身上, 将点 (x, y) 映为点 $(-x, y)$. 每个 C^1 自守函数 u 在 T 的边界上满足边界条件:

$$u(p)=u(p'), \quad u_n(p)=-u_n(p'), \tag{37}$$

其中 p 和 p' 表示 T 的边界上任意一对由模群中的运动 γ 连接的点, u_n 表示 u 的外法向导数.

Poincaré模型中的 Laplace-Beltrami 算子为

$$\Delta_{\mathbb{H}}=-y^2(\partial_x^2+\partial_y^2). \tag{38}$$

习题 15 试证 $\Delta_{\mathbb{H}}$ 在双曲运动 (36) 下不变.

用 $(\,,\,)_T$ 表示沿 T 上的在双曲面积元下的 L^2 数值内积:

$$(u, v)_T=\int_T uv\frac{\mathrm{d}\,x\mathrm{d}\,y}{y^2}. \tag{39}$$

设 u 为 C^2 自守函数且当 y 接近 ∞ 时, $u(x, y)$ 为 0. 由分部积分, 得

$$(\Delta_{\mathbb{H}}u, u)_T=\int_T(u_x^2+u_y^2)\,\mathrm{d}\,x\mathrm{d}\,y; \tag{40}$$

由边界条件 (37), 边界项为 0.

公式 (40) 证明了, 定义在所有自守函数上的算子 $\Delta_{\mathbb{H}}$ 为对称非负算子; 它的 Friedrichs 延拓, 仍用同一个符号 $\Delta_{\mathbb{H}}$ 表示, 是一个自伴算子. $\Delta_{\mathbb{H}}$ 的谱是什么? 要刻画 $\Delta_{\mathbb{H}}$ 的谱, 我们很自然地可以将 $\Delta_{\mathbb{H}}$ 重正归化为

$$\boldsymbol{L}=\Delta_{\mathbb{H}}-\frac{1}{4}\boldsymbol{I}. \tag{41}$$

定理 14

(i) 在区间 $[-\frac{1}{4},0]$ 上, $\boldsymbol{L}$ 的谱由单点 $-\frac{1}{4}$ 组成.

(ii) $\boldsymbol{L}$ 有无限多个正特征值且这些特征值以 ∞ 为极限. 奇特征函数线性张成了 T 内的奇函数空间.

(iii) $\boldsymbol{L}$ 在 $\mathbb{R}_+$ 上有重数为 1 的绝对连续谱.

证明 为了不至于将读者带离主题太远, 我们将不给出 (i) 的完整证明.

(i) 由公式 (40) 和 $\boldsymbol{L}$ 的定义, 计算内积

$$(\boldsymbol{L}u,u)_T=\int_T\int\left(u_x^2+u_y^2-\frac{u^2}{4y^2}\right)\mathrm{d}x\mathrm{d}y. \tag{42}$$

设 $a>2$ 为任意实数, 将 T 分成两部分, $T=T_a\cup T^a$, 其中 T_a 和 T^a 分别表示 T 在 $y=a$ 的下面部分和上面部分. 设 $u(x,y)$ 为 C^1 函数且当 y 接近 ∞ 时, $u(x,y)$ 取值为 0. 由分部积分, 得

$$\begin{aligned}\int_a^\infty\left(u_y-\frac{u}{2y}\right)^2\mathrm{d}y&=\int_a^\infty\left(u_y^2-\frac{uu_y}{y}+\frac{u^2}{4y^2}\right)\mathrm{d}y\\&=\int_a^\infty\left(u_y^2-\frac{u^2}{4y^2}\right)\mathrm{d}y+\frac{1}{2a}u^2(a).\end{aligned} \tag{43}$$

定义 $\varphi(y)=(2y-a)/a$, 则 $\varphi(a)=1$, $\varphi(a/2)=0$, $\varphi'\equiv 2/a$. 因此

$$\begin{aligned}u^2(a)&=\int_{a/2}^a\partial_y(\varphi u^2)\mathrm{d}y=\int_{a/2}^a(\varphi' u^2+2\varphi uu_y)\mathrm{d}y\\&\leqslant\frac{2}{a}\int_{a/2}^a u^2\,\mathrm{d}y+2\left[\int_{a/2}^a u^2\mathrm{d}y\int_{a/2}^a u_y^2\mathrm{d}y\right]^{1/2}\\&\leqslant\frac{2}{a}\int_{a/2}^a u^2\,\mathrm{d}y+\frac{1}{a}\int_{a/2}^a u^2\mathrm{d}y+a\int_{a/2}^a u_y^2\mathrm{d}y.\end{aligned}$$

在第三步, 我们用到了 Schwarz 不等式, 在最后一步, 用到了算术–几何平均值不等式. 又在积分区间 $[\frac{a}{2},a]$ 内, $0<y\leqslant a$, 所以

$$u^2(a)\leqslant a\int_{a/2}^a\left(\frac{3u^2}{y^2}+u_y^2\right)\mathrm{d}y. \tag{44}$$

若进一步假设 $u(x,y)$ 是一个 C^2 自守函数且当 y 接近 ∞ 时, $u(x,y)$ 取值为 0, 则 (44) 两边对变量 x 在区间 $[-\frac{1}{2},\frac{1}{2}]$ 上积分, 得

$$\begin{aligned}\frac{1}{2a}\int u^2(x,a)\,\mathrm{d}x&\leqslant\int\int_{a/2}^a\left(\frac{3}{2}\frac{u^2}{y^2}+\frac{1}{2}u_y^2\right)\mathrm{d}y\mathrm{d}x\\&\leqslant\int\int_{T_a}\left(\frac{3}{2}\frac{u^2}{y^2}+\frac{1}{2}u_y^2\right)\mathrm{d}x\mathrm{d}y.\end{aligned} \tag{44$'$}$$

同样, (43) 两边对变量 x 在 $[-\frac{1}{2},\frac{1}{2}]$ 上积分, 得

$$\int\int_{T^a}\left(u_y^2-\frac{u^2}{4y^2}\right)\mathrm{d}\,x\mathrm{d}\,y \geqslant -\frac{1}{2a}\int u^2(x,a)\mathrm{d}\,x. \tag{43$'$}$$

整理 (43′) 和 (44′):

$$\int\int_{T^a}\left(u_y^2-\frac{u^2}{4y^2}\right)\mathrm{d}\,x\mathrm{d}\,y \geqslant -\int\int_{T_a}\left(\frac{3}{2}\frac{u^2}{y^2}+\frac{1}{2}u_y^2\right)\mathrm{d}\,x\mathrm{d}\,y. \tag{45}$$

用 q 表示 (42) 右边的被积函数, 并将右边的积分分成两部分, 再利用不等式 (45), 得

$$\begin{aligned}(\boldsymbol{L}u,u)_T &= \int\int_{T^a} q\,\mathrm{d}\,x\mathrm{d}\,y+\int\int_{T_a} q\,\mathrm{d}\,x\mathrm{d}\,y\\ &\geqslant \int\int_{T^a}\left(u_y^2-\frac{u^2}{4y^2}\right)\mathrm{d}\,x\mathrm{d}\,y+\int\int_{T_a} q\,\mathrm{d}\,x\mathrm{d}\,y\\ &\geqslant \int\int_{T_a}\left(q-\frac{3}{2}\frac{u^2}{y^2}-\frac{1}{2}u_y^2\right)\mathrm{d}\,x\mathrm{d}\,y\\ &= \int\int_{T^a}\left(u_x^2+\frac{1}{2}u_y^2-\frac{7}{4}\frac{u^2}{y^2}\right)\mathrm{d}\,x\mathrm{d}\,y.\end{aligned}$$

定义二次函数 K:

$$K(u)=\int\int_{T_a}\frac{2u^2}{y^2}\mathrm{d}\,x\mathrm{d}\,y,$$

并将 $K(u)$ 加到上述不等式两边, 得

$$(\boldsymbol{L}u,u)+K(u)\geqslant C(u), \tag{46}$$

其中

$$C(u)=\int\int_{T_a}\left(u_x^2+\frac{1}{2}u_y^2+\frac{1}{4}\frac{u^2}{y^2}\right)\mathrm{d}\,x\mathrm{d}\,y.$$

由 Rellich 紧性定理, 对于任意正数 ε, 存在有限余维数的子空间, 使得在此子空间上, $K(u)\leqslant \varepsilon C(u)$. 取 $\varepsilon=1$, 由 (46) 可知, 在该子空间上, $(\boldsymbol{L}u,u)\geqslant 0$. 因此, 由定义 (41), $\boldsymbol{L}$ 在 $[-\frac{1}{4},0]$ 上的谱分解有有限维值域, 进而 $\boldsymbol{L}$ 在 $[-\frac{1}{4},0]$ 上的谱由有限个特征值组成.

由于 T 有有限面积, 所以 $u\equiv 1$ 在 T 上平方可积且 $\boldsymbol{u}$ 是 $\boldsymbol{L}$ 的相对于特征值 $-\frac{1}{4}$ 的特征向量. 事实上, $\boldsymbol{L}$ 在 $[-\frac{1}{4},0]$ 上不再存在除 $-\frac{1}{4}$ 以外的特征值; 我们不再给出该结论的证明.

(ii) 算子 $\boldsymbol{L}$ 和基本域 T 在经 y 轴的反射: $x\to -x$ 下是不变的, 因此 $\boldsymbol{L}$ 的定义域被约化为偶自守函数和奇自守函数的直和. 对于奇函数, 边界条件 (37) 中的第一个条件变成: u 在边界上取值 0; 第二个条件自动成立.

我们将证明, 在 Dirichlet 边界条件 $u=0$ 下, 预解式 $(\boldsymbol{L}+\boldsymbol{I})^{-1}$ 为紧算子. 为此, 令 $(\boldsymbol{L}+\boldsymbol{I})^{-1}\boldsymbol{w}=\boldsymbol{u}$, 即

$$\boldsymbol{Lu}+\boldsymbol{u}=\boldsymbol{w}.$$

两边与 $\boldsymbol{u}$ 作内积; 左边用恒等式 (42), 右边用 Schwarz 不等式和算术–几何平均值不等式, 整理后得

$$\int\int_T (u_x^2+u_y^2)\,\mathrm{d}\,x\mathrm{d}\,y+\frac{1}{4}||\boldsymbol{u}||_T^2\leqslant\frac{1}{2}||\boldsymbol{w}||_T^2. \tag{47}$$

因为 $u(x,y)$ 在 $x=\pm\frac{1}{2}$, $y>1$ 内取值为 0, 由 Wirtinger 不等式

$$\int \boldsymbol{u}^2\mathrm{d}\,x\leqslant \pi^2\int \boldsymbol{u}_x^2\,\mathrm{d}\,x.$$

令 $Y>1$, 上式两边对变量 y 在 $[Y,\infty)$ 积分, 得

$$\int_Y^\infty\int \boldsymbol{u}^2\frac{\mathrm{d}\,x\mathrm{d}\,y}{y^2}\leqslant\frac{1}{Y^2}\int_Y^\infty\int \boldsymbol{u}^2\,\mathrm{d}\,x\mathrm{d}\,y\leqslant\frac{\pi^2}{Y^2}\int_Y^\infty\int \boldsymbol{u}_x^2\,\mathrm{d}\,x\mathrm{d}\,y. \tag{48}$$

我们断言, 单位球 $||\boldsymbol{w}||_T\leqslant 1$ 在算子 $(\boldsymbol{L}+\boldsymbol{I})^{-1}$ 下的象是准紧集. 事实上, 由不等式 (47), 对该象集内的任意函数 u, 导数 u_x 和 u_y 的平方在 T 上的积分一致有界. 在 T 的紧部分 T_Y 上, 应用 Rellich 紧性准则(第 22 章定理 2); 在 T 的另一部分上 T^Y 上, 由 (48) 知, $\boldsymbol{u}$ 在 T^Y 上的双曲 L^2 范数可以任意小. 由此, 单位球 $||\boldsymbol{w}||_T\leqslant 1$ 在 $(\boldsymbol{L}+\boldsymbol{I})^{-1}$ 下的象在范数 $||u||_T$ 拓扑下是准紧的, 从而 $(\boldsymbol{L}+\boldsymbol{I})^{-1}$ 在 T 内的奇函数空间上为紧算子. 由紧对称算子的谱分解理论, T 内的奇函数空间中存在由 $(\boldsymbol{L}+\boldsymbol{I})^{-1}$ 的特征向函数组成的完备正交集, 且相应的特征值都是实的、正的并趋于 0. 因此, $\boldsymbol{L}$ 的相应特征值趋于 ∞.

(iii) Laplace-Beltrami 算子的重归化正是在此部分证明中起到了重要的作用. 本部分的证明将借助于 Faddeev 和 Pavlov 引入的双曲波动方程

$$u_{tt}+\boldsymbol{L}u=0. \tag{49}$$

(49) 两边与 u_t 作内积, 可以导出能量守恒形式:

$$\frac{1}{2}\frac{\mathrm{d}}{\mathrm{d}\,t}[(u_t,u_t)_T+(\boldsymbol{L}u,u)_T]=0.$$

由 (42) 可知, 此时的守恒能量为

$$E_T(u)=(u_t,u_t)_T+(\boldsymbol{L}u,u)_T=\int\int t\left(\frac{u_t^2}{y^2}+u_x^2+u_y^2-\frac{u^2}{4y^2}\right)\mathrm{d}\,x\mathrm{d}\,y. \tag{50}$$

用 $E_T(u,v)$ 表示与二次函数 E_T 关联的双线性函数:

$$E_T(u,v)=(u_t,v_t)_T+(\boldsymbol{L}u,v)_T. \tag{50$'$}$$

众所周知, 双曲波动方程的解由它的初值 $\{u(0),u_t(0)\}$ 唯一决定. 由于算子 $\boldsymbol{L}$ 在双曲运动 γ 下不变, 所以如果 $u(z,t)$ 是波动方程 (49) 在 $\mathbb{H}$ 内的解, 那么 $u(\gamma(z),t)$ 也是该方程的解. 进一步地, 若 u 的初值是自守的, 则 $u(z,t)$ 和 $u(\gamma(z),t)$ 有相同的初值, 从而这两个解本身也相同. 换句话说, 如果双曲波动方程解的初值是自守的, 那么对于所有的 t, $u(z,t)$ 都是自守的.

用 $\boldsymbol{U}(t)$ 表示将 T 内的有有限能量的自守初值 $\{u(0), u_t(0)\}$ 映为 t 时刻取值 $\{u(t), u_t(t)\}$ 的算子：

$$\boldsymbol{U}(t):\ \{u(0), u_t(0)\} \to \{u(t), u_t(t)\}.$$

由能量守恒, $E_T(u(t)) = E_T(u(0))$.

习题 16 试证, 对 T 内任意有有限能量的自守解 $u(t)$ 和 $v(t)$, $E_T(u(t), v(t)) = E_T(u(0), v(0))$.

由定理 14(i), $\boldsymbol{L}$ 在 $[-\frac{1}{4}, 0]$ 上的谱只有特征值 $-\frac{1}{4}$, 其相应的特征函数为 1. 因此, 若 $(u, 1)_T = 0$, 则由方程 (50) 定义的能量是正的. 我们断言, 若解 $u(t)$ 的初值与 1 正交, 即

$$(u(0), 1)_T = 0 = (u_t(0), 1)_T,$$

则 $u(t)$ 与 1 正交. 这是因为, $(u(t), 1)_T$ 满足二阶微分方程

$$\partial_t^2 (u(t), 1)_T = (u_{tt}, 1)_T = -(\boldsymbol{L}u, 1)_T = -(u, \boldsymbol{L}1)_T = \frac{1}{4}(u, 1)_T.$$

用 H 表示在 T 内有有限能量的且与 $\boldsymbol{L}$ 的所有特征函数正交的所有自守初值组成的空间. 由上述讨论, $\boldsymbol{U}(t)$ 为 H 到自身内的算子. 因为 H 内的每个初值有有限的正能量, 所以我们可以用能量的平方根定义 H 上的范数. 此时, 在该能量范数下, $\boldsymbol{U}(t)$ 为 H 上的酉算子.

下面构造 H 到 $L^2(\mathbb{R})$ 上的表示, 使得 $\boldsymbol{U}(t)$ 在此表示下变为平移作用. 设 $\boldsymbol{h} = \{h_1, h_2\}$ 为 H 中的任意向量, $u(x, y, t)$ 为波动方程 (49) 的解且 $u(x, y, t)$ 以 $\boldsymbol{h}$ 为初值, 用 $\overline{u}(y, t)$ 表示 $\boldsymbol{u}$ 的 x 平均：

$$\overline{u}(y, t) = \int_{-1/2}^{1/2} u(x, y, t)\,\mathrm{d}\,x.$$

由自守边界条件 (37), 我们得到波方程 (49) 的 x 平均：

$$\overline{u}_{tt} - y^2 \overline{u}_{yy} - \frac{1}{4}\overline{u} = 0.$$

作变量替换 $\overline{u} = y^{1/2} v$, $y = \mathrm{e}^s$, 将上述方程变为经典的波动方程

$$v_{tt} - v_{ss} = 0.$$

将此方程分解

$$(\partial_t + \partial_s)(v_t - v_s) = 0$$

得, $v_t - v_s$ 为 $s - t$ 的函数. 我们将函数

$$\sqrt{2} k_+(s) = v_s - v_t = \partial_s \mathrm{e}^{-s/2} \overline{h}_1(\mathrm{e}^s) - \mathrm{e}^{-s/2} \overline{h}_2(\mathrm{e}^s) \tag{51}$$

定义为 $h = \{h_1, h_2\}$ 的出平移表示. 显然, $\boldsymbol{U}(t)h$ 的出表示为 $k_+(s - t)$.

接下来我们要证明, $L^2(\mathbb{R})$ 内的每个函数都是 H 内某个向量的出表示并且这样的表示是一个等距. 设 m 是一个紧支撑在 $1 < y$ 内的光滑函数, 在 T 上定义 w_+:

$$w_+(y,t) = y^{1/2}m(\ln y - t). \tag{52}$$

当 $t \geqslant 0$ 时, $w_+(y,t)$ 在 T 的边界上满足条件 (37), 因此它可以延拓为整个双曲平面 $\mathbb{H}$ 上的自守函数. 在 T 内, w_+ 的初值为 $h_+ = \{h_1, h_2\}$, 这里

$$h_1 = y^{1/2}m(\ln y), \quad h_2 = -y^{1/2}m'(\ln y). \tag{52'}$$

当 $s > 0$ 时, 由公式 (51), $h_+ = \{h_1, h_2\}$ 的出表示为

$$\sqrt{2}k_+(s) = \partial_s m(s) + m'(s) = 2m'. \tag{51'}$$

因为, 当 $0 < t, 1 \leqslant y \leqslant \mathrm{e}^t$ 时, $w_+(y,t) = 0$, 所以 $\{w_+(y,t), \partial_t w_+(y,t)\}$ 的表示 $k_+(s,t)$ 在 $0 \leqslant s \leqslant t$ 上为 0. 又 $k_+(s,t) = k_+(s-t)$, 所以当 $s < 0$ 时, $k_+(s) = 0$, 即 (51′) 对所有的实数 s 成立. 用公式 (50), 我们计算 w_+ 的能量:

$$\begin{aligned} E_T(w_+) &= \int_1^\infty \left[\frac{(y^{1/2}m')^2}{y^2} + \left(\frac{1}{2}\frac{m}{y^{1/2}} + \frac{m'}{y^{1/2}}\right)^2 - \frac{ym^2}{4y^2}\right] \mathrm{d}y \\ &= \int \left[\frac{2m'^2}{y} + \frac{mm'}{y}\right] \mathrm{d}y = \int [2m'^2 + mm'] \mathrm{d}s = 2\int m'^2 \mathrm{d}s. \end{aligned}$$

显然, $E_T(w_+) = ||k_+||^2$. 故

对形如 (52) 的解 w_+, 平移表示 (51) 是一个等距.

这也解释了为什么在公式 (51) 中会出现因子 $\sqrt{2}$.

一般地, w_+ 的初值 h_+ 并不属于 H; 要使得它们与 $\boldsymbol{L}$ 的特征函数 1 正交, 我们要应用投影 $\boldsymbol{Q}$:

$$\boldsymbol{Q}h_+ = (h_1 - c, h_2 - d),$$

其中 c 和 d 是由方程

$$\int\int_T (h_1 - c)\frac{\mathrm{d}\,x\mathrm{d}\,y}{y^2} = 0, \quad \int\int_T (h_2 - d)\frac{\mathrm{d}\,x\mathrm{d}\,y}{y^2} = 0,$$

所确定的常数. 对于 h_1 和 h_2, 应用 (52′), 我们可以将上述方程重写为

$$\int_1^\infty y^{1/2}m(\ln y)\frac{\mathrm{d}\,y}{y^2} = cA, \quad -\int_1^\infty y^{1/2}m'(\ln y)\frac{\mathrm{d}\,y}{y^2} = dA,$$

这里 A 表示 T 的面积. 作变量替换 $s = \ln y$, 得

$$\int_0^\infty \mathrm{e}^{-s/2}m(s)\mathrm{d}\,s = cA, \quad -\int_0^\infty \mathrm{e}^{-s/2}m'(s)\mathrm{d}\,s = dA. \tag{53}$$

由分部积分, 得 $d = -c/2$.

引理 15

(i) $\boldsymbol{Q}h_+$ 和 h_+ 有相同的能量.

(ii) $\boldsymbol{Q}h_+$ 和 h_+ 有相同的平移表示.

证明 (i) 由定义 (50),

$$E_T(\boldsymbol{Q}h_+)=\int\!\!\int_T\left(\frac{(h_2-d)^2}{y^2}+h_{1y}^2-\frac{(h_1-c)^2}{4y^2}\right)\mathrm{d}\,x\mathrm{d}\,y$$
$$=E_T(h_+)-2d\int\!\!\int_T\frac{h_2}{y^2}\,\mathrm{d}\,x\mathrm{d}\,y+d^2A+\frac{c}{2}\int\!\!\int_T\frac{h_1}{y^2}\,\mathrm{d}\,x\mathrm{d}\,y-\frac{c^2}{4}A.$$

再由公式 (53), 此能量又可重写为

$$E_T(\boldsymbol{Q}h_+)=E_T(h_+)-d^2A+\frac{c^2}{4}A;$$

又 $d=-c/2$, 故 $E_T(\boldsymbol{Q}h_+)=E_T(h_+)$.

(ii) 由定义 (51), h_+ 和 $\boldsymbol{Q}h_+$ 的两平移表示的差为

$$\sqrt{2}(\partial_s \mathrm{e}^{-s/2}c-\mathrm{e}^{-s/2}d)=-\sqrt{2}\mathrm{e}^{-s/2}\left(\frac{c}{2}+d\right)=0.$$ □

习题 17 证明, 当 $t>0$ 时, 波动方程以 $\boldsymbol{Q}h_+$ 为初值的解是 $w_+(t)-c\mathrm{e}^{-t/2}$.

显然, 函数 $\boldsymbol{Q}h_+$ 与所有奇特征函数正交. 我们断言, $\boldsymbol{Q}h_+$ 与 $\boldsymbol{L}$ 的所有正特征值的平方可积的偶特征函数 p 也正交. 要证明这一点, 取特征方程 $\boldsymbol{L}p=\mu^2\overline{p}$ 的 x 平均:

$$-y^2\overline{p}_{yy}-\frac{1}{4}\overline{p}=\mu^2\overline{p}.$$

此方程的解为 $y^{(1/2)+\mathrm{i}\mu}$ 和 $y^{(1/2)-\mathrm{i}\mu}$ 的线性组合. 由于函数 $y^{(1/2)+\mathrm{i}\mu}$ 和 $y^{(1/2)-\mathrm{i}\mu}$ 及其非零线性组合在 $y=\infty$ 附近关于 $\frac{\mathrm{d}y}{y^2}$ 非平方可积, 但是 p 和 $\overline{p}$ 却平方可积, 所以 $\overline{p}\equiv 0$. 因此 p 和 w_+ 正交.

由 (51′), 形如 $k_+(s)$ 的表示函数包括了形如 $m'(s)$ 的所有函数, 其中 m 为支撑在 $\mathbb{R}_+$ 上的 C_0^2 函数及其平移函数; 显然, 这些函数在 $L^2(\mathbb{R})$ 内是稠密的. 用 K 表示 H 中的以形如 $k_+(s)$ 的函数为表示函数的初值组成的子空间, 则 K 为 $\boldsymbol{U}(t)$ 下的不变闭子空间. 容易证明, $\boldsymbol{L}$ 在 K 上存在绝对连续的谱且这些谱覆盖了整个 $\mathbb{R}_+$. □

在 36.4 节, 我们引入了酉算子群 $\boldsymbol{U}(t)$ 的出子空间 F_+, 它是 H 中的满足如下性质的子空间:

(i) $\boldsymbol{U}(t)F_+\subset F_+, t>0$;

(ii) $\cap\boldsymbol{U}(t)F_+=\{0\}$;

(iii) $\overline{\cup\boldsymbol{U}(t)F_+}=H$.

我们断言, 用形如 $\boldsymbol{Q}h_+$ 的初值所构造的空间是出子空间 F_+, 其中 $h_+=\{h_1,h_2\}$, h_1 和 h_2 由 (51) 给出. 性质 (i) 和 (ii) 是显然的. 性质 (iii) 表明了所有 $\boldsymbol{U}(t)F_+$ 的并集的闭包是整个空间 H, 有关此性质的一个简短证明, 参见 Lax-Phillips 在美国数学会会报中的一篇论文.

需要指出的一点是, 我们并没有借助 35.5 节中的平移表示定理, 而是直接构造了平移表示.

通过一些平凡的改动, 上述对模群理论的刻画同样可适应于任意离散子群; 只不过, 一般来说人们无法精确确定点谱的位置. 根据 Phillips, Sarnak, Wolpert 的猜测/理论, 一般不存在嵌入到连续谱内的点谱.

如果基本多边形在无穷远处有 n 个顶点, 那么 $\boldsymbol{L}$ 在 $\mathbb{R}_+$ 上的连续谱有重数 n. 如果基本多边形的一整条边都位于无穷远处, 那么同样可实现无限重数的连续谱理论.

对于入表示, 我们有类似的构造. 此时的入子空间 F_- 是用形如 $\boldsymbol{Q}h_-$ 的初值构成的子空间, 其中 h_- 为形如 $w_-(y,t) = y^{1/2}n(\ln y + t)$, $t < 0$ 的入解在 T 上的初值, 这里 n 支撑在 $\mathbb{R}_+$ 上.

习题 18 证明 $t < 0$ 时, 双曲波动方程以 $\boldsymbol{Q}h_-$ 为初值的解是 $w_-(t) - ce^{t/2}$.

习题 19 证明在能量范数下, F_- 和 F_+ 正交.

显然, $w_-(y,t) = y^{1/2}n(\ln y + t)$, $t < 0$, 刻画了在 T 内从无穷远处经通道 $-1/2 \leqslant x \leqslant 1/2$ 到达的波, 而 $w_+(y,t)$, $t > 0$ 则刻画在 T 内经相同的通道传播到无穷远处的波. 由 F_- 和 F_+ 的性质 (iii), 我们可以得到: 从无穷远处传入的波最终再要传到无穷远处. 传播的速度有多快, 这是一个十分有趣的问题.

在 37.8 节, 我们解释过一对正交的入平移表示和出平移表示通过散射算子相互连接, 相应的谱表示则是通过由散射矩阵 $\mathcal{M}(\lambda)$ 得到的乘法算子紧密关联. 目前在连续谱重数为 1 的情形下, 散射矩阵为数值函数. 对于实数 λ, $|\mathcal{M}(\lambda)| = 1$ 且 $\mathcal{M}$ 可以解析延拓到下半平面 $\lambda + i\eta$, $\eta < 0$, 内, 此时 $|\mathcal{M}(\lambda + i\eta)| \leqslant 1$. 在第 38 章中的有界解析函数的 Beurling 理论中, 我们还将遇到这种性质的函数.

Faddeev 和 Pavlov 给出了, 解是模群下的自守函数的双曲波动方程所定义的数值散射矩阵的形式. 除去非本质的因子外, 散射矩阵形如

$$\mathcal{M}(\lambda) = \frac{\zeta(2i\lambda)}{\zeta(1+2i\lambda)}\mathcal{F}(\lambda),$$

式中的 $\mathcal{F}(\lambda)$ 为 Γ 函数的乘积, ζ 为 Riemann ζ- 函数. 如果 Riemann 假设成立, 则在下半平面内, $\mathcal{M}$ 在直线 $-\frac{1}{4}i + \lambda$ 上有零点. 由 Schwarz 反射得到的 $\mathcal{M}$ 到上半平面内的亚纯延拓在直线 $\frac{1}{4}i + \lambda$ 上有极点. 由 37.8 节的定理 13 和 13′, 如果 $\lambda + i\eta$ 为 $\mathcal{M}$ 的零点, 则 $\eta + i\lambda$ 为 $\boldsymbol{G}$ 的特征值, 其中 $\boldsymbol{G}$ 为半群 $\boldsymbol{Z}(t)$ 的生成元, $\boldsymbol{Z}(t)$ 是酉算子群 $\boldsymbol{U}(t)$ 和一对正交的入子空间 F_- 及出子空间 F_+ 确定的半群. Faddeev 和 Pavlov 指出, 如果人们能够证明 $\boldsymbol{G}$ 不存在实部大于 $-1/4$ 的特征值 γ, 那么 Riemann 假设成立. 根据半群的 Phillips 谱映射定理 (第 34 章定理 12), 若 γ 属于 $\boldsymbol{G}$ 的谱, 则 $e^{\gamma t}$ 属于 $\boldsymbol{Z}(t)$ 的谱. 由于算子的谱半径不会大于范数, 所以 $|e^{\gamma t}| \leqslant ||\boldsymbol{Z}(t)||_E$. 取对

数后令 $t \to \infty$, 得

$$\operatorname{Re}\gamma \leqslant \lim_{t\to\infty} \frac{1}{t} \ln ||\boldsymbol{Z}(t)||_E.$$

因此, 要证明 Riemann 假设, 只要证明

$$\lim_{t\to\infty} \frac{1}{t} \ln ||\boldsymbol{Z}(t)||_E \leqslant -\frac{1}{4}. \tag{54}$$

Faddeev 和 Pavlov 指出, 不等式 (54) 同样也是 Riemann 假设成立的一个必要条件. 不难证明, 如果不等式

$$\lim_{t\to\infty} \frac{1}{t} \ln ||\boldsymbol{Z}(t)h||_E \leqslant -\frac{1}{4}$$

在半群定义域的一个稠密子集上成立, 那么不等式 (54) 成立.

这些信息能够给出 Riemann 假设的一个证明吗? 如果可以, 你将会听到此方面消息的.

参 考 文 献

Beardon A. F., *The Geometry of Discrete Groups.* Graduate Texts in Mathematics, **91**. Springer-Verlag, 1983.

Birman, M. Sh., A test for the existence of the wave operators. *Dokl.Akad.Nauk.SSSR*, **147**(1962): 506–509.

Cook, J. M., Convergence to the Mϕller wave matrix. *J. Math. Phys.*, **36**(1957): 82–87.

Faddeev, L. D., The inverse problem in the quantum theory of scattering. *Usp. Mat.Nauk.*, **14**, 57(1959); English translation by B. seckler, *J. Math. Phys.*, **4**(1963): 72–104.

Faddeev, L. D. and Pavlov, B. S., Scattering theory and automorphic functions. *Seminar Steklov Math. Inst. Leningrad*, **27**(1972): 161–193.

Fröhlich, J. and Spencer, T., A rigorous approach to Anderson localisation. *Common Trends in Particle and Condensed Matter Physics.* Les Houches, 1983; *Phys. Rev.* , **103**(1984): 1–4, 9–25.

Heisenberg, W., Die beobachtbaren Grössen in der Theorie der Elementarteilchen. *Z. Physik*, **120**(1943): I, 513-538; II, 673–702.

Jauch, J. M., Theory of the scattering operator. *Helv. Phys. Acta*, **31**(1958): 127–158.

Kato, T., Wave operators and unitary equivalence. *Pacific J. Math.* , **15**(1965): 171–180.

Kato, T., Perturbation of continuous spectra by trace class operators. *Proc. Jap. Acad.* , **33**(1957): 260–264.

Kato, T., *Perturbation Theory for Linear Operators.* Grundlehren der Math. Wiss in Einzeldarstellung, **132**. Springer, Verlag, 1966.

Kuroda, S. T., On a theorem of Weyl-von Neumann. *Proc. Jap. Acad.* , **34**(1958): 11–15.

Kuroda, S. T., On the existence and the unitary property of the scattering operator. *Nuovo Cimento*, **12**(1959): 431–454.

Lax, P. D. and Phillips, R. S., *Scattering Theory*. Academic Press, New York, 1967.

Lax, P. D. and Phillips, R. S., *Scattering Theory for Automorphic Functions*. Ann. Math. Studies, Princeton University Press, Princeton, 1976.

Lax, P. D. and Phillips, R. S., Translation representation for automorphic solutions of the wave equation in non-Euclidean space. *CPAM*, **37**(1984): 303–328, 780–813.

Lax, P. D. and Phillips, R. S., Translation representation for automorphic solutions of the wave equation in non-Euclidean cases; the case of finite volume. *Trans. AMS*, **289**(1985): 715–735.

Mϕller, C., General properties of the characteristic matrix in the theory of elementary particles. *Kgl. Dansk. Videnskab, Selskab, Mat.-fys. Medd*, **22**, 1(1945); **23**, 10(1946).

von Neumann, J., Characterisierung des Spectrums eines Integraloperators. *Actualités Sci. Ind.*, **229**(1935): 38–55.

Phillips, R. S. and Sarnakm, P., Perturbation theory for the Laplacean on automorphic functions. *J. AMS*, **5**(1992): 1-3.

Reed, M. and Simon, B., *Scattering Theory*, Academic Press, New York, 1979.

Rellich, F., Störungstheorie der Spectralzerlegung. *Math. An.*, **113**(1937): 600–619, 677–685; **116**(1939): 555-570; **117**(1940): 356–382; **118**(1942): 462–484.

Rosenblum, M., Perturbation of the continuous spectrum and unitary equivalence. *Pacific J. Math.*, **7**(1957): 997–1010.

Shatten, R., *A Theory of Cross Spaces*. Ann. Math. Studies, **26**. Princeton University Press, Princeton, 1950.

Weyl, H., Über beschränkte quadratische Formen deren Differenz vollstatig ist. *Rend. Circ. Palermo*, **27**(1909): 373–392.

Wolpert, S. A., Disappearance of cusp forms in special families. *An Math.*, (2), **139**(1994): 239–291.

第 38 章　Beurling 定理

38.1　Hardy 空间

本章将研究平方可积的解析函数空间与有界解析函数代数之间的关系.

Hilbert 空间 $l^2(\mathbb{Z}_+)$ 是由满足

$$||x||^2 = \sum |a_j|^2 < \infty \tag{1}$$

的所有复向量 $\boldsymbol{x} = (a_0, a_1, \cdots,)$ 组成的集合, 该空间可以表示为单位圆盘内的解析函数 $f(z)$ 空间:

$$f(z) = \sum_0^\infty a_n z^n. \tag{2}$$

该表示中的解析函数空间称为 Hardy 空间, 用 H_+ 表示. Hardy 空间曾在 27.2 节中出现过.

令 $f(z)$ 为 Hardy 空间内的函数, 即 $f(z)$ 是单位圆盘内的解析函数, 则 $f(z)$ 在半径为 $r < 1$ 的圆周上的 L^2 范数由

$$\int |f(r\mathrm{e}^{\mathrm{i}\theta})|^2 \frac{\mathrm{d}\,\theta}{2\pi} = \sum_0^\infty |a_n|^2 r^{2n} \tag{3}$$

定义. 用

$$||f||^2 = \sup_{r<1} \int |f(r\mathrm{e}^{\mathrm{i}\theta})|^2 \frac{\mathrm{d}\,\theta}{2\pi} \tag{3'}$$

定义 H_+ 上的范数 $||f||$. 在此范数下, 上述表示是一个等距. 由于 $f(r\mathrm{e}^{\mathrm{i}\theta}) - f(s\mathrm{e}^{\mathrm{i}\theta})$ 有范数:

$$||f(r\mathrm{e}^{\mathrm{i}\theta}) - f(s\mathrm{e}^{\mathrm{i}\theta})||^2 = \sum |a_n|^2 |r^n - s^n|^2,$$

所以当 $r \to 1$ 时, $f(r\mathrm{e}^{\mathrm{i}\theta})$ 依 L^2 范数收敛于 $f(z)$ 在单位圆周上的边界值:

$$f(\mathrm{e}^{\mathrm{i}\theta}) = \sum_0^\infty a_n \mathrm{e}^{\mathrm{i}n\theta}, \tag{4}$$

其中右边的级数在 L^2 意义下收敛. 边界值 $f(\mathrm{e}^{\mathrm{i}\theta})$ 的 L^2 范数就是 $f(z)$ 的 H_+ 范数:

$$||f||^2 = \int |f(\mathrm{e}^{\mathrm{i}\theta})|^2 \frac{\mathrm{d}\,\theta}{2\pi}. \tag{4'}$$

以 $\mathcal{B}$ 表示开单位圆盘内的有界解析函数代数, 用 $|b|$ 表示代数 $\mathcal{B}$ 上的上确界范数:

$$|b| = \sup_{|z|<1} |b(z)|. \tag{5}$$

注意, 在 $r \to 1$ 时几乎处处收敛的意义下, $\mathcal{B}$ 内的每个函数 b 存在边界值.

定理 1

(i) 设 f 为 Hardy 空间 H_+ 内的函数, 若 f 的边界值有界, 则 f 属于 $\mathcal{B}$.

(ii) 设 b 为 $\mathcal{B}$ 内的函数, $\boldsymbol{B}: H_+ \to H_+$ 表示函数 b 所作的乘法算子:

$$\boldsymbol{B}f = bf,$$

则 $\boldsymbol{B}$ 有界且

$$||\boldsymbol{B}|| = |b|. \tag{6}$$

证明 (i) 令 $\varepsilon > 0$, 设 S_ε 为 11.11 节中用于构造逼近 δ- 函数的光滑函数. 对于 H_+ 内的函数 f, 定义 $f_\varepsilon(z)$ 为

$$f_\varepsilon(z) = \int f(z\mathrm{e}^{\mathrm{i}\phi}) s_\varepsilon(\phi)\, \mathrm{d}\phi. \tag{7}$$

显然, f_ε 属于 H_+ 且当 $\varepsilon \to 0$ 时, f_ε 依 H_+ 范数收敛于 f. 此外, f_ε 在闭单位圆盘上连续. 若 $|f|$ 的边界值有界, 如令 1 是 $|f|$ 的边界值函数的一个上界, 则 f_ε 的边界值有界且 1 是它的一个界. 由极大模原理, 对于单位圆盘内部的每一点 z, $|f_\varepsilon(z)| \leqslant 1$. 因此 $f_\varepsilon(z)$ 的 L^2 极限 f 在开单位圆盘内也满足 $|f(z)| \leqslant 1$, 即 f 属于 $\mathcal{B}$.

(ii) 由 H_+ 范数的定义 (3′), 对于 $\mathcal{B}$ 内的函数 b, 有

$$||bf|| \leqslant |b|\, ||f||, \quad f \in H_+.$$

因此,

$$||\boldsymbol{B}|| \leqslant |b|. \tag{6′}$$

要证明式中的等号成立, 我们用反证法. 假设等号不成立, 调整 b 后, 我们不妨假设

$$||\boldsymbol{B}|| < 1 < |b|.$$

因此, $||\boldsymbol{B}^n|| \leqslant ||\boldsymbol{B}||^n$ 在 $n \to \infty$ 时趋于 0. 另一方面, 令 r 充分大, 使得 $\max_\theta |b(r\mathrm{e}^{\mathrm{i}\theta})| > 1$; 此时对于 H_+ 内的任意函数 f, 积分

$$\int |b^n(r\mathrm{e}^{\mathrm{i}\theta}) f(\mathrm{e}^{\mathrm{i}\theta})|^2 \frac{\mathrm{d}\theta}{2\pi}$$

在 $n \to \infty$ 过程下, 趋于 ∞. 再由定义 (3′), $||\boldsymbol{B}^n f|| \to \infty$, 这与 $||\boldsymbol{B}^n|| \to 0$ 矛盾. □

习题 1 试证与由 $\mathcal{B}$ 中的每个函数所作的乘法算子交换的有界线性算子 $\boldsymbol{C}: H_+ \to H_+$ 本身也是一个由 $\mathcal{B}$ 中的函数 c 所作的乘法算子.

习题 2 试证代数 $\mathcal{B}$ 无零因子, 即若 $\mathcal{B}$ 内的函数 b 和 c 满足 $bc = 0$, 则 b 和 c 中至少有一个为 0.

38.2 Beurling 定理

本章的基本结果主要是建立 Hilbert 空间 H_+ 和代数 $\mathcal{B}$ 之间的关系, 该结果由 Arne Beurling 得出.

定理 2 设 N 为 H_+ 的非零闭子空间且 N 在 $\mathcal{B}$ 中的每个函数 b 所作的乘法算子下不变, 即 $bN \subset N$, 那么存在 $\mathcal{B}$ 中的函数 p, 使得

$$N = pH_+, \tag{8}$$

其中 p 在单位圆周上的绝对值为 1:

$$|p(\mathrm{e}^{\mathrm{i}\theta})| = 1. \tag{9}$$

此外, 在相差绝对值为 1 的复常数因子的情形下, p 是唯一的.

我们下面所提供的漂亮证明是由 Paul Halmos 给出的.

证明 容易证明, 由 (8) 定义的子空间 N 在 $\mathcal{B}$ 中的每个函数 b 所作的乘法算子下不变. 由 (4′) 和 (9), 满足条件的 p 所作的乘法算子是 H_+ 上的等距算子, 所以 N 是闭的.

反之, 假设 N 满足条件, 即 N 是 $\mathcal{B}$ 的范数闭不变子空间, 我们先断言, zN 为 N 的真子空间. 若不然, N 中的每个函数 f 总可以表示为

$$f = zf_1 = z^2 f_2 = \cdots,$$

因此 $z = 0$ 为解析函数 f 的无限级零点, 但是这对于一个非零的解析函数而言是不可能的. 因此, zN 是 N 的真子空间.

由于 z 所作的乘法算子为 H_+ 上的等距算子, 所以 zN 为 N 的真闭子空间; 用 M 表示 zN 在 N 内的正交补:

$$N = M \oplus zN. \tag{10}$$

用 (10) 给出的正交分解, 代替 (10) 中右边的子空间 N; 重复进行 k 次这样的运算, 得

$$N = M \oplus zM \oplus z^2 M \oplus \cdots \oplus z^{k-1} M \oplus z^k N. \tag{10′}$$

令 k 趋于 ∞, (10′) 蕴含了

$$N \supseteq M \oplus zM \oplus z^2 M \oplus \cdots. \tag{11}$$

我们再断言, (11) 中的等号成立, 即 (11) 的右边正是 N. 若不然, 存在 N 中的非零函数 g 与每个 $z^j M$ 正交, $j = 0, 1, \cdots$. 但由分解 (10) 和 (10′), 这样的函数 g 必属于每个 $z^k N$, $k \geqslant 1$. 因此 $z = 0$ 为非零解析函数 g 的无限级零点, 这又是不可能的. 因此

$$N = M \oplus zM \oplus z^2 M \oplus \cdots. \tag{12}$$

考虑非零子空间 M. 设 m 为 M 内的任意函数, 由 (10′), m 与每个 $z^k N$ 正交; 特别地, m 与每个 $z^k m$, $k \geqslant 1$ 正交:

$$(z^k m, m) = \int \mathrm{e}^{\mathrm{i}\theta k} |m(\mathrm{e}^{\mathrm{i}\theta})|^2 \frac{\mathrm{d}\theta}{2\pi} = 0, \quad k = 1, 2, \cdots. \tag{13}$$

两边取复数共轭, 则对于每个 $k = -1, -2, \cdots$, (13) 中的方程也成立. 因此, 除第 0 位外, 函数 $|m(\mathrm{e}^{\mathrm{i}\theta})|^2$ 的其他 Fourier 系数均为零. 故 $|m(\mathrm{e}^{\mathrm{i}\theta})|^2$ 是一个常数.

我们再断言, M 的维数为 1. 设 m 和 p 为 M 中的两个函数, 则对于任意复数 a, $m+ap$ 属于 M. 由上述讨论, 对 $z=\mathrm{e}^{\mathrm{i}\theta}$, 得

$$|m+ap|^2=(m+ap)(\overline{m}+\overline{ap})=|m|^2+|a|^2|p|^2+2\mathrm{Re}(ap\overline{m})=\text{常数}.$$

因为 a 是任意复常数, 所以 $p\overline{m}$ 是一个常函数. 又 $|m|^2=m\overline{m}$ 为常数, 所以 $p/m=p\overline{m}/m\overline{m}$ 也是常函数, 即 p 和 m 相差一个数乘常数. 因此, M 的维数为 1.

令 p 为 M 中的非零函数并正规化 $p(\mathrm{e}^{\mathrm{i}\theta})$ 使得 $|p|=1$, 则 M 中的每个函数都是 p 的数乘函数. 将此事实代入 (12), 则 N 中的每个函数 f 都可以分解为

$$f=a_0p+za_1p+z^2a_2p+\cdots=p(a_0+a_1z+a_2z^2+\cdots)=pg. \tag{14}$$

因为 $|p(\mathrm{e}^{\mathrm{i}\theta})|=1$, 所以 $|f(\mathrm{e}^{\mathrm{i}\theta})|=|g(\mathrm{e}^{\mathrm{i}\theta})|$. 又 f 属于 H_+, 所以 g 也属于 H_+. 因此 (14) 正是我们所要寻找的 Beurling 定理的表示 (8). □

习题 3 试证在可以相差绝对值为 1 的常数因子外, p 由 N 唯一确定.

我们称代数 $\mathcal{B}$ 中的函数 p 为内函数, 如果 p 在单位圆周上的绝对值为 1.

注意在定理 2 的证明过程中, 我们仅仅用到了条件: N 在 z 所作的乘法算子下不变. 由下面的习题 4, 该条件与定理 2 中的题设条件等价.

习题 4 设 N 为 H_+ 中的闭子空间且 N 在 z 所作的乘法作用下不变, 则 N 在 $\mathcal{B}$ 中的任意函数所作的乘法作用下不变.

定理 3 代数 $\mathcal{B}$ 中的每个函数 b 都可以本质地唯一分解为

$$b=pu, \tag{15}$$

其中 p 和 u 为有界解析函数且 $|p(\mathrm{e}^{\mathrm{i}\theta})|=1$, uH_+ 在 H_+ 中稠密.

证明 用 N 表示 bH_+ 的闭包. 显然, N 在 z 所作的乘法作用下不变. 由 Beurling 定理, $N=pH_+$, 其中 p 为有界解析函数且 $|p(\mathrm{e}^{\mathrm{i}\theta})|=1$. 又因为 b 属于 N, 所以存在 H_+ 中的函数 u, 使得 $b=pu$. 因为 $p(z)$ 在单位圆周上的绝对值为 1, 所以 $b(z)$ 和 $u(z)$ 在单位圆周上的绝对值相等. 因此 b 的有界性可以导出: u 为有界解析函数.

用 $\overline{S}$ 表示 H_+ 中的子集 S 的闭包. 此时 $N=\overline{bH_+}$. 借助 b 的分解, 有 $N=\overline{puH_+}$. 由于 $p(z)$ 在单位圆周上的绝对值为 1, 所以 p 所作的乘法算子为 H_+ 上的等距算子. 故

$$N=\overline{puH_+}=p\overline{uH_+}.$$

又 $N=pH_+$, 所以 $H_+=\overline{uH_+}$. 此外, 由表示 (8) 中 p 的唯一性可知, 在相差绝对值为 1 的常数因子的情形下, p 和 u 由 b 唯一确定. □

公式 (15) 中的函数 p 称为 b 的内因子, u 称为 b 的外因子.

显然, 两个内因子的乘积是一个内因子. 不难证明, 两个外因子的乘积同样也是外因子. 因此若 b_1 和 b_2 为两个有界解析函数, 则乘积 b_1b_2 的内因子为它们的内

因子之积, 外因子为它们的外因子之积. 由此, 要证明一个有界解析函数可以被另一个有界解析函数在 $\mathcal{B}$ 去除, 只要验证它的内、外因子是否可以分别被这个函数的内、外因子去除即可.

由下面的定理 4, 外因子所作的可除性是一个尤为简单的事情.

定理 4 设 b 为 $\mathcal{B}$ 中的函数, u 是一个外函数, 那么在 $\mathcal{B}$ 内,b 可被 u 去除, 当且仅当 $b(z)/u(z)$ 在单位圆周 $|z|=1$ 上是一个有界函数.

证明 由外因子的定义, uH_+ 在 H_+ 内稠密, 所以存在 H_+ 内的函数列 $\{c_n\}$ 使得

$$L^2-\lim uc_n=1. \tag{16}$$

假设 b/u 在单位圆周上有界, 我们断言 $\{bc_n\}$ 在 H_+ 内收敛. 事实上, 若记 $bc_n=(b/u)(uc_n)$, 则由 b/u 在单位圆周上的有界性以及 (16) 可知, $\{bc_n\}$ 在单位圆周上 L^2 收敛于某个函数 d:

$$L^2-\lim bc_n=d. \tag{16$'$}$$

又每个 bc_n 属于 H_+, 所以极限 d 也属于 H_+.

用有界函数 u 去乘 (16′), 得

$$L^2-\lim bc_nu=du. \tag{16$''$}$$

另一方面, 由 (16) 可知, (16″) 的左边也收敛于 b. 因此, $b=du$. 故 $b/u=d$ 属于 H_+. 再由定理 1 中的 (i), b/u 属于代数 $\mathcal{B}$. □

由上述定理, 外因子所作的可除性准则十分简单的. 在定理 4 的意义下, 代数 $\mathcal{B}$ 中的外因子有时也称为代数 $\mathcal{B}$ 中的拟单位.

下面我们给出内函数所作的可除性准则.

定理 5 设 p 和 b 为 $\mathcal{B}$ 中的函数且 p 是内函数, 则 p 在 $\mathcal{B}$ 中可除 b, 当且仅当, pH_+ 包含 bH_+: $bH_+\subseteq pH_+$.

证明 若 b 有分解 $b=pc$, 其中 $c\in\mathcal{B}$, 则 $bH_+=pcH_+$ 包含在 pH_+ 内. 反之, 若 pH_+ 包含了 bH_+, 则 $b=b\cdot 1$ 可以分解为 pf 的形式, 其中 f 属于 H_+. 因此 b/p 属于 H_+. 又 b 有界并且 p 在单位圆周上的绝对值为 1, 所以 b/p 的边界值有界. 故由定理 1, b/p 属于代数 $\mathcal{B}$, 即 p 在 $\mathcal{B}$ 内可除 b. □

在此证明过程中, H_+ 中的闭不变子空间起到了 $\mathcal{B}$ 的理想的作用, 而 Beurling 定理正是主理想定理的类比形式. 在以后的研究中, 我们将进一步使用这种思想方法.

定义 对于 $\mathcal{B}$ 内的函数 b 和 c, 用 N 表示 bH_++cH_+ 的闭包:

$$\overline{bH_++cH_+}=N. \tag{17}$$

由定理 2, N 有形式 rH_+, 其中 r 为内函数. 我们称 r 为函数 b 和 c 的最大公因子.

上述定义的最大公因子有通常意义下的性质.

定理 6 设 b 和 c 为 $\mathcal{B}$ 中的函数, s 为 $\mathcal{B}$ 中的内函数, 若 s 在 $\mathcal{B}$ 内分别可除 b 和 c, 则 s 可除它们的最大公因子.

证明 由定理 5, sH_+ 包含了 bH_+ 和 cH_+, 因此 sH_+ 包含了 $bH_+ + cH_+$. 又 sH_+ 为闭子空间, 所以 sH_+ 包含了 $bH_+ + cH_+$ 的闭包:

$$sH_+ \supseteq \overline{bH_+ + cH_+}. \tag{18}$$

由定义, (18) 的右边为 rH_+, 其中 r 为 b 和 c 的一个最大公因子. 因此, 由定理 5, s 可除 r. □

定义 如果 $\mathcal{B}$ 中的函数 b 和 c 的最大公因子为 1, 那么称 b 与 c互素.

由定义 (17), b 和 c 互素, 当且仅当 $bH_+ + cH_+$ 在 H_+ 内稠密.

定理 7 设 c, d 和 e 为 $\mathcal{B}$ 中的三个函数, 若 e 分别与 c 和 d 互素, 则 e 与它们的乘积 cd 互素.

证明 由互素的定义, $eH_+ + cH_+$ 和 $eH_+ + dH_+$ 都在 H_+ 内稠密. 因此, $d(eH_+ + cH_+)$ 在 dH_+ 中稠密, 从而 $eH_+ + d(eH_+ + cH_+) = eH_+ + dcH_+$ 在 H_+ 中稠密, 即 e 与 cd 互素. □

有关可除性的结果可以用于研究和发展代数 $\mathcal{B}$ 中的素元理论.

定理 8 设 u 为单位圆盘内的点: $|u| < 1$, 则函数

$$p(z) = \frac{z - u}{\overline{u}z - 1} \tag{19}$$

为代数 $\mathcal{B}$ 中的素内函数.

证明 经计算, $p(z)$ 在单位圆周上的绝对值为 1, 所以 $p(z)$ 是 $\mathcal{B}$ 中的内函数. 要证明 $p(z)$ 是一个素元, 注意到 $p(z)$ 在 $z = u$ 取值为 0, 从而子空间 $N = pH_+$ 内的每个函数在 $z = u$ 的值都为 0. 反之, 若 $f(z)$ 属于 H_+ 且 $f(u) = 0$, 则 $\frac{f}{p}$ 属于 H_+, 即 f 属于 $N = pH_+$. 因此 pH_+ 正是 H_+ 中的以 $z = u$ 为零点的所有函数组成的子空间; 这样 $N = pH_+$ 在 H_+ 内的余维数为 1. 设 q 为 $\mathcal{B}$ 中的内函数, 且 q 在 $\mathcal{B}$ 中可除 p, 则由定理 5,qH_+ 包含了 pH_+. 又 pH_+ 的余维数为 1, 所以 qH_+ 要么是 pH_+, 要么是 H_+. 无论哪一种情形, q 都是 p 的平凡因子. 因此 p 为代数 $\mathcal{B}$ 中的素元. □

很快我们将会证明, 形如 (19) 的函数为代数 $\mathcal{B}$ 中的唯一素元. 现在, 考虑 $\mathcal{B}$ 中的另一种形式的函数 ——素幂. 如果我们将函数的定义域从单位圆盘转向上半平面, 这将有助于帮助我们分析素幂. 作变换

$$z = \frac{w - \mathrm{i}}{w + \mathrm{i}}, \tag{20}$$

则此变换将上半平面: $\operatorname{Im} w > 0$, 映为整个开单位圆盘: $|z| < 1$. 此时, 映射

$$g(w) = f\left(\frac{w - \mathrm{i}}{w + \mathrm{i}}\right) \tag{20'}$$

将开单位圆盘内的有界解析函数 $f(z)$ 变为上半平面内的有界解析函数 $g(w)$; 反之亦然. 注意到关系 (20′) 是两个赋范代数之间的等距同构. 我们将用同一个符号 $\mathcal{B}$ 来表示这两个同构的代数.

定理 9　函数

$$p(w) = \mathrm{e}^{\mathrm{i}w} \tag{21}$$

是一个内函数且在下列意义下, $p(z)$ 为素幂, 即 $p(z)$ 的内函数因式分解仅为

$$p(z) = \mathrm{e}^{\mathrm{i}aw}\mathrm{e}^{\mathrm{i}bw}, \quad a, b > 0, \quad a + b = 1. \tag{22}$$

证明　易见, 当 $\mathrm{Im}\, w > 0$ 时, $|p(w)| < 1$, 当 $\mathrm{Im}\, w = 0$ 时, $|p(w)| = 1$. 因此, $p(w) = \mathrm{e}^{\mathrm{i}w}$ 为上半平面内的内函数.

假设 $\mathrm{e}^{\mathrm{i}w}$ 有非平凡分解:

$$\mathrm{e}^{\mathrm{i}w} = p(w)q(w), \tag{22′}$$

其中 p 和 q 为内函数. 令 $w = x + \mathrm{i}y$ 为 w 的实、虚部分解. 对于公式 (22′) 的两边, 先取绝对值, 再取对数, 得

$$-y = \ln|p| + \ln|q|. \tag{22″}$$

定义

$$h(w) = -\ln|p(w)|. \tag{23}$$

我们断言 $h(w)$ 满足下列性质.

(i) $h(w)$ 为上半平面内: $\mathrm{Im}\, w > 0$ 的调和函数.

(ii) $h(w)$ 在上半平面内为正函数; 此外, $h(w)$ 可以连续到边界: $\mathrm{Im}\, w = 0$ 上, 且 $h(w)$ 在该边界上取值为 0.

由 (22′), p 和 q 在上半平面内没有零点, 所以, 作为解析函数 $\ln p$ 的实部, h 在上半平面内为调和函数, 即 (i) 成立.

由于 p 和 q 为非平凡的内函数, 所以它们的绝对值 $|p|$ 和 $|q|$ 在上半平面内都小于 1, 从而 $\ln|p| < 0, \ln|q| < 0$. 因此, 由这两个不等式和 (22″), 得

$$0 < h(x, y) < y.$$

故 (ii) 成立.

由调和函数理论, 在直线边界上取值为 0 的调和函数可以通过反射连续穿过边界而成为一个正则的调和函数. 因此, 若令

$$h(x, -y) = -h(x, y), \quad y > 0,$$

则 h 可以被延拓到整个复平面上, 延拓后的函数仍用 h 表示. 用半径为 R 的圆盘代替单位圆盘, 对函数 h 应用 Poisson 公式 (第 11 章公式 (29)), 得

$$h(x, y) = \frac{1}{2\pi}\int_0^{2\pi} \frac{R^2 - r^2}{R^2 - 2Rr\cos(\theta - \phi) + r^2} k(\phi, R)\,\mathrm{d}\,\phi, \tag{24}$$

其中 $(x, y) = r(\cos\theta, \sin\theta)$ 且

$$k(\phi, R) = h(R\cos\phi, R\sin\phi). \tag{24′}$$

又 h 是 y 的奇函数, 所以 $k(\phi+\pi,R)=-k(\phi,R)$. 因此, (24) 又可重写为

$$\begin{aligned} h(x,y) &= \frac{1}{2\pi}\int_0^{\pi} Q(R,r,\theta,\phi)k(\phi,R)\mathrm{d}\,\phi, \\ Q &= P(R,r,\theta-\phi)-P(R,r,\theta+\phi), \end{aligned} \tag{25}$$

式中的 P 为出现在积分 (24) 中的 Poisson 核. 用关于 P 的公式, 将 Q 具体地表达出来:

$$Q=\frac{(R^2-r^2)4Rr\sin\theta\sin\phi}{(R^2-2Rr\cos(\theta-\phi)+r^2)(R^2-2Rr\cos(\theta+\phi)+r^2)}. \tag{26}$$

记 Q 为

$$Q=yQ_0(R,r,\theta,\phi). \tag{26$'$}$$

此时, Q_0 在 $0<\phi<\pi$ 内取正值, 并且极限

$$\lim_{R\to\infty}\frac{Q_0(R,r_1,\theta_1,\phi)}{Q_0(R,r_2,\theta_2,\phi)}=1 \tag{27}$$

关于参数 ϕ 一致成立. 对于上半平面内的任意两点 (x_1,y_1) 和 (x_2,y_2), 应用公式 (25), 得

$$\frac{h(x_1,y_1)}{h(x_2,y_2)}=\frac{y_1\int Q_0(R,r_1,\theta_1,\phi)k(\phi,R)\,\mathrm{d}\,\phi}{y_2\int Q_0(R,r_2,\theta_2,\phi)k(\phi,R)\,\mathrm{d}\,\phi}. \tag{28}$$

由于 (28) 右边的分子和分母中的被积函数都是正函数, 并且由 (27), 这两个正函数的商在 $R\to\infty$ 时趋于 1; 因此以这两个函数为被积函数的积分的商也趋于 1, 从而 (28) 的右边收敛于 y_1/y_2. 又 (28) 左边与 R 无关, 所以

$$\frac{h(x_1,y_1)}{h(x_2,y_2)}=\frac{y_1}{y_2}.$$

由此, 我们证明了 $h(x,y)=ay$, $a>0$. 再由 (23), $|p(w)|=\mathrm{e}^{-ay}$. 因此 $p(w)=\mathrm{e}^{\mathrm{i}aw}$.

用类似的方法和过程, 我们可以证明 $q(w)=\mathrm{e}^{\mathrm{i}bw}$, $b>0$. 故 (22) 成立. □

对于任意实数 c, 解析映射 $w\to(c-w)^{-1}$ 将上半平面映入自身内. 因此, (21) 蕴含了: 内函数

$$p(w)=\exp\{\mathrm{i}(c-w)^{-1}\} \tag{29}$$

也是定理 9 意义下的素幂.

接下来, 我们证明形如 (21) 和 (29) 的函数为 $\mathcal{B}$ 中仅有的两种形式的素幂. 再回到单位圆盘, 考虑单位圆盘内的任意有界解析函数 $b(z)$. 用 $\{u_j\}$ 表示 $b(z)$ 的零点集合 (不含重数), 并假设 u_j 的重数为 m_j. 定义

$$p_j(z)=-\frac{|u_j|}{u_j}\frac{u_j-z}{\overline{u}_jz-1}. \tag{30}$$

由定理 8, $p_j(z)$ 为内函数且 $p_j(0)=|u_j|\geqslant 0$. 用类似于 9.2 节中的讨论方法证明, 无限乘积即所谓的 Blaschke 乘积

$$p(z)=\prod p_j(z)^{m_j}, \tag{31}$$

在单位圆盘内收敛且极限 $p(z)$ 是 b 的一个内函数因子：

$$b=pc, \quad c\in\mathcal{B}. \tag{32}$$

此时，函数 c 有界，$|c|\leqslant|b|$，且 c 无零点．假设 $|b|\leqslant 1$，那么 $-\ln c$ 是一个实部为正函数的解析函数．在 11.6 节，我们证明了，这样的解析函数存在积分表示

$$-\ln c(z)=\int C(z,\theta)\,\mathrm{d}\,m, \quad C=\frac{\mathrm{e}^{\mathrm{i}\theta}+z}{\mathrm{e}^{\mathrm{i}\theta}-z}, \tag{33}$$

其中 m 为非负有限测度．将 m 分解为绝对连续部分和奇异部分的和：

$$m=m_{\text{sing}}+m_{\text{ac}}.$$

相应地，c 有分解

$$c(z)=\exp\left\{-\int C\,\mathrm{d}\,m_{\text{sing}}\right\}\exp\left\{-\int C\,\mathrm{d}\,m_{\text{ac}}\right\}. \tag{33$'$}$$

不难证明，(33′) 右边的第一个因子是内函数，第二个因子是外函数．将 (33′) 代入 (32)，给出了 b 的内–外因子分解：

$$b=p\exp\left\{-\int C\,\mathrm{d}\,m_{\text{sing}}\right\}\exp\left\{-\int C\,\mathrm{d}\,m_{\text{ac}}\right\}, \tag{34}$$

其中分解中的内因子为 (34) 右边前两个因子的乘积．在这两个因子中，第一个因子 p 为 (无限多个) 素元的乘积，第二个因子是一个素幂的离散和连续乘积的混合形式．

由表示 (34)，正如前面所述，所有的素元都形如下列形式：

$$\frac{u-z}{\overline{u}z-1}, \quad |u|<1;$$

所有的素幂都形如形式：

$$\exp\frac{v+z}{v-z}, \quad |v|=1.$$

我们以一个说明来结束本节内容．本节中的部分理论，特别是 Beurling 定理，可以被推广到单位圆盘或上半平面内的平方可积的向量值解析函数空间或有界函数空间上．参见文献 Halmos．算子值的内因子是指在边界上几乎处处为酉算子，而在上半平面内，范数不大于 1 的解析算子值函数．用 37.7 节的语言，散射矩阵就是一个算子值的内函数．

38.3 Titchmarsh 卷积定理

本节将给出定理 9 的一个应用；参见文献 Lax．考虑正实轴：$\xi>0$ 上的 L^1 函数 F．用 ℓ_F 表示 F 的支集的下端，即

$$\ell_F=\max\{\eta:\ F(\xi)=0,\ \xi<\eta\}. \tag{35}$$

关于 ℓ_F, 有 Titchmarsh 卷积定理.

定理 10 设 A 和 B 为 $\mathbb{R}_+$ 上的 L^1 函数, $A*B$ 表示它们的卷积:

$$(A*B)(\xi)=\int_0^\infty A(\eta)B(\xi-\eta)\,\mathrm{d}\,\eta, \tag{36}$$

则

$$\ell_{A*B}=\ell_A+\ell_B. \tag{37}$$

证明 若 $\xi<\ell_A+\ell_B$, 则在 (36) 右边的被积函数中, 至少有一个因子为 0, 所以该积分为 0, 即 $(A*B)(\xi)=0$. 因此, $\ell_{A*B}\geqslant\ell_A+\ell_B$. 要证明此不等式中的等号成立, 我们借助于 Paley 和 Wiener 利用 L^1 函数 F 的 Fourier 变换

$$f(w)=\int_0^\infty F(\xi)\mathrm{e}^{\mathrm{i}\xi w}\,\mathrm{d}\,\xi \tag{38}$$

对 ℓ_F 的刻画. 显然, $f(w)$ 为上半平面内的有界解析函数. □

定理 11 (Paley-Wiener) 设 $F(\xi)$ 为定义在 $\mathbb{R}_+$ 上的 L^1 函数, $\ell>0$, 则 $F(\xi)$ 在区间 $[0,\ell]$ 上取值为零, 当且仅当 $|f(w)|$ 在上半平面内: $\operatorname{Im}w=y>0$, 小于或等于常数倍的 $\mathrm{e}^{-\ell y}$, 即

$$|f(w)|\leqslant M\mathrm{e}^{-\ell y},\quad \operatorname{Im}w=y>0,$$

其中 $f(w)$ 为 $F(\xi)$ 的 Fourier 变换, M 为常数. 此时, 公式 (35) 可以表示为

$$\ell_F=\max\{\ell: |f(w)\mathrm{e}^{-\mathrm{i}\ell w}|\leqslant 常数\}.$$

证明 若 $F(\xi)$ 在 $[0,\ell]$ 上取值为零, 则在 Fourier 变换 (38) 中, 作变量替换 $\xi=\sigma+\ell$, 得

$$f(w)=\int_\ell^\infty F(\xi)\mathrm{e}^{\mathrm{i}\xi w}\,\mathrm{d}\,\xi=\mathrm{e}^{\mathrm{i}\ell w}\int_0^\infty F(\sigma+\ell)\mathrm{e}^{\mathrm{i}\sigma w}\,\mathrm{d}\,\sigma.$$

因此, $f(w)\mathrm{e}^{-\mathrm{i}\ell w}$ 在上半平面内有界. 反之, 假设 $f(w)\mathrm{e}^{-\mathrm{i}\ell w}$ 在上半平面内有界, 我们断言, f 的 Fourier 逆 F 在区间 $[0,\ell]$ 上取值为零. 要证明此断言, 我们只需证明, 对于支撑在任意子区间 $[0,\ell-d]$ $(0<d<\ell)$ 上的任意光滑函数 $G(\xi)$, 成立 $(F,G)=0$. 设 $G(\xi)$ 为支撑在 $[0,\ell-d]$ 上的光滑函数, $0<d<\ell$, 令 $g(x)$ 为 $G(\xi)$ 的 Fourier 变换

$$g(x)=\int_0^{\ell-d}G(\xi)\mathrm{e}^{\mathrm{i}\xi x}\,\mathrm{d}\,\xi. \tag{39}$$

由 Parseval 公式, 得

$$(F,G)=(f,g), \tag{40}$$

其中

$$(f,g)=\int f(x)\overline{g}(x)\,\mathrm{d}\,x. \tag{40$'$}$$

由 (39), 得

$$\overline{g}(x)=\int_0^{\ell-d}\overline{G}(\xi)\mathrm{e}^{-\mathrm{i}\xi x}\,\mathrm{d}\,\xi. \tag{39$'$}$$

该公式表明, $\overline{g}(x)$ 可以延拓为整个复平面上的解析函数 $h(w)$:

$$h(w) = \int_0^{\ell-d} \overline{G}(\xi)\mathrm{e}^{-\mathrm{i}\xi w}\,\mathrm{d}\,\xi.$$

因为 G 是光滑函数, 所以 $h(w)$ 在上半平面内: $\operatorname{Im} w = y > 0$ 有界且 $\mathrm{e}^{(\ell-d)y}/(1+|w|^2)$ 为它的一个界. 又 f 在上半平面内解析, 利用 Cauchy 定理, 将 (40′) 中的积分路线由实轴变为直线 $\operatorname{Im} w = y > 0$, 得

$$(f,g) = \int f(x)h(x)\,\mathrm{d}\,x = \int f(x+\mathrm{i}y)h(x+\mathrm{i}y)\,\mathrm{d}\,x. \tag{41}$$

由 $h(w)$ 的构造, 成立

$$|h(x+\mathrm{i}y)| \leqslant \frac{\mathrm{e}^{(\ell-d)y}}{1+x^2+y^2}; \tag{42}$$

由 $f(w)$ 的题设条件, 得

$$|f(x+\mathrm{i}y)| \leqslant \mathrm{M}\mathrm{e}^{-\ell y}, \tag{43}$$

其中 M 为常数. 联合 (42) 和 (43), 当 $y \to \infty$ 时, (41) 的右边趋于 0. 注意 (41) 的左边与 y 无关, 所以左边 (f,g) 等于 0. 因此, (40) 蕴含了 $(F,G)=0$. □

我们可以用 $\mathcal{B}$ 中的可除性重述 Paley-Wiener 定理.

每个 $L^2(\mathbb{R}_+)$- 函数 F 的支集的下端 ℓ_F 是 $\mathrm{e}^{\mathrm{i}w}$ 的在 $\mathcal{B}$ 中可除 F 的 Fourier 变换 $f(w)$ 的最高幂指数.

我们再接着证明 Titchmarsh 卷积定理10. 设 $a(w)$ 和 $b(w)$ 分别表示函数 A 和 B 的 Fourier 变换, 它们都是上半平面内的有界解析函数. 此时, 卷积 $A*B$ 的 Fourier 变换为 $a(w)b(w)$. 由 Paley-Wiener 定理, 我们将公式 (37) 重述如下.

若设 ℓ_A 和 ℓ_B 分别表示 $\mathrm{e}^{\mathrm{i}w}$ 的在 $\mathcal{B}$ 中可除 $a(w)$ 和 $b(w)$ 的最高幂指数, 则 $\ell_A+\ell_B$ 为可除 $a(w)b(w)$ 的 $\mathrm{e}^{\mathrm{i}w}$ 的最高幂指数.

要证明该重述, 将 a 和 b 进行分解: $a=\mathrm{e}^{\mathrm{i}\ell_A w}c$, $b=\mathrm{e}^{\mathrm{i}\ell_B w}d$, 其中 c 和 d 属于 $\mathcal{B}$. 由 ℓ_A 的定义, c 和 d 都与 $\mathrm{e}^{\mathrm{i}w}$ 互素; 这是因为, 定理 9 蕴含了 $\mathrm{e}^{\mathrm{i}w}$ 的非平凡因子都形如 $\mathrm{e}^{\mathrm{i}kw}$, $k>0$ 的形式. 再由定理 7, cd 和 $\mathrm{e}^{\mathrm{i}w}$ 互素. 因此, $ab=\mathrm{e}^{\mathrm{i}(\ell_A+\ell_B)w}cd$ 不能再被 $\mathrm{e}^{\mathrm{i}w}$ 的高于 $\ell_A+\ell_B$ 的幂去除. □

注记　Titchmarsh 卷积定理是一个关于实变量函数的结果, 而 Titchmarsh 在 1924 年的原始证明却用复变函数理论的方法给出, 这是一个不同寻常的事实. 该卷积定理的一种实变量证明方法直到 1952 年才由 Ryll Nardzewski 给出, 参见文献 Mikusinski. 本章提供的证明显示, Titchmarsh 卷积定理的复变量证明方法是十分自然的.

历史注记　第二次世界大战期间, 英国情报部门破译了德国军方的"Enigma"密码. 由此破获的重要信息在许多战役中起到了决定性的作用. 但是, 很少有人知道瑞典人也破译了"Enigma"密码, 而领导此项破译工作的正是数学家 Arne Beurling.

带领英国密码破译人员的数学家是伟大的逻辑学家 Alan Turing. 战后被指控为同性恋, 被迫自杀.

参考文献

Beurling, A., On two problems concerning linear transformations in Hilbert space. *Acta Math.*, **18**(1949): 239–255.

Halmos, P., Shifts on Hilbert spaces. *Crelles J.*, **208**(1961): 102–112.

Lax, P. D., Translation invariant spaces. *Acta Math.*, **101**(1959): 163–178.

Lax, P. D., Translation invariant spaces. in *Proc. Int. Symp. on Linear Spaces.* Israeli Acad. Press, Jerusalem, 1961, pp.299–306.

Paley, R. E. A. C. and Wiener, N., Fourier transforms in the complex domain. *AMS Coll. Publ.*, **19.** American Mathematical Society, New York, 1934.

Mikusinski, J., Operational Calculus. *Int. Series Monographs in Pure and Applied Math*, **8**. Pergamon Press, New York, 1959.

Titchmarsh, E. C., The zeros of certain integral functions. *Proc London Math. Soc.*, **25**(1926): 283–302.

参考书目

Banach, S., *Théorie des opérations linéaires*, Monografje Matematyczne, Warsaw, 1932, Chelsea, 1955.

Brezis, H., *Analyse fonctionelle*, Théorie et application, Masson, 1983.

Conway, J. B., *A Course in Functional Analysis*, Springer Verlag, 1985.

Day, M. M., *Normed Linear Spaces*, Spinger Verlag, 1962.

Douglas, R. G., *Banach Algebra Techniques in Operator Theory*, Graduate texts in mathematics Vol. 179, Springer Verlag, 2nd ed. 1997.

Douford, N. and Schwartz, J. T., *Linear Operators, Part I: General Theory*, (1958), *Part II: Spectral Theory*, (1963), Wiley-Interscience Series on Pure and Applied Mathematics, John Wiley and Sons.

Edwards, R. E., *Functional Analysis: Theory and Applications*, Holt, Rinehart and Winston, 1965.

Hille, E. and Phillips, R. S., *Functional Analysis and Semi-groups*, Colloquium Publ. AMS,1957.

Johnson, W. B. and Lindenstrauss, Y., eds., *Handbook on the Geometry of Banach Spaces*, North Holland, to appear.

Lindenstrauss, J. and Tzafriri, L., *Classical Banach Spaces*, I(1977), II(1979), Springer Verlag.

Morrison, T. J., *Functional Analysis: An Introduction to Banach Space Theory*, Wiley-Interscience Series on Pure and Applied Mathematics, John Wiley and Sons, 2001.

Reed, M. and Simon, B., *Methods of Modern Mathematical Physics, I: Functional Analysis*, Academic Press, 1972.

Riesz, F. and Sz. Nagy, B., *Leçons d'analyse fonctionelle*, Akadémiai Kiadó, 1952, *Functional Analysis*, F. Ungar, 1955.

Riesz, W., *Functional Analysis*, McGraw-Hill, 1973.

Schechter, M., *Principles of Functional Analysis*, Acudemic press, 1971.

Taylor, A. E. and Lay, D. C., zntroduction to Functional Analgsis, John wiky and Sons, 1980.

Yosida, K., *Functional Analysis*, 1st ed. (1964), 6th ed. (1980). Springer Verlag.

Zeidler, E., *Nonlinear Functional Analysis and its Applications*, Springer Verlag, 1985.

附录 A　Riesz-Kakutani 表示定理

在数学分析中有一个类似于“先有鸡还是先有蛋”的难题: 是先有 Lesbegue 积分还是先有 Lesbegue 测度呢? 我的答案是：哪一个都不对! 先出现的应该是空间 L^1. 首先, 我们用传统的方法扩大连续函数类; 然后, 证明该函数类充分大, 即在 L^1 范数下, 它是一个完备的度量空间; 接下来的步骤将是顺理成章的. 本附录的研究对象 L^1, 定义为连续函数空间在 L^1 范数下的完备化, 是一个抽象的空间. 因此, L^1 中的每个向量实际上都是几乎处处有定义的函数.

Riesz-Kakutani 表示定理是说, $C(Q)$ 上的每个有界线性泛函 ℓ 都可以表示成积分的形式：

$$\ell(c) = \int c \,\mathrm{d}\, m, \qquad c \in C(Q),$$

其中 Q 为紧的Hausdorff 空间, $C(Q)$ 为 Q 上的所有连续函数 c 组成的空间, m 为 Q 的 Borel σ 代数上的有限符号测度. 本附录将在 Q 为紧度量空间的条件下, 用泛函分析的方法给出该基本命题的一个简单而又自然的证明.

A.1　正线性泛函

设 Q 为紧度量空间，$C(Q)$ 为 Q 上的所有实连续函数 c 组成的线性空间. 本节我们将研究 $C(Q)$ 上的有界线性泛函 ℓ. 有界性是指, 存在常数 M, 使得对于所有连续函数 c, 下式成立

$$\ell(c) \leqslant M|c|_{\max}.$$

线性泛函 ℓ 称为**正的**, 如果对所有非负连续函数 c, $\ell(c) \geqslant 0$. 显然, 正线性泛函 ℓ 是**单调的**：$c_1 \leqslant c_2$ 蕴含了 $\ell(c_1) \leqslant \ell(c_2)$. 由此可知, 每个正线性泛函都是有界的; 这是因为, $C(Q)$ 中的每个函数 c 都满足：

$$c \leqslant |c|_{\max} u,$$

其中 u 表示 Q 上的单位函数, 即 $u(q) \equiv 1$. 由单调性, $\ell(c) \leqslant \ell(u)|c|_{\max}$.

不难证明, $C(Q)$ 上的每个有界线性泛函都可以分解成两个正线性泛函的差. 因此, 要证明表示定理, 我们只需考虑正线性泛函的情形. 此时的表示测度为正测度.

对于正线性泛函 ℓ, 我们定义 $C(Q)$ 上的 ℓ 范数：

$$|c|_\ell = \ell(|c|), \tag{1}$$

其中 $|c|$ 表示 c 的绝对值函数：$|c|(q)=|c(q)|$.

易见, 由 (1) 定义的量 $|c|_\ell$ 为 $C(Q)$ 上的半范数. 如果两个连续函数差的 ℓ 范数为 0, 将这两个连续函数等同起来; 这样我们可以得到商空间上的真范数. 用 L 表示该商空间在 ℓ 范数下的完备化. 首先回忆一下, 完备化空间中的每个向量都是连续函数的 ℓ 范数下的 Cauchy 列的等价类; 两个 Cauchy 列称为等价, 如果它们的差在 ℓ 范数下是一个零序列. 为方便起见，我们用等价类中的代表元表示该类.

由 ℓ 范数的定义 (1) 和正线性泛函的单调性, 得

$$|\ell(c)| \leqslant |c|_\ell.$$

因此, 泛函 ℓ 可以连续延拓到整个空间 L 上. 设 $\boldsymbol{f}$ 为 L 中的任意向量, 令 $\{c_n\}$ 为 ℓ 范数下收敛于 $\boldsymbol{f}$ 的连续函数 Cauchy 列, 我们定义 $\ell(\boldsymbol{f})=\lim \ell(c_n)$, 则 ℓ 为 L 上的有界线性泛函：

$$\ell(\boldsymbol{f}) \leqslant |\boldsymbol{f}|_\ell. \tag{2}$$

下面我们证明, L 空间中的向量具有某些函数属性.

定理 1　设 ϕ: $\mathbb{R}\to\mathbb{R}$ 为 Lipschitz 连续函数:

$$|\phi(x)-\phi(y)| \leqslant k|x-y|. \tag{3}$$

若 f 为 L 中的任一元素, 则 $\phi(f)$ 可被定义为 L 中的元; 此外, 对于 L 中的任一对元素 f 和 g, 有

$$|\phi(f)-\phi(g)|_\ell \leqslant k|f-g|_\ell. \tag{4}$$

证明　对 L 中的任意元 f, 令 $\{c_n\}$ 为 ℓ 范数下的连续函数的 Cauchy 列且在 L 内收敛于 f. 由 ℓ 范数的定义、ℓ 的单调性和不等式 (3), 得

$$|\phi(c_n)-\phi(c_m)|_\ell \leqslant k|c_n-c_m|_\ell.$$

因此 $\{\phi(c_n)\}$ 是 ℓ 范数下的 Cauchy 列. 我们用 $\phi(f)$ 表示 $\{\phi(c_n)\}$ 在 L 内的极限.

考虑第二部分. 令 $\{d_n\}$ 为 ℓ 范数下的连续函数的 Cauchy 列且在 L 内收敛于 g. 由 (3), 对于每个 $q\in Q$,

$$|\phi(c_n(q))-\phi(d_n(q))| \leqslant k|c_n(q)-d_n(q)|.$$

因为 ℓ 是单调的, 所以

$$\ell(|\phi(c_n)-\phi(d_n)|) \leqslant k\ell(|c_n-d_n|);$$

由 ℓ 范数的定义, 该不等式蕴含了

$$|\phi(c_n)-\phi(d_n)|_\ell \leqslant k|c_n-d_n|_\ell.$$

令 n 趋于 ∞, 上述不等式左右两边分别收敛于 (4) 的左右两边. □

对于 L 中的元素, 通常意义下的函数演算法则成立, 这里有两个重要的例子.

例 1　令

$$\phi_+(x)=\begin{cases}0, & \text{当 } x\leqslant 0 \text{ 时},\\ x, & \text{当 } 0\leqslant x \text{ 时}.\end{cases}$$

我们用 f_+ 表示 $\phi_+(f)$, 并称之为 f 的正部.

定义 1 L 中的元素 f 称为非负的, 如果 $f_+=f$. 用 $f\geqslant 0$ 表示 L 中的非负元.

注意, L 中的元素 f 非负, 当且仅当它是非负连续函数列的 ℓ 范数极限. 因此, 若 $f\geqslant 0$, 则 $|f|_\ell=\ell(f)$. 此外, 若 $f\geqslant 0$, $g\geqslant 0$, 则 $f+g\geqslant 0$.

我们称 $f\leqslant g$, 如果 $g-f\geqslant 0$. 显然, 该关系在 L 内有传递性.

例 2 对任意实数 $a\leqslant b$, 令

$$\phi_a^b(x)=\begin{cases} a, & \text{当 } x\leqslant a \text{ 时},\\ x, & \text{当 } a\leqslant x\leqslant b \text{ 时},\\ b, & \text{当 } b\leqslant x \text{ 时}.\end{cases}$$

对于 L 中的元素 f, 我们用 f_a^b 表示 $\phi_a^b(f)$.

定义 2 L 中的元素 f 称为有界的, 如果存在常数 a 和 b, 使得 $f=f_a^b$.

注意, L 中的元素 f 有界, 当且仅当它是有界连续函数列的 ℓ 范数极限.

若 f 为 L 中的有界元, ϕ 为区间 $[a,b]$ 上的 Lipschitz 连续函数, 则 $\phi(f)$ 可被定义为 L 中的元.

设 $\phi(x,y)$ 为二元 Lipschitz 连续函数, 则对于 L 中的任一对元素 f 和 g, 我们同样可以定义 L 中的元素 $\phi(f,g)$. 考虑一种特殊的情形. 设 f 和 g 为 L 中的两个有界元, 用下列方法我们可以定义 f 和 g 在 L 内的乘积 fg.

设 $\{c_n\}$ 和 $\{d_n\}$ 为 ℓ 范数下分别收敛于 f 和 g 的有界连续函数列. 容易证明, $\{c_nd_n\}$ 也是 ℓ 范数下的有界的连续函数 Cauchy 列. 因此 $\{c_nd_n\}$ 在 L 内依 ℓ 范数收敛, 我们用 fg 表示它在 L 内的极限, 并称之为 f 和 g 的乘积. 注意, fg 为 L 中的有界元, 并且若 $f\geqslant 0$, $g\geqslant 0$, 则 $fg\geqslant 0$.

下面的结果尽管简单但十分有用.

定理 2 (单调收敛定理) 设 $\{f_n\}$ 为 L 内的单调列, 若数列 $\{\ell(f_n)\}$ 有界, 则 $\{f_n\}$ 在 L 内依 ℓ 范数收敛.

证明 不妨设 $\{f_n\}$ 单调递增, 即 $f_n\leqslant f_{n+1}$. 由泛函 ℓ 的单调性及题设条件, $\{\ell(f_n)\}$ 是单调递增的有界实数列, 从而收敛. 我们断言, $\{f_n\}$ 为 L 内的 Cauchy 列. 事实上, 当 $n>m$ 时, f_n-f_m 非负, 所以

$$|f_n-f_m|_\ell=\ell(f_n-f_m)=\ell(f_n)-\ell(f_m).$$

由于 $\{\ell(f_n)\}$ 收敛, 所以 $\{f_n\}$ 为 L 内的 Cauchy 列. 此时, L 的完备性蕴含了 $\{f_n\}$ 在 L 内依 ℓ 范数收敛. □

定理 3 设 f 为 L 中的元, 则

$$\ell-\lim_{b\to\infty,\ a\to-\infty} f_a^b=f.$$

证明 设 $\{c_n\}$ 为 ℓ 范数下收敛于 f 的连续函数 Cauchy 列, 对于任意 $\varepsilon > 0$, 存在 N, 使得

$$|f - c_N|_\ell < \varepsilon. \tag{5}$$

因为 c_N 为紧空间 Q 上的连续函数, 所以 c_N 有界. 因此, 对于分别超过了 c_N 的上下界的任意实数 b 和 a, 总有 $a \leqslant c_N(q) \leqslant b$, $q \in Q$. 同例 2, 定义 ϕ_a^b. 由不等式 (4), 得

$$|\phi_a^b(f) - \phi_a^b(c_N)|_\ell \leqslant |f - c_N|_\ell < \varepsilon.$$

由于 c_N 的取值位于区间 $[a, b]$ 内, 所以 $\phi_a^b(c_N) = c_N$. 重写上述不等式为

$$|f_a^b - c_N|_\ell < \varepsilon. \tag{6}$$

用三角不等式及估计 (5) 和 (6), 有

$$|f - f_a^b|_\ell = |f - c_N + c_N - f_a^b|_\ell \leqslant |f - c_N|_\ell + |c_N - f_a^b|_\ell < 2\varepsilon.$$ □

A.2 体　　积

本节我们将证明, 如何利用正线性泛函 ℓ 定义 Q 中开集 G 的体积.

定义 3 设 G 为 Q 中的任一开集, $c \in C(Q)$, 我们称 c 为 G 的可允许函数, 如果

(i) c 的支集 $\operatorname{supp} c$ 包含在 G 内;

(ii) $c(q) \leqslant 1$, $q \in Q$.

开集 G 在正线性泛函 ℓ 下的体积 $V(G)$ 定义为

$$V(G) = \sup\{\ell(c) : c \text{ 为 } G \text{ 的可允许函数}\}. \tag{7}$$

定理 4

(i) 空集的体积为 0.

(ii) V 是一个单调的集函数: 若 $G \subset H$, 则 $V(G) \subset V(H)$.

(iii) V 具有可数次可加性: $V(\bigcup_{n=1}^{\infty} G_n) \leqslant \sum_{n=1}^{\infty} V(G_n)$.

(iv) V 具有可数可加性: 若 $\{G_n\}$ 是一列两两不交的开集, 则

$$V\left(\bigcup_{n=1}^{\infty} G_n\right) = \sum_{n=1}^{\infty} V(G_n).$$

证明 (i) 和 (ii) 是显然的. 要证明 (iii), 令 c 为开集 $\bigcup_{n=1}^{\infty} G_n$ 的任一可允许函数. 由于 c 的支集是紧集 Q 的一个闭子集, 所以它也是 Q 的紧子集. 由可允许函数的定义, c 的支集被开集列 $\{G_n\}$ 覆盖, 所以该支集可被有限个开集 $\{G_1, \cdots, G_N\}$ 覆盖. 现在我们证明 c 有分解

$$c = \sum_{n=1}^{N} c_n, \tag{8}$$

其中 c_n 为 G_n 的可允许函数, $n = 1, \cdots, N$.

假设分解 (8) 成立, 我们用 ℓ 作用在 (8) 的两边, 得

$$\ell(c)=\sum_{n=1}^{N}\ell(c_n).$$

由体积的定义,$\ell(c_n)\leqslant V(G_n)$, 所以

$$\ell(c)\leqslant\sum_{n=1}^{N}V(G_n).$$

对所有的可允许函数 c 取上确界, 即得到 (iii).

因此, 我们只需证明分解 (8) 成立. 由于 c 支集中的每个元 q 必属于某个开集 G_n, $n=1,2,\cdots,N$, 所以对于 c 支集中的任意一点 q, 都存在连续函数 b_q 满足下列性质:

(i) b_q 非负;

(ii) $b_q(q)>0$;

(iii) b_q 的支集包含在某个开集 G_n 中, $n=1,2,\cdots,N$.

令 $O_q=\{x\in Q:\ b_q(x)>0\}$, 则 O_q 为 Q 的开集且 $q\in O_q$. 显然, 所有开集 O_q 的并包含了 c 的支集. 又因为 c 的支集为紧集, 所以它可以被有限多个这样的开集 O_q 覆盖; 此时, 相应于这有限多个开集 O_q 的函数 b_q 之和 $\sum b_{q_i}$ 在 c 的支集上取正值:

$$\text{在 } c \text{ 的支集上,}\quad \sum b_{q_i}>0.$$

由 b_q 的定义, 将每个 b_{q_i} 对应于开集 G_{n_i}, 使得 G_n 包含了 b_{q_i} 的支集. 对于每个 n, $n=1,2,\cdots,N$, 令 b_n 表示对应于 G_n 的所有函数 b_{q_i} 的和, 则 $\sum_{n=1}^{N}b_n=\sum_i b_{q_i}$. 定义

$$c_n=\frac{b_n}{\sum_{n=1}^{N}b_n}c,\qquad n=1,2,\cdots,N.$$

显然 $\sum_{n=1}^{N}c_n=c$ 且 c_n 为 G_n 的可允许函数. 这样, 我们给出了 c 的分解 (8).

(iv) 对于任意自然数 N, 选取 G_n $(n\leqslant N)$ 的可允许函数 c_n, 使得

$$V(G_n)-\frac{1}{N^2}\leqslant\ell(c_n).$$

因为 $\{G_n\}$ 两两不交, 所以 $\sum_{k=1}^{N}c_k$ 为 $\cup_{k=1}^{N}G_k$ 的可允许函数. 因此

$$\ell\left(\sum_{n=1}^{N}c_n\right)\leqslant V\left(\bigcup_{n=1}^{N}G_n\right).$$

由 ℓ 的线性性及上述不等式, 得

$$\sum_{n=1}^{N}V(G_n)-\frac{1}{N}\leqslant V\left(\bigcup_{n=1}^{N}G_n\right).$$

令 $N\to\infty$, 成立

$$\sum V(G_n)\leqslant V\left(\bigcup_{n}G_n\right).$$

再由可数次可加性, 我们得到另一个方向的不等式. 因此 (iv) 成立. □

下面的简单估计是一个有用的结果.

定理 5　设 h 为 Q 上的非负连续函数, a 为正实数, 令 $G_a=\{q\in Q:\ h(q)>a\}$, 则

$$V(G_a)\leqslant\frac{1}{a}\ell(h). \tag{9}$$

证明　设 c 为 G_a 的任一可允许函数, q 属于 Q. 若 q 不属于 G_a, 则 $c(q)=0$, 此时 $c(q)\leqslant\frac{1}{a}h(q)$; 若 q 属于 G_a, 则 $\frac{h(q)}{a}>1$, 而 $c(q)\leqslant 1$, 所以亦有 $c(q)\leqslant\frac{1}{a}h(q)$. 因此, 对于 G_a 的任一可允许函数 c_a 和 Q 中的每个点 q, 有

$$c_a(q)\leqslant\frac{1}{a}h(q);$$

由 ℓ 的单调性, 得

$$\ell(c_a)\leqslant\frac{1}{a}\ell(h).$$

对上述不等式中的 c_a 取上确界, 则不等式 (9) 成立. □

定义 4　Q 中的子集 S 称为零集, 如果 S 可以包含在体积任意小的开集中.

由体积的可数次可加性, 可数个零集的并仍是一个零集.

假设一个关系在除去一个零集外的每个点 q 上都成立, 则称此关系几乎处处成立, 用 a.e. 简记之.

A.3　函数空间 L

本节我们将证明如何将 L 中的每个元素 f 与定义在 Q 上的某一函数 $f(q)$, 在相差一个零集的情况下, 对应起来.

定义 5　L 中的 Cauchy 列 $\{c_n\}$ 称为快收敛, 如果存在某个常数 k, 使得对于每个 $n\geqslant 1$, 有

$$|c_n-c_{n+1}|_\ell\leqslant\frac{k}{n^4}. \tag{10}$$

注意, 每个 Cauchy 列都有一个快收敛的子列. 显然, 满足不等式 (10) 的列是一个 Cauchy 列.

定理 6　每个连续函数的快收敛 Cauchy 列 $\{c_n\}$ 几乎处处收敛.

证明　对每个 $n=1,2,\cdots$, 令 G_n 表示开集:

$$G_n=\left\{q\in Q:\ |c_n(q)-c_{n+1}(q)|>\frac{1}{n^2}\right\}. \tag{11}$$

对于函数 $h=|c_n-c_{n+1}|$ 及 $a=\frac{1}{n^2}$, 应用不等式 (9) 和 (10) 得

$$V(G_n)\leqslant n^2\ell(|c_n-c_{n+1}|)\leqslant\frac{k}{n^2}. \tag{12}$$

由 (11), 若 q 不属于 G_n, 则 $|c_n(q)-c_{n+1}(q)|\leqslant\frac{1}{n^2}$. 因此, 由

$$c_n(q)=\sum_{k=1}^{n}(c_k(q)-c_{k-1}(q)),\quad c_0(q)\equiv 0$$

可知, 若 q 仅属于有限多个 G_n, 则 $\{c_n(q)\}$ 收敛; 若令 S 表示使得 $\{c_n(q)\}$ 不收敛的点 q 的全体, 则对于每个正整数 N, S 包含在 $\bigcup_{n=N}^{\infty}G_n$ 内. 由体积的可数次可加性和不等式 (12), 可知

$$V\left(\bigcup_{n=N}^{\infty}G_n\right)\leqslant\sum_{n=N}^{\infty}V(G_n)\leqslant\sum_{n=N}^{\infty}\frac{k}{n^2}.$$

令 $N\to\infty$, 则 $V(\bigcup_{n=N}^{\infty}G_n)\to 0$. 因此 S 可以包含在体积任意小的开集内, 即 S 是一个零集. □

对于任意正整数 N, 函数列 $\{c_n(q)\}$ 在开集 $\bigcup_{n=N}^{\infty}G_n$ 外一致收敛, 这是一个十分重要的结论.

对于 L 中的元素 f, 取连续函数的 Cauchy 列 $\{c_n\}$, 使得 $\{c_n\}$ 依 ℓ 范数收敛于 f, 则 $\{c_n\}$ 存在快收敛的子序列. 我们称 $\{c_n\}$ 的快收敛子列的点点极限为 f 的一个实现.

我们断言: 在几乎处处相等的意义下, f 的实现是唯一的, 即由任意两个快收敛于 f 的 Cauchy 列所得到的实现几乎处处相等. 这是因为, 对于任意两个都快收敛于 f 的 Cauchy 列, 我们可以重新构造一个快收敛的 Cauchy 列, 使得该列包含了所给定的两个 Cauchy 列中的无限项.

下述定理刻画了 L 中的元素 f 与其实现 $f(q)$ 之间的关系.

定理 7

(i) 对于任意 Lipschitz 连续函数 ϕ, $\phi(f)(q)=\phi(f(q))$.

(ii) $(f\pm g)(q)=f(q)\pm g(q)$.

(iii) 若 f 和 g 为 L 中的有界元, 则 $(fg)(q)=f(q)g(q)$.

(iv) L 中元素的函数实现是忠实的, 即若 $f(q)=g(q)$ a.e., 则在 L 内, $f=g$.

(v) 若 $\ell-\lim_n f_n=f$ 且 $\{f_n(q)\}$ 几乎处处收敛, 则 $\{f_n(q)\}$ 的点点极限为 ℓ 极限 f 的实现.

证明 (i),(ii) 和 (iii) 都是显然的. 要证明 (iv), 我们只要证明: 若 f 的实现是一个几乎处处为 0 的函数, 则 f 为 L 中的零元. 用反证法. 假设 $f\neq 0$; 进一步地, 我们不妨假设 f 为 L 中的非负元. 由定理 3, f^b 在 ℓ 范数下收敛于 f, 且当 b 充分大时, $f^b\neq 0$, 因此我们又可假设 f 为 L 中的非负有界元并且 1 为 f 的上界.

设 $\{c_n\}$ 为 ℓ 范数收敛于 f 的连续函数的快收敛 Cauchy 列, $0\leqslant c_n\leqslant 1$, 并且 $\{c_n\}$ 几乎处处收敛于 0. 由定理 6 证明之后的注记, 对于任意 $\varepsilon>0$, 存在体积小于 ε 的开集 G_ε, 使得 $\{c_n(q)\}$ 在 G_ε 外面一致收敛于 $f(q)$. 由于 $f(q)$ 几乎处处为 0, 所以, 当 N 充分大时, 有

$$c_N(q) \text{ 在 } G_\varepsilon \text{ 的补集上小于 } \varepsilon, \tag{13}$$

$$|f - c_N|_\ell < \varepsilon. \tag{13'}$$

将 c_N 分解：

$$c_N = c_N - 2\varepsilon u + 2\varepsilon u \leqslant (c_N - 2\varepsilon u)_+ + 2\varepsilon u, \tag{14}$$

式中的 u 为 Q 上的单位函数. ℓ 的单调性蕴含

$$\ell(c_N) \leqslant \ell((c_N - 2\varepsilon u)_+) + 2\varepsilon\ell(u). \tag{15}$$

由 (13) 及假设条件 $0 \leqslant c_N \leqslant 1$ 知, $(c_N - 2\varepsilon u)_+$ 为 G_ε 的可允许函数, 所以 $\ell((c_N - 2\varepsilon u)_+) \leqslant V(G_\varepsilon)$. 再由 (15) 并注意事实 $V(G_\varepsilon) < \varepsilon$, 则

$$\ell(c_N) \leqslant V(G_\varepsilon) + 2\varepsilon\ell(u) < (1 + 2\ell(u))\varepsilon.$$

结合 (13$'$) 及 (2), 得

$$\ell(f) = \ell(f - c_N) + \ell(c_N) \leqslant |f - c_N|_\ell + (1 + 2\ell(u))\varepsilon < 2(1 + \ell(u))\varepsilon.$$

由于 f 为 L 中的非负元, 所以 $\ell(f) = |f|_\ell$. 由 ε 的任意性, $|f|_\ell = 0$, 这与假设 $f \neq 0$ 矛盾. 因此, 性质 (iv) 成立.

要证明 (v), 不妨假设 $\{f_n\}$ 是一个不等式 (10) 意义下的快收敛列, 否则考虑它的快收敛子序列. 对于每个 n, 选取连续函数 c_n 满足：

(a) $|f_n - c_n|_\ell \leqslant \frac{1}{n^4}$,

(b) 在一个体积小于 $\frac{1}{n^2}$ 的开集外, $|f_n(q) - c_n(q)| \leqslant \frac{1}{n^2}$.

由 (a) 和 f_n 的快收敛性, $\{c_n\}$ 在 ℓ 范数下快收敛于 f. 因此 $\{c_n(q)\}$ 几乎处处收敛于 $f(q)$. 另一方面, 条件 (b) 蕴含了 $\lim c_n(q) = \lim f_n(q)$, a.e.. 因此, $\{f_n(q)\}$ 的点点极限正是 f 的实现 $f(q)$. □

定理 8 若 f 的实现 $f(q)$ 几乎处处为非负函数, 则 f 为 L 中的非负元.

证明 由定理 7 中的 (i), $f_+(q) = f(q)_+$. 若 $f(q) \geqslant 0$ a.e., 则 $f_+(q) = f(q)$ a.e. 再由定理 7 中的 (iv), $f = f_+$ 即 f 为 L 中的非负元. □

推论 设 f 和 g 属于 L, 则 $f \leqslant g$, 当且仅当 $f(q) \leqslant g(q)$ a.e.

证明 关系 $f \leqslant g$ 意味着 $g = f + p$, 其中 p 为 L 中的非负元. 将 p 应用定理 8, 可得推论. □

A.4 可测集和测度

定义 6 Q 中的子集 S 称为可测集, 如果 S 的特征函数 c_s：

$$c_s(q) = \begin{cases} 1, & q \in Q, \\ 0, & \text{其他} \end{cases} \tag{16}$$

是 L 中某个元素 f_S 的实现. 此时, 我们定义可测集 S 的测度为

$$m(S) = \ell(f_S). \tag{17}$$

注意, 可测和测度的概念仅仅依赖于线性泛函 ℓ.

首先证明这些概念是有意义的, 而不是空洞的.

定理 9 每个开集都是可测集, 其测度等于它的体积.

证明 对于 Q 中的开集 G 和 $q \in Q$, 用 $d(q, G^c)$ 表示 q 到 G 的补集 G^c 的距离. 定义

$$\phi_n(x) = \begin{cases} 0, & x \leqslant \dfrac{1}{2n}, \\ \text{线性}, & \dfrac{1}{2n} \leqslant x \leqslant \dfrac{1}{n}, \\ 1, & \dfrac{1}{n} \leqslant x. \end{cases}$$

令

$$c_n(q) = \phi_n(d(q, G^c)), \qquad n = 1, 2, \cdots,$$

则 $c_n \in C(Q)$, 且 $\{c_n\}$ 为单调递增的连续函数列, $\ell(c_n) \leqslant \ell(u)$. 由定理 2, $\{c_n\}$ 在 L 中以 ℓ 范数收敛于 L 中的元 f_G. 另一方面, $\{c_n(q)\}$ 点点收敛于 G 的特征函数 $c_G(q)$. 因此, 由定理 7 的 (v), $c_G(q)$ 为 f_G 的实现. 故 G 为可测集.

要计算 G 的测度, 由于 $\{c_n\}$ 在 ℓ 范数下收敛于 f_G, 所以 $\{\ell(c_n)\}$ 收敛于 $\ell(f_G)$. 又每个 c_n 都是 G 的可允许函数, 所以 $\ell(c_n) \leqslant V(G)$, 从而 $\ell(f_G) \leqslant V(G)$. 另一方面, 对于 G 的任意可允许函数 c, 取充分大的 n 使得 $c \leqslant c_n$. 由体积的定义, $V(G) = \sup \ell(c) \leqslant \sup \ell(c_n)$; 从而 $\ell(f_G) = \lim \ell(c_n) = \sup \ell(c_n) \geqslant V(G)$. 因此, $\ell(f_G) = V(G)$. □

定理 10 Q 的所有可测子集构成了一个 σ 代数, 并且由 (17) 定义的集函数 $m(S)$ 是一个测度. 即

(i) 可测集的补集是可测的;

(ii) 两个可测集的交集是可测的;

(iii) 可数个可测集的并集是可测的;

(iv) $m(S)$ 具有可数可加性.

证明 (i) 设 S 为可测集, 则 S 的特征函数 c_S 为 L 中某个元 f_S 的实现. 此时, $1 - c_S$ 为 L 中的元 $u - f_S$ 的实现, 即补集 S^c 的特征函数 $1 - c_S$ 为 L 中 $u - f_S$ 的实现, 其中 u 为单位函数. 因此 S 的补集可测.

(ii) 设 S_1 和 S_2 为两个可测集, 令 f_{S_1} 和 f_{S_2} 为 L 中的两个元且它们的实现分别是 S_1 和 S_2 的特征函数 c_{S_1} 和 c_{S_2}, 则乘积 $f_{S_1} f_{S_2}$ 的实现为 $S_1 \cap S_2$ 上的特征函数. 因此 $S_1 \cap S_2$ 可测.

(iii) 设 $\{S_n\}$ 为一列可测集, 令 $T_1 = S_1$, $T_n = S_n \cap (S_1 \cup \cdots \cup S_{n-1})^c$, $n \geqslant 2$, 则对于任意的 n, $T_1 \cup \cdots \cup T_n = S_1 \cup \cdots \cup S_n$, 进而 $\bigcup_n T_n = \bigcup_n S_n$. 因此, 我们可用 $\{T_n\}$ 代替 $\{S_n\}$, 此时 $\{T_n\}$ 两两不交. 设特征函数 $c_{T_n}(q)$ 为 L 中的元 f_{T_n} 的

实现. 考虑级数 $\sum_{n=1}^{\infty} f_{T_n}$. 因为每个 f_{T_n} 为 L 中的非负元, 所以部分和 $\sum_{n=1}^{N} f_{T_n}$ 构成了 L 中的递增列. 又因为 $\{T_n\}$ 两两不交, 所以 $\sum_{n=1}^{N} f_{T_n} \leqslant u$, 这蕴含了 $\ell(\sum_{n=1}^{N} f_{T_n}) \leqslant \ell(u)$. 由单调收敛定理, 部分和列 $\{\sum_{n=1}^{N} f_{T_n}\}$ 在 ℓ 范数下收敛于 L 中的某个元 f_T:

$$\sum_{n=1}^{\infty} f_{T_n} = f_T. \tag{18}$$

另一方面, $\sum_{n=1}^{N} c_{T_n}(q)$ 为 $\sum_{n=1}^{N} f_{T_n}$ 的实现且 $\{\sum_{n=1}^{N} c_{T_n}(q)\}$ 点点收敛于 $c_T(q)$, 其中 $T = \bigcup_n T_n$. 再由定理 7 的 (iv), $c_T(q)$ 为 f_T 的实现. 因此 $T = \bigcup_n T_n = \bigcup_n S_n$ 可测.

(iv) 因为 (18) 的部分和在 ℓ 范数下收敛于 f_T, 将 ℓ 作用到 (18) 上, 成立 $\sum_{n=1}^{\infty} \ell(f_{T_n}) = \ell(f_T)$. 再由测度的定义, 得 $\sum_{n=1}^{\infty} m(T_n) = m(T)$. □

定理 11 设 f 为 L 中的元, $f(q)$ 为 f 的实现, 则 $f(q)$ 为可测函数, 即对于任意的实数 a, 集合

$$K_a = \{q:\ f(q) \geqslant a\} \tag{19}$$

可测.

证明 首先假设 $a > 0$, 否则, 考虑 f 加上一个常数的情形. 进一步地, 我们还可以假设 $a = 1$, 否则, 考虑用 a 去除 f. 因此, 我们只要证明由 (19) 定义的集合 K_1 可测即可. 为此, 我们先来回忆一下 L 中的元 f_0^1, 它表示下界为 0, 上界为 1 的 f 的截面. 令 $f_n = (f_0^1)^n$. 由于 $f_n - f_{n+1} = (f_0^1)^n(1 - f_0^1)$ 为 L 中有界非负元的乘积, 所以 $\{f_n\}$ 单调递减. 又 $f_n \geqslant 0$, 所以 $\{\ell(f_n)\}$ 有下界 0. 此时, 单调收敛定理蕴含了 $\{f_n\}$ 在 ℓ 范数下收敛. 另一方面, f_n 的实现

$$f_n(q) = (f_0^1(q))^n$$

在 K_1 上点点收敛于 1, 在 K_1 的补集上点点收敛于 0. 因此, 由定理 7 的 (v), K_1 的特征函数正是 $\{f_n\}$ 在 ℓ 范数下的极限的实现. 因此, K_1 可测. □

用 $-f$ 代替 f, 或者采用取补集的方法等, 我们同样可以证明, 所有形如

$$\{q: f(q) < a\}, \qquad \{q: f(q) \leqslant a\}, \qquad \{q: f(q) > a\}$$

的集合也都是可测集.

下面, 我们准备证明: 由 (17) 构造的测度 m 决定了线性泛函 ℓ, 即对于每个连续函数 $c \in C(Q)$, 下式成立

$$\ell(c) = \int c\, \mathrm{d}m. \tag{20}$$

为此, 对于连续函数 c 和整数 j 以及 $\varepsilon > 0$, 我们构造可测集合 $K_{j,\varepsilon}$:

$$K_{j,\varepsilon} = \big\{q \in Q:\ j\varepsilon \leqslant c(q) \leqslant (j+1)\varepsilon\big\}. \tag{21}$$

用 $k_{j,\varepsilon}(q)$ 表示 $K_{j,\varepsilon}$ 的特征函数, 用 $k_{j,\varepsilon}$ 表示 L 中的元, 其实现为 $k_{j,\varepsilon}(q)$. 由 (21), 对于任意 $q\in Q$, 得

$$\sum j\varepsilon k_{j,\varepsilon}(q)\leqslant c(q)\leqslant\sum(j+1)\varepsilon k_{j,\varepsilon}(q). \tag{22}$$

由于 c 有界, 所以上述不等式中的 (有限) 和有界. 根据定理 8 的推论, 我们可以由 (22) 导出：不等式

$$\sum j\varepsilon k_{j,\varepsilon}\leqslant c\leqslant\sum(j+1)\varepsilon k_{j,\varepsilon} \tag{23}$$

在 L 中成立. 由 ℓ 的单调性, 得

$$\sum j\varepsilon\ell(k_{j,\varepsilon})\leqslant\ell(c)\leqslant\sum(j+1)\varepsilon\ell(k_{j,\varepsilon}).$$

用测度的定义 (17), 我们将上式重写为

$$\sum j\varepsilon m(K_{j,\varepsilon})\leqslant\ell(c)\leqslant\sum(j+1)\varepsilon m(K_{j,\varepsilon}). \tag{24}$$

注意, (24) 的左边与右边分别是 (20) 中的积分 $\int c\,\mathrm{d}m$ 的下和与上和. 当 $\varepsilon\to 0$ 时, 它们的差

$$\varepsilon\sum m(K_{j,\varepsilon})=\varepsilon m(\cup K_{j,\varepsilon})=\varepsilon m(Q),$$

趋于 0. 因此, 由 (24), 我们得到表示公式 (20).

需要说明一点, 表示公式 (20) 对于 L 中的所有元素 f 都是成立的. 但是, 在该情形下, 出现在 (23) 中的和式可能是无限和. 若 f 为 L 中的非负元, 由单调收敛定理, 我们可以证明出现在 (23) 中的级数收敛. 因此, 对于这样的 f, 表示公式 (20) 成立. 又 L 中的每个元都可以表示成两个非负元的差, 所以对于 L 中的一般元, 表示公式 (20) 同样成立.

我们以定理 11 的逆来结束本节内容.

定理 12 若 $g(q)$ 为定义在 Q 上的可测可积函数, 则 $g(q)$ 是 L 中某个元 g 的实现.

证明 $g(q)$ 的可测性意味着, 对任意实数 a, 集合 $H_a=\{q\in Q:\ g(q)<a\}$ 是可测集. 定义函数 $n_g:\mathbb{R}\to\mathbb{R}$ 为

$$n_g(a)=m(H_a).$$

若

$$\int|a|\,\mathrm{d}\,n_g<+\infty,$$

则称函数 g 可积.

定义

$$g_\varepsilon=\sum j\varepsilon k_{j,\varepsilon},$$

其中 $k_{j,\varepsilon}$ 同 (21) 后面的定义, 则 g_ε 属于 L. 当 ε 趋于 0 时, g_ε 的实现 $g_\varepsilon(q)$ 趋于 $g(q)$. 令 $\varepsilon=2^{-n}$, 我们得到了 ℓ 范数下的一个 Cauchy 列, 使得 $g(q)$ 为其极限 g 的

实现. □

表示测度的唯一性是测度论中的一个标准事实.

A.5 Lebesgue 测度和积分

如果令 Q 为 Euclidean 环面, ℓ 为 Riemann 积分, 那么我们的构造给出了 Lebesgue 测度和 Lebesgue 积分. 我认为这种方法比传统的方法更自然. 因为在 Lebesgue 理论中, 最重要的研究对象是完备空间 L^1 和 L^p. 在传统的方法中, L^1 的完备性直到最后才出现, 而在目前的方法中, L^1 空间一开始就出现了.

附录 B　广义函数理论

Dirac 在他的量子力学公式中用 $\mathbb{R}$ 上的"函数" δ 处理连续谱, 这以后 δ 即称为"Dirac delta 函数". δ 是一个这样的函数, 它定义在 $\mathbb{R}$ 上且在每个 $x \neq 0$ 点取值为 0, 而在 $x = 0$ 点取值充分大, 并使得 δ 在整个 $\mathbb{R}$ 上的积分为 1. 当然, 这种函数是不存在的. Von Neumann 在他的量子力学著作 (1932) 中, 不太赞成建立在此虚构函数基础之上的理论. 他已清楚地知道如何严格地处理连续谱.

δ 函数被看作是一个广义函数后又重新获得了"生命". 20 世纪 20 年代至 30 年代间, 人们对这种广义函数的需要是迫切的. Bochner 和 Sobolev 分别在 Fourier 变换和偏微分方程的背景下, 引入了此概念. 在双曲方程解的公式中, Hadamard 对积分的 "有限部分" 的应用预示了人们对广义函数的需要; 同时, Wiener 在 Hearyside 演算的证明中也预示到了这一点. L.C.Young 的 "广义曲线" 概念也为引入"广义函数"迈进了一步. 但是, 正是 Laurent Schwartz 在 40 年代提出了广义函数的概念. 该概念既广泛又灵活, 能够满足偏微分方程与调和分析两种理论中的大部分需要. 著名数学家 Harald Bohr (即 Niels Bohr 的兄弟) 首先认识到了 Schwartz 广义函数思想的价值. 不久, 整个数学界也意识到了这些; 1950 年的 ICM 上, Laurent Schwartz 获得了菲尔兹奖; 人们对广义函数的许多抵制也就最终消失了.

本附录主要提供了广义函数理论中的主干部分, 许多细节被省略掉了. 对于广义函数理论的一套完整讨论, 可参看 Robert Strichwartz 的书.

B.1　定义和例子

用 C_0^∞ 表示 $\mathbb{R}^n$ 上的无穷次连续可微的有紧支集的复值函数的全体. 称 C_0^∞ 函数列 $\{u_k\}$ 收敛于 u, 用符号 $u_k \to u$ 表示, 如果每个 u_k 的支集都含在同一个紧子集 K 内, 并且对每个多重指标 $\alpha = (\alpha_1, \alpha_2, \cdots, \alpha_n)$, $D^\alpha u_k = D_1^{\alpha_1} \cdots D_n^{\alpha_n} u_k$ 一致收敛于 $D^\alpha u$, 其中 D_i 表示对变量 x_i 的偏导数.

定义　称 C_0^∞ 的对偶空间中的向量 ℓ 为一个广义函数, 即广义函数 ℓ 是 C_0^∞ 上的在上述序列收敛意义下连续的复值线性泛函:

$$\text{若 } u_k \to u, \text{ 则 } \ell(u_k) \to \ell(u).$$

这种连续性等价于下面的条件.

定理 1　设 ℓ 为一个广义函数, 则对于每个紧子集 K, 必存在正整数 $N = N(K)$ 和正常数 $c = c(K)$, 使得对于支撑在 K 内的每个 C_0^∞ 函数 u, 有

$$|\ell(u)| \leqslant c|u|_N, \quad \text{其中 } |u|_N = \max_{|\alpha|\leqslant N} |D^\alpha u(x)|, \quad |\alpha| = \sum \alpha_j. \tag{1}$$

证明 若不然, 存在紧子集 K, 使得对于所有正整数 N, 都存在支集包含在 K 内的 C_0^∞ 函数 u_n, 使得 $\ell(u_n) = 1$ 和 $|u_n|_N < \frac{1}{N}$. 显然, 在序列收敛意义下, $u_n \to 0$. 由于 ℓ 为广义函数, 此时应有 $\ell(u_n) \to \ell(0) = 0$, 但这与 $\ell(u_n) = 1$ 矛盾. □

称 (1) 中定义的 $|u|_N$ 为 C^N 范数. 对于每个 C_0^∞ 函数 v, 定义

$$\ell(u) = \int uv\,\mathrm{d}\,x = (u, v), \tag{2}$$

式中的 u 属于 C_0^∞. 显然, 由 (2) 定义的 ℓ 是一个广义函数, 并且不同的 v 定义了不同的广义函数. 如果我们将 v 与由 (2) 定义的广义函数 ℓ 对应起来, 那么在此意义下, 我们可将 C_0^∞ 嵌入到广义函数空间内. 因此每个 C_0^∞ 函数就是一个特殊的广义函数.

基于同样的理由, 每个广义函数也可以看作是一个广义的函数. 在接下来的部分, 我们总记

$$\ell(u) = (u, \ell).$$

下面给出一些广义函数的例子. 在所有这些例子中, 我们省略了广义函数在序列收敛意义连续的证明.

例 1 $\ell(u) = \int uv\,\mathrm{d}\,x$, v 为任意连续函数.

例 2 $\delta(u) = u(0)$, Dirac delta "函数".

例 3 $\ell(u) = \int (D^\alpha u) v\,\mathrm{d}\,x$, v 是任意可积函数, α 为任意多重指标.

例 4 设 p 为 $\mathbb{R}^1$ 上的 C_0^∞ 函数且其零点是单的: 即若 $p(y) = 0$, 则 $p'(y) \neq 0$.

定义 $\ell(u)$ 为主值积分

$$\ell(u) = PV \int \frac{u}{p}\mathrm{d}x = \lim_{\varepsilon\to 0} \int_{|p(x)|>\varepsilon} \frac{u(x)}{p(x)}\,\mathrm{d}\,x.$$

以后, 我们将证明更一般的广义函数都是由形如例 3 的广义函数所构成的.

定义 设 D 为 $\mathbb{R}^n$ 中的开集, 用 C_D^∞ 表示支集包含在 D 内的所有 C^∞ 函数组成的集合. D 内的广义函数是指, C_D^∞ 上的在序列收敛意义下连续的线性泛函.

B.2 广义函数的运算

本节将证明如何将通常意义下的函数运算实现到广义函数上. 这些运算 $\boldsymbol{T}$ 包含了:

(i) $\boldsymbol{T}$ 是将 C_0^∞ 映入到自身内的连续线性映射;

(ii) $\boldsymbol{T}$ 有转置 $\boldsymbol{T}'$, 且 $\boldsymbol{T}'$ 将 C_0^∞ 映入自身内，这里的转置 $\boldsymbol{T}'$ 是指, 对于任意 C_0^∞ 函数 u 和 v, 有

$$(\boldsymbol{T}'u, v) = (u, \boldsymbol{T}v), \tag{3}$$

其中 (,) 表示通过 (2) 将 C_0^∞ 嵌入其对偶内的对称双线性泛函, 注意, 转置 $\boldsymbol{T}'$ 由方程 (3) 唯一决定，且 $\boldsymbol{T}'$ 的转置为 $\boldsymbol{T}$ 自身.

下面两个关于转置的运算法则是显然的, 也是十分有用的.

(i) 若 $\boldsymbol{T}$ 和 $\boldsymbol{S}$ 有转置, 则 $a\boldsymbol{T}+b\boldsymbol{S}$ 也有转置且 $(a\boldsymbol{T}+b\boldsymbol{S})' = a\boldsymbol{T}'+b\boldsymbol{S}'$.

(ii) $\boldsymbol{TS}$ 的转置为 $\boldsymbol{S}'\boldsymbol{T}'$.

定理 2 (延拓定理) 设 $\boldsymbol{T}$ 和 $\boldsymbol{T}'$ 为 C_0^∞ 到其自身内的连续线性映射且它们互为转置, 则对于任意广义函数 ℓ, 公式

$$(\boldsymbol{T}'v, \ell) = (v, \boldsymbol{T}\ell) \tag{4}$$

定义了广义函数 $\boldsymbol{T}\ell$.

证明 由 $\boldsymbol{T}'$ 的连续性, 容易证明 (4) 的右边关于变量 v 是线性和连续的. □

习题 1 证明: 若 $\boldsymbol{T}$ 和 $\boldsymbol{S}$, 作为 C_0^∞ 到其自身内的两个连续线性映射是可换的, 则作为广义函数间的线性映射, 它们也是可换的.

说明一点, 若 ℓ 恰好属于 C_0^∞, 则由 (4) 定义的广义函数 $T\ell$ 与原来的一样. 现在, 我们给出几个有趣的带转置的线性算子的例子.

例 5 设 t 为 C^∞ 函数, $\boldsymbol{T}$ 为 C_0^∞ 上的由 t 所作的乘法算子. 显然, $\boldsymbol{T}$ 的转置正是 $\boldsymbol{T}$ 本身.

例 6 设 $\boldsymbol{T}=D_i$, 即对变量 x_i 的偏导数. 显然, $\boldsymbol{T}$ 为 C_0^∞ 到自身内的连续线性映射且 $\boldsymbol{T}' = -\boldsymbol{T}$.

例 7 令 $(\boldsymbol{T}_\alpha u)(x) = u(\alpha - x)$, 即 $\boldsymbol{T}_\alpha$ 为由 α 所定义的平移. 显然, $\boldsymbol{T}_\alpha$ 为 C_0^∞ 到自身内的连续线性映射且 $\boldsymbol{T}'_\alpha$ 为 $-\alpha$ 所作的平移.

例 8 令 $(\boldsymbol{R}u)(x) = u(-x)$; 显然

$$\boldsymbol{R}' = \boldsymbol{R}.$$

例 9 设 t 是一个有紧支集的连续函数, 令 $\boldsymbol{T}u$ 为 u 与 t 的卷积:

$$\boldsymbol{T}u(x) = (t * u)(x) = \int t(y)u(x-y)\,\mathrm{d}\,y. \tag{5}$$

显然, $\boldsymbol{T}$ 为 C_0^∞ 到 C_0^∞ 内的连续线性映射. 转置 $\boldsymbol{T}'$ 是由 $\boldsymbol{R}t$ 所作的卷积算子.

由延拓定理和例 9, 我们同样可以定义广义函数 ℓ 和 C_0^∞ 函数 u 之间的卷积 $\ell * u$, 它是一个广义函数. 我们断言, $\ell * u$ 实际上是一个 C^∞ 函数. 要证明此断言, 注意到, 假若 (5) 的右边像 (2) 那样解释, 那么对于 t 为广义函数 ℓ 的情形, 经典的

卷积公式 (5) 也是有意义的：

$$(\ell * u)(x) = (u_x, \ell), \tag{6}$$

其中 u_x 表示函数 $u(y-x)$. 显然, 作为 C_0^∞ 中的函数, u_x 是 x 是连续可微函数. 因此, (u_x, ℓ) 是 x 的一个 C^∞ 函数.

例 10 设 $\phi: \mathbb{R}^n \to \mathbb{R}^n$ 为 C^∞ 映射且 ϕ 将 $\mathbb{R}^n$ 中的紧集映为紧集; 假设 ϕ 是可逆的, 并且 ϕ 的逆 ψ 与 ϕ 有相同的性质, 则映射 $\boldsymbol{T}$:

$$(\boldsymbol{T}u)(x) = u(\phi(x))$$

为 C_0^∞ 到其自身内的连续线性映射，且 $\boldsymbol{T}$ 的转置 $\boldsymbol{T}'$ 由条件

$$(\boldsymbol{T}'v)(y) = v(\psi(y))J(y)$$

给出, 其中 J 为 ψ 的 Jacobian 行列式; $\boldsymbol{T}'$ 是 C_0^∞ 到其自身内的连续线性映射.

对于这些例子, 我们应用延拓定理给出广义函数的运算：

(i) C^∞ 函数和广义函数的乘积是一个广义函数;

(ii) 广义函数的任意阶导数是一个广义函数;

(iii) 广义函数的平移是一个广义函数;

(iv) 广义函数与 C_0^∞ 函数的卷积是一个 C^∞ 函数;

(v) 广义函数与可逆 C^∞ 映射的复合是一个广义函数.

另一方面, 无法定义两个广义函数的乘积, 也无法定义广义函数与不可逆 C^∞ 映射的复合. 特别地, 无法定义, 诸如 $\delta^2(x)$ 或 $\delta(x^2)$ 等. 但是, 有一种方式可以定义无公共变量的两个广义函数的乘积.

习题 2 试证, 若 ℓ_1 和 ℓ_2 分别是两组不交变量 $x_1, \cdots, x_m$ 和 $y_1, \cdots, y_n$ 的广义函数, 则它们的乘积 $\ell_1\ell_2$ 可以定义为 $\mathbb{R}^{m+n}$ 上的广义函数. 特别地,

$$\delta(x_1)\delta(x_2)\cdots\delta(x_n) = \delta(x_1, \cdots, x_n).$$

习题 3 计算 $\mathbb{R}^1$ 上的广义函数的一阶导数:

(a) $\ell(u) = \int u(x)|x|\,\mathrm{d}\,x$;

(b) $\ell(u) = PV\int u(x)/x\,\mathrm{d}\,x$;

(c) $\ell(u) = \int_{-\infty}^0 u(x)\,\mathrm{d}\,x$;

(d) $\ell(u) = \delta(u) = u(0)$.

B.3 广义函数的局部性质

回忆一下, 连续函数 f 的支集是指, 满足 $f(x) \neq 0$ 的所有 x 组成集合的闭包. 对于广义函数, 同样可以有类似的定义. 首先我们从函数支集的一个等价刻画开始.

函数 f 的支集在其定义域内的补是使得 f 在其上取值为 0 的最大开集. 我们先给出开集上为 0 的广义函数的概念.

定义 称广义函数 ℓ 在开集 G 上为零, 如果对于支集包含在 G 内的所有 C_0^∞ 函数 u, $\ell(u)=0$ 成立.

引理 3 若广义函数 ℓ 在开集 G_1 和 G_2 上为零, 则 ℓ 在并集 $G_1 \cup G_2$ 上也为零.

证明 由定义, 对于支集含在 $G_1 \cup G_2$ 内的所有 C_0^∞ 函数 u, 要证明 $\ell(u)=0$. 为此, 我们只需证明, 这样的函数 u 存在分解 $u=u_1+u_2$, 其中 u_1 的支集含在 G_1 内, u_2 的支集含在 G_2 内. 证明如下. 由于 u 的支集中的每一点 x 属于 G_1 或 G_2, 所以我们可以构造函数 h_x 满足下列性质:

(i) 对于所有的 y, $h_x(y) \geqslant 0$;

(ii) h_x 为 C^∞ 函数;

(iii) $h_x(x)>0$;

(iv) h_x 的支集含在 G_1 或 G_2 内.

由满足 $h_x(y)>0$ 的所有 y 构成的集合是一个含有 x 的开集. 因此, 所有这样的开集形成了 u 支集的一个开覆盖; 由紧性, 此覆盖存在有限子覆盖.

上述有限子覆盖对应了有限个函数 h_{x_i}. 令 h_1 表示这有限个函数中支集含在 G_1 内的所有函数之和, 令 h_2 表示支集含在 G_2 内的所有函数之和, 则 h_1+h_2 在 u 的支集上取正值. 令

$$u_1=\frac{h_1}{h_1+h_2}u, \quad u_2=\frac{h_2}{h_1+h_2}u.$$

显然, u_1 和 u_2 的支集分别含在 G_1 和 G_2 内，u_1 和 u_2 为 C_0^∞ 函数, 且 $u=u_1+u_2$. 由题设, ℓ 在开集 G_1 和 G_2 上为零, 所以

$$(u,\ell)=(u_1+u_2,\ell)(u_1,\ell)+(u_2,\ell)=0. \qquad \square$$

借助于上述引理, 若 ℓ 在有限个开集 $G_1, G_2, \cdots, G_n$ 上为 0, 则 ℓ 在他们的并集上也为 0. 我们断言, 此结论对于一族开集 $\{G_i\}$ 仍然成立. 为此, 我们须证, 若 u 的支集含在 $\bigcup_j G_j$ 内, 则 $\ell(u)=0$. 此事实是支集的紧性和已知结论的直接推论.

设 ℓ 是一个广义函数, 由上述结论, 则 ℓ 在其上为 0 的所有开集的并集是一个仍然具有此性质的最大开集. 此开集的补定义为 ℓ 的支集.

由支集的定义, 下面的定理是显然的.

定理 4 设 ℓ 是一个广义函数, u 是一个 C_0^∞ 函数, 若 u 和 ℓ 的支集不交, 则 $\ell(u)=0$.

习题 4 证明: 若 ℓ 是一个有紧支集的广义函数, w 为 C_0^∞ 函数, 则 $\ell * w$ 是一个 C_0^∞ 函数.

习题 5 证明: 若 ℓ 和 m 是两个广义函数, 并且其中有一个广义函数的支集是紧

的, 则它们的卷积 $\ell * w$ 有意义, 且也是一个广义函数.

习题 6 证明: 若 f 为 C_0^∞ 函数, ℓ 为广义函数且 $f\ell = 0$, 则 ℓ 在开集 $\{x:\ f(x) \neq 0\}$ 上为 0.

习题 7 证明: 广义函数 ℓ 的导数的支集包含在 ℓ 的支集内.

广义函数 Dirac δ 的支集为单点集 $\{0\}$. 因此, 由习题 7, δ 的所有导数的支集也是单点集 $\{0\}$. 反之, 有下列定理.

定理 5 支集为单点集 $\{0\}$ 的广义函数 ℓ 都形如

$$\ell = \sum_{|\alpha| \leqslant N} c_\alpha D^\alpha \delta$$

的形式, 其中 N 为正整数,c_α 为复数.

证明 我们需要下列引理.

引理 6 设 ℓ 是一个支集仅含原点的广义函数, 则存在整数 N, 使得对所有 C_0^∞ 函数 u, 只要 u 及其所有 p 阶导数 $(1 \leqslant p \leqslant N)$ 在原点的值都是 0, 必有 $\ell(u) = 0$.

证明 令 $f(x)$ 为具有如下性质的 C^∞ 函数:

$$f(x) = \begin{cases} 0, & |x| \leqslant 1, \\ 1, & 2 \geqslant |x|. \end{cases}$$

对任意 C_0^∞ 函数 u, 令 $v = (1-f)u$. 因为当 $|x| < 1$ 时, $fu = 0$, 所以由定理 4, $\ell(fu) = 0$. 因此

$$\ell(v) = \ell(u) - \ell(fu) = \ell(u).$$

这证明了我们只需考虑支集包含在球 $|x| < 3$ 内的函数 u. 定理 1 蕴含了这样的函数 u 在某个 C^N 范数下连续.

对任意正实数 k, 定义函数 $f_k: f_k(x) = f(kx)$. 令 $u_k = f_k u$. 我们断言 $k \to \infty$ 时, u_k 在 C^N 范数下趋向于 u. 由 f 的性质, $f_k(x)$ 在 $|x| \geqslant 2/k$ 上取值是 1, 所以 $u_k(x) = u(x)$. 我们要估计 u_k 及其导数在 $|x| < 2/k$ 内的值. 由于 u 及其 p 阶导数 $(p \leqslant N)$ 在 $x = 0$ 点值为 0, 所以当 $|\beta| \leqslant N$ 时,

$$|D^\beta u(x)| = O(|x|^{N+1-|\beta|}). \tag{7}$$

因此, 在 $|x| < 2/k$ 内,

$$|D^\beta u(x)| = O(k^{|\beta|-N-1}). \tag{8}$$

经计算, 得

$$D^\alpha u_k = D^\alpha f_k u = \sum_{\beta \leqslant \alpha} \binom{\alpha}{\beta} D^{\alpha-\beta} f_k D^\beta u. \tag{9}$$

因为 $f_k(x) = f(kx)$, 所以 $|D^\gamma f_k(x)| = O(k^{|\gamma|})$; 复合该方程与 (8) 和 (9), 我们得到, 在 $|x| < 2/k$ 内, $|D^\alpha u_k(x)| = O(k^{|\alpha|-N-1})$. 又 $u_k(x)$ 在 $|x| \geqslant 2/k$ 上恒等于 $u(x)$ 所

以 $\{u_k\}$ 在 C^N 范数下收敛于 u. 因此, 定理 1 蕴含了 $\ell(u_k)$ 收敛于 $\ell(u)$. 注意到 f_k 和 u_k 在原点为心的球内为 0. 因此, 由定理 4, $\ell(u_k)=0$. 此时 $\ell(u)=\lim\ell(u_k)=0$. □

设 u_1 和 u_2 为两个 C_0^∞ 函数且 u_1,u_2 及其所有 p $(p\leqslant N)$ 阶导数在 $x=0$ 点的值相等, 则由引理 6, $\ell(u_1)=\ell(u_2)$. 换句话说, $\ell(u)$ 的值仅仅依赖于 u 以及 u 的所有 p $(p\leqslant N)$ 阶导数在 $x=0$ 的取值. 因此, ℓ 有形式:

$$\ell(u)=\sum_{|\alpha|\leqslant N}a_\alpha D^\alpha(u)\,|_{x=0}\ .$$

定理 5 的结论仅仅是此关系的一种重述. □

定理 7 具有紧支集的广义函数 ℓ 有如下形式:

$$\ell=\sum_{|\alpha|\leqslant L}D^\alpha g_\alpha,$$

其中 g_α 为连续函数, L 为某一个整数.

证明 令 h 是一个 C_0^∞ 函数, 并且 h 在包含 ℓ 的支集的某个开集上恒等于 1. 由定理 4, 对任意 $u\in C_0^\infty$, $\ell(u)=\ell(hu)$.

因为对任意 $u\in C_0^\infty$, hu 在 h 的支集外取值为 0, 所以由定理 1, 存在某个正常数 c 和整数 N, 使得对任意 $u\in C_0^\infty$, 成立

$$\ell(hu)\leqslant c\,|hu|_N.$$

显然, $|hu|_N\leqslant k\,|u|_N$, 式中的 k 是仅仅依赖于 h 的常数. 因此, 存在某个正常数 q 和整数 N, 使得对任意 $u\in C_0^\infty$,

$$|\ell(u)|\leqslant q\,|u|_N. \tag{10}$$

引入新范数

$$||u||_M=\left(\sum_{|\alpha|\leqslant M}\int|D^\alpha u|^2\,\mathrm{d}\,x\right)^{\frac{1}{2}}. \tag{11}$$

用 H_M 表示空间 C_0^∞ 在此范数下的完备化. 显然, 新范数 $||u||_M$ 来源于一个数值内积, 我们用 $(,)_M$ 表示. 因此 H_M 是一个 Hilbert 空间. 由 Riesz-Fréchet 定理, H_M 上的每个连续线性泛函都是内积的形式:

$$(u,g)_M,\qquad g\in H_M. \tag{12}$$

事实上, H_M 正是第 5 章介绍的 Sobolev 空间 $W^{M,2}$.

由 Sobolev 不等式(参见文献 Adam 的书第 5 章), 存在仅仅依赖于 u 支集的体积的常数 c, 使得

$$|u|_N\leqslant c||u||_M,\qquad N<M-\frac{n}{2}. \tag{13}$$

由 (13), 每个 C_0^∞ 函数的 H_M 范数下的 Cauchy 列 $\{u_k\}$ 也是一个 C^N 范数下的 Cauchy 列. 因此, 这样的列 $\{u_k\}$ 收敛于一个 C^N 函数 u. 这样我们建立了

一个从 Hilbert 空间 H_M 到空间 C^N 内的一一映射; 从而, 我们可以将 H_M 嵌入到 C^N 内.

由 (10) 和 (13), $\ell(u) \leqslant cq\,||u||_M$. 因此, $\ell(u)$ 为 H_M 上的有界线性泛函, 从而存在 $g \in H_M$, 使得对于任意 $u \in H_M$, 有

$$\ell(u) = (u, g)_M = \sum_{|\alpha| \leqslant M} (D^\alpha u, D^\alpha g).$$

注意右边可以重写为

$$\ell(u) = \sum (-1)^{|\alpha|}(u, D^{2\alpha} g) = \Big(u, \sum (-1)^{|\alpha|} D^{2\alpha} g\Big),$$

这里 $D^{2\alpha} g$ 表示 g 的广义函数导数. 因此

$$\ell = \sum (-1)^{|\alpha|} D^{2\alpha} g. \tag{14}$$

由于 g 属于 H_M, 所以 g 是一个 C^N 函数. 这样, (14) 正是 ℓ 的如定理 7 所述的一种表示, 其中 $L = 2M - N$. □

下面的结果显示, 就像通常的函数一样, 在相差一个常数的情况下广义函数由其一阶导数决定.

定理 8 设 G 为 $\mathbb{R}^n$ 中的连通开集, ℓ 为 $\mathbb{R}^n$ 上的广义函数. 若 ℓ 的所有一阶偏导数 $D_j \ell$ 在 G 内为 0, 则 ℓ 在 G 内为常数.

证明 "ℓ 在 G 内为常数" 是指, 存在常数 c, 使得对支集含在 G 内的任意函数 u, 下式成立

$$\ell(u) = c \int u \, \mathrm{d}x. \tag{15}$$

我们将用到下列引理.

引理 9 设 $b(x)$ 为任意一个支集含在单位球 $|x| < 1$ 内的 C_0^∞ 函数, 且 $\int b \, \mathrm{d}x = 1$. 令 k 为任一正数, 定义 $b_k(x) = k^n b(kx)$, 则对任意广义函数 ℓ, $\ell_k = b_k * \ell$ 在下列意义下收敛于 ℓ, 即对任意 C_0^∞ 函数 u, 当 $k \to \infty$ 时, $\{\ell_k(u)\}$ 收敛于 $\ell(u)$.

证明 不失一般性, 我们可以假设 b 有对称性: $b(-x) = b(x)$, 从而 b_k 也有对称性. 因此, C_0^∞ 上的由 b_k 作的卷积算子是其自身的转置. 由建立在延拓定理基础之上的卷积 $b_k * \ell$ 的定义, 对每个 C_0^∞ 函数 u, 有

$$\ell_k(u) = (b_k * \ell)(u) = (b_k * \ell, u) = (b_k * u, \ell). \tag{16}$$

容易证明 (见 11.1 节), C_0^∞ 函数列 $\{b_k * u\}$ 收敛于 u, 从而 $\{\ell(b_k * u)\}$ 收敛于 $\ell(u)$. 因此, 引理的结论由 (16) 得到. □

C_0^∞ 函数空间上的卷积运算和微分运算交换. 因此, 由习题 1, 作为广义函数空间上的运算, 它们也是交换的:

$$D_j(b * m) = (D_j b) * m,$$

其中 b 为 C_0^∞ 函数, m 为广义函数.

习题 8 证明:

$$D_j(b*m)=b*D_jm,$$

其中 b 为任意 C_0^∞ 函数, m 为任意广义函数.

引理 10 设 b 是一个 C_0^∞ 函数且支集含在以原点为心, 以 r 为半径的球内, 令 m 为任意广义函数, 则对于 $b*m$ 的支集内的任意 x, 存在 m 支集内的点 y, 使得 x 和 y 的距离 $\leqslant r$.

习题 9 证明引理 10.

设 $b(x)$ 满足引理 9 的题设条件, 令 b_k 和 ℓ_k 同引理 9 中的定义. 由习题 8, 得

$$D_j\ell_k=D_j(b_k*\ell)=b_k*D_j\ell.$$

由假设, b_k 的支集被限制在以原点为心、以 $1/k$ 为半径的球内. 再根据定理 8 的题设, $D_j\ell$ 的支集含在 G 的补集内. 因此, 由引理 10, $D_j\ell_k$ 在 G_k 内为 0, 其中 G_k 是 G 中到 G 的边界的距离大于 $1/k$ 的点组成的点集.

设 u 是支集 S 含在 G 内的 C_0^∞ 函数. 由于 G 连通, 不难证明, 存在正数 d, 使得 S 中的任意两点都可以用 G 内的到 G 边界距离不小于 d 的多边形道路 P 连接起来. 令 k 为充分大的正整数, 使得 $k>\frac{1}{d}$, 则满足条件的多边形道路 P 位于 G_k 内. 这样 ℓ_k 的所有偏导数 $D_j\ell_k$ 在 P 上为 0, 从而 ℓ_k 在 P 上为常数, 且该常数与 S 中的点无关, 记此常数为 c_k. 因此, 由 (2), 得

$$\ell_k(u)=\int\ell_k(x)u(x)\,\mathrm{d}\,x=c_k\int u\,\mathrm{d}\,x.$$

根据引理 9, 当 $k\to\infty$ 时, 左边趋于 $\ell(u)$, 从而右边的极限存在. 取 u 使得 $\int u\,\mathrm{d}\,x\neq 0$, 则 $\{c_k\}$ 收敛. 令 c 为其极限. 易证, c 与 u 无关, 从而得到 (15). □

定理 11 设 g 为连续函数, 并且 g 在广义函数意义下的导数 D_jg 为连续函数, 则 D_jg 不仅是 g 的广义函数意义下的导数而且还是经典意义下的导数.

证明 由引理 9, g 是 C_0^∞ 函数列 $\{g_k\}$ 在广义函数意义下的极限, 其中 $g_k=b_k*g$. 由于求导运算与卷积运算可换, 所以 $D_jg_k=b_k*D_jg$. 又 g 和 D_jg 为连续函数, 所以 $\{g_k\}$ 和 $\{D_jg_k\}$ 分别在紧集上一致收敛于 g 和 D_jg; 参见 11.1 节. 由计算

$$g_k(b)-g_k(a)=\int_a^b D_jg_k\,\mathrm{d}\,x_j.$$

令 $k\to\infty$, 得

$$g(b)-g(a)=\int_a^b D_jg\,\mathrm{d}\,x_j,$$

因此 D_jg 是 g 在经典意义下的导数. □

定义 称广义函数 ℓ 为正的, 如果对每个非负 C_0^∞ 函数 u, $\ell(u)\geqslant 0$.

下面是几个正广义函数的例子.

例 11 非负连续函数 ℓ.

例 12 $\ell=\delta(x-a)$.

例 13 $\ell(u)=\int u\,\mathrm{d}m$, 其中 m 为测度.

引理 12 设 ℓ 为正广义函数, K 为 $\mathbb{R}^n$ 中的紧子集, 则存在常数 c, 使得对支撑在 K 内的每个 C_0^∞ 函数 u, $|\ell(u)|\leqslant c|u|_{\max}$.

证明 设 p 是一个在 K 上取值为 1 的非负 C_0^∞ 函数. 令 u 是一个支集含在 K 内的 C_0^∞ 函数, 则对于每个 x,

$$u(x)\leqslant |u|_{\max}\,p(x).$$

由于 ℓ 为正广义函数, 所以 $\ell(u)\leqslant|u|_{\max}\ell(p)$. 类似地, $u(x)\leqslant|u|_{\max}\,p(x)$, 从而 $-\ell(u)\leqslant|u|_{\max}\ell(p)$. 令 $c=\ell(p)$, 则引理 12 中的不等式成立. □

借助不等式 $\ell(u)\leqslant c|u|_{\max}$, 由连续性, 我们可以将线性泛函 ℓ 延拓到有紧支集的连续函数空间上. 该延拓后的泛函仍是正的.

根据 Riesz-Kakutani 表示定理 (见附录 A), 具有紧支集的连续函数空间 C_0 上的每个正线性泛函都可以表示成在某个测度下的积分形式. 因此, 如下定理成立.

定理 13 每个正广义函数都是一个测度:

$$\ell(u)=\int u\,\mathrm{d}m.$$

B.4 在偏微分方程中的应用

对于平面内的光滑有界域 D, 我们在第 9 章构造了 Green 函数的正则部分 g. 对 D 内的任意一点 q, $g=g(p;q)$ 为 p 的调和函数, 并且在 D 的边界上, g 的取值等于 $\ln|p-q|$. 差 $\ln|p-q|-g(p,q)$ 为 Green 函数 $G(p,q)$. 我们要证明, Green 函数在广义函数意义下满足方程

$$\Delta G=2\pi\delta(p-q),$$

其中 Δ 为 Laplace 算子 $\Delta=D_x^2+D_y^2$, x 和 y 为 p 的 Cartsian 坐标. 由于 Green 函数的正则部分满足 $\Delta g=0$, 所以我们只需证明

$$\Delta\ln\sqrt{x^2+y^2}=2\pi\delta(x,y), \tag{17}$$

这里我们已令 $q=0$.

证明 由广义函数导数定义, (17) 意味着: 对任意 C_0^∞ 函数 u, 下式成立

$$\int\ln|p|\Delta u\,\mathrm{d}x\mathrm{d}y=2\pi u(0). \tag{17'}$$

要证明 (17′), 我们将其左边写成积分

$$\int_{|p|\geqslant\varepsilon}\ln|p|\Delta u\,\mathrm{d}x\mathrm{d}y \tag{18}$$

在 $\varepsilon \to 0$ 下的极限形式. 用分部积分, 将 (18) 变为

$$\int_{|p|\geqslant\varepsilon}(\Delta\ln|p|)u\,\mathrm{d}\,x\mathrm{d}\,y+\int_{|p|=\varepsilon}\ln|p|\partial_n u\,\mathrm{d}\,s-\int_{|p|=\varepsilon}(\partial_n\ln|p|)u\,\mathrm{d}\,s, \tag{18'}$$

这里 ∂_n 表示在区域 $|p|\geqslant\varepsilon$ 的边界上的外法向导数, 即在 $|p|=\varepsilon$ 上, $\partial_n=-\partial/\partial r$, 其中 $r=|p|$.

因为 $\ln|p|$ 为 $p\neq 0$ 的正则调和函数, 所以对每个 p, $|p|\geqslant\varepsilon$, 有 $\Delta\ln|p|=0$. 因此 (18′) 中的二重积分为 0. 对于 (18′) 中的第一个曲线积分, 其绝对值小于 $2c\pi\varepsilon|\ln\varepsilon|$, 这里的常数 c 为 $|\,\partial_n u\,|$ 的上界, 所以当 $\varepsilon\to 0$ 时, 该曲线积分趋于 0. 对于第二个曲线积分, 注意到

$$\partial_n\ln|p|=-\frac{\mathrm{d}}{\mathrm{d}r}\ln r=-\frac{1}{r}.$$

在圆周 $|p|=\varepsilon$ 上, 上式等于 $\frac{1}{\varepsilon}$. 又 u 在圆周 $|\,p\,|=\varepsilon$ 上每点的值等于 $u(0)+o(\varepsilon)$. 因此, 当 ε 趋于 0 时, (18′) 中的第二个曲线积分趋于 $2\pi u(0)$. 综上所述, (17) 成立. □

广义函数在偏微分方程理论中的应用首先是证明广义函数解的存在性, 然后再证明此解为 C^∞ 函数. 下面给出一个例子, 简单地看一看第二步是如何进行的. 该例子是 Weyl 经典结果的一个推广.

定理 14 设 ℓ 为 $\mathbb{R}^n$ 中的开集 D 内的广义函数, 且满足 Laplace 方程 $\Delta\ell=0$, 则 ℓ 为 D 内的 C^∞ 调和函数.

证明 本定理的证明建立在下面引理的基础上.

引理 15 设 f 为 $\mathbb{R}^n$ 上的球对称函数, $n>2$, 即 $f(x)=g(|x|)$. 假设 $f(x)$ 在 $|x|\geqslant R$ 上为 0, 并且

$$\int f(x)\mathrm{d}x=0,\quad \int|x|^{2-n}f(x)\mathrm{d}\,x=0, \tag{19}$$

则存在球对称 C^∞ 函数 h, 使得 $h(x)$ 在 $|x|\geqslant R$ 上取值为 0, 并且

$$\Delta h=f. \tag{20}$$

证明 将要确定的函数 h 记为 $h(x)=p(|x|)$. 用极坐标 r, 将 (20) 写为

$$\Delta h=p''+\frac{n-1}{r}p'=g(r), \tag{20'}$$

这里 $'$ 表示对 r 的导数. 用 r^{n-1} 乘 (20′) 两边, 整理后得

$$(r^{n-1}p')'=g(r)r^{n-1}.$$

两边积分, 得

$$r^{n-1}p'(r)=\int_0^r s^{n-1}g(s)\,\mathrm{d}\,s. \tag{21}$$

我们断言, 当 $r\geqslant R$ 时,右边为 0. 事实上, $g(s)=f(x)$, 所以右边可重写为

$$\int_{|x|\leqslant r}f(x)\,\mathrm{d}\,x.$$

由 (19), 此式在 $r \geqslant R$ 上为 0. 这是因为, f 的支集包含在以原点为心, 以 R 为半径的球内.

用 r^{n-1} 去除 (21) 两边, 然后积分得

$$p(r) = \int_0^r t^{1-n} \int_0^t s^{n-1} g(s)\,\mathrm{d}\,s\mathrm{d}\,t. \tag{22}$$

我们再断言, $p(r)$ 在 $r \geqslant R$ 时, 取值为 0. 要证明之, 将 (22) 右边用分部积分. 注意到 $r \geqslant R$ 时, $p'(r) = 0$, 所以我们有

$$p(r) = \frac{1}{n-2} \int_0^r t g(t) \mathrm{d}t.$$

重写此积分为

$$\int_{|x| \leqslant R} |x|^{2-n} f(x)\,\mathrm{d}\,x,$$

因为 f 的支集含在 $|x| \leqslant R$ 内, 由 (19), 此积分为 0.

下面, 我们证明 h 是 C^∞ 函数. 首先, 由 (21), 我们不难证明, p 是 C^∞ 函数.

将 $x = (r, 0, \cdots, 0)$ 代入 $f(x) = g(|x|)$, 得

$$f(r, 0, \cdots, 0) = g(|r|).$$

此证明了 $g(r)$ 可以被延拓为整个 $\mathbb{R}$ 上的偶 C^∞ 函数. 由 (20′), $p(r)$ 也可以延拓为整个 $\mathbb{R}$ 上的偶 C^∞ 函数. 因此 p 在 $r = 0$ 点的所有奇数阶导数为 0. 由此不难得到, $p(r) = q(r^2)$，其中 q 为 C^∞ 函数. 因此 $h(x) = p(|x|) = q(|x|^2)$ 也是 C^∞ 函数.

□

习题 10　对 $n = 2$, 叙述并证明引理 15.

现在我们转向证明定理 14. 像引理 9 一样, 用 C^∞ 函数列逼近 ℓ. 取 $n > 2$, 令 b 为支撑在 $|x| \leqslant 1$ 上的且满足条件：

$$\int b(x)\mathrm{d}x = 1, \quad \int |x|^{2-n} b(x)\mathrm{d}x = 0 \tag{23}$$

的球对称 C^∞ 函数. 同引理 9 一样, 定义函数 $b_k(x) = k^n b(kx)$. 易见, 这些函数也满足条件 (23)：

$$\int b_k(x)\mathrm{d}x = 1, \quad \int |x|^{2-n} b_k(x)\mathrm{d}x = 0. \tag{23′}$$

由假设, $b_k(x)$ 的支集限制在以原点为心, 以 $\frac{1}{k}$ 为半径的球内. 卷积 $\ell_k = b_k * \ell$ 可以看作是定义在 D_k 上的 C^∞ 函数, 其中 D_k 表示 D 中到 D 边界的距离 $> \frac{1}{k}$ 的所有点组成的集合. 由公式 (6), 对 D_k 中的 y,

$$\ell_k(y) = (b_{k,y}, \ell),$$

其中 $b_{k,y}(x) = b_k(y - x)$. 对比这两个函数：

$$\ell_k(y) - \ell_m(y) = (b_{k,y} - b_{m,y}, \ell). \tag{24}$$

注意到, 差 $b_{k,y}-b_{m,y}$ 关于 y 球对称, 其支集包含在以 y 为心, 以 R 为半径的球内, 这里 $R=\max(\frac{1}{k},\frac{1}{m})$. 因此, 由 (23′), 每个 $b_{k,y}-b_{m,y}$ 都满足条件 (19). 再由引理 15, 它们都是 C^∞ 函数 h 在 Laplace 算子下的象:

$$\Delta h=b_{k,y}-b_{m,y},$$

其中 h 是关于 y 的球对称函数, 且 h 的支集限制在以 y 为心, 以 R 为半径的球内. 重新整理 (24), 得

$$\ell_k(y)-\ell_m(y)=(\Delta h,\ell).$$

由定理 2, 将上式右边重记为 $(h,\Delta\ell)$. 因为 $\Delta\ell=0$, 所以 $(h,\Delta\ell)=0$. 因此, 对 D 内的每点 y, 只要 $k,m>\frac{1}{d}$, 就成立 $\ell_k(y)=\ell_m(y)$, 其中 d 表示 y 到 D 的边界的距离. 该事实蕴含了, 在 D 内的每个紧子集上, 当 k 充分大时, ℓ_k 并不依赖于 k. 由引理 9, C^∞ 函数 ℓ_k 依广义函数收敛于 ℓ. 因此 ℓ 为 D 内的 C^∞ 函数. □

对于 C^∞ 系数的椭圆偏微分方程的解, 定理 14 仍就成立.

就可微性而言, 双曲偏微分方程的解是十分不同的. 再举一个简单的例子, 如一维空间上的波动方程

$$u_{tt}-u_{xx}=0. \tag{25}$$

每个形如

$$u(x,t)=f(x+t)+g(x-t) \tag{26}$$

的函数都是 (25) 的解, 其中 f 和 g 为两个二阶可微函数. 反之, 波动方程 (25) 的所有二阶可微的解也都具有这种形式. 要看到这一点, 重写 (25) 为

$$(D_t+D_x)(u_t-u_x)=0,\qquad (D_t-D_x)(u_t+u_x)=0.$$

由这两个方程, 我们分别得到

$$u_t-u_x=a(x-t),\qquad u_t+u_x=b(x+t),$$

其中 a 和 b 为一阶可微函数. 将这两式相加, 再积分, 则 (26) 成立.

广义函数解的情形又如何呢? 我们断言, 对任意单变量广义函数 ℓ 和 m,

$$u=\ell(x+t)+m(x-t) \tag{26′}$$

为广义函数意义下的波动方程的解. 要证明此断言, 注意到由 B.2 节中的例 6, $\ell(x+t)$ 和 $m(x-t)$ 可被定义为 x,t 的广义函数, 并且它们的偏导数可由链法则计算得到.

习题 11 完成上述证明.

进一步地可以证明, (25) 的每个广义函数解都形如 (26′).

习题 12 证明这一步.

波动方程的广义函数解有何用呢? 用途非常多! 举一个由波动方程控制的声音传播的例子. 牛角的号角声可由形如 (26′) 的解来刻画, 此时的函数 ℓ 和 m 在一个

区间 I 上取值为常数 c, 在 I 外取值为 0.

广义函数的其他应用可在 7.2 节和文献 Lax(1955) 中找到.

B.5　Fourier 变换

前面, 我们已经看到了 C_0^∞ 函数空间是许多算子的自然定义域, 如微分算子. 可是, 对于其他相当重要的算子, 如 Fourier 变换, 该函数空间又太窄了. 要考虑 Fourier 变换, 我们用 S 表示如下更大的函数类.

S 是 $\mathbb{R}^n$ 上的满足如下条件的所有复值 C^∞ 函数 u 组成的空间. 在 $|x| \to \infty$ 下, u, 连同其各阶偏导数, 趋于 0 的速度比 $|x|^{-1}$ 的任何正幂都快. 也就是说, 函数 u 属于 S, 当且仅当对任意多重指数标 α 及任意正整数 b,

$$\lim_{|x|\to\infty} |x^b D^\alpha u(x)| = 0. \tag{27}$$

对多重指标 α 及正数 b, 定义范数

$$|u|_{b,\alpha} = \max_x |x|^b |D^\alpha u(x)|; \tag{28}$$

此时, 我们可将 S 看作是使得每个范数 (28) 都有限的所有 C^∞ 函数 u 的集合.

习题 13　试证范数 (28) 的有限性蕴含了 (27).

定义　我们称 S 中的函数列 $\{u_n\}$ 收敛于u, 如果对任意指标 α 及正数 b,

$$\lim |u_n - u|_{b,\alpha} = 0.$$

定义　对 S 中的函数 u, v, 定义它们之间的距离

$$d(u,v) = \sum \frac{1}{2^{b+|\alpha|}} \frac{||u-v||_{b,\alpha}}{1+||u-v||_{b,\alpha}}, \tag{29}$$

这里的和取遍所有多重指标 α 和所有正整数 b.

习题 14　(a) 证明 $\{u_n\}$ 收敛于 u, 当且仅当 $d(u_n, u) \to 0$.

(b) 证明由 (29) 定义的 $d(u,v)$ 满足三角不等式.

(c) 证明在距离 (29) 下, S 是一个完备的距离空间.

(d) 证明 S 为线性空间.

(e) 证明在距离 (29) 下, C_0^∞ 函数空间在 S 内稠密.

定义　S 的对偶 S' 是由 S 上的所有连续线性泛函 ℓ 组成的 (线性) 空间; ℓ 的连续性意指, 即

$$\text{若} \lim u_n = u, \text{则} \lim \ell(u_n) = \ell(u).$$

因为 C_0^∞ 是 S 的子空间, 所以 S 上的线性泛函 ℓ 在 C_0^∞ 上的限制是 C_0^∞ 上的线性泛函.

习题 15 (a) 设 ℓ 属于 S 的对偶 S', 则限制在 C_0^∞ 上, ℓ 在 B.1 节定义的收敛意义下连续.

(b) 对 S' 中的泛函 ℓ 和 m, $\ell \neq m$, 则限制在 C_0^∞ 上, $\ell \neq m$.

因此, 由习题 (15), S' 中的每个元都是广义函数, 称为温和广义函数. 像以前一样, 对 $\ell \in S'$, $u \in S$, 我们采用符号 $\ell(u) = (u, \ell)$.

下面是几个温和广义函数的例子.

例 14 有紧支集的广义函数.

例 15 若在 $|x| \to \infty$ 下, $v(x)$ 的增长速度比 $|x|$ 的某个幂慢, 则 $\ell(u) = \int vu \,\mathrm{d}\,x$ 为温和广义函数.

现在, 我们再回到本节的主题上来.

定义 对 S 中的函数 u, 其 Fourier 变换, 用 $\boldsymbol{F}(u)$ 或 $\widetilde{u}$ 表示, 定义为

$$\widetilde{u}(\xi) = (\boldsymbol{F}u)(\xi) = \frac{1}{(2\pi)^{n/2}} \int u(x) \mathrm{e}^{\mathrm{i}\xi \cdot x} \,\mathrm{d}\,x. \tag{30}$$

习题 16 证明 $|\boldsymbol{F}u|_{\max} \leqslant (2\pi)^{-n/2} |u|_{L^1}$.

定理 16 ***F* 为 *S* 到自身内的连续映射.**

证明 由 (30) 中的积分, $\boldsymbol{F}u$ 关于 ξ 可导且

$$D^\alpha \boldsymbol{F}u = \boldsymbol{F}((\mathrm{i}x)^\alpha u). \tag{31}$$

对 S 中的函数 u, 由于 $|x| \to \infty$ 时, $x^\alpha u$ 趋于 0 的速度比 $|x|$ 的任何次幂都快, 所以 $x^\alpha u$ 属于 L^1. 因此对任意指标 α, $D^\alpha \boldsymbol{F}u$ 连续, 进而 $\boldsymbol{F}u$ 是 C^∞ 函数. 要证 $\boldsymbol{F}u$ 属于 S, 对 (30) 右边用分部积分得: 对于任意多重指标 β,

$$\xi^\beta \boldsymbol{F}u = \boldsymbol{F}((\mathrm{i}D)^\beta u). \tag{32}$$

结合 (31) 和 (32), 得

$$\xi^\beta D^\alpha \boldsymbol{F}u = \mathrm{i}^{\alpha+\beta} \boldsymbol{F}(D^\beta x^\alpha u),$$

这证明了 $\xi^\beta D^\alpha \boldsymbol{F}u$ 是形如 $x^\alpha D^\delta u$ 函数的 Fourier 变换的线性组合. 又 $x^\alpha D^\delta u$ 属于 L^1, 所以习题 16 蕴含了该函数的 Fourier 变换在 $\mathbb{R}^n$ 内有界. 故 $\boldsymbol{F}u$ 属于 S. □

习题 17 试证 $u \to \boldsymbol{F}u$ 为 S 到 S 内的连续映射.

下述定理总结了 Fourier 变换与 $\mathbb{R}^n$ 上的通常运算之间的关系.

定理 17

(i) $\boldsymbol{F}$ 将 $\mathbb{R}^n$ 上的平移变换变为 $\mathrm{e}^{\mathrm{i}\alpha\cdot\xi}$ 作的乘法作用, 即若令 $(T_\alpha u)(x) = u(x - \alpha)$, 则

$$\boldsymbol{F}T_\alpha u = \mathrm{e}^{\mathrm{i}\alpha\cdot\xi} \boldsymbol{F}u, \quad T_\alpha \boldsymbol{F}u = \boldsymbol{F}\mathrm{e}^{-\mathrm{i}\alpha\cdot x} u.$$

(ii) (i) 的无穷小形式成立:

$$\boldsymbol{F}\mathrm{i}D_j u = \xi_j \boldsymbol{F}u, \quad D_j \boldsymbol{F}u = \boldsymbol{F}\mathrm{i}x_j u.$$

(iii) $\boldsymbol{F}$ 与绕原点的旋转以及由 $(\boldsymbol{R}u)(x) = u(-x)$ 定义的反射 $\boldsymbol{R}$ 交换.

(iv) 设 A 为 $\mathbb{R}^n$ 到 $\mathbb{R}^n$ 上的可逆映射, 用 $u_A(x)$ 表示 $u(Ax)$, 则

$$\boldsymbol{F}u_A = \frac{1}{|\det A|}(\boldsymbol{F}u)_B,$$

其中 $B = (A^{-1})'$.

习题 18　证明定理 17.

习题 19　证明 S 内的两个函数 u 和 v 的卷积仍在 S 内, 并且

$$\boldsymbol{F}(u * v) = (2\pi)^{\frac{n}{2}}(\boldsymbol{F}u)(\boldsymbol{F}v).$$

Fourier 变换的核是 x 和 ξ 的对称函数, 所以 $\boldsymbol{F}$ 是它自身的转置 $\boldsymbol{F}'$. 因此, 由延拓定理, 我们可以定义温和广义函数 ℓ 的 Fourier 变换 $\boldsymbol{F}\ell$:

$$(\boldsymbol{F}v, \ell) = (v, \boldsymbol{F}\ell), \qquad v \in S. \tag{33}$$

定理 17′　对温和广义函数的 Fourier 变换, 定理 17 成立.

习题 20　证明定理 17′.

假设广义函数 ℓ 有紧子集, 借助于 (30), 我们可以直接由公式

$$\widetilde{\ell}(\xi) = (e(\xi), \ell), \quad e(\xi) = (2\pi)^{-n/2}\mathrm{e}^{\mathrm{i}\xi\cdot x} \tag{34}$$

将 $\boldsymbol{F}\ell$ 定义为 C^∞ 函数 $\widetilde{\ell}$.

习题 21　(a) 试证由 (34) 定义的有紧支集的广义函数 ℓ 的 Fourier 变换 $\widetilde{\ell}$ 是 C^∞ 函数.

(b) 试证, 由 (34) 定义的 $\boldsymbol{F}\ell$ 满足 (33).

下面我们给出几个温和广义函数及其 Fourier 变换的例子, 其中前 5 个例子定义在 $\mathbb{R}^1$ 上.

例 16

$$\ell(x) = \begin{cases} 1, & |x| < 1, \\ 0, & |x| > 1, \end{cases} \qquad \widetilde{\ell}(\xi) = \sqrt{\frac{2}{\pi}}\frac{\sin x}{x}.$$

例 17

$$\ell(x) = \begin{cases} 1 - |x|, & |x| < 1, \\ 0, & |x| > 1, \end{cases} \qquad \widetilde{\ell}(\xi) = \sqrt{\frac{2}{\pi}}\frac{1 - \cos\xi}{\xi^2}.$$

例 18

$$\ell(x) = \mathrm{e}^{-|x|}, \qquad \widetilde{\ell}(\xi) = \sqrt{\frac{2}{\pi}}\frac{1}{1 + \xi^2}.$$

例 19

$$\ell(x)=\frac{1}{1+x^2},\qquad \widetilde{\ell}(\xi)=\sqrt{\frac{\pi}{2}}\,\mathrm{e}^{-|\xi|}.$$

例 20

$$u(x)=\mathrm{e}^{-x^2/2},\qquad \widetilde{u}(\xi)=\mathrm{e}^{-\xi^2/2}.$$

例 21

$$\ell=\delta,\qquad \widetilde{\ell}(\xi)\equiv(2\pi)^{-n/2}.$$

习题 22 用公式 (30) 或 (34), 验证例 16 至例 21 所给的 Fourier 变换.

定理 18 在 $\mathbb{R}^n$ 上, $\ell\equiv 1$ 的 Fourier 变换为

$$\widetilde{\ell}=(2\pi)^{n/2}\delta.$$

证明 用 d 表示 $\ell\equiv 1$ 的 Fourier 变换. 依定理 17′ 的 (ii), 对每个 $j=1,2,\cdots,n$,

$$x_j d=x_j\boldsymbol{F}1=\boldsymbol{F}(iD_j 1)=0.\tag{35}$$

由习题 6, 若 f 为 C^∞ 函数, ℓ 为广义函数且 $f\ell=0$, 则 ℓ 的支集包含在 f 的零集之内. 对 $f=x_j$, $j=1,2,\cdots,n$, 用习题 6, 则 d 的支集为 $x=0$. 再由定理 5, d 有形式

$$d=\sum_{|\alpha|\leqslant N}c_\alpha D^\alpha\delta=0.\tag{36}$$

因此, 由 (35), 对任意指标 β, $|\beta|>0$, 有 $x^\beta d=0$. 再结合 (36) 得, 对任意指标 β, $|\beta|>0$, 下式成立

$$x^\beta d=\sum_{|\alpha|\leqslant N}c_x x^\beta D^\alpha\delta=0.\tag{37}$$

要从 (37) 导出 $N=0$, 须借助于下列引理.

引理 19

$$x^\beta D^\alpha\delta=\begin{cases}0, & |\alpha|<|\beta|,\\ 0, & |\alpha|=|\beta|,\alpha\neq\beta,\\ (-1)^{|\alpha|}\alpha!\delta, & \alpha=\beta.\end{cases}$$

证明 对 C^∞ 函数 u, 有

$$(u,x^\beta D^\alpha\delta)=(x^\beta u,D^\alpha\delta)=(-1)^{|\alpha|}(D^\alpha x^\beta u,\delta).\tag{38}$$

当 $|\alpha|<|\beta|$, 或当 $|\alpha|=|\beta|$, 但 $\alpha\neq\beta$ 时, 函数 $D^\alpha x^\beta u$ 在 $x=0$ 取值为 0, 此时 (38) 为 0. 当 $\alpha=\beta$ 时,$(D^\alpha x^\alpha u,\delta)$ 在 $x=0$ 取值为 $\alpha!u(0)$. 故引理 19 成立. □

我们再返回定理 18 的证明. 假设 $N>0$, 则存在 α, 使得 $|\alpha|=N$, $c_\alpha\neq 0$. 利用 (37) 及引理 19 得, $c_\alpha=0$, 此造成了矛盾. 故由 (36) 得, $d=c_0\delta$. 下面我们再确定系数 c_0. 由 $\boldsymbol{F}\ell$ 的定义 (33),

$$(\boldsymbol{F}v,\ell)=(v,\boldsymbol{F}\ell),$$

令 $\ell(\xi)\equiv 1$ 和 $v=\mathrm{e}^{-x^2/2}$, 则 $\boldsymbol{F}\ell=d=c_0\delta$; 再由习题 5, $\boldsymbol{F}v=\mathrm{e}^{-(\xi)^2/2}$:

$$(\mathrm{e}^{-\frac{\xi^2}{2}},1)=(\mathrm{e}^{-\frac{x^2}{2}},c_0\delta).$$

左边等于积分 $\int_{\mathbb{R}^n}\mathrm{e}^{-\xi^2/2}\mathrm{d}\xi=(2\pi)^{n/2}$, 右边等于 c_0. 因此 $d=(2\pi)^{\frac{n}{2}}\delta$, 定理 18 得证. □

定理 20

(i) $\boldsymbol{F}$ 为 S 到 S 内的可逆映射, 逆 $\boldsymbol{F}^{-1}$ 由

$$u(x)=\frac{1}{(2\pi)^{n/2}}\int\widetilde{u}(\xi)\mathrm{e}^{-\mathrm{i}x\cdot\xi}\mathrm{d}\xi \tag{39}$$

给出.

(ii) $\boldsymbol{F}$ 为 S' 到 S' 内的可逆映射, 且 $\boldsymbol{F}^{-1}=\boldsymbol{FR}$, 其中 $\boldsymbol{R}$ 为定理 17(iii) 所定义的反射.

证明 (i) 由定理 17(i), $\boldsymbol{F}\mathrm{e}^{-\mathrm{i}\alpha\xi}=T_\alpha\boldsymbol{F}$; 由定理 17′, 此蕴含了, 对每个广义函数 ℓ, 有

$$\boldsymbol{F}\mathrm{e}^{-\mathrm{i}\alpha\cdot\xi}\ell=T_\alpha\boldsymbol{F}\ell.$$

取 $\ell\equiv 1$, 用定理 18 可得,

$$\boldsymbol{F}\mathrm{e}^{-\mathrm{i}\alpha\cdot\xi}=(2\pi)^{\frac{n}{2}}\delta(x-\alpha).$$

将此式带入 (33) 得, 对 S 中的每个 v 及 $\ell=\mathrm{e}^{-\mathrm{i}\alpha\cdot\xi}$, 有

$$(\widetilde{v},\mathrm{e}^{-\mathrm{i}\alpha\cdot\xi})=(2\pi)^{\frac{n}{2}}(v,\delta(x-\alpha)).$$

左边等于 $\int\widetilde{v}(\xi)\mathrm{e}^{-\mathrm{i}\alpha\cdot\xi}\mathrm{d}\xi$, 右边等于 $(2\pi)^{\frac{n}{2}}v(a)$; 由此证明了 (39).

(ii) 在 (39) 中, 用 $-\xi$ 代替 ξ 作为积分变量, 我们得到 $\boldsymbol{F}^{-1}=\boldsymbol{FR}$, 即 $\boldsymbol{FRF}=\boldsymbol{I}$. 因此, 对 S 中的任意函数 v, 令 ℓ 为任一温和广义函数, 则

$$(v,\ell)=(\boldsymbol{FRF}v,\ell)=(\boldsymbol{RF}v,\boldsymbol{F}\ell)=(\boldsymbol{F}v,\boldsymbol{RF}\ell)=(v,\boldsymbol{FRF}\ell).$$

故 $\boldsymbol{FRF}\ell=\ell$, 即 $\boldsymbol{FR}$ 和 $\boldsymbol{FR}$ 分别为 $\boldsymbol{F}$ 在 S' 上的右逆和左逆. 又 $\boldsymbol{F}$ 和 $\boldsymbol{R}$ 交换, 故 (ii) 成立. □

定理 21 (Parseval 公式) 每个 L^2 函数 u 的 Fourier 变换 $\widetilde{u}$ 都在 L^2 内, 并且 $||\widetilde{u}||_{L^2}=||u||_{L^2}$.

证明 先证 u 属于 S 的情形. 对 Fourier 变换公式 (30) 取复共轭得

$$\overline{\boldsymbol{F}u}=\frac{1}{(2\pi)^{n/2}}\int\overline{u}\mathrm{e}^{-\mathrm{i}\xi\cdot x}\,\mathrm{d}\,x.$$

由于右边可以记作 $\boldsymbol{RF}\overline{u}$, 所以将上式重新记为

$$\overline{\boldsymbol{F}u}=\boldsymbol{RF}\overline{u}. \tag{40}$$

又 Fourier 变换与其自身的转置相等, 所以

$$(\boldsymbol{F}u,v)=(u,\boldsymbol{F}v).$$

在上式中, 令 $v=\overline{\boldsymbol{F}u}$, 用公式 (40) 及 $\boldsymbol{FRF}=\boldsymbol{I}$, 得

$$(\boldsymbol{F}u,\overline{\boldsymbol{F}u})=(u,\boldsymbol{F}\overline{\boldsymbol{F}u})=(u,\boldsymbol{FRF}\overline{u})=(u,\overline{u}).$$

因此作用在 S 上的 Fourier 变换为 L^2 等距.

对任意 L^2 函数 u, 我们可以用 S 中的函数列逼近 u, 从而借助于上述 u 属于 S 的情形得到定理 21 的一般情形. □

习题 23 试证 $\widetilde{u_n}$ 的 L^2 极限 $\widetilde{u}$ 满足 (33).

换句话说, 定理 21 告诉我们, Fourier 变换为 $L^2(\mathbb{R}^n)$ 到自身上的酉算子.

定理 22 对任意实数 a, 定义

$$p_a(x) = \sum_m \delta(x - am), \tag{41}$$

其中和式取遍所有整数.

(i) p_a 是一个温和广义函数.

(ii) p_a 的 Fourier 变换是 $(\sqrt{2\pi}/|a|)p_b$, 其中 $b = 2\pi/a$, $a \neq 0$.

证明 (i) 是显然的. 要证明 (ii), 首先注意到, p_a 为周期函数, a 是一个周期:

$$T_a p_a - p_a = 0.$$

两边求 Fourier 变换, 并借助 Fourier 变换与平移之间的关系 (见定理 17′), 得

$$(\mathrm{e}^{\mathrm{i}a\xi} - 1)\widetilde{p}_a = 0. \tag{42}$$

由于函数 $\mathrm{e}^{-\mathrm{i}bx}$ 在每个 $x = am$ 点取值为 1, 其中 $b = 2\pi/a$, m 为整数, 所以由 p_a 的定义 (41), 得

$$\mathrm{e}^{-\mathrm{i}bx} p_a = p_a.$$

上式两边取 Fourier 变换, 再用定理 17, 得

$$T_b \widetilde{p}_a = \widetilde{p}_a, \tag{43}$$

即 $\widetilde{p}_a$ 是以 b 为周期的周期函数.

设 $u(\xi)$ 为 S 中的函数并假设 $u(\xi)$ 在 $\xi = mb$ 点取值为 0, 其中 m 为任意整数:

$$u(mb) = 0, \quad m \in \mathbb{Z}.$$

这样的函数 $u(\xi)$ 在 S 内可以被 $\mathrm{e}^{\mathrm{i}a\xi} - 1$ 去除:

$$u(\xi) = (\mathrm{e}^{\mathrm{i}a\xi} - 1)v(\xi), \tag{44}$$

其中 $v(\xi)$ 属于 S. 此时,

$$(u, \widetilde{p}_a) = ((\mathrm{e}^{\mathrm{i}a\xi} - 1)v, \widetilde{p}_a) = (v, (\mathrm{e}^{\mathrm{i}a\xi} - 1)\widetilde{p}_a) = 0, \tag{45}$$

其中在最后一步, 我们用到了 (42).

由 (45), 若 u 属于 S, 并且对任意 $|n| > N$, $u(nb) = 0$, 则 $(u, \widetilde{p}_a)$ 的值仅仅依赖于 $u(nb)$, $|n| \leqslant N$. 由于此依赖关系是线性的, 所以

$$(u, \widetilde{p}_a) = \sum_{|n| \leqslant N} c_n u(nb). \tag{46}$$

由 (43), b 是 $\widetilde{p}_a$ 的周期, 故所有的 c_n 都相等, 用 c 表示此共同值:

$$(u, \widetilde{p}_a) = c \sum u(nb), \tag{47}$$

这里 $c = c(a)$ 依赖于 a.

注意, S 内的每个 u 都可以用形如 u_N 的函数列依 S 内的拓扑逼近, 其中 u_N 属于 S, 且满足：对任意 $|n| > N$, $u_N(nb) = 0$. 在 (47) 中, 令 $u = u_N$, 然后令 $N \to \infty$, 则可以证明, 对 S 内的所有函数 u, (47) 成立. 用 (41) 中的符号, 重述上述结果为

$$\widetilde{p}_a = c(a) p_b, \quad b = \frac{2\pi}{a}. \tag{48}$$

两边取 Fourier 变换. 因为 p_a 为偶函数, 所以 $\widetilde{p}_a$ 的 Fourier 变换为 p_a, 故

$$p_a = c(a) \widetilde{p}_b. \tag{48$'$}$$

交换 (48) 中的 a 和 b 的角色, 得 $\widetilde{p}_b = c(b) p_a$. 结合 (48′), 可以导出：当 $ab = 2\pi$ 时, $c(a)c(b) = 1$. 特别地, 当 $a = b = \sqrt{2\pi}$ 时, $c(\sqrt{2\pi})^2 = 1$. 因此, $c(\sqrt{2\pi}) = \pm 1$.

由温和广义函数 p_a 的 Fourier 变换的定义, 对 S 内的函数 u, 有

$$(\widetilde{u}, p_a) = (u, \widetilde{p}_a).$$

用 p_a 的定义 (41) 及 (47), 若令 $b = 2\pi/a$, 则

$$\sum_m \widetilde{u}(am) = c(a) \sum_n u(bn). \tag{49}$$

对函数 u 及实数 r, 命 $u_r(x) = u(rx)$, 则 u_r 的 Fourier 变换为

$$\widetilde{u}_r(\xi) = \frac{1}{(2\pi)^{n/2}} \int u(rx) \mathrm{e}^{\mathrm{i}\xi x} \mathrm{d}\, x = \frac{1}{(2\pi)^{n/2}} \int u(y) \mathrm{e}^{\mathrm{i}\frac{\xi}{r} y} \frac{\mathrm{d}\, y}{|r|} = \frac{1}{|r|} \widetilde{u}\left(\frac{\xi}{r}\right).$$

在 (49) 中, 用 u_r 代替 u, 并结合上式, 得

$$\frac{1}{|r|} \sum_m \widetilde{u}\left(\frac{a}{r} m\right) = c(a) \sum_n u(rbn). \tag{49$'$}$$

在 (49) 中, 用 a/r 和 rb 分别代替 a 和 b, 则 (49) 改写为

$$\sum_m \widetilde{u}\left(\frac{a}{r} m\right) = c\left(\frac{a}{r}\right) \sum_n u(rbn).$$

对比上式与 (49′), 我们导出 $\frac{1}{|r|} c(\frac{a}{r}) = c(a)$. 令 $r = \frac{a}{\sqrt{2\pi}}$, 则 $(\frac{\sqrt{2\pi}}{|a|}) \cdot c(\sqrt{2\pi}) = c(a)$. 由于 $c(\sqrt{2\pi}) = \pm 1$, 所以

$$c(a) = \pm \frac{\sqrt{2\pi}}{|a|}.$$

我们断言 $c(a)$ 只能取正值. 设 v 为 S 内的任一正的偶函数, 定义 u 为卷积 $v * v$, 则 u 为正函数. 由于偶函数 v 的 Fourier 变换是实的, 所以 $\widetilde{u} = \sqrt{2\pi} \widetilde{v}^2$ 也是正的. 因此, (49) 蕴含了 $c(a)$ 须是正数. 这样, 我们完成了定理 22 的证明. □

令 $c(a) = \sqrt{2\pi}/|a|$ 代入 (49), Poisson 和公式成立.

Poisson 和公式 对 S 内的任意函数 u 以及任意实数 a, 成立

$$\sum_m \widetilde{u}(am) = \frac{\sqrt{2\pi}}{|a|} \sum_n u\left(\frac{2\pi}{a}n\right). \tag{50}$$

在比 S 更广的许多函数类内, Poisson 和公式仍旧成立.

注记 在 30.6 节, 作为迹公式在卷积算子上的应用, 我们导出了 Poisson 和公式. 那时, 我们用到了 Fourier 变换的另一种正规化形式.

现在, 我们再来考虑如何将定理 22 推广到 $\mathbb{R}^n$ 上去. 当然, 我们不能再考虑 a 的整数乘积, 而需要考虑格L 中的所有点.

定义 $\mathbb{R}^n$ 内的子集 L 称为格, 如果 L 满足如下性质:

(i) L 内的向量的和与差仍属于 L;

(ii) 集合 L 在 $\mathbb{R}^n$ 内无聚点;

(iii) L 中的向量张成了 $\mathbb{R}^n$.

下面我们给出几个格的例子.

例 22 $\mathbb{R}^n$ 中的分量为整数的所有向量组成的集合 E 是一个格.

例 23 任一格在 $\mathbb{R}^n$ 到 $\mathbb{R}^n$ 上的可逆线性映射下的象集仍旧是一个格.

引理 23

(i) 每个格 L 都可以表示为

$$\boldsymbol{L} = \boldsymbol{A}\boldsymbol{E}, \tag{51}$$

其中 $\boldsymbol{A}$ 为 $\mathbb{R}^n$ 到 $\mathbb{R}^n$ 上的可逆线性映射, E 为例 22 所给出的格.

(ii) L 的表示 (51) 不是唯一的, 但是在 L 的所有这些表示中, $|\det\boldsymbol{A}|$ 有相同的值.

证明 关于 (i) 的证明, 我们建议读者参考本附录的有关线性代数的教材.

(ii) 设 $\boldsymbol{L} = \boldsymbol{A}_1\boldsymbol{E}$ 和 $\boldsymbol{L} = \boldsymbol{A}_2\boldsymbol{E}$ 为 $\boldsymbol{L}$ 的两个形如 (51) 的表示, 则 $\boldsymbol{A}_2^{-1}\boldsymbol{A}_1$ 将 $\boldsymbol{E}$ 映为 $\boldsymbol{E}$ 自身. 首先证明, 对 $\mathbb{R}^n$ 上的可逆线性映射 $\boldsymbol{M}$, 若 $\boldsymbol{M}$ 将格 $\boldsymbol{E}$ 映到自身上, 则矩阵 $\boldsymbol{M}$ 的每个赋值都是整数, 并且 $\boldsymbol{M}$ 的行列式 $\det\boldsymbol{M}$ 为 ±1. 事实上, 若 $\boldsymbol{M}$ 存在一个非整数赋值 m_{ij}, 则 $\boldsymbol{M}\boldsymbol{e}_j$ 的第 i 个分量正是 m_{ij}, 其中 $\boldsymbol{e}_j \in \boldsymbol{E}$ 表示 $\mathbb{R}^n$ 的第 j 个单位向量, 这与 $\boldsymbol{M}$ 将整数分量的向量映为整数分量的向量的假设矛盾. 因此, 矩阵 $\boldsymbol{M}$ 的每个赋值都是整数.

又 $\boldsymbol{M}^{-1}$ 同样将 $\boldsymbol{E}$ 映到自身 $\boldsymbol{E}$ 上, 所以 $\boldsymbol{M}^{-1}$ 的每个赋值也都是整数. 由于 $\boldsymbol{M}\boldsymbol{M}^{-1} = I$, 故 $(\det\boldsymbol{M})(\det\boldsymbol{M}^{-1}) = 1$. 注意到 $\boldsymbol{M}$ 和 $\boldsymbol{M}^{-1}$ 的所有赋值均为整数, 它们的行列式也是整数, 从而 $\det\boldsymbol{M}$ 只能是 ±1. 令 $\boldsymbol{M} = \boldsymbol{A}_2^{-1}\boldsymbol{A}_1$, 则 $\det\boldsymbol{M} = (\det\boldsymbol{A}_2)^{-1}(\det\boldsymbol{A}_1) = \pm1$. □

定义 格 $\boldsymbol{L}$ 的对偶 $\boldsymbol{L}'$ 是由 $\mathbb{R}^n$ 中的满足: 对 $\boldsymbol{L}$ 中的每个向量 $\boldsymbol{a}$, $\boldsymbol{a}\cdot\boldsymbol{b}$ 为整数的所有向量 $\boldsymbol{b}$ 所组成的子集.

习题 24 (a) 试证格的对偶也是格.

(b) 试证 $\boldsymbol{L}'' = \boldsymbol{L}$.

(c) 设 $\boldsymbol{L}$ 为格, $\boldsymbol{A}:\mathbb{R}^n\to\mathbb{R}^n$ 为可逆线性映射, 则 $(\boldsymbol{AL})'=\boldsymbol{BL}'$, 其中 $\boldsymbol{B}=(\boldsymbol{A}^{-1})'$.

对格 $\boldsymbol{L}$, 用 p_L 表示温和广义函数:

$$p_L = \sum_{a\in L}\delta(x-a). \tag{52}$$

定理 24 p_L 的 Fourier 变换为

$$\widetilde{p}_L = c(L)p_{2\pi L'}, \tag{53}$$

这里 $c(L) = (2\pi)^{n/2}/|\det\boldsymbol{A}|$, $\boldsymbol{A}$ 为出现在 $\boldsymbol{L}$ 的表示 (51) 中的矩阵.

习题 25 仿照定理 22 的证明, 试证定理 24.

习题 26 给出 $\mathbb{R}^n$ 上的格 L 的 Poisson 和公式.

B.6 Fourier 变换的应用

本节将给出 Fourier 变换的几个应用.

Liouville 定理 设 $f(z)$ 为定义在整个复平面上的解析函数, 且 $f(z)$ 有多项式增长性:

$$|f(z)| \leqslant c(1+|z|)^M,$$

其中 c 和 M 为常数, 则 $f(z)$ 是一个次数不大于 M 的多项式.

证明 首先注意到解析函数 $f(z)$ 满足 Cauchy-Riemann 方程

$$\partial_{\bar{z}}f = \frac{1}{2}(\partial_x - \mathrm{i}\partial_y)f = 0. \tag{54}$$

具有多项式增长性的函数 f 是温和广义函数, 所以 f 的导数也是温和广义函数. 故 (54) 的 Fourier 变换为

$$(\mathrm{i}\xi+\eta)\widetilde{f}(\xi,\eta) = 0.$$

由习题 6, $\widetilde{f}$ 的支集为原点, 从而定理 5 蕴含, 广义函数 $\widetilde{f}$ 有形式:

$$\widetilde{f} = \sum_{|\alpha|\leqslant N} c_\alpha D^\alpha\delta. \tag{55}$$

由定理 18, δ 的 Fourier 逆为常数. 因此, 根据定理 17′, (55) 右边的 Fourier 逆 f 为 x 和 y 的多项式. 又因为 f 解析, 所以 f 为 $z=x+iy$ 的多项式. □

并不像 Liouvill 定理的其他通常证明一样, 此处的证明仅仅用到了 Cauchy-Riemann 方程. 事实上, 用同样的方法, 可以证明如下更一般的结果.

定理 25 设 $P(\xi)=P(\xi_1,\xi_2,\cdots,\xi_n)$ 为齐次椭圆多项式, 即 $\xi=0$ 为 $P(\xi)$ 的唯一实零点, 若 f 为 $\mathbb{R}^n$ 上的温和广义函数, 并且 f 为偏微分方程

$$P(D_1,D_2,\cdots,D_n)f=0$$

在整个 $\mathbb{R}^n$ 内的解, 则 f 是一个多项式.

满足定理 25 中性质的微分方程的例子有 $\Delta f=0,\Delta^2 f=0$, 等等.

下面我们再给出 Poisson 和公式的一些应用. 将 $u(x)=\mathrm{e}^{-x^2/2}$ 代入 (50). 因为 $\widetilde{u}(\xi)=\mathrm{e}^{-\xi^2/2}$, 所以对所有实数 a,

$$\sum_m \mathrm{e}^{-\frac{a^2m^2}{2}}=\frac{\sqrt{2\pi}}{|a|}\sum_n \mathrm{e}^{-b^2n^2/2},\ \ b=\frac{2\pi}{a}.$$

若左边的函数用 $Z(a)$ 表示, 则重写上述方程为

$$Z(a)=\frac{\sqrt{2\pi}}{|a|}Z\left(\frac{2\pi}{a}\right),$$

这是一个十分有趣的函数方程.

习题 27 将 $u(x)=\mathrm{e}^{-x^2/2+xt}$ 代入 Poission 和公式, 你会得到什么样的结果?

B.7 Fourier 级数

周期广义函数的 Fourier 分析非常简明. 设 u 为单位圆周 S^1 上的 C^∞ 函数, 则它的 Fourier 系数 b_n 为

$$b_n=\frac{1}{2\pi}\int_{S^1}\mathrm{e}^{-\mathrm{i}n\theta}u(\theta)\,\mathrm{d}\,\theta.$$

习题 28 (a) 试证对任意的 N, 存在常数 c, 使得 $|b_n|\leqslant c\,|n|^N$.

(b) 试证 u 的 Fourier 级数的部分和 $u_k=\sum_{-k}^k b_n\mathrm{e}^{\mathrm{i}n\theta}$ 在 C^N 拓扑下收敛于 u.

(c) 若广义函数 ℓ 的 Fourier 系数 a_n 定义为

$$a_n=(\mathrm{e}^{-\mathrm{i}n\theta},\ell)/2\pi,$$

试证对任意 C^∞ 函数 u, 成立

$$(u,\ell)=\sum b_n a_{-n}.$$

(d) 设 $\{a_n\}$ 是一列复数且满足: 存在常数 c 和 N, 使得对每个 $n=1,2,\cdots$ 成立

$$|a_n|\leqslant c|n|^N,$$

试证 a_n 是 S^1 上的某一广义函数 ℓ 的 Fourier 系数.

参考文献

Bochner, S., *Vorlesungen über Fouriersche Integrale.* Akademische Verlagsgesellschaft, Leipzig, 1932.

Dirac, P. A. M., *The Principles of Quantum Mechanics.* Clarendon Press, Oxford, 1930.

Lax, P. D., On Cauchy's problem for hyperbolic equations and the differentiability of solutions of elliptic equations. CPAM **8**(1955): 615–633.

Lax, P. D., *Linear algebra.* Series on pure and applied mathematics. Wiley-Interscience, 1997.

Lützen, J., *The Prehistory of the Theory of Distributions.* Springer Verlag, 1982.

von Neumann, J., *Matematische Grundlagen der Quantenmechanic.* Die Grundlehren der mathematischen Wissenschaften, **38**. Springer, Berlin, 1932.

Schwartz, L., *Théorie des distributions.* Hermann, Paris, 1950-1951.

Sobolev, S. L., Méthode nouvelle à résoudre le probleme de Cauchy pour les équation linéaires hyperboliques. Mat. Sb., **1**(1936): 39–71.

Strichartz, R., *Guide to Distribution and Fourier Transform.* Studies in Advanced Mathematics. CRC Press, Boca Raton, 1994.

Weyl, H., The method of orthogonal projection in potential theory, *Duke Math. J.*, **7**(1940): 411–444.

Wiener, N., The operational calculus, *Math Ann.* **95**(1926): 557–584.

附录 C　Zorn 引理

Zorn 引理是集合论中 Zermelo-Fraenkel 系统中的一个定理. 在逻辑上, 它与选择公理等价. 因此, Zorn 引理通常用在高度非构造性的步骤上.

Zorn 引理处理的对象是偏序集合, 即在某些元素上定义了序关系 "$a \leqslant b$" 的非空集合, 这里的序关系 $\leqslant$ 满足如下性质.

(i) 传递性: 若 $a \leqslant b$ 且 $b \leqslant c$, 则 $a \leqslant c$.

(ii) 自反性: 对该集合内的每个元素 a, 成立 $a \leqslant a$.

偏序集中的子集称为全序集, 如果对该子集中的任意两个元素 x 和 y, 要么 $x \leqslant y$, 要么 $y \leqslant x$.

偏序集内的元素 u 称为是一个子集的上界, 如果对该子集中的任意元素 x, 都有 $x \leqslant u$.

偏序集内的元素 m 称为是一个极大元, 如果对该偏序集合中的每个元素 b, 都有 $b \leqslant m$.

Zorn 引理　若偏序集中的每个全序子集都有上界, 则该偏序集存在极大元.

关键词索引